"十二五"国家重点图书出版规划项目
世界兽医经典著作译丛

小动物外科系列 ③

XIAODONGWU
SHOUSHU YUANZE

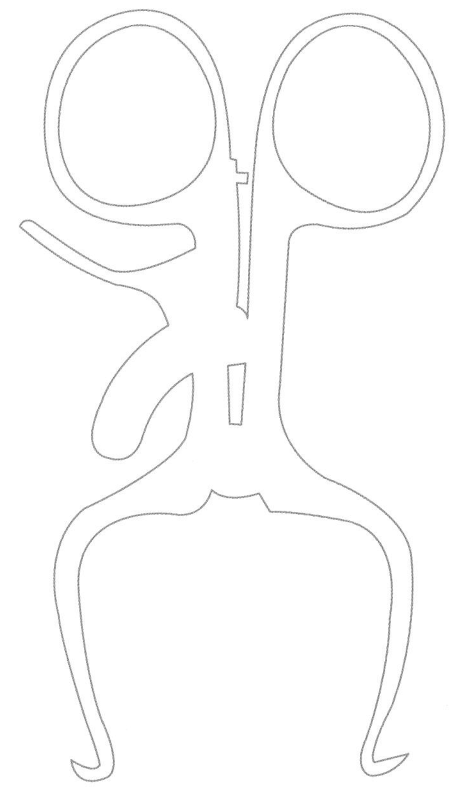

小动物
手术原则

英国小动物医师协会 组编
[英] Stephen Baines Vicky Lipscomb Tim Hutchinson 编著
周珞平 主译

中国农业出版社

For information about the British Small Animal Veterinary Association, including overseas membership options and other titles in the Manuals series, please visit www.bsava.com or contact administration@bsava.com.

图书在版编目（CIP）数据

小动物手术原则 /（英）贝恩斯（Stephen Baines, S.），（英）利普斯科姆（Lipscomb, V.），（英）哈欠森（Hutchinson, T.）编著；周珞平译. -- 北京：中国农业出版社，2014.10
（世界兽医经典著作译丛）
ISBN 978-7-109-18667-5

Ⅰ. ①小… Ⅱ. ①贝… ②利… ③哈… ④周… Ⅲ. ①动物疾病－外科手术 Ⅳ. ①S857.12

中国版本图书馆 CIP 数据核字（2013）第 288557 号

中国农业出版社出版
（北京市朝阳区麦子店街18号楼）
（邮政编码100125）
责任编辑　邱利伟　雷春寅

北京通州皇家印刷厂印刷　新华书店北京发行所发行
2014年10月第1版　2014年10月北京第1次印刷

开本：889mm × 1194mm 1/16　印张：22
字数：528千字
定价：268.00元
（凡本版图书出现印刷、装订错误，请向出版社发行部调换）

《世界兽医经典著作译丛》译审委员会

原书作者名单

Sophie Adamantos BVSc CertVA DipACVECC FHEA MRCVS
RCVS Specialist in Emergency and Critical Care
Department of Veterinary Clinical Sciences, Royal Veterinary College, Hawkshead Lane,
North Mymms, Hertfordshire AL9 7TA

Davina Anderson MA VetMB PhD DSAS(ST) DipECVS MRCVS
RCVS and European Specialist in Small Animal Surgery
Anderson Sturgess Veterinary Specialists, The Granary, Bunstead Barns, Poles Lane, Hursley,
Winchester, Hampshire SO21 2LL

Elizabeth Armitage-Chan MA VetMB FHEA DipACVA MRCVS
RCVS and American Specialist in Veterinary Anaesthesia
Davies Veterinary Specialists, Manor Farm Business Park, Higham Gobion, Hertfordshire SG5 3HR

Nicholas J. Bacon MA VetMB DipECVS DipACVS MRCVS
Department of Small Animal Clinical Sciences, College of Veterinary Medicine, University of Florida,
Gainesville, Florida FL 32610-0126, USA

Stephen J. Baines MA VetMB PhD CertVR CertSAS DipECVS MRCVS
RCVS and European Specialist in Small Animal Surgery
Willows Veterinary Centre and Referral Service, Highlands Road, Shirley, Solihull B90 4NH

Noel Berger DVM MS DABLS
Animal Hospital and Laser Center of South Carolina, 13057 Ocean Hwy, Suite D, Pawleys Island,
South Carolina SC 29585, USA

Andrew J. Brown MA VetMB DipACVECC MRCVS
Vets Now Referral Hospital, 123–145 North Street, Glasgow G3 7DA, Scotland

Daniel L. Chan DVM DipACVECC DipACVN FHEA MRCVS
RCVS Specialist in Emergency and Critical Care
Department of Veterinary Clinical Sciences, Royal Veterinary College, Hawkshead Lane,
North Mymms, Hertfordshire AL9 7TA

Peter H. Eeg BSc DVM CVLF
Poolesville Veterinary Clinic, 19621 Fisher Avenue, Poolesville, Maryland MD 20837, USA

Terry Emmerson MA VetMB CertSAS DipECVS MRCVS
RCVS and European Specialist in Small Animal Surgery
North Downs Specialist Referrals, The Friesian Buildings 3 and 4, Brewerstreet Dairy Business Park,
Brewer Street, Bletchingley, Surrey RH1 4QP

Gillian R. Gibson VMD DipACVIM MRCVS
Axiom Veterinary Laboratories, The Manor House, Brunel Road, Newton Abbot, Devon TQ12 4PB

Robert Goggs BVSc DipACVECC MRCVS
School of Physiology and Pharmacology, Faculty of Medical and Veterinary Sciences,
University of Bristol, University Walk, Bristol BS8 1TD

Michael H. Hamilton BVM&S CertSAS DipECVS MRCVS
European Specialist in Small Animal Surgery
Fitzpatrick Referrals Ltd, Halfway Lane, Eashing, Surrey GU7 2QQ

David Holt BVSc DipACVS
School of Veterinary Medicine, University of Pennsylvania, 3900 Delancey Street,
Philadelphia PA 19104, USA

Arthur House BSc BVMS PhD CertSAS DipECVS
Melbourne Veterinary Specialist Centre, 70 Blackburn Road, Glen Waverley, Victoria 3150, Australia

Karen Humm MA VetMB CertVA DipACVECC FHEA MRCVS
Department of Veterinary Clinical Sciences, Royal Veterinary College, Hawkshead Lane,
North Mymms, Hertfordshire AL9 7TA

Geraldine B. Hunt BVSC MVetClinStud PhD FACVSc
Department of Veterinary Surgical and Radiological Sciences, School of Veterinary Medicine,
University of California Davis, Davis, California CA 95616-8745, USA

Tim Hutchinson BVSc CertSAS MRCVS
Larkmead Veterinary Group, 111–113 Park Road, Didcot, Oxfordshire OX11 8QT

John Lapish BSc BVetMed MRCVS
Veterinary Instrumentation, Broadfield Road, Sheffield S8 0XL

Elizabeth A. Leece BVSc CVA DipECVAA MRCVS
Department of Veterinary Medicine, University of Cambridge, Madingley Road, Cambridge CB3 0ES

Vicky Lipscomb MA VetMB CertSAS FHEA DipECVS MRCVS
European Specialist in Small Animal Surgery
Department of Veterinary Clinical Sciences, Royal Veterinary College, Hawkshead Lane,
North Mymms, Hertfordshire AL9 7TA

Anette Loeffler DrMedVet PhD DVD DipECVD MRCVS
Department of Veterinary Clinical Sciences, Royal Veterinary College, Hawkshead Lane,
North Mymms, Hertfordshire AL9 7TA

Kathryn M. Pratschke MVB MVM CertSAS DipECVS MRCVS
School of Veterinary Medicine, College of Medical, Veterinary and Life Sciences,
University of Glasgow, Bearsden, Glasgow G61 1QH

Verónica Salazar LV MSc PhD DipACVA
Hospital Clinico Veterinario, Universidad Alfonso X El Sabio, Villanueva de la Cañda, Madrid

Chris Shales MA VetMB CertSAS DipECVS MRCVS
European Specialist in Small Animal Surgery
Willows Veterinary Centre and Referral Service, Highlands Road, Shirley, Solihull B90 4NH

Thomas Sissener MS DVM CertSAS DipECVS MRCVS
Oslo Dyreklinikk, Ensjoveien 14, 0655 Oslo, Norway

Jeffrey Wilson DVM DipACVA
School of Veterinary Medicine, University of Pennsylvania, 3900 Delancey Street,
Philadelphia PA 19104, USA

《世界兽医经典著作译丛》总序

引进翻译一套经典兽医著作是很多兽医工作者的一个长期愿望。我们倡导、发起这项工作的目的很简单，也很明确，概括起来主要有三点：一是促进兽医基础教育；二是推动兽医科学研究；三是加快兽医人才培养。对这项工作的热情和动力，我想这套译丛的很多组织者和参与者与我一样，来源于“见贤思齐”。正因为了解我们在一些兽医学科、工作领域尚存在不足，所以希望多做些基础工作，促进国内兽医工作与国际兽医发展保持同步。

回顾近年来我国的兽医工作，我们取得了很多成绩。但是，对照国际相关规则标准，与很多国家相比，我国兽医事业发展水平仍然不高，需要我们博采众长、学习借鉴，积极引进、消化吸收世界兽医发展文明成果，加强基础教育、科学技术研究，进一步提高保障养殖业健康发展、保障动物卫生和兽医公共卫生安全的能力和水平。为此，农业部兽医局着眼长远、统筹规划，委托中国农业出版社组织相关专家，本着“权威、经典、系统、适用”的原则，从世界范围遴选出兽医领域优秀教科书、工具书和参考书50余部，集合形成《世界兽医经典著作译丛》，以期为我国兽医学科发展、技术进步和产业升级提供技术支撑和智力支持。

我们深知，优秀的兽医科技、学术专著需要智慧积淀和时间积累，需要实践检验和读者认可，也需要具有稳定性和连续性。为了在浩如烟海、林林总总的著作中选择出真正的经典，我们在设计《世界兽医经典著作译丛》过程中，广泛征求、听取行业专家和读者意见，从促进兽医学科发展、提高兽医服务水平的需要出发，对书目进行了严格挑选。总的来看，所选书目除了涵盖基础兽医学、预防兽医学、临床兽医学等领域以外，还包括动物福利等当前国际热点问题，基本囊括了国外兽医著作的精华。

目前，《世界兽医经典著作译丛》已被列入“十二五”国家重点图书出版规划项目，成为我国文化出版领域的重点工程。为高质量完成翻译和出版工作，我们专门组织成立了高规格的译审委员会，协调组织翻译出版工作。每部专著的翻译工作都由兽医各学科的权威专家、学者担纲，翻译稿件需经翻译质量委员会审查合格后才能定稿付梓。尽管如此，由于很多书籍涉及的知识点多、面广，难免存在理解不透彻、翻译不准确的问题。对此，译者和审校人员真诚希望广大读者予以批评指正。

我们真诚地希望这套丛书能够成为兽医科技文化建设的一个重要载体，成为兽医领域和相关行业广大学生及从业人员的有益工具，为推动兽医教育发展、技术进步和兽医人才培养发挥积极、长远的作用。

农业部兽医局局长

《世界兽医经典著作译丛》主任委员

张仲秋

序

《小动物手术原则》一书专门讨论并阐述了关乎手术成败的一些重要原理。在兽医外科学的教科书中，这些原理通常是被忽略的。然而，它们与兽医工作的成败息息相关。

本书共分三个部分：手术的设施及设备；对于手术患畜的围手术期考虑；外科生物学及操作技术。

第一部分包含手术室设计、手术器械、灭菌及人员安排等相关内容。在与手术器械相关的章节中虽然没有手术器械的详细列表，却对手术器械包中最常用的器械提供了图示说明，并仔细阐述了这些器械的功能和用法。

第二部分是本书的主要内容，为患畜的术前术后管理工作提供了指南。这些管理措施是确保手术顺利进行的必备要素。这一部分包含术前评估和稳定、液体疗法以及对临床休克的识别和治疗等内容。此外，还着重讨论了动物对于麻醉和手术的免疫反应、镇痛、术后管理以及临床营养学的问题。

第三部分着重讨论了外科生物学及外科手术技术的问题。其中的有关章节提供了关于无菌术、创口愈合以及如何将手术位置的感染减到最小的相关内容及方法。此外，还总结了如何控制在医院内感染的方法，并提供了实践指南。此外，还有止血法、手术基本技术、缝合模式和打结的相关内容。

编写本书的团队以轻松而通俗的文字描述了上述各个基本主题。我确信，《小动物手术原则》将会成为皇家兽医学院（RCVS）高级兽医外科学认证学员的必读书籍。它同样适用于对外科有兴趣的兽医、护士以及兽医诊疗单位的管理人员。

皇家兽医学院

Karla Lee MA VetMB PhD CertSAS DipECVS MRCVS

前　言

编写本书的目的在于将兽医外科学上的所有基础原则进行归纳。在一般的外科教科书中，这些内容通常只是在导论部分或正文内的某些段落被提及。然而，遵守这些基本原则对于确保手术的效果是非常重要的。优秀的外科医生并不是那些手术技术卓越的人，而是那些在为患畜进行手术时能够确保每一个方面都能够给予高标准服务的外科医生。这包括最初的身体检查、术前检查以及麻醉、镇痛和术后护理。手术后发生的并发症通常与对这些基本原则的理解不足或漠视有关。本书的目的在于阐述这些基本原则，使读者理解并遵守这些基本原则，从而避免发生并发症。

本书为上述兽医外科学原则在实践中的完美呈现提供了一个坚实的基础。对于兽医、护士、在校及刚毕业的兽医专业学生来说，本书是十分有益的。同样，对于那些希望在专业方面获得更多知识的外科医生而言，也是有帮助的。我们还试图将一些行之有效的特殊建议及方法跟兽医文献上的记载联系起来，以方便读者在需要时作进一步查阅。我们努力将注意力集中于对围手术期和手术中的患畜进行护理和管理的实践方法，以便读者将理论与实践相结合。至于那些由麻醉和手术所引发的先天免疫/炎症反应、外科缝合器、外科激光以及医院获得性感染等内容，则可为兽医外科医生提供崭新的或指导性信息。随着更多先进监护设备的出现以及相关方面的专业训练，兽医重症护理已经成为一个相当重要的技术手段。本书提出的关于输液疗法、休克、全身炎症反应综合征以及术后护理的内容，便是由有关专家所推荐的最新做法。

我们希望，本书能够为传播兽医外科学基础原理的相关知识及信息起到重要作用。当有人需要求助于参考资料时，希望本书能够成为一个有价值的信息来源。此外，我们还期望借以激励兽医同仁之间的讨论、思考以及回顾，并能以现有的知识及实践为基础建立起常规的手术流程。我们的最终目的，在于提高手术疗效并减少手术并发症以及降低由此所导致的发病率和死亡率。

目录
Contents

《世界兽医经典著作译丛》总序

序

前言

1 外科设施——设计、管理、设备及人员 1

2 灭菌与消毒 9

3 手术器械——材料、制造和保养 25

4 手术器械——类型与使用 32

5 缝合材料 46

6 外科缝合器 70

7 激光外科 82

8 患畜的手术前评价 90

9 患畜的手术前稳定 105

10 输液疗法、电解质和酸碱平衡异常 124

11 休克、败血症和外科炎症反应综合征 152

12 麻醉和手术导致的免疫和炎症反应 170

13 术后护理 177

14 镇痛的原则和方法 200

15 营养支持的原则 223

16 无菌技术 235

17 选择性手术伤口的愈合 249

18 外科伤口感染及其预防 261

19 医院内获得性感染 274

20 止血和血液成分疗法 282

21 手术操作原则 310

22 缝合和打结 325

1 外科设施——设计、管理、设备及人员

Terry Emmerson

概述 

一个设计优良的手术室应具备以下条件：灵活的工作空间，高效的工作路线，以及尽可能洁净的环境以减少患畜的污染。减少患畜污染将进一步降低手术感染的机会。术后感染会给患畜、畜主以及诊所带来额外的负担。尽管设计精良、管理完善的手术室也无法避免手术感染，但深刻理解手术设施的设计和管理的基本原则会降低手术感染率。

手术设施的设计 

在现代的兽医诊所中，用于手术的空间可以是一个小房间，也可以是分为很多小房间的套间。尽管在实际设计时，空间和经济因素会使得很多设计上的想法无法完全实现，但不应该以这些为借口而忽略最基本的原则。

整体设计

交通情况

用于手术的区域应该安排在诊所内人流最少的区域，因为过多的人/畜流动会提高相关环境的污染级别。为此，手术区域应只有一个出入口。如果需要为消防安全考虑而设置另外的出入口，则需在上面标明“仅用于紧急状况”的字样。

清洁区与污染区

手术区域应划分为清洁区和污染区两个部分。

- 清洁区　包括手术室，洗手区和灭菌物品存放区。
- 污染区　包括患畜准备区和更衣室。

上述两个区域之间必须有清楚的分界线，应保持之间的门关闭以减少污染源进入清洁区。工作人员在进入清洁区域时应该更换手术服。最理想的设计是在两个区域之间安排一个更衣区，如果无法安排的话，则在污染区工作时应该在手术服外穿着干净的大褂，但是手术室用鞋必须在清洁区穿着。

放射摄影室

在设计手术区域时要安排特定的通道，以使患畜在术前/术后可以方便地出入放射摄影室。

麻醉诱导和患畜准备室

可以在这个区域内完成患畜的麻醉诱导以及其他术前准备工作（图1.1）。因此，在这一区域需要以下设备：

- 麻醉的诱导和维持所需要的材料和设备。
- 术前需要准备推子，用于吸走碎毛的吸尘器以及皮肤准备材料。
- 应保证室内照明良好，最好安置一个移动式的点光源，以便对患畜进行近距离检查。
- 操作台可以是固定式或者是移动式的。最好安置一个固定的水池或水槽，这对于较脏的操作，以及需要大量清洗和灌洗准备的动物是非常有用的。
- 如果需要处置大型躺卧的动物时需要可升降的移动式推车。

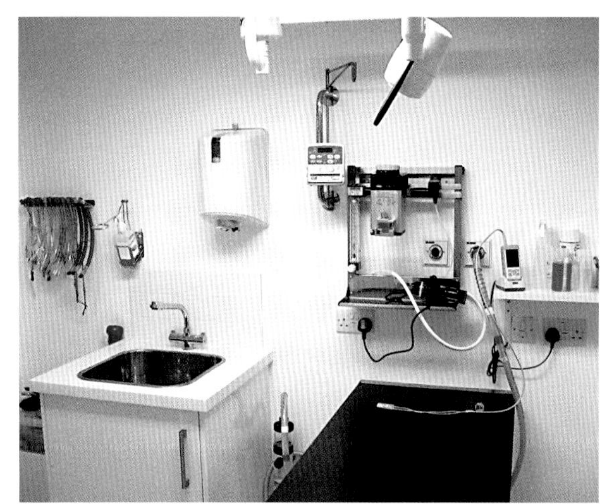

图1.1　麻醉和术前准备室

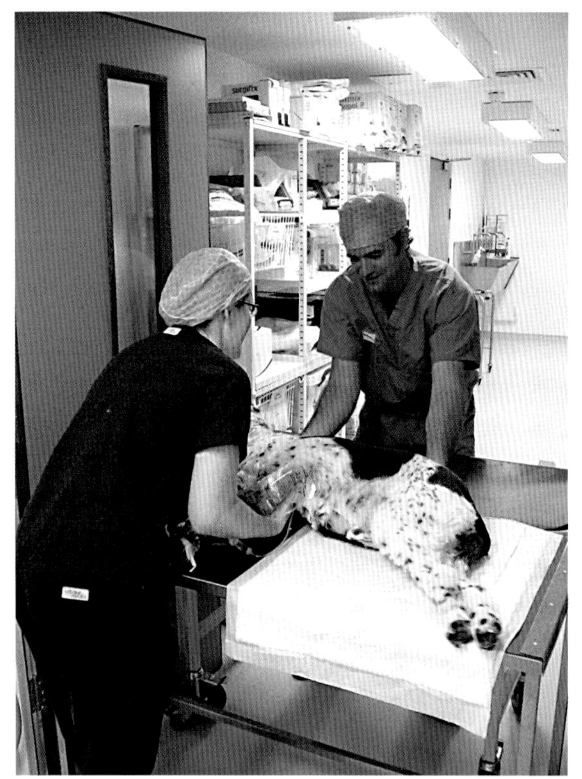

图1.2　用不同的两个推车将患畜从污染区转运至清洁区

■ 可以用推车将动物送入手术室。但为防止车轮将灰尘、泥土或是毛发带入清洁区域，应在手术室内另外安排一辆推车用以周转（图1.2）。

■ 污染区和清洁区之间的转运点应该放置鲜明的标记，例如：在地板上划线或是用不同颜色的地板来区分两个空间。

更衣室

在临近手术室的地方安排更衣室或更衣区，工作人员可以在这里更换手术服装后进入手术室。如果无法提供一个单独的区域，工作人员在离开手术室时需要套外衣以及换鞋后才可以进入其他区域。

护士站

如果还能够安排出一块清洁区域的话，就在这里设置一个护士站。护士站可以作为清洁区域和诊所内其他区域之间的联系点并承担一部分的管理职责。护士站的存在有助于减少出入清洁区域的人流量。护士站的基本设备包括：一台电脑，一部电话以及手术区域内所有设备的手册和供应商资料。

灭菌物品存放区

手术室内应该保证有储藏空间用以存放灭菌的手术器械以及手术所需的无菌消耗品。这个空间要有足够多的搁板以保证有足够空间存放所需物品及便于取用所存放的物品。

要用一个封闭的柜子用来存放已灭菌的物品，这样可以延长物品在灭菌后的无菌期。柜内的门和搁板都应用玻璃制成以便于清洁和查找物品。建议采用穿墙柜的设计来放置灭菌物品（图1.3）。柜子放在灭菌室和手术室之间的墙上，两侧均可以开门，这种设计可以减少出入手术室的人流量，并且在手术时可以很方便地取用所需要的器械和材料。

外科医生准备区

洗手区应位于邻近手术室的地方，但必须与手术室和灭菌物品存放区分隔开。这样是为了防止洗手时飞溅出的水滴造成污染。洗手用的水槽应采用不锈钢制的深槽，配以可以用脚、肘、膝或红外线感应开启的水龙头，这种设计可以保证洗手程序的正确性。水槽应齐腰高，以减少飞溅，边上应放置红外线感应或肘压式的给皂器和指刷（图1.4）。

需要特别注意的是，这一区域的地板应防滑，并且要及时拖干和清洁。在水槽前方放置一块橡胶地垫有助于防止人员因滑倒而受伤。

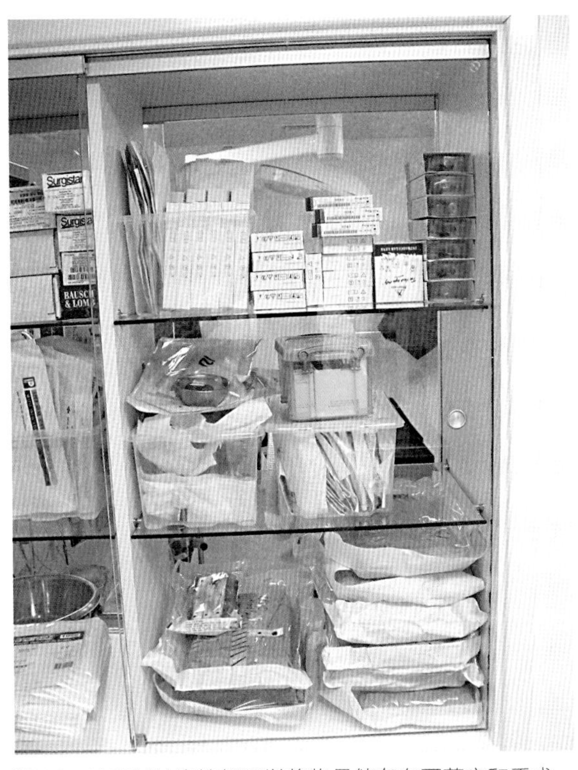
图1.3 玻璃制的穿墙柜可以将物品储存在灭菌室和手术室之间的墙上

图1.4 用于术前洗手的水槽

穿戴区

应在远离手术操作区域的地方打开包有手术服和擦手巾的灭菌包。另外，不要在器械车上进行穿戴的工作，因为在擦手的过程中，可能会由于水滴而造成无菌区的污染。

可以在手术室外安排一个独立的区域，仅仅需要一个清洁的台面来放灭菌包和手套即可。

实用技巧

在**手术室外**提供空间用以穿戴，这是因为在手术室外穿戴时，衣服和手套受到污染的机会要低于在手术室内。尤其是在特别小的手术室内，频繁的人流和器械的移动会增加污染的机会。尽管没有什么特别的证据来证明这一点，但是当你的诊所空间有限时，提供一个手术室外的独立空间用以穿戴会成为设计上的一个亮点。

手术室

整体设计

手术室内应为所有手术必需的仪器装置留有充分的空间，同时必须保证手术中人员有自由走动的空间。如果手术室内有大型的装置，例如手术用显微镜的话，则需要更大的空间。

手术室的整体设计一定要简洁，尽量减少不必要的装饰或搁板，避免产生易积灰或难以清洁的区域。墙、地板和天花板的材料应该是无孔的，易于清洁且可以用常规方法擦洗。可以选用的材料包括防水涂料、瓷砖以及PVC片材。PVC片材是最好的选择，因为这种材料表面光滑、耐冲击、接缝处易清洗，此外，在墙角处可以做凹圆线处理以便于清洁（图1.5）。

- 手术室的门应该有足够的宽度，以保证患畜进出自如，双向开门的设计可以使得洗过手的医生无需用手接触门就可以进入手术室。
- 应将手术室内的窗（若有）封死以杜绝外来的污染。
- 手术室内不应有水龙头，以减少水滴溅出对患畜的污染。
- 手术室内的地上不应有水槽、排水口或排水沟等，它们可能成为污染源或细菌滋生地。
- 手术室内要有足够的电源插座，以保证所

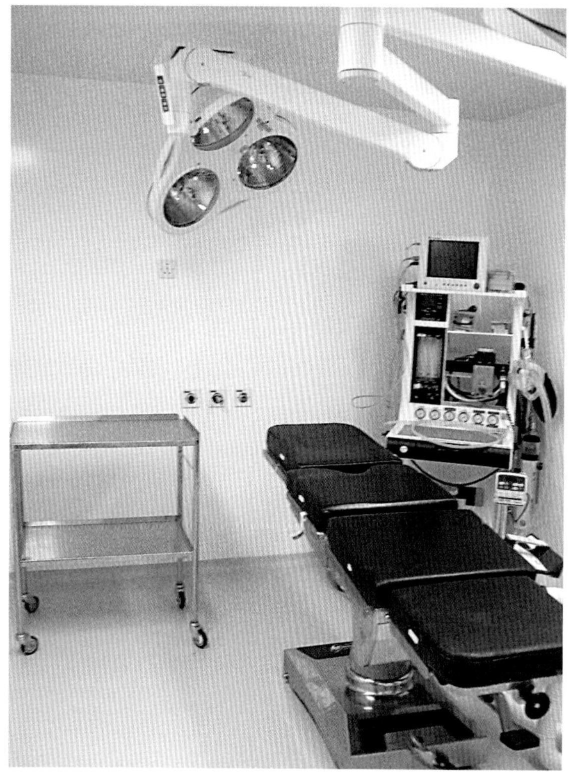

图1.5　某个手术室的整体观，墙面和地面都是用PVC材料铺设

有设备（包括手术用和麻醉用）的需要。

■ 手术室内最好接通管道，提供麻醉用氧气，手术用压缩空气（气动设备使用）以及自动废气排放系统，这样可以减少手术室中放置的设备数量（图1.6）。此外，采用管道供气可以减少因更换气瓶而导致的人员进出，并避免将气瓶从污染区带入清洁区。

■ 麻醉推车比固定式的麻醉机更为实用，麻醉推车可以根据手术的需要来安排摆放位置，例如在头、颈以及眼科手术时，麻醉师可以离开头部的附近范围以为术者提供最大的工作空间。但麻醉推车需要较大的活动空间，这对于小诊所而言有点困难。

■ 手术室的墙上应有一个钟，可以为某些情况下的手术（例如血管闭塞术）记录时间。

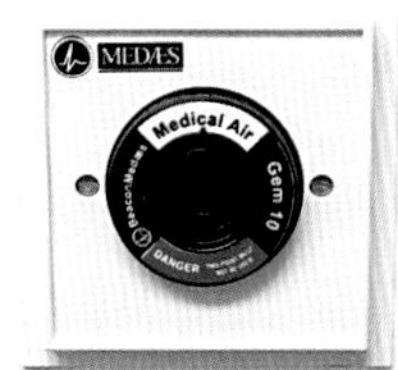

图1.6　用于供应氧气，手术用压缩空气以及废气回收的墙面接口

■ 手术室内应安置有X线片的读片灯。

通风

手术室内应采用正压通风系统，以保证每小时20次左右的空气交换。这类系统可以减少手术室内因皮屑和飞沫所引起的空气源性污染，正确安装和运行的正压通风系统可以减少37%以上的空气源性污染。

实用技巧

通风系统中的空气可以采用过滤的方式除菌，但这并不是必需的方式，因为手术室中主要的空气源性污染是室内的工作人员造成的，而非来自室外。但是采取一定的方式过滤除去空气中的灰尘和防止昆虫爬入是必要的。

正压通风系统除了可以提供空气交换之外，还可以通过设定污染区和清洁区之间的压力差，使清洁区内压力较高的空气流向污染区而不会回流。

加湿和加温

手术室内理想的工作温度是20～21℃，这一温度条件可在提供舒适的工作温度的同时减少患畜体温降低的发生率。对于那些体温容易降低的儿科病例而言，24℃的室温会更适宜一点。提高室温最好的方法是采用带有加热系统的正压通风系统。此外，也可以安装暖气设施，但需防止在暖气片和管道上积尘。

比较适宜的空气湿度是40%～60%，这不仅令人感到舒适，还可减少环境中的细菌滋生。

照明

手术室内要有良好的照明系统，除了用日光灯提供背景照明之外，手术范围还要用一组或两组手术灯提供照明（图1.7）。最好能够有两组手术灯从不同的角度投射术野，以达到最大的照明范围（详见21章）。

立式和悬吊式的手术灯都是可选的方案，但有

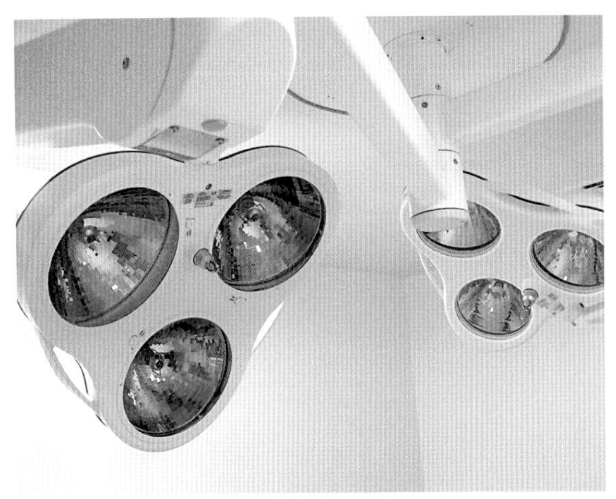

图1.7 两组悬吊式手术灯

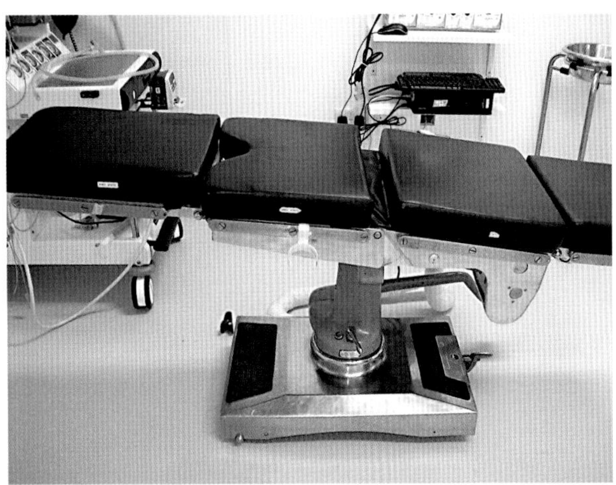

图1.8 高度可调型的手术台

条件时应该尽量选用悬吊式手术灯。悬吊式的灯可避免手术室内的杂乱，且方便灯光重新定位。悬吊式手术灯应该连接在铰链式吊臂上，以提供最大的活动空间。

手术灯最好可以聚焦到术野深处，且应配有可灭菌的拆卸式把手，方便术者在手术中对灯光进行调节。

手术室设备

手术室正常运作所需要的设备见表1.1。

表1.1 手术室设备

基础手术室设备
■ 高度可调型手术台 ■ 辅助保定装置 ■ 基本麻醉监护设备 ■ 不锈钢器械推车 ■ 不锈钢脚踏式垃圾桶
如果空间允许，还可增加以下设备
■ 患畜保温装置 ■ 手术吸引器 ■ 透热电疗机 ■ 高级麻醉监护设备

■ 手术台应是高度可调型的，并可以调节其倾斜度，以适应某些特殊手术的需要（图1.8）。最好有保定用挂钩以及仪器连接装置。器械托盘、麻醉监护仪以及患畜保暖设备可以安装在某些手术台上。

■ 有很多方法可用于辅助保定动物，比如托架、沙包、保定绳以及真空颗粒包（图1.9）。这些物

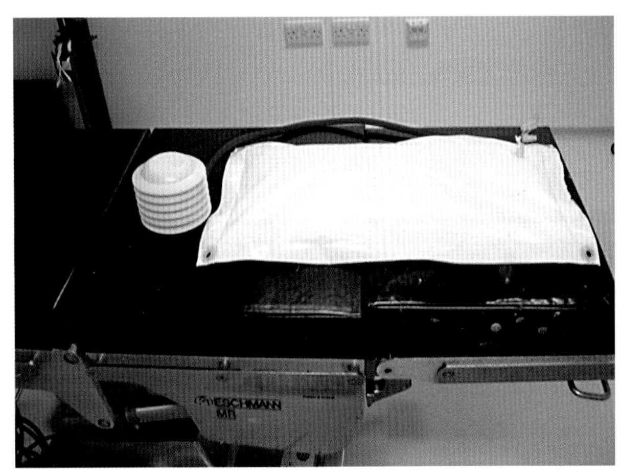

图1.9 充气式辅助保定装置

品可以帮助保定动物时因为支撑不足或缓冲不足而对动物造成的伤害。保定辅助物仅可以在手术室内使用，以减少外来污染。

■ 手术室内的患畜保温设备有助于减少动物的体温过低。建议选用的保温设备包括循环温水垫或暖风毯，例如图1.10所示的Bair Hugger暖风系统。电热垫一定要在严格看护下使用，因为它可能会对无活动能力的动物造成热损伤。

■ 麻醉监护设备的种类和型号繁多（图1.11）。应根据手术的实际需要进行选择。

■ 手术吸引装置是非常有用的，可以用来去除渗出物、灌洗液以及清除术野的血液。选用的吸引器应有合适的吸引速率以及合适的容量（如1升）。

苏醒区

要在临近手术清洁区的地方安排一个区域用于

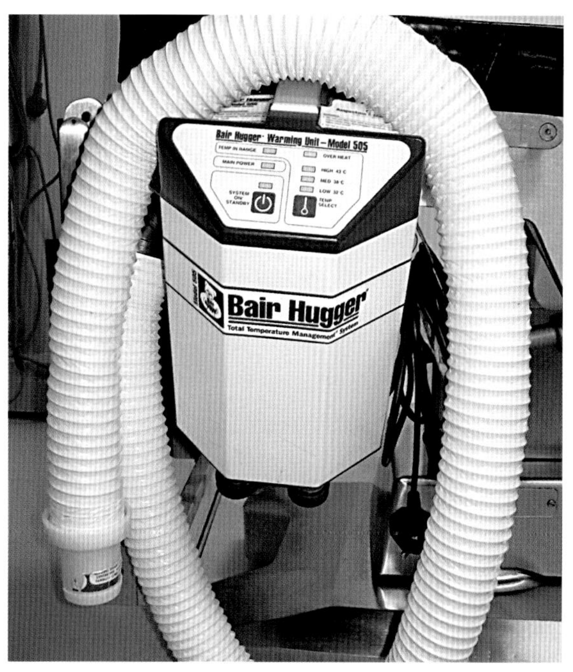

图1.10　Bair Hugger患畜保温系统

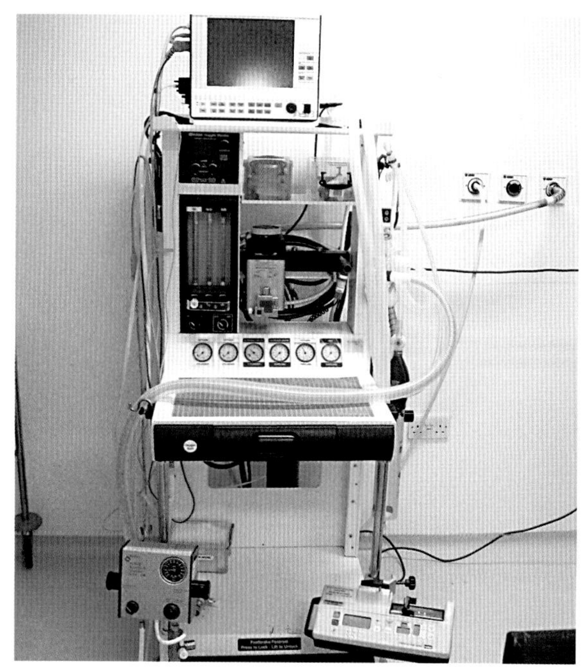

图1.11　麻醉机：推车上放有监护仪、呼吸机以及输液装置

放置术后的动物，动物可在这一区域内接受仔细的监控直至完全苏醒。之后，患畜可以转到普通病房或重症监护区域。

- 恢复区的室温应高于病房，在22～24℃的合适温度可以帮助减少患畜发生体温过低的可能。
- 应该有保持动物温度的设备和急救设备。
- 配备完备的急救箱和供氧设施。
- 这个区域应该有一定比例的护士，以便密切监护患畜。

实用技巧

对于很多诊所来说，可能无法安排独立的苏醒区域，但是下列基本原则是一定要保证的：密切监护、防止低温、易于供氧以及急救设备。

人员分工及其责任

在大型的教学和实习医院里，常规手术都会有许多人员参与。

- 术者（veterinary surgeon）：对患畜负责，进行手术以及指导手术室内的操作。
- 无菌护士（sterile scrub nurse）：手部消毒的手术助手，术中提供牵引以及传递无菌器械。
- 巡回护士(circulating nurse)：手术室的系统组织，帮助术者和无菌护士穿手术衣和戴手套，传递器械给无菌人员，记录耗材使用情况以及操作非灭菌设施，如透热电疗机和吸引器。
- 麻醉师（anaesthetist）：大型医院里可配备麻醉师以保证术者可以专心手术，但在动物的生理状况受到手术影响或发生麻醉并发症时麻醉师必须听从术者安排。

小型诊所的常规手术中，兽医护士可以监控麻醉状况（在术者的指导下）以及同时作为巡回护士工作。只有在复杂的病例中，才需要其他人员到位。

警告

小型诊所内，兽医护士可以监控麻醉，但必须在术者的指导下才能对麻醉参数进行改变。

手术室协调员

无论诊所的规模如何，都需要有一个人负责手术室和手术人员的总体管理。这个人的工作内容包括：组织手术列表，保证清洁程序的正确实施，维护无菌耗材的库存，维护手术室设备。

有效的手术室操作

手术室内设计合理、操作正确以及管理有序对于减少手术污染和提高工作效率是必要因素。管理良好的手术室需要对人员进行角色分工，提高有效操作流程（表1.2），安排合适的手术列表以及设置和监控有效的清洁程序。

表1.2 手术室操作的总体要求

规定
■ 在手术室内穿着合适的手术服装，离开手术室时应更换或套上外套 ■ 戴手术帽和口罩 ■ 保持良好的个人清洁卫生 ■ 手术人员经过有限通道进入手术室 ■ 手术中保持最小的人员流动量，尤其是职员出入手术室 ■ 手术室内保持所需要的最少的人员数量 ■ 在患畜之间遵守洗手规程 ■ 对于所有患畜和手术，记录手术室工作日志。这有助于确认感染率与医生、手术室以及手术本身的关系
禁忌
■ 不得佩戴首饰和假指甲 ■ 未消毒的人员不得接近无菌区域 ■ 未消毒人员不得穿过器械车和手术区域之间

指派手术室

有多个手术室时，每个手术室都能分派为清洁手术用或污染手术用。这一目的在于保持洁净手术室内最低污染水平，以保证骨科以及神经外科手术的进行。这一点对于使用移植物的手术尤为重要，比如关节置换术。

“肮脏”的手术应在单独指定的手术室内进行，较为实际的是在准备室内进行这些手术。

警告

涉及体腔的感染手术（如脓胸）需要在手术室内进行。在准备室内进行这类操作是不恰当的。

安排手术列表

为保持手术室内最高级别的无菌状态，手术列表应根据手术内容对于手术环境的影响程度而安排。最佳的方法是将手术分为清洁、清洁-污染，污染或感染手术（表1.3），并按此次序从清洁手术开始进行，感染手术作为最后的手术。

表1.3 手术操作分类

分类	描述
清洁	非外伤性伤口 不进入呼吸道、泌尿生殖道以及胃肠道
清洁-污染	进入呼吸道、泌尿生殖道以及胃肠道，但未发生明显液体溅出 轻微违反无菌技术
污染	形成小于4h的外伤伤口 较高程度违反无菌技术 胃肠道内容物溅出，或接触到感染的尿液或胆汁
感染	组织内存在细菌感染 伴有组织失活、明显污染或形成时间超过4h的外伤伤口

警告

已知发生医院获得性感染如假单胞菌或MRSA的患畜，应安排在手术列表的最后。

根据患畜个体的需要，比如病情稳定或急症需要处置，无法始终维持这一手术安排的次序，比如发生胃扩张-扭转的病犬的手术应先于选择性骨科手术进行。如果发生此类打乱安排次序的情况，应在患畜之间进行额外的彻底的手术室清洁消毒工作。如果手术室内使用正压通风系统，打乱手术次序就不是一个大问题了，因为空气交换会快速减少气源性的细菌数量。然而，清洁患畜所接触过的表面仍然是关键的工作。

手术设施的清洁

彻底的清洁工作对于在手术设施内实现理想的无菌技术是必要的条件。应建立相应的清洁程序并由手术室主管密切监控其执行情况。

实用技巧

对手术室内的表面定期进行微生物检测的价值有限，但当术后感染率增加时应该进行这类检验。

应在消毒前进行去污清洗工作，因为大块的有机物质可能会阻碍用于消毒的化学药品发挥作用。

■ 应使用一次性毛巾去除明显的污渍并在使用后丢弃。

■ 使用广谱的表面消毒剂进行清洁，并保证药剂的正确稀释以及足够的接触时间。

■ 用于地面清洁的拖把和水桶应指定为“手术室专用”，并不得用于诊所内的其他区域（图1.12）。用颜色区分诊所内不同区域使用的拖把和水桶有助于辨明这一情况。

■ 拖把头会成为细菌的储存池，应该每天用热水洗涤一次。

■ 应倒空并晾干水桶以减少细菌滋生。

■ 应用纸巾或一次性的抹布清洁表面，以防止清洁用品成为细菌的储存池。

表1.4和表1.5列出了建议用于手术室和区域的常规清洁程序，对于其他的区域：

■ 按手术室的清洁方法清洁地面和墙面。

图1.12　颜色标记并标注清楚专用于清洁手术室的水桶

■ 每周清洁所有的电话和电脑，因为它们会由于人类接触而藏匿细菌。

■ 定期打扫所有的架子并用合适的表面消毒剂清洁，通常每2~3个月进行一次。

表1.4　洗手区域的清洁程序

两次洗手程序之间
■ 从水槽中取出所有的预包装灭菌消毒刷的包装袋
■ 清洁所有溅到地板上的水，以减少滑倒的风险
每日工作结束时
■ 去除所有包装袋
■ 清洁并消毒水槽
■ 清洁并装满洗手液皂液器，补充洗手刷
■ 清洁地面

表1.5　手术室的清洁程序

每日开始
■ 用合适的消毒液擦拭所有的表面以清除夜间沉淀的灰尘
患畜之间
■ 从手术室中取出所有使用过的手术器械
■ 用消毒液擦拭手术台和器械推车
■ 逐点清除地面、墙壁和设备上残留的血迹和体液
■ 清洁所有与患畜有过接触的物品，如水桶、血压计袖套、食道温度计以及听诊器
■ 拿走所有手术产生的医疗废弃物和垃圾
每日结束
■ 移开所有手术室内的设备
■ 对所有的桌子和推车进行清洁和消毒，并确保关节和设备下表面都被检查到
■ 对麻醉机和挥发罐进行清洁和消毒
■ 清洁手术室的灯
■ 通过地面上的少量消毒剂对设备的滚轮进行消毒
■ 清洁并消毒地面
■ 清洁并消毒门把手
■ 关闭手术室大门
每周程序——在每日清洁程序之外进行
■ 清洁和消毒墙面及天花板
■ 用旋转式清洁器（rotary cleaner）擦洗地板或清洁地板
■ 彻底清洁和消毒手术台面
■ 用真空吸尘器去除积灰
■ 更换或清除热风加热系统的过滤器
■ 检查保养所有设备
■ 彻底清洁和消毒吸引器

2 灭菌与消毒

Michael H. Hamilton

概述 

术语

灭菌（sterilization）、消毒（disinfection）、无菌（asepsis）以及防腐（antisepsis）四个词通常会互换使用且常常用错。

灭菌

灭菌指**破坏所有微生物的活体形态**的过程，包括细菌、病毒、真菌、藻类以及原虫。同时还意味着完全消除休眠的细菌芽孢，芽孢对于环境变化有着极强的抵抗力，并可在环境中存活数年。最著名的细菌芽孢形式是炭疽杆菌（*Bacillus anthracis*）——炭疽的致病菌，它可以在非常恶劣环境下生活数十年。最近出于公共健康的考虑，开始重视对于朊病毒的杀灭，这是已知的最小的感染原，与海绵状脑病有关。

经过灭菌后的物品可被认为是**灭菌**的。灭菌是一种绝对的事情：只可以说一件物品是灭菌或非灭菌的；没有部分灭菌的东西存在。

消毒

消毒指**去除可能导致感染的微生物**的过程。这并不意味着消除所有的微生物，因为某些病毒及细菌无法通过消毒而清除。能否通过消毒达到灭菌状态取决于选用的消毒方法以及微生物的复原能力。

■ **消毒剂**（disinfectant）指用于消毒的试剂。这一名词最常用于那些静物表面（如地板或器械）的化学药品。这些药品通常具有一定的腐蚀性，不应用于活组织，以免造成细胞损伤。

■ **高级消毒剂**（high-level disinfectant）指在延长作用时间的情况下可达到灭菌效果的消毒剂。

防腐

防腐指**从皮肤或黏膜表面去除病原微生物**的过程，但会保留一部分常居细菌群。在动物机体的天然保护屏障完整的情况下，防腐处理后的细菌数量通常降低到患畜自身的抵抗力可以控制不发生感染的水平。防腐意味着去除特定的即使数量极少也可能引发感染的传染性微生物。

■ **防腐剂**（antiseptic）指用于防腐的试剂。

■ 严格来说，任何可抑制细菌生长的试剂都可作为防腐剂，然而抗微生物剂（biocide）和杀菌剂（germicide）则指可彻底杀灭细菌以及其他微生物的试剂。

无菌

无菌指**在活组织表面不存在病原微生物**的状态。这与灭菌不是同样的概念，因为只有无生命的静物才可认为达到完全灭菌的状态。

所有的手术创口都会被细菌所污染，但污染的细菌数量通常会维持在不会发生临床感染的水平，这种情况下的创伤可认为处于无菌状态。所以无菌所描述的是一种有活组织污染但不会导致临床感染或发病的状态。**无菌手术技术**（aseptic surgical technique）描述了一种使手术创伤的污染程度最低的通用原则。

清洁

清洁（cleaning）指**通过物理方法清除表面的污染物**，这里提到的污染物包括灰尘、泥土以及有机物（如血液、粪便和呕吐物）。物体表面未被彻底清除的残渣可能会成为保护微生物的物理屏障，或使相应的防腐剂或灭菌剂失活，从而可能会影响后续的消毒或防腐效果。在常规的清洁程序之外使用去污剂和水、酶溶液以及超声波清洗器可使附着于目标物体表面的难以通过手工方法清洁的残渣脱落。关于清洁的详细内容在本书的第1、3和16章内有所讨论。

环境卫生

环境卫生（sanitation）指用于去除可威胁公共卫生的微生物的方法。隔离传染病患畜并避免粪便和尿液污染食物和饮水是环境卫生工作的例子。但这不是与外科手术有关的一个名词。

灭菌效果

灭菌或消毒操作的效果取决于许多因素。一部分是由微生物本身的性质所决定，其他则与外界环境有关。所有的灭菌措施在作用时间和浓度水平方面都是设计用于破坏大多数有抵抗力的微生物。可接受的灭菌效果是单个微生物在灭菌过程中存活的机会是百万分之一（即10^{-6}）。

Spaulding's 分类法

1968年，Earle Spaulding根据单项医疗器械的用途与污染风险的相关性划分了合理的灭菌和消毒方法。多年以来，这一方法被简化并归纳为Spaulding's分类法，将器械和设备分为了三类（表2.1）。

高风险（严格灭菌）

放在无菌区域的物品，比如大部分的手术器械，应认为有很高的引起潜在感染风险。对于这些物品，必须进行灭菌处理而没有其他的替代方案。

中等风险（次严格灭菌）

中等风险的物品指那些可能会接触但不会穿透黏膜的器械。这一类主要包括软式内镜。尽管理论上内镜设备需要灭菌处理，但因为器械的脆弱性和结构复杂，它们无法承受蒸汽灭菌法的温度和压力。而且在不进行穿透黏膜的操作的情况下，其感染风险是中等的，因此使用高级消毒剂是可以接受的消毒方法。

警告

进入组织的内镜设备必须进行灭菌处理。

人医外科中的许多手术常使用一次性器械，所以不需要考虑是否需要进行有效地再次灭菌的问题，这可能是由于器械的大小和复杂程度妨碍了有效的灭菌，或是器械上可能会存在高度抵抗力的微生物。近期的实例是在扁桃体切除术中使用一次性镊子，以防止可能存在的朊病毒导致传染性海绵体脑病。

表2.1 Spaulding's 分类法

风险水平	相关项目	举例	所需过程
高（严格）	用于穿透皮肤或与无菌准备的组织或血流直接接触的器械	手术器械 缝针 导尿管及其他导管	灭菌
中等（次严格）	接触但不穿透黏膜的器械	软式内镜 气管插管 喉镜压舌板	最好进行灭菌，高级消毒剂亦可
低（非严格）	接触完整皮肤的器械	听诊器 洗涤盆	用去污剂清洗

低风险（不严格灭菌）

低风险物品指仅接触完整皮肤的器械，只需要用水和去污剂对其进行清洁。

消毒

尽管Spaulding's分类法仅用于手术器械，但可将其外推至整个医院环境内，并应牢记有效的感染控制方案不仅仅在于手术器械的灭菌工作。尽管可以认为环境本身是低风险的，但微生物随着时间的推移而累积到一定数量后，环境中便会存在引起明显感染的风险（图2.1）。所以应制订相应的环境消毒方法（见第1章）。

消毒剂

最常见的用于环境净化的液体消毒剂包括季铵盐化合物、含氯化合物、苯酚或含碘化合物。

季铵盐化合物

这是一类有机取代铵化合物，例如西曲溴铵和苯扎氯铵，其作用类似于阳离子清洁剂，通过溶解微生物细胞壁上的脂类来发挥杀菌活性。这类化合物对组织无毒性且气味清香，是最常用的家用和医院用消毒剂。但它们对病毒和芽孢无效，某些细菌如假单胞菌甚至可利用这些化合物作为能量来源，西曲溴铵琼脂便可作为实验室内分离假单胞菌的选择性培养基。

现代的消毒剂将几种具有协同作用的化合物进行混合以克服这些问题。今天在兽医院最常使用的可能是Trigene™（Medichem），这是一种包含了多种有效成分的消毒剂，其成分包括：烷基二甲基苯扎氯铵和十二烷酯氨基磺酸盐（dodecylamine sulphamate）。这些化学成分会破坏细胞壁，从而导致微生物细胞死亡，同时可通过灭活细胞内的产能酶来引起细胞死亡。它们不会被有机物残渣灭活，且高效杀灭假单胞菌种。Trigene™的配方可以杀灭病毒、真菌、芽孢及结核杆菌，并可被生物降解，可用于任何表面。这是一种无毒、无腐蚀性以及无刺激性试剂，唯一的不良反应是可能会导致皮肤干燥。

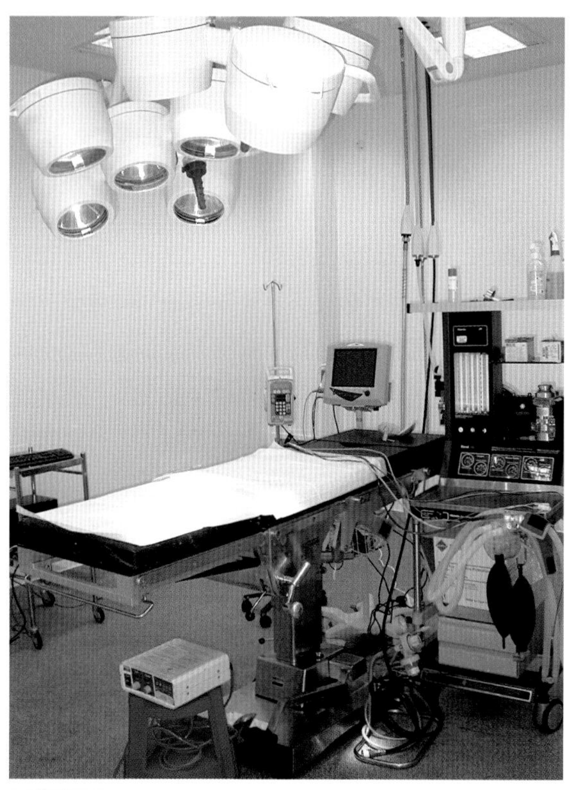

图2.1 手术室和犬舍区域应进行强制性定期消毒以减少感染风险

含氯化合物

最常用的含氯化合物是次氯酸钠，这是家用的氯制剂。与那些用于游泳池和供水系统来防止细菌生长的含氯化合物一样，它们都是通过释放游离的氯离子，并通过其氧化作用来杀灭微生物。最常用作家用漂白剂的是浓度为5%的次氯酸钠。在这一浓度下的溶液pH为11，可对皮肤产生强烈刺激。在

10%~13%的溶液pH为13，不仅可能灼伤皮肤，还会对金属产生腐蚀。因此这类化合物不可作为消毒剂使用。

苯酚

苯酚，即石炭酸，是最早用于临床的消毒剂，具有高度腐蚀性和毒性。外科医生最早佩戴橡胶手套不是为了防止创口感染，而是为了保护手部不受手术过程中喷洒于创口之上的苯酚所伤害。随后开发了很多新型的衍生物，其中最常用于皮肤防腐处理的是洗必泰（氯己定，chlorhexidine）。苯酚衍生物可有效地杀灭大部分的细菌，包括结核分支杆菌（mycobacterium tuberculosis），但它们对芽孢和病毒的杀灭活性有限，且不会被有机物质产生负面影响。

含碘化合物

与氯一样，碘也是一种卤素，并通过释放游离碘所形成的氧化作用来破坏微生物。无机碘的刺激性非常大，且可能引起器械腐蚀和织物染色。现在最常用的是碘载体，它由有机聚合物如洗涤剂与碘结合而形成。与无机碘相比，碘载体所引起的并发症非常少。最著名的碘载体是聚维酮碘（povidone-iodine），它还可作为防腐剂使用。含碘化合物是非常好的通用消毒剂，可以有效地杀灭细菌和病毒的活性，但它们杀灭芽孢的活性很差且会被有机物灭活。

灭菌方法

有很多可以对手术器械和材料进行灭菌的方法，每种方法都有其优点和缺点。应根据下列因素选择合适的灭菌方法。

- 灭菌效力
- 操作速度
- 器械相容性
- 使用便利
- 设备成本
- 员工安全
- 方便监控

迄今为止，在兽医上最常用的灭菌方法是使用高压灭菌器进行蒸汽灭菌，这一方法可形成一个高压下的饱和蒸汽环境以杀灭细菌。蒸汽灭菌法是物理灭菌法的一个范例，与之相对应的是使用液态或气态的化学药品进行的化学灭菌法。

物理灭菌法

表2.2列出了可用的物理灭菌法及其相互比较。

表2.2　常用的物理灭菌法

方法	优点	缺点	其他评论
干热	无需包裹 廉价	耗时长	可对那些容易被蒸汽弄钝的精细的锋利器械进行消毒
蒸汽（湿热）	经济 无毒性 可靠的灭菌方法	高温和高压可能会损坏精细器械	需要对器械和用品进行包裹以保证正确的灭菌。预真空高压灭菌器可以进行紧急情况下的快速灭菌
电离辐射	可同时对大量物品进行灭菌	需要墙厚2m的混凝土制灭菌仓来储存同位素以及保护操作人员，因此仅限于工业使用	最常用的是钴-60产生的γX线
过滤除菌	用于分离溶液或乳剂中的颗粒物	对于手术级的消毒和除菌无效	最常用于食品工业以及生物学研究

蒸汽灭菌法

高温可使细胞蛋白凝结，从而杀死微生物。可通过干热（如在烘箱中或火焰上）或湿热（如蒸汽）来杀死微生物。湿热条件下杀死微生物所需要的温度较低且更为快速，因为潮湿环境可催化蛋白变性的化学反应。

蒸汽灭菌的原理类似于家用的高压锅，在灭菌仓容量不变的情况下，增加蒸汽压力可增加灭菌仓内温度，并通过蒸汽在冷凝过程中所释放的热量杀死细菌。蒸汽可穿透有孔的表面，同时蒸汽在冷凝的过程中可将热能传递到冷凝的表面并释放潜在的热量。

蒸汽灭菌法是最可靠的灭菌方法，并且非常经济且无毒性。如果任何物品可承受蒸汽灭菌则应进行蒸汽灭菌。某些医疗器械的精密组件（如内镜）设备可能不适于蒸汽灭菌法，因为它们在高压灭菌器内的高压和高温作用下可能会发生无法挽回的损失。

常用的蒸汽灭菌设备是高压灭菌器。高压灭菌器的仓门在工作时会由于仓内的高压而自动关闭且不会打开。高压灭菌器由内外仓组成，待灭菌的物品放在内仓里进行灭菌。灭菌过程中蒸汽会取代灭菌仓内的空气。

重力排气式高压灭菌器（下排式高压灭菌器，gravity-displacement autoclave）：重力排气式或下排式高压灭菌器的工作原理：比空气轻的蒸汽通过狭窄的外仓进入灭菌仓并向下压以取代仓内较重的空气。这一类型的高压灭菌器的主要问题在于中空的物体内可能会有空气留存，从而阻止了物体的所有表面与蒸汽接触，从而影响灭菌效率进而导致灭菌不完全。在进行高压蒸汽灭菌时，必须使蒸汽取代所有的空气，以保证在所有的表面发生冷凝作用。空气通过仓顶的温控阀排出。在压力作用下蒸汽不断产生并排出更多的空气，随着压力的增高，温度同样持续增高。

重力排气式高压灭菌器的最小安全标准工作时间是120℃（250℉）下作用13min。

预真空式灭菌法：预真空灭菌器（图2.2）是现在兽医诊所最常见的灭菌器。它工作时预先在导入蒸汽前主动抽去空气，从而在仓内形成真空状态，这样蒸汽在导入时可以非常快速地充满整个灭菌仓。这一设计比重力排气式高压灭菌器更有效去除排出空气的时间，并且大大减少由于留存在灭菌仓内的空气所导致的问题。这些设备提供了手术器械在紧急情况下的“闪光式”灭菌方法，可将未包裹的未灭菌器械放在多孔金属容器内并放于灭菌器内进行灭菌处理。处理完毕后可将灭菌托盘直接拿进手术室。

图2.2 预真空式高压灭菌器。（a）中等大小的台式灭菌器（b）手术数量较大的医院需要使用大型的高压灭菌器

预真空式灭菌器的最小安全标准工作时间是131℃（270℉）下作用3min。

干热灭菌法

干热灭菌时，能量是直接吸收的，主要通过氧化作用杀死微生物。这一过程比湿热灭菌法缓慢许多，且逐渐淡出临床应用。这一方法可用于非常精细的器械，尤其是具有锋利边缘的器械（如眼科器械），因为蒸汽可能会使它们的刀刃变钝。干热灭菌时不需要对器械进行包裹。

干热灭菌法的合适作用时间是160℃（320℉）作用2h，或170℃（340℉）作用1h。器械必须冷却后才可使用。

电离辐射

用电离辐射的方法进行灭菌仅限于商业使用，因为有关放射性材料的安全设施和防护措施的花费很高。这种灭菌方法不依赖于湿度、温度、真空或压力。唯一的变量是放射源的强度和作用时间。

γ辐照：电离辐射与低能量辐射（如红外线）的区别在于电离辐射有足够的能量置换原子内的电子。这一效应可导致微生物的细胞功能紊乱及死亡。最常用的方法是使用γ射线，钴-60是最常用的放射源。γ射线的穿透性非常强，因此所使用的辐照仓应有2m厚的加强混凝土外墙，以保护操作者安全及储存放射性同位素。由于γ射线的穿透力强，所以可以同时对大量的物品进行灭菌，即使使用多层的包裹也可获得相同的灭菌效果。需要使用有机玻璃的剂量计来测量累积剂量。

常见的可通过这一方法进行灭菌的物品包括：缝合材料、套管针、无菌敷料以及非金属移植物。如果需要对这些物品进行再次灭菌，则应根据生产商的建议选择替代方法，因为再次灭菌可能会影响物品的完整性。

过滤灭菌

液体尤其是食品（如牛奶及其他奶制品等）在上述灭菌方法中可能受到破坏，这时不可通过机械过滤技术进行灭菌，这一灭菌方法同样常用于生物学研究，用于除去溶液或乳液中的颗粒和微生物。可购买到预灭菌的一次性过滤装置，孔径为0.2μm的滤器可去除细菌，如果需要去除病毒则需要孔径为20nm的滤器。临床上使用可将滤器与注射器相连接，用于某些化合物如亚甲蓝的注射前除菌。

化学灭菌法

可利用液态或气态灭菌剂进行化学灭菌法（表2.3）。气态化学灭菌剂通常用于那些对热和/或湿敏

表2.3　常用的化学灭菌法

方法	优点	缺点	其他评论
环氧乙烷	快速扩散且很容易穿透大部分的已包裹物品，是室温下的有效灭菌剂。有益于精细物品（如照相机和内镜）的灭菌	毒性和高度可燃性，耗时，灭菌物品使用前必须进行曝气	机械曝气以减少曝气时间。临床诊所可使用微量方法进行灭菌
过氧化氢	无毒性副产品	不可用于亚麻制品、纱布片或纸	辐射波可通过过氧化氢蒸汽传导以产生等离子体
季铵盐化合物	现代的卤素化季铵盐是无毒的、可生物降解的且在30min内的有效灭菌剂	标准的季铵盐化合物具有腐蚀性，可被有机残渣灭活，且对假单胞菌无效	多种作用机制，并可添加防腐蚀剂
戊二醛	对金属、橡胶和塑料无腐蚀性	对皮肤和黏膜具有刺激性	羟乙酸盐可长期保持稳定
甲醛	雾化甲醛可用于手术室或犬舍建筑的周期性消毒工作	对皮肤和黏膜具有强烈的刺激性	不常用
邻苯二甲醛	有效杀灭抗戊二醛的芽孢。作用时间减少。对皮肤和眼睛无刺激	昂贵。可使蛋白质（包括皮肤）灰染	类似于戊二醛，但工作浓度低且毒副作用小

感的物品进行灭菌，如内镜、塑料制品、相机及电源或光缆。某些液态的化学试剂也可用于灭菌，将器械浸泡在这类溶液里进行灭菌的方法称为冷灭菌法（见下文）。灭菌剂的作用时间和杀菌数量之间成指数关系，所以可缩短作用时间作为防腐程序的一部分。

- 可用于灭菌的溶液被称为高级防腐剂。
- 中级和低级防腐剂仅可以用于污染风险较低的地方（如清洁地板和工作台面）。

环氧乙烷

需要使用环氧乙烷灭菌的物体是对高于60℃的敏感物品，如光学设备、电子设备和塑料制品。

环氧乙烷是一种无色气体，结构上包含具有高反应活性的、容易与其他分子相结合的烷基基团。烷基可与生物大分子内的羟基、羧基以及氨基相作用，改变微生物的RNA和DNA，阻断必需的代谢反应，并改变蛋白质合成，导致微生物死亡。

浓度大于3%的环氧乙烷可燃易爆，需要与二氧化碳或碳氟化物混合以保证安全。环氧乙烷在室温下是一种极有效的灭菌剂，可在10.5℃时变成气态。气态的环氧乙烷的扩散速度非常快，可轻易穿透大部分的包裹材料，但无法渗透部分塑料（如尼龙和聚乙烯）制品。

过去，使用“毒气室”的方法来利用环氧乙烷进行灭菌，这一方法需要使环氧乙烷和稀释气体（如二氧化碳或氟利昂）的混合气体充满一个大的箱子。出于对环境因素以及使用大量环氧乙烷所带来的运输和安全问题的考虑而开发了微量方法，使用微量方法时，只需要将很少量的气体释放于特制的袋中（图2.3）即可进行灭菌。

与其他的灭菌方法一样，所有的待灭菌物品都应进行手术级的清洁并自然风干，不应使用热风干燥器械，因为热风可能会导致细菌芽孢进一步干燥从而提高对气态灭菌剂的抵抗力。此外，器械上的任何水迹都会与环氧乙烷发生反应而降低灭菌效率。

灭菌时间：使用环氧乙烷进行灭菌所需要的时间取决于温度、气体浓度、湿度以及待灭菌的材料（表2.4）。

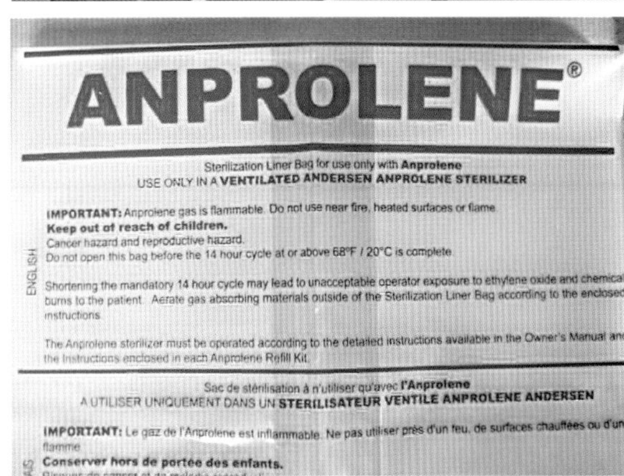

图2.3 微量环氧乙烷灭菌机，只需要少量的气体，安全性比需要环氧乙烷气体充满整个灭菌箱的老式机器提高许多。使用灭菌衬袋进行灭菌

表2.4 环氧乙烷灭菌法：影响灭菌时间的因素

温度
■ 最佳温度是49～60℃（120～140℉） ■ 大部分物品在55℃时需要作用3h，热敏感度较高的器械可在38℃下作用5～6h ■ 在室温下灭菌需要12h ■ 粗略的计算方法是：每升高10℃的温度可使环氧乙烷的灭菌效果加倍，从而减半所需的作用时间
气体浓度
■ 环氧乙烷的有效浓度是200～800mg/L ■ 大部分的灭菌器所使用的浓度约为600mg/L ■ 浓度加倍可使所需的作用时间减半

（续）

湿度
■ 保持一定湿度可保持环氧乙烷的有效杀菌活性；此外植物状态细胞和干芽孢的再水合有利于提高灭菌效果 ■ 理想的湿度约为40% ■ 去除所有待灭菌物品上的水分尤其重要，因为环氧乙烷会溶解于水从而降低了气体浓度和灭菌效果 ■ 任何由于清洁不当而留下的有机残渣都可能与气体发生反应，并生成有毒物质 ■ 如果无法将物品拆开清洁，则该物品不适用于环氧乙烷灭菌法
待灭菌材料类型
■ 应严格遵守生产商所提供的关于环氧乙烷暴露时间的指引。例如，气体很难穿透具有长而窄的内腔的物体，因此许多系统都具有在灭菌此类物品时延长循环时间的装置 ■ 腔管长度超过1m的物品通常需要标准时间2倍的循环时间

气体洗脱

警告

使用环氧乙烷的最大缺点是该气体对眼睛和呼吸道黏膜具有强烈的刺激性，可导致严重的肺水肿，还可能引起中枢神经系统的抑制，并有可能具有致癌性。

在环氧乙烷灭菌完成后，必须保证有足够的洗脱时间以让所有的残留气体从已灭菌物品上挥发，这一点是非常重要的。可在室温下于灭菌器内通过最小时间的空气流动来获得曝气效果，或使用机械曝气法，即通过提高真空度及增加温度的方法来加速从已灭菌物体上去除所有残留的环氧乙烷的过程。气体洗脱时间取决于所灭菌的物体：环氧乙烷气体无法深度穿透的材料如金属、玻璃和某些塑料，所需要的洗脱时间较短；橡胶和其他类型的塑料与气体结合较紧密，因此可能需要更长的洗脱时间。

警告

环氧乙烷不应用于已接受过辐照灭菌的物品，尤其是PVC制品，因为这样可能会导致形成高度毒性且难以洗脱的氯乙醇。

过氧化氢气体等离子灭菌法

过氧化氢可生成自由基及紫外线光子，它们可与微生物代谢所必须的细胞成分相作用，从而杀死微生物。

实用技巧

- 过氧化氢可用于大部分物品消毒，但不可用于亚麻织物、纱布片或纸。器械必须用非编织（无孔）聚丙烯布料或特殊的塑料灭菌袋包裹。
- 对有腔物品的消毒需要使用特殊的适配器（过氧化氢加速器），以保证灭菌剂可进入腔内。
- 具有非常窄长的腔管且一端封闭的物品不适宜用这种方法进行灭菌。

将清洁后的物品放入特别设计的灭菌仓内，使用真空泵排出灭菌仓内的空气。然后按以下步骤进行灭菌：

1. 过氧化氢水溶液加入灭菌仓后自然汽化。
2. 保持6mg/mL气体浓度，并维持约50min，这一过程被称为扩散相。
3. 透过灭菌仓的辐射波激发出气体等离子，这一过程被称为气相。能量所产生的电场进一步激活气体分子以产生物质的与固态、液态和气态不同的第四态——等离子。等离子态内的离子和分子相互碰撞从而产生自由基，进而破坏微生物的DNA。这一状态应维持一定的时间，通常约为20min，直至杀灭所有微生物。

等离子灭菌法的主要优势在于不会产生有毒的副产品。尽管过氧化氢本身具有刺激性，但在整个过程中不会与人发生直接接触。所使用的过氧化氢溶液最初密封于试剂匣中，在灭菌过程结束后，所有的蒸汽都通过滤器所排出，这一方法可将任何残留的过氧化氢分解为水和氧气。同样，将等离子体重组以形成水和氧气的方法将过氧化氢在此过程中持续排出。

冷灭菌技术

内镜和关节镜设备是非常复杂及易损坏的外科设备（图2.4），禁止以热灭菌方法进行灭菌。环氧乙烷灭菌是可用的方法，但并不可用于普通诊所的常规灭菌。

用于冷灭菌的理想药物应具有高效及快速的灭菌活性、良好的材料相容性及无毒性。不幸的是，不存在这种理想的高级消毒剂，所有的消毒剂都具有局限性。氧化试剂如过氧乙酸和含氯试剂的杀菌效果好于烷基化试剂，但对器械具有腐蚀性。烷基化试剂如戊二醛和甲醛通常的杀菌能力不如氧化试剂，但具有更好的材料相容性。

在现代的外科诊所内最常使用的冷灭菌剂是不同化合物的混合物，以发挥其协同作用来克服传统化学灭菌剂的不足。随着时间推移，灭菌剂的最小有效浓度会由于稀释和污染而变化，因此应定期更换灭菌剂或检查最小有效浓度以保证灭菌效果。监控最小有效浓度非常容易，最常用的方法是将特殊的指示试纸条浸入灭菌溶液中。试纸条通常会显示阳性或阴性结果，如果未发生颜色变化则说明溶液浓度已低于最小有效浓度。但一些戊二醛溶液会在浓度低于最小有效浓度时发生颜色变化。

警告

主要用于冷灭菌的化学试剂对皮肤和黏膜具有刺激性。任何通过此方法灭菌的器械在接触患畜前应用灭菌水冲洗，确保没有化学残留。

季铵盐化合物：尽管常用的季铵盐产品如MedDis™（MediChem）含有强力季铵盐化合物（如二癸基二甲基氯化铵），可它们还含有多种其他不会被有机物残渣所灭活的化学成分，并对假单胞菌具有高效杀菌力（标准季铵盐化合物的主要缺点，在消毒剂部分有详述）的成分。这些现代的卤代叔铵无毒性且可被生物降解，所以可以安全使用。它们通过多种机理破坏细胞壁并损伤微生物的DNA，并加入腐蚀抑制剂。这些化合物可在30min内达到灭菌效果，这在繁忙的诊所内是非常实用的方法。

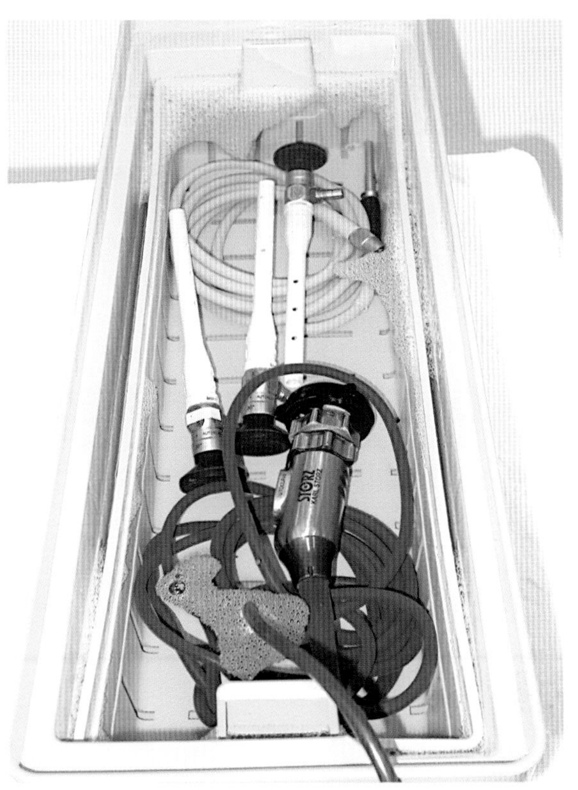

图2.4 关节镜设备的冷灭菌

戊二醛：饱和二醛作为高级消毒剂和化学灭菌剂具有广泛的接受度。戊二醛通过核酸和蛋白质的烷基化作用而产生杀菌效果。戊二醛具有良好的杀菌活性且不会对金属、橡胶和塑料产生腐蚀。室温下浸没于戊二醛中10h可获得有效的杀菌效果，然而高级消毒剂在同样的温度下仅需10min。戊二醛的羟乙酸盐可长期保持稳定。

警告

戊二醛的主要缺点是会对皮肤和黏膜产生刺激。因此必须保证最小的接触时间，并严格遵守健康和安全操作程序。

甲醛：37%的甲醛水溶液即福尔马林，会对皮肤和黏膜产生强烈刺激，因此作为冷灭菌剂具有局限性。然而，可利用福尔马林蒸汽对非常大或难以接近的物品进行消毒或灭菌。甲醛熏蒸法可用于手术室或犬舍建筑内的周期性消毒，或在必须的保养工作前杀灭潜在的危险病原体。

邻苯二甲醛：邻苯二甲醛是新一代的烷基化试剂，对分支杆菌的杀菌力增强，同样可杀灭对戊二醛具有抗性的芽孢。额外的优点包括接触时间减少及稳定性增加，不会对眼睛和皮肤造成刺激；缺点是比较昂贵且会使蛋白质（包括皮肤）灰染。

过氧乙酸：这是一种氧化试剂，常用于人医院内的大型自动化灭菌过程。它通过氧化蛋白质内的二硫键而引起细胞壁的渗透性崩解及蛋白质变性。

灭菌指示物

多种原因可导致灭菌失败，包括器械清洁不当、包裹材料使用不当或灭菌仓装载不正确。尽管可以通过合适的训练和监督来控制人为错误，但还是应该使用灭菌指示物以确保符合正确的灭菌条件，且不会发生机械故障。

微生物即使在满足特定的灭菌条件下也不会瞬间发生彻底死亡，因为微生物在恶劣环境下的存活能力有着较大的差异。灭菌的过程主要依赖于合适的灭菌方法和时间长度，因此事实上即使满足所需要的灭菌条件也不能完全确保灭菌完成。

实用技巧

一个有效的质量保障程序需要使用多重的监控方法来维持最高的手术无菌标准。对于每次的灭菌工作都应保留记录以供审核之用，这在发生灭菌错误时有助于确定原因。

灭菌指示物被分为化学指示物和生物指示物，它们都应与常规的灭菌器维护程序以及包括温度、压力和湿度探针在内的物理监控参数相关联。

化学指示物

化学指示物指可对灭菌仓内一种或几种物理条件的改变产生物理或化学反应，并用此来对灭菌过程进行监控的设备。它们用于检测可能由于灭菌仓工作不正确、包裹不正确、灭菌剂不足或灭菌器故障等引起的灭菌失败。常用的化学指示物是浸有化学试剂的试纸条或装有液体的玻璃小瓶，在达到预先设定的变量值时这些指示物会发生颜色的变化（图2.5）。

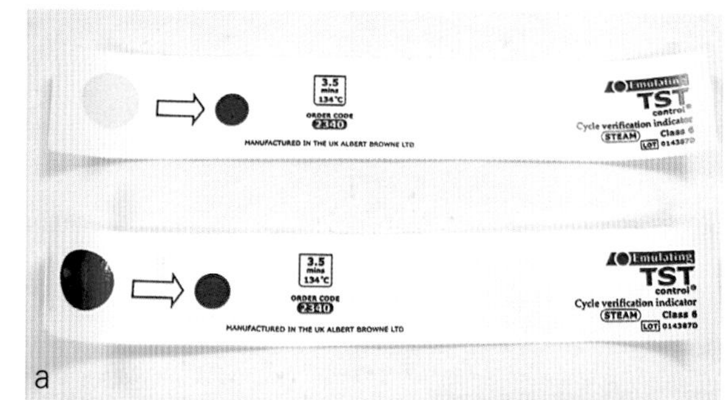

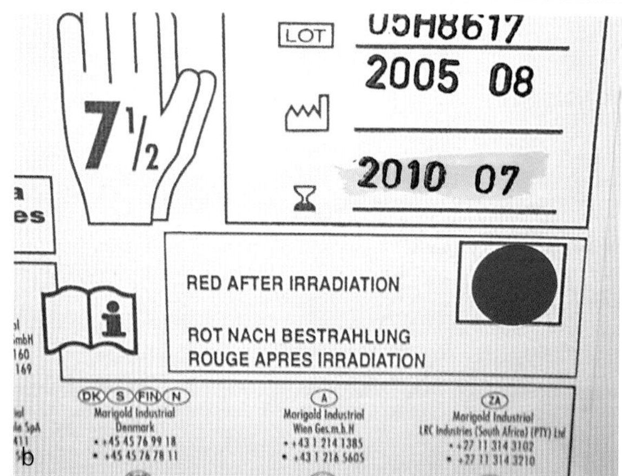

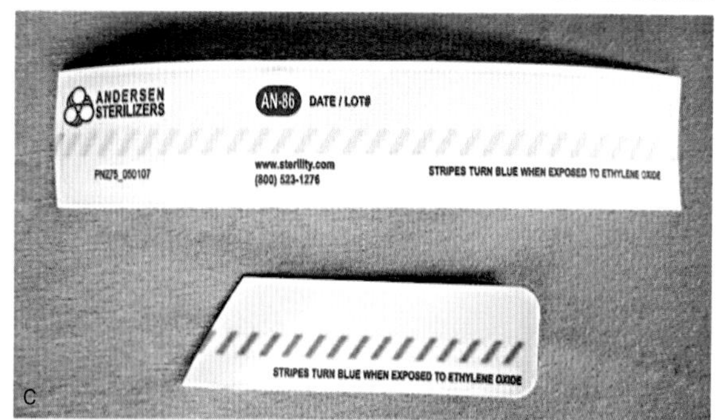

图2.5　化学指示物。（a）蒸汽灭菌：上方的指示条显示了灭菌前的外观，下方的指示条显示了灭菌过程所引起的明显变化。（b）辐照灭菌：包裹上的红点表明该物品已经由γ辐照进行了有效的灭菌。（c）环氧乙烷灭菌：暴露于环氧乙烷会使黄色试纸条变成蓝色

美国医疗仪器促进协会（AAMI）定义了五类化学指示物（表2.5）。

表2.5 AAMI对于化学指示物的分类

类别	类型	描述
1	过程指示物	最基础的化学指示物（如高压灭菌器胶带和其他灭菌袋上的指示物），每个物品上都应附带一个指示物以区别已灭菌和未灭菌的物品
2	特殊检测指示物	用于特殊的检查方法（如用于高压灭菌器的Bowie-Dick胶带和Dart产品），它们用于检测灭菌仓内存在的空气
3	单参数指示物	对于灭菌过程中的一个关键性参数作出反应（如特定的温度和压力）
4	多参数指示物	对于灭菌过程中两个或更多关键性参数作出反应（如蒸汽的作用时间和温度；或环氧乙烷的作用时间和浓度）
5	集成指示物	对于灭菌过程的所有参数作出反应，可在许多设备中代替生物指示物

化学指示物可用于绝大部分的灭菌方法，并可为接受灭菌处理的个别物品提供可视化的指示。但指示物只是设计用于对不同的物理条件如温度、湿度和辐照度以及气体灭菌剂的浓度作出反应，所以并不能反映整个灭菌的过程。

- 1类指示物通常放在灭菌包的外面以表示这个包裹接受了灭菌过程。
- 3、4和5类指示物放在包裹内部的一个区域，这个区域应是灭菌剂能接触到的最后区域，但不一定是包裹的中心区域。理论上，指示物应放在每个包裹的中心，但也可将指示条放在灭菌仓中心位置的一个测试性包裹的中心。

警告

要格外注意的是，阳性反应的指示物并不能够确保手术器械的灭菌性，它仅仅体现了灭菌仓内的条件符合了指示物的设计条件。

生物指示物

生物指示物通常将对某种灭菌方式抵抗力最强的微生物放在玻璃小瓶内或试纸条上，与待灭菌物品一同接受灭菌处理，然后将小瓶内或试纸条上的微生物复壮并孵育24～48h，以通过各种方法来证实微生物的存在。通常是利用细菌代谢导致pH改变而引起颜色的变化；另外一种较复杂的方法是利用某种对于特定的灭菌方法具有高度抵抗性的细菌代谢所产生的荧光素来验证细菌的存在。如果观察到细菌的生长，则表明该次灭菌过程是不成功的。不同的方法应使用不同的微生物，但所使用的细菌必须是非致病性、不可形成芽孢且对于所选用的灭菌方法的抵抗力高于可能发生的自然污染菌数倍（表2.6）。

表2.6 常用灭菌方法中可使用的生物指示物

灭菌方法	生物指示物
蒸汽	嗜热脂肪土芽杆菌（*Geobacillus stearothermophilus*[a]）的芽孢
环氧乙烷	枯草杆菌（*Bacillus atrophaeus*[b]）的芽孢
H_2O_2气态等离子	枯草杆菌黑色变种（*Bacillus subtils* var. *niger*）的芽孢
γ辐照	短小芽孢杆菌（*Bacillus pumilus*）的芽孢

注：[a] 自嗜热脂肪芽孢杆菌（*Bacillus stearothermophilus*）中再分类而来；[b] 自枯草杆菌球形变种（*Bacillus subtilis* var. *globigii*）中再分类而来。

生物指示物的主要缺点是需要花时间进行微生物培养，所以无法立即得出结论。通常应周期性（理论上至少保证每周一次）地使用生物指示物，作为整体方案的一个组成部分，以确保在所有时间均保持较高的灭菌和无菌操作标准。对于呈阳性的培养结果应立刻展开调查以确定灭菌过程失败的原因。

手术包的准备和管理

必须对灭菌过程的所有步骤都有良好的理解。可能导致灭菌失败的原因包括：器械清洁不当、手术包包裹不良、灭菌仓装载不当或选择了不恰当的灭菌方法。

无论采取何种灭菌方法，必须一丝不苟地准备手术包以提高灭菌效果。

清洁

手术器械应在使用后立即清洁，因为干的血渍和组织碎片非常难去除。所有的麻制或棉制的手术巾都应在包裹前洗净并晾干。

实用技巧

- 手术器械在手术后应立即用冷水冲洗以防止血浆蛋白质凝结，凝结的蛋白质会使血渍更加难以去除。如果无法立即进行清洁或血液已经发生黏附，则可将器械浸泡于混有有效去污剂的热水中，从而简化后续的清洁工作。
- 应在清洗和灭菌前分解所有的复杂器械，所有的部件应彻底干燥后才进行包裹和灭菌。
- 在进行蒸汽灭菌之前，应用少量水冲洗具有管腔的器械，在消毒过程中水会汽化并将空气排出管腔。
- 与之相反的是，在使用气体灭菌的过程中，任何管腔内的水汽都会降低气体的灭菌效果。

包制手术包

在将器械装入灭菌仓之前，应根据器械的用途将它们包裹在一个手术包中。并应根据特定的手术过程所需要的最常用器械包制不同的手术包，如卵巢子宫切除术或十字韧带膝关节损伤的稳定术。

包裹材料

合适的包裹材料（表2.7）应该符合如下条件：首先应具有屏障作用，以防止手术包内的物品受到微生物污染；此外，所选用的材料应具有足够的渗透性，以使灭菌剂进入包裹内部，确保灭菌效果；包裹材料应不与灭菌剂发生反应，否则可能会对灭菌过程产生影响。理想的包裹材料还应具有易操作、耐用及不掉线的特性（表2.8）。

表2.7　适用于不同灭菌方法的包裹材料

灭菌方法	合适的包裹材料
蒸汽	棉布、纸、聚丙烯织物、纸/Mylar（聚酯薄膜）
环氧乙烷	棉布、纸、聚丙烯织物、聚乙烯、纸/Mylar（聚酯薄膜）、Tyvek（高密度聚乙烯合成纸）/Mylar（聚酯薄膜）
过氧化氢气态等离子	Tyvek（高密度聚乙烯合成纸）/Mylar（聚酯薄膜）、聚乙烯

表2.8　不同包裹材料的优缺点

包裹材料	优点	缺点
棉布	可反复使用，容易操作	需要双层包裹，不防水
纸	廉价	需要双层包裹，不防水
聚丙烯织物	非常耐用、抗破坏	一次性使用，需要双层包裹
纸/Mylar（聚酯薄膜）、Tyvek（高密度聚乙烯合成纸）/Mylar（聚酯薄膜）	防水、单层包裹、货架期长	器械可能会穿透包裹

棉布和纸：棉布手术巾和纸是廉价的材料，可以用于高压蒸汽灭菌法和环氧乙烷灭菌法，因此至今仍是最常用的包裹材料。但不建议将其用于气体等离子灭菌法，因为灭菌过程可能会损坏这些多孔材料，从而对灭菌效果产生影响。

塑料灭菌袋：Tyvek是一种高密度聚乙烯无纺布，其优点包括：对微生物的抵抗性好、透明以便直接观察袋内物品、特别牢固，但灭菌气体可以渗透。大多数这些新型材料所制成的灭菌袋的一侧是可渗透材料，而另一侧为不可渗透的材料（如PVC或涤纶）（图2.6）。这些塑料灭菌袋通常用于独立器械或少量器械的灭菌，而大型器械包和用于复杂手术（如全髋关节置换术）的装有大量手术器械的器械匣，建议用纸或棉布手术巾进行包裹。

安全储存时间

包裹材料的选择会影响对灭菌物体的保护程度，与现代的非编织材料相比，织物材料（如棉布手术巾）对于湿气和颗粒物质的屏障功能较弱。这里的非编织材料指所有通过非传统方法所制造的布料，包括所有不属于纺织材料的工程化布料。表2.9提供了不同材料的外科包裹相应的储存时间。

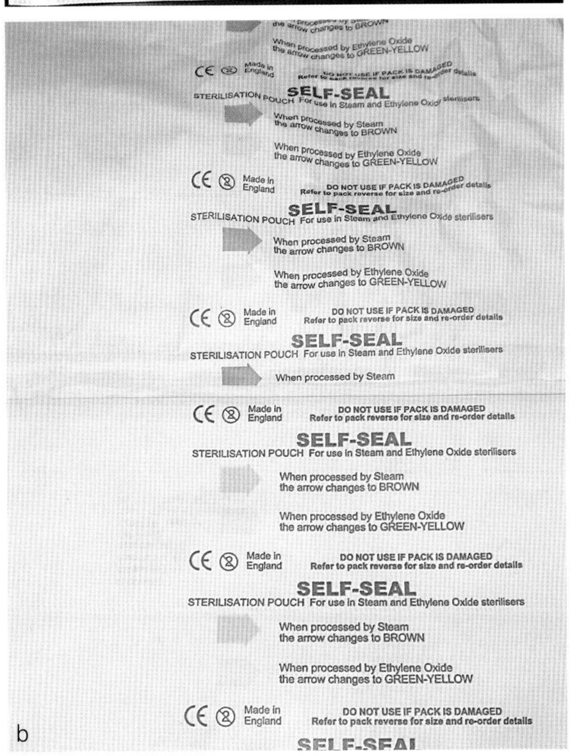

图2.6 （a）用于小物品或器械灭菌的塑料灭菌袋。这些灭菌袋可在待灭菌物品放入后通过自粘胶带密封（b）塑料灭菌袋上的化学指示物

表2.9 不同材料和包裹方法制成的手术包的安全储存时间

包裹材料	储存期
单层棉布包裹（二层）	1周
双层棉布包裹（四层）	6周
单层绉纸外覆单层棉布包裹（三层）	8周
双层棉布包裹，放于防尘罩内并用胶带密封	12周
双层棉布包裹，放于防尘罩内并用热密封	8个月
双层非编织材料包裹（如聚丙烯）	9个月
热封口的塑料袋（如Tyvek）	>12个月

包裹技术

包裹物品时应确保在不破坏灭菌状态的情况下轻松打开手术包。包裹时，包裹材料的每个角都应向外折叠，这样可以在打开包裹时容易控制包布而不会污染包裹内层。包裹完成后，用适用于高压灭菌器的胶带封闭包裹并准备进行灭菌（图2.7）。手术衣也以同样的方式进行包裹，这样可以在穿着时不破坏其无菌性。

过多的操作步骤会增加包裹材料穿孔的风险，尤其是在手术器械具有锋利或尖锐的边缘的情况下。为减少材料破损的风险，在灭菌前应将带有锋利边缘或尖角的器械包裹在纱布中或用小的塑料套覆盖（图2.8）。所用的任何覆盖物都可用于所选择的灭菌方法。骨科用钢针和钢丝可以装在特制的金属盒内，这样既可以防止包裹的破损，也有利于有效收纳不同尺寸的钢针和钢丝。

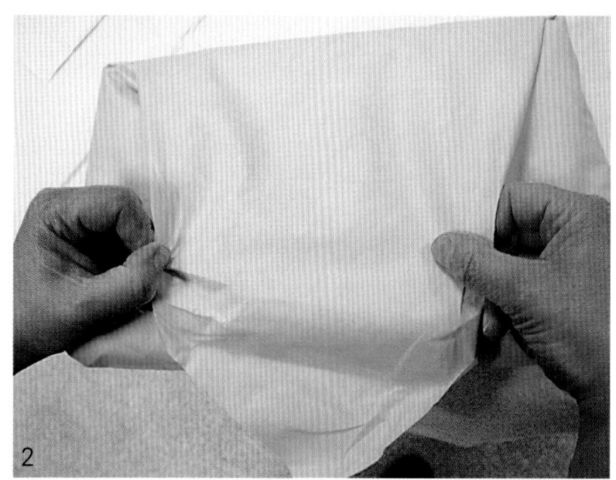

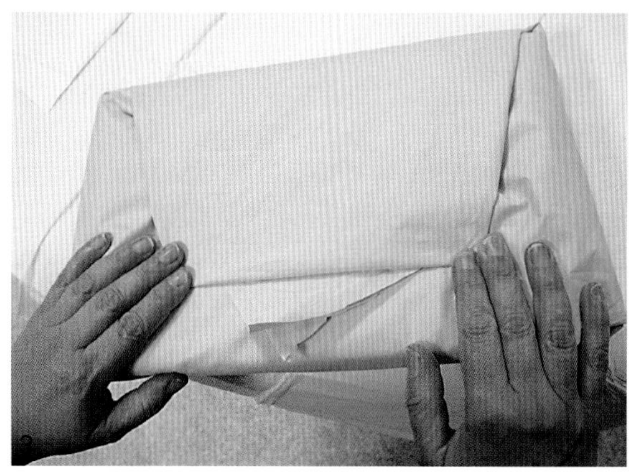

图2.7　包裹手术包时，应确保包布的每个角都向远离手术包中心的方向折叠。小的边缘也应折进包裹内，以确保容易控制并在打开包裹时不污染包裹内层。手术包包裹完毕后，用高压灭菌专用胶带封口

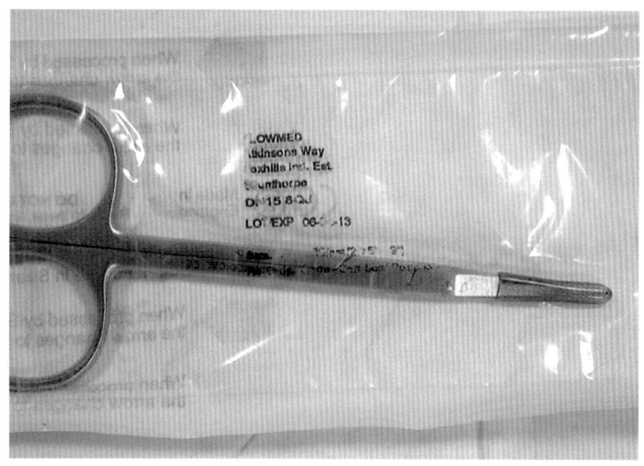

图2.8　用小的塑料保护套套在尖头剪刀的前端。保护套必须适用于所选灭菌方法

装载灭菌仓

在装载灭菌仓之前，需要考虑一些特殊的问题：

- 所有带关节的器械都应在锁扣完全打开的情况下进行灭菌。
- 必须将复杂器械拆开。
- 灭菌仓不可过载，否则会影响蒸汽或气体的正常循环；手术包之间应相距3～5mm，并离开附近的仓壁。
- 理想情况下，每个手术包中器械之间的距离应不小于3mm。

装载灭菌仓时还应考虑所选用的灭菌方法。例如，使用重力排气式高压灭菌器时，手术盘应水平放置或开口向上放置，以确保正确的蒸汽穿透，因为蒸汽是从仓顶向仓底推进的。但对于真空辅助排气的机器而言，就不需要考虑这些问题。

实用技巧

包有手术巾、毛巾和手术袍的麻布包裹是非常紧密且难以灭菌的，不应将它们堆叠在灭菌仓内。这些大件物品可能会导致蒸汽无法到达灭菌器的每个区域，所以不应与手术器械一起灭菌。

储存准备

蒸汽灭菌结束后，灭菌过程中水汽的冷凝会使所有灭菌器内的物品有轻微的潮湿。

当设计用于灭菌少量手术器械的台式高压灭菌器超负荷用于有吸水性的物品（如布制手术袍和手术巾）时，可能会产生特殊的问题。这些物品通常

放在灭菌袋中，并在所有水汽从吸水性物品上排出前进行热封口。大型的多孔负载型高压灭菌器不常用于全科诊所。

实用技巧

- 所有的器械和手术包应该在储存前冷却并干燥。
- 确保物品干燥对于维持无菌状态至关重要。潮湿同样会腐蚀器械（见本书第3章）。
- 包有棉布手术巾的手术包应放在灭菌的塑料袋中，然后进行热封口。这些防水的灭菌包裹可大大延长手术包的货架期。
- 包有少量物品的小手术包可以放在塑料灭菌袋内，并在灭菌后直接储存。

储存

事件相关性有效期指灭菌状态的丧失与特定的事件有关，而与一定的时间长度无关。这意味着如果手术包进行正确的包裹和灭菌，则在手术包没有弄湿或损坏之前都可以保持灭菌状态。

保持无菌性的最安全方法是严格按程序进行手术包的操作和储存。

警告

对于一件物品，如果担心它已发生损坏或不当操作，或存在任何证据表明环境已经被“污染”，则该物品被认为非灭菌。

实用技巧

- 原则上，所有的手术包都应储存在封闭的橱柜中（图2.9），而不是放在开放的架子上。
- 搁板应该是清洁干燥的，处于较低湿度的区域并远离紊乱的气流。
- 物品应标注灭菌日期及建议的失效日期。
- 物品应以合理的方式进行储存，进行清楚的标记，以免在需要寻找特定物品的时候对手术包进行反复翻查。

将手术包传递给手术团队

对于严格的无菌技术而言，如何将灭菌物品从包裹中传递到手术团队是至关重要的一个环节。物品在这一过程中发生的污染与无菌性在手术早期受到破坏具有同等的意义。

图2.9 灭菌物品应储存在封闭的橱柜中进行标注，以便在需要时方便寻找物品

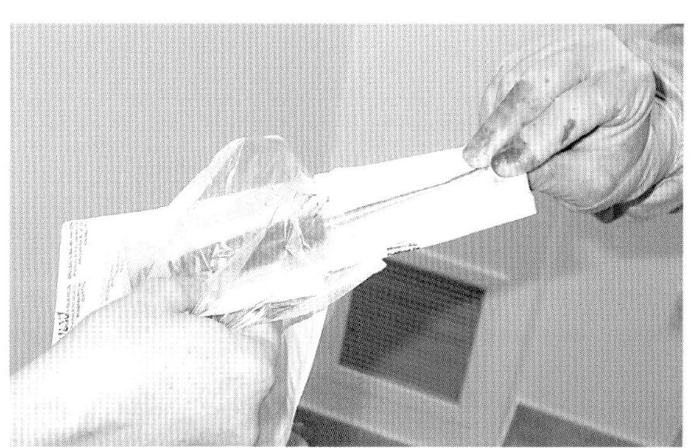

图2.10 小型灭菌物品的传递。传递者在不接触无菌区域的情况下持握外包装，无菌人员取走灭菌物品

一般而言，物品传递给无菌的手术团队有两种方法。对于不太笨重的物品以及可轻易抓持的物品，可由手术室内的人员打开灭菌包并抓持住灭菌包的外层，然后由手术团队的无菌人员取走灭菌包内部的物品（图2.10）。对于较大的物品，最简单的方法是将物品放在一个单独的器械台中央，然后

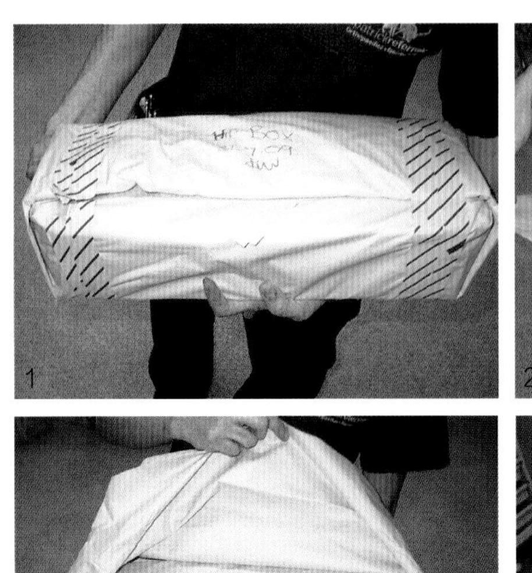

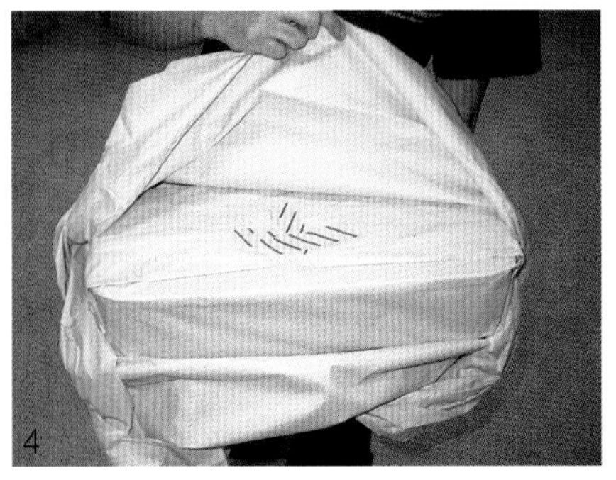

图2.11 打开灭菌包。每次打开外层包布的一个角，用非游离手抓住包布的游离端，然后将物品连同内层包布一起交给无菌助手

打开包裹，但物品仍保持在台面上，手术团队中的成员直接取走该物品。

如果物品是双层包裹的——可以采用只去除外层包布，无菌助手取用时物品仍包裹在无菌的内层包布内的方法；或是采用同时去除两层包布，无菌助手取用无包布的物品。只去除一层包布的方法可防止污染灭菌物品，但内层可能会被外层外部的灰尘或残渣污染的风险增加。在去除包布时，只要操作得当，两种方法所发生污染的机会没有显著的差异。

实用技巧

在打开手术包及传递无菌包裹时，要记住最重要的：

- 打开包布时，将边缘向远离包裹中心的方向折叠，一次只可以折叠一条边。
- 每次打开折角时都应确保折角不会回卷并污染物品（图2.11）。
- 打开包布时，手臂绝不可位于灭菌包的上方。

如果器械是放在塑料灭菌袋内进行灭菌，在传递过程中，器械绝不可以接触到灭菌袋的外侧。应将灭菌袋的边缘向后拉开足够的距离，以确保术者在取用器械时不会污染手套。

警告

- 无论使用何种包裹方法，都不可将灭菌物品直接扔在无菌手术台上。这可能会导致手术台上手术巾的破损或穿孔，或引起灰尘或残渣从灭菌包的外表面或手部掉落，从而破坏无菌性。
- 此外，器械跌落可能会损坏易碎器械，并产生气流，从而将污染物从环境中带入无菌术野。

3 手术器械——材料、制造和保养

John Lapish

概述

公元前3000年的时候，苏美尔人（现在的伊拉克人）制造了小的铜制刀片，作为手术刀使用，并从那时开始设计和制造为手术而特制的手术器械。在庞贝遗迹（毁于公元79年的维苏威火山爆发）中发现了包括持骨钳在内的相当复杂的器械。罗马的外科医生、哲人盖伦认识到手术器械的制造需要使用特殊的材料，还规定了他所使用的手术器械必须由从Celtic kingdom of Noricum（今天的奥地利）的一个矿山中开采的铁矿石中选择提炼的铁制成。而当今专业化的手术器械生产仍然要依赖具有悠久历史的制造技术和精细的冶金技术。

材料

手术器械制造要选择正确的材料。绝大部分的手术器械由不锈钢制成，而少数器械则由非铁材料（如金属钛和铜合金）制成。

不锈钢

不锈钢是一种合金钢的集合，其数量超过200种，在钢材中加入金属铬而具有高度的抗腐蚀性。然而，所有类型的不锈钢在特定的条件下都会产生斑点或受到腐蚀。必须认识到即使是最耐腐蚀的不锈钢也含有至少50%的铁，而用于制造手术器械的不锈钢通常含有至少80%的铁，所以如何防止材料中的铁生锈是个挑战。

钢材表面的氧化铬会覆盖钢材里的铁元素，并在其表面形成一个物理性屏障，从而防止铁氧化（生锈）。表层的氧化铬在高氧环境里是惰性的、坚韧的，并可以自我更新及修复，即使表层被划破或切开，新暴露的钢也会形成另外的保护膜。氧化铬保护层是非常薄的，厚度约为30nm（与器械厚度相比好似帝国大厦顶上的一张薄纸）。在环境情况不良时，如清洁不当导致有氯离子存在时，氧化铬无法进行自我更新或自我修复，这会导致铁元素的暴露并氧化形成斑点和锈渍。

在制造过程中，会使用合适的热处理以及硝酸钝化处理的方法促使保护膜的形成。表3.1列出了在兽医的工作环境中，可能导致器械腐蚀的因素。

表3.1　影响腐蚀的因素

促进腐蚀的因素（即去除氧化铬层）
■ 潮湿环境 ■ 还原试剂，包括生物学残留所导致的氯溶液（将器械直立固定于生理盐水中是标准腐蚀抵抗力的标准检测方法） ■ 金属混合物（如碳钢手术刀片）进行清洗时
抑制腐蚀的因素（即促进氧化铬层的建立）
■ 时间（旧器械比新器械更不易生锈） ■ 氧化试剂 ■ 干燥储存

添加不同的元素可明显改变所制成的合金的性质。用于不同器械的合金有不同的功能。例如：

■ 中空器皿，如碗和肾形盘必须由塑性合金制成，因为它们是由薄的板材压制而成，且不需要很大的强度。

■ 剪刀需要有刀刃，并维持刀刃的形状和锋利度，因此用于制造剪刀的材料与制造镊子的材料是不同的，制造镊子的材料不需要形成刀刃，但必须具有弹性且不易损坏。

不锈钢材料的硬度和柔韧性取决于材料内的碳含量。含碳量高的钢材可以进行热处理并达到可以打磨出锋利的刀刃的硬度。令人遗憾的是，过高的硬度会导致材料相对脆弱且容易折断，且高碳不锈钢比低碳钢更容易腐蚀。因此剪刀比解剖镊和容器更容易腐蚀和断裂。表3.2列出了不同组分的钢材在器械制造中的用途。

某些情形需要使用较坚硬的材料，如某些钢针剪断器的刀刃及持针器的尖端。如果需要硬度大于70HRC（洛氏C级硬度，表3.2内有具体解释）的材料，通常会嵌入碳化钨（80HRC）以提高硬度。尽管碳化钨非常坚硬，但它也是非常脆弱的，并需要周围的钢材来保护其不受到弯折和断裂。这就要求对于器械进行正确的使用和保养，我们可以在后文中看到相关内容。

表3.2　不同级别不锈钢的性质及用途

不锈钢级别（AISI）	铬（%）	碳（%）	镍（%）	HCR	质量	用途
316LVM	17.5	<0.025	13.5		高度耐腐蚀	骨科移植物
304	17～19	0.07	8～11		延展性好，耐腐蚀	中空器皿
410	11.5～113.5	0.09～0.15	1.0	40～42	可淬化	通用器械（如镊子）
420	12～14	0.16～0.25	1.0	42～58	可淬化并形成刀刃	剪刀
420X	13	0.39	0.2	58～60	可淬化以切割不锈钢移植物	钢针或钢丝剪断器

AISI=美国钢铁学会。HCR=洛氏C级硬度，是材料硬度的比较方法（在一定的负荷下，将钻石作用在材料的表面以进行测试，并测量所形成的凹痕），数值越高，材料越硬。

手术器械的制造

手术手用器械如一把剪刀的制造过程包含了超过30个不同的质量控制步骤。在这里以一副含有碳化钨的16.5cm直Mayo组织剪为例描述其生产过程。

从420不锈钢的板材开始制造剪刀的每个半片。从板材上切下相当粗略的轮廓以制造剪刀的坯料（图3.1）。这个阶段的钢材还远未达到不锈钢的程度，因为在钢材卷制过程中材料表面的杂质会对材料造成严重的污染。将坯料加热到800～1 000℃，用锤锻法将其压入剪刀的模具之中，从而将多余的钢材从模具边缘挤出冲压床，再对钢材进一步加热和冲压，将杂质带至钢材表面并在制造后期去除。此时的冲压相对轻柔，可使用硬合金工具进行。

使用旋转的金属切割器又称为铣床制造用于关节的位置，并在关节上钻孔以制造螺纹。在这一阶段需要使用真空热处理对坯料进行淬化和回火，将坯料加热至1 040℃，并小心冷却，以获得50～58HRC的硬度，这一过程可提高器械的耐腐蚀度。与柔软的未淬化状态相比，金属内部铁元素的连接更为紧密。

早期的碳化钨镶片剪刀需要使用银作为焊媒将碳化钨沿着刀刃焊接，现在大部分的碳化钨镶片剪刀将碳化钨直接焊合在刀刃上以提高支撑性和牢固度（图3.2）。在这一过程中，金属材料的硬度已经非常高，所以不能够使用金属工具，而需要使用碳化砂轮（图3.3）和/或碳化砂带进行后续的操作。磨去多余的碳化钨之后，剪刀的两片便可以进

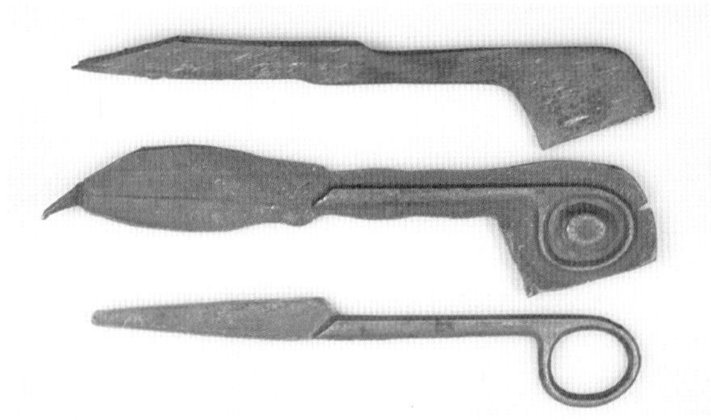
图3.1 剪刀的制造过程。（上）原始的AISI420不锈钢材料，（中）初次锻造后的材料，（下）锻造后的坯料

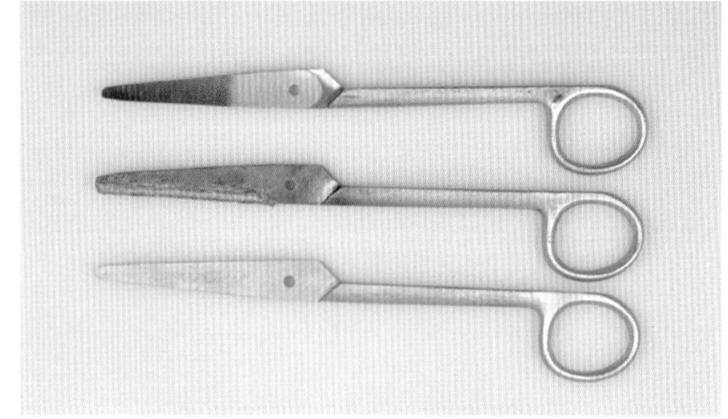
图3.2 嵌入碳化钨的剪刀。（上）切削加工后，（中）碳化钨焊合后，（下）对嵌入的碳化钨进行磨片后

图3.3 使用砂轮磨去剪刀刀刃上的碳化钨

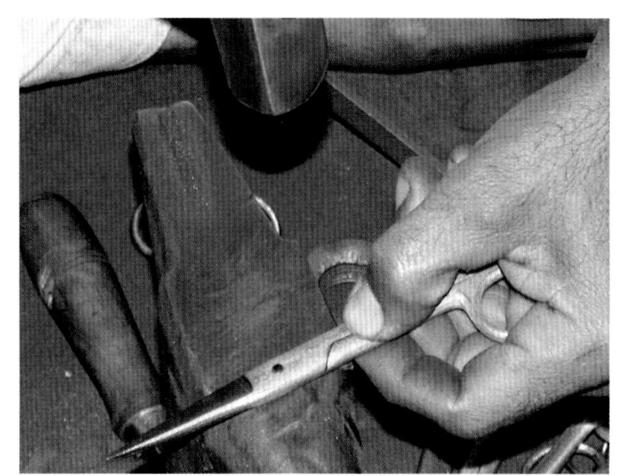
图3.4 校正剪刀

行装配了。

装配后的器械看上去像成形的剪刀，但在正常工作前还需要一些重要工序。需要对剪刀进行校正，以确保两边刀刃沿着其完整长度闭合在一起（图3.4）。校正工作还包括给予刀刃恰当的弹性，以确保剪合时刀片可保持贴合。通常由专业的高级技师进行这一至关重要的步骤。

剪刀的最后制作步骤是抛光。不锈钢的抛光过程是使用逐渐精细的磨蚀剂进行研磨，使用最精细的研磨粉可以形成镜面（图3.5）。如果需要哑光的表面，则要使用高压气体向不锈钢表面喷射小玻璃珠以将表面磨毛，从而减少反射和炫光，但哑光表面意味着容易腐蚀且需要多加保养（见下文）。要在含有碳化钨镶片的器械的手柄上镀金以示区别。

如果需要制造特别锋利且刀刃比标准碳化钨刀刃小的剪刀，可以通过在一侧刀刃上制造非常微小的锯齿来达到这一效果。使用带纹道的砂轮以在特别锋利的刀刃上增加微小的锯齿（图3.6）。刀刃上的精细锯齿可防止刀刃在剪切时从组织表面滑脱。

显微镜下，即使是锋利的不锈钢剪刀其刀刃也是相当粗糙的，这确保在切割时可以抓持住组织。图3.7显示了不同剪刀的刀刃。

钝化时将器械浸泡于硝酸溶液中去除表面可能导致生锈的铁元素。

完工的剪刀在刻印和包装前要进行严格的检查和测试。

哑光与镜面表面

常见不锈钢制器械有高反射镜面表面或哑光表面两种（图3.8）。镜面器械主要由手工打造，因此比较昂贵。使用加压的玻璃珠冲刷或用刷子刮毛镜面可形成哑光表面，粗糙的表面可散射投射其上的光线，以免光线向术者方向反射。哑光器械逐渐变得普遍，部分原因是因为手术人员的选择，部分原因是成本较低。

但是从冶金学角度考虑，腐蚀最小的不锈钢表

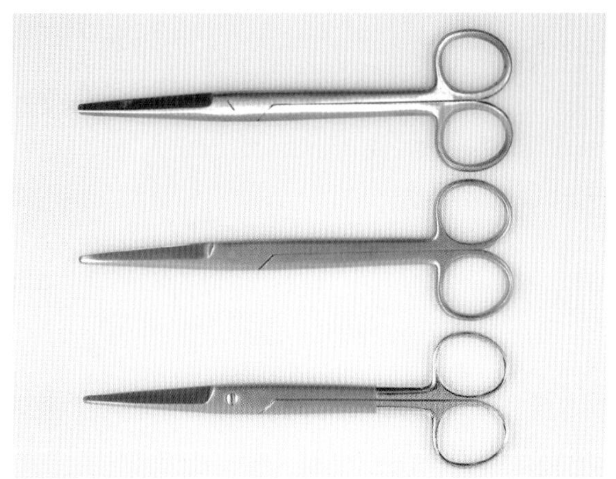

图3.5 抛光阶段。（上）安装和校正后的剪刀，（中）磨快和抛光后的刀刃，（下）镀金后的剪刀指环

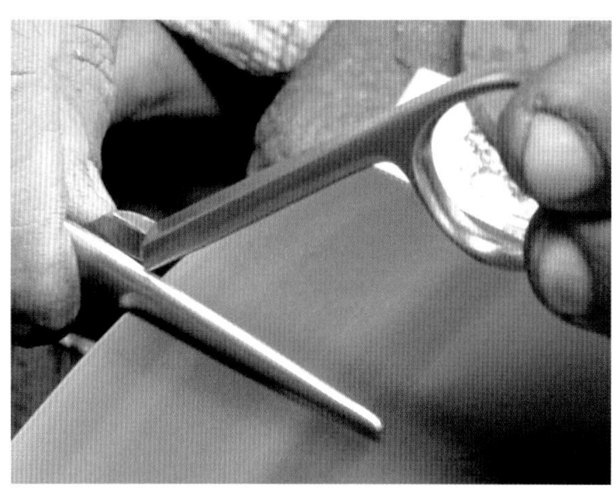

图3.6 用带纹道的砂轮在特别锋利的刀刃上添加微小锯齿

图3.7 扫描电子显微镜下的不同类型刀刃的影像。（a）标准不锈钢刀刃，（b）标准碳化钨刀刃，（c）超锋利碳化钨刀刃。SS=不锈钢，TC=碳化钨

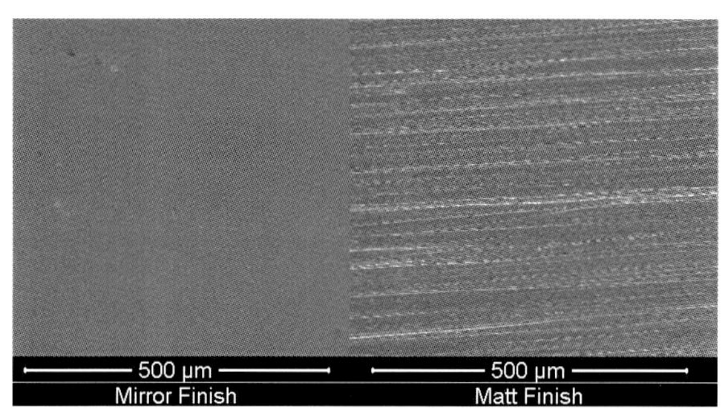

图3.8 镜面表面（左）与哑光表面（刷制，右）的扫描电镜影像比较

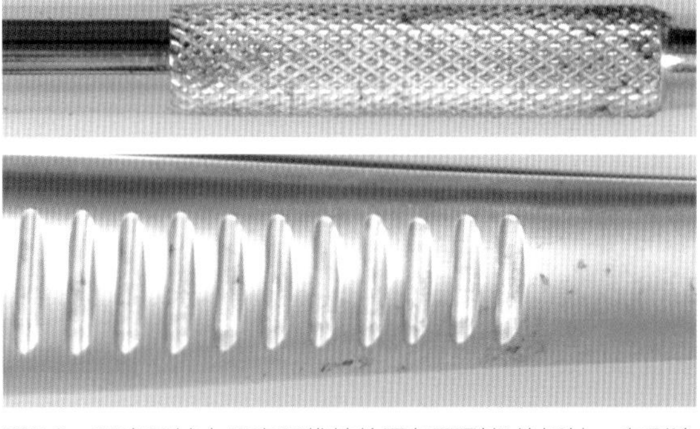

图3.9 哑光器械由于表面维持的湿气而引起的锈蚀。在刮治器哑光的滚花区域和切割器的哑光表面可见锈渍。水分容易在这个区域聚集并滞留

面应该尽可能的光滑。合金表面存在的任何孔洞都会增加合金暴露于腐蚀性条件时的表面积。此外，哑光表面的孔洞大量增加了水的滞留量。而在镜面表面的水通常会流走，滞留于哑光表面的水及其保持的湿度是最常见的腐蚀原因（图3.9）。

器械保养

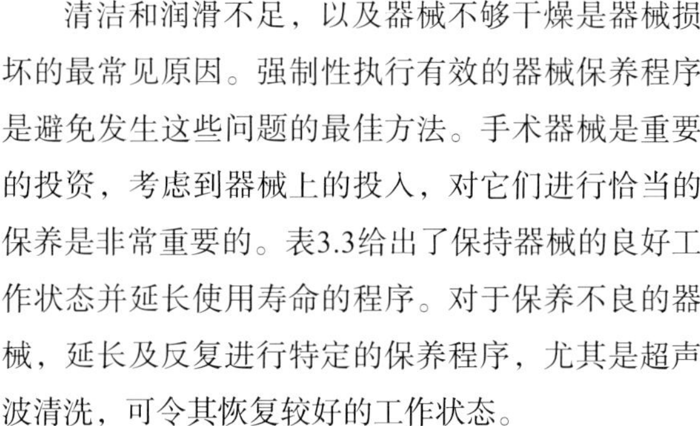

清洁和润滑不足，以及器械不够干燥是器械损坏的最常见原因。强制性执行有效的器械保养程序是避免发生这些问题的最佳方法。手术器械是重要的投资，考虑到器械上的投入，对它们进行恰当的保养是非常重要的。表3.3给出了保持器械的良好工作状态并延长使用寿命的程序。对于保养不良的器械，延长及反复进行特定的保养程序，尤其是超声波清洗，可令其恢复较好的工作状态。

表3.3所列出的是大型诊所或医院所采用的常规

表3.3 器械保养的标准程序

1. 使用热水和去污剂清除器械（复杂器械需要进行拆解）上的污渍，并使用软质尼龙刷去除黏附的物质，这有助于延长后期使用昂贵的清洁剂的使用寿命。某些骨科器械如钻头和锯条则可能需要更强烈的清洁方法，如使用专用的软铜丝刷或不锈钢丝刷进行清洁。勿使用自制的钢丝刷或钢丝球，这可能会损伤器械表面。

2. 流水冲洗。
3. 将打开关节或拆解后的器械浸泡于酶溶液中20min。对于空心或管状器械应确保清洁剂进入无法刷洗的区域。
4. 流水冲洗。
5. 将器械放于超声波清洗器中，并用合适的清洁液浸泡（不可使用碱性的家用洗洁精）。在50℃运行超声波清洗器10min，从而利用超声波清洁无法刷洗的部位。如果器械上存在较厚的污渍沉积，可重复数次超声波清洗。
6. 用蒸馏水彻底冲洗。
7. 将有关节的器械浸没于器械润滑乳液（器械润滑油的乳浊液）中。这种乳浊液可穿透关节，并利用高压灭菌时水分的蒸发，在关节内形成润滑油膜。这一步骤的替代方案是用器械润滑油对干燥的器械进行直接润滑。
8. 擦去器械表面多余的润滑油。
9. 检查器械的损坏、故障和功能的完整性。
10. 干燥器械以便储存，或包裹器械以进行高压灭菌（见本书第2章）。
11. 遵守高压灭菌器制造商的指导进行高压灭菌操作，以确保在灭菌工作结束后器械包或器械匣是干燥的。如果不是，它们在储存前必须放在干热的环境内彻底干燥。

器械保养程序。如果受到空间和资源的限制而无法完全做到，只要保持器械的清洁、润滑和干燥便可消除99%的问题。

图3.10 使用硅胶保护套保护锋利和精细的器械尖端

实用技巧

除了标准程序外，还应遵守特定的预防措施：

- 分开不同金属材质的器械（如，清洁前取下碳钢刀片）。
- 避免锋利的刀刃相互接触。
- 用硅胶保护套保护刀刃（图3.10）。

标记器械

大部分的器械上都标注有供应商的名字和编码，这些是通过激光标记或化学蚀刻法进行的标识。所有的器械在进行标记后都必须进行钝化。

有时需要对器械进行标记以表明其属于特定的诊所，或在同一个诊所内的分属于不同器械包的器械，但通常很难在器械上标注诊所名字而不对器械造成损伤。并不建议采用振动蚀刻法进行标识，因为这一方法可能会在器械表面的氧化铬保护层上形成划痕，从而形成疲劳性断裂的起始点。不锈钢一旦发生损坏，其发生疲劳破裂的时间会显著缩短。

半永久的器械标记以区分器械归属是一种简便且安全的方法，可使用市售的不同颜色的耐高压灭菌的胶带（图3.11a）。但需要注意的是，胶带只会与不锈钢黏合，而不是自身发生黏合，所以需要减少胶带相互间的重叠。对于单件的器械如刮治器和骨膜剥离子，可使用彩色的弹性硅胶环进行标识（图3.11b）。

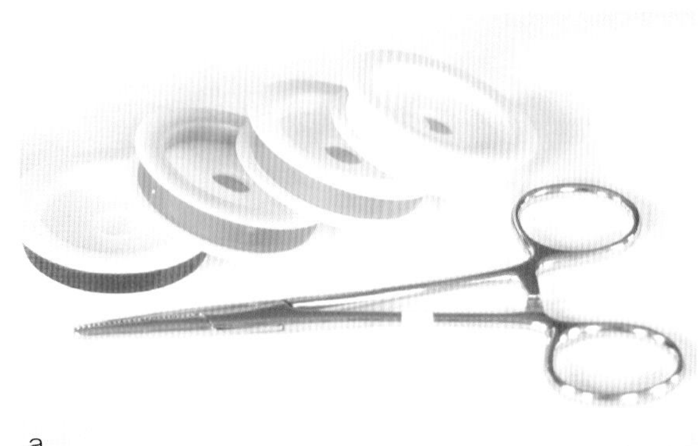

a

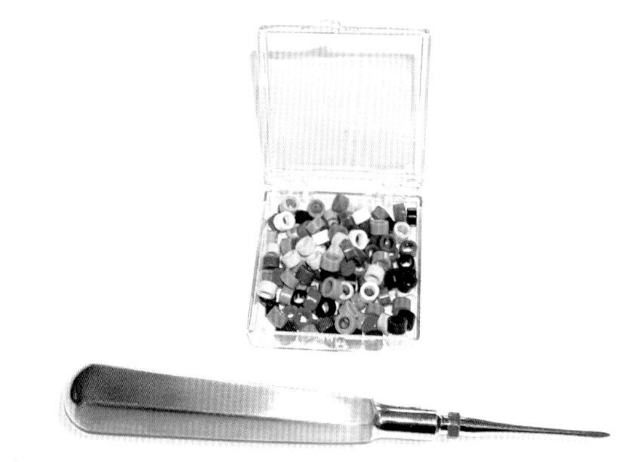

b

图3.11　器械标识系统。（a）彩色的耐高压灭菌胶带；（b）硅胶环

问题识别和处理

手术中，外科医生应留意任何性能不良的器械，并将其放置一边以做进一步检查。并在清洁、干燥和润滑后，定期检查所有器械的磨损和损坏情况。应格外注意分离类器械（剪刀、解剖镊以及持针器）的状况，因为这些器械的故障会对手术产生特别影响。

■ **剪刀**　工作状况良好的剪刀应“感觉良好”（一个值得学习的技巧）。剪刀的剪合动作应该平滑，闭合过程中刀刃的全长应保持接触。任何刀刃粗糙或钝的剪刀都应送去修理。尽管剪刀主要的工作部位是在刀尖区域，但剪刀的刀刃全长都可用于切割。可使用塑料购物袋对剪刀的刀刃进行检测，这并不是一个精确的活组织替代物，但具有一定的相似性。不能简单地磨快剪刀，这是一项需要良好技巧的工作，不应在没有接受相关训练的情况下进行尝试。

■ **持针钳**　持针钳的工作要求是牢固的抓持缝针并夹持精细的缝合材料，但即使是镶有碳化钨的持针钳也会发生磨损。可通过紧闭持针钳来进行检查：钳的尖端应该严密闭合，不可透光。如果由于磨损或滥用而导致尖端无法闭合，则需要将器械丢弃或送去修理。

■ **动脉钳**　应检查动脉钳钳口的对齐情况以及钳齿的互锁状况。钳口不一致可轻微用力使其复位。蚊式钳应可以用其第一棘齿抓住精细的组织。

■ **解剖镊**　通常具有啮合齿，有些还非常精细。对于有齿镊，应检查牙齿是否能够相互啮合。

图3.12~图3.16显示了常见的器械问题。

高质量的手术器械是设计和制造用于正常的长时期使用。遵守保持器械清洁、润滑和干燥的保养原则，并避免不正确的使用可确保器械长时期使用。

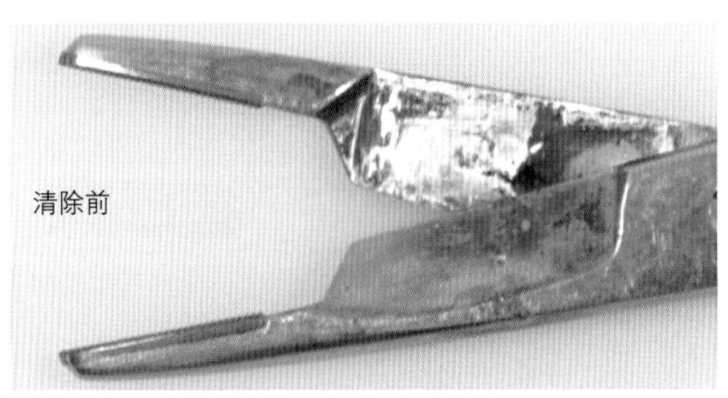

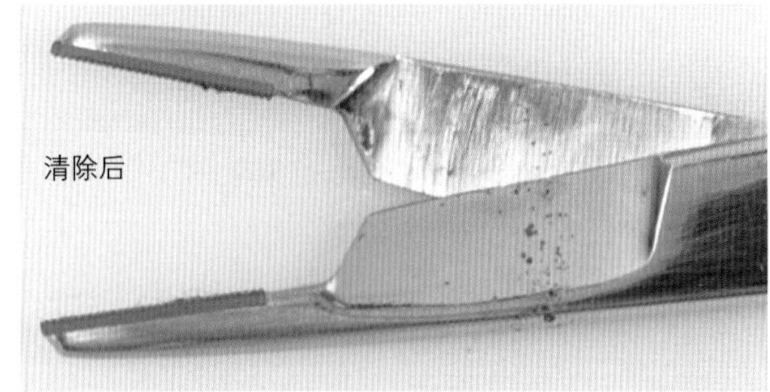

图3.12　一把Olsen-Hegar持针器清除生物性残渣前后的情形。大部分明显的变色不是锈渍而是烘干的生物性残渣。这些残渣中可能会包含有清洁剂中的氯分子，其还原作用会使氧化铬保护层剥落并暴露铁元素以致腐蚀。在清洁后的图片中，通过反复的超声波清洗去除了残留物。清洁后的表面上可见腐蚀所形成的凹陷

小动物心脏病学

作者：Ralf Tobias Marianne Skrodzki Matthias Schneider（德国柏林大学教授）
译者：徐安辉（华中科技大学同济医学院）

简介：德国柏林大学3位兽医教授编写，我国第一本引进版小动物心脏病专著。德国医学的精益求精技术，配合清晰的全彩照片步步图解，让您逐步成为心脏科专业大夫。全书分为两部分，第一部分为心脏检查，包括：兽医诊所接诊心脏病患、心功能不全的病理生理学、心脏病的临床检查、心电图、心脏的放射检查、心脏的超声检查、动脉血压、实验室检查；第二部分为心血管疾病，包括：先天性心脏病、后天性心脏病和遗传性心脏病、介入心脏病学以及心脏用药等内容。

大16开 · 精装 · 2014年3月出版
ISBN：978-7-109-18406-0
定 价：215元

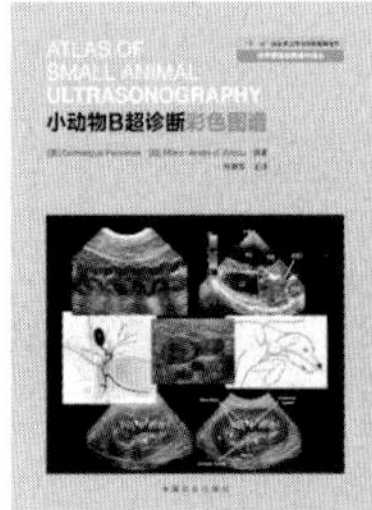

小动物B超诊断彩色图谱

作者：[美]Dominique Penninck [加]Marc-Andre d' Anjou
主译：熊惠军（华南农业大学教授）

简介：全球最权威实用的B超诊断"圣经"级教程，以病例为核心，清晰的B超病例图谱，教你步步为营学习。熊惠军教授领衔翻译团队历时2年倾力翻译。

大16开 · 精装 · 2014年3月出版
ISBN：978-7-109-17403-0
定 价：380元

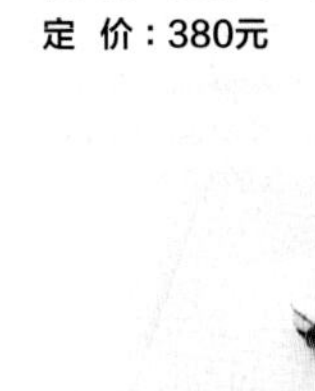

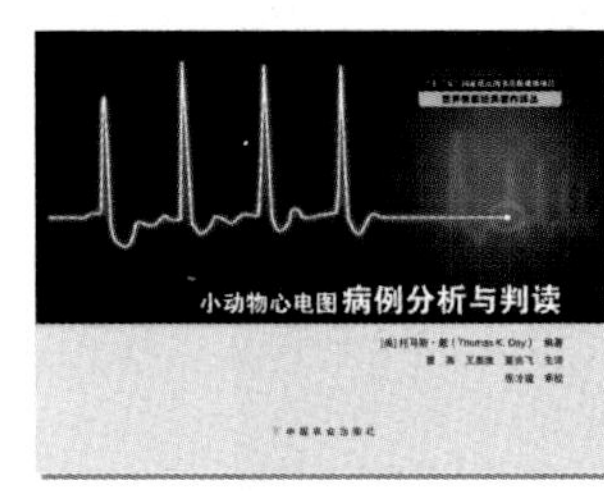

小动物心电图病例分析与判读 第2版

作者：Thomas K. DAY（英国赫瑞瓦特大学）
主译：曹燕 王姜维 夏兆飞

简介：本书是在《小动物心电图入门指南》上的进阶版本，全书主要介绍小动物心电图异常类型病例53例，并侧重病例分析和判读。

大16开 · 精装 · 2012年6月出版
ISBN：978-7-109-16498-7
定 价：82元

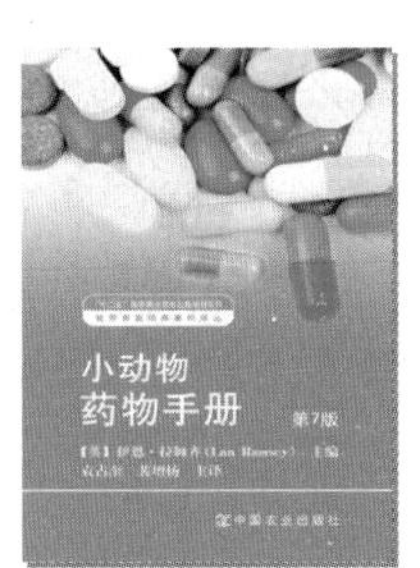

小动物药物手册 第7版

作者：英国小动物医师协会组编 Ian Ramsey（格拉斯哥大学教授）
主译：袁占奎（中国农业大学）
主审：张小莺（西北农林科技大学教授）

简介：《小动物药物手册》是经典药物手册。我国的很多优秀宠物医师以此为蓝本应用于临床。该书针对国内外小动物临床用药实际情况，系统介绍药物的正确合理使用，包括给药剂量、给药方式、给药间隔和次数、毒副作用以及配伍禁忌等，避免滥用兽药引起细菌耐药性及兽医临床药物选择和疾病防治等系列难题的产生。该书不仅从理论上阐述了与小动物相关兽药的正确使用原则、给药方案和疾病防治等，还结合大量临床试验资料，对药物的合理应用提供第一手资料。

大32开 · 软精装 · 2014年3月出版
ISBN：978-7-109-17863-2
定 价：85元

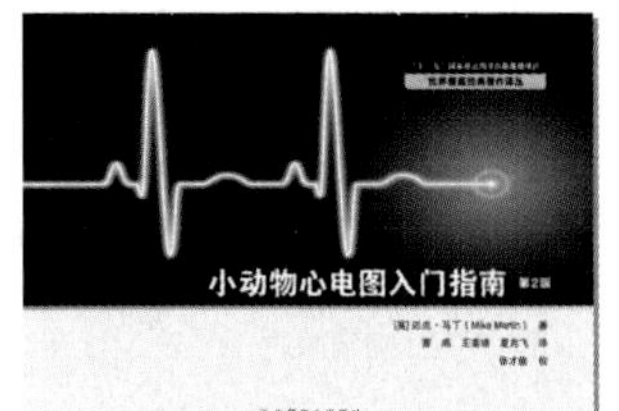

小动物心电图入门指南 第2版

作者：MikeMartin（英国著名小动物心脏病专家）
主译：曹燕 王姜维 夏兆飞

简介：本书主要介绍了小动物心脏电生理以及如何产生心电图波形、心脏异常电激动、心电图理论、心率失常的控制、心电图的记录与判读等。是您掌握心电图的入门必读书籍。

大16开 · 精装 · 2012年6月出版
ISBN：978-7-109-15059-1
定 价：78元

小动物皮肤病诊疗彩色图谱

作者：[美] Steven F. Swaim Walter C. Renberg Kathy M. Shike
主译：李国清（华南农业大学教授）

大16开 · 平装 · 2014年2月出版
ISBN：978-7-109-17545-7
定 价：345元

宠物医师临床速查手册 第2版

作者：Candyce M. Jack（执业兽医技术员） Patricia M. Watson（执业兽医技术员）
主译：师志海（河南省农业科学院）
主审：夏兆飞（中国农业大学教授）

简介：本书是宠物医师临床快速查阅的案头图书。包含了大量临床实践的技术应用知识，犬猫解剖、预防保健、诊断技术、影像学检查、患病动物护理、麻醉等方面的技术，包括从基本的体格检查到化疗管理相关的高级技能。是宠物医师最实用便捷的临床工具书。

大16开 · 精装
出版日期：2014年5月

5分钟兽医顾问：犬和猫 第4版

作者：Larry P. TilleyFrancis W. K. Smith
主译：施振声（中国农业大学教授）

大16开 · 精装
预计出版日期：2015年1月

小动物临床实验室诊断 第5版

作者：Michael D. Willard（德州农工大学兽医学院教授） Harold Tvedten（密歇根州立大学兽医学院教授）
主译：郝志慧（青岛农业大学教授）

预计出版日期：2014年9月出版

犬猫细胞学与血液学诊断

作者：Rick L. Cowell（IDEXX实验室） Ronald D. Tyler（俄克拉荷马州立大学兽医学院）
主译：陈宇驰（德国LABOKLIN实验室）

预计出版日期：2015年6月

5分钟兽医顾问：犬猫临床试验与诊断规程

作者：Shelly L. Vaden（美国北卡罗莱纳州立大学教授）等130位作者
主译：夏兆飞

预计出版日期：2015年12月

小动物临床皮肤病秘密

主编：Rick L. Cowell（俄克拉荷马州立大学）
主译：程宇（重庆和美宠物医院院长）

预计出版日期：2015年3月出版

小动物皮肤病学 第7版

作者：William H. Miller（康奈尔大学兽医学院教授）
主译：林德贵（中国农业大学教授）

预计出版日期：2014年9月出版

犬猫皮肤病临床病例

作者：Hilary Jackson, Rosanna Marsella（佛罗里达州立大学）
主译：刘欣（北京爱康动物医院）

预计出版日期：2015年1月出版

小动物医院管理实践

作者：Carole Clarke Marion Chapman
主译：赖晓云

预计出版日期：2015年1月出版

小动物外科学大系（4册）
全球小动物外科界"圣经"

小动物外科学 ① ②

作者：Theresa Welch Fossum（得州农工大学兽医学院教授）

小动物外科学 ③ ④

作者：Karen M. Tobias（田纳西州立大学兽医学院教授） Spencer A. Johnston（佐治亚州立大学兽医学院教授）
译者：袁占奎 等

大16开 · 精装
预计出版日期：2014年5月至12月

小动物整形外科与骨折修复 第4版

作者：Donald L. Piermattei（科罗拉多州立大学教授） Gretchen L. Flo，Charles E. DeCamp（密歇根州立大学教授）
主译：侯加法（南京农业大学教授）

预计出版日期：2015年9月出版

猫病学 第4版

作者：Gary D. Norsworthy（密西西比州立大学兽医学院教授）
译者：赵兴绪（甘肃农业大学教授）

简介：作者来自全球60多位优秀的猫科专业教授和一线兽医联合编写。主要涵盖猫病学方方面面，包括：细胞学・影像・临床操作技术，行为学，牙科，手术，临床病例，常用处方等。

大16开 · 精装
预计出版日期：2014年5月

小动物肿瘤基础入门

作者：Rob Foale（英国诺丁汉大学） Jackie Demetriou（英国剑桥大学）
主译：董军（中国农业大学）

预计出版时间：2014年5月

小动物临床肿瘤学 第5版

作者：Stephen J. Withrow（科罗拉多州大学教授，动物癌症中心创办者） David M. Vail（威斯康星州立大学麦迪逊分校教授）
主译：林德贵（中国农业大学教授）

预计出版日期：2015年1月

小动物外科系列

权威经典
阶梯学习
精英培养

小动物麻醉与镇痛 ①

作者：Gwendolyn L. Carroll（美国得克萨斯农工大学教授）
主译：施振声 张海泉

简介：本辑由美国得克萨斯大学农工大学麻醉学教授Gwendolyn L. Carroll主编。内容包括：麻醉设备、监护、通风换气、术前准备、术前用药、诱导麻醉剂和全静脉麻醉、引入麻醉、局部麻醉及镇痛技术、镇痛、非甾体类抗炎药物、支持疗法、心肺复苏术、特殊患病动物的麻醉、物理医学及其在康复中的作用、临床麻醉技术等内容。

大16开 · 平装 · 2014年1月出版
ISBN：978-7-109-16499-4
定 价：108元

小动物外科基础训练 ②

作者：[美] Fred Anthony Mann Gheorghe M. Constantinescu Hun-Young Yoon
主译：黄坚 林德贵（中国农业大学）

简介：本书主要针对外科基础标准化训练来展开。包括：患病动物的术前评估，小动物麻醉基础，外科无菌技术，外科手术中抗生素的使用，基本的外科手术器械，灭菌的包裹准备，手术室规程，手术服装，刷洗、穿手术衣和戴手套，手术准备和动物的体位，手术创巾的铺设，手术器械的操作，外科打结，缝合材料和基本的缝合样式，创伤愈合与创口闭合基础，外科止血，外科导管和引流，犬卵巢子宫摘除术，术后的疼痛管理，患病动物的疗养和随访。

大16开 · 平装 · 2014年2月出版
ISBN：978-7-109-17612-6
定 价：200元

小动物外科手术原则 ③

作者：Stephen Baines Vicky Lipscomb（英国皇家兽医学院）
主译：周珞平

简介：本书包括三个部分：一、手术的设施及设备；二、对于手术患畜的围手术期考虑；三、外科生物学及操作技术。本书为各个兽医外科学原则在实践中的完美呈现提供了一个坚实的基础。对于兽医、护士、在校及刚毕业的兽医专业学生来说，本书将是十分有益的。本书中文版将分上下两册为您一一呈现，敬请关注。

大16开 · 平装 · 2014年3月出版
ISBN：978-7-109-18667-5
定 价：255元

小动物软组织手术 ④

作者：Karen M. Tobias（田纳西州立大学兽医学院教授）
主译：袁占奎（中国农业大学）

简介：本书作者将20多年软组织手术经验汇集此书，全面介绍了皮肤手术、腹部手术、消化系统手术、生殖系统手术，泌尿系统手术，会阴部手术，头颈部手术以及其他操作等。

大16开 · 平装 · 2014年3月出版
ISBN：978-7-109-17544-0
定 价：255元

小动物绷带包扎、铸件与夹板技术 ⑤

作者：Steven Swaim（奥本大学教授） Walter Renberg, Kathy Shike（堪萨斯州立大学）
主译：袁占奎（中国农业大学）

简介：本书主要介绍了绷带包扎、铸件及夹板固定基础，头部和耳部绷带包扎，胸部、腹部及骨盆部绷带包扎，末端绷带包扎以及制动技术。

大16开 · 平装 · 2014年3月出版
ISBN：978-7-109-18548-7
定 价：90元

小动物伤口管理与重建手术 ⑥ ⑦ 第3版

作者：Miichael M. Pavletic（波士顿Angell动物医学中心）
主译：袁占奎 李增强 牛光斌

简介：作者35年伤口管理和重建手术经验汇集本书，是全球小动物外科手术修复的权威著作。包括皮肤，伤口愈合基本原则，敷料、绷带、外部支撑物和保护装置，伤口愈合常见并发症，特殊伤口的管理，局部因素，减张技术，皮肤伸展技术，邻位皮瓣，远位皮瓣技术，轴型皮瓣，游离移植片，面部重建，口腔重建，美容闭合技术等内容。

大16开 · 平装 · 2014年3月出版
ISBN：978-7-109-18685-9

小动物骨盆部手术 ⑧

作者：[西班牙] Jose Rodriguez Gomez Jaime Graus Morales Maria Jose Martinez Sanudo
主译：丁明星（华中农业大学兽医学院教授）

预计出版日期：2014年9月出版

小动物微创骨折修复手术 ⑨

作者：Brian S. Beale
主译：周珞平

预计出版日期：2014年9月出版

小动物肿瘤手术 ⑩

作者：[奥] Simon T. Kudnig [美] Bernard Séguin
主译：李建基（扬州大学兽医学院教授）

预计出版日期：2015年1月出版

兽医病毒学 第4版

作者：N.JamesMacLachlan（加州大学兽医学院教授）
Edward J. Dubovi（康奈尔大学兽医学院教授）
主译：孔宪刚（哈尔滨兽医研究所研究员）

简介：本书内容包括两部分共32章。第一部分介绍了病毒学的基本知识，涉及动物感染与相关疾病。第二部分介绍临床症状，发病机理，诊断学，流行病学以及具体的病例。第4版在第3版的基础上作了大量修订，补充了兽医病毒学领域最新的知识，扩充了实验动物、鱼和其他水生生物、鸟类的病毒及病毒病的相关内容。保留了新出现的病毒病，包括人兽共患病。

预计出版日期：2014年7月

外来动物疫病 第7版

主编：Corrie Brown（佐治亚大学兽医学院教授）
Alfonso Torres（康奈尔大学兽医学院教授）
主译：王志亮（中国动物卫生与流行病学中心研究员）

简介：美国动物健康协会外来病与突发病委员会从1953年组织编写《外来动物疾病》，经不断完善成为当今国际上高水平的外来动物疾病培训教材。该书囊括了几乎所有的外来动物疾病，《国际动物健康法典》规定必须通报的疫病和近年来全球范围内的动物新发病尽在其中。对我国读者而言，不仅可以从中得到我们所需要的外来动物疾病的知识，也可以学到我国既存的某些重大动物疫病的有关知识，对提高我国兽医工作人员对外来动物疾病的识别能力和防控技术水平有重要意义。

预计出版日期：2014年3月

兽医临床寄生虫学 第8版

作者：Anne M. Zajac（维吉尼亚-马里兰兽医学院副教授）
Gary A. Conboy（爱德华王子岛大学副教授）
主译：殷宏（兰州兽医研究所研究员）

大16开·精装
预计出版日期：2015年1月出版

兽医流行病学 第3版

作者：Mike Thrusfield（爱丁堡大学教授）
主译：黄保续（中国动物卫生与流行病学中心研究员）

预计出版日期：2015年1月

兽医微生物与微生物疾病 第2版

作者：P.J. Quinn（都柏林大学教授）
主译：马洪超（中国动物卫生与流行病学中心主任）

预计出版日期：2014年9月

兽医微生物学 第3版

作者：David Scott McVey，Melissa Kennedy（田纳西州立大学兽医学院教授）
M.M. Chengappa（堪萨斯州立大学兽医学院教授）
主译：王笑梅（哈尔滨兽医研究所研究员）

预计出版日期：2015年9月

人与动物共患病

作者：Peter M. Rabinowitz（耶鲁大学大学医学院）
主译：刘明远（吉林大学教授）

预计出版日期：2014年9月

临床兽医

禽病学 第12版

作者：Y.M. Saif（俄亥俄州立大学教授）
主译：苏敬良（中国农业大学教授）
高福（院士，中国疾病预防控制中心/中科院微生物所）

简介：《禽病学》初版于1943年，经过70年的历史，已经成为禽病领域最权威经典的著作。本书既具理论性，又具实践性，是世界禽病学从业者的必备工具书。本书从第7版开始引入我国，对我国的养禽业起到了重要的促进作用，已成为禽病临床工作者重要工具书。本次出版为第12版。

大16开·精装·2011年12月出版
ISBN：978-7-109-15653-1
定 价：290元

绵羊疾病学 第4版

作者：I.D.Aitken（英国爱丁堡莫里登研究所原所长、大英帝国勋章获得者）
主译：赵德明（中国农业大学教授）

简介：本书内容共分十六部分75章，包括：福利，繁殖生理学，生殖系统疾病，消化系统疾病，呼吸系统疾病，神经系统疾病，蹄部和腿部疾病，皮肤、毛发和眼睛疾病，新陈代谢和矿物质紊乱，中毒，肿瘤，检查技术等。

大16开·精装·2012年9月出版
ISBN：978-7-109-15820-7
定 价：160元

默克兽医手册 第10版

主编：Cynthia M. Kahn
主译：张仲秋（农业部兽医局局长）
丁伯良（天津畜牧兽医研究所研究员）

简介：本书是全球兽医的案头书籍，是兽医学科内集大成图书。本版第10版凝聚了全球19个国家400余位专家学者的智慧与实际经验，涵盖了循环系统、消化系统、眼和耳、内分泌系统、全身性疾病、免疫系统、体被系统、代谢病、肌肉骨骼系统、神经系统、生殖系统、泌尿系统、行为学、临床病理学与检查程序、急症与护理、野生动物与实验动物、饲养管理与营养、药理学、毒理学、家禽、人兽共患病等兽医所涉及的方方面面。

小16开·精装
预计出版日期：2014年6月

马病诊疗学 第7版

作者：Kim A. Sprayberry，N. Edward Robinson（密歇根州立大学教授）
主译：于康震（农业部副部长，研究员）

预计出版日期：2015年5月出版

山羊疾病学 第2版

作者：Mary C. Smith（康奈尔大学兽医学院教授）
David M. Sherman（塔夫茨大学兽医学院副教授）
主译：刘湘涛（兰州兽医研究所研究员）

预计出版日期：2015年1月

兽医操作规程与急诊治疗 第9版

作者：Richard B. Ford（北卡罗来纳州州立大学兽医学院教授）
主译：施振声 麻武仁（中国农业大学教授）

预计出版日期：2014年10月

马兽医手册 第2版

作者：Reuben J. Rose
David R. Hodgson
主译：汤小朋 齐长明（中国农业大学）

简介：本书是世界赛马兽医学的经典著作。本书重点在马病的诊断，分19章介绍，包括：临床检查、常见疾病鉴别、实用诊断影像学、肌肉骨骼系统、呼吸系统、心血管系统、消化系统、繁殖、马驹学、泌尿系统、血液淋巴系统、皮肤病、神经学、内分泌系统、临床病理、临床细菌学、临床营养学与治疗学等。

大16开·精装·2000年9月出版
ISBN：978-7-109-11817-1
定 价：490元

兽医麻醉学 第11版

作者：Kathy W. Clarke（英国皇家兽医学院）
Cynthia M. Trim（佐治亚大学兽医学院教授）
主译：高利 王洪斌（东北农业大学教授）

预计出版日期：2015年6月

兽医影像诊断：鸟类、外来宠物和野生动物

作者：Charles S. Farrow（加拿大萨斯喀彻温大学教授）
主译：熊惠军（华南农业大学教授）

大16开·精装
预计出版日期：2014年9月

兽医影像诊断学 第6版

作者：Donald E. Thrall（北卡罗来纳州立大学教授）
主译：谢富强（中国农业大学教授）

大16开·精装
预计出版日期：2015年1月

动物园与野生动物医学 第6版

作者：Murray E. Fowler
R.Eric Miller
主译：张金国（北京动物园研究员）

简介：本书涵盖了两栖动物、爬行动物、鸟类、鱼类和哺乳动物的疾病、饲养管理、营养、生理指标、麻醉保定、繁殖，以及就地和易地保护所涉及的多方面问题，远远超出了野生动物医学的范畴。着重强调了目前面临的一些问题，如鹿科动物慢性消耗性疾病和野生鹿、象的结核病，描述了新出现或新发现的疾病，如蝙蝠副黏病毒和海洋野生动物原虫性脑膜炎，还涉及了一些野生动物立法及人兽共患病方面的问题。

大16开·精装·2014年1月出版
定 价：200元

兽医产科学 第9版

作者：David E. Noakes 等（英国伦敦大学皇家兽医学院教授）
主译：赵兴绪（甘肃农业大学教授）

简介：本书有70年历史，是兽医产科界的经典图书。全面系统介绍了兽医产科学的相关知识，包括：卵巢正常的周期性活动及其调控，妊娠与分娩，手术干预，难产及其他分娩期疾病，低育与不育，公畜，外来动物的繁殖，辅助繁殖技术共8篇35章内容。

大16开·精装·2014年1月出版
ISBN：978-7-109-15973-0
定 价：280元

小动物临床

小动物临床手册 第4版

作者：Phea V. Morgan（加州大学兽医学院教授）
主译：施振声（中国农业大学教授）

简介：本书由全世界131位小动物临床专家精心编写而成，是小动物临床工作者必备的工具书。全书包括19篇133章。以患病动物检查开始，分别介绍了11大系统，并介绍传染性疾病、行为及营养性疾病、中毒学和环境因素造成的伤害等。每个系统中，根据该系统的解剖结构顺序分为不同的小节，按照顺序介绍先天性、发育性、退化性、传染性、寄生虫性、代谢/中毒性、免疫性介导、血管性、营养性、肿瘤性及创伤性等疾病。

大16开·精装·2005年4月出版
ISBN：978-7-109-09218-1
定 价：380元

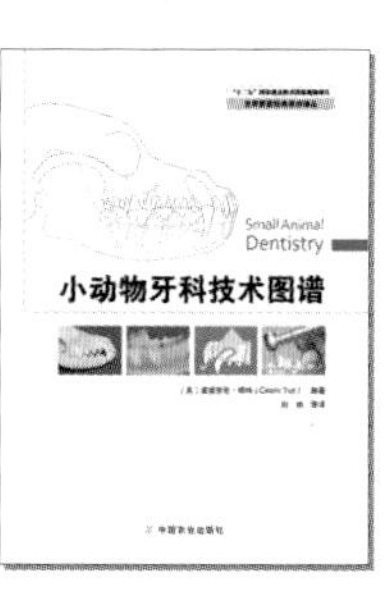

小动物牙科技术图谱

作者：Cedric Tutt（欧洲著名动物牙科专家）
主译：刘朗（北京市小动物医师协会理事长）

简介：本书是国内第一本小动物牙科学技术专著，由国内知名的专科医师刘朗组织翻译。全书主要介绍了牙齿结构、临床检查方法、X线照相、拔牙学、口腔手术、结构材料、修复、根管治疗、咬合异常和正常咬合、兽医牙科医生案例学习等。

大16开·精装·2012年6月出版
ISBN：978-7-109-14700-3
定 价：225元

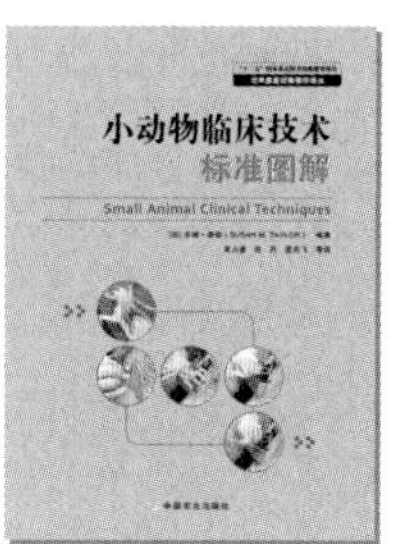

小动物临床技术标准图解

作者：Susan Meric Taylor（加拿大萨省大学兽医学院教授）
主译：袁占奎（中国农业大学博士）

简介：本书将是小动物临床操作技巧最佳读本。本书中精致的图解和线条图以及局部解剖图相结合来介绍各种实用的临床技术。重点介绍了静脉血采集、动脉血采集、注射技术、皮肤检查技术、耳部检查、眼科技术、呼吸系统检查技术、心包穿刺术、消化系统技术、泌尿系统技术、阴道细胞学、骨髓采集、关节穿刺术和脑脊液采集技术等。日常所有的临床技术您达到了精湛水平了吗？看看本书，您就会学会很多技术。

大16开·精装·2012年6月出版
ISBN：978-7-109-15060-7
定 价：158元

兽医内镜学：以小动物临床为例

作者：Timothy C. McCarthy
主译：刘云 田文儒（东北农业大学教授，青岛农业大学教授）

简介：我国第一本以小动物为例引进的兽医内镜学著作。主要介绍兽医内镜及其器械简介、内镜麻醉、内镜活检样品处理与病理组织学、膀胱镜、鼻镜、支气管镜、胸腔镜、上消化道内镜检查、结肠镜、腹腔镜、视频耳镜、阴道内镜、关节镜以及其他内镜等。从设备开始讲解，一直到成功开展手术，步步图解。

大16开·精装·2014年3月出版
ISBN：978-7-109-16496-3
定 价：398元

厚积薄发　传承经典——《世界兽医经典著作译丛》

在农业部兽医局的指导和支持下，中国农业出版社联合多家世界著名出版集团，本着“权威、经典、适用、提高”的原则从全球上千种外文兽医著作中精选出50余种汇成《世界兽医经典著作译丛》（以下简称“译丛”）。译丛几乎囊括了国外兽医著作的精华，原著者均为各领域的权威专家，其中很多专著有着数十年的积淀和实践经验，堪称业界经典之作，是兽医人员案头必备工具书。

为高质量完成译丛的翻译出版任务，我们组建了《世界兽医经典著作译丛》译审委员会，由农业部兽医局张仲秋局长担任主任委员，国家首席兽医师和兽医领域的院士担任顾问，召集全国兽医行政、教育、科研等领域的近800名专家亲自参与翻译。这是我国兽医行业首次根据学科发展和人才知识结构系统引进国外专著，并组织动员全行业专家深度参与。其目的就是尽快缩小我国与发达国家在兽医领域的差距。

感谢参与翻译和审稿的每位专家，他们秉承严谨的学术精神和工作热情，保障了书稿翻译的质量和进度。尤令我们感动的是一些资深老专家站在学科发展和人才培养角度，一丝不苟地帮助审改稿件。感谢中国农业出版社，因为专业与专注，始终保持卓越的出版品质。

建议读者在阅读这些著作时，不要囿于自己研究的小领域，拓宽基础学科和新兴学科知识，建构扎实的专业知识基础。

让我们静下心来，跟随着大师徜徉于经典著作的世界，充盈后再出发！

《世界兽医经典著作译丛》实施小组

中国农业出版社简介

中国农业出版社（副牌：农村读物出版社）成立于1958年，是农业部直属的全国最大的一家以出版农业专业图书、教材和音像制品为主的综合性出版社，是全国首批15家“优秀出版社”之一，“全国科普工作先进集体”、“全国三下乡先进集体”和“服务‘三农’先进出版单位”，新闻出版总署评定的“讲信誉、重服务”的出版单位，连续九年获“中央国家机关文明单位”称号。建社50多年来始终坚持正确出版导向，坚持服务“三农”的办社宗旨，以农业专业出版和教育出版为特色，依托强大的作者队伍、高素质的出版队伍和丰富的出版资源，累计出版各类图书、教材5万多种，总印数达6亿册。有300多种图书和400余种教材分别获得国家级和省（部）级优秀图书奖和优秀教材奖。

养殖业出版分社简介

养殖业出版分社是中国农业出版社的重要出版部门，承担着畜牧、兽医、水产、草业、畜牧工程等学科的专著、工具书、科普读物等出版任务，为全国最系统、权威的养殖业图书出版基地。在几代编辑人员的共同努力下，出版了一大批优秀图书，拥有了行业最优秀的作者资源，获得国家、省部级及行业内出版奖项近百次。近几年来，分社立足专业面向行业，出版了一系列有影响力的重点专著、实用手册和科普图书，承担着多项国家重点出版项目，并积极构建数字出版内容和传播平台，将继续为我国养殖业健康发展和公共卫生安全提供智力支持。

基础兽医学

反刍动物解剖学彩色图谱 第2版

作者：Raymond R. Ashdown 等
（英国伦敦大学皇家兽医学院）
主译：陈耀星（中国农业大学教授）

简介：本书由英国皇家兽医学院解剖教研室的教授领衔编写，以标本和手绘图相结合的方式介绍了头部、前肢、腹部、后肢、颈部、胸部和腹部器官，骨骼、关节、肌肉、血管、神经等详细的解剖结构和示意图。

大16开 · 精装 · 2012年9月出版
ISBN：978-7-109-15340-0
定　价：210元

DUKES家畜生理学 第12版

作者：William O. Reece
（艾奥瓦州立大学教授）
主译：赵茹茜（南京农业大学教授）

简介：该书堪称国际兽医和动物科学领域家畜（动物）生理学的“圣经”。本书包括体液和血液；肾的功能、呼吸功能及酸碱平衡；心血管系统；神经系统、特殊感觉、肌肉和体温调节；内分泌、生殖和泌乳；消化、吸收和代谢等六大部分55章。

大16开 · 精装 · 2014年3月出版
ISBN：978-7-109-16066-8
定　价：280元

兽医药理学与治疗学 第9版

作者：Jim E. Riviere
（美国科学院医学院士，北卡罗莱纳州立大学兽医学院）
Mark G. Papich
（北卡罗莱纳州立大学）
主译：操继跃（华中农业大学教授）
刘雅红（华南农业大学教授）

简介：60多年前，本书第1版由美国兽医药理学之父L · 梅耶 · 琼斯博士（Dr. L. Meyer Jones）撰写。本次第9版一是增加了药物在次要动物和竞赛动物等领域的应用；二是加大从临床治疗学的视角论述药理学内容；三是增加了使用在动物身上的人用药品的标签外用药的论述，并对种属差异性的重要影响进行了强调；四是特别强调了食品动物的用药，以保证人类食品安全。

大16开 · 精装 · 2012年8月出版
ISBN：978-7-109-16066-8
定　价：348元

兽医血液学彩色图谱

作者：John W. Harvey
（佛罗里达大学兽医学院教授）
主译：刘建柱（山东农业大学副教授）

简介：美国著名病理学教授的倾心之作。本书包括血液和骨髓分两部分。血液部分包括：血样检查、红细胞、白细胞、血小板、混杂细胞和寄生虫；骨髓部分主要内容包括：造血细胞生成、骨髓检查、脊髓细胞紊乱、造血性新生物（肿瘤）以及非造血性新生物。

大16开 · 精装 · 2012年1月出版
ISBN：978-7-109-15061-4
定　价：168元

预防兽医学

兽医免疫学 第8版

作者：Ian R.Tizard
（得克萨斯A&M大学教授）
主译：张改平（院士，河南农业大学）

简介：本书是兽医免疫学的经典之作，全面系统介绍了兽医免疫学的相关知识，包括：机体防御、炎症发生机制、中性白细胞及其产物、巨噬细胞和炎症后期、补体系统、细胞信号（细胞因子及其受体）、抗原、树状突细胞和抗原处理、主要组织相容性复合体、免疫系统器官、淋巴细胞、辅助性T细胞及其对抗原的反应、B细胞及其抗原反应、抗体、抗原结合受体的产生、T细胞功能、获得性免疫调控、体表免疫、疫苗应用、细菌和真菌免疫等38章。

大16开 · 精装 · 2012年9月出版
ISBN：978-7-109-16403-1
定　价：350元

兽医寄生虫学 第9版

作者：Dwight D. Bowman
（康奈尔大学兽医学院教授）
主译：李国清（华南农业大学教授）

简介：本书是美国兽医院校的经典教材，主要内容包括概述、节肢动物、原生动物、蠕虫、虫媒病、抗寄生虫药、寄生虫学诊断、组织病理学诊断、附录（各种动物的驱虫药等）。全书配有清晰的照片。

大16开 · 精装 · 2013年5月出版
ISBN：978-7-109-16490-1
定　价：348元

兽医病理学 第5版

作者：James F. Zachary
（伊利诺伊州立大学病理学教授）
M. Donald McGavin
（田纳西州立大学病理学教授）
主译：赵德明（中国农业大学教授）

预计出版日期：2015年1月出版

兽医临床病例分析 第3版

作者：Denny Meyer John W. Harvey
（佛罗里达州立大学兽医学院）
主译：夏兆飞（中国农业大学教授）

预计出版日期：2014年6月出版

兽医临床尿液分析

主译：Carolyn A. Sink　Nicole M. Weinstein
主译：夏兆飞

预计出版日期：2014年5月出版

兽医流行病学研究 第2版

作者：Ian Dohoo
（加拿大爱德华王子岛大学教授）
主译：刘秀梵（院士，扬州大学）

简介：我国著名的兽医流行病学专家刘秀梵院士亲自主持翻译。本书一是全面系统介绍流行病学的基本原理，详细描述各种流行病学方法、材料和内容为研究者所用；二是重点介绍设计和分析技术两方面的问题，对这些方法有全面而准确的描述；三是为各种流行病学方法提供现实的例子，所用的数据集在书中都有描述。无论对研究人员，还是对高效师生，对实验方法建立和实验数据分析都有重要的指导作用。

大16开 · 精装 · 2012年9月出版
ISBN：978-7-109-15857-3
定　价：280元

其他

食品中抗生素残留分析

作者：Jian Wang,James D. MacNeil（加拿大食品检验局）
Jack F. Kay（英国环境、食品与农村事务部）
译者：于康震（农业部副部长，研究员）
沈建忠（中国农业大学教授）等

预计出版日期：2014年9月出版

实验动物科学手册：动物模型 第3版

作者：Jann Hau（丹麦哥本哈根大学教授）
Steven J. Schapiro（得克萨斯州立大学）
主译：曾林（军事医学科学院实验动物中心研究员）

预计出版日期：2015年1月出版

动物疫病监测与调查系统：方法与应用

作者：M.D.Salman（科罗拉多州立大学）
主译：黄保续 邵卫星（中国动物卫生与流行病学中心）

预计出版日期：2014年7月出版

定量风险评估

作者：David Vose
主译：孙向东（中国动物卫生与流行病学中心）

预计出版日期：2015年1月出版

猪福利管理

作者：Jeremy N. Marchant-Forde（普渡大学）
主译：刘作华（重庆市畜科院研究员）

预计出版日期：2014年8月出版

家畜行为与福利 第4版

作者：D. M. Broom（剑桥大学教授）
主译：魏荣 葛林 等

预计出版日期：2014年5月出版

项目策划：黄向阳 邱利伟
项目运营：雷春寅
培训总监：神翠翠
销售经理：周晓艳
版权法务：杨 春
外文编辑：栗 柱
编辑部邮箱：ccap163@163.com

说 明：出版社只接受团购和咨询，零售请与经销商联系购买。
团购热线：010-59194929 59194355 59194924

传统书店：各地新华书店
专业书店：郑州大地书店 / 北京启农书店 / 北农阳光书店
网络书店：当当网 卓越网 京东商城 淘宝商城 等

邮寄及汇款方式：
北京市朝阳区麦子店街18号楼农业部北办公区
中国农业出版社养殖业出版分社（邮编：100125）
编辑部电话：010-59194929
读者服务部：010-59194872
网 址：www.ccap.com.cn
户 名：中国农业出版社
开 户 行：农业银行北京朝阳路北支行
账 号：04010104000333

获取更多新书信息及购书咨询，请扫描二维码。

有时候，
我们需要慢下来，
用书本滋养心灵和思想，
静谧中梳洗劳顿的精神驿站，
汲取全球行业精英的智慧与营养，
充盈后重新出发，我们一定走得更远！

Book Catalogue

2014
世界兽医经典著作译丛

第 1 期

全国优秀出版社
中国农业出版社

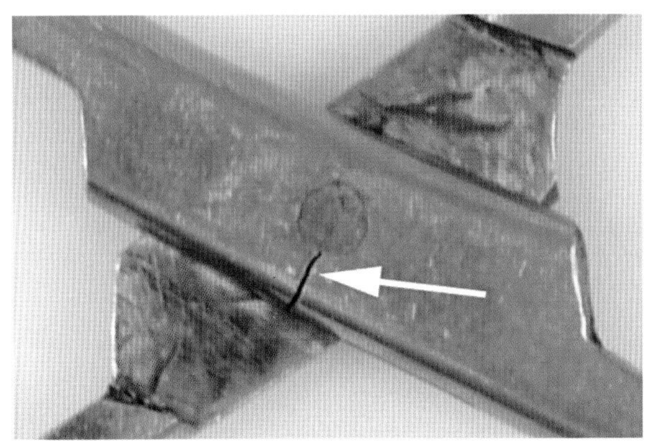

图3.13 一把Allis组织钳上由于生物性残渣的累积而引起的关节断裂。残渣的堆积会引起器械关节内的腐蚀并增加摩擦力，从而使器械难以工作并最终导致断裂和失效。器械一旦发生断裂便无法修复

图3.14 碳化钨镶片的Olsen-Hegar持针钳尖端的磨损区域

图3.15 由于不正确的夹持了大号缝针而导致Castroviejo持针钳的损坏

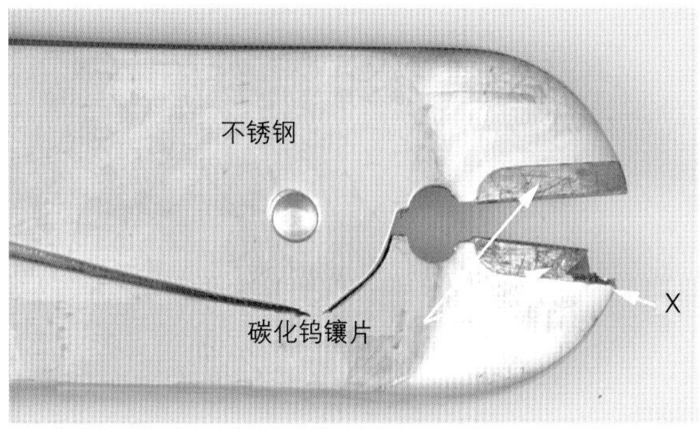

图3.16 碳化钨镶片损坏（箭头所示）的植入物剪。坚硬的碳化钨是非常脆弱的，它需要依靠周围的不锈钢为其提供支撑。如果不锈钢所提供的支持力不足，则不锈钢会发生变形，碳化钨镶片会断裂。在切割器的尖端区域，为提高通过性而减弱了不锈钢的支持力。这使得碳化钨的镶片变得非常脆弱（X）。重要的是避免在最前端的区域进行切割，尤其是用于超过器械规格的材料。不锈钢移植物通常具有很强的抗拉强度且难以切断

4 手术器械——类型与使用

Nicholas J. Bacon

概述

在大部分兽医诊所内，需要进行手术的病例范围非常广，有时无法立即确定需要用什么器械有效地进行手术及尽可能减少创伤。兽医外科医生，无论其技术水平或经验如何，任何时候使用错误的器械进行错误的操作都是极不应该的。而这通常是由于速度、懒惰、无意识或急症所造成的。器械使用不当应该没有强烈的人机动力学或组织导向性原因，因为现代的手术器械都已经历了数代的反复设计及改善，以保证器械的使用舒适度并可用于一项手术技术或组织类型。尽管许多器械看上去是多用途的，但它们并不如所认为或所尝试的那样用途广泛。

外科医生有时候会在不知不觉中误用器械，但不应将这些情况过分夸大为故意误用，如使用组织镊夹持皮肤、用动脉钳固定创巾、使用持针钳扭紧骨科钢丝，或使用Metzenbaum或Mayo剪刀来切断缝合材料。本章的目的在于减少这些方面的器械误用，本章内不仅描述不同类型的广泛使用的器械，同时还提供了合理使用的例子。

本书第3章描述了手术器械的制造、修理和保养工作；第21章讲述了器械操作的正确使用方法。此外，器械目录通常配有相当的插图且可提供足够的信息。

手术刀

手术刀由手术刀柄和手术刀片组成。

手术刀柄

有许多手术刀柄可供选择，最常用于小动物外科的是Bard Parker 3号刀柄（图4.1），扁平状刀柄两侧具有不同类型的沟纹以提高握持时的安全性。某些刀柄在一侧会有厘米刻度，以便在手术时进行测量，例如在肿瘤切除前测量皮肤边缘。某些刀柄的末端逐渐收窄于一点，可在手术中作为简陋的骨膜剥离子使用，但使用时应先拆下刀片。

将手术刀片安装到手术刀柄上的最佳方法是：保持刀刃远离操作人员，牢固夹持刀片，将刀柄的刀楞从下方推入刀片的中心槽中，直至刀片上的斜末端与手柄上的斜角形成紧密切合。可以用主动手的拇指和食指小心夹持刀片，也可使用专用的钳子，但不应使用持针钳或动脉钳夹持刀片，以免造成器械损坏。

取下刀片时，抬起刀片的斜末端使其高于刀楞。向后拉动手柄以脱离刀片，而不是将刀片向前推脱离刀柄。

Bard Parker 7号手术刀柄较为细长，但与3号刀柄可接受的刀片型号一致。Swann Morton Beaver手术刀柄具有不同的刀片安装形式和不同范围的非常精细的刀片，尤其适用于复杂手术，特别是眼科手术。

手术刀片

小动物手术最常用的手术刀片包括10、11、12和15号刀片，它们全都适用于3号手术刀柄。

■ **10号刀片** 这是普外科手术的通用刀片，具有大的凸面刀刃，适用范围包括：大部分的线性皮肤切开，切开厚的腹白线，对肿块进行切开性活检采样以及肠道、血管和神经的锐性切开分离。

■ **11号刀片**　这种刀片具有锋利的刀尖，适用范围包括：空腔内脏（如胃、膀胱）的穿刺性切口、关节切开术或是需要准确而精细切开的情况（如尿道切开术）。

■ **12号刀片**　这种刀片具有大的凹面钩状刀刃，主要用于拆除缝线。刀片安装在刀柄上后，操作会变得更为轻松和安全。Swann Morton还生产一种精细的一次性拆线刀片，刀片更长且无法安装于刀柄上。

■ **15号刀片**　与10号刀片相比，15号刀片具有更小的凸面刃缘，适用于小型的皮肤切口或小体型患畜的普通手术（图4.2）。它与11号刀片具有相似的用途，特别是对空腔脏器进行穿刺切开时。

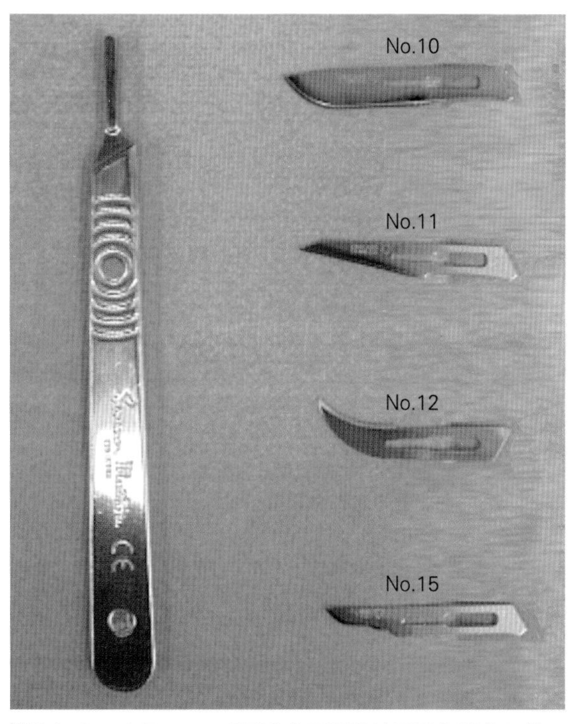

图4.1　Bard Parker 3号手术刀柄及其可用的手术刀片。（T Hutchinson惠赠）

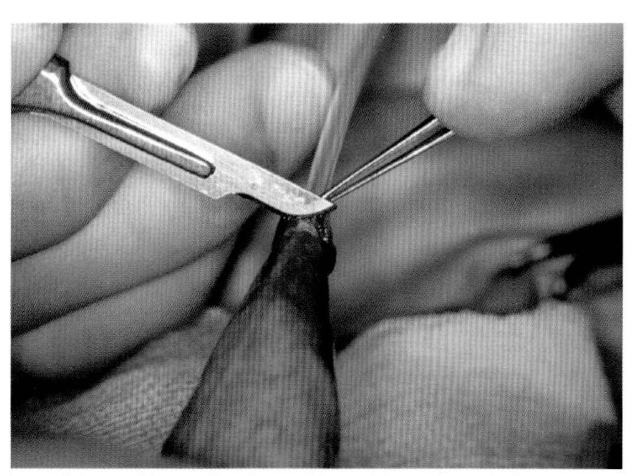
图4.2　用15号刀片切除脱垂的尿道黏膜

剪刀

剪刀可用于钝性分离以及锐性切割。许多昂贵的剪刀会带有碳化钨镶片以提高其使用寿命和切割的稳定性，如果镶片变钝且无法磨快的，必须送厂更换。

剪刀是比手术刀创伤性更强的器械，因为剪刀工作时通过剪切动作使刀刃闭合而切开组织，而不像手术刀那样的锐性切开作用。市售的剪刀其刀尖可能会根据具体用途而有不同的形态：双尖头、双钝圆头以及尖头/钝圆头。

不同的剪刀有不同的功能（图4.3）。

■ 重型的Mayo剪是切开厚结缔组织、筋膜、腹白线、肌肉、皮肤以及纤维组织的理想器械。

■ 更精细、更轻巧以及通常更长的Metzenbaum剪刀用于疏松的精细组织内的精确分离，包括腹部、颈部或胸部。

所有的剪刀都有直刃型和弯刃型供应。弧形的刀刃可改善能见度和控制度，因为在分离术野时更容易看到尖端。直刃的剪刀在切割坚硬的纤维组织时有更大的机械性优势。

■ 眼科剪刀（如虹膜剪或肌腱剪）（图4.4）具有两个尖头，通常是直型的。有些外科医生会用来进行猫的会阴部尿道造口术，以及其他需要精细切割的普外科手术。

■ 缝线剪是手术包中的专用的剪线器械，用来防止被手术剪误用及剪断缝线而造成刀刃变钝。缝线剪的特征在于钝圆头的刀刃，以减少由于疏忽而损伤缝线下的组织的风险，在使用时应仅利用剪刀尖端剪断缝线以进一步减少这一风险，此外在手术人员未彻底看到整个刀刃和刀尖时不可剪断缝线。

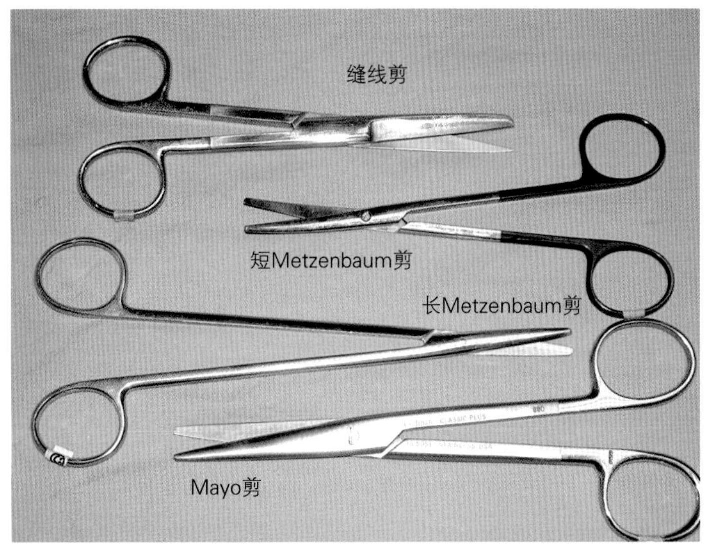

图4.3　剪刀

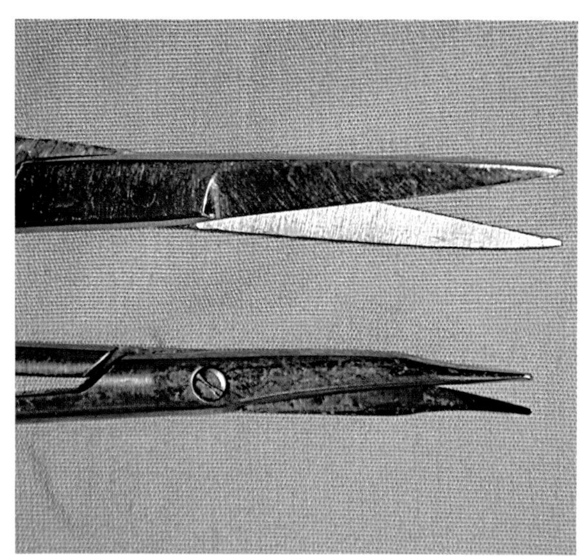

图4.4　虹膜剪（上）和肌腱剪（下）

持针钳

持针钳有不同的大小和类型，取决于所夹持的缝针的大小，以及要进行缝合的体腔、部位和组织类型（图4.5）。中等大小的Mayo-Hegar持针钳是普外科最常用持针钳，而较长的持针钳可用于深部体腔的缝合。持针钳的钳尖短且钝圆，因为它们永远不需要夹持直径超过数毫米的物体。持针钳的钳尖比较光滑且具有交叉沟纹，而不是动脉钳那样的平行沟纹。

使用时，使用优势手的拇指和无名指穿入指环以握持住持针钳。使用时通过锁紧手柄上的棘齿来稳定夹持缝针，特别是在穿刺致密组织时。

持针钳具有牢固的钳口和特别强化的尖端（图4.6a）。它们通常会镶有碳化钨镶片以提高对针的抓持力并延长器械的使用寿命（图4.6b）。它们仅用于夹持缝针或缝线，而不应用作其他用途，如在骨科手术中扭结钢丝。

一些持针钳，如Olsen-Hegars持针钳，在临近关节的位置结合了剪刀和夹持钳口，所以可以用同一器械进行打结和剪线的操作（图4.6a）。但这会混淆正确的和无意识的剪线操作。出于这个原因，我们不建议在学习缝合时使用这类器械，但对于熟练的手术人员而言，这类器械可以提高单独完成手术的效率。

另外一种剪刀-持针钳的组合器械是Gillies持针钳（图4.5），其外观上具有不对称的手柄，较短的手柄向上和侧面偏离以配合手掌的人体工程学要求。它们没有棘齿的设计，所以在缝合时要紧握手柄以提高抓持力，从而可能导致潜在的缝合不精确，并且在大量缝合时会降低操作者的舒适度。而Olsen-Hegars持针钳常见的无意识剪线的情况同样会出现于Gillies持针钳。

Macphail持针钳具有带弹簧的棘齿，可通过紧握手柄使钳口打开并松开缝针。但是紧握把手来放开钳口的方法不是本能的反应，所以需要花费一定的时间来掌握这种器械的用法。基于这个理由，这种器械无法广泛用于全科诊所。

较短的持针钳如Castroviejo持针钳（图4.5）是眼科手术的专科器械，用于结膜或瞬膜的缝合，需要精细的执笔式操作。这种器械通常没有棘齿的结构，取代以弹簧和碰锁结构来锁闭钳口。

持针钳应夹持在弧形缝针的中点附近，缝针应与持针钳垂直，当弧形的缝针穿透组织时，顺着针的弧度旋转手腕以使组织损伤最小并降低穿透组织的难度。

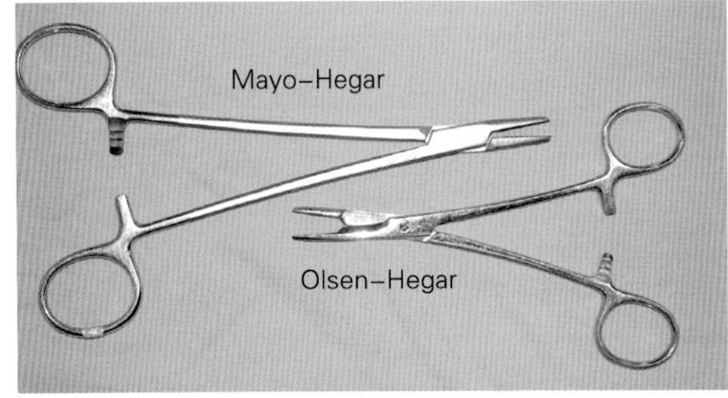

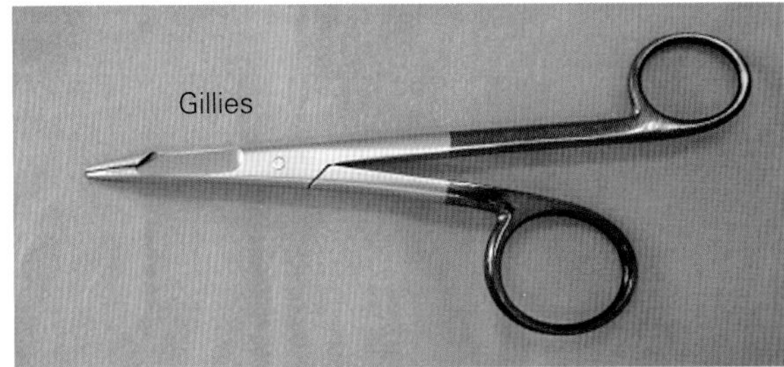

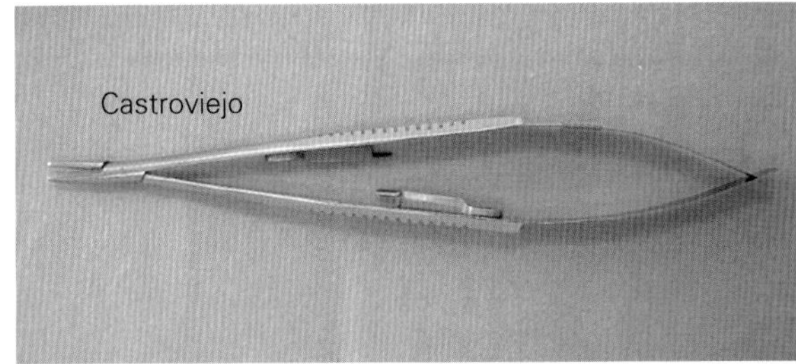

图4.5 持针钳（中间和下面的图片由T Hutchinson提供）

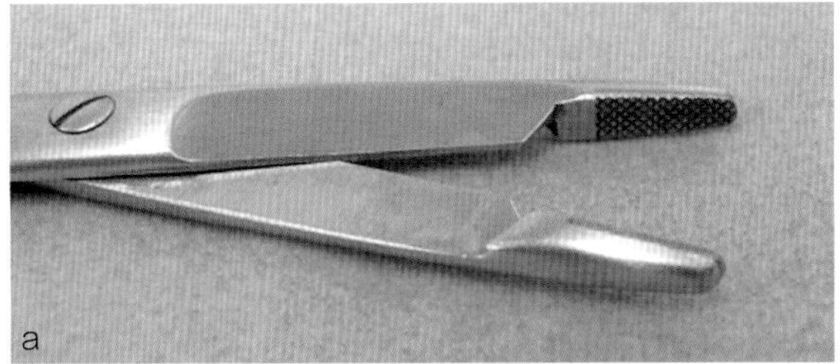

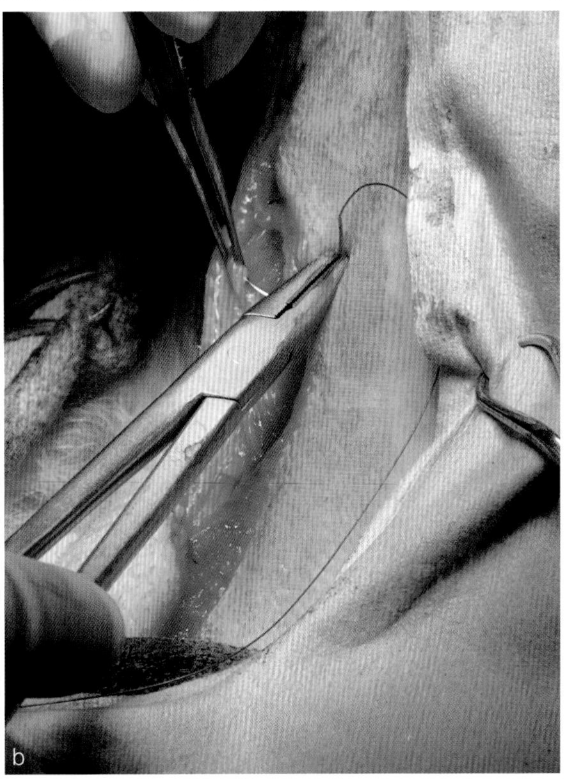

图4.6 （a）持针钳的尖端，可见剪刀部分以及碳化钨镶片（T Hutchinson惠赠） （b）Mayo-Hegar持针钳上的碳化钨镶片有助于提高缝针的抓持力

组织镊（按捏钳）

组织镊是外形类似于镊子的器械，通常用非优势手以执笔式握持，用来作为拇指和食指的延伸来辅助稳定被缝合、切割或夹紧的组织（图4.7）。大部分的组织镊具有交锁的“鼠齿”，以提高对于组织的抓持力。

Treves镊是诊所常用的廉价的通用性鼠齿镊，其一个尖端具有单独的鼠齿，对称的一侧有两个。Adson镊是一种损伤较少的器械，具有较精细的尖端，可以仅夹持非常微小的组织片段（图4.8）。它们可用于缝合筋膜组织时，并且可以在闭合创口时利用其精细的组织抓持力来固定皮肤。Brown-Adson镊在许多方面看上去类似于其他组织镊，但其尖端具有多重相互啮合的牙齿以提供较宽且精细的抓持，还不会引起较大的损伤（图4.9）。在缝合时常会误用组织镊来抓持缝针，这一做法可能会导致钳齿快速变钝，从而增加器械引起的组织损伤。

损伤最小的组织镊是DeBakeys镊，最初这类组织镊是设计用于血管外科以获得最小的血管内皮损伤。它可用于普外科、腹腔手术和胸腔手术，用于微创抓持组织。它具有相对光滑的尖端，尖端上有沿长轴方向的棱线并具有两条横向的条纹。它们可提供非常精细的组织控制，并在无法使用留置缝线（损伤更小的方法）时夹持小肠、膀胱、肺、血管、淋巴结以及肝胆结构。

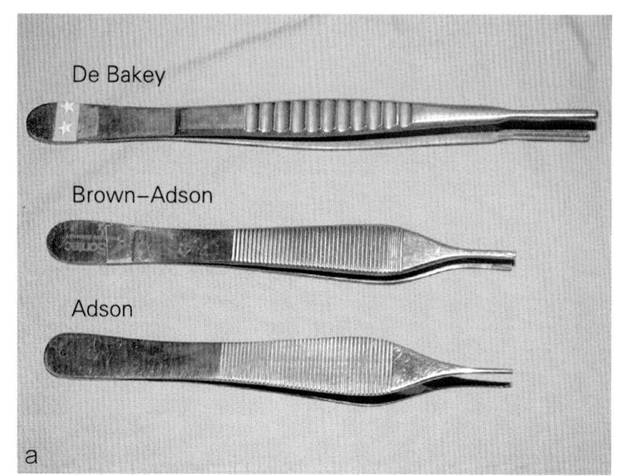

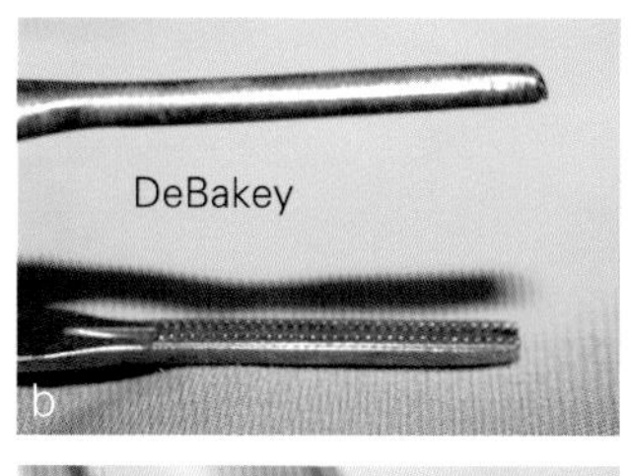

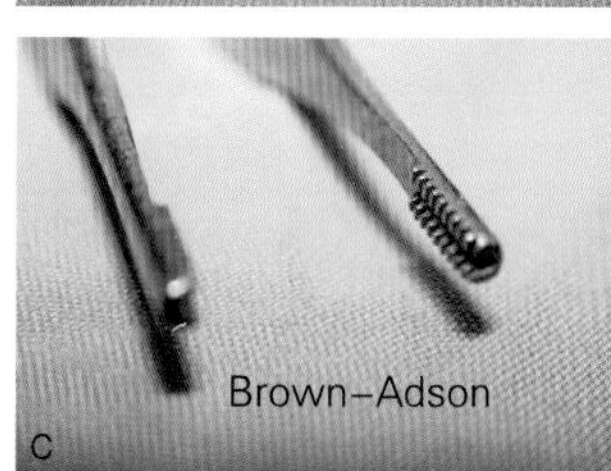

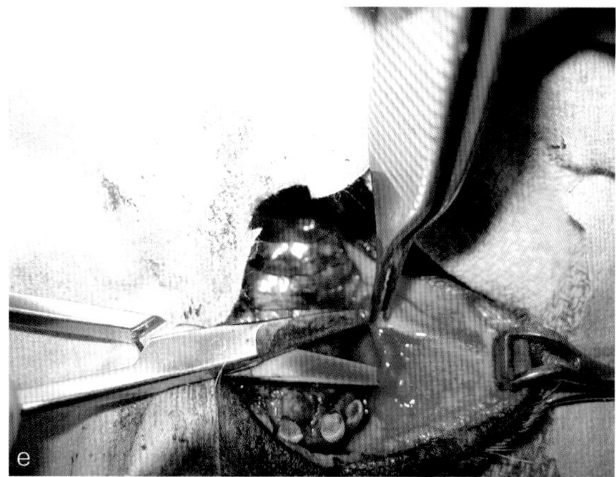

图4.7　（a）组织镊。（b-d）镊尖的细节结构。（e）建立唇形皮瓣以封闭口鼻瘘：非破坏性的Babcock组织钳拉开嘴唇；Adson钳用于固定创缘；Metzenbaum剪刀用来逐渐分离黏膜

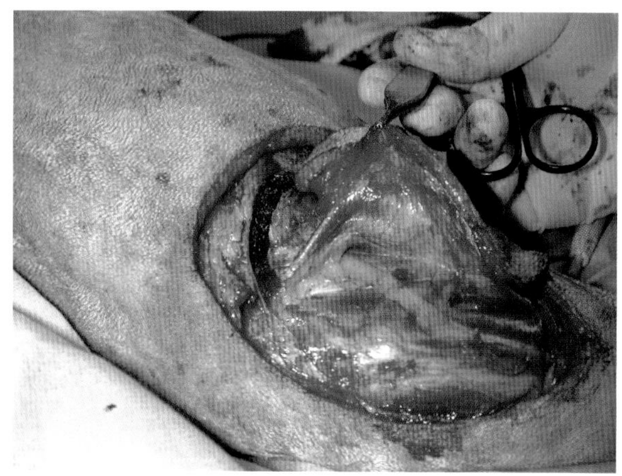

图4.8　单个鼠齿的Adson组织钳可用于牢固抓持坚韧的筋膜，以便于在其下方进行软组织肉瘤切除术

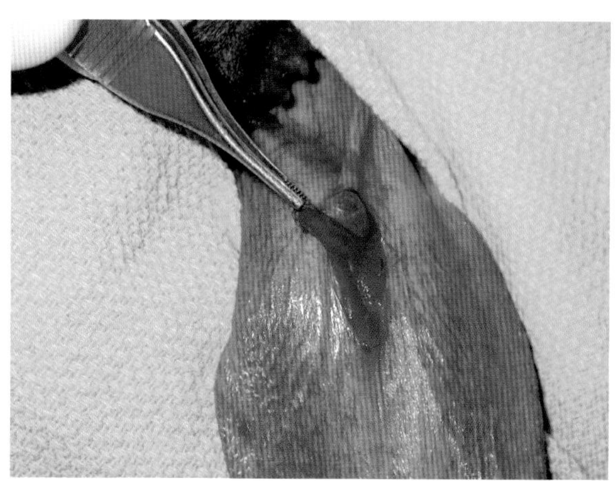

图4.9　在切除舌下肿块时，利用Brown-Adson钳的多重交叉齿来提供较宽但轻柔的抓持

止血钳

可通过器械大小以及钳尖出锯齿的分布和方向来辨认不同型号的血管钳。常用的具有横向沟纹的钳子包括小型Halsted蚊式钳以及Spencer Wells血管钳、Kelly血管钳、Crile血管钳以及Rochester Pean血管钳（图4.10）。横向式样的沟纹在夹闭过程中可以通过锯齿的挤压作用抓持和固定出血的血管。在结扎血管或组织残端时，器械应横向夹持组织以使条纹平行于血流方向。较小的Halsted蚊式钳可用于钳夹已分离的出血血管，并在使用器械尖端时可获得最好的效果。蚊式钳、Spencer Wells血管钳以及Rochester Pean血管钳为外科医生钳夹不同厚度的组织提供了多样性的选择方案。

止血钳根据其用途设计为直形或弧形的。直形的止血钳用于处理易见的浅层出血血管。但当工作在能见度降低的区域（如腔内）时，使用弧形的止

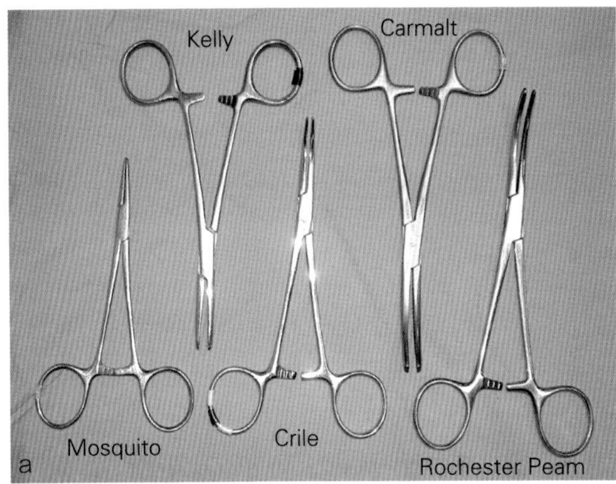

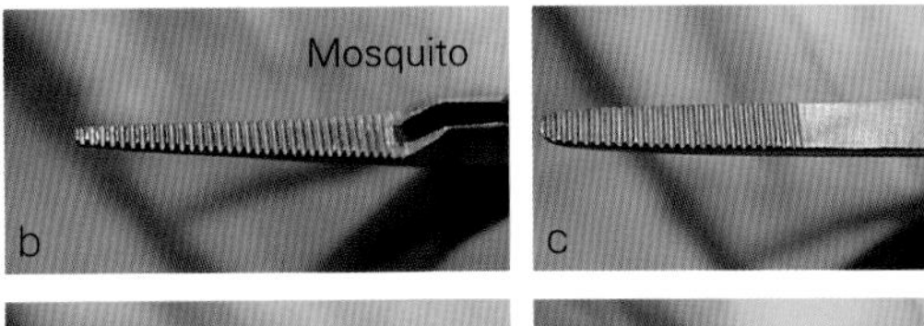

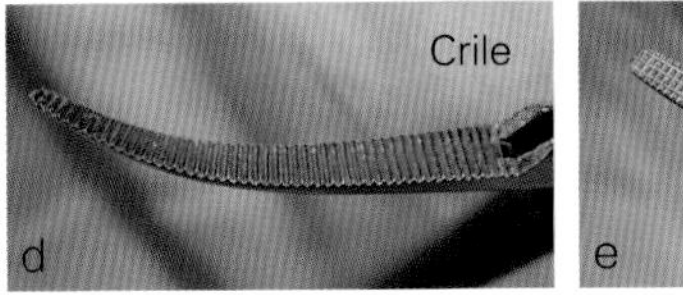

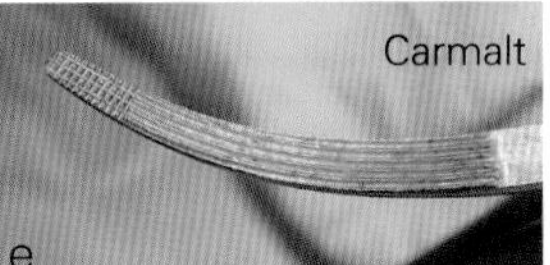

图4.10 （a）止血钳；（b-e）器械尖端的细节

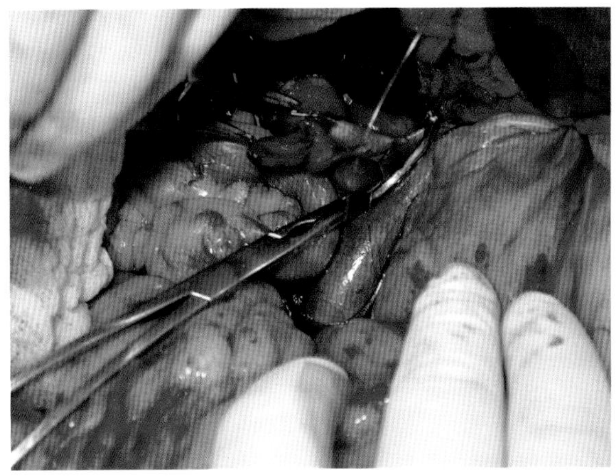

图4.11 切除伴发膈腹静脉肿瘤性血栓的肾上腺肿块时，在腔静脉上使用非损伤性Satinsky血管钳

血钳可保证外科医生更容易看到出血血管，并可在止血钳的尖端进行钳夹出血血管的操作时，操作手不会遮挡术野。

较大型的Carmalt血管钳在其尖端的主要部分具有纵向的沟纹，主要用于结扎组织残端，例如在卵巢子宫切除术中。尖端的最前面有横向的沟纹可用于抓持血管。纵向的沟纹使得在打结时更容易从组织上移开止血钳。

专用的心血管钳（如Satinsky血管钳，图4.11）具有大的U型尖端和微创条纹，类似于DeBakeys镊，可用于封闭一段血管以供打开、释放和修复血管壁的操作。

组织钳

Allis组织钳（图4.12）具有损伤性的夹持钳口，钳口内啮合的牙齿数量不定——常见3～4个。它们的抓持力牢固，可用于抓持筋膜或待切除组织，但不可用于皮肤或精细组织。它们还可用于将吸引管和双极电止血器的电线固定于创巾上。

Babcock组织钳（图4.12和图4.13）具有大的三角形钳口并在尖端分布纵向的条纹。它们没有钳齿，所以比Allis钳造成的损伤小，但在夹持时需要使用更大的力量来防止组织滑脱，这可能造成组织挤压。它们还可用于取代留置缝线以抓持和控制组织（如胃、心包膜）。

直角组织钳（如Mixter组织钳和Lahey组织钳）具有钝圆的尖端以及横向（Mixter组织钳）或纵向（Lahey组织钳）沟纹的钳口。它们可用于管状组织（如血管和胆管）周围的钝性分离，并有多种尺寸可用于腹腔和胸腔的深层区域。

非挤压式组织钳可对中空内脏（如肠管）进行无损伤钳夹。Doyen肠钳（图4.12和图4.14）具有全长的稀疏的纵向条纹，可轻轻关闭待缝合肠管的开放末端。在进行肠管截断和吻合术时Doyen肠钳是非常有用的器械，可以闭合肠腔并在实施无张力吻合术前将肠断端对位。切除肠管的末端可用挤压性的Carmalt钳钳夹闭合。在独自手术时，即在进行更简单的肠切开术时，没有无菌助手时用他们的手指闭合肠管来防止肠内容物溅出，Doyens肠钳同样非常有用。

牵开器

牵开器可提高深层组织和结构的能见度、暴露

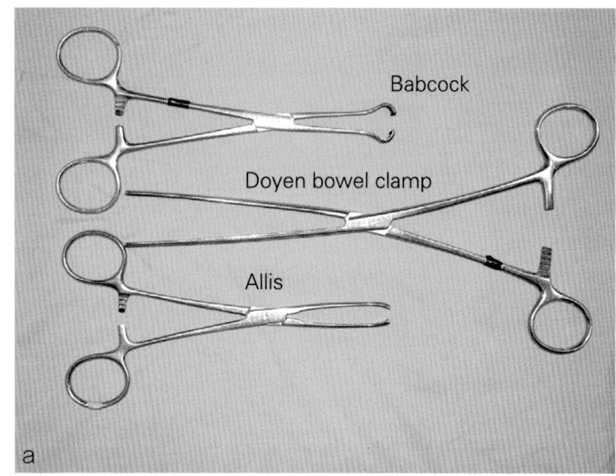

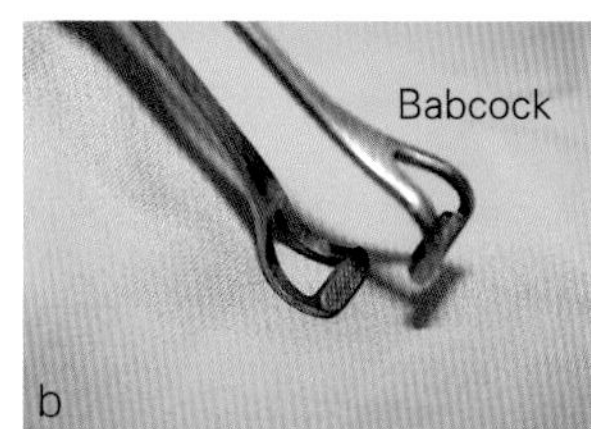

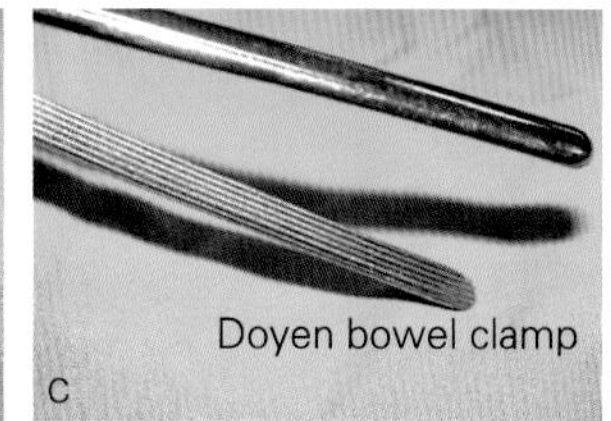

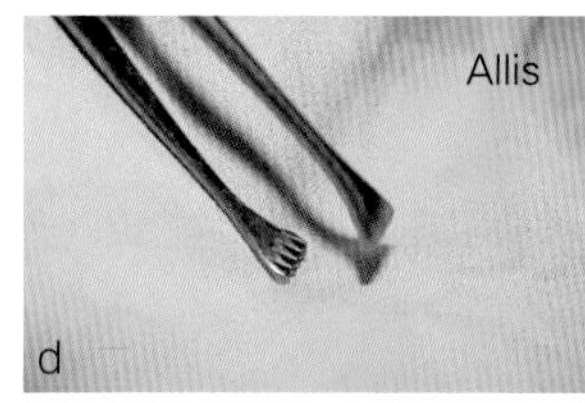

图4.12 （a）组织钳，
（b-d）尖端的细节

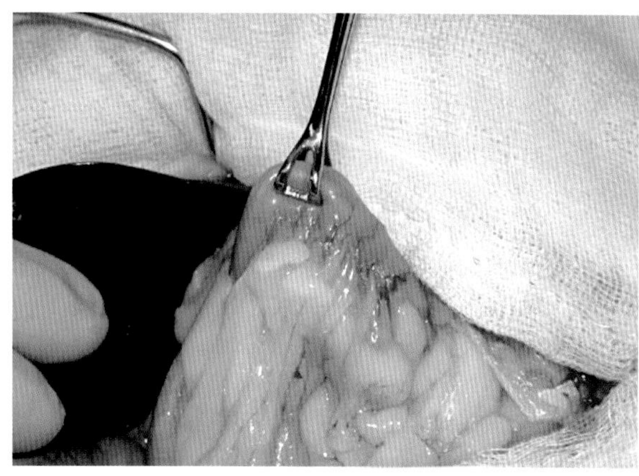

图4.13 夹持于猫的幽门处的Babcock组织钳

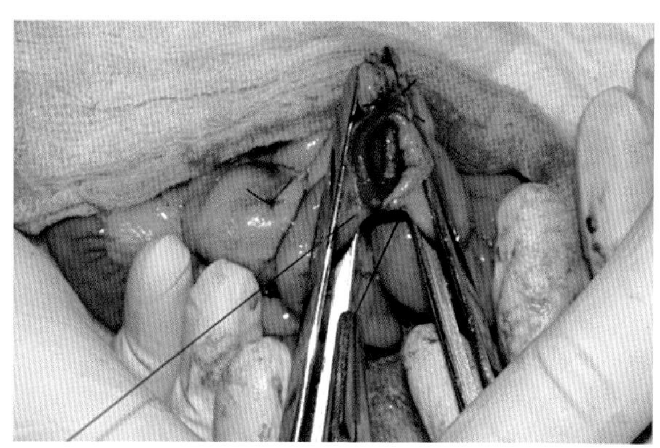

图4.14 在切除大型回盲肠肿块后，使用Doyen肠钳辅助空肠和升结肠的对位以进行肠吻合术

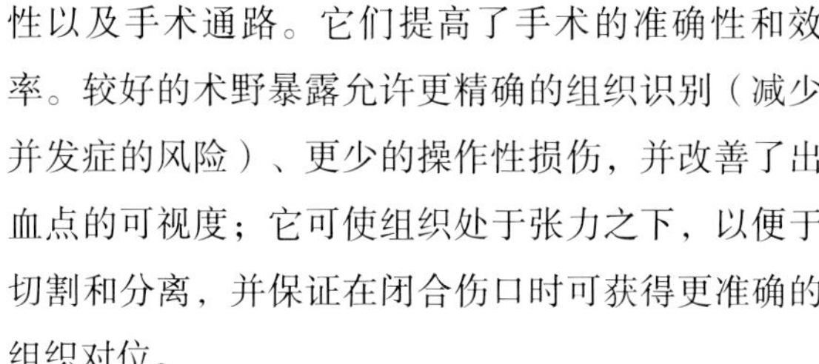

性以及手术通路。它们提高了手术的准确性和效率。较好的术野暴露允许更精确的组织识别（减少并发症的风险）、更少的操作性损伤，并改善了出血点的可视度；它可使组织处于张力之下，以便于切割和分离，并保证在闭合伤口时可获得更准确的组织对位。

自动牵开器

自动牵开器可分为打开体腔的类型以及牵开软组织的类型。

腹腔牵开器

Balfour牵开器是使用最广泛的自动腹腔牵开器（图4.15）。它具有两个开窗式的侧面叶片以提供剖腹手术时的侧向牵开，以及一个实心的弧形勺子以保持伤口头侧的开放。在插入勺子前应去除镰状韧带，尤其是进行胃或肝脏手术时这一做法会增加牵开器的固定度。伤口边缘应用湿润的纱布保护，任何从腹腔内取出的器官（尤其是小肠）都应使用纱布覆盖并定时湿润，以减少组织干燥和蒸发性失热损失的风险。

Gosset腹部牵开器（图4.15）具有与Balfour牵开器类似的外观，但是缺少中央的勺子，因缺乏了三点支撑而容易发生旋转。Gosset牵开器和Balfour牵开器具有不同的尺寸，以适合于从猫到巨型犬的适用范围。

胸腔牵开器

Finochietto牵开器（图4.16）是最常用的胸腔牵开器，可用于肋间胸腔切开术以及中线胸骨切开术。它具有两个牢固的向外的倒角臂，通过一根多齿的棘轮和手柄相连接。尽管棘轮可允许对手术位置进行进

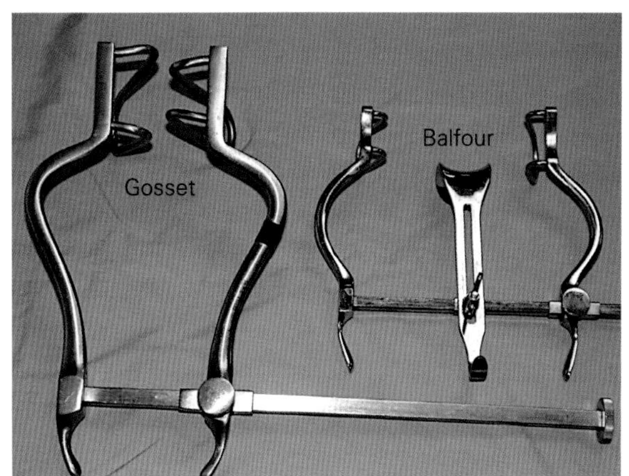

图4.15 腹部牵开器

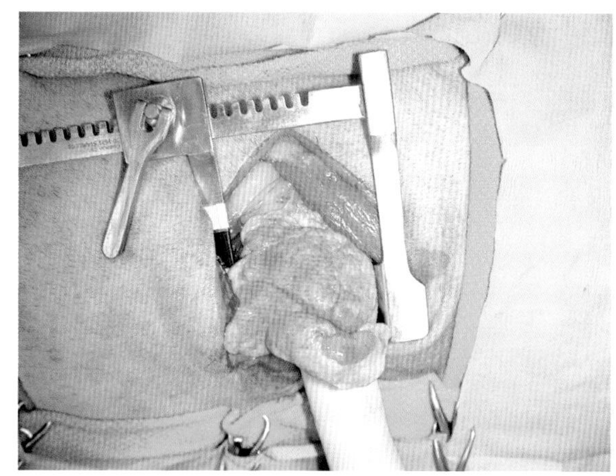

图4.16 在猫的肋间胸腔切开术时使用Finochiettos牵开器牵拉肋骨，从而可以对单独的肺肿块进行评价

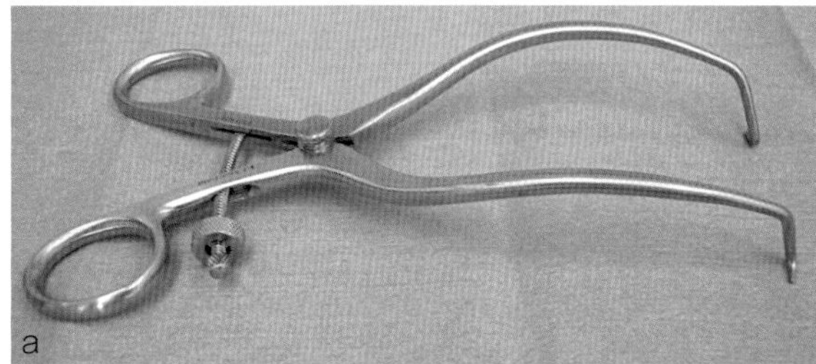

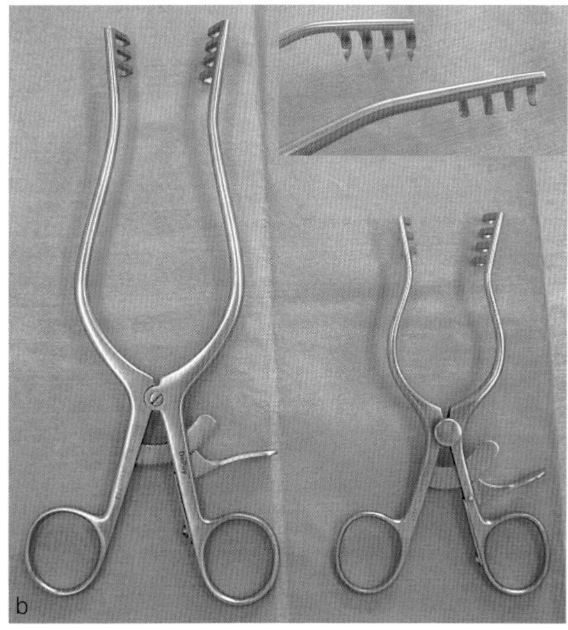

图4.17 （a）自旋锁型Gelpi自动牵开器，（b）两种不同尺寸的Weitlaner自动牵开器，带有尖锐或钝圆的尖端（插图）（图片由T Hutchinson惠赠）

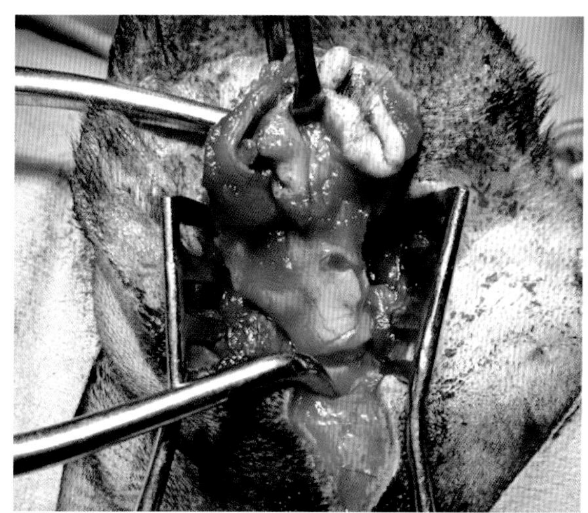

图4.18 在猫的全耳道切除术中使用Weitlaner自动牵开器和Gelpi自动牵开器以提高术野暴露度。用Allis组织钳操作耳道

行性的牵拉，但对于术者而言，张力的增加并不明显，这可能导致过度牵拉，在肋间入路时可能会引起肋骨骨折。Finochietto牵开器或其替代者Tuffier牵开器还可用于盆腔手术的耻骨中线切开术。

通用型牵开器

Gelpi自动牵开器（图4.17a和图4.18）是使用最广泛的自动牵开器，对于头颈部手术、骨科手术、会阴处手术以及神经手术来说是不可或缺的器械。在猫和小型犬还可用Gelpi牵开器来牵开胸廓切开术和腹腔切开术的切口。这类牵开器具有铰链关节，其尖端可以是尖头或圆头末端；一些外科医生会将其尖端磨成扁平状以便在神经外科手术中牵开脊柱。当使用尖末端的器械时，术者必须小心操作，以免造成医源性神经血管损伤。一些牵开器的尖端

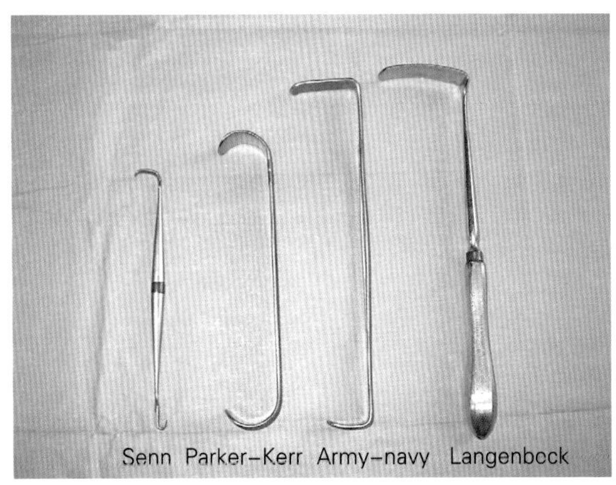

图4.19 手持牵开器（V Lipscomb）

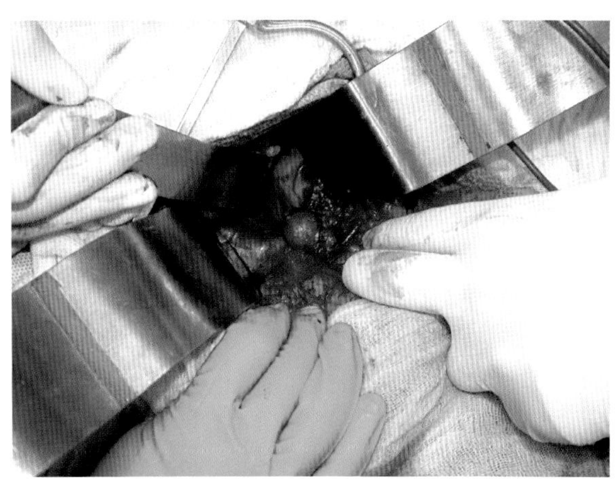

图4.20 在左侧肾上腺切除术时，使用三把Malleable牵开器将腹腔深部的肝（窄的牵开器所牵开）和其他器官向后牵拉

呈球形，以防止进入组织过深。通常使用两把Gelpi自动牵开器，相互成90° 牵开伤口以获得最大的术野。它们可通过弧形棘轮维持牵开以及手指释放的扳机进行快速调整；对于需要较长的不需调整的牵开时，可使用自旋锁型的Gelpis自动牵开器。同样还有迷你型的Gelpis自动牵开器可供使用，尤其是在猫的头部和颈部的精细手术过程中。

Weitlaner自动牵开器或West自动牵开器（图4.17b和图4.18）具有3~4个向外倒角的弧形刺，从而增加了牵开器和伤口间的接触面，减少其在手术部位旋转的可能性，同样可以比Gelpi自动牵开器牵开更多的组织横截面。然而，与Gelpi自动牵开器相比，同样尺寸的这类牵开器所需要的创口面更大，Gelpi自动牵开器可插入相当小的切口以提供暴露。Weitlaner自动牵开器类似于West牵开器，但West牵开器的工作臂具有一定的角度，这样可以保证器械的手柄和棘轮部分紧靠于创巾，从而改善术者的通路。

手持牵开器

手术中需要无菌助手来使用手持牵开器（图4.19）。与自动牵开器相比，手持牵开器的优势在于可更准确地放置以牵开特定的组织；它们可更随意地在伤口内变换位置；并且可以调节单个伤口内对于不同组织的张力。

Senn牵开器是双末端结构，一端是直角末端，另一端是三齿耙或爪的结构。Senn牵开器常用于肌肉和筋膜，其末端很小，可用于牵开少量组织（如髌下脂肪垫或骨科手术中的小肌腹）。

较大的Army-Navy牵开器具有钝长的直角末端，可用于牵开较大的肌腹，尤其是在截肢或大肿瘤切除手术中。

Malleable牵开器是一块扁平的金属片，边缘光滑，末端圆形，可弯折成任意角度以适合其用途。这是腹腔深部手术时最常用的牵开器，可用来温和地牵开脆弱组织如肝脏或胃肠道（图4.20），例如：肾切除术、肾上腺切除术或肝叶切除术。在牵开器和器官间垫上一块湿润的纱布敷料有助于保护器官。

Hohmann牵开器（图4.21）是一个沙漏型的器械，在其末端中心具有一个钝圆或尖锐的“鹰嘴”。这一尖端用来通过杠杆作用牵开患畜组织。一个实例是在进行膝关节切开术时，将Hohmann插入胫骨近端的尾侧缘，从而将胫骨向头侧撬起以利于检查半月板。Hohmann同样可用于在骨折手术时撬起断骨两端以帮助骨折复位。

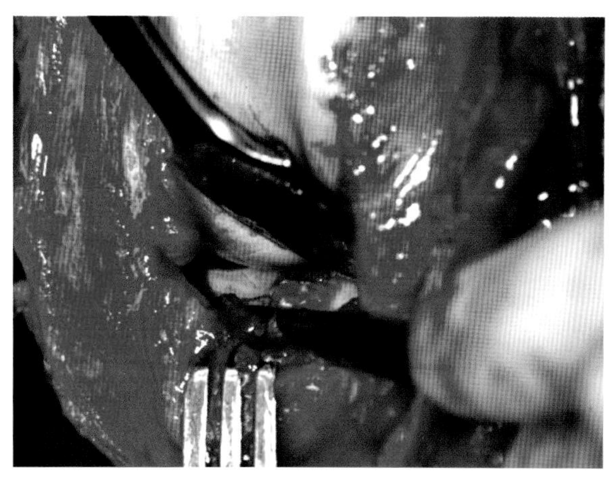
图4.21 用Hohmann牵开器将胫骨向头侧提拉，并用Senn牵开器拉开脂肪垫以显露中半月板

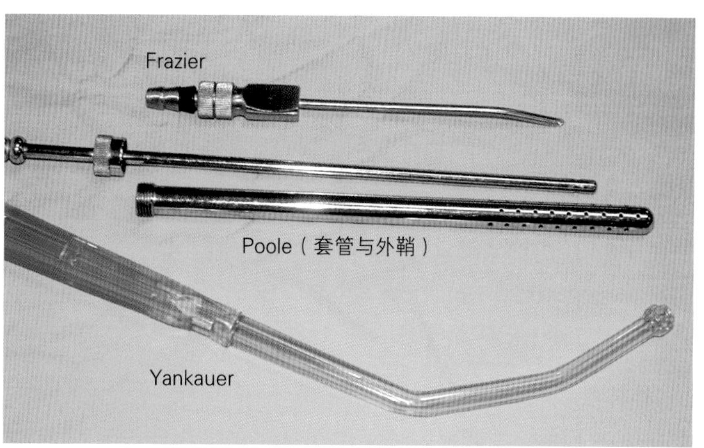

图4.22 吸引头

吸引头

普外科手术中所用的吸引头有三种类型：Frazier吸引头、Yankauer吸引头以及Poole吸引头（图4.22）。吸引头用来将血液和其他液体从术部吸走，以提高可视性，并缩短手术和麻醉时间，提高止血效果，并降低感染风险。可通过固定于墙上或移动式的吸引器进行吸引。

Frazier吸引头是三者中最小的吸引头，它的把手上有一个小孔，使用时必须要用手指堵住小孔才可从尖端获得足够的吸力。Frazier吸引头通常是一个有角度的管子（金属制或塑料制），以保证工作时的精细控制，但吸引头与组织直接接触可能会引起不可逆的组织损伤。小直径的吸引头意味着它们在手术中非常容易发生堵塞。大部分的Frazier会配有一根通管丝，可以用来插入吸引头中以推动堵塞物，并将其推入直径更大的吸引管中。

Yankauer吸引头的直径比Frazier吸引头大，适用于吸取大量的液体和黏稠的液体（如唾液黏液囊肿），或是需要进行高效率吸引的情况。它具有多孔的圆形尖端，可以直接进行吸引，但是可引起组织的轻微损伤，所以适合于腹腔的易损伤器官之间工作。因这种吸引头的末端只有一个孔，所以容易被组织所堵塞。

Poole吸引头由两个部分组成：尖端有单孔的套管以及一个多孔的外鞘，可以将外鞘套上套管并旋紧到位。多孔结构的外鞘可防止在引流大量液体的时候被组织（如大网膜）堵塞吸引管，除非外鞘被完全遮盖。这种吸引头可用于处置腹腔积液或进行腹腔灌洗。进行胸腔灌洗时可选用Poole吸引头或Yankauer吸引头，但应小心操作，以免Yankauer吸引头的末端接触肺脏并引起肺脏损伤。在Yankauer吸引头的末端包裹纱布后可将其作为Poole吸引头使用。

布帕钳

小而尖的布帕钳用于将创巾附着于患畜体表。兽医上最常用的布帕钳是交叉型的布帕钳（Cross-action布帕钳）和Backhaus布帕钳（图4.23）。交叉型的布帕钳没有手柄的结构，取代以弹簧结构的单片弯曲金属片。Backhaus钳具有环形的带棘齿的手柄，该结构使得器械的安放和固定更易控制。尖端穿透皮肤后，可在已备皮的术野周围快速建立起安全的无菌范围。布帕钳不可用于固定电凝止血器的电线或吸引管，因为可能会导致尖端穿透创巾而破坏无菌区域。

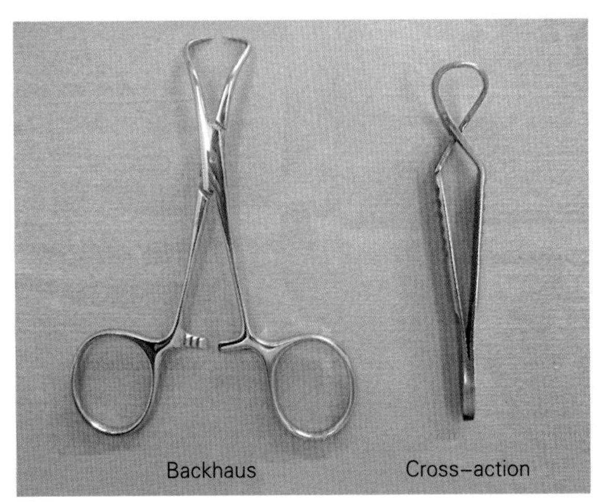

图4.23 布帕钳（图片由T Hutchinson惠赠）

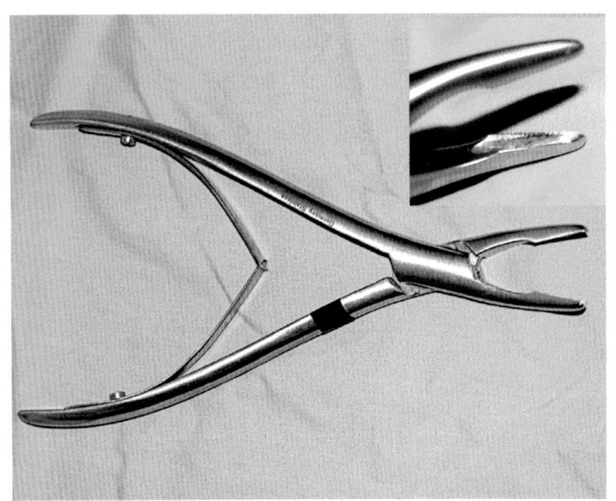

图4.24 咬骨钳，以及其尖端的近观

其他器械

咬骨钳

咬骨钳（图4.24）用于在不同情况下去除碎骨片，因此具有不同的尺寸和设计。在软组织手术中，它们常用于窦切开术、鼻切开术，有时也可用于上、下颚的肿瘤切除；在耳外科中用于去除矿化的耳软骨以及鼓泡切开术。在骨科手术中的用途包括：清除骨折断端的碎片、在切除性关节成形术中去除矿化的关节囊。咬骨钳还可用于神经手术来去除关节小面、脊柱棘突以及椎弓板。

咬骨钳可是单关节或双关节器械，双关节结构的器械可只需少量用力便可产生较大的机械优势。通常钳口与手柄在同一平面上，或是弧形或具有角度以提高操作视野。Lempert咬骨钳是最常用的一种，具有锥形的钳口及相对锋利的尖端和切割刃。Kerrison是一种不同类型的咬骨钳，具有两个长而细的刀刃，工作时上面的刀刃沿着下面的刀刃滑向垫砧而进行切割。通常用于神经外科手术中，将垫板插入脊髓和椎弓板之间，通过上方刀刃下滑切除一小块骨片。

刮匙

刮匙通常是长而直的器械，在一端或两端具有锋利边缘的卵圆形匙状结构（图4.25）。匙头通常具有不同尺寸，但相互间区别较轻微，常用于清除骨内或骨性表面上的软组织。在软组织手术中使用刮匙的例子包括：在全外耳道切除术中用来从鼓泡上去除中耳上皮；以及在鼻甲切除术中从鼻腔内去除鼻甲骨。在骨科手术中使用刮匙的情况包括：收集自体骨移植物时从肱骨中取出松质骨、在全髋关节置换术时清除残留的圆韧带、在关节固定术时去除软骨、去除骨膜、清除骨囊肿的内膜以及治疗慢性愈合或不愈合的骨折时清除骨折端的纤维组织。神经外科医生常在进行椎间盘开窗术时使用刮匙去除髓核。Volkmann刮匙是双末端刮匙；Spratt刮匙的一端是刮匙，而另一端是不锈钢把手。

骨膜剥离器

骨膜剥离器（图4.26）是通过将骨膜（及其附着的肌肉）从骨骼上剥离以翻折肌肉的器械。它们以推铲的方法作用于皮质骨的表面以剥离骨膜，理论上只会剥离单层的骨膜（图4.27）。它们可以是配以木质把手的单头器械或双末端器械，例如Freer剥离器，可能是方形末端或圆形末端。

骨凿和凿子

骨凿（图4.28）和凿子的外观非常相似，区别在于：

- 骨凿（Osetotome）的末端具有双斜面。

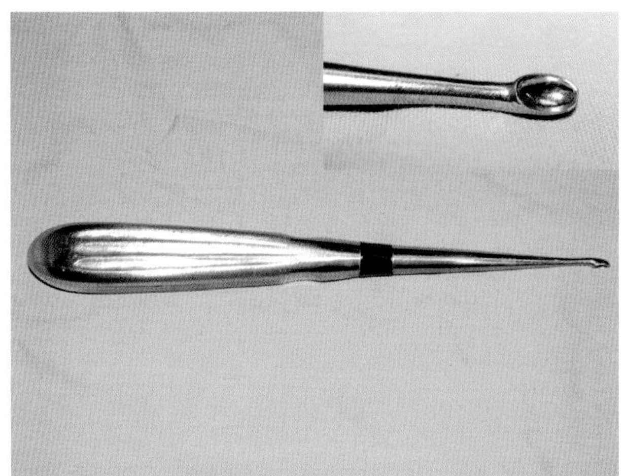

图4.25 Spratt刮匙，附尖端的近观

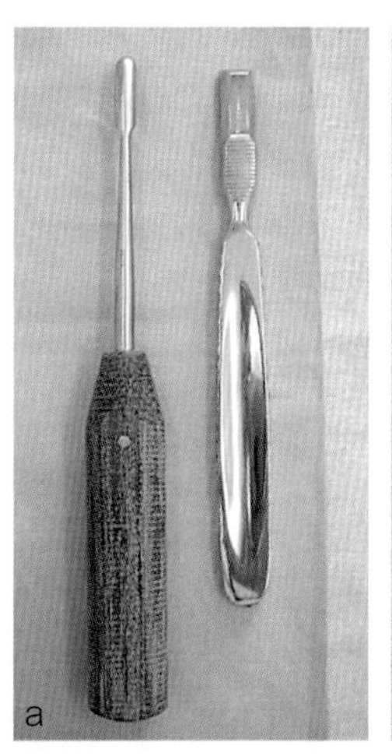

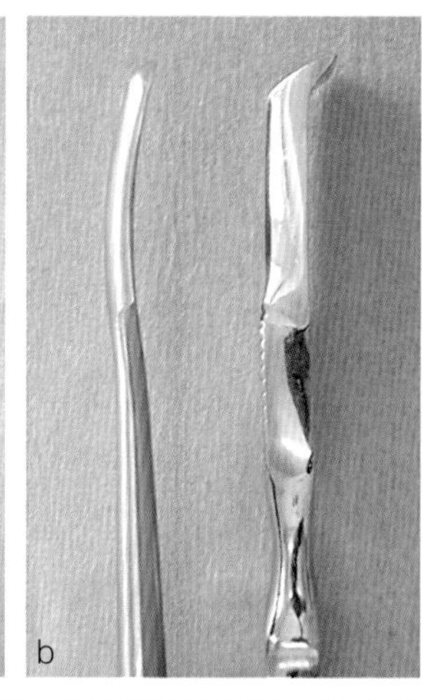

图4.26 （a）骨膜剥离器：圆末端和平末端 （b）尖端的近观（图片由T Hutchinson惠赠）

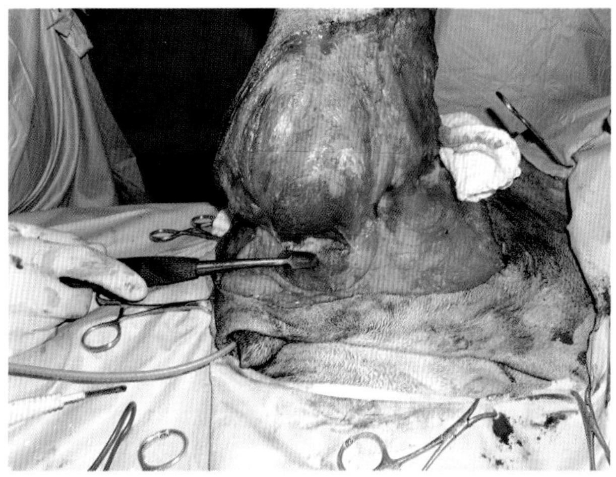

图4.27 因肿瘤而进行大规模骨盆切除术时，进行耻骨联合切开术前使用宽型的骨膜剥离器从耻骨联合上剥离肌肉

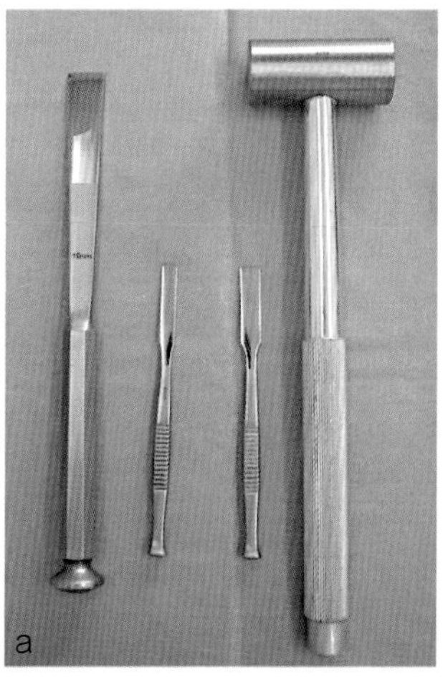

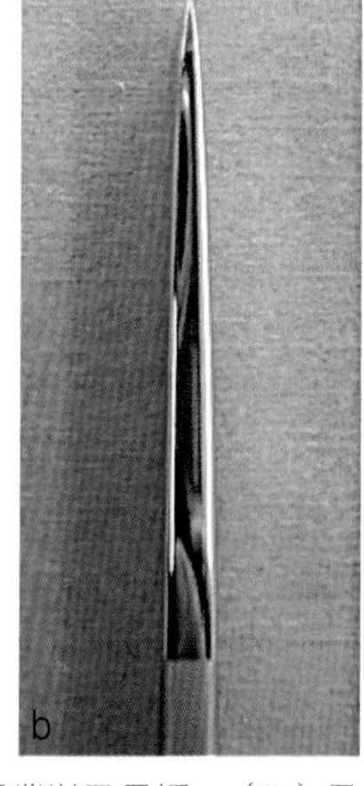

图4.28 （a）三种不同尺寸的骨凿以及骨锤 （b）骨凿的侧面近观（图片由T Hutchinson惠赠）

■ 凿子（Chisel）的末端具有单斜面且一侧扁平。

这两种器械都用于切割骨骼且需使用骨锤（图4.29）。骨凿对称的切割末端比凿子更容易控制切割方向。双斜面设计使得可以轻松地从骨骼中拔出骨凿。骨凿和凿子的击打面可以是圆形或矩形的。

骨剪（图4.30）可以是单关节或双关节结构，用于去除骨性结构的器械，其用途包括：去除骨突起、截骨术中去除骨骼的锋利边缘、小体型患畜的股骨头和股骨颈切除以及神经外科手术或肿瘤切除术中去除脊柱棘突。

还可使用**动力器械**进行骨切开，这类器械昂贵但非常有使用价值。在使用动力器械时应小心保护周围的软组织。进行截骨术时应使用纱布或金属器械（如Army-Navy牵开器、Hohmann牵开器或可塑性牵开器）来保护远端组织。

骨锯根据锯条相对于驱动杆的运动方向而进行分类。**摆锯**的圆形锯片垂直于驱动杆在5°~6° 内进行弧形的往返运动，这种骨锯最常用做石膏锯。**矢状锯**的锯片平行于驱动杆运动，具有更为多样化的兽医外科学应用。锯片只有5°~6° 的运动，但可用于多种情况下的骨切开，包括：胸骨切开术、口腔外科以及四肢的截骨术。

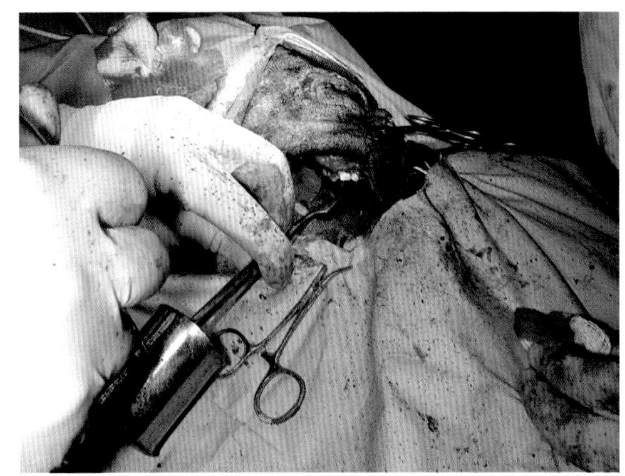

图4.29 一只猎犬由于鳞状细胞癌浸润而进行尾侧上颌骨切除术/眼眶切除术，手术中使用骨凿和骨锤

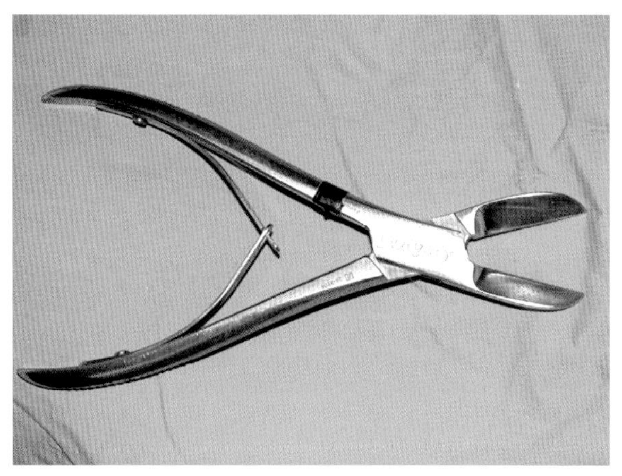

图4.30 骨剪

右手和左手器械

大部分的手术器械，尤其是剪刀，是为右手抓持而设计的。拇指推和手指拉的动作可以产生切割作用所必须的刀刃间的剪切力。当换用左手抓持剪刀时，拇指推动的动作会丧失其剪切力和扭力，导致切割动作不顺且无效。所以大部分的器械公司同样会制造左手器械。

关于基础手术包的建议

所有的手术器械都应根据其使用目的而使用，所以在通用手术包中应有足够多样的器械以减少器械误用。基础手术包中所包含的器械有：

- Backhaus布帕钳 × 8
- 蚊式动脉钳（直）× 6
- 蚊式动脉钳（弯）× 6
- Rochester Pean或Kelly血管钳（弯）× 6
- Mayo持针钳 × 1
- Adson镊 × 1
- Brown–Adson镊 × 1
- Mayo剪（直）× 1
- Metzenbaum剪（直）× 1
- 缝线剪 × 1
- Allis组织钳 × 2
- 3号手术刀柄 × 1
- Army–Navy牵开器 × 2
- Mayo碗 × 1
- 球形冲洗器 × 1
- 10cm × 10cm手术纱布包（带射线不透射标志）× 1（10片）
- 用于覆盖非术野的创巾 × 4
- 单独患畜创巾 × 1（关于创巾的详细内容，参见本书第16章）

一旦在器械推车上打开手术包（图4.32），应排列器械以便术者和助手可随时取用常用器械。器械应归类摆放（如止血钳、剪刀等）。

在手术开始前应记录手术用纱布的数量，并对每一个新打开的纱布包进行计数并记录，以确保纱布总量的准确性。在闭合伤口前同样要数清纱布数量，以确保没有遗漏。射线不透射标志线通常存在于较昂贵的纱布中，这些纱布通常是由100%棉线织成的开放网纱。它们具有吸水性和耐磨性，即使在激烈的使用中其编织结构也不会分离和拆散。较便宜的替代物包括非编织的合成织物，但这些织物在湿润或摩擦的情况下可能会发生破碎，从而会在伤口内遗留线头，最终可能导致肉芽肿形成。廉价的合成纱布还可被紧密挤压，这意味着将其遗留在伤口内的风险增大。大型的腹腔手术用纱布常带有牢固连接的棉带。

总之，在遵守Halstead手术原则的情况下，手术中根据特定的手术要求选择合适的器械可将组织损伤减到最小，并将手术效率提高到最大。

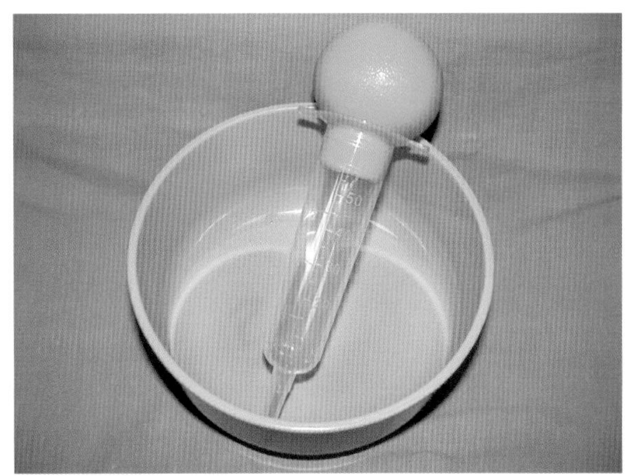

图4.31 Mayo碗及冲洗器

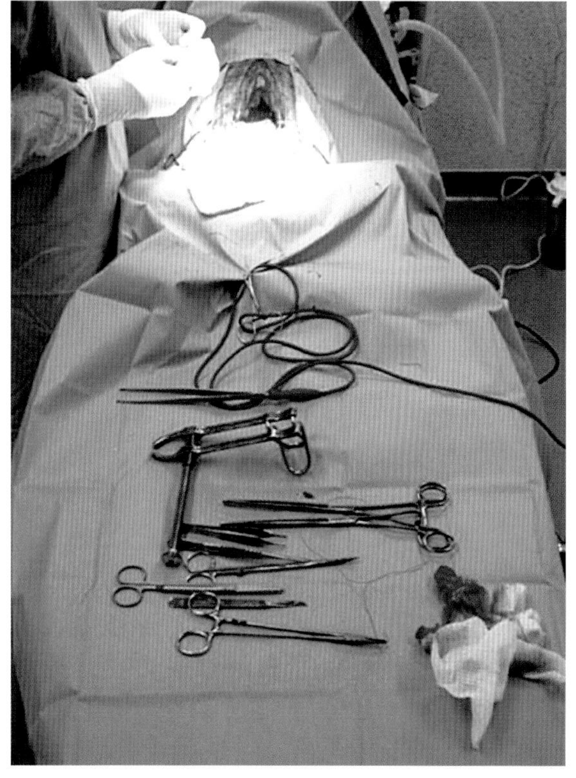

图4.32 在肠切除及吻合手术中，使用独立的器械推车来放置污染器械，以避免它们被放回无菌器械中

5 缝合材料

Stephen J. Baines

概述

缝合材料在手术中的用途包括：

- 闭合组织；
- 结扎血管；
- 固定引流管或导管；
- 利用留置缝线（stay suture）进行无损伤组织操作。

表5.1　缝合材料的理想特性

与组织的相互作用
■ 能保持足够时间的张力强度
■ 对于可吸收缝线，不再需要时快速被吸收
■ 对于不可吸收缝线，应在术后被包埋且无并发症
■ 组织反应最小
■ 不利于细菌生长
■ 穿过组织时阻力最小
■ 适用于所有伤口
与外科医生的互动
■ 容易控制
■ 无磨损的良好线结牢固度
材料属性
■ 易于灭菌且不改变其材料性质
■ 无毛细作用
■ 无电解作用
■ 无腐蚀性
■ 无致敏性
■ 无致癌性
实用性
■ 廉价
■ 易获得

不存在一种可用于所有用途的“理想”缝合材料，如果有这种材料，外科医生只需要选择合适规格的缝线即可。所以外科医生必须了解材料的性质、预期用途以及创口的性质，从而选择合适的缝合材料。表5.1显示了缝合材料的理想性质。

当前没有一种单独的材料可以满足上述所有的特性。在不同的手术情况以及体内不同的组织结构下，需要选用不同性质的缝合材料。而缝合材料所具有的性质包括：

- 无菌；
- 统一的直径和尺寸；
- 柔软易操作，合适大小的线结；
- 相同材料和尺寸的缝线的抗张强度一致；
- 不含可能引起组织反应的杂质。

本章内分别描述了不同材料的特性，并在本章结束时以专题形式对不同的缝合材料进行详细比较，内容包括：分类、组份、厂商、吸收性、强度丧失、组织反应、操作性、用途以及优缺点。

缝合材料的生产及其特性 

表5.2列出了在不同情况下选择合适的缝合材料所需要考虑的缝线特性。

制造方法

某些天然纤维如蚕丝，需在收获后纺成丝并编织成适当的尺寸。其他的天然纤维，如肠线，则需要经过收集、剥离、洗涤、鞣化、绞合以及抛光等工序才可成形。合成纤维通常是从合成树脂乳液中

表5.2 在特定情况下选择合适的缝合材料所需要考虑的性质

产品

- 持久性：可吸收和不可吸收
- 纤维数量：单纤维和多纤维
- 线束尺寸：相当大（如Vicryl）和小（如Polysorb）
- 涂层：可减少反应性和阻力，但会削弱线结安全性
- 染色：可改善缝线的辨识度，但可能会影响材料吸收

强度和机械特性

- 抗张强度：材料抵抗形变的能力；每单位面积内的抗断强度
- 直拉强度：材料的线性抗断强度
- 打结时的抗张强度：打结后材料的抗断强度（比直拉强度弱10%~40%）
- 线结强度：线结滑脱所需的力量大小
- 弹性：材料变形后恢复原始形状和长度的能力
- 可塑性：材料在不断裂的情况下变形和维持新形状的能力
- 损耗率：植入体内后材料所表现出的抗张强度占原始的抗张强度的百分比
- 强度衰减的机理：水解、蛋白酶解和巨噬细胞活化

操作特性

- 柔韧性：易于操作，可调节张力和线结的能力
- 记忆性：缝线在使用时恢复包装时形状的倾向
- 线结安全性：材料的摩擦能力可防止线结滑脱
- 吱吱声：不光滑的材料在打结时所产生的声音
- 组织拉拽：缝线穿过组织时对组织所造成的摩擦性损伤

缝线-组织间相互作用

- 炎性反应：异物反应
- 感染增强：降低感染所需的细菌数量
- 毛细作用：从组织平面上通过毛细作用将液体带走的效应
- 缝线扯出值：引起缝线环附近组织衰竭所需的强度
- 创口的抗断强度：引起创缘分离所需要的强度

聚合而成，然后被挤压成统一尺寸的纤维。

操作性

材料的物理性质会影响缝线的可操作性，这些物理性质包括：柔韧性、记忆性、延展性、表面摩擦以及打结安全性。蚕丝具有最佳的操作性，并被用作评价其他缝合材料的标准。

柔韧性

柔韧性指缝合材料在外力作用下改变其当前形状的倾向。柔韧性的范围从柔软（蚕丝）到坚硬（钢材）不等，柔韧性越好或越柔软的材料的操作性越好。尽管材料的物理性质和制造工艺会对柔韧性有一定的影响，但总体而言，在同等直径下的编织材料比单纤维材料的柔韧性更好。例如：单纤维的聚乳酸羟基乙酸（Polyglactin 910）相当坚硬且具脆性，只有极小直径的单纤维形式才有使用价值，然而，将其进行编织后便产生了一种具有良好操作性的多用途的缝线；聚丙烯可制成几乎所有尺寸的单纤维缝合材料；而聚卡普隆（poliglecaprone）虽然是一种单纤维缝合材料，但与其他单纤维缝合材料相比，其操作特性更接近于多纤维缝合材料。

记忆性和可塑性

记忆性指缝合材料在使用时恢复其包装时形状的倾向性，是可塑性（或金属的延展性）的反义词。可塑性高的材料，其记忆性较差，即线束可以承受形变并保持新形状。记忆性对于缝线而言是一个不良特性，因为记忆性高的缝合材料操作和打结都比较困难。而可塑性则保证了缝合材料良好的操作性以及线结安全性，但可塑性高的材料会在使用过程中发生意料之外的形变，如盘绕（尤其是合成单纤维材料）或扭结（尤其是钢丝），这些形变会增加操作的难度。操作时可通过抓持缝线两端并拉直缝线的方法来促使记忆性高的材料形成新的直线型。

表面摩擦

表面摩擦有利于提高线结的牢固性，但会在线穿过组织时产生组织拉拽。就这一点而言，单纤维缝线所引起的组织拉拽较小。为减少组织阻力，可用蜂蜡、聚四氟乙烯（polytetra-fluoroethylene）、硅酮或硬脂酸盐对缝线表面进行润滑处理。

打结特性及安全性

某种缝合材料打结的安全性取决于材料的柔韧

性、记忆性、表面摩擦以及线径。缝线的湿度同样也会有作用，但大部分的缝线在进入组织后都会被润湿，所以对干燥缝线的线结安全性进行比较没有太大的实际意义，比如肠线在干燥时具有优秀的线结安全性，但在吸水时线结会松开。

线结安全性同样取决于缝合材料的物理性质以及制造工艺。例如，Polysorb和Vicryl的化学组成较为相似，Polysorb的编织工艺和纤维尺寸更好，所以与Vicryl相比，Polysorb的打结牢度更强、组织摩擦更小。

实用技巧

- 小直径缝线的线结安全性较高，因为它们所打得结较紧，且小尺寸缝线的柔韧性较高，所以可以弯折成锐角，从而减少线结松散的可能性。
- 表面摩擦力可增加线结内部缝线表面的阻力，以防止缝线相互之间的滑动，从而影响线结安全性。
- 记忆性高的缝合材料的线结安全性较低，而可塑性高的缝线线结安全性高。
- 可塑性材料（如聚丙烯）在线结拉紧时会发生形变，这一特性使得缝线在相互交叉时变成扁平状，从而提供优良的线结安全性。
- 延展性好的材料（如钢）的线结安全性最好，因为它们相互绞合的时候发生形变，而不会恢复到原始形状。

毛细作用

所有编织而成的缝线都会表现出毛细吸引力，即“毛细作用”。编织缝线容易在手术过程中（例如用于胃肠道或泌尿生殖道）或使用前（无菌技术受到破坏）被细菌所污染，这会导致创口感染，并引起慢性创口感染，直至缝线被吸收或拆除。这是多纤维不可吸收缝合材料的主要劣势。

颜色

大部分的缝合材料在制造后呈白色或无色，可通过染色来提高缝线的辨识性。尽管缝线的辨识度主要取决于缝线的颜色和周围组织颜色之间的对比度，但深色的缝线在大部分的情况下更易于分辨，除非在黑色素沉着的皮肤上进行缝合。

包装

缝合材料通常绕在纸制或塑料制的线匣上，并用铝箔包装，有时还会用聚乙烯/纸作为外包装。缝合材料通常使用γ辐照灭菌法或过氧乙酸灭菌法进行灭菌处理（见本书第2章）。缝合材料还可能以盒装线卷的方式提供，这些缝合材料可视为外科级的洁净，但并非无菌。

抗张强度与强度损失

缝合材料需要具有一定的抗张强度以接合创缘，且必须在组织需要支持时维持其抗张强度不变。尽管大部分的缝线都会在使用过程中被润湿且会影响其强度，但通常是对干燥的缝合材料进行抗张强度测试。

实用技巧

- 当将缝合材料从包装中取出时，沿着其长轴方向施加线性张力，抗张强度最大。
- 任何的处理或使用都会降低缝合材料的强度，在使用时必须考虑这些因素，并尽量减少原始的抗张强度的衰减程度。
- 以下因素会削弱缝合材料的抗张强度：
  - 打结；
  - 湿润；
  - 组织的自然吸收；
  - 处于恶劣环境之中（如感染创、接触胃酸）；
  - 缝合材料的误操作，如用器械抓持线尾外的其他部分；
  - 对未使用缝合材料反复进行高压灭菌。

如果选择了直径过小或抗张强度过小的缝合材料，则可能发生缝线断裂或创口开裂。也不应针对所有情况单纯地选择大尺寸的缝合材料，这可能会降低线结安全性（与缝线直径成反比），并会导致感染风险增加（与创口内缝合材料的数量成正比）。

缝合材料的分类

缝合材料分类的依据见表5.3。

表5.3 缝合材料的分类

成分
■ 天然材料 ■ 合成纤维
持久性
■ 可吸收（60日内强度丧失） ■ 不可吸收（抗张强度维持时间大于60日）
结构
■ 单纤维 ■ 多纤维 ■ 伪单纤维（带鞘的多纤维）
其他因素
■ 包被 ■ 记忆性

成分

■ 天然来源的缝合材料使用时常会伴发组织内炎症反应，且它们的吸收状态不定。

■ 合成材料通常是化学多聚物，其吸收特性通常容易预计。

持久性

吸收性缝合材料：理想情况下，可吸收的缝合材料可在创口完全愈合前提供暂时性的支持，然后在创口有足够的强度承受正常的应力时被吸收。尽管根据缝合材料是否可以维持60日的抗断强度为依据将缝合材料分为可吸收或不可吸收两类，但某些“不可吸收”的缝合材料（如丝线）仍可在较长的时间后被吸收，所以将可吸收性缝合材料分为以下两类：

■ 短持续时间，即预计的强度维持时间小于21日（如poligelcaprone）。

■ 长持续时间，即预计的强度维持时间大于21日，如聚二氧六环酮（polydioxanone）。

可将缝合材料的吸收过程分为相互重叠的两个阶段。第一阶段是线性过程，材料强度在几日至数周的时间内发生可预计的衰减。第二个阶段包括缝线的组成物质的降解，这一过程由巨噬细胞所介导，后者可以清除细胞残渣和缝合材料。合成材料主要以一定速率的水解方式被吸收；肠线则通过吞噬作用和蛋白水解作用而吸收，其吸收情况与患畜和创口状况有关。

可吸收缝线的吸收速率通常与下列因素有关：材料本身性质、包被和外鞘的情况、材料的处理工艺（例如用铬盐处理肠线）、缝线的使用环境（如在胃的酸性环境内会加速衰减）。此外，改变制造工艺可能会增强其可吸收性（如Vicryl Rapide与Vicryl）。

实用技巧

必须要认识到吸收速率和抗张强度的衰减速率不是同一个概念，在缝合材料无法为创口提供足够的支持时，还有可能在创口内长时间看到可吸收性缝合材料。

不可吸收缝合材料：这类缝线会引起组织反应并最终被纤维组织所包埋。在用于经皮的皮肤缝合时，必须在形成包埋之前将缝线拆除以免发生缝线瘘。植入的不可吸收缝线会在组织内永久包埋。

美国药典（United States Pharmacopoeia，USP）将不可吸收缝线分为三类：

■ I类：丝线、单纤维有鞘缝线；

■ II类：棉、麻纤维、包被的合成纤维（如聚酯纤维）；

■ III类：钢丝（单纤维和多纤维）。

所有的II类缝合材料都存在一个缺陷：细菌可能会嵌在材料间隙内，而机体的免疫系统无法作用于这些区域。这可能会引起慢性的带窦道的局灶性感染，并持续发生直至缝线拆除为止，发生感染的丝线和编织的尼龙线可能会在六个月内被吸收。这一缺陷导致这类缝线的使用范围极为有限。

本章内给出了缝合材料的抗张强度衰减的通用

数据，然而这些数据可能由于实验方法以及创口的性质不同而发生变化，有时还与缝合材料的规格以及染色与否有关。这说明了为何不同的试验方法所得出的数据不同，而且不存在一个单一数据可用来体现某种缝合材料在所有情况下均适用的抗张强度衰退率。

结构

单纤维缝合材料由单股线制成，单纤维结构的缝合材料在通过组织时会引起较少的组织拉拽，并可有效防止细菌藏匿。在处理和使用这类缝线进行打结时应格外小心，因为任何形式的折叠和卷曲都可能使缝合材料产生缺口或强度减弱，从而导致永久性的失效。

多纤维缝合材料由多股纤维通过绞合（如肠线、聚己内酰胺）或编织（如polyglactin 910）所制成。这些材料较为柔软，容易操作，且有较高的摩擦系数。多纤维缝合材料通常具有较高的抗张强度、较好的柔韧性和灵活性、较好的操作性和线结安全性。然而，多纤维缝合材料的毛细作用增加，从而导致吸水性增加，细菌也可能通过毛细作用而进入组织。

其他因素

缝线的涂层处理可提高其操作特性并减少组织阻力。组织拉拽过度可能会导致组织损伤并延迟创口愈合。

缝合材料的类型

表5.4 总结了常见的缝合材料。

表5.4　不同缝合材料分类

<table>
<tr><th>持久性</th><th>类别</th><th>类型</th><th>举例</th></tr>
<tr><td rowspan="10">可吸收缝合材料</td><td rowspan="5">多纤维</td><td>肠线</td><td>Catgut; 胶原</td></tr>
<tr><td>聚乙醇酸 Polyglycilic acid</td><td>Dexon</td></tr>
<tr><td>Polyglactin 910</td><td>Vicryl</td></tr>
<tr><td>Lactomer 9-1</td><td>Polysorb</td></tr>
<tr><td>多聚L-丙内酯/乙交酯</td><td>Panacryl</td></tr>
<tr><td rowspan="5">单纤维</td><td>Polyglytone 6211</td><td>Caprosyn</td></tr>
<tr><td>聚卡普隆 25</td><td>Monocryl</td></tr>
<tr><td>糖酸聚合物 631</td><td>Biosyn</td></tr>
<tr><td>聚二氧六环酮</td><td>PDS; PDS II</td></tr>
<tr><td>聚葡糖酸酯</td><td>Maxon</td></tr>
<tr><td rowspan="10" colspan="2">不可吸收缝合材料</td><td>丝线</td><td>Mersilk; Permahand</td></tr>
<tr><td>棉线</td><td></td></tr>
<tr><td>不锈钢丝</td><td>Flexon</td></tr>
<tr><td>聚酰胺
■ 单纤维—尼龙
■ 编织—多纤维尼龙线</td><td>
Ethilon; Monosof; Dermalon
Surgilon; Nurolon; Bralon</td></tr>
<tr><td>聚丙烯</td><td>Prolene; Surgipro; Surgilene</td></tr>
<tr><td>聚乙烯</td><td></td></tr>
<tr><td>聚己内酰胺</td><td>Supramide; Vetafil</td></tr>
<tr><td>聚酯纤维</td><td>Surgidac; Mersilene</td></tr>
<tr><td>Polybutester</td><td></td></tr>
</table>

可吸收缝合材料

多纤维

羊肠线（肠线和胶原）：肠线是从羊小肠的黏膜下层或牛小肠的浆膜层分离制成的。使用γ辐照灭菌，且不可高压灭菌。

- **白肠线**在植入后维持7~10日的抗张强度，并在70日内完全吸收。可用于愈合迅速且无需支持的组织、浅层血管结扎以及皮下脂肪的对位缝合。
- **铬制肠线**，铬盐会对局部的巨噬细胞产生毒性作用，所以用铬盐对肠线进行处理可延长其在组织内的留存时间，并减少肠线所引起的组织反应。铬制程度不同的肠线其留存时间也有所不同，抗张强度可维持10~14日，且吸收时间相应延长（90日）。

肠线会引起强烈的组织反应且抗张强度衰减迅速，这些还会随着患畜和组织环境的不同而有所变化，因此肠线的使用范围有限。在感染创、血管周围以及偏酸性的环境（如胃）中，缝线的吸收速率更快，因此应避免用于这些区域。铬盐处理后的肠线，其抗张强度提高，组织反应减轻。

肠线是一种异体蛋白，因此会引起强烈的组织反应。巨噬细胞的吞噬作用是主要的吸收方式，但这一过程在缝合材料的有效强度丧失后还会持续相当长的时间。较低的线结安全性，意味着在打结时需要留出较长的线尾。因此，肠线可能会成为持续的组织炎症的刺激源。

胶原缝合材料是由均质分散的牛腱组织经高度纯化而成的胶原悬液中压制而成，从而得到直径、强度和光滑度一致的线束。胶原缝合材料容易打结并在打结时会变扁平，从而产生额外的线结安全性。纯化过程中去除了几乎所有非胶原物质，这使得组织反应减到最小且保证吸收率一致。与肠线相同，胶原线也分为白胶原线和铬制胶原线两种，可用的规格为仅限于眼科手术所用的精细尺寸。

聚乙醇酸：聚乙醇酸（如Dexon）是一种由羟基乙醇的聚合物所组成的合成的可吸收性多纤维编织缝合材料，可通过水解作用吸收且在碱性环境中加快吸收。在植入体内的14日内吸收极少，植入后120日左右完全吸收。吸收时通常会伴有轻微的组织反应，并在急性感染阶段会有明显的组织反应发生。体外实验中，该缝合材料在尿液中吸收反应增强，尽管这一点在临床情况下并不十分明确，但还是不建议将其用于膀胱手术。

聚乙醇酸的强度相对较大，在第七天的时候其原始强度会衰减33%，14日内约衰减80%。聚乙醇酸在穿过组织时会引起较大的组织拉拽，因此会切断脆弱的组织，且线结安全性相对较差。在使用前湿润会降低该缝合材料的摩擦力。

尽管聚乙醇酸在植入3~4周以后仅剩极少量的等张强度，但仍然可以在创口中发现该材料。因此在膀胱内使用时存在诱发结石的可能。

Polyglactin 910：Polyglactin 910（如Vicryl）是由羟基乙醇和乳酸以9：1的比例组成的编织性合成多纤维缝合材料。与聚乙醇酸相比，这种材料的疏水性更强，所以对水解作用的抵抗力更强。通常以丙交酯和乙交酯的共聚物（Polyglactin 370）进行涂层。丙交酯的防水性减缓了抗张强度的衰减速率，大比例的丙交酯保证缝线材料在抗张强度丧失后快速吸收。缝合材料还可以用硬脂酸钙涂层，以提高组织通过性，并使打结精确、平滑。

Polyglactin 910也是通过水解作用而吸收的，并与聚乙醇酸有类似的强度衰减模式。两者都可以在植入21日的时候检测出残留的强度，40日时吸收程度最低并且在56~90日时完全吸收。Polyglactin 910可用于多种创口而不受环境影响。

Polyglactin 910具有优秀的尺寸-强度比，操作相对容易，在污染创内性质稳定且组织反应小。这是使用最广泛的带涂层的编织合成缝合材料。

Vicryl 910是一种特别制造的Polyglactin 910，但与标准的Polyglactin 910相比，其抗张强度衰减的更为快速且可预计。制造这类缝合材料的目的是为了提供一种与肠线或胶原线的吸收性质相类似的合成缝合材料。其抗张强度的半衰期约为5~6日，并在10~14日内强度完全丧失。移植在皮下的时候，可在42日内完全吸收。这类缝合材料适用于快速愈合的浅层软组织，例如皮肤和黏膜，这些组织仅需要短期的支持。这些缝线会在植入7~10日后脱落，因而适用于儿科、异种动物或倔强的动物，因为可以不用拆线。

Lactomer 9-1：Lactomer 9-1（如Polysorb）与Polyglactin 910具有极为相似的性质，但纤维直径更为精细，从而可提供更柔软且柔韧性更好的线束。与Vicryl和其他可吸收多纤维缝线相比，线束的操作性更好、记忆性更差。精细的纤维直径还可提高线束的灵活性，Lactomer 9-1比其他类似结构的缝合材料具有更好的线结牢固度。

Lactomer 9-1是市售强度最大的编织可吸收缝合材料，其强度与其他类似结构的缝线的强度的差值最大可达40%。抗张强度的衰减率和吸收时间都优于其他相似材料。在21日的时候，这一材料可维持其原始抗张强度的30%。然而，Lactomer 9-1具有更快的吸收率。

多聚L-丙内酯/乙交酯：多聚L-丙内酯/乙交酯（如Panacryl）是唯一一种可以提供超过六个月的长效支持的可吸收编织性合成缝合材料。具有与Polyglactin 910类似的外观和操作特性。最初这种缝线具有大量可选用的尺寸，并连接有一系列缝针。现在这类缝线仅用于连接组织或骨锚，其主要用途是在关节固定术中作为韧带假体替换。就这一方面而言，它综合了可吸收缝合材料（容易操作及线结牢固）和不可吸收缝合材料（组织支持延长）的优点，而不需要使用不可吸收的多纤维缝合材料。

单纤维

Polyglytone 6211：Polyglytone 6211（如Caprosyn）在构成上类似于聚卡普隆（见下文），但强度衰减速率更快。尽管这两类材料在植入21日的时候基本都会丧失其强度，但polyglytone比聚卡普隆的的吸收率更快。因此，缝合材料在丧失抗张强度后不会在创口内长时间留存。Polyglytone的吸收性质类似于轻度或中度铬制的肠线，其主要用途是取代肠线来用于皮下组织闭合以及血管结扎。

聚卡普隆（Poliglecaprone）25：聚卡普隆 25（如Monocryl）是乙交酯和ε-己内酯的共聚物。对于单纤维可吸收缝合材料而言，它具有高抗张强度和良好的柔韧性。表面光滑、记忆性差与好的柔韧性导致非常轻微的组织阻力和良好的操作性。即使在存在感染的情况下，聚卡普隆25也可以按预计的速率进行吸收。抗张强度在植入7日后衰减50%，21日时衰减100%。然而，缝合材料可在创口内留存长达4个月，且组织反应极小。较高的原始抗张强度使得外科医生可以选择比其他常规使用的合成单纤维缝线尺寸小的聚卡普隆25以提高线结安全性。聚卡普隆 25可用于软组织缝合以取代外科肠线或其他类型的合成可吸收单纤维缝合材料。

糖酸聚合物（Glycomer）631：糖酸聚合物631（如Biosyn）是市售的强度最大的单纤维可吸收缝合材料，其抗张强度仅次于钢材。与完全吸收时间在180日左右的聚二氧六环酮相比，糖酸聚合物631可以在创口愈合的关键时期维持稳定的抗张强度，然后快速衰退，在90~110日左右被完全吸收。糖酸聚合物631的操作特性良好，记忆性低，且可以光滑地通过组织并引起少量组织拉拽。糖酸聚合物631具有良好的线结安全性，但对一些外科医生而言，这类缝合材料的质地相对较脆，所以需要良好的外科技术，以确保连续的绕线相互间锁定。

聚二氧六环酮（Polydioxanone）：聚二氧六环酮（如PDS，PDS II）是对二氧环已酮的一种聚合物。与合成可吸收多纤维缝合材料相比，聚二氧六环酮具有更好的灵活性以及更少的组织拉拽。其操作特性较差，但可以接受。在操作时，缝线有可能形成卷曲（猪尾状），这使得抓持线尾时更为困难。线结的安全性较差，所以建议在进行连续缝合时，在末端打结时绕线七次。

聚二氧六环酮移植时的抗张强度比尼龙或聚丙烯更大。它通过水解作用进行吸收，但吸收率比polyglactin或聚乙醇酸慢，在植入后最初的90日内吸收极少，通常在6个月内才会完全吸收。它会引起轻度的组织反应，且类似于其他的单纤维材料，对微生物的亲和性较差。

聚葡糖酸酯（polyglyconate）：聚葡糖酸酯（如Maxon）由羟基乙酸和三亚甲基碳酸酯的共聚

物组成。它具有较高的原始抗张强度，在创口愈合的关键时期几乎不发生强度衰减，然后强度衰减的速率相对较快。其抗张强度的半衰期为3周，而聚二氧六环酮是6周。聚葡糖酸酯在植入后6~7个月间通过巨噬细胞的作用而吸收。

不可吸收缝合材料

丝线

丝线是来自桑蚕的茧的天然纤维，通常以绞合或编织的成品形式出售，表面可以蜂蜡或硅酮进行涂层以减少组织拉拽和毛细作用。丝线被认为是操作性最佳的缝合材料，且价格低廉。然而，与其他的缝合材料相比，它的抗张强度和线结安全性都较差，进行涂层处理使线结的安全性进一步降低了。

尽管丝线被归为不可吸收的缝合材料，但它们会通过蛋白水解作用而吸收，通常在2年左右便会完全吸收。材料湿润会令其抗张强度降低并在1年左右丧失。丝线与其他的不可吸收缝合材料相比，引起的炎症反应更强烈，从而导致纤维组织包埋。丝线缝线会增强组织的感染，故不可用于可能发生感染的位置。

丝线在使用上有许多限制，如用于胃肠道的腔内可能会引起溃疡，用于膀胱或胆囊时会成为结石形成的病灶。因此，丝线常用于结扎大直径的血管。

棉线

手术棉线是由绞合的长纤棉纤维制成的天然不可吸收缝线。这是一类可用于高压灭菌的廉价缝合材料，尽管这一灭菌方法可能会降低其抗张强度。棉线在湿润后通常会提高其抗张强度和线结安全性。植入6个月后其抗张强度会降低至50%左右，并在2年左右降至30%~40%。这是不可吸收的缝合材料，会被组织所包埋。棉线的主要缺点在于其毛细作用、组织反应、静电性导致操作性减弱，且可能增强潜在的感染。有少量的情况适用于这种材料，在本书中讲述这类缝合材料仅是为了内容的完整性考虑。

不锈钢丝

外科用钢丝（如Flexon）由不锈钢（混有铬、镍和钼的合金钢）制成，市售的有单纤维或绞合多纤维的结构。这类材料的特性包括：具有生物学惰性、类似于单纤维材料没有毛细作用、可使用高压灭菌法灭菌、非常灵活且可制成精细的尺寸。它具有很高的抗张强度，强度几乎不随时间衰减，且具有最优秀的线结安全性。它几乎不会引起任何组织反应，但是剪断缝线后形成的锋利末端可能会导致机械刺激。

外科钢丝是较难操作的，因为其具有刚性，钢丝的扭结会使得其更难处理和打结。贯穿时可能会引起组织的切割或撕裂，钢丝在组织内反复弯曲可能会导致材料断裂。钢丝可能会发生破碎和移行，尤其是单纤维形式。在使用外科钢丝时如果同时使用其他材质的金属移植物的时候必须考虑可能的电解反应，这些反应可能会引起移植物松动。外科钢丝可有效用于感染创内，因为这类材料不支持感染。

聚酰胺（polyamide）

尼龙是一类从己二胺和己二酸中衍生的聚酰胺缝合材料，市售的有单纤维（如Ethilon、Monosof、Dermalon）和多纤维（如Nurolon、Surgilon、Bralon）形式。其天生的弹性使得这类材料可用于维持缝线和皮肤闭合。尼龙的质地相当柔软，尤其是在湿润的情况下。编织形式的尼龙缝合材料通常具有一层硅酮涂层。尼龙具有合适的操作性，尽管其记忆性倾向于使缝线恢复直线形态；具有中等的抗张强度，类似于聚丙烯。Monosof似乎具有较大的可塑性，与其他聚酰胺单纤维缝线相比，其操作性提高，顺从度的改善，从而提高线结安全性。

尼龙会被缓慢水解，但至少在2年的时间内可保持稳定，且在此期间可维持其原有强度的72%。其作为一种单纤维缝线，具有生物学惰性和非毛细作用。建议将尼龙用于皮肤缝合，但不应用于浆液性或滑液性的腔内，因为埋藏的锐性末端可能会引起摩擦性刺激。尼龙的主要缺点在于其较差的操作性和线结安全性。尼龙缝线的线结呈现出非常大的易滑脱性，需要在打结时小心进行，至少需4~5次的绕线以克服这一缺陷，但这种做法会产生庞大的线结。

聚丙烯（polypropylene）

聚丙烯（如Prolene、Surgipro、Surgilene）是一种由丙烯聚合而成的合成单纤维缝合材料。可用环氧乙烷灭菌，质地柔软而坚韧，但具有相对较低的抗张强度且在粗暴操作时容易发生断裂。不会与组织发生粘连，容易拆除，组织反应轻微，极少促进组织感染。具良好的可塑性使得缝合材料在打结时会变扁平，所以线结安全性在所有非金属的合成单纤维缝合材料中最大。在组织中，聚丙烯不易降解，并可维持2年左右的抗张强度。这是所有缝合材料中致血栓性最差的，因此可用于血管外科。较好的弹性使其可用于延展性良好的组织，如皮肤和心肌。

聚乙烯（Polyethylene）

聚乙烯是由乙烯聚合而成的合成单纤维缝合材料。具有优秀的抗张强度但线结安全性差，可使用高压灭菌法灭菌，且在反复灭菌时不会造成其抗张强度的明显损失。聚乙烯类似于聚丙烯，表现出最小的组织反应以及诱发创口感染的低可能性。

聚己内酰胺（polymerized caprolactam）

这是一种绞合而成的封闭于光滑的蛋白质鞘内的多纤维缝合材料（如Supramid、Vetafil），通常以线盒中的卷线形式供应，但化学消毒剂无法对其进行足够的灭菌处理以作为安全的组织内植入物使用，如果需要作为植入性使用，则需要通过环氧乙烷或蒸汽灭菌法进行灭菌处理，但高压灭菌法会降低材料的操作性。这类材料仅有相对较大直径的产品提供，它具有比尼龙更好的抗张强度，组织反应性中等。使用这种材料闭合皮肤创口时常会引发较多炎症反应以及缝线瘘。

聚酯纤维

聚酯纤维（如surgidac、Mersilene）是由聚乙烯对苯二酸酯聚合物组成的合成不可吸收编织缝合材料。市售的有无涂层的（如Mersilene、Dacron）、polybutylate涂层（如Ethibond）、Teflon涂层（如Ethiflex）或硅酮涂层（如Ticron）或Teflon浸渍的（如Tevdek）类型。涂层可减少摩擦，以便于穿过组织，并提高材料的柔韧性及使线结更紧（tiedown），但会降低线结安全性，通常至少需要绕线5次以获得足够牢固的线结。

聚酯纤维缝合材料在合成材料中所引起的组织反应最大，尤其是在涂层丢失时会增加，它具有非常高的原始抗张强度，且不会随时间而衰减，并可为缓慢愈合的组织提供延长的支持力。然而，这类材料的持久性，及多纤维的特性可能增强局部的创口感染，并在植入后可能见到伴有窦道的持久性局部感染。

Polybutester

Polybustester是一类由聚乙二醇对苯二甲酯和polytriethylene terephthalate的共聚物制成的单纤维缝合材料。它具有许多聚丙烯和聚酯纤维的特点：易滑脱、具可塑性、具有良好的抗张强度和打结特性。该材料的灵活性约是聚丙烯或尼龙的2倍，具有较低的摩擦系数。这些是理想的表面闭合用缝合材料的性质，可保证组织的合适靠近，同时可保证术后的组织肿胀及消散的空间。不会发生组织吸收或抗张强度衰减。

缝合材料的合理选用

许多时候外科医生会根据所受的训练情况以及个人的偏好对缝合材料进行选用。对于每个需要选择缝合材料的情况，可能存在多种可选的方案。合适的缝合材料是根据一些原则而进行的选择（表5.5），表5.6列出了对于不同的创口进行缝合材料的合理选择的决定因素。

创口仅在愈合前需要缝线支持，缝合材料的抗张强度的衰减率应与创口愈合时所产生强度的增加率所一致。此外，一旦缝合材料丧失了其有效的抗张强度，就不应存在于创口内。

表5.5 选用缝合材料的原则

缝线性质
■ 原始强度 ■ 线结安全性 ■ 操作性质
缝线-组织相互作用
■ 组织反应性 ■ 抗张强度的衰减 ■ 降解机理 ■ 增强感染
组织性质
■ 防止缝线脱出——胶原浓度 ■ 正常的愈合速率
创口性质
■ 选择性创口和外伤性创口 ■ 污染程度 ■ 正常的愈合速率
患畜因素
■ 正常愈合速率的改变 · 药物治疗（如皮质类固醇、化疗药物） · 疾病（如肾上腺皮质功能亢进、糖尿病）
外科医生因素
■ 个人喜好以及训练背景 ■ 对于缝线的经验

表5.6 缝合材料的选用原则

基本原理	应考虑的问题
抗张强度应与组织的强度一致	组织强度与胶原浓度有关：筋膜和皮肤>浆膜>肌肉/脂肪
强度衰减率应与创口强度的增加率一致	愈合率：浆膜 >皮肤>筋膜
缝线是否会改变组织愈合的生物学过程	组织反应 增强感染 窦道形成 促进结石形成、血栓形成以及溃疡形成
缝线应与组织的机械性质相一致	物理性质：耐久性、操作性、线结安全性、灵活性 生物性质：吸收性、反应性、感染

实用技巧

- 浆膜和皮下的创口愈合快速，在14~21日后不再依赖于缝合材料对创口所提供的支持力。
- 筋膜愈合缓慢，在术后第28日时通常只能够恢复其原始强度的20%左右，9个月后可恢复约70%的强度。因此筋膜的愈合需要依靠缝合材料本身的强度以支持较长的时间。

对于污染创或感染创而言，多纤维缝合材料不是一个很好的选择，因为编织的间隙可为细菌提供庇护，而浸渍血和血浆的缝线可为细菌生长提供良好的媒介。组织内引起创口感染所需要的细菌量通常为10^5~10^6个/g，但使用丝线的情况下这一数量会减少为10^3~10^4个/g。

实用技巧

为避免由于缝合材料选择不正确而引起的并发症，应注意：

- 避免在污染创内使用多纤维缝合材料；
- 避免在中空器官内使用不可吸收缝合材料；
- 避免使用多次使用的线匣内的缝线进行埋藏缝合；
- 避免在发炎、感染或酸性的创口内使用肠线；
- 避免在造口术时使用反应性缝线；
- 在筋膜/肌腱缝合时使用缓慢吸收的材料；
- 在缝合皮肤时使用惰性材料。

表5.7给出了一些对于特定组织的最合适的缝合材料类型的指引，可根据动物组织愈合情况的损伤情况进行改良。

尺寸

使用两种分类系统：USP或欧洲药典（European Pharmacopoeia PhEur）；及公制系统（metric）（表5.8）。包装袋上会标有两种尺寸，通常比较着重显示的是USP/PhEur尺寸。

USP/PhEur系统

在USP/PhEur系统中，缝合材料的编号是根据缝

表5.7 不同的组织所需的缝合材料

用途	所需持久性	缝线结构
皮肤	不可吸收	单纤维
皮下组织	可吸收（短持续时间）	单纤维/多纤维
筋膜	可吸收（长持续时间）/不可吸收	单纤维
肌肉	可吸收（长持续时间）/不可吸收	单纤维
疝修补	可吸收（长持续时间）/不可吸收	单纤维
浆膜	可吸收（短持续时间）	单纤维
肌腱	不可吸收	单纤维
结扎血管	可吸收（短持续时间） 不可吸收多纤维如蚕丝线可用于大血管（如肾/肺动/静脉）	多纤维
血管修补	不可吸收	单纤维
神经	不可吸收	单纤维

表5.8 公制单位和USP单位的比较

公制	USP/PhEur
0.2	10/0
0.3	9/0
0.4	8/0
0.5	7/0
0.7	6/0
1	5/0
1.5	4/0
2	3/0
3	2/0
3.5	0
4	1
5	2
6	3

线直径、抗张强度以及线结牢固度的组合数据而分配。精确的分类标准会根据下列情况变动：

- 天然纤维或合成纤维
- 可吸收或不可吸收材料
- 不可吸收缝合材料的具体类别

整数值越大代表的缝合材料的直径越大；后面带有0的整数值越大则代表的缝合材料直径越小。

公制系统

在公制系统内，每个公制单位代表0.1mm。这种分类方法具有许多优点：

- 量度表上的数值有其实际意义："3号"意味着直径0.3mm，而USP系统中的"2/0"则无法提供关于线径的实用信息。
- 公制系统使用升序排列，较大的数值意味着较大的缝合材料尺寸。而在USP系统内，对于尺寸小于3.5号（0USP）的缝合材料而言，数值的增大意味着较小的缝合材料。
- 缝合材料的公制系统使用线性的量度表，没有遗漏点，而USP系统内则没有1/0这个规格。
- 公制系统具有规律的增幅，而在USP量度内，从5/0至2/0的增幅相当于公制系统内的0.05mm或0.1mm的增幅。
- 公制系统对于所有的缝合材料而言都是一致的，而肠线的USP系统与合成缝合材料有所区别。

公制系统的一个潜在缺点是不同的缝合材料之

间的抗张强度存在的明显差异使得难以对同一尺寸的不同材料进行比较，例如，2号Vicryl的抗张强度大于2号丝线。

缝合材料尺寸的选择

外科医生应选择可为组织提供足够支持力的最小尺寸的缝合材料。选择小尺寸缝合材料的优势在于：

- 较少的组织损伤（孔道和绞窄）。
- 线结较小。
- 小直径缝合材料带来良好的线结安全性。
- 粘附的细菌较难生存于小规格缝合材料上。

实用技巧

选择合适尺寸的缝合材料的经验性规则

- 犬用3号，猫用2号。
- 用于精细组织时减少一个规格。
- 用于坚韧的组织时增加一个规格。

缝合针

通用性质

表5.9列出了缝合针的特征，表5.10列出了缝合针的分类。

理想的缝合针应具有以下特性：

- 由高质量不锈钢制成。
- 具有可能的最小直径。
- 持针钳夹持时可保持稳定。
- 可保证缝合材料通过组织时所造成的损伤最小。
- 足够锋利，以便在最小的阻力条件下穿过组织。
- 无菌。
- 防腐蚀。
- 有足够的强度以在正常的工作条件下不变形。

表5.9 缝合针的描述特征

描述性概念	定义
强度	通过组织时对于形变的抵抗力
极限力矩	将缝针弯折90° 后的所测量的最大强度
手术产生的力矩	在永久变形前成角变形的角度
延展性	在特定数量的弯折动作后对于破裂的抵抗力
锋利度	穿透组织的能力
钳夹力矩	缝针在持针钳内的稳定性
针尖	缝针上从尖端延伸至横截面最大的区域之间的部分
针身	缝针的主要长度部分
针尾（熔合位置）	缝合材料和缝针的连接部位
针长	沿着针身从针尖到针尾的距离
弦长	针尖到针尾的直线距离
半径	针身到针弧圆心的距离
直径	用来制造缝针的钢丝的标准或厚度

表5.10 缝合针的分类依据

连接缝线的方法	熔合 针鼻
线束数量	单线 双线
针头数量	单头针 双头针
尺寸 （注：长度通常小于直径8倍）	长度 针弧直径 钢丝直径
形状	直针（浅层创口） 弧形（较深创口：1/4、3/8、1/2或5/8弧） 半弧形（针尖弧形，针杆直形） J形（用于通路较差的深处创口）
针尖	非切割型： ■ 圆身针 ■ 圆针 切割型： ■ 锥形切割 ■ 标准切割 ■ 反切割 ■ 侧切割（铲式Spatula）

连接缝合材料

缝合针可具有可供穿线的针眼或将缝合材料熔合在缝合针上（图5.1）。

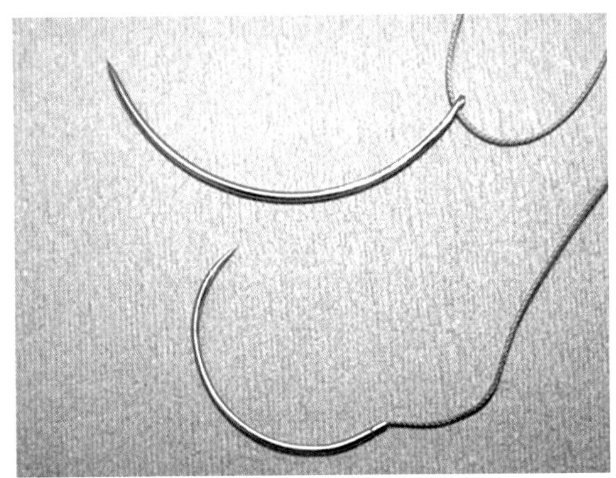

图5.1 带有针鼻的缝合针（上）以及熔合缝线的缝针

缝线熔合式缝针

缝线熔合式缝针的优势在于：

■ 可立即使用，无需穿线。

■ 当缝针/缝线连接处穿过组织时可导致较少的组织损伤。

■ 缝线不会过早脱离缝针。

■ 较少的缝合材料操作，因此可维持手术的连贯性。

■ 与带针鼻的缝针相比，锋线连接处缝合材料的磨损更少。

■ 比带着针鼻的缝针更为锋利。

■ 直接从包裹中取用时可保证无菌性。

槽式熔合缝针具有一个线槽，将缝合材料放入线槽后将线槽夹紧以固定缝线。槽式熔合缝针的直径大于缝线的线径。**钻孔熔合**缝针的针尾处使用钻头去除一小块金属，然后将缝合材料穿入小孔后夹紧以固定缝线，钻孔熔合缝针的直径小于缝线线径。

缝线熔合缝针还可制成**控释**型的，使用时通过快速拉拽可将缝线与缝针脱离。这样可以保证徒手打结时没有缝针的阻碍。

带针鼻的缝针

缝针的针鼻可以是在针尾处的标准的圆形的“孔洞”，或是簧片结构的针鼻。带有簧片结构针鼻的缝针（法式）在其针尾处有一个狭槽用以连接缝线。缝线可轻松闯过狭槽，但针鼻内的脊状结构可防止缝线轻易滑脱。

带针鼻的缝针是可以反复使用的，但在每次使用前必须连接新的缝合材料。不应该在针鼻的位置打结，这会增加组织损伤。

对于大线径的缝合材料而言，可以将缝线从凸面侧向凹面侧穿线，然后用缝针穿过凹面侧的缝线，这可以防止缝线自针鼻中滑脱，无需打结。然而，这一做法仍然会使缝合材料穿透组织时线孔扩大。

实用技巧

穿线时将缝线自凹面侧穿向凸面侧可降低缝线自针鼻中滑脱的机会。

多线束和缝针

大部分的缝合材料设计时都是一根单独的缝线连接一根单独的缝针。一根缝针配有两根缝线的情况下可令两根缝线同时穿过组织，以提高组织闭合的强度，并可以在最初穿过组织后，将缝针穿入两个线末端组成的线环中，从而在开始进行连续缝合时无需打结。

两端连接有缝针的单根缝线可用于连续缝合，可用两根缝针从同一个点开始向组织的两个方向进行创口闭合。例如，在肠切除术后沿肠管圆周使用单纯连续缝合闭合肠腔时，可以在肠系膜侧对合缝合肠壁并打结，然后两根缝针分别沿相反方向向肠系膜对侧进行缝合。双针缝线常用于心血管手术，且常用聚丙烯材料。

缝针尺寸和持针钳

大尺寸的缝针较为粗大，可防止缝针在穿过坚韧组织时发生弯折。它们通常会连有大规格的缝合材料。血管外科尺寸的缝针很纤细，其直径约等于缝合材料的直径，以确保缝针在组织上形成的孔洞会被缝合材料所充满，有利于防止血管发生泄漏。

持针钳的钳口夹持缝针的稳定性会影响对缝针的控制及缝合表现。必须选择合适的持针钳，以确保钳口可牢固夹持缝针：

■ 如果持针钳尺寸过小，缝针可能会发生滚动、旋转或扭曲。

■ 如果持针钳过大，钳口可能会导致缝针弯折，从而在缝针通过创口时增加组织损伤。

针身横截面为卵圆形的缝针可获得最大的与持针钳钳口的接触表面，以及缝针的弯折力矩。

缝针形状

图5.2显示了一系列的不同形状的缝针可供选择。

■ **弧形针**用于通路有限的深创口。

■ 对于渐进性的较浅层的创口，可使用弧度较小的缝针，直针可用于皮肤。使用直针穿透组织时，应徒手进行操作而不是使用器械。

■ **半弧形缝针**具有直的针杆，在针尖区域形成弧形。这些缝针的操作比较困难，因为缝针平直部分的运动方向与针尖的弧形区域不同。

■ **复合弧形缝针**的针杆具有不同半径的曲率。这类缝线设计用于眼前方手术以及血管吻合术。这些缝针的针尖区域的曲率为80°，而针身的曲率为45°。

针尖

非切割性圆形针体缝针可用于实质器官（如肝脏、脂肪和肌肉）的缝合。三角针用于胶原密度较高的组织（如筋膜、皮肤）。图5.3显示了缝针外包装上代表针尖的符号。

圆体针

圆体针通常对组织的损伤比切割针低。然而，在尝试将圆体针穿透坚韧组织时所造成的损伤的可能性会更大，因为此时需要过度使用镊子。

切割针

■ **圆切割针**是圆针和标准切割针的折中产物。

■ **常规切割针**的切割刃沿着弧形缝针的凹面。

■ **反切割针**具有沿着弧形缝针的凸面的切割刃。反切割针具有更强的结构和最小的缝合切割效应，因为缝合材料可靠近缝针在组织上形成的三角形针孔的平面，而不是靠近顶角（图5.4）。

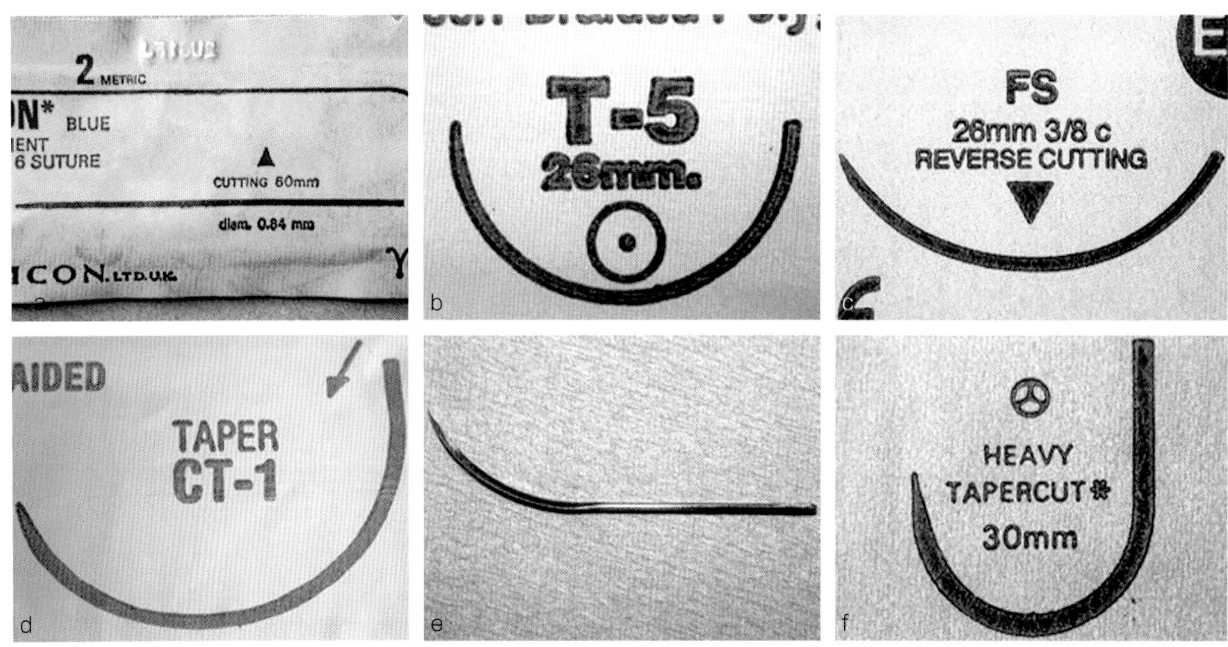

图5.2 缝针形状。(a)直形 (b)半弧形锥形针尖taperpoint (c)3/8弧反切割针 (d)5/8弧渐尖针(taper)(e)扁平弧形针 (f)J形渐尖针

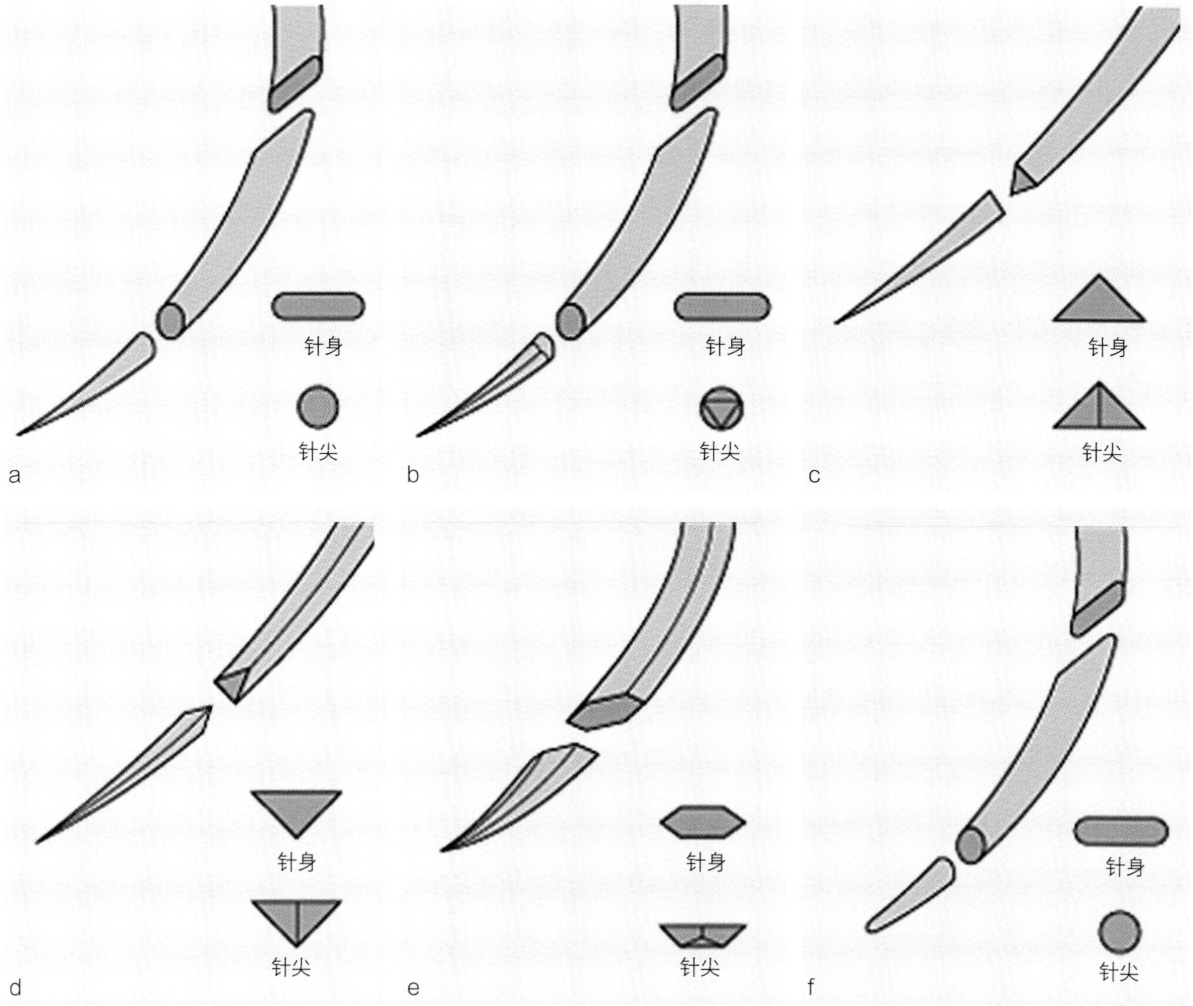

图5.3　针尖。(a)锥形　(b)圆锥形三角针　(c)三角针　(d)反三角针　(e)铲针(spatula)(f)圆针(钝头)
引自《小动物外科学》(Fossum，2007，第三版)

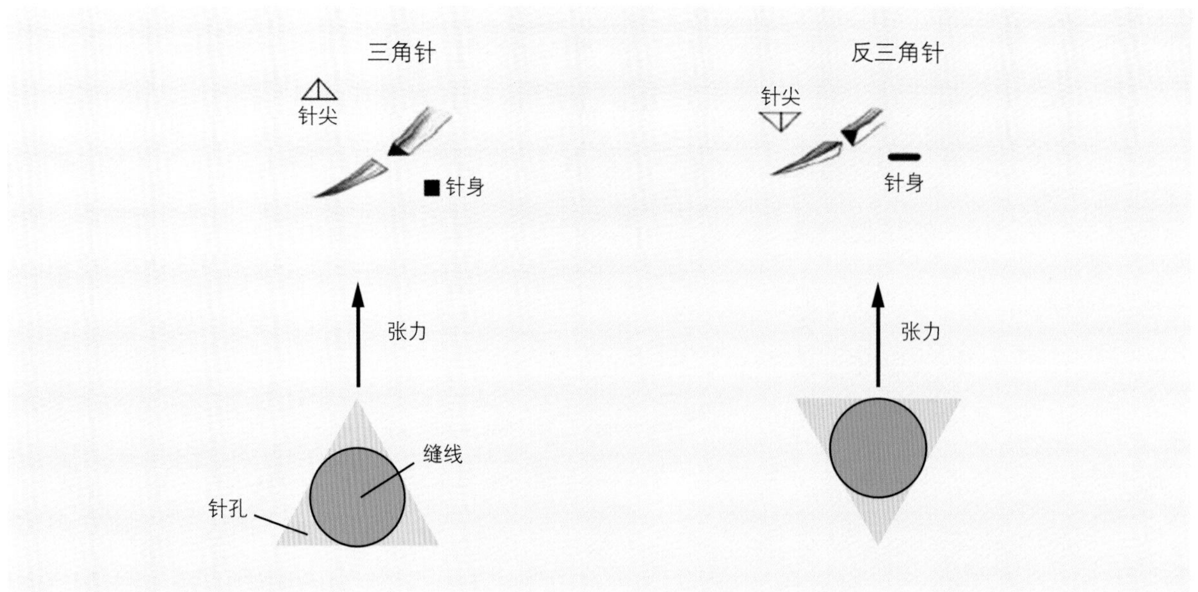

图5.4　切割针和反切割针的比较

■ **铲形切割针是**用于非常小规格的眼科手术缝合材料，它们具有扁平的上侧面和底侧面，从而在穿透组织时提供最大的灵活度和控制力。

选择缝针

合理选择缝针时需要考虑的因素包括：

■ 创口特性：深度、通路。

■ 组织特性：组织强度。

■ 外科医生偏好：徒手或使用器械。

缝合材料和缝针的操作及使用

图5.5显示了缝合材料和缝针包装上所提供的相关信息。

实用技巧

正确的缝合材料操作指引：

■ 保护缝合材料不受热和潮湿的影响。

■ 不可对可吸收缝合材料进行高压灭菌。

■ 不可将可吸收缝合材料浸没于液体中。

■ 将缝合材料从包装中取出后直接使用——在使用前不可进行操作。

■ 不可用器械弯折或挤压缝合材料。

■ 轻拉以拉直缝合材料。

■ 在使用中检查缝合材料的磨损或缺损状况。

实用技巧

正确使用缝针的原则：

■ 熔合缝针的组织损伤较少。

■ 对于较浅层的创口使用直针。

■ 夹持正确的缝针位置：

- 标准用法：距离针尾端的1/3~1/2处；
- 精细组织：更接近针尾；
- 坚韧组织：更接近针尖。

■ 用持针钳的尖端夹持缝针。

■ 尽可能使用圆针（穿刺困难时应更换缝针）。

■ 缝针的长度应该可以保证穿透创口的两侧。

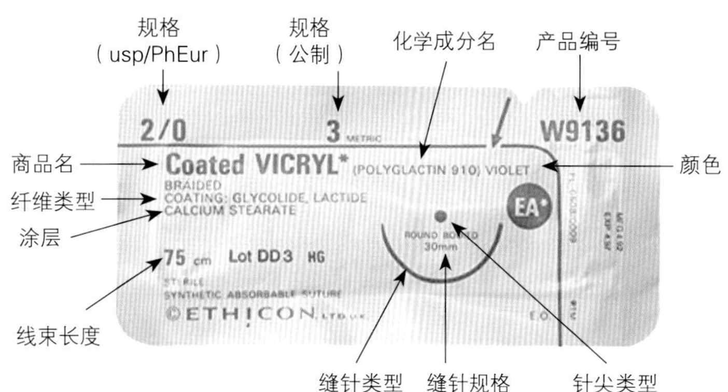

图5.5 缝合材料的包装范例，对标签信息进行解释

手术线结

本书第22章内详细描述了缝合模式、线结的类型和打结方法，并配以详细的插图。手术线结由三部分组成：

■ **线环**（缝合材料在组织内或环绕组织残端所形成的圈）

■ **线结**（多次绕线而成）

■ **线耳**（剪断缝线后为防止线结滑脱而留下的末端）

基础的外科线结是方结（平结），由两次单独绕线而成（左侧线在右侧之上，然后右侧在左侧之上）。缝合材料每侧的线耳和线环都在线结的同一侧。**妇女结**（granny knot，左侧线在右侧之上，然后左侧还在右侧之上）的强度较弱且容易脱开。

所谓的**外科结**指在打结时第一次绕线的时候两根线束相互缠绕2次（2次绕线）。这种线结的优势在于第一次的双重绕线可有效抵抗创口张力，并减少第二次绕线前第一次绕线松脱的机会。然而，这一方法会形成一个巨大的且不均匀的线结，这可能损伤单纤维缝合材料，因此并不推荐使用。可使用不同的打结技术对创口中的张力进行处理，例如使用滑结、使用预置缝线对齐创缘或使用Galiban钳。

线结是缝合处最脆弱的部分，线结的失效会导致很多并发症，如开裂或大出血。为减少线结松脱的风险，应使用抗张强度略大于组织维持力的缝线。在打结时应小心进行绕线，并确保每次绕线都平行并列于上一次，以降低结松脱的可能性。单纤维缝合材料的线结牢固度较低，因为它们具有较高

表5.11　牢靠的线结所需要的最小的绕线次数

缝合材料	间断缝合	连续缝合	
		开始结	终止结
肠线	3	4	5
Polyglactin 910	3	3	6
聚乙醇酸	3	3	5
聚二氧六环酮	4	5	7
聚酰胺	4	5	6
聚丙烯	3	3	5

的记忆性且摩擦力较小，所以操作时应格外小心。

线结的牢固度与缝线的直径成反比。因此选择相对于维持创口强度所需的最细的缝线有利于提高线结牢固度。就这一方面而言，选择初始抗张强度较高的缝合材料（如聚卡普隆）可确保外科医生在保持线结牢固度的前提下选择较细的缝线。

应使用尽可能少的绕线次数以获得稳定和牢固的线结。在此基础上增加绕线的次数并不会增加线结的牢固度，反而会增加创口内的缝合材料的数量，并导致异物反应的增强及促使感染发生。例如对于特定的缝合材料而言，绕线5次所打的结要比绕线3次所打的结大50%。表5.11显示了不同的缝合材料获得牢靠的线结所需要的绕线次数。

实用技巧

经验性规则：

- 间断缝合模式中，多纤维缝合材料至少需要绕线3次，而单纤维缝合材料至少需要绕线4次。
- 连续缝合模式中，开始线结应多绕一次，而终止线结应多绕两次。

用于闭合创口的组织黏合剂

氰基丙烯酸组织黏合剂已用了很多年。最早期的产品具有许多问题且并未获得广泛认可。这些问题主要与下列情况有关：强度较差、创口破裂、黏合剂剥落以及其他由于不正确使用而引起的不良结果。新一代的组织黏合剂的特性有所改善，且用途更为广泛、有更为合理的操作指引，尽管徒手打结和缝合器仍然是闭合创口的标准技术。

氰基丙烯酸的用途最为广泛。氰基丙烯酸单体在接触组织表面的水分时会转化为强壮的不溶性聚合物。凝固时间从2~60s不等，取决于黏合剂厚度、组织潮湿度以及黏合剂分子内的烷基链的长度。

所使用的单体包括：

- 甲基和乙基
- 丁基
- 辛基

表5.12总结了部分兽医用的组织黏合剂。

甲基和乙基氰基丙烯酸聚合物

甲基和乙基聚合物可见于市售的黏合剂，如强力胶Superglue。这些聚合物对于正常的组织有毒性，并容易碎裂和剥落。尽管对这方面的用途进行过评估，但仍不建议用于活组织。在人医产品（Dermabond）被批准使用前，已就Vetbond（丁基基）和市售的强力胶进行比较，且没有发现任何毒理学效应及对于创口影响在材料上的差异。强力胶是非常便宜的产品（价格差距大于25倍），且便于使用。

丁基氰基丙烯酸聚合物

丁基聚合物是第一代的药用氰基丙烯酸黏合

表5.12 几种兽医用组织黏合剂

产品	制造商	基团	注解
Nexaband S/C	Abbott Laboratories	2−辛基	清澈、灵活、具黏性；包裹塑化剂和稳定剂以提供最大的稳定性和强度；凝固时间为4~5s。保存时间18~24个月（室温）；带有一次性滴头的玻璃小瓶/储存瓶
Nexaband Liquid	Abbott Laboratories	n−丁基−2	清澈、低黏度；包括增厚剂和稳定剂；带有一次性滴头的滴瓶
Vetbond	3M	n−丁基	凝固时间：1s。保存时间：室温下12个月（冷冻可延长保存时间）；小滴头的挤压瓶
Vet−Seal	Braun	n−丁基−2	必须冷藏保存（保存时间22个月）；小滴头的挤压瓶

剂。它们主要用于兽医使用且并没有人体使用的FDA许可。其结合强度大于甲基或乙基聚合物。这类产品加入了指示性的染色剂以保证良好的辨识性。

辛基氰基丙烯酸聚合物

辛基聚合物是下一代的药用氰基丙烯酸黏合剂，并获得人体使用和兽医使用的许可证。与其他的氰基丙烯酸产品相比，辛基聚合物具有更好的结合强度（是丁基氰基丙烯酸的2~4倍），组织毒性更低。它们的结合强度与缝线闭合相当。较高的浓度使得黏合剂可有效用于靶区域。

Nexaband可用于闭合皮肤创口。其制剂储存于储存瓶中，并配有许多精细的一次性滴头，以保证精确的给药，并可消除瓶头堵塞的机会。

功能

这类聚合物可形成一个无色的防水屏障，并充当维持创缘合并的组织桥梁。因此保护创口不受外界污染。术后创口无渗出且患畜表现舒适。这些产品同样可促进止血并减少血管组织的出血（如口腔内），尽管它们无法阻止大血管出血。

创口的上皮形成在黏合剂下进行，黏合剂会在愈合后脱落。组织黏合剂在创口内具有一定的原位抗菌效应。

组织黏合剂的用途

组织黏合剂可有效用于口腔手术、肠管吻合术、角膜溃疡管理、控制实质器官切割面的出血、微血管切口、皮肤切口以及皮肤移植。

创口

组织黏合剂可广泛用于皮肤创口和切口。皮肤创口应是无张力和无污染或感染的。因此最可能的使用情况是用于选择性的手术切口，而不是外伤创口。在创口有张力存在时，也可用组织黏合剂来确保组织对位，但只有在使用其他技术管理张力的情况下才可使用（如张力缝合）。使用的例子包括：

- 透皮活检针形成的小的穿刺切口。
- 难控制患畜的手术切口。
- 可能啃咬缝线或无法忍受项圈约束的患畜的手术切口。

警告

组织黏合剂不可用于：
- 感染创
- 深的穿刺伤
- 存在张力或活动性的创口

在一些人类医学的研究工作中，黏合创口比缝合创口具有更小的感染机会以及优越的长期外观表现。

角膜溃疡

在人类和马科医学上，组织黏合剂可用于保护浅层和深层的角膜溃疡。可将其用于固定角膜接触镜以便对于接近穿孔的深层角膜溃疡进行紧急性治疗；黏合剂和角膜接触镜会维持较长时间，并随着角膜上皮组织的脱落而剥离。组织黏合剂还可用于使角膜蒂皮瓣粘附以避免使用缝线。

其他用途

在人医和兽医所报道的用途包括：

- 利用蝶形胶带将喂饲管附着于皮肤上
- 放置长期留置性导管后封闭透皮创口
- 闭合口腔创口（如牙科工作后）
- 加强肠道吻合
- 加强缝合性肌腱修复
- 肠折叠术（Enteroplication）
- 将无孔的皮肤移植物固定于受体组织床
- 实质器官的局部止血（如肝脏切口）

应用技术

1. 用无菌等渗晶体溶液或碳酸氢盐溶液（在碱性环境中聚合作用增强）冲洗创口，并用纱布小心吸干。
2. 用手指或镊子将创缘轻轻对齐。
3. 沿着对齐创口的顶部涂布组织黏合剂。黏合剂应使用配套的涂药器进行敷用，或使用小口径的注射器分装后（用静脉导管）敷用。
4. 聚合和黏合作用快速发生，应维持组织对位1~2min，直至获得最大的强度。

使用时要仅仅黏合皮肤表面，而不是深层组织。黏合剂与创口深处组织结合会阻碍正常的组织愈合。新鲜的黏合剂会导致创口内所有血液发生凝集。聚合作用是一个发热的反应，所以薄的黏合剂层会带来较好的效果。

实用技巧

- 不可过量使用组织黏合剂
- 不可将组织黏合剂埋藏于深层组织层内
- 不可在存在淤血或积液的区域上使用组织黏合剂

组织黏合剂的优点和缺点

表5.13总结了使用组织黏合剂闭合创口的优点和缺点。

除了表5.13中所描述的缺点，使用组织黏合剂还可能存在以下问题：

- 组织毒性（尤其是使用早期的氰基丙烯酸黏合剂时）。
- 肉芽形成。
- 创口可能发生潜在感染。
- 如果组织黏合剂的存在导致创缘分开，则会延迟组织愈合。

表5.13　使用组织黏合剂闭合创口时的优点和缺点

优点	缺点
■ 快速闭合创口（比缝合快3~4倍） ■ 使用方便 ■ 动物清醒的情况下闭合创口不会造成疼痛 ■ 无需拆除缝线 ■ 减少动物对创口的自我损伤 ■ 使用时可有效止血 ■ 抗菌效应	■ 在创口内引入异物 ■ 如果黏合剂将创缘分开，则会损害创口愈合。 ■ 黏合剂开裂或剥落会导致闭合不良 ■ 在闭合不规则创口时，较难获得良好的创缘对位 ■ 张力存在时更容易引起创口开裂 ■ 闭合较长的创口必须使用缝线 ■ 黏合剂可能会黏附于纱布、手套或器械上 ■ 需要学习一种新的操作技术

■ 潮湿表面黏合性差。

■ 如果在靠近骨骼的区域使用，可能会影响皮质骨愈合。

如果黏合剂黏附于创口外的皮肤或是无生机物体（如器械）上，可在聚合物形成后用丙酮洗去。

在组织黏合剂用于选择性或外伤性创口闭合时，尽管会有一些潜在的担心，但大量研究报告显示使用组织黏合剂所得到的治疗结果在美观度和创口感染率方面与用缝线闭合创口相似。然而，不正确的使用组织黏合剂可能会延迟愈合，降低美观度及增强感染。

缝合材料总结

外科肠线、铬制肠线与胶原线	
分类	天然、可吸收、绞合多纤维（抛光）
组成	肠道的黏膜下层（羊）和浆膜层（牛）
制造过程	白肠线：甲醛处理的胶原蛋白 铬制肠线：轻度、中度或重度的铬盐溶液处理 抛光过程减少了拉拽但使缝线强度减弱 铬盐对于巨噬细胞的毒性使得吞噬作用减弱
吸收机理	巨噬细胞：初期水解大于后期蛋白水解 可变因素：在胃、感染组织和血管组织内吸收快速
强度衰减	7日时衰减33%（铬制肠线） 28日时衰减67%（铬制肠线） 完全衰减时间：7日（白肠线）；14日（轻度铬制）；21日（中度铬制）；28日（重度铬制） 在感染创口、血管创口以及胃创口中较为快速
组织相互作用	明显的异物反应
操作性	干燥：良好 潮湿：肿胀、强度减弱（50%）、线结安全性差
用途	血管结扎、眼科手术（胶原）
优点	廉价、操作性优秀
缺点	严重的组织反应和少量组织拉拽 抗张强度衰减状态不定 线束强度不定 偶见过敏反应（猫） 打结时会发生磨损

聚乙醇酸（如Dexon）	
分类	合成、可吸收、单纤维
组成	羟基乙酸的聚合物，有/无涂层
制造过程	有涂层或无涂层 用polycaprolate进行涂层
吸收机理	水解作用、尤其是在碱性环境或尿液中增加 最快在14日内完成、在120日内完全吸收 降解产物具有抗菌活性
吸收时间	60~90日
强度衰减	14日时衰减33% 21日时衰减65%
组织相互作用	在严重感染的组织中反应明显
操作性	组织拉拽、切割作用以及相对较差的线结安全性 涂层后操作性提高（Dexon II）
用途	可用于感染创
优点	强度大
缺点	不建议用于膀胱

Polyglactin 910（如Vicryl）	
分类	合成、可吸收、多纤维
组成	羟基乙醇和乳酸（9：1）的聚合物，有/无涂层
制造过程	染色或未染色；有涂层或无涂层 涂层为丙交酯和glactide以及硬脂酸钙的共聚物
吸收机理	可控速率的水解作用，在尿液中可能加速 比聚乙醇酸更疏水和防水
吸收时间	56~70日

强度衰减	类似于聚乙醇酸但强度更大 14日时衰减25% 50日时衰减50% 28日时衰减75% 良好的尺寸/强度比
组织相互作用	良好耐受，组织反应最小
操作性	良好的线结安全性、少量组织拉拽 涂层后操作性提高（类似于蚕丝）
用途	一般的软组织闭合 血管结扎
优点	与聚乙醇酸相比，可维持较高强度达21日，吸收更快速
缺点	极少——比单纤维材料的组织拉拽较大
Lactomer 9–1（如Polysorb）	
分类	合成、可吸收、多纤维
组成	Lactomer 9–1：乙交酯（90%）和丙交酯（10%）的共聚物
制造过程	有涂层或非涂层；染色或未染色 涂层材料为己内酯/乙交酯共聚物以及硬酯酰乳酸钙
吸收机理	水解
吸收时间	56~70日
强度衰减	14日时衰减20% 21日时衰减70%
组织相互作用	良好耐受
操作性	光滑的通过组织——轻微拉拽 打结顺滑
用途	合拢大部分软组织 不可用于心血管或神经外科手术
优点	线束直径小于Polyglactin 910，良好的操作性和线结安全性
缺点	用于膀胱和胆囊内时可能会形成结石性
多聚L–丙内酯/乙交酯（如Panacryl）	
分类	合成、可吸收、多纤维
组成	L–丙内酯（95%）和乙交酯（5%）的聚合物

制造过程	只有未染色的产品（白色） 涂层由90%的己内酯和10%的乙交酯组成
吸收机理	水解作用缓慢吸收
吸收时间	1.5~2.5年
强度衰减	6周时衰减10% 3个月时衰减20% 6个月时衰减40% 12个月时衰减80%
组织相互作用	组织反应最小，类似于polyglactin 910
操作性	优秀的可操作性 打结状态类似单纤维缝合材料
用途	需要长期支持的软组织闭合 韧带假体植入
优点	长期支持 线结比单纤维不可吸收材料小
缺点	与其他材料相比略显昂贵（如Vicryl） 血管分布不良的组织内吸收延迟
Polyglyton 6211（如Caprosyn）	
分类	合成、可吸收、单纤维
组成	乙交酯/丙交酯/己内酯/三亚甲基碳酸酯
制造过程	不染色
吸收机理	水解作用
吸收时间	小于56日
强度衰减	5日衰减40%~50% 10日衰减70%~80% 21日衰减100%
组织相互作用	组织反应最小
操作性	符合单纤维材料的要求
用途	无需长时间支持的软组织闭合
优点	抗张强度快速衰减及吸收
缺点	强度衰减迅速限制了其在大部分组织内的应用
聚卡普隆（如monocryl）	
分类	合成、可吸收、单纤维

组成	乙交酯及 ε –己内酯的共聚物
制造过程	染色或未染色形式
吸收机理	水解
吸收时间	91~119日内完全吸收
强度衰减	比PDS或Maxon衰减迅速 7日衰减30%~50% 14日衰减60%~80% 21日（染色）或28日（未染色）完全衰减
组织相互作用	组织反应最小
操作性	强度最大、柔韧性最好的合成单纤维缝合材料 原始抗张强度高，可用较小线径的材料 线结安全性一般至较差
用途	取代肠线和合成多纤维缝合材料 普通软组织合拢、血管结扎
优点	高抗张强度，可在关键时期内维持强度，然后快速衰减 记忆性低 易于操作
缺点	线结安全性比多纤维材料差 快速吸收的特性不适用于愈合时间较长的组织
糖酸聚合物631（如Biosyn）	
分类	合成、可吸收、单纤维
组成	乙交酯（60%）、二氧环己酮（14%）和三亚甲基碳酸酯（26%）的共聚物
制造过程	染色（紫色）或未染色
吸收机理	水解
吸收时间	90~110日
强度衰减	14日时衰减25% 21日时衰减60%
组织相互作用	最小组织反应
操作性	优秀的操作特性，顺滑通过组织 线结安全性类似于编织材料
用途	需要延长支持时间的软组织闭合
优点	强度最大的单纤维可吸收缝合材料
缺点	不常见的缝合材料 需要良好的操作技术来保证线结安全性
聚二氧六环酮（如PDS，PDS II）	
分类	合成、可吸收、单纤维
组成	对二氧环己酮聚合物
制造过程	染色（紫色）或未染色
吸收机理	水解作用
吸收时间	182日，缓慢且可预期
强度衰减	14日时14%~20% 28日时30%~42% 42日时40%~75% 56日时86%
组织相互作用	类似于polyglactin/聚乙醇酸 毛细作用比多纤维材料小
操作性	灵活性和强度大于polyglactin/聚乙醇酸 组织拉拽小于多纤维材料 高度记忆性和可塑性（PDS II柔韧性好于PDS） 使用时会发生卷曲 打结时需要七次绕线以保证线结安全性
用途	需要长期支持的软组织合拢 闭合腹壁和胸壁
优点	移植时强度大于聚酰胺和聚丙烯
缺点	记忆性大于多纤维材料 在少数青年犬会与局限性钙质沉着有关
聚葡糖酸酯（如Maxon）	
分类	合成、可吸收、单纤维
组成	乙醇酸和三亚甲基碳酸酯的聚合物
制造过程	染色（绿色）或非染色
吸收机理	巨噬细胞作用，在60日时作用最小
吸收时间	180日

强度衰减	与聚二氧六环酮类似，抗张强度的半衰期为3周，而PDS为6周 14日时19%~30% 21日时35%~45% 28日时41%~50% 42日时70%
组织相互作用	类似于聚二氧六环酮
操作性	强度和表现类似于聚二氧六环酮 优秀的线结安全性，记忆性较差
用途	需要长期支持时的软组织合拢
优点	操作性优于聚二氧六环酮 原始抗张强度大 在感染/炎症位置吸收无增强
缺点	剪短时末端锋利
丝线	
分类	天然、不可吸收、多纤维
组成	桑蚕丝
制造过程	油、蜡或硅酮处理以减少毛细作用
吸收机理	2年内吸收，植入感染位置后6个月内吸收
强度衰减	相当低、缓慢衰减
组织相互作用	中度组织反应
操作性	优秀，但线结安全性较差（预处理的尤其差）
用途	血管结扎（PDA） 软丝线缝合
优点	操作性极佳 廉价
缺点	在胃肠道内会形成溃疡 膀胱内会成为结石形成灶 感染阈值为10^3~10^4细菌数 强度相对较弱
棉线	
分类	天然、不可吸收、多纤维
组成	天然棉纤维
制造过程	通常未染色
吸收机理	不吸收
强度衰减	6月时衰减50% 2年时衰减70%

组织相互作用	中度组织反应
操作性	较差的静电属性 潮湿时抗张强度和线结安全性增加
用途	现在不使用
优点	无
缺点	增强感染
不锈钢丝（如Flexon）	
分类	合成、不可吸收、单/多纤维
组成	316L不锈钢丝
制造过程	无涂层或染色
吸收机理	不吸收
强度衰减	不衰减
组织相互作用	惰性、无反应
操作性	操作性和打结操作性较差 最好的抗张强度和线结安全性
用途	少用——缓慢愈合的组织（如体壁或胸骨闭合） 感染组织——不会增强感染
优点	惰性、强度大 放射摄影检查时可见
缺点	坚硬末端会引起组织刺激 可能会开裂或断裂 无移动也可能发生疲劳性断裂 操作性差 放射摄影检查时可见 在核磁共振成像检查时会形成干扰 需要特殊的剪线剪
聚酰胺（如Ethilon、Monosof、Dermalon、Bralon）	
分类	合成、不可吸收、单/多纤维
组成	己二胺和己二酸的聚合物
制造过程	染色（黑色或蓝色）或不染色
吸收机理	轻微——化学降解
强度衰减	1年时衰减19% 2年时衰减28% 11年时衰减34% 或每年约衰减15%~20% 多纤维：6个月时完全衰减
组织相互作用	组织反应最小

操作性	操作性和线结安全性较差（易滑脱——打结时需4~5次绕线） 灵活性大于可塑性，但记忆性强 抗张强度中等，类似聚丙烯
用途	用途广泛，尤其适用于皮肤
优点	惰性且无毛细作用
缺点	在浆液/滑液腔内会有摩擦性刺激 剪断时局锋利末端
聚丙烯（如Prolene、Surgipro、Surgilene）	
分类	合成、不可吸收、单纤维
组成	Propylene的聚合物
制造过程	蓝色染色
吸收机理	抵抗酶作用
强度衰减	几年内无强度衰减
组织相互作用	惰性、最不易引起血栓形成的缝合材料、不会增强感染
操作性	操作性差——易滑脱、高度记忆性 具可塑性的缝合材料：线结安全性优秀 （扁平）且灵活 抗张强度低 线结强度良好
用途	血管外科 弹性组织（心肌、皮肤） 疝修补和肌腱修补
优点	单纤维缝合材料中线结安全性最好 组织反应最小的缝合材料
缺点	操作性差 无张力时线结安全性差
聚己内酰胺（如Supramid Vetafil）	
分类	合成、不可吸收、多纤维
组成	聚酰胺聚合物
制造过程	具有光滑的聚乙烯/类蛋白质外鞘的缝合材料
吸收机理	不吸收
强度衰减	10~20次高压蒸汽灭菌后强度衰减0.5%
组织相互作用	中度组织反应

操作性	高压灭菌后操作性变差 强度大于单纤维尼龙线 线结安全性高于单纤维（打结时外鞘会破裂）
用途	较少适应证（皮肤闭合）——有更好的产品
优点	廉价 有弹性，可用于活动或张力区域
缺点	非灭菌——皮下肿胀和窦道形成 无小线径产品
聚酯纤维（如Surgidac、Mersilene）	
分类	合成、不可吸收、单/多纤维
组成	聚乙烯对苯二酸盐聚合物
制造过程	涂层：polybutylate、Teflon、硅酮
吸收机理	被纤维组织包埋
强度衰减	轻微或不发生衰减
组织相互作用	反应最大的合成缝合材料，尤其是在涂层丢失的情况下
操作性	操作性和线结安全性（需要五次绕线）差 强度最大的缝合材料 涂层降低了组织拉拽，同时降低线结安全性
用途	缓慢愈合组织 韧带假体 血管吻合术 可用于几乎所有的适应症
优点	强度非常大
缺点	会增强感染从而导致持久性的组织反应

6 外科缝合器

Vicky Lipscomb

概述

外科缝合器可广泛用于皮肤、腹腔、胸腔以及其他手术过程。与手工缝合相比，外科缝合器具有下列优势：

- 减少手术时间（包括操作和麻醉时间）；
- 减少组织损伤/操作；
- 减少或消除肠内容物对手术的污染；
- 容易且可靠的闭合大血管、血管残端、胃肠道、肺、肝及脾脏组织（尤其适用于那些手工难以接近和分离的组织）。

此外，使用缝合器还可减少特定情况下与手术相关的发病率。手术时间的减少对于重症患畜而言是最大的好处。但使用外科缝合器不会补偿手术操作不当所带来的伤害，有时还会产生额外的并发症。操作时必须遵守软组织手术的基本原则（见本书第21章）以及外科缝合器的使用原则（表6.1）。

表6.1 外科缝合器的使用原则

- 缝合器不可用于缝合发炎、水肿或无法存活的组织
- 每颗缝钉必须穿透所有的组织层
- 选择正确的缝钉尺寸，尤其是组织不可过厚或过薄；以确保闭合后的缝钉可以牢靠地固定组织
- 缝钉内不可包含过多的组织
- 在缝合操作前检查组织以确保缝钉内的组织正确对合，并且缝合器没有夹持其他组织
- 缝合后小心移开缝合器，以免破坏缝钉或缝钉线
- 检查缝钉或缝钉线是否存在出血、泄漏或缝钉松动的情况，尤其是缝钉线两端的缝合钉

线性缝合器（Linear staplers）

线性缝合器又称胸腹部（thoracob dominal TA）缝合器（图6.1）。

作用方式

线性缝合器具有长的手柄以及手枪状的把手，以便在腹腔或胸腔内进行缝合。使用时需将待缝合的组织插入缝合器的U型末端中。缝钉匣（图6.2）由缝钉和对应的钉砧组成，缝合时缝钉被击向钉砧。缝针匣装有定位销以确保组织正确放入、准确对齐以及在缝合时维持在缝合器的钳口内。

闭合逼近杆用以压迫缝合器内的组织（图6.4d）。如果缝合器的安放位置不妥，可以打开逼近杆并重新闭合。如果逼近杆无法轻松闭合，则表明缝合器内组织过厚，不适于缝合（许多一次性缝合器在逼近杆上有标记，以便在组织对位后确保组织的完全

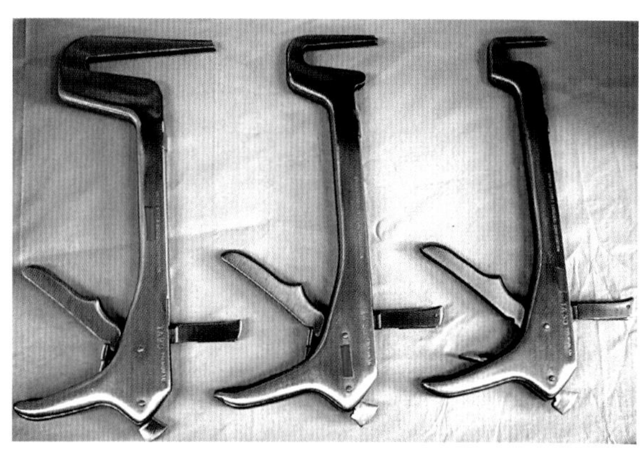

图6.1 一些可反复使用的适用于不同长度的缝钉匣的线性缝合器

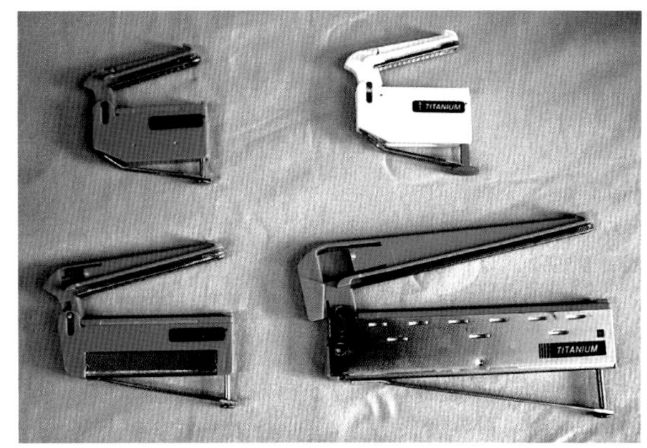

图6.2 用于反复使用的线性缝合器的缝钉匣，图中显示有三种不同长度装有标准尺寸缝钉的缝钉匣（蓝色），以及一个装有30mm血管缝钉的缝钉匣（白色）

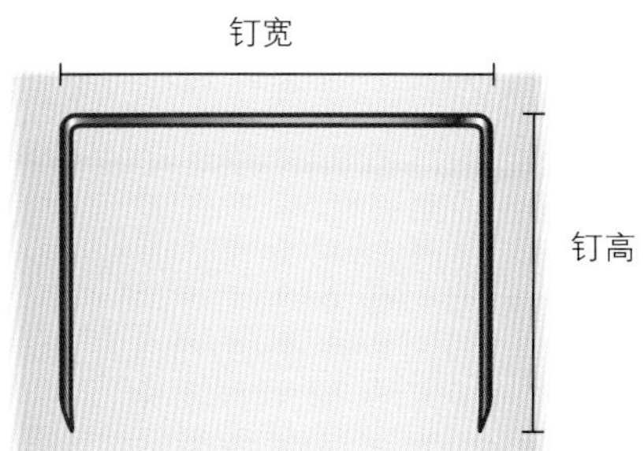

缝钉（打开状态）

缝钉（闭合状态）

图6.3 B形的缝钉打开和关闭时的宽度、钉腿长度以及闭合高度

压迫）。安全杆使缝合器的手柄保持“张开”状态，以免无意触动扳机。缝合器的手柄只有在释放安全杆后才能活动。

使用时，坚决并充分挤压手柄以确保击发缝钉形成正确的“B”形（图6.3）。线性缝合器可击发二至三排交错的钛制缝钉。交错的缝钉排列方式可保证牢靠的缝合组织并有效止血，但同时还可保证微循环中的血液供应，以使缝钉线下方的组织不至于坏死。

释放和移开缝合器前，应用手术刀沿着缝钉匣将组织切断。

类型、规格以及缝钉匣

常见的线性缝合器包括可高压蒸汽灭菌、反复使用的不锈钢缝合器，以及环氧乙烷灭菌包装的一次性缝合器。在经常使用缝合器的情况下，选用不锈钢缝合器比较划算，但两者在使用成本上的区别并不明显。两种类型的缝合器都可使用一次性的缝钉匣。

可用的线性缝合器以及相应的缝钉匣的规格为30~90mm不等。对于医生而言，“闭合高度”是最重要的缝钉参数，因为它决定了缝合器可以安全使用的组织厚度。

- “标准”尺寸的缝钉匣常装有闭合高度为1.5mm的缝钉，这意味着它们仅适用于可轻松压至1.5mm厚度的组织，且不得用于压缩厚度小于1.5mm的组织，以保证缝合位点的正确封闭。
- 对于较厚的组织而言（如胃），可用较大（“厚”）的缝钉，这些缝钉仅适用于压缩厚度为2mm的组织，且不得用于压缩厚度小于2mm的组织。
- “血管”缝合器可闭合厚度为1mm的组织，并通过三排交错缝钉以增加安全性。这种缝钉匣只适用于30mm长的缝合器。

通常以颜色标记不同的缝钉匣，以便于取用，如：蓝色代表“标准”的缝钉匣，绿色代表“厚”的缝钉匣，白色代表“血管”缝钉匣。还有一些最终缝钉闭合高度可根据不同用途而进行调节的线性缝合器，或是配有旋转或关节头部以在较深的体腔内获得最大的操作度的线性缝合器可供选用，但这些都不是常用的线性缝合器。

应用

线性缝合器的用途非常广泛（表6.2）。

许多情况下，线性缝合器和线性切割缝合器可互换使用。例如，可用线性切割缝合器和/或线性缝合器进行部分胃切除术（图6.4）。常用30mm缝钉闭合血管蒂和残端。

表6.2　线性缝合器的常见用途

- 功能性端–端吻合术结束时用于封闭肠末端
- 部分胃切除术
- 胃固定术
- 部分或全部肺叶切除术
- 部分或全部肝叶切除术
- 部分脾切除术
- 通过直肠外翻法进行直肠肿瘤切除
- 盲肠切除术
- 部分胰切除术
- 部分前列腺切除术
- 前列腺囊肿切除术
- 闭合血管蒂（如肾脏切除术中）
- 右心房附件肿瘤切除
- 在阴道切除术或子宫切除术中闭合阴道或子宫蒂

肝脏和脾脏

在肝脏和脾脏组织上应用线性缝合器的时候（图6.5），应仔细检查缝钉线。如果使用血管缝钉匣则不容易出血，但如果由于所缝合组织较厚（>1mm）或过长（>30mm）而使用了较大的缝钉匣，则可能需要利用额外的缝线缝合、血管钳、表面止血剂或大网膜覆盖术等方法进行止血。用缝合器进行部分脾脏切除术时应小心，不要包括脾脏的门脉（Waldron和Robertson，1995）。

与手工操作相比，在肝叶切除术中使用线性缝

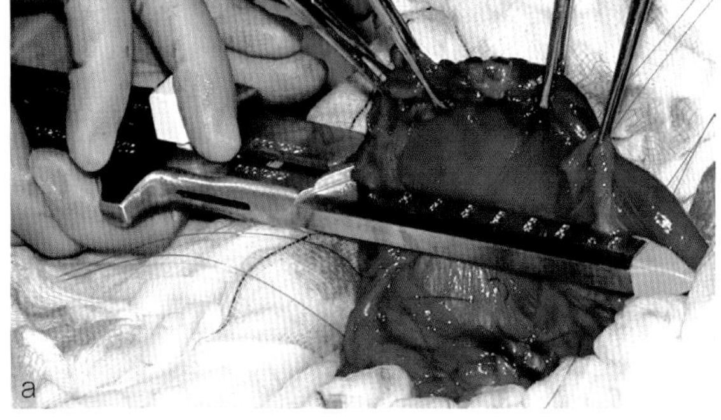

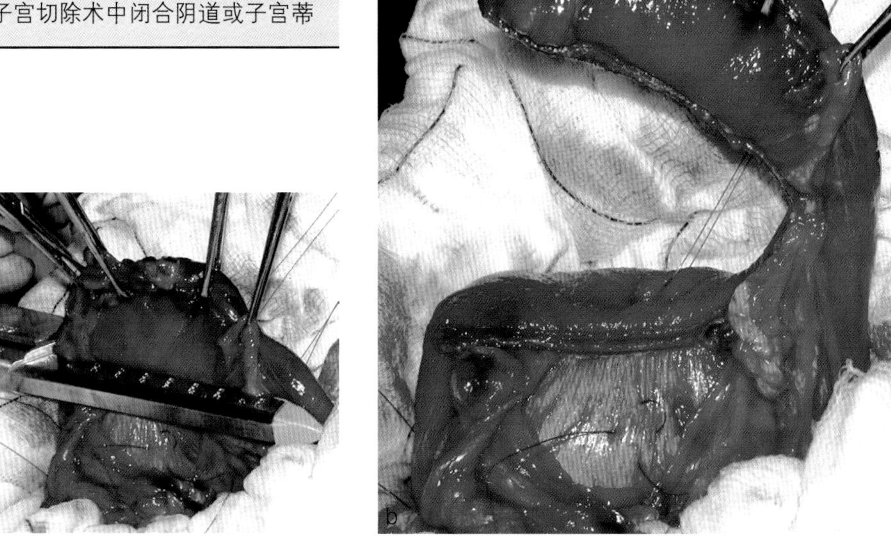

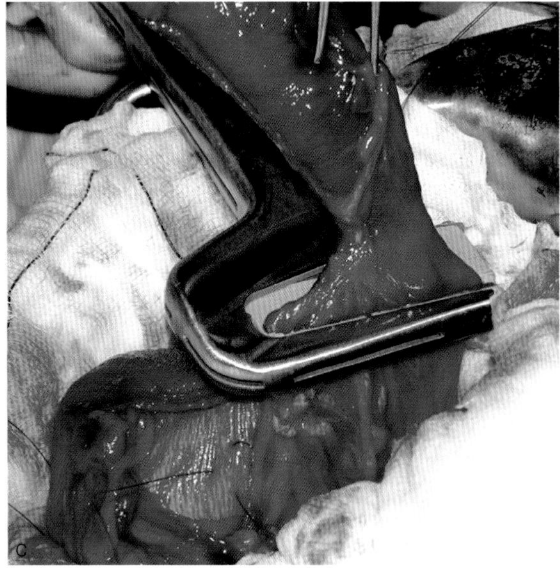

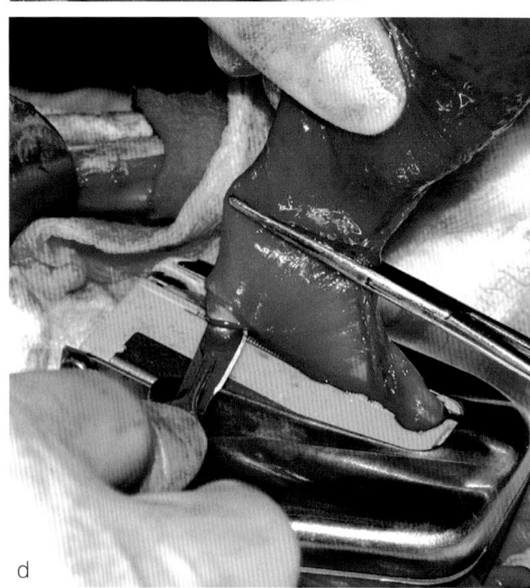

图6.4　用线性切割缝合器（a，b）和线性缝合器（c，d）进行部分胃切除术

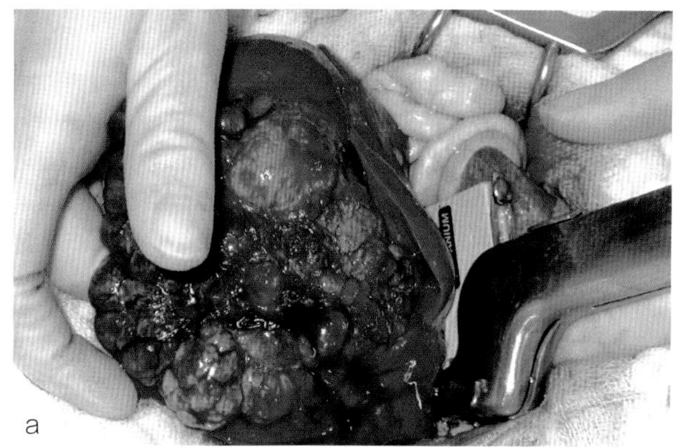

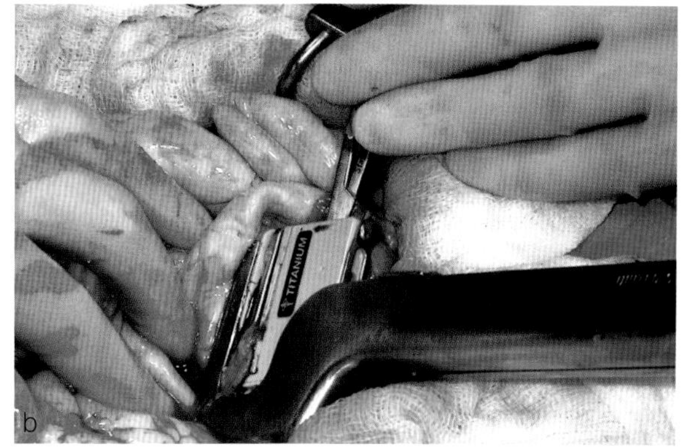

图6.5 肝叶完全切除术，放置线性缝合器前（a）、后（b）

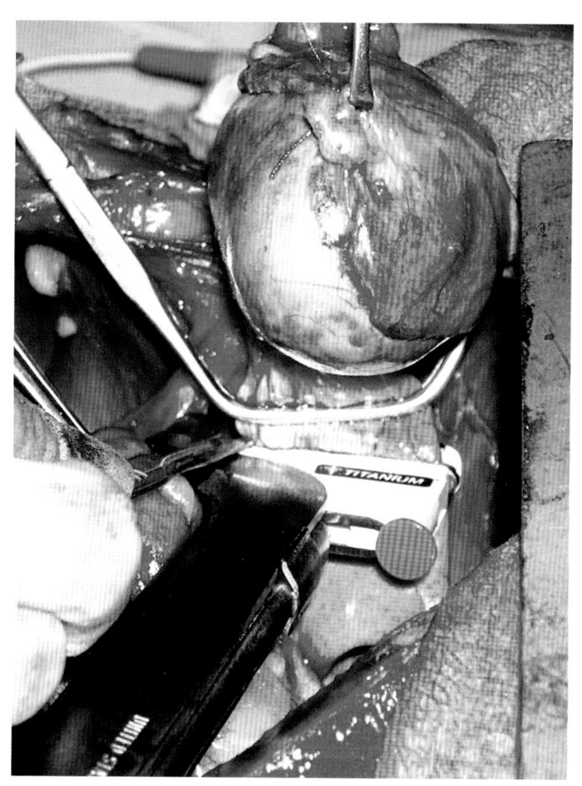

图6.6 用30mm血管缝钉匣进行部分肺切除术

合器的出血、坏死和炎症的情况都较少（Lewis et al., 1990）。由于腔静脉的存在，在右侧将肝叶与其附着物相分离仍然是极具挑战性的工作，但不需要将肝叶血管和肝管分离，所以与手工操作相比，使用线性缝合器的操作较简单。

肺叶切除术

用缝合器进行完全或部分肺叶切除术的时候，与手工操作一样，仍然需要将胸腔充满生理盐水以检验肺叶是否存在泄漏。任何漏气的位置都应用额外的血管钳或缝线进行闭合（此时支气管不是用常规的锁边缝合关闭）。

总体而言，用缝合器可以安全封闭支气管和门脉，但大概有5%的动物需要额外使用血管钳或缝合的方法封闭门脉（LuRue et al., 1987）。可用于1mm压紧组织的血管缝钉匣适用于完全或部分肺叶切除术（图6.6），但对于较厚的肺门残端，可能同时需要使用1.5mm的缝钉匣来提供足够的止血效果。

与常规缝合方法相比，使用缝合器对患肺炎的犬进行完全肺叶切除术并不会对并发症发生率以及围手术期死亡率产生影响（Mruphy et al., 1997）。

线性切割缝合器

线性切割缝合器（图6.7）又称为胃肠道吻合缝合器（gastroiutestiual anastomosis，GIA）或肠道线性吻合缝合器（intestinal linear anastomosis，ILA），但这类缝合器也可用于胃肠道以外的组织。

作用方式

线性切割缝合器由两个联锁直工作臂组成，一条工作臂用来安放缝钉匣以及横切刀片。将工作臂分别放在待分离组织的两侧，然后用锁定杆将它们锁住，通常会听到“咔嗒”一声以确定锁实。需要时可将锁定杆松开重新定位。这类缝合器没有定位销，所以术者必须确保缝合器内的组织宽度不超过缝钉匣的范围。如果锁紧工作臂时费劲，则表明组织过厚或发生过度水肿，这时不适用缝合器。

将把手柄上的推杆向前滑动以击发四排交错的B形钛制缝钉，然后用刀片在第2排和第3排缝钉之间将组织切断（图6.4）。刀片在组织上切口至距离缝钉线末端8mm。然后将推杆滑回原位后松开并移除工作臂。

图6.7　线性切割缝合器的工作臂，中间为一次性使用的缝钉匣

类型、规格和缝钉匣

线性切割缝合器的可用类型包括反复使用的不锈钢器械或一次性器械。术者应根据所需要缝合的组织大小选择正确长度的缝钉匣和大小合适的缝钉。

■ 可反复使用的不锈钢GIA器械可选用的长度有50mm和90mm，且只可以使用1.5mm组织厚度的缝钉。

■ 可反复使用的ILA器械可使用100mm的缝钉匣，缝钉可闭合的组织厚度为2mm。

■ 一次性的GIA缝合器可使用的缝钉匣尺寸有55mm、60mm、75mm、80mm以及100mm（取决于制造商），并可使用1.5mm或2mm的缝钉。

■ 同样有60mm的一次性GIA缝合器可供使用，可使用血管缝钉匣用于闭合厚度为1mm的组织。

应用

表6.3列出了线性切割缝合器的应用范围。

表6.3　兽医临床可以使用线性切割缝合器的情况

■ 部分胃切除术
■ 功能性肠端-端吻合术
■ 部分肺叶切除术
■ 部分肝叶切除术
■ 食道或直肠憩室切除术
■ 前列腺囊肿切除术
■ 盲肠切除术
■ 小肠和胃的侧-侧吻合术（如Bilroth II手术）

部分胃切除术

线性切割缝合器最有用的一个应用方法是在胃扩张-扭转手术中进行快速的部分胃切除术（图6.4）。在这种情况下，通常会切除20%~25%的胃，这可能需要使用多个缝钉匣，相互之间覆盖缝合。最常使用的缝钉规格是缝合2mm的压迫组织，通常建议使用连续内翻缝合对缝钉线进行锁边，因为在胃扩张-扭转的情况下，即使浆膜层看上去可以存活，也存在着胃黏膜坏死的风险（Pavletic，1990）。

端-端吻合术

线性切割缝合器非常实用的一个用途是用来施行功能性端-端吻合术（技术6.1）。

用缝合器进行功能性的端-端吻合术的最显著的优点在于可以很好地解决两端肠管不齐的问题。与手工缝合的肠管吻合术相比，使用缝合器进行功能性端-端肠管吻合术的动物，术后并发症发生率更低：一系列的病例中没有与肠管吻合手术相关的并发症报道（White, 2008）；而在另一系列的病例中，24例患畜中有2例发生轻微的肠管泄漏（需要1针或2针的单纯结节缝合），但这些情况是在偶然的情况下发现的，这2例动物由于先前存在的腹膜炎导致在腹腔闭合后需要再次进行开放性腹膜引流时进行剖腹探查而发现（Ullman et al., 1991）。此外，在人医的随机试验中，未发现缝合器吻合术与手工缝合吻合术之间存在稳定的差异。在使用线性切割缝合器进行的肠管吻合的手术中不会继发肠道狭窄，因为吻合器所制造的吻合口比正常肠腔更大。

部分肝叶/肺叶切除术

可利用线性切割缝合器（图6.8）或线性缝合器（图6.5和图6.6）进行部分肝叶/肺叶切除术。使用线性切割缝合器的优势在于切口的两侧都进行封闭，这是非常方便的，缺点在于需要更多操作空间。

Bilroth II 手术

兽医文献中几乎没有关于利用Bilroth II手术进

技术 6.1 用缝合器进行端-端肠道吻合术

1. 在每段肠管的对侧安置两根固定性缝线，以辅助组织操作以及缝合器的放置。

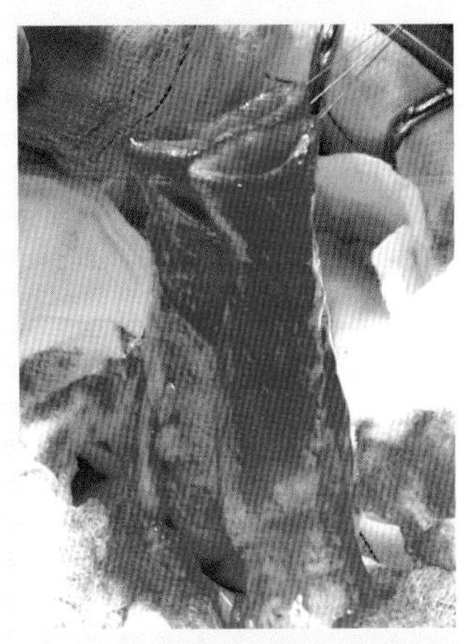

2. 将两个肠断端的肠系膜对侧面并列（这一方法可以形成肠系膜对侧的侧壁吻合），并将线性切割缝合器的两个工作臂分别完全插入两个肠腔内（通常使用55~75mm长的缝钉匣，具体尺寸取决于生产商的规格）。连接安装并锁紧缝合器的工作臂，然后击发，从而在两侧肠壁上钉上两排交错的缝钉，并通过形成吻合口而制造出线性肠吻合。

3. 小心抽出缝合器，利用固定性缝线检查缝钉线内外。利用固定性缝线使缝钉线相互偏离0.5~1cm，以保证在闭合肠腔时缝合线两侧不会直接接触。

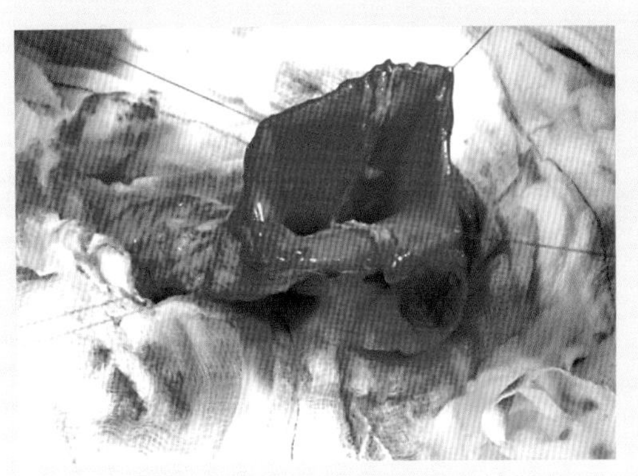

4. 使用线性缝合器或线性切割缝合器闭合肠末端的共同开口。操作时注意保持步骤3所制造的缝合线错开，并且在闭合缝合器时保证肠道的全层缝合且不滑脱。

5. 在第一次的缝钉线的基部（裤裆部）进行部分厚度的锚定缝合。这个区域的张力最大，进行缝合可减小缝钉被拉出的风险。

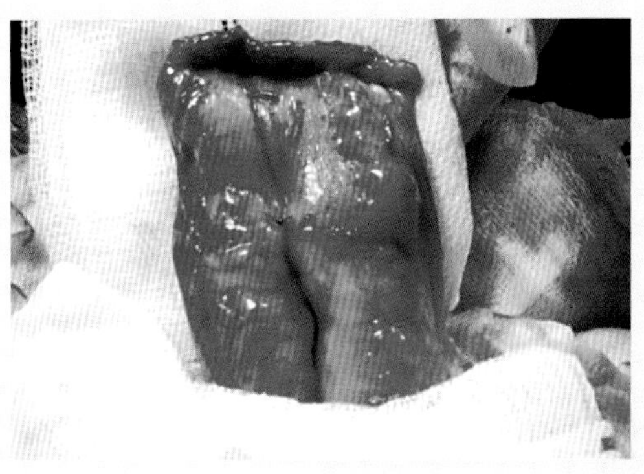

6. 用缝线闭合肠系膜的缺损。不需要对缝钉线进行锁边缝合，但应该像其他的肠道吻合术一样应用大网膜覆盖术。

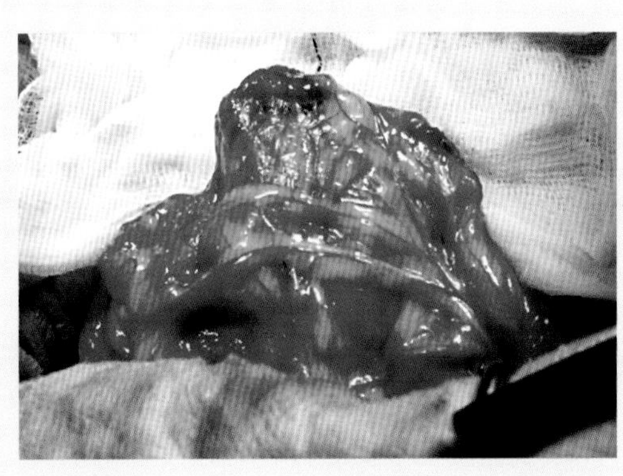

行手术的临床报告，无论是用缝合器或是手工方法进行的。仅有一项利用Bilroth II手术在实验犬上施行手术的实验证实这一方法是快速而可靠的（Ahmadu-Suka et al., 1988）。在该项研究中，没有发生泄漏或机械性问题，但有时在组织边缘处需要进行额外的缝合，而且，在进行Bilroth II手术的患者上所观察到的并发症（呕吐、厌食、腹泻、消瘦）可在所有犬身上观察到。

环形吻合器

环形吻合器用于实施胃肠道的端-端吻合术（end-to-end anastomoses，EEA）（图6.9）。

作用方式

环形吻合器在两端肠末端击入两排环形的穿透全层的交错B形钛制缝钉，并环形切除多余的肠管，从而将两侧肠末端以内翻形式吻合。

环形缝合器配有一个连接中心杆的长手柄，手柄末端安装有带环形切割刀的环形缝钉匣。中心杆穿过缝钉匣后，将一个半球形的钉砧旋紧于中心杆的末端。

类型、规格与缝钉匣

环形吻合器有反复使用的不锈钢器械和一次性器械，外径范围从21~34mm不等。最新的一次性环形缝合器具有最大的外径选择范围，以及带有倾摆装置的弯曲的工作杆，以便于在难以操作的区域进行操作。

- 大部分的环形缝合器使用过的缝钉匣可用于关闭高度约为2mm的组织。
- 某些较小型的环形缝合器使用的缝钉匣可用于关闭高度约为1.5mm的组织。

有不同尺寸的一次性或可反复使用的卵形大小测定器可用于匹配不同规格缝合器的外径。这些测定器是预先润滑的可用于在插入缝合器前轻度扩张肠道，并使术者可以选择正确的缝钉匣尺寸。

缝钉匣的内径应与在吻合术中所制造的吻合口

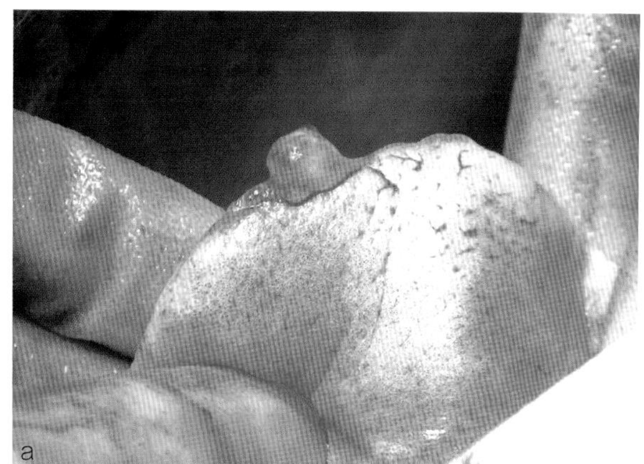

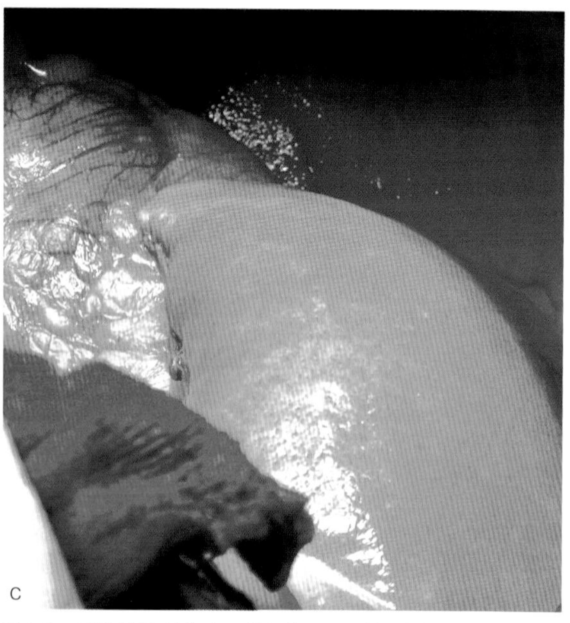

图6.8 用线性切割缝合器进行部分肺叶切除术以切除肺上的水疱（a）。图示缝合器的放置方法（b）以及缝钉线的外观（c）

的内径一致。如果在插入缝钉匣时肠管受到拉扯，则不宜使用缝合器。肠管内腔的尺寸应比缝合器的直径略大，但应选用尽可能大的缝合器以确保形成合适大小的吻合口。

应用

小动物临床上的环形缝合器的使用范围远小于其他的缝合器类型。因为使用环形缝合器是一件技术性很强的工作，且只适用于那些肠管尺寸大于现有的市售环形缝合器尺寸的情况。在将环形缝合器用于猫和小型犬之前，需要进一步考虑吻合术是否会导致肠腔直径受到严重影响。

结肠直肠吻合术

可通过肛门插入环形缝合器进行结肠直肠吻合术，或是在邻近的消化道上做通路性切口以便缝合器插入。在盆腔内对结肠和直肠施行手术可能会比较困难，尤其是对于小盆腔的猫和公犬。在钉砧和缝钉匣之间，对肠管的两个断端分别进行荷包缝合。必须留出足够的组织，以保证肠管边缘可以形成内翻吻合。

可以使用一次性自动荷包缝合器或手工方法进行荷包缝合，但在组织厚度可能被压缩至1mm以内时，最好手工进行荷包缝合。一次性自动荷包缝合器由两个叶片和环形手柄组成，捏紧手柄时可将缝合器垂直于肠管的长轴方向固定于肠管周围。缝合器通过不锈钢的缝钉安放环形缝线（缝线的类型和长度取决于制造商提供的产品）。另一个可选用的缝合器是可反复使用的Furniss钳夹式荷包缝合装置，该装置可垂直于肠管长轴固定于肠管周围，并可用带有缝线的直针快速穿过夹钳以制造环行缝线。

用环形缝合器进行结肠直肠吻合术的步骤如下：

1. 切除荷包缝合远端的多余组织，并将荷包缝合线的线头尽可能剪短。
2. 旋紧缝合器上的翼型螺母以将两侧的消化道末端靠近并压紧，直至缝合器上的指针对齐（这一过程中同样需要直视观察组织，以确保足够的内翻消化道壁进入缝合器内部）。

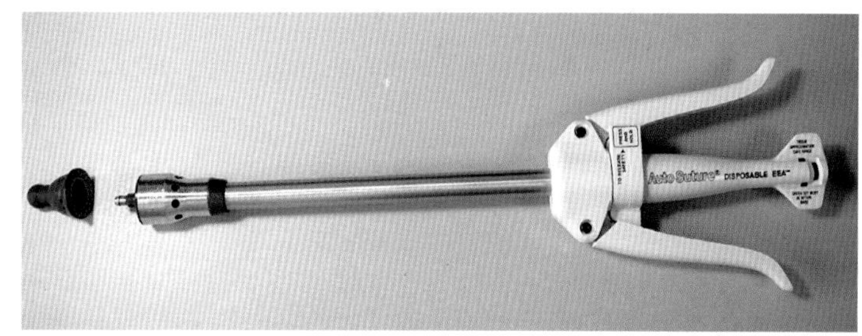

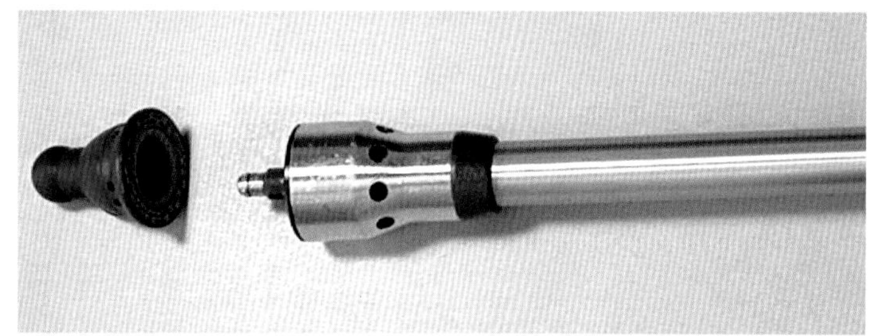

图6.9 用于端-端吻合术的环形吻合器。转载自《犬猫腹腔手术手册》

3. 捏紧手柄以击发缝钉，然后松开翼型螺母，以便小心取出缝合器。
4. 取出缝合器，同时取出两个荷包缝合的缝线，以及从内翻肠管上切下的环形组织。
5. 检查所切下的组织，以确认吻合端两侧的消化道是全层厚度缝合的，即可以观察到两个具有完全层次的环形组织。如果怀疑组织边缘有发生肿瘤的可能，还应将切下来的组织送检进行组织病理学检查。
6. 检查缝钉线，如果使用了通路性切口，手工缝合或使用线性缝合器闭合。
7. 和手工缝合吻合术一样，要对缝合器吻合术的手术位置进行大网膜覆盖术。

结肠直肠肿块

犬、猫，可通过经直肠或剖腹的入路使用环形缝合器进行远端结肠或近端直肠的吻合术。这对于由于肿块太大和/或处于盆腔深处，而无法通过简单的剖腹术、直肠脱出术或背侧手术进行肿块切除及手工肠道吻合的病例是一种非常实用的方法（Banz et al., 2008）。环形缝合器还可用于避免由于其他方法或耻骨联合切开术所导致的发病率增高的风险（Banz et al., 2008）。

猫的结肠部分切除术

环形缝合器可用于猫的结肠部分切除术以治疗获得性巨结肠（Kudisch和Pavletic，1993）。在这些手术中，环形缝合器通过盲肠进入结肠中（而不是经肛门进入），这一方法可简化手术，因为所有的工作可以通过一个入路而完成。在实验猫上有通过直肠的背侧入路使用环形缝合器获得成功的手术报道（Fucci et al., 1992）。这些猫接受结肠部分切除术后，动物主人不再报告有便秘等长期临床问题出现，手术的预后极好。尽管在这项研究中有2只猫在术后立即接受输血以治疗出血的状况。

其他应用方面

其他可以使用环形缝合器的情况包括：胃-食管吻合术（如胃-食管部分切除术，治疗由于胃扩张-扭转所导致的广泛胃坏死）、食管吻合术、Bilroth I型手术中的胃肠道端-端吻合术以及Bilroth II型手术中的胃肠道端-侧吻合术（Pavletic，1990）。然而，联合使用线性切割缝合器以及线性缝合器进行Bilroth II手术会更方便（见前文）。

实验结果表明，使用环形缝合器进行消化道吻合术的强度接近（Stoloff et al., 1984）或小于（Dziki et al., 1991）手工缝合的端-端吻合术。临床使用的结果显示，使用环形缝合器进行吻合术可缩短操作时间（Dziki et al., 1991），而不会增加术后伤口开裂的风险（Kudisch和Pavletic, 1993；Banz et al., 2008）。

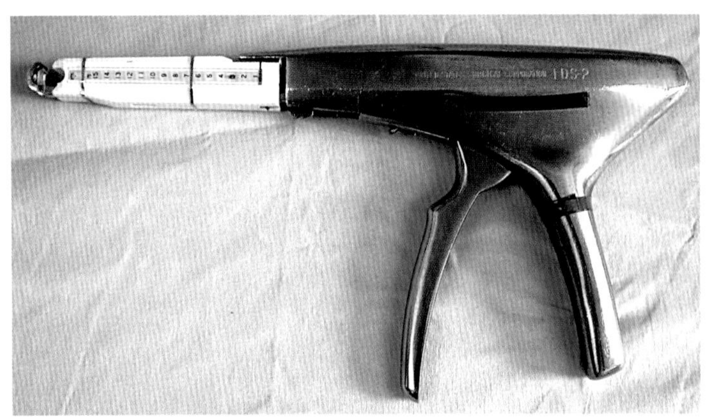

图6.10　装有一次性缝钉匣的结扎分离缝合器

肠道狭窄是使用环形吻合器的常见并发症（Dziki et al., 1991；Banz et al., 2008），所以术者应尽量选择肠腔可容纳的最大尺寸的缝合器。

结扎分离缝合器（Ligate and divide stapler，LDS）

LDS（图6.10）可围绕血管放置两个U形的缝钉并分离缝钉间的组织。

作用方式

LDS具有手枪形的手柄，将待结扎的血管放于缝合器的C形钳口内，然后握紧手柄以击发缝钉。击发过程中应小心操作，以保持器械稳定，使用过程中器械的晃动可能会导致血管撕裂。这一技术可安全用于7mm宽的血管，压缩后的血管厚度应小于0.75mm。缝合器具有安全装置，以防在空缝钉匣的情况下击发。

类型、规格和缝钉匣

可用反复使用的不锈钢制结扎分离缝合器，并配以装有不锈钢缝钉的一次性缝钉匣。还可以使用一次性的气动式结扎分离缝合器，配以装有钛制缝钉的一次性缝钉匣，但这种缝合器无法重复安装缝钉匣，所以相对较贵。

组织应具有一定的厚度以防止缝钉从血管蒂上滑脱，但不应往钳口内强行塞入过多的组织。合理的方案是控制血管/组织残端的厚度在缝钉宽度的1/3至2/3。需要双重结扎的血管（主要的动脉和静脉如脾动脉和脾静脉），应在使用结扎分离缝合器前进行额外的缝钉缝合或手工结扎。

应用

在需要结扎大量血管的情况下，如脾脏切除术或大网膜粘连切除，使用结扎分离缝合器可节约大量的操作时间（图6.11）。此外，使用结扎分离缝合器所引起的并发症极少。

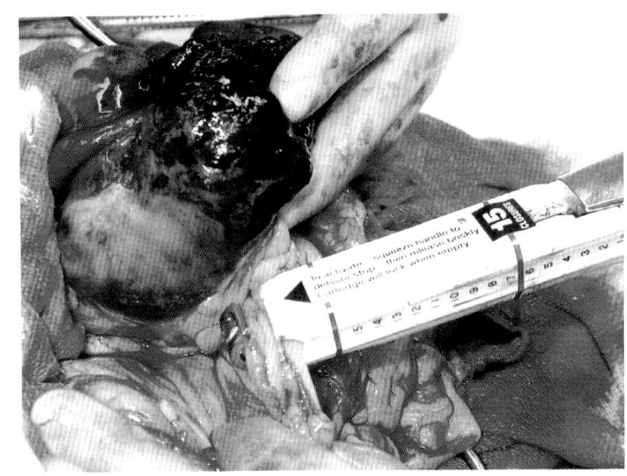

图6.11 结扎分离缝合器用于脾脏切除术

血管夹施放器

血管夹施放器（图6.12）可围绕血管施放V形的血管夹。与相对大型的结扎分离缝合器相比，血管夹施放器的钳口小而精细，可用于结扎小血管。

作用方式

血管夹施放器具有长柄和剪刀状的把手，使用时通过握紧把手以安放血管夹，然后小心松开，以免在移走过程中影响血管夹。之前必须恰当地分离并暴露血管，以保证准确施放血管夹并同时夹住足够的组织（2~3mm）以防血管夹滑脱。一般来说，血管宽度应处于血管夹宽度的1/2至3/4。

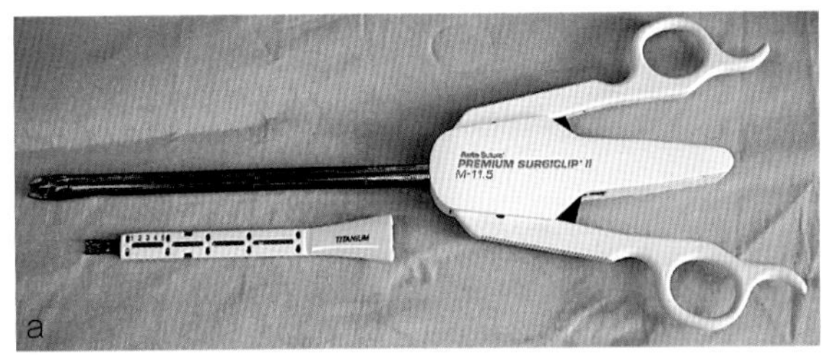

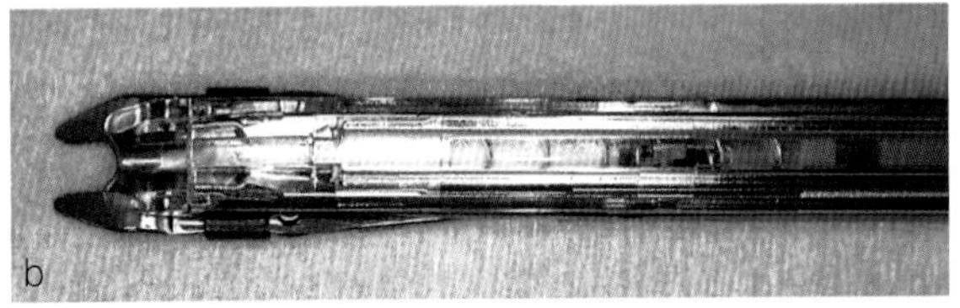

图6.12 （a）血管夹施放器 （b）施放器可在击发后自动装填血管夹

类型和规格

有多种类型血管夹施放器可供选择，它们具有不同的特征，包括：

- 可装载的血管夹数量；
- 可用的血管夹大小；
- 施放器可以装载多个血管夹，并在击发后自动补充（图6.12），或只可以装载单个血管夹，并在击发后手工装载；
- 血管夹是否具有锁定装置以提高其安全性；
- 施放器是一次性使用或是可装载额外的缝钉匣；
- 施放器和血管夹是否可以再次灭菌以及灭菌方法；
- 制造血管夹的材料（金属或是可吸收材料）。

对于单个兽医诊所而言，血管夹施放器多变的特征导致难以决定是需要针对特定的手术选用特定的设备及/或考虑成本因素而进行选择。对于兽医外科而言，最实用和经济的选择通常是使用可装载多个血管夹（如10~20个）的装置，从而可以在手术中快速和轻松的使用，但整个装置还可以反复灭菌，直至用完所有的血管夹。

应用

几乎所有的手术都可使用血管夹取代缝线结扎血管，且在术野有限时格外有用，此时较难使用传统的方法进行血管结扎且手术中需要结扎许多血管（如肿瘤切除术）。

在肿瘤外科上使用血管夹的一个额外的好处是，术后可通过血管夹的影像来辅助放射治疗。不透射线的不锈钢的血管夹可用做手术标志；钛制的血管夹的额外优势在于它不会干扰CT或MRI的检查。

血管钳可用于治疗犬的动脉导管未闭，可通过传统的开胸手术（Croti et al., 2000）或胸腔镜的方法（Borenstein et al., 2004）进行。但血管钳对导管内血流的阻断效应并不完全一致，此外，有时会由于动脉导管过大而无法使用血管夹进行完全阻断。

血管夹缺点很少，但在使用时应极为小心，因为与传统结扎方法相比，血管夹更容易发生移位。

皮肤缝合器

皮肤缝合器是兽医外科最常用的缝合器，表6.4列出了其可能的优缺点。与皮肤缝合一样，所有的皮肤张力都应由皮下组织而不是缝钉负荷。所以在使用缝合器前必须进行皮下缝合或皮内缝合以减少皮肤张力，并密切对齐皮肤创缘，从而形成最适用于缝合器的创口。没有对皮下组织进行合适的缝合就使用缝合器闭合皮肤是不安全的，可能导致伤口开裂和/或感染的风险增加。如果没有很好的对齐创缘，则需要使用镊子来准确放置皮肤缝钉。

作用方式

击发闭合时，皮肤缝钉会变为长方形。皮肤缝钉应直接垂直于皮肤切口放置以保证最佳的皮肤对合效果。与缝线进行皮肤缝合一样，缝钉和皮肤间应保持一定距离以允许术后肿胀的发生，缝钉间距为0.5~1cm。需要使用精细的缝钉拆除器拆除皮肤缝钉。

类型和规格

皮肤缝合器有多种不同设计，最常用于兽医外科的缝合器具有手心握杆、固定头以及不锈钢缝钉，因为这些都是易于使用且经济实惠的。这种类型的缝合器应该具有的理想性质包括：

- 击发时会发出咔嗒声以确认缝钉完全成型；
- 缝钉计数器；
- 简单的缝钉排列（隐藏头部；开放式的清晰易见的突鼻组件并配有明显的箭头标记；预弹出装置）；
- 缝钉施放牢靠（牢固附着于皮肤，无旋转）；
- 缝钉深度控制良好；
- 缝钉易拆除。

在犬的尸体上进行的研究，比较不同品牌的缝合器的上述属性（Smeak 和Crocker，1997）。大部分的皮肤缝合器都是一次性使用的，但实践中通常可以使用环氧乙烷或过氧化氢等离子进行再次消毒，而不会降低其功能。所以可充分利用皮肤缝合器中所有预装载的缝钉（Smeak 和Crocker，1997）。

应用

除了闭合皮肤之外，临床上皮肤缝合器还可用于皮瓣移植、闭合胃肠切开术的切口以及肠道吻合术（Coolman et al., 2000ab）。它们还可广泛用于固定引流管、敷料以及导管。

缝合器的现状和未来发展趋势

已有用于内镜手术的缝合器问世，包括线性缝合器和线性切割缝合器，并已成功用于微创手术，这是兽医外科正在快速发展的领域。这种小尺寸的缝合器在常规的开放性手术中同样实用，如对进行胆囊十二指肠吻合术（Morrison et al., 2008）。

可吸收性缝钉至今在兽医领域未有使用，但在妇

表6.4　皮肤缝合器的优缺点

优点	缺点
■ 提高伤口闭合的速度 ■ 不会增加发生延迟愈合、感染或伤口不良外观的风险（假设正确使用缝钉） ■ 物有所值	■ 难以纠正皮肤错误对位的情况 ■ 皮肤缝钉会导致皮肤创缘轻微外翻 ■ 伤口闭合安全性较差 ■ 在活动性高的区域（如腋下、鼠蹊部）或皮肤较薄（如猫）的情况下，容易引起皮肤翻转（组织失效或阻滞） ■ 皮肤张力较大的区域，仍然建议使用手工缝线

科手术中是非常实用的工具，且在兽医外科领域已开始开发其用途。人医的肠道吻合术已经广泛使用不需缝合的可降解吻合环（biofragmentable anastomosis rings, BARs），已将这项技术用于对患自发性巨结肠的猫进行结肠部分切除术（Ryan et al., 2006）。

结论

外科缝合器在不增加额外风险的情况下可有效缩短手术时间，这一点对于危重患畜是极为重要的。现在有些手术是需要使用缝合器来完成的。在有经验的医生正确判断病情并正确使用缝合器的情况下，使用缝合器所带来的并发症极少。

世界上主要的缝合器产品生产商为Autosuture（Covidien）以及Ethicon（Johnson & Johnson，强生）。在此无意进行产品推销或忽视其他特殊用途的缝合器产品。读者可自行联系这些产品的代理商以获取可用产品、特殊产品的详细资料、适应证以及使用限制。

7 激光外科

Noel Berger 和 Peter H. Eeg

概述

激光（LASER）是受激辐射式光频放大器（Light Amplification by Stimulated Emission of Radiation）的缩写。对于兽医外科医生而言，随着知识的完善和可用设备的逐步增加，拥有并使用外科激光进行手术已渐渐变成实际的选择。下文中介绍了激光的物理学和工作防护的全面知识，并讨论了相关的准备措施，根据这些内容，兽医外科医生可以很快掌握外科激光的相关知识并将其用于不同的手术中。

现在，最常用于小动物软组织手术的是二氧化碳气体激光。不常用的其他形式的激光包括钇铝石榴石（Yttrium-aluminium-garnet，YAG）、参铒的钇铝石榴石（Er:YAG，erbium-doped YAG）、参钬的钇铝石榴石（Ho:YAG，Holmium-doped YAG）或参钕的钇铝石榴石（Nd:YAG，neodymium-doped YAG）。

使用激光进行手术的优势在于：

- 减少术后疼痛；
- 减少出血；
- 减少组织肿胀。

激光物理学

激光与其他光的明显区别在于光子产生、组织、限制和发射方法的不同。图7.1比较了白炽灯泡产生的白色光与激光的区别：白光是由不同振幅和频率并向多个方向辐射的光波所组成；而在激光束中的光子相互间平行且同相，从而形成准直的光束。激光束指自单独的化合物或原子中释放的光子束，这些光子具有相同的波长、振幅、频率、方向以及时间，从而形成一束同一类型的光子（单光谱），这是一种非常强烈的能量形式。表7.1列出了激光输出的量度方法。

可通过改变光束直径或能量输送时间来控制所发出的激光的功率。当激光束作用于目标组织时，所形成的圆形光斑的直径被称为光斑尺寸（spot size），可通过使用聚焦头或透镜式聚焦手柄来调节光斑尺寸。在功率一定的情况下，小光斑尺寸所产生的能量密度高于大光斑尺寸，增加光斑尺寸会降低能量密度。

表7.1 激光输出的测量单位

- 通过以下两方面来衡量激光的能量输出
  - 能量，以焦耳（joules，J）为单位
  - 功率，以瓦特（watts，W）为单位
- 发送至一定面积内的激光能量剂量用积分通量或能量密度来描述，以J/cm^2为单位
- 一个非常重要的概念是功率密度，指单位时间内发送至给定面积的能量数量，以W/cm^2为单位（W=J/s）

实用技巧

- 调节聚焦头与目标物体之间的距离可改变所传送的能量密度。
- 如果使用的是非聚焦光束，则只可以通过改变功率来调节能量密度。

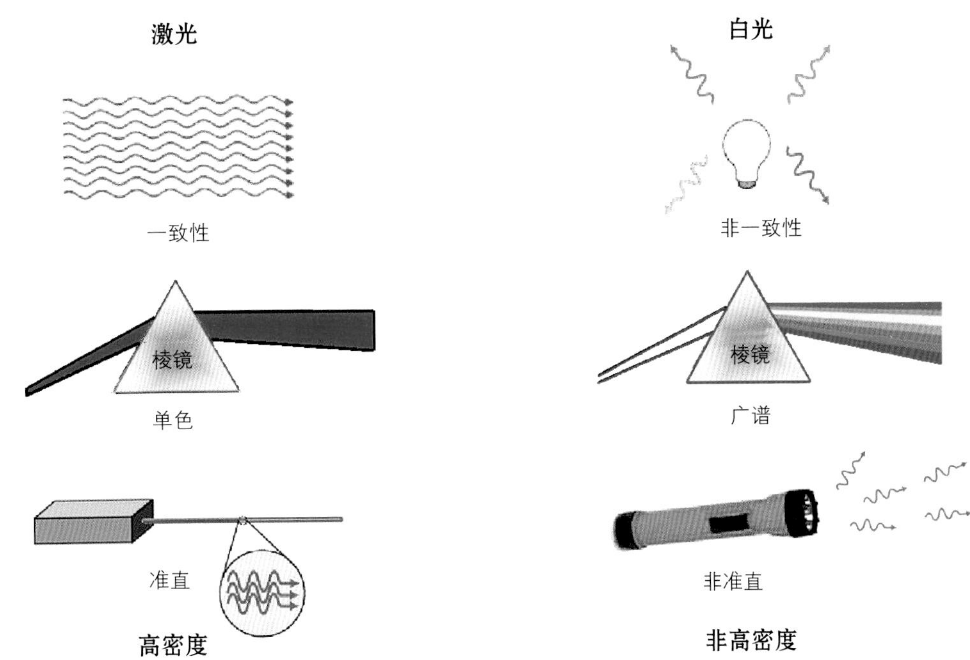

图7.1 激光束是均一的，准直的、高密度单色光，注意比较激光和白炽灯光的区别

在使用外科用激光时必须理解下列概念之间的相互关系：

- 能量输出
- 光束的光斑尺寸
- 到目标组织的距离
- 瞄准角度
- 作用时间

工作模式

激光具有三种工作模式，区别在于能量传递至目标组织的方式不同：

- **连续波模式**（continuous wave，CW），激活的激光能量通过打开的快门持续释放。
- **脉冲波模式**（pulsed wave，PW），激光能量以反复爆发的脉冲形式释放（每次爆发持续数毫秒）。
- **超脉冲模式**（super pulsed，SP），激光能量通过短时的（微秒级）高峰值的脉冲形式释放。超脉冲模式的激光是高重复频率释放的高峰值能量，可以有效的消除外周组织的热积累效应，使得临近手术位置的正常组织的热损伤减到最小。其额外效应是在脉冲波之间冷却周围组织，从而使汽化效应最大，并且所形成的热积累效应最小，最后可减少热损伤。

吸收和散射

目标组织对不同波长的光束的吸收或散射程度不同。至今仍没有一个单独的激光波长可用于所有手术过程。

- 组织吸收为主且没有或仅有少量散射的激光波长的切割效果极好，但止血效果不佳。这些“所见即所得”性的激光包括10 600nm的CO_2激光和2 940nm的Er:YAG激光。
- 散射量明显大于组织吸收量的激光波长，或是被多重组织所吸收的激光波长，可产生更好的凝血效果。通常，波长在600nm和1 400nm之间的激光可增加热兴奋组织量，因此具有良好的促组织凝血功能。可作为促凝工具的激光包括635~1 064nm的二极管激光和1 064nm的Nd:YAG激光。

激光类型

有多种市售的激光器可选（图7.2）。每一种波长的激光都具有其独特的性质，可用于特定的手术过程，主要包括：

- CO_2激光：10 600nm
- 半导体二极管激光：635~1 064nm

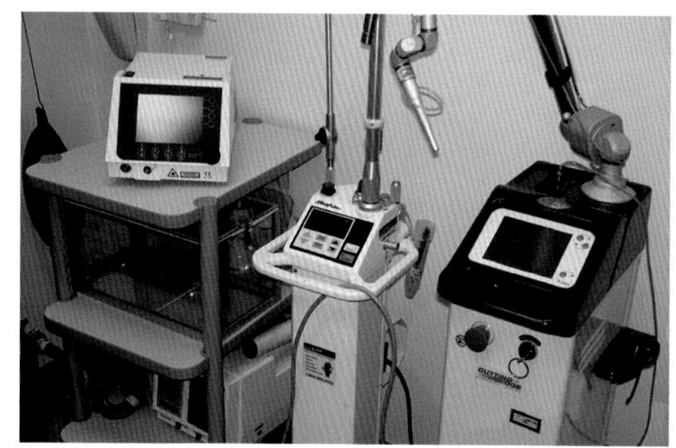

图7.2　三种常见的市售外科激光器：（从左至右）Accuvet 25D-980二极管激光器；Novapulse 20W CO_2激光器；Cutting Edge ML030 30W CO_2激光器

- Nd:YAG激光：1 064nm
- 钬激光：2 100nm
- 准分子激光：193nm

生物刺激用激光的波长可变，参见本章内的激光治疗内容。

二氧化碳激光

二氧化碳激光（波长为10 600nm）是最佳的切割和汽化用激光，其波长位于水的吸收谱带内10.6μm的峰值区域，所以可以获得最大的水吸收率。当光束聚焦于组织时，可以干净地切开组织，并且在散焦时可使组织压紧从而保证足够的止血。在组织界面上，可凝结并封闭直径小于0.6mm的血管，从而改善术野的能见度。同时封闭淋巴管以减轻术后的水肿，并减少趋化因子所引起的炎症反应数量。以作者的经验而言，通过视觉模拟评分法判断，使用激光进行切开所引起的疼痛明显轻于手术刀切开。

可通过机械臂或空心反射性波导管将二氧化碳激光发生器中所产生的激光束送至目标组织。机械臂通常由一些直管组成，通过机械系统内一系列高反射性的镜子传导激光束。反射镜可以固定安放，也可以嵌在机械臂的关节内。通过这一机械臂系统校准的光束与发生源所产生的光束是一样的；可直接利用校准光束或使用聚焦尖使用光束。如果光束无法通过光导纤维进行传递，替代性的方法是使用空心波导管（一种高度反射性的易弯曲的圆柱形管道），但这一方法传递的光线能量会降低且不再处于校准状态，必须使用聚焦尖端。

聚焦头可产生一系列不同直径的光束，变化范围从0.25mm至1.4mm不等。聚焦尖应该是直的或弯曲的，并具有多种长度可选。在焦距维持不变的情况下（通常距离目标组织1~3mm），光斑尺寸应该与聚焦尖端的直径一致。

实用技巧

- 在远端的聚焦面上，聚焦的光束会发生发散，所以将手柄移离组织时，焦点的能量密度会减弱。因为圆形光斑的面积与其直径的平方有关，所以在功率设置不变的情况下，光斑尺寸增大会导致能量密度指数性减少。
- 例如，聚焦于0.8mm的尖端的8W的能量密度与聚焦于0.4mm尖端的2W的能量密度一样。

与聚焦尖端所产生的0.25~1.4mm的标准光斑尺寸相比，使用扫描附件可产生3~5mm直径扫描模式激光，可用于快速消融大面积的表面组织，从而减少周围组织损伤。

半导体二极管激光

近来，工程和商业应用促进了二极管激光的发展，这种激光的波长为635~980nm。兽医上所使用的二极管激光波长通常为808~980nm，可产生的最高功率为25W，但市售的激光器可提供更高的功率。必须注意的是，这类激光器的使用会增加周围组织的热效应。

这类激光可用于内镜、耳镜、支气管镜，通过各种光导纤维头传送，通过非接触模式促进非聚焦的深层组织的凝血和血管效应，通过接触模式可以通过裂尖的碳化作用进行精确的组织切割或汽化。现在二极管激光还主要用于激光治疗，二极管激光在兽医学上是二氧化碳激光的良好补充。

Nd:YAG激光

Nd：YAG激光与二氧化碳激光的主要区别除了

可以观察到的表面不同的组织效应之外，还在于它们传送入组织的波长不同，Nd:YAG激光的波长为1 064nm。Nd:YAG激光可以产生高达100W的能量，并可以通过硅基质的光导纤维传递，这种纤维可以很方便地插入标准的消化道内镜、耳镜以及支气管镜的工作通道内。通过裸光纤传送时，Nd:YAG激光可以非常快速的汽化组织，但可能会同时产生大量的热损伤以及严重具无意义的术后反应。作者建议具有足够的知识和经验的操作人员才可操作这类激光。

钬激光

临床上的钬激光的使用仅限于关节镜手术、碎石术以及有限的普通外科手术。钬激光的波长为2 100nm，可与水相互类似于二氧化碳激光的作用，但穿透深度极浅（0.3mm）。钬激光所造成的热坏死区域很小，可在非常敏感的解剖学区域产生较好的手术切开以及止血效果。钬激光以慢脉冲的形式产生能量，所以不适用于普通的手术切开。钬激光的声能可通过光破坏效应提供能量，以进行胆结石碎石术或泌尿道结石碎石术。然而，这是一个缓慢的过程，通常需要至少3个小时才可以对结石造成完全的光裂解。

准分子激光

193nm的准分子激光可切开组织并在外周组织产生小于1μm的热效应。所造成的切口可快速愈合且炎症反应极小。准分子激光最适合用于角膜屈光雕刻术，现在在放射状角膜切开术上有较大需求，但对于血管丰富的区域切开效果较差。准分子激光的使用成本、机器规模以及安全性考虑限制了其在普通兽医诊所内的应用。

安全性考虑

配备有激光装置的兽医院必须对所有的兽医师以及技术人员进行激光危害及安全性的培训。

根据激光可能造成的危害（尤其是无意间对于视觉的伤害）将其分为四类（表7.2）。Ⅲ类和Ⅳ类激光会对包括操作人员在内的周围人员造成严重伤害。需要警示标志、光学屏障以及嵌入式安全组件以保证在紧急情况下可以关闭激光器。必须指定激光安全人员并记录激光临床使用日志。尽管使用激光器不需要进行强制性的培训工作，但临床医生应该指定合适的机构进行医用激光器的保养和调校。

表7.2　激光的分级以及危险程度

激光分级	危险程度	输出及标记
I：安全	危险性小于灯泡或条码扫描仪。任何情况下都不会发出超过暴露极限的光学辐射。即使在长时间的无意直视光束时，也已知的潜在损害	非常低功率的激光，输出数微瓦特或更低的连续波。不需要设置警示标志
II：低功率	最常见的例子是激光笔。如果无意识情况下直视数秒或更长时间可能会对眼睛造成危害，但即使在直接暴露的情况下，自然的厌恶反应会保护眼睛免受意外伤害	小于5mW的连续波。需要警示标志
III：中功率	用于激光表演。具有危险性，因为可能会在自然的厌恶反应发生前已损伤眼组织（小于0.25s）； IIIa级：只有通过光学仪器（如双筒望远镜）聚焦时才会对眼睛造成伤害； IIIb级：未人工对焦时也可造成伤害	输出5~500mW，需要警示标志
IV：高功率	包括大部分的外科激光器。可严重地伤害眼睛和皮肤。可导致许多材料起火。直射和反射光束都可对眼睛造成伤害。意外接触直射或漫反射激光都可能对眼睛和皮肤造成严重伤害	包括所有平均功率超过0.5W，作用时间超过0.25s的激光，或超过10J/cm^2。需要警示标志

■ 应在操作间附近的明显位置安放标准的“激光在使用”的警示标志（图7.3），以警告过路人。

■ 必须使用排烟系统来去除激光与组织相互作用所产生的羽烟。

■ 任何手术都应佩戴激光手术用口罩（图7.4）。这种口罩的孔径非常精细（小于1μm），可以过滤排烟系统未排出的气源性悬浮颗粒，同时还可保护患畜不受手术人员的飞沫污染。

■ 必须有兽医技术人员监控排烟装置的工作时间，并确保这一至关重要的安全装置的正常工作。

■ 直接或间接的激光束可对眼睛造成永久性伤害。

- 手术室内的每个人都必须佩戴护目镜或其他可以减弱有害激光波长和强度的防护眼镜。这些护目镜（图7.5）可过滤特定的激光波长，并使使用者所接受的光照衰减10倍。
- 同样要保护患畜的眼睛免受杂散的激光束的伤害。

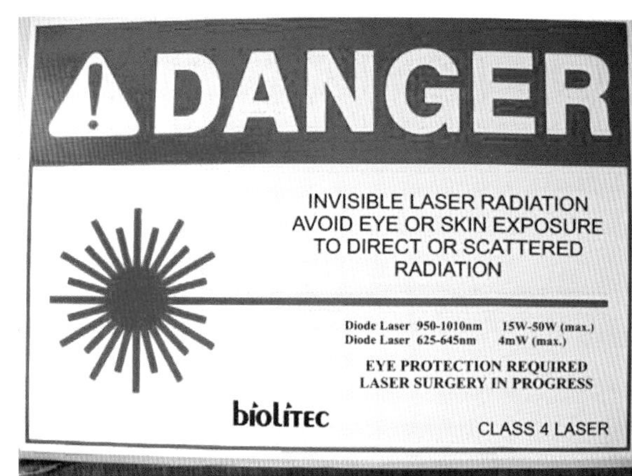

图7.3 标准的激光安全警示标志

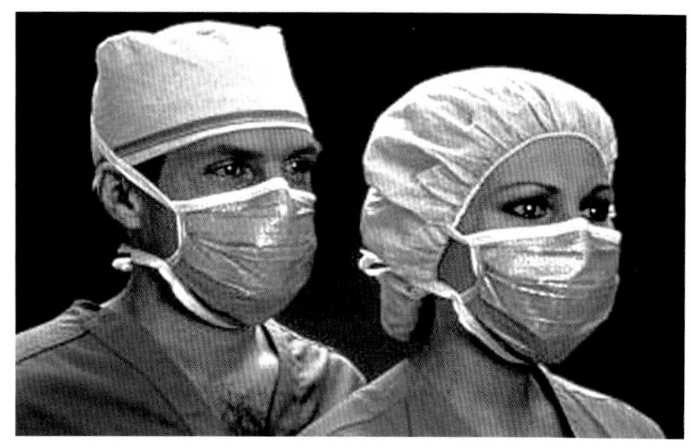

图7.4 孔径<1μm的高粒子滤过性口罩，可防止术者和助手吸入浓烟

图7.5 二氧化碳激光手术中使用的护目镜。这幅眼镜定级为OD6，表明它可以使波长为10.6μm的激光能量减弱10^6倍

潜在的激光危险

激光的临床使用可能会对操作者和附近人员的安全形成威胁，包括下述内容。

火灾

高功率的激光，尤其是红外线装置（如二氧化氮、二极管和Nd:YAG激光），可引起组织、手术衣、麻醉气体以及压舌板燃烧。燃烧所产生的烟雾是非常危险的，它可能会影响视野，并使激光束发生散射。

■ 必须要备有湿润的敷料，以及无菌水或无菌生理盐水以减少可能的损伤。

■ 密切留意激光束所瞄准的手术位置有助于减少或消除由于激光束接触不当而引起的不良反应。

■ 高浓度酒精用于手术或治疗位置可能会引起燃烧，所以应避免使用酒精。

■ 应有随时可用的灭火器。

对眼睛可能造成的伤害

直射、反射或散射的激光对于眼睛意外或无意识的照射，可对眼睛的组织造成包括失明在内的临时性甚至永久性的伤害。

■ 400~1400nm的直射或反射的激光束可导致眼睛的传递性伤害。

■ 通过角膜和晶状体聚焦的激光束可使视网膜表面的激光的功率密度增加5个数量级。

■ 长期接触可引起白内障，或使角膜表面、虹膜、晶状体或视网膜变性。

接触皮肤可能造成的伤害

激光能量来自于光谱的紫外区至红外区，对皮肤可能具有伤害性。

■ 使用高功率激光时，激光对于暴露皮肤的刺激可能会导致严重的烧伤。

■ 中功率和低功率激光的长期接触可引起日光灼伤样综合征。

■ 主动将激光束移离非目标的皮肤区域可减少这种伤害。

电伤害

与其他的高压电器一样，应对激光器采取常规的安全预警措施。不应打开激光器的外壳，且只有专业技术人员才可以进行维修工作。

化学伤害

■ 有机溶剂与激光相互作用可能会产生有毒的化学危险物。

■ 散热式冷却装置中的冷却剂同样存在潜在的危险。

■ 有时会产生激光腔的副产品（如准分子激光），这些副产品可能具有吸入毒性。

■ 激光辐照材料内部可能会发生光化学反应，从而形成一些不会经由排烟设备所排出的羽烟性物质。

■ 许多挥发性的化学药品都存在潜在的危险，如用于皮肤消毒的酒精有燃烧的风险，而同样用于皮肤消毒的碘仿则会产生有毒的挥发气体。在使用激光前可用无菌生理盐水冲洗手术位置而减少这类风险。

生物危险

■ 激光所产生的羽烟内可能含有刺激或损伤黏膜的成分。

■ 吸入小颗粒可能导致呼吸道发生感染、刺激、过敏反应或长期功能减弱。

■ 某些细菌、病毒或真菌可在羽烟中生存。

■ 患畜体内或体表的某些化学药物成分在激光的作用下可能会具有致癌性，这些成分同样可被带入羽烟中。

患畜保护

对于保护患畜的主要考虑是处于麻醉状态下的动物是没有疼痛反射的。它们无法对有害的气味或疼痛刺激作出反应或躲避。

激光器和激光能量本身是通过热能作用于目标组织并产生副产品热量。同样要记住的是不同波长的激光能量与组织之间有不同的相互作用，取决于色素的情况。表7.3列出了应采取的避免患畜损伤的措施。

表7.3 患畜的安全防护措施

- ■ 使用钛制挡板、石英挡板、浸有生理盐水的压舌板或浸有生理盐水的海绵纱布保护患畜的眼睛。如果所选用的激光波长会被水高度吸收的话，可以考虑使用眼科润滑液作为额外的角膜保护剂。
- ■ 用同样的方法保护牙齿的珐琅质。在口腔手术时可用骨膜剥离子作为挡板使用。但是，只有使用哑光的器械才能够减少激光的反射。
- ■ 在气管插管附近进行的手术时，必须要遵守激光操作的安全规范，因为在这一高氧区域进行操作时具有非常大的爆炸风险。在组织结构周围使用湿润的填料如浸有无菌液体的敷料或腹腔手术用海绵，可减少或消除组织损伤并减少热弛豫时间。
- ■ 操作过程中注意解剖结构以及激光束的方向以避免激光的热量点燃肠道气体、气管插管内的麻醉气体以及消毒溶液的蒸汽。
- ■ 使用排烟装置，尤其是进行口腔手术时。
- ■ 在明显位置张贴标准操作程序尤其是详细的紧急情况的处理程序，以引起所有工作人员的注意。
- ■ 只有经过训练的工作人员才可操作激光器。
- ■ 应时刻保持对于安全措施的关心，允许工作人员就可能发生的任何安全问题提出建议和评估。

二氧化碳激光的应用

二氧化碳激光是兽医全科诊所最理想的外科用激光，其主要特性包括：对于软组织具有较好的可预测性和可控性，凝血效应，应用范围广以及易于掌握。最小的功率密度5 000W/cm^2即可达到理想的组织汽化效果。

二氧化碳激光的波长在水中有最大的吸收系数，这一特性使得二氧化碳激光成为最佳的组织切割和烧融工具，并保证最少的相邻组织损伤和热引发的术后组织坏死。其独特的波长无法穿透细胞内液，只会被其吸收，所以组织是一层一层汽化的，同时，传递到下层细胞结构的能量最小。

皮肤切开

应在轻微绷紧的情况下，使用直径小于0.8mm的激光束进行皮肤切开。使用的功率密度至少为5000W/cm^2，可以在皮肤焦化最少的情况下制造一个光滑的单通或全层皮肤切口（图7.6）。二氧化碳激光能量的非接触特性同样可减少组织变形，尤其是在体表的精细区域。作者建议使用0.25~0.4mm大小的光斑的超脉冲持续波来切开皮肤。

皮肤病灶的切除

皮肤切开后，可使用光斑尺寸为0.25~0.8mm的功率密度为4500~5000W/cm^2的激光束对于皮下脂肪和结缔组织进行持续汽化，从而切除皮肤上的病灶。皮肤完全切开后，可用功率密度在1500~2000W/cm^2的非超脉冲激光来对直径小于0.6mm的血管进行止血。

二氧化碳激光对真皮深层的结缔组织有最佳的汽化效果。光斑尺寸在0.25~0.8mm的激光束可完美地进行操作。激光束应与真皮层垂直，并作用在结缔组织的交界处。切开组织后，应提起皮肤，以保证良好的视野和汽化通道。操作时应避免激光束过于接近真皮层，因为光束周围所释放的热能会损伤真皮层的血管供应。

如果需要送检组织样本供组织病理学分析，应送检较大范围的组织，因为组织可能会由于脱水而发生部分皱缩，同时应在送检单上标注组织是由激光切除的。

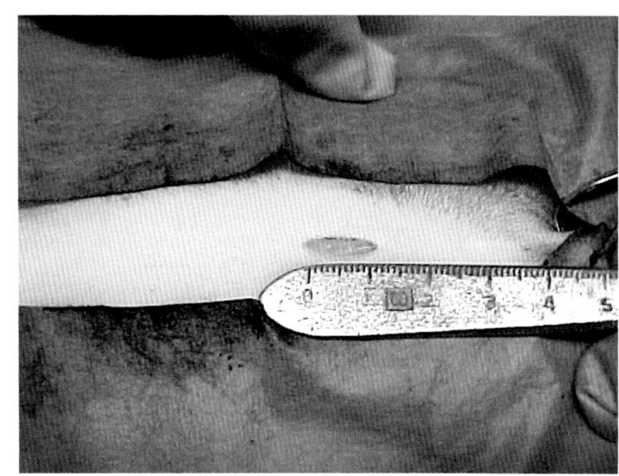

图7.6　用二氧化碳激光制造的皮肤切口应该是清洁、干燥且疼痛少于手术刀切口。超脉冲模式最适用于皮肤切开，如果可能的话，脉冲式使用以减少皮肤的焦化

其他技术

下文中举例说明了一些其他可以使用20~30W超脉冲二氧化碳激光的手术方法。一般来说，这些方法与标准程序并不存在很大的差别，主要区别在于用聚焦的激光手柄取代了传统的钢制手术刀片。

犬猫卵巢子宫切除术

可用激光切开皮肤和腹白线，用于切开阔韧带可有效减少渗血，但不建议在未结扎的情况下用激光切除含大直径的血管的部分（如卵巢蒂和子宫颈）。

犬猫睾丸切除术

激光可用于阴囊切开和皮下组织切开，对于幼年猫还可用于横断精索。但不建议用于成年猫或犬，因为它们的血管直径较大。

软腭过长矫正

这一方法需要在激光手柄前端放置一个挡板，或在软腭后方放置一块湿润的敷料，以防激光误伤口咽后部的组织。用激光从软腭的一侧开始至另一侧作连续切开。整个过程中保持激光束垂直于目标

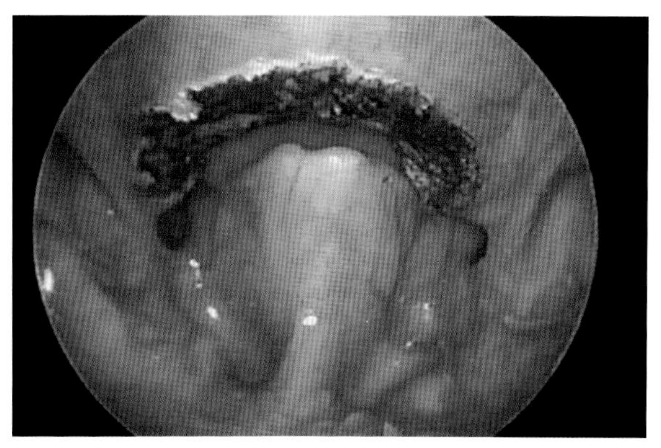

图7.7 一般而言，软腭不应超过扁桃体的尾侧。激光辅助的悬雍垂切除术的目的在于重建软腭以符合会厌软骨的形状并刚好不接触到会厌软骨

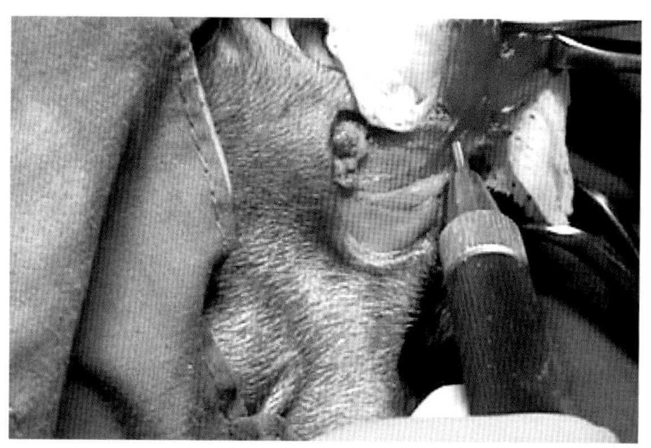

图7.8 使用开放技术切除肛门囊。用激光汽化腺浆膜周围的组织。轻轻牵拉球形的腺体以将其从组织床上移除

组织非常重要，因为切线方向的光束的汽化效率较低且容易导致热坏死、术后不适以及可能的支持组织（如颚动脉）发生严重的灾难性出血。完成计划中的组织切除后，要肉眼观察确认软腭恰好位于会厌软骨的上方（图7.7）。许多犬猫进行软腭过长矫正后有利于纠正鼻孔狭窄的症状。这些过程都可以用二氧化碳激光来完成。

肛门腺囊切除

使用开放技术，用激光来切开皮肤并使肛门囊组织从其相连的肌肉上分离。

激光治疗

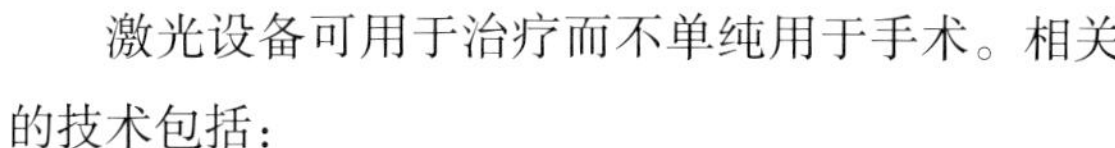

激光设备可用于治疗而不单纯用于手术。相关的技术包括：

- 光调作用（photomodulation），包括现有的冷或低水平激光疗法（low-level laser therapy，LLLT），或激光生物刺激。
- 高功率激光疗法（high-power laser therapy，HPLT），可以获得比LLLT更深层的组织刺激效果。

早期的LLLT模型是IIIb类激光设备，而现在用的通常都是IV类。这类设备利用不会对组织产生破坏的红外线（808~910nm）进行工作。通常，LLLT提供的功率小于500mW；而HPLT提供大于500mW的功率，有时甚至会高达15W。常用的光斑尺寸从直径10~25mm至5cm。

对于HPLT的临床评估给出了引人注目的结果：这一波长的激光能量作用于组织时，可以减轻疼痛、刺激伤口愈合、减轻水肿以及炎症、或是为其他的损伤性生物学过程提供替代方案（Tuner 和 Hode，1999）。低能量刺激可引起局部的细胞因子释放量增加，从而引起趋化因子的释放、血管扩张引起的血流量增加或组织修饰等效应。早期文献中表明高功率激光不会引起组织结构的热更改效应。尽管整个激光治疗的概念还处于探讨和逐渐完善之中，但已经在人医和兽医的物理治疗学领域获得认同。

结论

现在激光设备的价格已经变得容易承受且设备也更方便使用。使用激光进行手术并不一定是手术成功的保证，但正确的使用外科激光会带来许多围手术期的优势，如减少疼痛、出血及肿胀。与使用常规手术操作相比，使用激光进行手术需要更高程度的外科训练和经验。目前，二氧化碳激光是小动物诊所最实用及最灵活的手术用激光。

8 患畜的手术前评价

Kathryn M. Pratschke

概述

手术的成功源自于良好的计划、对潜在风险的意识以及合适的手术方法。因此对于每一个病例都必需进行彻底的术前评估，以确保最小的手术风险和最大的术后恢复机会。

虽然临床医生无法单凭理论知识来作出适合于患畜的正确决定，但优秀的医生会根据经验以及评估关键信息的能力来作出合理的临床判断。无论医生的临床经验如何，在开始时都应收集尽可能多的患畜的相关信息。因此，作出任何诊断结论或与同行或客户讨论患畜的病情时，都应根据准确而完整的患畜资料来判断，而不应为了省事而忽略掉某些关键性信息。例如，在进行大型肿瘤切除之前不能够辨识转移性疾病的存在，意味着患畜可能仅有1~2个月的生存时间；或者在对呕吐的犬进行剖腹探查前未进行血液学检查而忽略爱迪生氏症或肾衰竭的存在。

本章中所推荐采用的操作方法可参见《小动物临床操作指引》（BSAVA Guide to Procedures in Small Animal Practice）一书。

采集临床病史

患畜评估的主体部分是完整的病史记录和彻底的身体检查。手术前的问诊是兽医师和畜主的首次接触，这会影响畜主对于兽医师的印象以及他们对兽医的判断和能力的信任程度；这同时也是一个明确畜主的期望和愿望的良机，同时可以了解在诊疗过程中是否存在经济或其他影响畜主作出决定的因素，并可据此告知畜主兽医建议的做法。例如，当患畜需要通过手术切除肿瘤时，最好能够有后续的化疗方案，如果畜主妊娠，则对于患畜最理想的治疗方案可能不是最适宜于畜主健康和安全的方法；如果存在经济方面的限制，最好能够优先告知畜主可能需要的花费。

在诊疗早期确定动物的用途，是用于工作或竞赛、种用或仅仅作为家庭宠物，这也是明智的做法。对于作为家庭宠物而饲养的动物而言，畜主很容易接受由于腕关节或跗关节融合术所带来的轻度至中度的功能减退，或是全耳道切除术-外侧鼓泡切除术的影响。但对于那些畜主期望通过其运动能力获利的工作犬，或是对某些有特殊竞赛性表现需求的动物而言，运动能力或其他功能的减退对于确定治疗方案可能是很重要的影响因素。

当采集病史资料时，不仅应询问动物现在的状况，还应考虑整体的健康状况。表8.1列出了常用的病史记录内容。

表8.1 记录病史时所考虑的因素

- 畜主饲养动物的时间以及动物来源（如与来自繁殖者的动物相比，来自救助中心的动物会有不明的病史情况）。
- 免疫和驱虫状况。
- 大小便的模式。
- 采食和饮水状况，包括食物类型以及喂食时间。
- 体重增加或减轻——体重是动物体况评估（BCS，表8.2）的重要部分。
- 近期动物生活环境的变化。
- 动物生活在室内还是室外。

（续）

- 畜主同时饲养了多少动物。
- 动物是否外出旅行，旅行的时间和目的地。
- 是否存在任何的并发疾病或先前的疾病（应避免诱导畜主集中于当前单一的疾病上），包括现在所发生疾病的信息，或损伤状况，以及慢性疾病和曾用的任何药物或治疗方法。
- 是否曾经麻醉过，以及相关的问题或并发症。
- 是否曾经做过手术，以及相关的问题或并发症。
- 是否存在已知的药物不良反应，或是已知的过敏或食物不耐受。
- 是否存在任何形式的能量水平、运动耐受度的变化，以及过度活跃的状况。
- 当前情况持续的时间，以及畜主最初发现异常后的疾病进展状况。要注意的是，畜主首次意识到动物有疾病存在可能并不是最初发病的状况，例如，喉麻痹所引起的明显呼吸道杂音以及呼吸困难症状，通常会有咳嗽、张口呼吸、运动耐受度下降等前驱现象；明显的单侧肌肉萎缩可能会呈现出慢加急（acute-on-chronic）的跛行状况而不是单纯的急性发作。
- 是否采取过任何形式的诊断或治疗措施，包括畜主可能给予的药物（包括顺势疗法或自然疗法的药物，畜主家中自行给予的非处方药或处方药）。
- 是否存在出血性倾向的病史（某些高风险的品种，如杜宾犬），患畜是否曾经接受过输血，如果有输血史，是否知道动物的血型或交叉配血结果。
- 某些情况下可能需要知道患畜的父、母或兄弟姐妹是否发生类似问题。
- 某些特殊的动物品种需要针对特定的系统器官进行更为详细的问诊。例如，短头犬种会有较高的呼吸道疾病发病率，无论呼吸道的问题是否与现存疾病有关，都应给予足够的重视。

临床检查

尽管通常会将注意力集中于最明显的问题上（如可见的肿瘤、发生骨折的部位），但术前检查应同时评估动物的整体状况，这样可以减少麻醉和手术的并发症。对于所有病例都应该进行整体检查，尤其是年老患畜、外伤病例以及年轻或新生患畜。身体检查并不是一个耗时很久的过程，只需要熟练、彻底以及高效的工作。

尽管在畜主和兽医外科医生之间存在一个令人遗憾的普遍观点，即老龄是不进行治疗的一个理由，但年龄本身并不是一个负面的预后因素，也不会影响治疗结果。老龄问题只是会增加并发的器官功能异常或其他疾病（如肾衰竭或心脏病）的风险，因此全面的身体检查可以保证兽医和畜主明确风险的严重性，以及应采取何种措施来减小风险及提高疗效。年轻动物和幼崽由于调节体温和血糖的能力都比较弱，所以更容易发生麻醉意外；此外应充分考虑随药物作用时间延长所带来的风险。

在开始进一步检查之前，应先观察动物的行为、精神、步态、水合以及营养状态（表8.2），然后进行彻底的系统检查。要保证每次检查的时候都对核心元素进行检查，这些核心元素包括下述的几个方面。

表8.2 Purina建立的体况评分表（www.purina.co.uk）

类别	描述
BCS 1	■ 可观察到明显的肋骨、脊柱、骨盆骨骼以及所有的骨性结节 ■ 无明显的身体脂肪 ■ 明显缺少肌肉量
BCS 2	■ 可观察到明显的肋骨、脊柱、骨盆骨骼 ■ 有时可看到明显的骨性结节 ■ 不可触及脂肪 ■ 最少数量的肌肉
BCS 3	■ 可轻易触及肋骨，肋间可见极少量脂肪 ■ 骶椎的背侧脊突可见 ■ 骨盆突出形成明显的“腰”
BCS 4	■ 轻易触及肋骨，少量脂肪覆盖 ■ 俯视时可见腰 ■ 腹部可见一个褶叠
BCS 5	■ 可轻易触及肋骨，轻度至中度脂肪覆盖 ■ 俯视时可见腰 ■ 特别观察时可见腹部褶叠
BCS 6	■ 肋骨上有多余脂肪覆盖，但仍可触及肋骨 ■ 俯视时可见腰，但不明显 ■ 腹部存在褶叠，但不明显

（续）

类别	描述
BCS 7	■ 由于脂肪覆盖，肋骨难以触及 ■ 可见腰椎和尾根部的脂肪堆积 ■ 不易观察到腰和腹部褶叠
BCS 8	■ 肋骨被脂肪覆盖，不特别加压无法触诊 ■ 腰椎和尾根部存在大量脂肪堆积 ■ 无法分辨腰和腹部褶叠 ■ 可以看到腹部膨胀
BCS 9	■ 胸椎、腰椎、尾根部甚至颈部过度的脂肪沉积（俗称为“咖啡桌外观”） ■ 四肢上可能会覆盖有脂肪 ■ 明显的腹部膨胀

1～3类代表过于消瘦，4～5类为良好，6～9类则为肥胖。详见《犬猫康复和支持治疗手册》。

心血管功能

应记录可视黏膜颜色的变化和毛细血管再充盈时间，但这仅仅可为心血管功能、外周灌注以及贫血状态提供粗略的估计数据。应仔细听诊心脏并同时触诊外周脉搏以检查脉搏和心率的相关性（确定脉搏缺陷）和脉搏质量。

脱水状态

对于存在脱水的动物，应评估其脱水程度。必须认识到通过体格检查所得到的结果通常会低估机体的脱水程度。然而在发生急性的血容量减少时，经典的体格检查方法仍是唯一可用的评估手段。

■ 脱水<5%：动物通常存在有体液丢失病史但临床检查未发现脱水状况。

■ 脱水5%：动物的口腔黏膜干燥，但未观察到气喘和病理性心动过速。

■ 脱水7%：动物的皮肤弹性轻度至中度降低，口腔黏膜干燥，轻微的心动过速，脉压下降。

■ 脱水10%：皮肤弹性中度至明显降低，口腔黏膜干燥，心动过速，脉压下降。

■ 脱水12%：皮肤弹性明显丢失，口腔黏膜干燥，出现明显的休克症状。

呼吸功能

应小心评估动物的呼吸功能。仔细听诊和叩诊肺部，检查呼吸速率和形态，并评估通气状况。

通气指胸壁和横膈将合适体积的空气移入胸腔的能力。这一功能的正常完成需要脑干的控制，C3/4水平的脊髓功能，脊髓和膈神经的功能，肌肉和胸壁的完整性，无胸膜疾病以及通畅的气道。这些方面的任何异常都会导致通气不正常。对于有慢性呼吸病史的患畜，或是显示出非常明显的呼吸道症状的患畜而言，还应检查是否存在呼吸肌衰竭的症状和动物是否存在异常的姿态。

■ 正常动物的胸廓运动是难以察觉的。

■ 正常吸气时，肋间外肌收缩，将肋骨拉向前侧和外侧，膈肌收缩使胸腔内产生负压，同时腹壁向外扩张。

■ 平静呼吸时的呼气运动通常是一个被动过程。

呼吸困难的症状有：

■ 横膈移动明显，刺激呼吸肌兴奋。包括：斜角肌（提升第一、第二肋骨）、胸锁乳突肌（向前拉动胸骨）以及鼻翼肌肉（扩大鼻腔）。

■ 呼气可能成为主动过程，腹壁肌肉和肋间内肌收缩。

■ 更严重的呼吸困难时，可见张口呼吸以及鼻翼扩大。

■ 在慢性呼吸困难的患畜，呼吸运动可能是非常矛盾的过程，胸廓可呈现与正常情况相反的运动，从而使情况进一步恶化。

严重呼吸抑制的动物会采取使呼吸运动最小化的姿势。它们常会取站姿或坐姿，力竭时会采取胸卧位而不是侧卧位。它们可能会抬头并伸展颈部以减少鼻腔和喉部的气道阻力，肘部外展以保证每次呼吸时胸壁可有最大范围的运动。

警告

对于出现严重呼吸窘迫和呼吸肌疲劳症状的患畜应立即给予急诊治疗。

呼吸困难/呼吸过速的患畜可能出现快而浅的呼吸模式，或慢而深的呼吸模式，这取决于原发损伤的病因。

实用技巧

- 限制性病变，如胸膜积液、气胸或间质疾病（如肺炎），会引起快而浅的呼吸。
- 堵塞性疾病，如喉麻痹，会引起慢而深的呼吸。

眼和鼻的异常

应记录和鉴别任何眼或鼻分泌物的性状，并对于眼鼻的异常进行检查，如斜视、眼球震颤（位置性或其他情况）、第三眼睑突出或面部肿胀。

淋巴结

应触诊浅层淋巴结以检查是否发生尺寸和形状的变化，与周围组织的连接方式是否发生变化以及疼痛与否。

腹部触诊

轻轻触诊腹部有助于鉴别器官肿大或局部疼痛。例如，胰腺疾病通常会伴有前腹部疼痛；前列腺炎或前列腺肥大会表现出后腹部疼痛症状。

伴侣动物的腹部疼痛可能与许多疾病有关，通常分为三类：内脏痛、体壁痛或牵涉痛。

- **内脏痛**：通常是不剧烈的疼痛，无法准确定位；通常继发于腹腔器官的破裂、局部缺血、炎症或扩张。
- **体壁痛**：通常是锐性、严重、定位清晰的疼痛。
- **牵涉痛**：身体其他部位的病理学改变引起的疼痛，如椎间盘疾病。

动物如果对于腹部的接触和触诊表示警觉则意味着存在疼痛，但还存在其他因素会影响触诊的结果，这些因素包括：焦虑、动物品种、肥胖或相关的疾病过程。其他疼痛并发的症状可能包括：采取“祈祷”的姿势、坐立不安以及无法坐卧等。

肌肉骨骼系统

首先应通过观察动物的步态和活动来观察骨骼肌肉的完整性，然后进行下列检查以分析骨骼肌肉系统的状态：疼痛的位置和严重程度；评估患肢肌肉量并与对侧肢体进行比较；使用特殊的检查方法评估关节稳定性，如检查膝关节稳定性的前侧抽屉试验或前侧胫骨冲击试验。如果患畜有与跛行相关的外伤史，并怀疑存在骨折或脱位时，应检查是否同时存在神经血管的损伤。这些检查内容都会与治疗方案的制订以及预后的判断有关。例如，确定伴有桡神经横断的肱骨骨折；伴有严重坐骨神经损伤的骨盆骨折；伴有明显软组织损伤的远端前臂骨折（例如，伴有严重血管损伤的脱套性损伤）。

神经学检查

对于某些病例可能需要根据现在的病史记录进行筛查性神经学检查，检查内容包括：评估步态和姿态、检查清醒状态下的本体感受、评估眼球位置以及运动状态、瞳孔大小、瞳孔的对光反射、恐吓实验、眼睑反射、下颌张力、开口反射、尾功能、肛门反射以及精神状态。有关进行完整的神经学检查的详细内容请参见《犬猫神经学手册》（BSAVA Manual of Canine and Feline Neurology）。昏迷、肝性脑病、惊厥以及意识丧失等神经学问题需要快速确认以利进一步的检查和治疗。

直肠检查

正确操作的直肠检查可提供下列有价值的信息：直肠结构异常（如狭窄）、结肠直肠肿块、伴有直肠扩张或移位的会阴疝、肛门腺疾病、腰下淋巴结增大以及前列腺的的变化（尺寸/对称性/疼痛/活动性/形状）。

阴道检查

如果母犬的病史上有多尿、血尿、尿淋漓、阴道出血或肿胀等记录，应进行阴道检检，有条件应进行直视检查，有时可能需要镇静动物以获得足够有价值的检查结果。这些检查结果有助于鉴别以下异常：阴道肿瘤、阴道前庭球狭窄、雌雄同体、处女膜闭锁或影响尿道的肿瘤。

品种相关问题

某些特殊品种可能会伴有额外的遗传问题，例如眼睛的问题、胃肠道症状或严重耳病的短头犬品种。即使没有任何明显的呼吸道疾病记录，也应在麻醉和手术前进行完整的呼吸系统评估或对畜主进行告知。看上去能够正常呼吸的动物也可能有软腭过长和喉小囊外翻的情况，因此麻醉和手术所引起的应激会引起呼吸系统的严重问题、肺水肿甚至可能导致死亡。当某一患畜在常规麻醉过程中由于未识别品种相关的问题而导致严重的并发症时，这对每一位关心这一动物的人而言都是非常糟糕的事情，尤其是当这些事情可以通过恰当的患畜评估而避免的时候。

重症患畜

有些患畜需要先进行快速的检查和急症治疗，而不是进行上述的病史记录和临床检查。在这些情况下，只需要采集用以筛查鉴别分类的必须信息即可，等到动物情况稳定到可以接受进一步检查和测试时再进行详细的病史记录和临床检查。例如，一只猫发生泌尿道堵塞和严重的酸碱失衡（代谢性酸中毒），以及继发的肾后性肾衰竭、高钾血症和心功能不全。在这些情况下，彻底而系统的检查和治疗是非常重要的，但同时应牢记维持生命是第一要素。

对于重症患畜而言，最先评估的应该是ABC（气道通畅度、呼吸状况、循环状况）。一旦做完这三方面的评估，则可进行全身检查。

1. 从头部开始，评估可视黏膜颜色以及毛细血管再充盈时间。
2. 检查瞳孔是处于扩张还是收缩状态，对光反应的情况以及对称性（瞳孔不等）。
3. 在心脏听诊的同时触诊外周脉搏，检查是否存在脉搏缺失或节律不齐。根据粗略的经验性规则，如果无法触及股动脉的脉搏，则血压已经降到危险的临界点以下（尽管脉搏压是收缩压和舒张压的差值，而这一差值的减少并不等同于减号两边单侧或双侧值的减小）。对于危重症的患畜，应在多处进行脉搏触诊。
4. 听诊肺部和腹部，叩诊胸腔和腹腔，并评估呼吸速率和模式。

要谨记，创伤病例的明显的骨骼肌肉问题可以快速地通过视诊或简单的放射学检查得到结论，如伴有疼痛和明显运动障碍的骨盆骨折。然而，如果存在其他并发状况，如尿道破裂、膈破裂、肾脏出血、肺部挫伤或心肌挫伤等，辨别并优先治疗这些并发症尤为重要（图8.1和图8.2）。骨盆骨折不是致命的，而膈破裂或尿道破裂却是致命的。

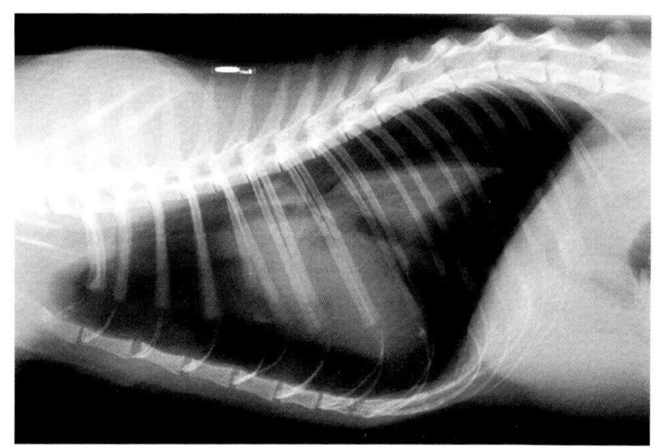

图8.1 一只猫的侧位胸部X线片，显示典型的气胸：心脏轮廓“漂浮”，后肺叶肺不张，膈的外形呈直线。这一病例的气胸是由于隆突尾侧的气管损伤，导致单向阀效应以及肺实质的最终破裂

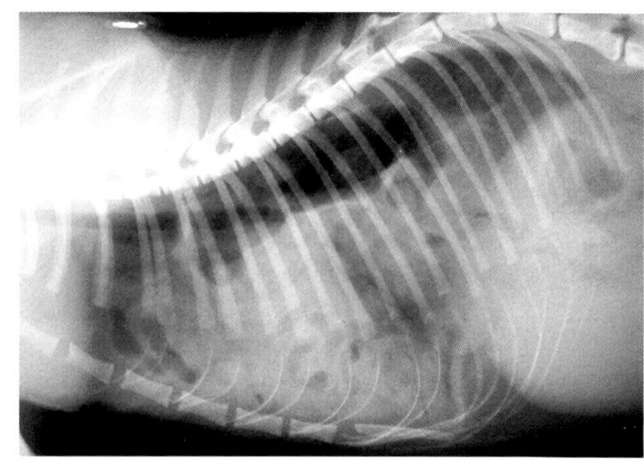

图8.2 一只猫的侧位的胸部和前腹部的X线片，可见：膈和心脏轮廓缺失，肺后部移位以及胸腔内可见大量管状的射线可透的结构。这些结果表明存在膈破裂和腹腔内脏进入胸腔的情况

临床病理学

实验室检查可以补充临床检查的内容，而不仅仅作为临床检查的附属物。可以根据患畜的情况对实验室检查结果作出说明。

实用技巧

手术前所需进行的检查内容取决于患畜现状以及将要进行的手术。例如，年轻的健康动物进行选择性手术时所需要的检查项目要少于进行较复杂手术的动物或是更复杂的疾病情况的动物。

通常情况下，检查项目应满足评估患畜的当前疾病、全身的表现以及任何可能共存疾病的最低要求。此外，术前进行的化验结果还可为术后的恢复过程提供参考基准。

虽然经济因素通常会决定畜主可以接受检查的程度，但这不应成为拒绝接受必要检查的理由。尽管这些因素会促使临床医生优先选择进行最必需的检查，但在第一时间合适的治疗患畜可以避免的并发症所花费的代价比长时间的治疗要低，同时还可以避免与心情不好的畜主进行不愉快的讨论。

血液学和生化检查

对于大部分患畜而言，基本的检验组合就足以适用，这种组合包括：PCV、总固体、尿素、肌酐、电解质和尿液分析。但是对年老、重病或受到严重创伤的动物应该进行更详细的检查，比如全套血液学检查以及血清生化筛查。彻底的病史调查和体格检查有助于确定需要进行检查的项目和内容。所有的血液学常规检查中都应包括血小板计数这一项目，以提示是否存在由于血小板减少症引起的出血倾向。尽管大部分犬的首次检验项目内都会包括淀粉酶和脂肪酶的检验项目，但这些指标对于诊断胰腺炎的准确率较差，对于怀疑发生胰腺炎的情形，进行犬的胰脂肪酶检测或是猫的类胰蛋白酶免疫活性测试会有助于提高诊断的准确性。

颊黏膜出血时间（the buccal mucosal bleeding time，BMBT，图8.3）是一个很有用的术前评估血小板功能和数量的方法。大部分的动物会在2~3min内停止出血，5min以内的出血时间都可认为是正常的。这一测试方法在第20章内有详细说明。

对患有肿瘤性疾病的患畜进行完整的肿瘤分级可作为术前评估内容的一个完整部分。对于有出血病史、肝疾病或肝脾肿瘤的患畜，应进行凝血筛查试验，通常包括部分活化凝血激酶试验（aPTT）和凝血酶原时间（PT）。

对于怀疑华法林中毒或肝病的患畜，可采用PIVKAs来检查是否存在由维生素K颉颃剂所诱导的蛋白质。但这一方法已很少使用。

情况允许时，可进行血气分析以评估患呼吸系

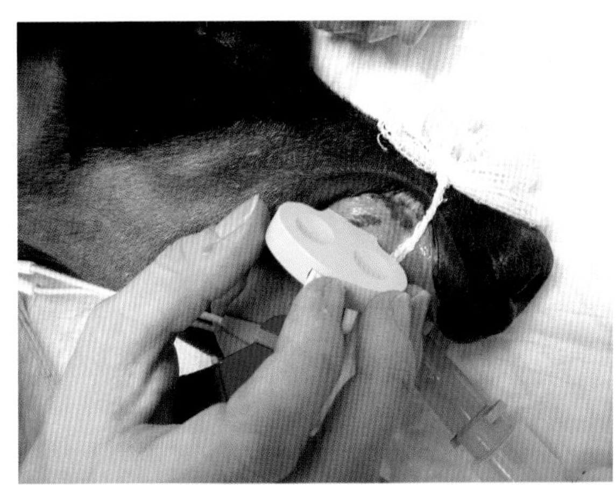

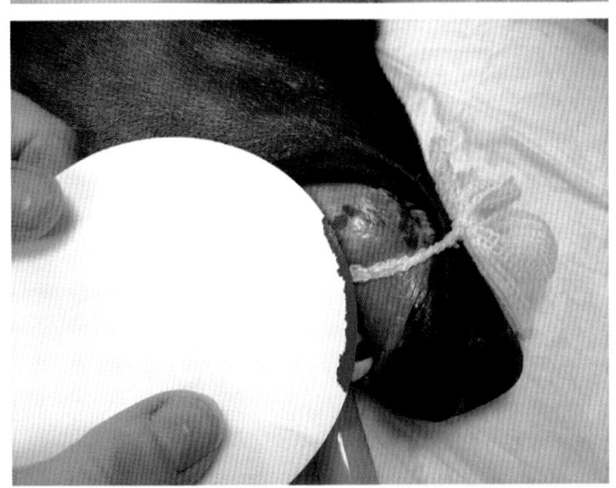

图8.3 颊黏膜出血时间是一个简单实用的术前检测方法，大部分犬可在清醒或轻度麻醉的状态下进行。操作的要点是吸掉血液的时候要小心，不要擦除出血过程中形成的凝血块，否则将会人为的延长BMBT的值（参见第20章）

统并发症的患畜状态，这类情况下，血气分析比脉搏血氧分析的敏感度高（详见第20章）。

■ 呼吸室内空气的患畜的PaO_2正常值为80~100mmHg。PaO_2值处于50~55mmHg时会发生紫绀，当PaO_2低于60mmHg时就应给予氧气疗法。

■ 作为有效通气标志的$PaCO_2$，正常值位于35~45mmHg。

■ 在发生引起过度换气的疾病（如肺挫伤）时，$PaCO_2$通常会降低；而在发生换气不足的疾病时，$PaCO_2$会升高，例如，气胸、疼痛、肺炎、颅内压增高以及创伤。

胸腔液

如果能够收集到胸腔液样本，应考虑进行下列试验：

■ 直接涂片进行细胞学观察；

■ 需氧菌和厌氧菌培养；

■ 检查样本的比重、蛋白含量、凝集特性、乳糜和甘油三酯分析（同时与血清甘油三酯水平进行比对）；

■ 全细胞计数以及离心富集细胞涂片。

胸腔积液通常分为三类（表8.3）：漏出液、改性漏出液以及渗出液；或乳糜性、血性或肿瘤性三类。但可能在这些类型之间发生相对的“重叠”，而且在分析时要结合其他临床数据对测量结果进行解释。

表8.3 体腔积液的评估和分类

	漏出液	改性漏出液	渗出液
有核细胞总数（TNCC）	<1500个/μl	1000~7000个/μl	>7000个/μl
总蛋白（TP）	<25g/L	25~75g/L	>30g/L

腹腔液

如果采集到腹腔液，应进行细胞学检查以及相关的实验室检验。对于腹部急重症患畜，如果仅仅能够收集微量的液体样本，通过直接涂片或离心沉渣进行细胞学检查是最有用的检验方法。

实践提示

同时观察到退行性中性粒细胞以及细菌提示存在败血性腹膜炎，需要紧急的手术治疗。

对于血性腹腔液的，应将其收集并观察凝集状况。如果腹腔内是游离血液，则会因为机械性脱纤维作用和纤溶系统活化的缘故而不发生凝集。如果是由于无意识的器官破裂而收集到的血液，在无凝血障碍的情况下，收集液会在玻璃管内5~15min内发生凝集。使用塑料管会明显延迟或改变凝血机制的启动时间，引起错误结果。

同时应测量腹腔液的钾离子和肌酐浓度，并与外周血的对应值进行比较。腹腔液中的钾离子和肌酐浓度高于血液提示极有可能存在尿腹症。样品分析应即时进行，以免由于时间推移产生假阴性结果。

怀疑胰腺炎时可测量淀粉酶/脂肪酶浓度以帮助诊断，但这无法作为确诊的依据。

如果怀疑出现胆囊破裂的情况，应检测腹腔液的胆红素水平并与血液的检测值作比较，这有助于建立诊断但无法确诊。有时，胆囊上的微小缺口引起的慢性泄漏可形成位于纤维包囊内的局灶性胆汁性腹膜炎，在无超声引导的情况下，常规的腹腔穿刺术检查可能会忽略这种包囊的存在。有文献记载在发生坏死性胆囊炎时，腹腔液中可存在胆红素，但并未观察到明显的腹膜炎的临床症状（Babin et al., 2006），因此应正确解读腹腔液的检查结果以正确判断何时需要手术干预。伴有肝前性和肝性黄疸的腹水也会含有胆红素，这是因为胆红素自血液弥散入腹水中所致。可以通过比较同期采集的血样以确定胆红素是来自于血液还是胆管，胆管破裂时腹腔液中的胆红素水平明显高于血液中。

麻醉风险评估

在人医和兽医麻醉领域，关于是否需要在麻醉前进行血液检验以检查临床上的隐性疾病并以此作为评估麻醉风险的手段是一个存在争议的话题。例如，对于无心血管风险因素的患畜进行常规的心电图检查无法预计心血管并发症的发生，而对于无临床疾病的患畜进行常规的血液检查也无法预测是否会发生麻醉并发症。

莱比锡大学对于1537只门诊手术动物的研究结果显示：如果病史和临床检查结果未提示可能存在的疾病，麻醉前的实验室检查不会给出更重要的信息。而一次专家级的圆桌会议（Senior et al., 2009）则给出了更为极端的结论：在病史调查和完整的体格检查未提示存在任何潜在问题的情况下，常规进行麻醉前的血液学检查是非必需且不正当的。

影像诊断学

术前的影像学检查对于制订许多病例的手术计划是至关重要的，例如用放射摄影来确定关节骨折的状况和程度，对于患有肿瘤的患畜需要通过胸部放射摄影来确定是否存在胸腔的转移性病变，运用对比观察或超声波来检查是否存在尿道的疾病或损伤。选用何种影像学的方式取决于设备和专业化程度、可能的病理学变化、动物状况以及畜主经济能力。

- 超声检查通常无需镇静或麻醉，在人工保定下即可进行。
- 对于放射摄影检查或计算机断层成像检查（computed tomography, CT），需要进行化学保定以保障操作人员的辐射安全和健康。
- 对于磁共震成像检查（magnetic resonance imaging，MRI），需要对患畜进行麻醉以获得诊断性影像。
- 如果诊断影像学检查需要在麻醉状况下进行，可以考虑在同一个麻醉过程中同时进行诊断性检查和治疗。例如根据体格检查结果和临床病史，可在进行鼓室的CT检查后，根据检查结果立即进行相关手术（图8.4）；又如，可在对骨折进行放射摄影检查后立即进行手术修复。

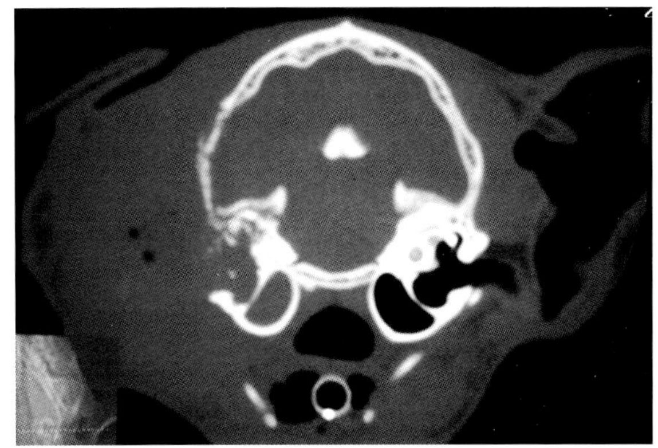

图8.4　一只西部高地白㹴的鼓泡CT检查结果。该犬患有严重的右侧慢性外耳炎并伴有对侧中耳脓肿。这是一个很好的在同一个麻醉过程中进行影像学检查并随即进行手术的例子

警告

对于状况不稳定的患畜，绝不可以以牺牲动物福利为代价进行影像学检查。对于这些病例需要恰当的评估与诊断次序。

放射摄影技术

在进行放射摄影检查时，通常应该拍摄同一区域的两个角度的图像，如果无法进行常规方式的拍摄，在不影响放射安全的情况下，可以用水平光束拍摄站姿、坐姿或胸骨侧的图像。腹部疼痛的患畜可能无法忍受腹背位的保定姿势，而且这种保定姿势可能会增加其不适感。

警告

患畜患有明显的呼吸窘迫时应避免使用腹背位的保定姿势，将动物翻转使其背部向下可能会降低呼吸代偿功能并产生致死性影响。

超声波检查法

如果怀疑患畜的胸腔或腹腔内存在游离液体，放射平片检查可能是无意义的（图8.5），而超声检查可以很好地利用积液所形成的液体窗口（图8.6）。超声检查可用于评估腹腔内的实质器官以及

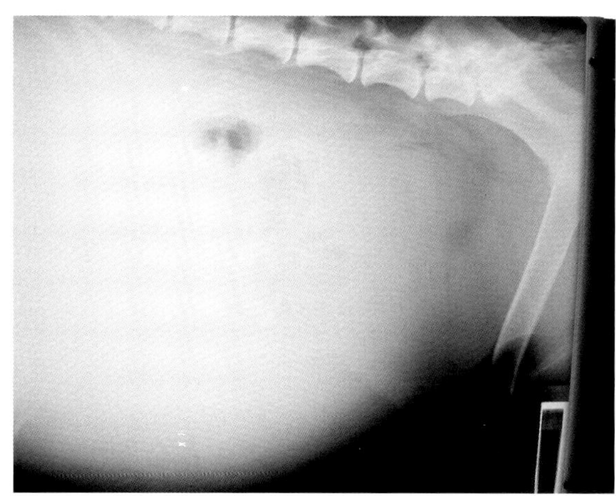

图8.5　腹腔内的游离液体严重影响放射学检查的结果，此时可用超声检查作为替代方法

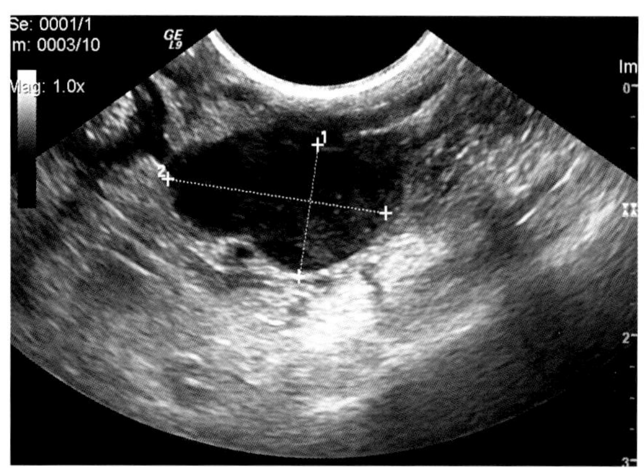

图8.6　患有肠道癌的患畜的超声检查结果，可见肠系膜区域的淋巴结增大

肿瘤相关的淋巴结病，尽管淋巴结增大对于肿瘤是非必需的诊断依据，所以只有细胞学或组织学检查才能够确定疑似病例。

CT和MRI

通常无法用放射摄影技术给出关于犬的鼻腔疾病的诊断，特别是猫，而CT扫描技术就非常实用。对于骨关节的疾病，最好利用放射摄影通过良好的摆位来评估骨折或脱位的程度。

对于特定的器官，如大脑，或是怀疑存在中枢神经损伤（如脑肿瘤），或是评估椎间盘突出程度时，MRI是最理想的诊断工具。但如果是由胰岛癌引起的低血糖危象或肝性脑病所引起的神经症状，则不适宜进行MRI检查，这说明在进行影像学诊断前进行病史调查和临床病理学检查的十分重要。此外，还应该考虑进行MRI检查的费用问题：对于将进行安乐死的患畜而言，更清晰的影像检查结果是没有益处的，因为畜主已无法承担更多的治疗费用。

X线透视检查

当需要动态影像时，透视检查是非常有用的方法，比如在评估吞咽功能和返流状况，以及气管塌陷的检查。与传统的放射摄影和CT检查一样，进行X线透视检查时需要考虑放射安全。

重症和急症表现

胸腔创伤

气胸：气胸的典型放射摄影结果包括：心脏轮廓与胸骨脱离，肺叶塌陷（尤其是尾叶），周围的血管分支标志缺失以及可见纵膈气肿。桶状胸以及横膈平展提示存在张力性气胸，需要即时的手术干预。

肺挫伤：可以通过放射摄影检查肺挫伤，但是可能无法立即看出明显肺挫伤的影像；肺挫伤通常在发生后的6h以上才会表现出明显的影像学征象，所以早期的放射摄影检查可能会忽略临床上明显存在的挫伤。肺挫伤的放射影像学表现为肺泡和肺间质与正常解剖影像不一致的块状不对称区域。肺挫伤通常是其他创伤的证据，比如肋骨骨折、胸膜积液或膈破裂。

膈破裂：膈破裂的典型放射影像包括：膈轮廓丧失，心区轮廓丢失，胸腔内有充气的结构，以及腹侧胸腔内存在软组织结构。可能会存在肺不张的情况，以及腹腔器官的变位或局部解剖学变化（胃轴变化）。对于继发于脾破裂（肝脏填塞）的胸腔积液的病例进行超声检查是很实用的方法，因为液体对于超声信号的传导是最佳的媒介，而积液会妨碍放射线的透射。当怀疑发生膈破裂时，如果传统放射摄影方法无法得到诊断性结果且无法进行超声波检查时，可以用对比放射摄影的方法进行检查，但这不是常用的手段。

急性腹部危症

普通放射摄影检查：首先应进行普通放射摄影

检查的情况包括：胃扩张-扭转、腹膜炎、前列腺脓肿、胃肠道异物堵塞、泌尿道破损或子宫蓄脓。每次检查必须拍摄2张正交角度的X线片，单独一张X线片常不能提供足够信息且会引起误导。常用的拍摄角度是一张侧卧位以及一张腹背位或背腹位（患急性腹痛的动物比较能够接受背腹位的姿势，其原因不明）。

■ 腹腔器官的任何尺寸和形状上的变化都应给予足够的重视。

■ 器官正常细节的丧失或“毛玻璃”样外观提示腹水或腹膜炎的存在。

■ 腹腔内的游离气体提示胃肠道的破裂、泌尿生殖道破裂、穿透创或近期做过手术（10~14日内）。

■ 胃扩张扭转的特征是：右侧卧位拍片时，幽门充气并位于背侧，胃底部充气并位于腹侧后部（图8.7）。

■ 腹部尾侧的有时伴有钙化点的软组织团块或液性暗区，提示前列腺疾病，如脓肿、囊肿或肿瘤（可能伴发于脓肿过程）。

■ 肠袢扩张提示肠梗阻、肠套叠、嵌顿、肠扭结或异物堵塞（不是所有的异物都是射线不可透的）。

对比放射摄影：当怀疑发生泌尿道破损时，可用对比放射摄影的技术进行检查。如静脉尿路造影术用于疑似尿道破裂或尿道膀胱照相术用于疑似膀胱或尿道破裂（图8.8）。当怀疑胃肠道破损时，对比放射摄影技术并不常用，但有时也可使用，例如在无法进行超声波检查时可使用。这些情况可使用水溶性含碘溶液进行对比摄影检查，但可能由于溶液稀释而使得结果难辨。怀疑胃肠道破裂时禁止使用钡剂做对比放射摄影检查，因为钡剂溢出进入腹腔可能会引发药物性腹膜炎，从而加重已有的病症如胃肠道溢出、胆汁泄漏或尿腹症。

超声检查：对于急性腹部危症的诊断，超声检查是非常实用的工具。它可以检测极少量的腹腔液体（4mL/kg，远小于腹部放射摄影的检出量）。应重点评估下列区域内的液体积聚量：

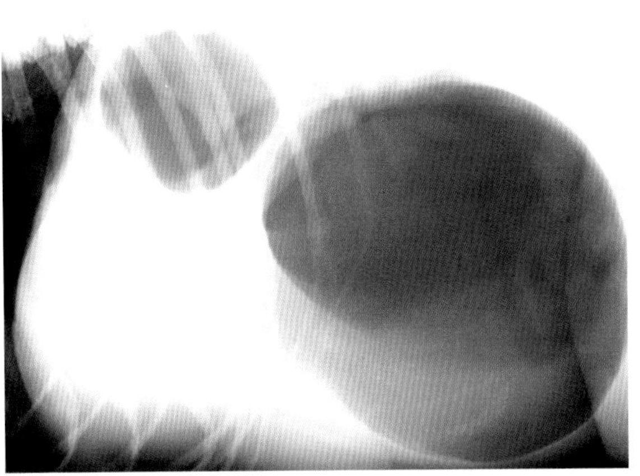

图8.7　右侧位放射摄影检查结果显示：充气的幽门位于背侧，同样充气的胃底部位于后腹部。这些结果提示极有可能发生胃扩张-扭转。同时可见分界线，提示存在肠扭结的情况

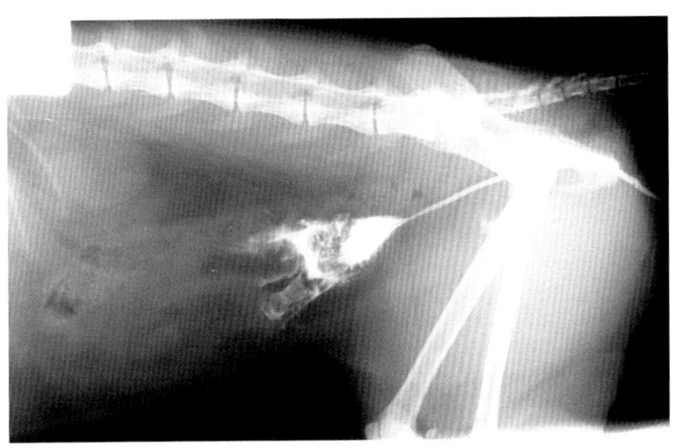

图8.8　该患畜由于尿道结石而导致长期的尿道堵塞。通过反向阳性对比造影检查发现已发生膀胱破裂。手术中发现背侧三分之一的膀胱已坏死，需进行膀胱部分切除术

■ 肝叶之间以及肝叶周围；

■ 体壁和脾脏之间；

■ 膀胱顶端。

液体积聚的部位通常暗示有疾病存在。例如，右前腹部内的环绕着胃、十二指肠和右肾的液囊提示可能存在胰腺疾病；后腹部的积液提示可能存在出血或尿道泄漏。

前列腺脓肿和/或囊肿的超声影像表现为回声多变的具小室的区域。膨大的子宫袢提示可能发生子宫蓄脓、子宫积液或子宫扭转。在超声检查时发现肠管的横截面呈牛眼状可直接判定为肠套叠，此时应评估肠道的损伤情况和活动力，尽管

肠堵塞和肠淤积所引起的积气可能干扰超声检查的结果。

超声检查的另一个好处是，在进行超声检查的同时可以评估脾脏、肝脏或肾脏等实质器官的变化情况，而放射摄影只能够对这些器官的外形和位置进行评估。手术前的超声检查常会忽略的问题是胃肠道溃疡或穿孔（Pastor et al., 2007）。

其他检查

其他检查项目可能包括：胸腔穿刺术/腹腔穿刺术、诊断性腹腔冲洗术、内镜检查、超声引导的抽吸或组织活检以及细胞学检查。

针刺胸腔穿刺术

这可作为诊断性或治疗性操作，在特定情况下还可以作为稳定患畜状态的方法。

技术 8.1 针刺胸腔穿刺术

1. 在可能的情况下预先给动物吸氧，并将所需要的器材放在同一个地方。尽管有时可能需要化学保定，但几乎所有的病例都只需要温柔保定即可，尽可能让动物呈侧卧保定的姿势。

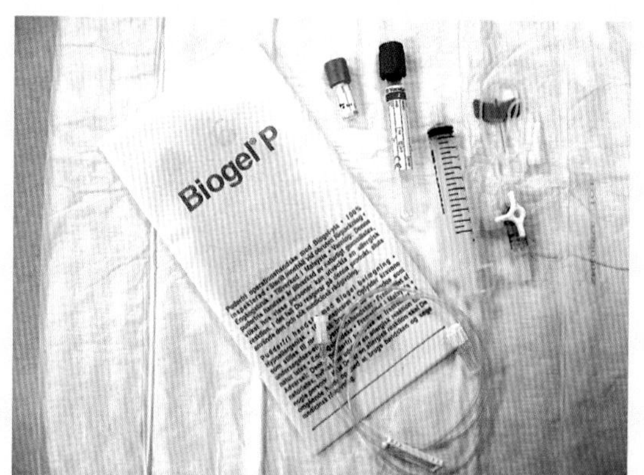

图片来自《小动物临床操作指引》

2. 在时间允许的情况下，对穿刺区域进行剃毛并消毒。
3. 是否需要在胸腔穿刺前进行局部浸润麻醉取决于操作人员的个人喜好。常用于胸腔穿刺的位置是第7或第8肋间。发生气胸时所选用的位点应位于背侧1/3的肋间；而在侧卧保定时，应从胸侧的1/3处抽吸积液。

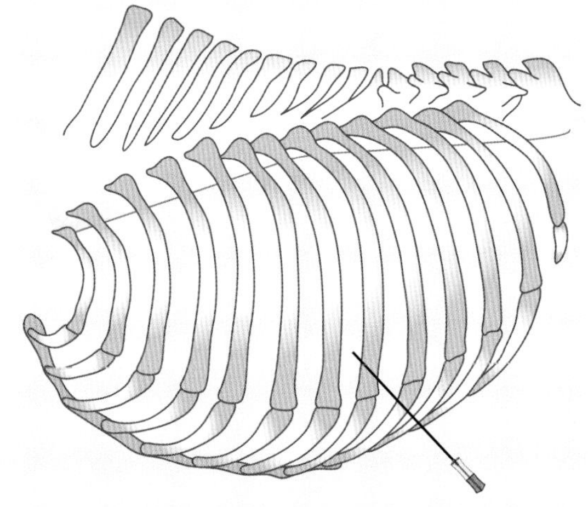

图片来自《小动物临床操作指引》

4. 将穿刺针/导管与延长管及三通接头相连接，并向肋骨前侧插入，以免碰到肋骨后侧缘的肋间动静脉。穿刺针应有足够的长度以穿透肋间肌并进入胸腔，穿刺针的长度从猫用的1.27cm至大型或肥胖犬用的5.08cm不等。穿刺针的直径应根据动物的体型选择，但通常选用G14~G22的。

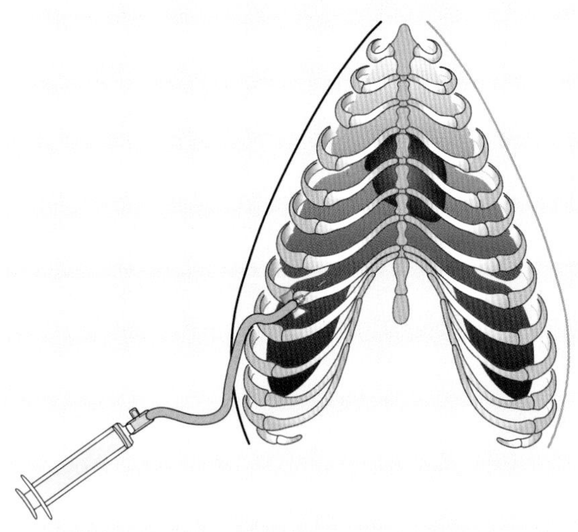

5. 起始进针时，穿刺针/导管应垂直于皮肤进入，一旦穿透肋间肌，穿刺针/导管就应平行于皮肤行进，以减少对于胸腔结构的医源性损伤。
6. 对于中度、重度气胸的患畜，胸腔内的压力可能非常高，有时甚至会高于大气压。在这种情况下，当针头进入胸腔时，胸腔内的压力会使气体/液体自针头中溢出。当从胸腔中吸出气体/液体时，应小心使用吸引器。测量并记录每个位点所收集的穿刺物。
7. 对于任何抽吸得到的液体都应留样进行实验室检查。

腹腔穿刺术

腹腔穿刺术适用于怀疑或确诊有腹腔渗出的情况。腹腔穿刺可有助于诊断一系列的病症，包括腹膜炎、尿腹症以及血腹症，同时可为评估疾病的严重程度提供参考。这是一项简易且快捷的技术，但只有在腹腔内存在大量液体（5~25mL/kg）时才适用。腹腔穿刺可在动物站立、侧卧或仰卧时进行。应对所收集到的液体进行实验室检查。

技术 8.2 腹腔穿刺术

1. 腹部剃毛并做手术前无菌准备。
2. 在情况允许下，触诊确认脾脏和膀胱的位置，以免在穿刺时误伤。
3. 根据动物体型选用20~22G的穿刺针头，在脐后2~3cm，腹中线偏右1cm的位置进针。进针后不宜立刻连接注射器——只要有少量液体便可经由毛细作用进入到针头的连接腔，因此先让腹腔液自针头中滴出。

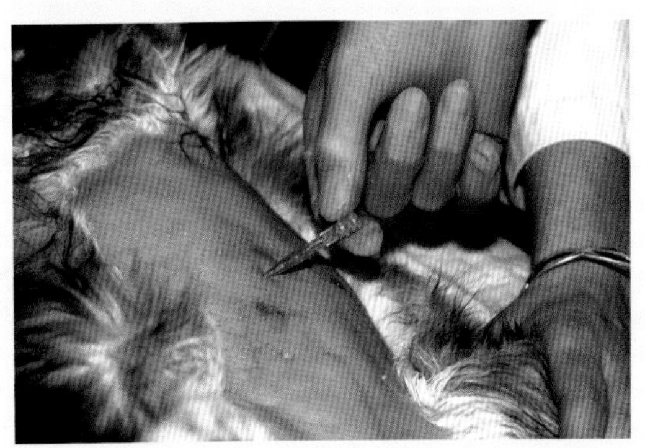

4. 如果这个位置无法收集到液体，尝试在第四象限进行穿刺。
5. 如果在第四象限穿刺仍无法收集到液体，应进行诊断性腹膜灌洗术。

诊断性腹膜灌洗术

诊断性腹膜灌洗术是比腹腔穿刺术敏感度更高的技术，它可以检测1.1~4.0mL/kg的液体量。诊断性腹膜灌洗术的相对禁忌证包括：严重呼吸困难的患畜、怀疑膈破裂的患畜或是怀疑或已存在严重的器官增大的患畜。进行诊断性腹膜灌洗术时，患畜可取侧卧位或仰卧位。是否需要在操作前进行局部浸润麻醉和/或镇静取决于操作人员的个人喜好。应收集足够的腹腔液样本用于细胞学检查、实验室检查以及厌氧菌和需氧菌的培养和药敏试验。

技术 8.3 诊断性腹膜灌洗术

1. 腹部剃毛并进行手术前的无菌处理。
2. 条件允许时应排空膀胱后操作。
3. 使用多孔透析管、预先开多孔的血管造影导管或是大号的静脉导管进行腹膜灌洗术。进针部位与进行腹腔穿刺术时相同，角度向后朝向骨盆。
4. 按20~22mL/kg的量向腹腔内注入温热的无菌生理盐水，轻轻摇动患畜以使液体彻底分布于腹腔内。

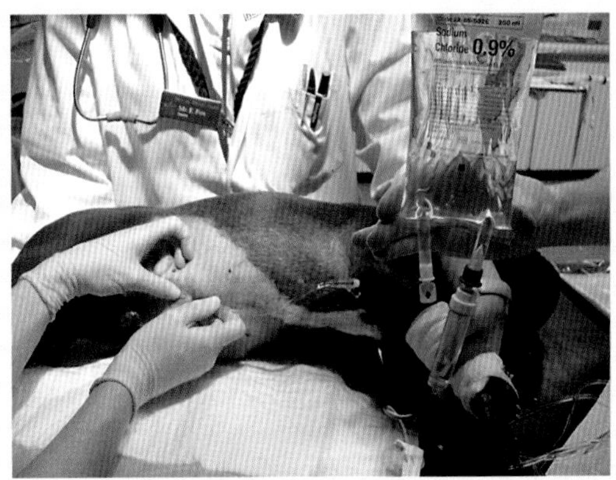

图片由Chan提供

5. 抽吸供检查用的液体样本，或者连接上密闭收集系统以通过重力作用引流。但无法完全排出所注入的液体。

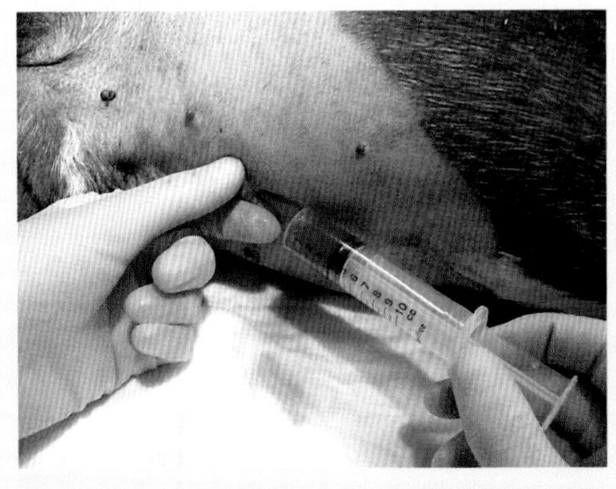

图由Chan提供

内镜检查

内镜检查可用于下列患畜的检查：鼻腔疾病、下呼吸道疾病、下泌尿道疾病、上消化道及下消化道疾病。这一方法可通过对腔内和腔壁的直视观察为诊断影像学的结果提供补充，还可以在直视情况下进行损伤性活检。对于鼻腔疾病，内镜检查可为疑似的真菌疾病提供确诊依据；对于有咳嗽病史的患畜，内镜检查可以对气管塌陷的状态进行直接的评级。关于内镜检查在兽医患畜上的应用的详细内容可参见《犬猫内镜检查和内镜手术手册》（BSAVA Manual of Canine and Feline Endoscopy and Endosurgery）。

除了直视检查之外，还应在对胃肠道进行内镜检查的同时考虑进行组织活检，因为消化道黏膜可能在存在炎症或肿瘤时仍然表现正常的外观（图8.9）。内镜检查时所采集的活检样本仅仅是黏膜层，所以无法提供更深层消化道壁的病理性变化的信息，且有时候会是无诊断意义的。所采集的活检样本通常是极小的组织碎片，极易被人力压碎。当从块状损伤区域采样时，常会得到非诊断性的结果。在采样部位进行重复采样操作时，可能有助于获取深层的样品，但在消化道中进行这种操作时应小心进行，以避免消化道破裂。需要在全身麻醉状态下进行内镜检查，因此应首要考虑稳定患畜的状态。

超声引导下的细针抽吸或活检

超声引导的细针抽吸或活检的潜在风险包括：出血、脓肿内容物泄漏、肿瘤细胞通过进针通路扩散、非诊断性或不准确的结果。如果采样仅仅是为了细胞学检查而不是组织学检查，则应考虑这一方法所提供信息的局限性：无法获取关于损伤的结构或细胞组成的相关信息，对于肿瘤性肿块无法评估其分级程度。对于血管供应丰富的器官（如肝、脾、肾脏）采样前，应检查凝血功能。细针抽吸和活检是非常有用的患畜检查方法，详细的内容可见《犬猫临床病理学手册》（BSAVA Manual of Canine and Feline Clinical Pathology）。

细胞学：采样后的载玻片制备

需要质量良好的，最大倍数为×1 000的显微镜来进行细胞学检查，否则可能会得到难以解释的结果。用于本院内分析的涂片应在采样后（样品放于EDTA抗凝管内）第一时间进行。涂片制备的方法包括：

- 标准涂片技术；
- 富集技术；
- 压片技术。

根据样品的细胞组成、体积和黏度选择合适的制片技术。细胞学检查结果的人为影响和偶然结果包括细胞破裂和损伤，这可能是由于样品保存不当或制片时用力过度所造成。

最常用且用途最广泛的染色方法是罗曼诺夫斯基染色法（如Diff-Quik）。这些染料对于细胞浆的染色效果通常较好（图8.10），且便于组织检测，

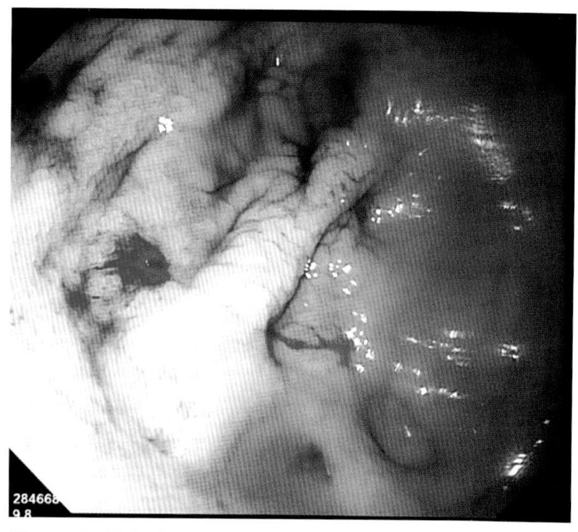

图8.9 活检应该是任何的消化道内镜检查程序的组成部分，肉眼观察无法准确区分组织异常与否。消化道采样的时候，当采样部位看上去异常或有病变时，或是需要进行多重采样时，操作应格外小心

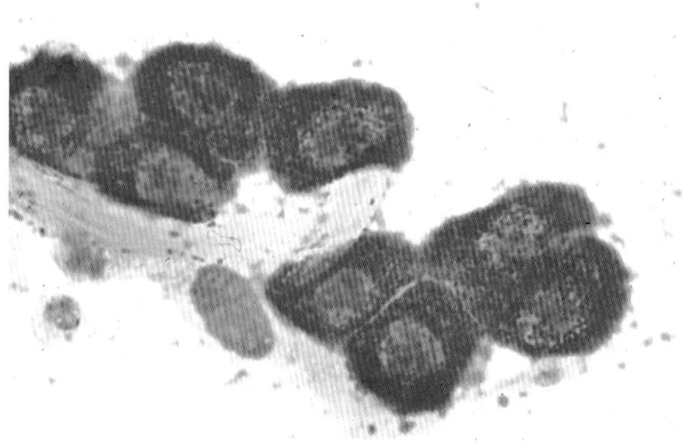

图8.10 用Diff-Quik染色的皮肤肥大细胞瘤抽吸样品（原始放大倍数×1000）

且通常可以获得合适的细胞核细节。

在理解细胞学分析技术的局限性的同时,可以进行细胞学分析。同时应着重关注可能产生混淆或两难选择的情形。最常见的可能引起细胞学两难诊断的情况包括:

- 乳糜还是淋巴肉瘤引起的胸膜渗出?
- 类似于肿瘤细胞的反应性间质细胞还是肿瘤细胞?
- 对于局部淋巴结中显著异常表现的细胞的解读:是否转移性病变?
- 如果在单一一个位点的细胞抽吸结果未显示有肿瘤,是否可以直接得出结论?

这些都是患畜评估的关键因素。如果存在任何不确定的地方,应进行重复的细胞学检查工作,如组织活检或是征询专家意见。

确定手术风险

必须衡量治疗效果与麻醉和手术的潜在不良反应和风险之间的轻重关系。在许多病例上,可以根据身体检查后的结果,依照美国麻醉师协会(American Society of Anesthesiologists,ASA)的分类表(表8.4)将患畜的身体状况进行分类。

手术风险受到患畜原发疾病的影响,但也可能被其他因素影响,如继发疾病、当前的总体健康状况、年龄、医生的经验、可用的设备和人员。手术风险还应考虑到长期的预后状况,手术后可能的生活质量以及潜在的并发症。

兽医外科医生首先要牢记的是公元前400年的《希波克拉底的流行病学之书》中的劝告:"做有益的事情而不要做有害的事情";或是更为流行的一个观点(未知起源):"首要的是不造成伤害"。这意味着在做任何关于患畜的决定或是建议时,必须遵循的原则是:在保证风险和不良反应最小的前提下提供最好的治疗结果和生活质量。

如果手术可能无法明显改善患畜的状况,应该重新考虑是否需要手术这一问题。因为有时候可以做的事情并不意味必须做。

与客户交流

完成术前评估、风险评估、ASA评级以及制订治疗计划这一系列工作后,所有这些信息都应以客户可以理解的方式与客户充分交流,以使客户对下一步的工作作出知情性决策。这是整个病例诊疗过程的关键阶段,兽医师不仅要与客户进行全面的、坦率的以及告知性的交流,还应将所交谈和讨论的内容记录在案。后者在有投诉发生时可避免发生

表8.4 美国麻醉医师协会的身体状况分类系统

身体状况	定义	举例	可能预后
I	健康患畜,无器质性疾病	非治疗性的选择性手术(如绝育)	良好
II	无全身症状的局部疾病	健康动物的非选择性手术,如缝合皮肤伤口,简单骨折的修复	好
III	引起中度全身功能紊乱的疾病	患畜表现例如心杂音、贫血、肺炎、中度脱水等	尚可
IV	引起严重的全身功能紊乱的疾病,可能威胁生命	外伤性膈破裂、胃扭转-扩张、严重胸腔损伤、膈破裂等	谨慎
V	垂死的患畜,手术与否都可能无法存活24h以上	中毒性休克、DIC、败血症性腹膜炎、严重的多系统损伤	不良
E	急症	(可能是上述的任何情况)	不定

“他说、她说”这种双方各执一词的情况出现。如果其他医生在之后需要查阅病历时，详细记录的病历资料可为回顾病例过程以及病案管理提供便利。

畜主所想要的结果往往与兽医师所希望的不一致，但必须提供所有方面的观点，而不仅仅是医生的建议，以避免对客户和患畜造成伤害或误导。同样需要医生认识到当时的医疗护理条件能否满足患畜的评估结果所提示的疾病状况、手术治疗方法或术后护理水平，在需要时应提出转诊的建议。

客户交流的另一个重要方面是估计首选治疗方案和替代方案的可能费用。比如对于十字韧带断裂的修复手术，应该比较胫骨平台水平化截骨术（tibia plateau levelling osteotomy，TPLO）和囊外修复术的可能费用。关于可能或预估费用的所有讨论内容都应该记录在病历内。

9 患畜的手术前稳定

David Holt 和 Jeffrey Wilson

概述 

依据准确的术前诊断所作出的合适的手术计划是达到最佳手术效果的保证。这包括对于动物可能存在的疾病和并发症的彻底和全面的评估和调查。

大部分在全科诊所接受手术的动物是年轻且健康的动物，大都是接受常规的子宫卵巢切除术或去势手术。术前评估的主要内容包括：彻底的病史调查、全面的身体检查并对潜在的遗传性疾病进行评估。有时还需要进行基本的实验室检查，包括：红细胞压积（packed cell volume，PCV）、总蛋白、尿糖和血糖的评估。在完成这些工作之后，大部分的动物在常规的麻醉和手术过程之前只需要极少量的稳定措施。建立静脉通路、小心气管插管、严格的无菌术以及严谨的手术操作即可保证手术成功进行。

其他患有各种疾病的动物，在麻醉和手术前需要更复杂的术前评估以及更精密的术前稳定措施。术前稳定的目标在于在麻醉和手术前尽可能的将动物的生理功能恢复至正常水平，但这目标并不总能够完全实现。临床医生应该小心监控动物对治疗的反应，并判断什么时候最适合进行麻醉和手术。本章描述了对于不同疾病状态下的患畜在手术前应考虑的问题以及对策。

胃肠道疾病 

食道异物

患食道内异物的动物会因食道堵塞或不适而无法摄入液体，因而可能会表现出明显的脱水。要通过体格检查和实验室指标来评估动物的水合状态，所评估的内容包括：皮肤张力、毛细血管再充盈时间、PCV以及总蛋白水平。

应根据术前的血清电解质水平来选择合适的液体用于静脉输注，再水合。最好在麻醉诱导前4h以内恢复动物的水合状态。

同时应评估动物是否发生食道穿孔、吸入性肺炎以及由于缝针或鱼钩留在食道内导致的胃肠道线性异物性疾病。

- 胸段食管穿孔可引发纵膈炎、胸膜积液以及气胸（较罕见）。
- 颈部食管穿孔可引起纵膈气肿和皮下气肿，最终可引起颈部组织蜂窝织炎和纵膈炎。
- 纵膈炎和胸膜积液会导致液体和蛋白质自血管内丢失，必须在麻醉和手术前补充所丢失的液体和蛋白质。
- 细菌污染常会导致全身性炎症和败血症（关于败血症的治疗在本章的腹膜炎部分有提及，进一步的讨论见本书第11章）。
- 发生返流或呕吐的动物常存在发生吸入性肺炎的风险（关于吸入性肺炎的治疗在本章的呼吸系统部分讲述）。

胃扩张-扭转

患有胃扩张-扭转的犬会有严重的血液灌注不足的情况。门静脉和后腔静脉的压迫导致心脏的静脉回流量降低。术前的稳定措施包括：

- 增加静脉内血容量；
- 减少胃部压迫。

增加静脉内血容量

在两侧头静脉（如果无法触及头静脉，则选用颈静脉）各放置一个大规格的静脉导管（图 9.1）。在胃部的压迫未通过手术完全缓解之前，不得使用后肢的静脉作为输液通路。采集血样以进行最基础的检验，包括静脉血气分析，同时最好检测血清电解质及乳酸水平。

快速血容量恢复：通常需要快速的恢复患畜的血容量，在最初的一个小时内输注60~90mL/kg的晶体溶液。采取目标导向性的输液疗法通常比给予固定量的液体更为有效（参见第10、11章）。合理的方法是以20~30mL/kg的剂量快速静脉推注晶体溶液，同时评估动物的灌注指标对于输液的反应，这些指标包括：心率、血压、毛细血管再充盈时间等。

如果患畜是大型或巨型犬，或表现出明显的灌注不足的症状：

■ 在10~15min内缓慢输注高渗盐水（7%~7.5%）和胶体溶液的合剂（4~7mL/kg），这可以用于快速的血管内容量扩充。

■ 之后必须输注晶体溶液以维持容量扩充的效果，并补偿由于高渗盐水所引起的身体器官内的水分变化。

■ 根据并发的低蛋白血症或腹腔内出血的严重程度，输注合成胶体溶液或血液制品。

监控：监控下列指标以评估患犬对于治疗的反应：可视黏膜颜色、毛细血管再充盈时间、心率、脉搏质量，最好还能够监控血压、电解质和血清乳酸水平。

心律失常：用心电图监控是否存在心律不齐的情况，如室性期前收缩（ventricular premature contraction，VPC）以及室性心动过速。此时发生心律不齐的主要原因是由于胃扭转-扩张所引起的灌注不足，所以这种情况下首要的治疗方法是扩充血管内容量。需要考虑给予抗心律不齐药物（常用的药物是利多卡因，先推注2mg/kg的剂量，然后以每分钟30~80μg/kg的速率维持输液，同时应评估脉搏质量和/或测量血压）的情况包括：持续性高速率室性心动过速（大于160次/min）或多灶性的VPC或有证据表明存在R-on-T心律不齐，或是由心律不齐而导致灌注和心输出造成不利影响的情形，通过脉搏质量和/或血压来评估。

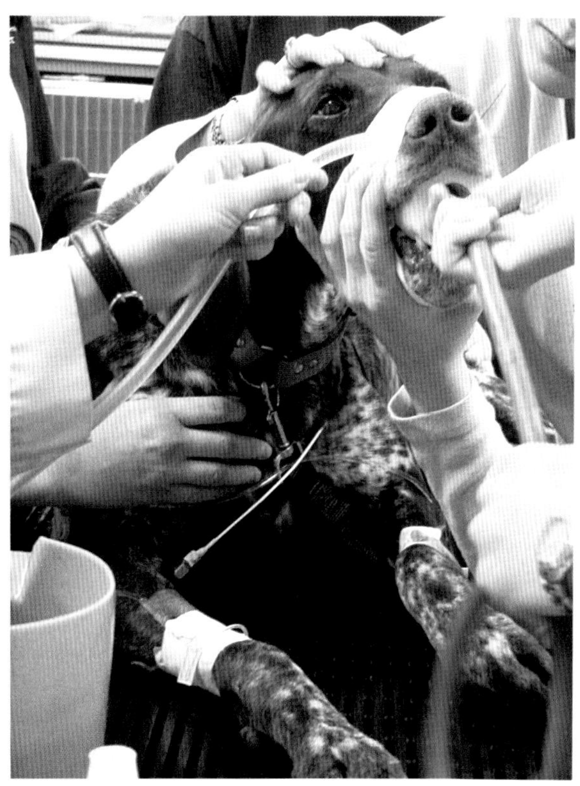

图9.1 患有胃扭转-扩张的犬。已经放置了两根头静脉导管以提供输液通路。正在尝试经口插入胃管（David Holt提供）

胃部减压

一旦动物开始复苏，就应对扩张的胃进行减压。

■ 最初的减压尝试应用以大口径的润滑管经由口插入食管中（图9.1）。在插入前应测量插入胃部的大致长度并做标记，以确保管道可以进入胃中。

■ 有些动物可以在清醒状况下，令其口中咬住一个胶带卷，让胃管通过胶带卷上的孔进入食管。

■ 配合度较差的动物可以用阿片类药物和苯二氮草类药物合用以获得镇静效果，否则胃部可能需要通过套管针进行胃部放气。

■ 发生呼吸道保护性反射迟钝或因镇静而停止呼吸时。应先插入气管插管以保证胃管安全进入食道。

■ 清除胃内容物后，用温水洗胃数次。

在许多胃扭转的患犬，会发现胃管无法轻松通过食管后括约肌。这种情况下不应用力将胃管向内推进，否则可能导致腹部食管或胃前部撕裂的情况。可尝试用小直径的胃管进入胃部，如果仍无法进入，则进行胃套管针放气术（stomach trocharization）（表9.1）。

表9.1 胃套管针放气术

胃套管针放气术是非常实用和快速的技术，可通过排出胃内的空气来提供足够的胃减压程度。这一技术可以有助于在插入胃管清除胃内容物之前令患畜稳定；或是在最初的稳定措施后或手术中，当胃的位置改变时帮助患畜稳定。

操作步骤：

1. 小心触诊腹部并确定臌气的区域。患犬在发生胃扩张–扭转时，脾脏通常会变位、充血且易于触及，应避免在脾脏附近的区域进行操作。
2. 局部剃毛及消毒。
3. 使用14或16G的穿刺导管穿透皮肤和腹壁，进入胃。
4. 一旦导管进入胃，将导丝抽离。
5. 用大的注射器尽可能抽出足够多的气体。胃内的液体或食物可能会堵塞导管，导致减压效果下降。

麻醉

只有当临床参数、血压和心电图结果确认灌注水平已经尽可能的改善的时候，才可以进行麻醉诱导。

这些患犬需要预先给氧，因为扩大的胃部对胸腔的压迫会造成通气功能的严重变化，以及功能余气量减少。

可以选用不同的药物组合，但所有的麻醉程序都应该围绕阿片类和苯二氮䓬类药物进行，小心使用这些药物以达到最佳效果。

可使用吸入麻醉药物以维持麻醉，但可配合其他药物（利多卡因、阿片类药物、氯胺酮）的静脉滴注或连续注射以获得最小的MAC和最佳的镇痛效果。

在诱导和手术期间应维持输注晶体溶液，对于任何情况引发的灌注减少的状况都应采取激进的液体治疗方法，需要时应给予正性肌力药物和血管收缩剂。

胃内异物

胃肠道异物是需要剖腹探查的最常见问题。对于肠道异物的患畜稳定所采取的输液量和输液形式取决于堵塞的位置、病程以及肠梗阻的严重性。

液体丢失

犬类每日需要摄取40~60mL/kg的水分。唾液、胃、胰腺和胆的分泌液参与组成肠内液体。大部分的液体在小肠内被重新吸收，小部分在结肠吸收。同时大量的电解质（包括钠离子、氯离子、钾离子、氢离子和碳酸氢根离子）被分泌入肠道并被重吸收。

- 发生肠道梗阻的动物，肠分泌增加，液体重吸收减少。
- 呕吐会导致液体和电解质的丢失。
- 膨大的肠管内的额外液体被隔绝。
- 液体和电解质丢失的严重程度和种类取决于梗阻的程度（高或低）和状况（部分或完全）。

低氯血症和代谢性碱中毒

胃内有异物或肿块的患犬会由于胃出口堵塞而发生呕吐，从而丢失大量酸性的胃内容物，常发生顽固的低氯血症性代谢性碱中毒及动脉血二氧化碳水平升高。

- 应及时识别代谢性异常，并静脉输注加有氯化钾的0.9%氯化钠溶液来纠正代谢性异常。氯化钠溶液与其他市售晶体溶液相比，氯离子浓度更高，酸性更强。
- 应密切监控电解质水平，一旦纠正原发问题就应使用平衡溶液（Nomosol R）。

实用技巧

代谢性碱中毒的正常代偿性反应会引起通气不足，血液二氧化碳水平升高，这对于识别代谢性碱中毒是非常重要的。一旦动物处于麻醉状态，兽医师就应避免动物发生过度通气的情况，这可能会加重碱中毒的状况。

小肠手术

小肠堵塞所引起的呕吐会导致犬丢失液体、钠离子、钾离子、氢离子以及氯离子，还会有不定数量的胰腺性碳酸氢根离子。动物实验表明，小肠的机械性堵塞容易令犬发生低钾血症、低钠血症以及低氯血症。动物可能会由于碳酸氢根的过度丢失而引发代谢性酸中毒，进而加重因组织灌注不足而发生的酸中毒。对于肠道异物堵塞的动物，无法给出常规的治疗建议以恢复灌注、纠正酸碱和电解质水平，必须单独评估每个患畜的状况以及进行针对性治疗。

再水合

情况稳定的患畜应使用平衡电解质溶液补液2~4h。补液速率取决于脱水程度、由于可能进行性发生的呕吐或腹泻而预估的液体丢失量，以及维持液体需求的输液份额（见第10章）。

例如，一只20kg的犬，临床判断存在5%的脱水，呕吐导致丢失200mL/h的体液，维持体液需要50mL/h。则一共需要在4h内输注2L液体：1000mL脱水补偿+800mL进行性丢失+200mL维持体液，输液速率为500mL/h或每小时25mL/kg。

抗生素

在小肠梗阻的犬使用围手术期抗生素已经成为常规方法，但这是出于理论上的考虑，而不是对比试验的结果。据文献记载，在绞窄性肠道梗阻的病例上使用抗生素有益处；而对于非绞窄性的肠道梗阻病例，使用抗生素是为了抑制停滞的肠管内的细菌增殖以及考虑术中的污染。

围手术期的抗生素应用应在术前通过静脉途径给予，这样可以保证在手术过程中，血清内的抗生素浓度达到杀菌水平。常见的肠道菌群包括：大肠杆菌、肠球菌和厌氧菌。合理的预防性抗生素选择是氨苄青霉素和氟喹诺酮类或氨基糖苷类的组合，或第二代头孢菌素（如头孢呋辛）。

肠系膜扭转

患肠系膜扭转的犬在表现临床症状时会发生严重的休克且难以稳定状态。大量的液体和蛋白质快速的从血液中流失进入截留的肠管。肠道灌注不足的状况会很快对黏膜屏障产生不利影响，继而增加细菌以及内毒素的变位和全身性吸收的可能性。复苏治疗不会完全稳定患畜的状态，因为治疗时输注的液体会快速流失入截留的肠管。

- 安置两个大口径的静脉导管，采用目标指引的方法在30~45min内静脉输注晶体溶液（20~30mL/kg推注，需要时可反复进行）和胶体溶液（羟乙基淀粉5~10mL/kg）。胶体溶液可维持已损伤的黏膜的氧气张力并防止形成肠道水肿。
- 谨慎地对动物进行麻醉并直接进行开腹手术。

大肠手术

犬最常见的需要大肠手术的情况是盲肠的肿瘤（平滑肌瘤、平滑肌肉瘤、胃肠道基质细胞瘤），或继发于创伤、溃疡的结肠穿孔，或是罕见的由于内镜活检而造成的结肠穿孔。

- 患盲肠肿瘤的犬通常无临床症状，只是在检查其他腹腔疾病时发现盲肠的疾病。
- 反之，如果肿瘤破裂，盲肠内容物泄漏，则需要针对腹膜炎采取合适的稳定措施和手术干预（下文中的腹膜炎部分会讨论结肠穿孔的患畜的稳定问题）。

猫常需要进行结肠部分切除术以治疗巨结肠症，这些需要接受手术的猫大多是年老的猫并会有许多并发疾病，如甲状腺功能亢进、肥厚型心肌病以及肾病。需要对这些猫进行全面评估和临床检查。本章中的内分泌疾病部分会讨论关于甲状腺功能亢进的猫的术前稳定问题。

- 应避免在术前使用灌肠剂。使用灌肠剂会使粪便变成液态，从而增加手术难度及污染风险。
- 同样的，在术前禁止使用口服的泻药。
- 应通过肠外方式给予围手术期的抗生素，并选用可以有效对抗厌氧菌和革兰氏阴性菌的药物。

腹膜炎

胰腺炎以及极少量细菌污染的胃内容物泄漏会引起犬猫的无菌性腹膜炎。继发于尿液或胆汁泄漏的腹膜炎可能是无菌性或有菌性的。小肠或大肠内容物泄漏、蓄脓的子宫破裂、前列腺脓肿的破裂会迅速引起败血症性腹膜炎。

■ 所有病例发生腹膜炎时，腹膜壁层和脏层的毛细血管扩张，毛细血管通透性增加。

■ 腹膜的表面积非常大，大量的液体和蛋白质会从血管内空间中大量流失。

■ 炎症反应以及全身细菌感染所导致的细胞因子和内毒素释放会影响血管张力，导致实质器官的血管扩张。

■ 上述的净结果是血管内空间增加，但血管内容量降低，同时因心脏的实际充盈量减少而引起的心输出量降低。这会导致血流分配不良及组织灌注不良。

■ 如果未及时进行激进的治疗措施，弥散性血管内凝集所带来的灌注不良和血栓形成以及血管上皮功能障碍会引起器官衰竭。在第11章中关于这些内容有更进一步的讨论。

液体疗法

对于腹膜炎患畜的稳定需要在两根外周静脉内分别安置两个大口径的静脉导管，或者在外周静脉和中心静脉中分别安置导管。并根据组织灌注的评估结果、并发疾病（心脏、肺）以及最初的实验室数据来选择用于复苏的液体种类和输液速率。

■ 很多时候需要组合应用晶体溶液和胶体溶液。对于怀疑内皮功能障碍和血管通透性增加的情况，应优先给予胶体溶液。

■ 新鲜冰冻血浆可以提供白蛋白和凝血因子，但通常在全科诊所内没有即用的新鲜冰冻血浆。此外，若用于补充血清白蛋白水平，则需要相当大体积的血浆。

合成胶体溶液（羟乙基淀粉，右旋糖酐 70）和晶体溶液合用作为起始时的推注用液体。在发生严重的败血症性腹膜炎时，起始输液可使用30~40mL/kg晶体溶液以及10mL/kg胶体溶液。监控临床参数，并根据输液治疗的反应来确定后续输液的速率。所用的临床参数包括：直接和间接血压测量，酸碱状态的变化以及血液乳酸水平。

在更先进的护理条件下，可监控中心静脉氧饱和度和心输出量为评估复苏疗法的进展提供实用的客观信息。

血管加压剂

有些病例会由于存在细胞因子介导的正常血管张力紊乱的情况，导致在合适的容量扩充的情况下血压和灌注情况并未有所改善。这种情况下可能需要使用血管加压剂，血管加压剂配合使用合适的输液疗法以及正性肌力药物，可有效改善动物的灌注状况。这一治疗目的在于重建血管平滑肌张力，从而在不发生血管收缩和器官缺氧的情况下获得氧气供应。这一过程常会达到一种微妙的平衡状态，单独应用血管加压剂以改善血压对于组织灌注状况的改善不是最重要的因素。

实用技巧

一旦血管容量恢复，额外使用正性肌力药物（多巴胺每分钟 5~10μg/kg，或多巴酚丁胺每分钟 2~15μg/min）可有效提高灌注状况。

如前文所述，腹膜炎常会引起全身炎症性疾病以及循环内毒素血症，这些都可能导致血管张力异常。在这种情况下，小心滴注血管加压剂（苯肾上腺素每分钟 1~3μg/kg，去甲肾上腺素每分钟 0.05~1μg/kg）可有效重建血管张力并改善器官灌注状态。

血管加压剂和正性肌力药物合用常比单独应用血管加压剂可更有效地维持器官灌注。滴注血管加压剂可使平均动脉压维持在70mmHg而不会引起高血压症。条件允许时，可测定下列指标以评做治疗效果：乳酸、颈静脉血氧饱和度以及中心静脉压。

抗生素

对于败血症性腹膜炎病例，应根据疑似的原发器官的正常菌群以及抗生素药代动力学知识，立即静脉给予抗生素。常见的肠内细菌包括肠球菌、大肠杆菌以及厌氧菌。治疗这些感染的抗生素组合有：青霉素（或第一代头孢菌素）与氨基糖苷类（或氟喹诺酮类，或第二代头孢菌素）合用。通常在这一药物组合中会加入可有效抗厌氧菌感染的药物，如甲硝唑。

实用技巧

- 青霉素和头孢菌素是时间依赖性抗生素，这些药物的效果取决于反复给药以使血清和组织内的药物浓度维持在最小抑菌浓度，常用的给药间隔是每6h一次。
- 氨基糖苷类和氟喹诺酮类是剂量依赖性抗生素，这些药物通过每日给药一次达到最高可能浓度以发挥其最大的效果。

在考虑使用何种抗生素进行治疗时，还应该考虑感染发生的位置和生理状态。如氟喹诺酮类比氨基糖苷类更容易富集在吞噬细胞和穿透性脓肿中，对于继发于前列腺脓肿的腹膜炎，氟喹诺酮类是更合适的选择。

血腹症

犬最常见的血腹症病因有两种：脾脏肿块破裂或由于交通事故/坠落引起的钝性腹腔损伤。会引起血腹症的犬脾脏肿块可能是恶性的（如血管肉瘤）或良性的（如血肿）。血液流失入腹腔常会导致血容量降低。

组织供氧取决于心输出量和动脉氧容量。

- 心输出量是心率和每搏输出量的乘积。
- 动脉氧容量主要取决于血红蛋白浓度。

因此，维持血腹症患畜的组织供氧主要取决于恢复和保持血管内容积以及合适的血红蛋白浓度。

晶体溶液和血液制品

应根据动物灌流状态、血压和PCV的全面评估结果来决定选用晶体溶液还是血液制品用于复苏治疗。腹腔出血但并未危及生命且状态稳定的患畜会对保守的静脉推注晶体溶液（20mL/kg）有良好反应。严重灌注不足的患畜需要更激进的输液复苏疗法。

警告

- 激进的容量复苏措施可能会增加血压，但这一方法有可能会导致动物再次出血。
- 针对血腹症的患畜应用晶体溶液或合成胶体溶液用于血容量扩充可能会导致血液稀释，进而导致血红蛋白浓度不足，对组织供氧产生不良影响。

再次出血

临时使用紧腹绷带（反压力）（图9.2）可通过增加腹内压的方法减缓或抑制实质器官或血管的出血。然而，腹内压长期增加会对肝脏和肾脏的血流量产生不良影响。事实上，大量针对关于静脉复苏、血压以及再次出血的实验性动物模型研究的部分结果表明，收缩压在90mmHg的时候若不立即采取手术方法控制出血，而仅使用单纯的限制血容量复苏的方法不会改善治疗结果。兽医临床上常用的方法是通过滴注的液体复苏方法使平均动脉压不高于60~70mmHg，直至成功地通过手术方式止血。

血液稀释

通常情况下，如果可以维持心血管参数，即使血红蛋白的浓度很低时（6~7g/dL）机体仍可以很好地保证氧气供应。血液稀释时，会由于血黏度下降而

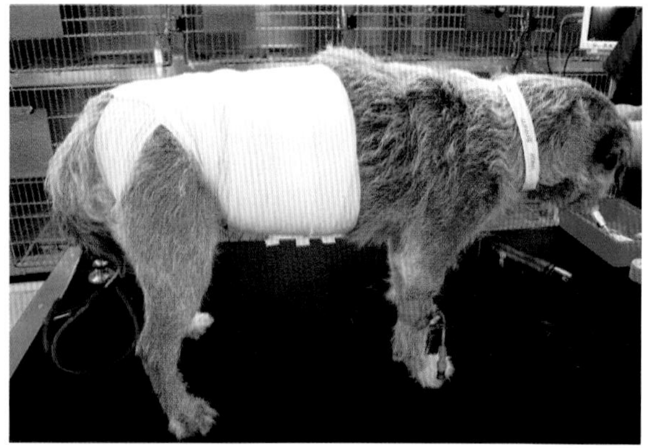

图9.2 犬在进行穿刺枪肝脏活检后发生进行性血腹症以及心动过速。用弹力黏性绷带进行牢固的腹部反压力绷带（图片来源V Lipscomb）

改善微循环血流。临床或实验室结果显示存在灌流不足且PCV值较低的动物应同时采用晶体/胶体溶液和贮存的富集红细胞或新鲜全血进行复苏。PCV应维持在25%以上。

输血

血型

在献血和接受输血前，应对犬进行血型鉴别。可通过外送实验室检查或院内的血型测试卡来对犬的红细胞抗原1.1（Dog Erythrocyte Antigen，DEA1.1）进行测试。

实用技巧

- DEA1.1阴性的犬不可以接受DEA1.1阳性的犬血，两者会相互作用并产生抗体，当该犬再一次接受DEA1.1阳性的犬血时则会发生急性的输血性溶血反应。
- DEA1.1阳性的犬可接受DEA1.1阳性或DEA1.1阴性的犬血。

必须对供血猫和受血猫进行血型鉴别。猫有三种血型：A型、B型以及罕见的AB型。A型血的猫的血浆中有针对B型血抗原的同种抗体，反之亦然。如果猫接受了不相合的血型输血，极有可能会产生严重的反应。关于血液采集、分型、交叉配血、贮存以及使用方法在本书第20章内有详述。

全血和富集红细胞

如果患犬没有持续性的出血，则：

- 输注PCV正常的全血，每2mL/kg可提高1%的PCV。
- 输注富集红细胞，每1mL/kg可提高1%的PCV。

对于大部分的血腹症、贫血以及灌注不足且需要手术的患畜而言，合理的输血量为起始10mL/kg的大剂量全血，或相应的富集红细胞。然而，输血的量和速度还应取决于贫血的严重程度、机体对输血的反应以及持续性出血的数量。对于严重持续性出血的病例，需要在短时间内大量输血以维持PCV和血压。

枸橼酸盐抗凝

在血液采集系统中，会使用枸橼酸盐作为常用抗凝剂，但枸橼酸盐可结合患畜外周血中的钙离子，从而导致大量受血的动物发生生低钙血症和低血压，此时需要静脉补钙以维持血压和正常心律（10%葡萄糖酸钙，0.5~1.5mL/kg，极缓慢静注）。

人造血

在急诊状况下，如果无法获取足够的新鲜或贮存的血液制品，可以采用基于血红蛋白的携氧溶液或自体输血的方法来作为替代方案。人造血是一种含有纯化的牛血红蛋白聚合物无菌溶液，已被批准用于犬（详细的内容参见本书第10章）。人造血除了可以增加血液的携氧能力外，还是一种有效的胶体溶液和血容量扩充剂。对于血容量正常的贫血患畜，人造血的推荐用量是10~30mL/kg，输液速率应小于每小时10mL/kg。在使用人造血的时候，用PCV来衡量血液的携氧能力是一个不准确的指标，但可以用血红蛋白浓度来指导进一步的治疗。在有效维持心血管功能的情况下，达到7~8g/dL的血红蛋白浓度可以保证足够的氧气供应。

自体输血技术

在某些情况下，如果没有合适的替代方法，自体输血技术可以拯救生命。自体输血的禁忌证包括：继发于肿瘤的出血（如犬的脾血管肉瘤）或是可能有污染的出血（如并发肠破裂的创伤性血腹症）。

- 对于创伤性血腹症的患畜，用注射器通过大口径的静脉导管或腹膜透析导管将血液从腹腔中抽出，并快速转移到采血袋中。
- 进行血液涂片并用显微镜观察以排除细菌感染。
- 使用带有血液过滤装置（170~260μm）的标准输血器将收集到的血液回输入静脉。
- 对于体型较小的动物，血液可以按照每

9mL血液加入1mL 3.8%枸橼酸盐的比例抽入注射器内，然后用注射器经过一个微聚滤器（micro-aggregate filter，18~40μm）直接回输入动物静脉。

实用技巧

自体输血只能提供红细胞和白蛋白，因为在出血过程中，血小板和凝血因子被耗尽。

肝脏疾病

患肝脏疾病的动物可能需要接受的手术包括：组织活检采样、先天性门静脉异常的矫正、解除胆管堵塞、去除胆囊黏液囊肿或胆囊破裂修复，以及肿瘤切除术。肝脏具有一些与麻醉直接相关的重要功能。所有患有肝脏疾病的动物都应进行血清生化分析，包括白蛋白水平和凝血功能筛查，并鉴定血型及准备相合的新鲜冰冻血浆。

白蛋白

肝脏的生理功能除了生物转化和药物代谢之外，还产生白蛋白。白蛋白是血浆中含量最丰富的蛋白质，可以结合包括麻醉药物在内的许多药物。由肝脏疾病所引起的白蛋白产量下降会导致药物-蛋白结合量下降，进而增加了游离或活化的药物形式。这就是为什么对于患肝脏疾病的动物的麻醉药用量较低，且这些动物需要非常小心的监控麻醉效果。

白蛋白还是血浆胶体渗透压的主要组成部分，胶体渗透压指血液的渗透压和淋巴/组织渗透压间的差值。严重的白蛋白水平降低（小于2g/dL）会引起组织水肿，尤其是在为维持体液平衡或麻醉而输注大量的晶体溶液时更容易发生。羟乙基淀粉（5mL/kg，每小时1~2mL/kg）可有效恢复和维持胶体渗透压，应与大量的晶体溶液一同输注。

维生素K

肝脏疾病同样会影响对手术中止血至关重要的凝血因子的形成。许多凝血因子（Ⅱ，Ⅶ，Ⅸ和Ⅹ）需要维生素K参与调控并维持正常生理功能。维生素K是脂溶性的，胆管堵塞或胆汁泄漏都可能影响其吸收。对于怀疑发生胆管堵塞或胆汁泄漏的患畜，应按1mg/kg的剂量皮下注射维生素K。

血清氨水平

许多患门静脉分流或是患严重肝脏疾病的犬可能会表现出肝性脑病的临床症状。肝性脑病是由于血清中氨的水平升高引起的复杂的代谢性疾病。在考虑进行麻醉和手术前，应降低血清中氨的水平并缓解肝性脑病的临床症状。

食物

应给予蛋白质水平有限但碳水化合物水平较高的食物，犬干粮的蛋白质基础含量为14%~17%，猫干粮的蛋白质基础含量为30%~35%。给予的蛋白质应是高质量蛋白质并含有较多的支链氨基酸。食物应含有较少的食物残渣且容易消化，以减少进入结肠的食物数量。给予猫的食物中必须含有精氨酸，这是尿素循环中的必需氨基酸。

乳果糖

乳果糖是一种口服的渗透性泻药，它可以减少食物经过胃肠道的时间，降低肠内容物的pH，并以铵离子的形式俘获肠道中的氨，同时可以减少结肠中产尿素酶的细菌数量。乳果糖口服剂量为0.01~0.03mL/g，每6~8h给药一次。这一剂量和给药间隔可以使每日产生2~4次中等软便。对于癫痫持续状态的动物或有严重神经抑制以至于无法口服药物的动物，可将乳果糖以灌肠方式给予。

抗生素

可以使用抗生素降低肠道内产尿酸酶细菌的数量。

- 硫酸新霉素（20mg/kg，口服，每6~8h一次）。通常认为硫酸新霉素是不被肠道吸收的，但应避免用于并发肾衰竭的动物。
- 甲硝唑（10~20mg/kg，口服或静脉注射，每12h一次）。这是较为常用的药物，但对于患肝脏疾病的动物可能会有神经毒性。

■ 阿莫西林（12mg/kg，口服，每12h一次），也有使用。

长期应用抗生素对于犬猫肠道菌群的影响仍未清楚。但因为乳果糖的药效要依赖于结肠细菌的代谢，所以对于小动物而言，抗生素和乳果糖合用的疗效值得商榷。

抗酸药物

患严重肝脏疾病的动物可能会并发胃肠道出血，这会成为胃肠道产氨的一个蛋白来源。用抗酸药或胃肠道保护剂来减少胃肠道出血症状，药物包括：法莫替丁（0.25~1mg/kg，口服或静脉注射，每12~24h一次），奥美拉唑（0.5~1.5mg/kg，静脉注射或口服，每24h一次），米索前列醇（2~3μg/kg，口服，每8h一次），硫糖铝（0.01~0.04g/kg，口服，每6~8h一次）。

惊厥

手术前发生惊厥的动物可能需要用丙泊酚（0.5mg/kg，静脉注射，后续每分钟0.05~0.1mg/kg）进行紧急镇静，以阻止惊厥行为；也可用苯巴比妥来进行镇静，但患畜可能由于门脉分流而造成肝代谢状态不定，所以很难对于单独的动物给出推荐用药剂量。

呼吸系统

上呼吸道疾病

患有可能引起上呼吸道梗阻疾病的患犬需要在进行确定性治疗之前稳定其状态，这些情况包括：喉麻痹、短头犬气道梗阻性疾病（branchycephalic obstructive airway disease, BOAD）、气管塌陷；还有些不很常见的情况也会影响上呼吸道功能，包括：猫的肉芽肿性喉炎、喉部或器官的挤压型创伤、异物、肿瘤以及气管撕裂。

要根据动物呼吸窘迫的严重程度决定麻醉后手术前所需要的稳定措施。一项关于喉麻痹的犬的动脉血血气分析的研究结果表明，临床症状的严重程度与低氧血症的严重程度有关，但即使在情况非常严重的患犬也不会发生通气不足（$PaCO_2$上升）（Love et al., 1987）。

许多患上呼吸道梗阻的动物可通过供氧、轻度镇静缓解症状以及全身性用药（地塞米松，0.01~0.02mg/kg，静脉注射）减少呼吸道肿胀。要建立静脉通路，以防病情恶化。

供氧

常用的供氧方式包括：氧气笼（图9.3.a）、改良接有氧气管的婴儿孵育箱、流动供氧（图9.3b）以及面罩供氧。不建议使用放置鼻管的方式供氧，因为这需要保定动物，且动物常会发生挣扎，会增加氧气消耗量。

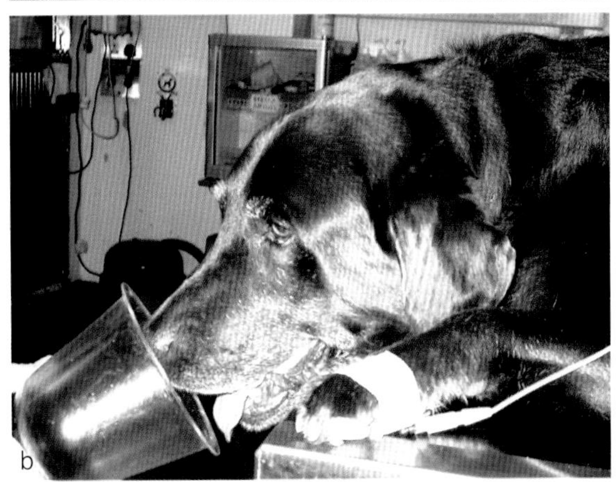

图9.3 供氧。（a）将由于喉麻痹而发生呼吸困难的犬放置于氧气笼中 （b）喉麻痹的犬在等待放置静脉导管时吸氧。（a, ©David Holt; b, V Lipscomb 惠赠）

镇静

血压正常的动物可以用乙酰丙嗪（0.005~0.02mg/kg，静脉注射）± 阿片类药物（布托啡诺0.2~0.4mg/kg），可有效改善呼吸抑制的症状。但有一点很重要，乙酰丙嗪可降低正常动物的喉外展度，这给用喉镜检查确诊喉麻痹增加了难度。

高热

上呼吸道堵塞的患畜需要增加肌肉活动来保证有效通气，这常会造成实质性产热以及显著高热。使用冷的液体进行静脉输注是最有效的降低核心温度的可控方法。

实用技巧

为避免降温过度导致体温降低，应在动物体温降至39.5℃时停止激进的冷却疗法。

心律失常

使用心电图严密监控患上呼吸道疾病的动物。慢性上呼吸道结构异常或疾病会导致迷走神经紧张性升高，当咽喉受到刺激时可能会引发严重的心动过速、心搏徐缓或骤停。但患喉麻痹的动物很少会发生室性心律失常的情况。

插管

对于一些严重上呼吸道堵塞的病例，需要快速进行插管以防止呼吸抑制以及后继的心跳骤停。建立静脉通路。通常这一过程需要心电图仪和良好配置的急救推车（图9.4）或急救箱，急救推车/急救箱中应包括：不同尺寸的气管插管、套管针、聚丙烯导管、喉镜以及急救药物。

- 注射插管所需的最小剂量的药物，然后用喉镜在直视条件下进行插管。

- 如果怀疑发生气管撕裂，应用小尺寸的插管并小心插入以避免恶化撕裂伤或使撕裂端完全分离（猫的气管破裂常由于气管插管所伤或是交通意外伤害，常发部位位于气管的胸腔入口附近）。

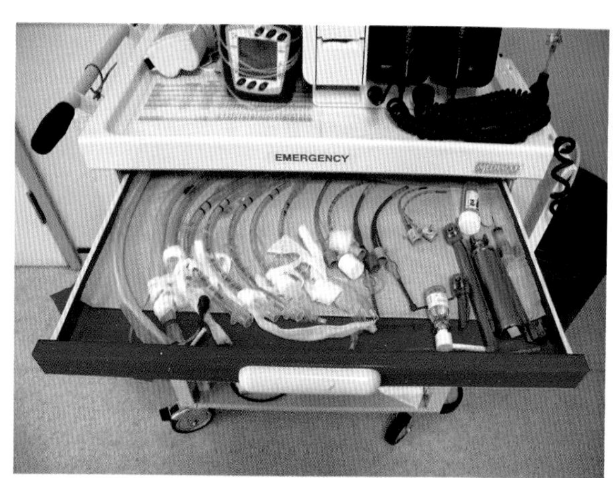

图9.4 急救推车，内放有不同规格的气管插管、套管针、聚丙烯导管、喉镜以及急救药物

- 对于喉麻痹或是BOAD的动物，有时可能需要延迟建立确定性治疗方案，比如需要进一步的稳定或检查、治疗吸入性肺炎、转诊等。这时可以在麻醉苏醒期放置临时的气管切开插管。

下呼吸道以及胸膜腔疾病

需要手术治疗的下呼吸道和胸腔疾病包括：气胸、胸腔积液、膈破裂、肺炎、肺挫伤、肺水肿和气肿。

气胸

气胸常继发于胸腔创伤，或由于肺泡破裂引起（所谓的原发性自发性气胸）。很多情况下，动物有能力代偿由于轻度的气胸引起的肺容量下降，同时通气量和气体交换并不会受到影响。关于气胸患畜是否需要手术以及何时适合安全的进行麻醉和手术仍是个存在争议的问题，讨论焦点在于正压通气可能会导致已损伤的肺再次发生泄漏。关于这一问题没有确定的答案，理想的麻醉程序是尽可能让动物自主呼吸，需要时进行有限的正压通气，峰值吸气压力（peak inspiratory pressures, PIP）应保持在10cmH_2O以下。

胸腔穿刺术

病情严重的患畜需要进行胸腔穿刺。小型犬和猫可使用蝶形导管以及延长装置进行胸腔穿刺，大型犬使用静脉导管，详细的操作方法可参见本书第8章。

■ 助手使用注射器或三通阀小心地抽去空气。

■ 当胸腔达到负压状态时，移去穿刺针/导管并重新评估动物的临床状态。此时胸腔在放射摄影检查时可能仍会存在数量不等的空气。

■ 如果胸腔无法达到负压状态，应检查导管、三通阀以及注射器之间的连接状态。

胸腔引流

伴有持续性空气向胸腔内泄漏的顽固性或渐进性呼吸抑制的患犬需要放置胸腔引流管。虽然可以在镇静或局部麻醉的状况下进行胸腔引流的操作，但还是建议在全身麻醉的状态下进行胸腔引流。气管插管和谨慎的全身麻醉可给予医生充足的时间进行操作，同时可以给予患畜100%氧气以及一旦发生紧急状况可以完全控制呼吸道的状况。只有使用小口径钢丝引导的胸腔引流管的时候可以例外，这是一项最近才在兽医患畜上应用的技术，通常只需要镇静便可完成（Valtolina和Adamantos，2009）。

■ 无论选用何种引流管或引流技术，通常都需要令患畜侧卧并剃除一侧的胸腔的毛发。

■ 在切开位置注射2%的利多卡因溶液（0.2mL/kg），以对皮肤、肌肉以及胸壁进行局部麻醉。

■ 插入引流管时应暂停人工通气，同时立即将注射器与引流管相连接，以吸出残留的液体或气体并预防医源性损伤。

■ 引流管放置后，用荷包缝合以及中国指套缝合术将其固定。

■ 在引流管上安放一个夹子，并在引流管的末端连接上三通阀，以提供两处的管道密封保证。

■ 在放置引流管后进行胸腔放射摄影以记录引流管位置是一个常用的实用方法，这样便于在去除胸腔内的液体和气体后重新评估胸腔疾病。

■ 如果无法对引流管进行间断性抽吸以处置气胸的状态（这种情况极不常见），可将引流管连接上吸引装置（如Pleurovac），并以10~15mmH$_2$O的压力进行吸引。

表9.2总结了作者及编者常用的三种非手术性

表9.2　三种非手术胸腔引流管的放置技术比较

类型	优点	缺点
套管针式胸腔引流管（图9.7a）：16-30Fr的PVC管，远端开有2~4个孔（技术9.1）	可快速操作 大管径可用于吸取黏稠的液体	建议在全身麻醉状况下操作 PVC管相当坚硬，与软质的硅管相比可能会造成患畜不适（管的直径同样会影响患畜的舒适度）。如果在进入胸腔时操作不够小心，可能会造成医源性的胸腔内结构损伤，尤其对于小型犬和猫
用止血钳放置胸腔引流管：PVC套管针或无套管的硅引流管（在末端额外开2~4个孔，图9.7a），16-30Fr（技术9.2）	硅管比PVC管柔软且刺激性小 大管径可用于吸除黏稠的液体 对于胸腔内结构的医源性损伤可忽略不计	建议在全身麻醉下操作 可能需要进行“迷你胸腔切开术”以进入胸腔
小口径钢丝引导的胸腔引流管（改良的Seldinger技术，技术9.3）：聚氨酯多孔导管，14G，20cm长	聚氨酯制的小直径管可减少患畜的不适感，尤其是对于小型犬和猫 操作迅速 对于胸腔内结构的医源性损伤可忽略不计 通常只需要在镇静状态下进行操作	一旦导管进入胸腔，术者只能够通过引导线的轨迹对于导管进行少量的操纵；因此引流管通常无法放置在最理想的位置 与大直径导管相比，仅有14G的导管容易发生移位、堵塞或无法完全移除黏稠渗出物（例如在脓胸病例）

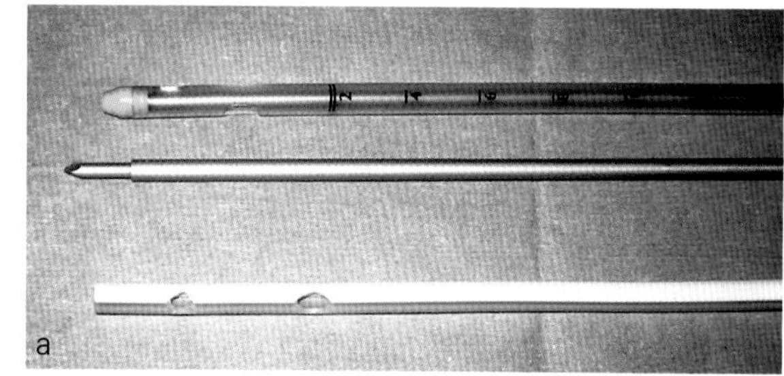

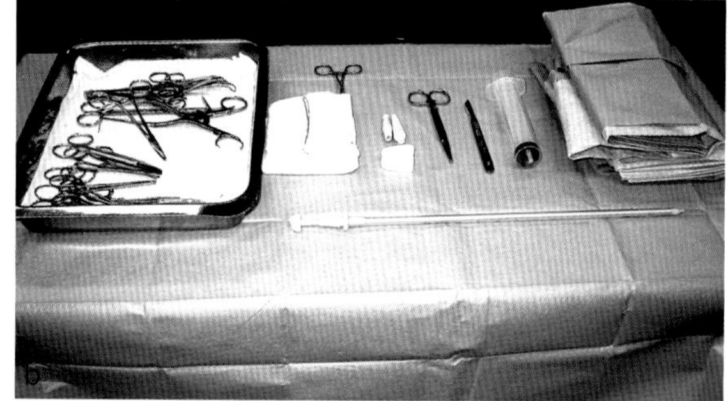

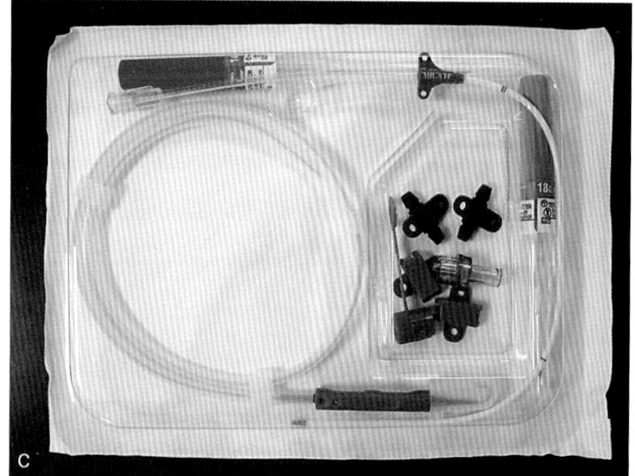

图9.5 （a）PVC胸腔导管（上方）及其套管针（中间），以及额外开孔的硅质无套管的引流管（孔径约为管直径的1/3）（b）安置胸腔引流管所需的器械 （c）多孔胸腔引流导管（胸腔导管-内有引导线，MILA International）（a由David Holt提供，b、c由R Goggs提供）

胸腔引流技术的配置、优点以及缺点。

胸腔积液

胸腔积液时可采取与气胸穿刺类似的方法进行引流（参见本书第8章）。在无法明确发生积液的原因时，应小心询问畜主动物是否有抗凝剂的接触史。应保存胸腔积液的样品以供实验室分析。有些大量渗出的慢性病例，如果立即引流出所有胸腔液，可能发生致命的再膨胀性肺水肿。根据渗出的原发病因不同，胸腔引流可能会引起快速的再次积液或血管内容量的骤减，所以可能需要进行容量补充。

技术 9.1 放置带套管针的胸腔引流管

1. 在第9或第10肋间附近的近背侧区域做一穿刺性切口。引流管通过这一切口并沿着皮下向头侧方向前进大约3根肋骨的距离，形成一个引流管用的皮下隧道。
2. 将引流管垂直于胸腔放置，紧握住引流管的远端和近端，缓慢增加下压力并轻轻旋转，直至引流管尖端进入第6或第7肋间。控制压力增加的速率和牢固抓持引流管远端是非常重要的，这可以防止不可控或突然的胸腔透创（注意：不需要“冲击”或用力扎胸壁）。

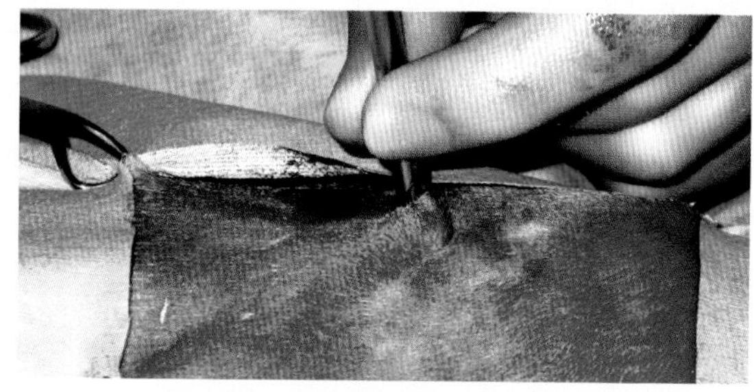

图片由V Lipscomb提供

3. 钳夹引流管以防止发生医源性气胸，并同时连接上合适的接头以及注射器。

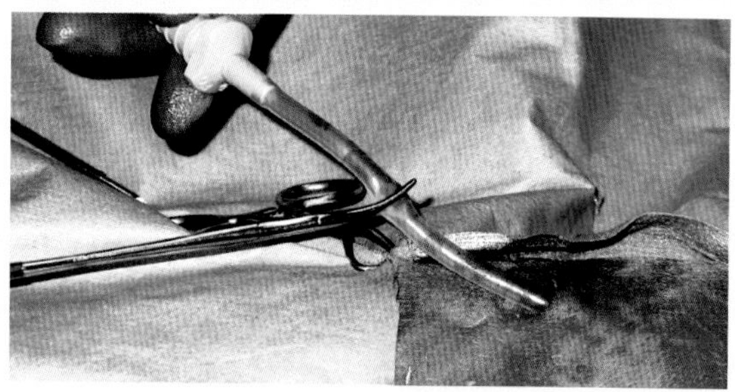

图片由 V Lipscomb提供

4. 在引流管上依次安装安全夹、接头以及三通阀。可以用连接在三通阀上的注射器进行引流和抽吸。

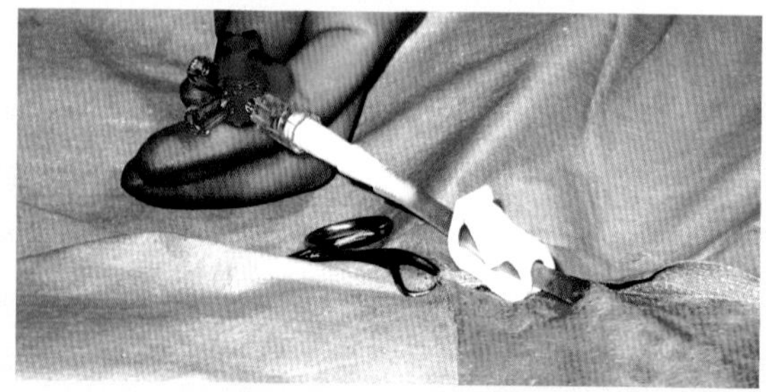

图片由 V Lipscomb提供

技术 9.2 用止血钳放置胸腔引流管

1. 在第6和第7肋间隙上方直接做一个小切口。
2. 用一对止血钳制造一个通向胸腔的小开口。

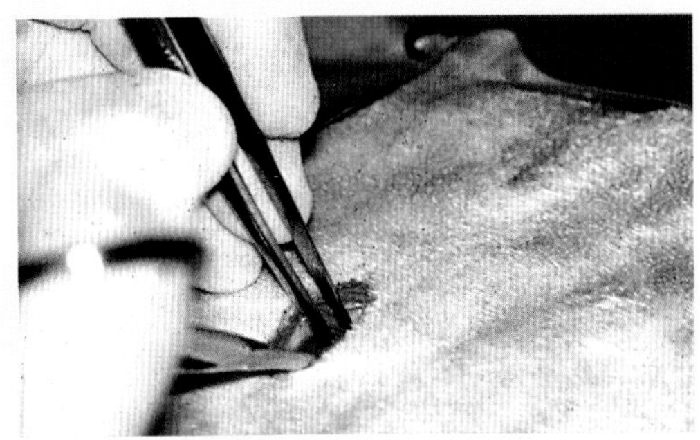

图片由 David Holt提供

3. 用止血钳或穿刺针将引流管直接放入胸腔内并向头侧推进。

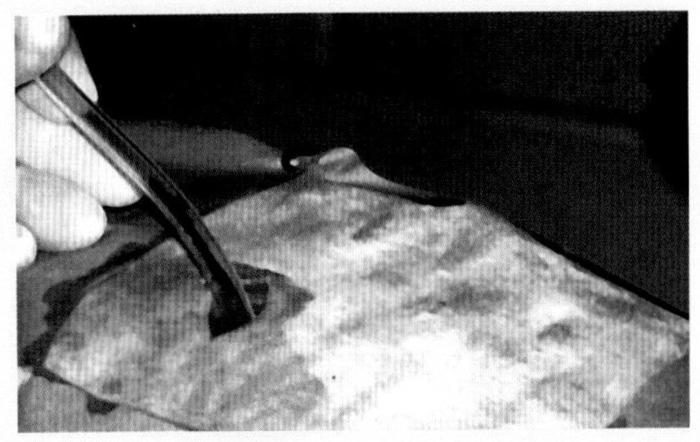

图片由 David Holt提供

4. 在第一个切口尾侧6~8cm的距离处做第2个切口，用一对止血钳通过第2个切口沿着皮下到达第1个切口，并将引流管的尾端用止血钳从第2个切口处拉出，从而形成引流管用的皮下隧道。

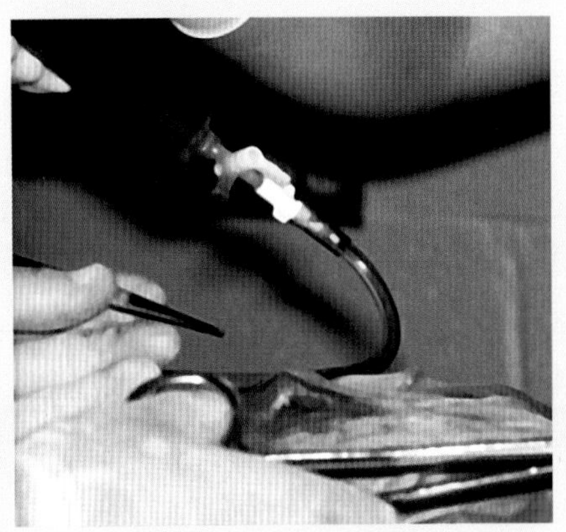

图片由 David Holt提供

5. 闭合两个切口，并用荷包缝合以及中式绕指缝合法固定引流管。

技术 9.3 放置小口径钢丝引导的胸腔引流管

1. 在第9或第10肋间做一个小的穿刺切口。气胸穿刺取上1/3的位置，胸腔积液取1/2的位置。
2. 用14G的插管导引器通过切口，在皮下向头侧推进一个或两个肋间隙的距离，并在第7或第8肋间隙插入胸腔。应避免在肋骨后缘进入胸腔，以减少损伤肋骨后缘神经血管束的风险。
3. 将导引器沿着引导针完全推进胸腔。
4. 移除引导针并沿导引器的导管向前背侧方向插入J型钢丝，钢丝向前进12~20cm或遇到阻力时停止。
5. 去除导引器导管，但将引导钢丝留在原位。
6. 沿着导引钢丝将14G的引流管推进胸腔。
7. 抽去在放置过程中可能带入胸腔的空气。
8. 用引流管上的固定孔将导管固定在皮肤上。

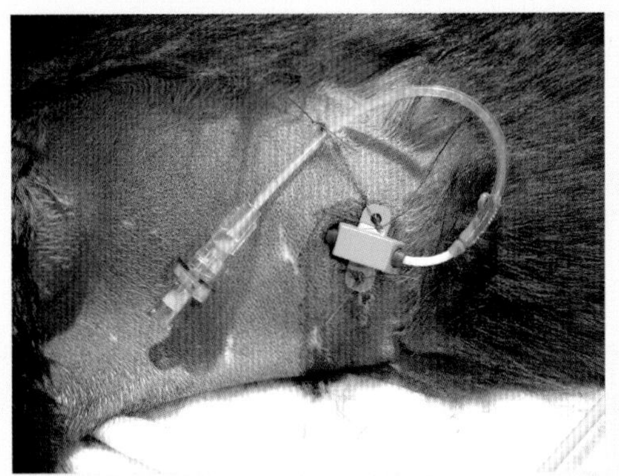

图片由 R Goggs提供

9. 如果无法将导管完全插入（小型动物），应用中式绕指缝合法或引流管套装中的有翼适配器将导管固定于皮肤上。
10. 建议每日用无菌生理盐水冲洗引流管数次以减少管道堵塞的风险。

吸入性肺炎

发生返流或呕吐的动物可能会发生吸入性肺炎。非酸性液体（pH>2.4）比酸性液体对肺的损伤更小，吸入颗粒状物质可能会增加肺部损伤的严重程度。吸入性肺炎的可能并发症是肺部的细菌感染。

继发于食管异物的吸入性肺炎的动物，应根据其呼吸损害的严重程度决定所需要的稳定治疗措施。

■ 应用面罩、鼻管或氧气笼供以湿润氧气以改善低氧血症的情况。

■ 可用支气管扩张剂如β激动剂（舒喘宁、特布他林）或甲基黄嘌呤（氨茶碱）以预防或治疗支气管狭窄。

■ 对于氧气供应无明显疗效的严重呼吸损害的情况，应采取气管插管和通气措施。

患畜会由于液体渗入肺间质和肺泡而丢失大量体液。吸入性肺炎引起的肺水肿通常会含有大量的蛋白质。而静脉输注晶体溶液以及高分子量胶体溶液（羟乙基淀粉）可有效补充这些丢失的液体。

■ 原则上应供给改善和维持组织灌注的最小体积的晶体溶液和胶体溶液。过度的液体复苏会增加肺毛细血管的静水压，导致更多液体通过肺毛细血管上皮泄漏入肺泡。

■ 应对症静脉输注广谱抗生素以对抗革兰氏阳性菌、革兰氏阴性菌以及厌氧菌所引起的感染。

■ 麻醉诱导后，应立即通过无菌气管插管进行气管刷洗以留存样品供细菌培养和药敏试验。

膈破裂

膈破裂的动物会表现不同程度的呼吸困难，但供氧通常会有效改善动物的呼吸状态。

如果胃经由膈的破裂处进入胸腔会很快引起急症状况。胃压迫肺实质会引起呼吸困难和吞咽空气，吞入的空气会引起胃扩张并恶化呼吸困难的状况。这一恶性循环会马上危及生命。

■ 温顺的动物可通过插入鼻-食道导管来缓解吞咽空气的状况。

■ 对于清醒动物采用经皮的胃穿刺术进行放气，但胃内的空气会快速再次形成。

■ 焦虑会恶化动物的呼吸能力，挣扎会增加氧气的消耗量。因此可能需要进行全身麻醉。

■ 胃压迫常会导致自主呼吸无效，可以给予正压通气（PIP<10cmH_2O）以维持氧气供应。

■ 根据放射摄影检查对于胃在胸腔内的定位结果，用一个大口径的导管通过第7至第9肋间隙穿透入胃部以去除吸入的空气。

■ 一旦移除了胃内的空气，应插入胃管减缓胃部压力直至膈修补完成。

心血管系统

犬最常见需要进行手术的心血管系统疾病是瓣膜性心脏病，猫是心肌病。

犬的瓣膜性心脏病

犬最常见的瓣膜性心脏病是二尖瓣异常。二尖瓣返流会引起冲击血量减少以及动脉血压下降，引发肾素-血管紧张素-醛固酮通路的活化，交感神经活化以及钠水潴留。有时还会发生容量潴留、左心房扩张以及肺毛细血管静水压力增高，进而导致肺水肿。

在术前检查时发现心杂音时，应仔细询问畜主关于患犬的运动耐受度以及咳嗽或呼吸困难的情况。进行胸腔放射摄影检查并小心评估心脏尺寸和肺水肿的情况。评估尾侧的心腰位置、背腹位的心脏尺寸以及肺的脉管系统以检查是否存在心脏衰竭的征象。

如果动物患有心脏衰竭，应推迟选择性手术直至动物情况稳定。关于心脏衰竭动物的急症治疗超出了本章讨论的范围，可参见《犬猫急症和重症监护手册》（BSAVA Manual of Canine and Feline Emergency and Critical Care）一书。

状况稳定或慢性的瓣膜性疾病主要通过利尿剂治疗（呋塞米 1~2mg/kg，口服，12h一次），通常还可使用血管紧张素转化酶抑制剂。匹莫本丹是一类口服的钙敏感的纤维扩张剂，可用于更晚期的状况。

■ 麻醉和手术前应评估动物的水合状态。

■ 术前应重复进行胸部放射摄影，并检测肾功能、血清电解质水平以及酸碱状态。

■ 术前应多次测量间接血压。

■ 如果可能，应安排患畜在手术前一晚住院并给予缓慢输液。这可以保证动物在手术时体内的液体和电解质平衡处于最优状态，在使用麻醉药时帮助维持血压并减少手术过程中的输液量，进而减少心脏过载和肺水肿的机会。

■ 麻醉诱导前应吸氧。

这类患畜有许多可选用的麻醉组合方式，应根据心脏危重的程度、手术的侵入性和时间以及并发症的情况来选择药物。可通过使用阿片类和苯二氮䓬类药物以避免发生应激和强制性保定。诱导药物应缓慢滴入以发挥效果，常用的诱导药物包括：丙泊酚和依托咪酯，应根据疾病的严重程度选用合适的药物。

猫心肌病

猫常见的心肌病是心室肥大，可能继发于甲状腺功能亢进或为自发性。

甲状腺功能亢进

甲状腺功能亢进的猫常在进行决定性手术或放射性碘（I-131）治疗前会用试验性甲硫咪唑进行治疗。某些猫会由于甲状腺功能亢进导致肾脏灌注增加以至于掩盖了潜在的肾脏疾病。

■ 在使用甲硫咪唑（10~15mg/kg，口服，每日分2次服用）稳定甲状腺水平前后应测定血清尿素、肌酐、电解质水平以及尿比重。

■ 血清甲状腺素水平的稳定常会缓解甲状腺功能亢进所引起的肥大性心脏病。

■ 自发性心肌病应根据放射摄影检查、超声心动图以及血压测定结果制订稳定方案。

心房扩张

有心杂音但无心房扩张的猫通常不需在术前进行任何处置，但临床医生应在手术中非常小心地进行输液。

患有心房扩张、心动过速以及超声心动图检查结果存在心脏舒张性功能障碍的猫，可以用β肾上腺能颉颃剂（心得安 0.5~1mg/kg 口服 每8~12h一次）。麻醉前配合阿片类药物给予α_2受体激动剂（右旋美托咪定 2~5μg/kg）有助于减少应激、预防心动过速并可减轻这些病例的主动脉出口堵塞症状。

泌尿生殖系统

泌尿道堵塞或泄漏常会引起严重的脱水、氮血症、高钾血症以及酸中毒。

高钾血症

严重的高钾血症是致死性的，需要紧急的治疗。高钾血症的患畜通常会呈倒卧和半昏迷状态。

高钾血症会使静息膜电位增加至接近阈电位的水平，引起肌肉无力和心律不齐。在无法马上检测血清钾离子水平的时候，可根据心电图的变化以及精神抑郁和严重的精神状态的改变来提示存在致死性的高钾血症。

■ 在血清钾离子浓度>6.5mEq/L时，心律不齐是最早出现的症状，此时心电图上可见P-R间隔延长以及峰值T波。

■ 当高钾血症更为严重时，会发生P波缺失（心房停滞）以及QRS复合波渐进性变宽。

针对高钾血症，可缓慢滴注10%的葡萄糖酸钙（0.5~1mL/kg，一种功能性的钾离子颉颃剂），并在滴注时用心电图密切监控。尽管钙离子不会降低血清钾离子的浓度，它只能够提高阈电位水平并使细胞膜恢复并维持正常的兴奋性20~30min。同时应合用胰岛素（0.5~1IU/kg）和葡萄糖（1~2g/IU）以促进细胞摄取钾离子以降低细胞外液中的钾离子浓度。

泌尿道堵塞的动物通常会发生严重的酸中毒。可缓慢静脉滴注碳酸氢钠（1~2mEq/kg）以纠正酸中毒，然而，这可能会降低血清离子钙的水平，进而加重高钾血症的症状。

再水合

应立刻放置静脉通路并使用温热的液体进行复水。如果可能，应在复水完成以及电解质异常缓解的时候再进行麻醉和手术。

输液的速率取决于脱水的严重程度。计算液体需要量时应考虑脱水的程度并计划在4~6h内纠正脱水状况。输液的起始速率还应考虑维持体液的需求和泌尿道、呕吐和腹泻所引起的可能的液体丢失。

关于可用的液体种类现在还存在着争议。有些医生会使用0.9%氯化钠溶液以避免输入钾离子；有些人则认为0.9%的氯化钠溶液会加重强离子的差异，所以应该使用平衡的电解质溶液（Nromasol R）来得到较好的临床效果；还有人推荐用含2.5%葡萄糖和0.45%氯化钠的溶液。一般来说，在不存在严重的高钾血症（>8.5mEq/L）的情况下，是可以使用平衡电解质溶液的。

导尿

在复苏治疗进行的同时应着重缓解泌尿道梗阻或泄漏的临床症状，只有当钾离子浓度下降到6.5mEq/L以下的时候才可以进行麻醉诱导。重新建立排尿系统并恢复肾脏功能，这样可保证血清钾离子浓度和酸碱状态恢复正常。

导尿管：在一些尿道堵塞的病例中，应尽可能将导尿管经由尿道插入膀胱中。通常通过导尿管用生理盐水冲击法将结石或“栓塞”反冲回膀胱内。

有些病例中，导尿管无法通过尿道。可通过膀胱穿刺术减轻膀胱的压力后再次尝试插入导尿管。对于一些尿道堵塞严重而无法用常规导尿管导尿的雄猫，可尝试将软质的金属丝（weasel wire，0.4572cm）推进膀胱，然后用3Fr的红色橡胶导尿管沿着金属丝推进膀胱并导出尿液。另外一种方法是：如果有透视的设备，可以用注射针经皮肤刺入膀胱，用透视引导“weasel wire”经过注射针进入膀胱，然后正向从尿道推出，然后用导尿管沿着weasel wire反向通过尿道进入膀胱。

膀胱切口导管（tube cystostomy）：有时可在动物镇静的状态下使用导管膀胱切开术将膀胱中的尿液引出。

1. 腹部腹侧剃毛并进行无菌准备。
2. 在轻度镇静的情况下使用局部麻醉药（在堵塞未解除前禁止使用α_2受体激动剂）。在后部腹中线（或雄犬的阴茎包皮周围）做一个微小开腹切口。
3. 将Foley导管通过体壁上的第二个小切口进入腹腔，并经过荷包缝合进入膀胱。
4. 将Foley导管上的气囊充气，收紧荷包缝合后闭合切口。
5. 将导管连接上闭合的无菌尿液收集系统。

急症引流：急症情况下，可通过大规格带孔的静脉导管或腹腔透析管将尿液自腹腔中引出（图9.6）。

1. 对后腹部进行无菌准备，并在局部注射麻醉药。
2. 在脐后方用手术刀片做一穿刺性切口，将导管自此切口内插入腹腔并向后方推进。
3. 进入腹腔的操作应小心进行，以免损伤腹部脏器。
4. 将引导针从导管中拔出，并将导管缝合固定，连接上封闭的无菌尿液收集系统。

子宫蓄脓

老年未绝育母犬经常会因为治疗子宫蓄脓而需要进行手术。严重感染或子宫破裂的动物会发生败血症性休克。脱水和电解质失衡的程度取决于呕吐所丢失的液体量、进入子宫的液体量以及排尿量。子宫蓄脓的患犬还常会发生内毒素引起的肾功能不全。

■ 建立静脉通路，并采集血样以分析细胞压

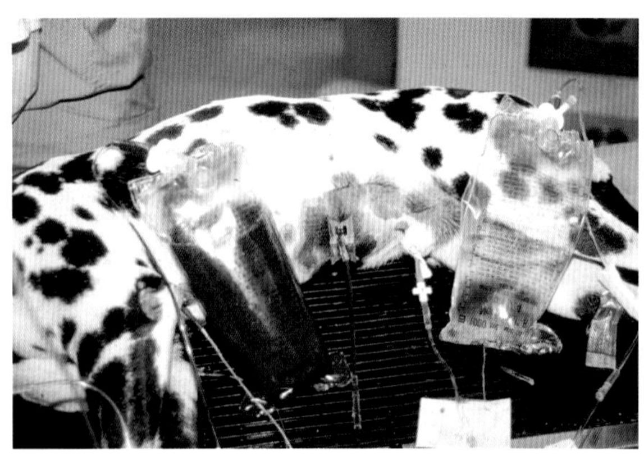

图9.6　一只大麦町因为长期尿道堵塞而引起膀胱破裂。解除尿道堵塞后安置留置性导尿管以引流尿液，同时使用腹膜透析导管将腹腔中的尿液引出（David Holt 提供）

积、总蛋白、尿素氮、肌酐、电解质以及血气分析。

■ 实施静脉输液以使脱水的动物在2~4h内达到稳定状态。

■ 输液量和输液速率的计算类似于前述的小肠手术所用的计算方法，输液的总量应根据脱水程度、进行性体液丢失量以及维持体液所需要的液体量来计算。

■ 许多病例的血清尿素氮和肌酐值只有在手术治疗后才会恢复正常。

子宫蓄脓的最常见的细菌培养结果是大肠杆菌，但有时也会分离出葡萄球菌和链球菌。可静脉输注的有效对抗大肠杆菌的抗生素包括：喹诺酮类、头孢菌素类、加强青霉素以及甲氧苄啶/磺胺。

对于败血症性休克的动物的治疗类似于本章前述的腹膜炎的稳定治疗部分。

骨科手术

很多患有骨科疾病的患畜的身体其他方面都是健康的，在手术前仅需要少量的稳定措施。

骨折病例通常会由于交通事故或跌落而伴有严重外伤。应在快速评估患畜的中枢神经系统、呼吸系统以及心血管系统的状态后立即进行相应的稳定措施。

■ 呆滞或昏迷的状态提示患畜可能受到头部创伤。

■ 可能需要插管以提供合适的通气状态以及血氧供应。

■ 应小心检查上、下呼吸道以及胸壁是否存在外伤。

■ 道路交通意外所引起的骨折常常会伴发肺挫伤、气胸以及膈破裂。这些动物常会因为出血而继发灌注不足。对于怀疑发生肺挫伤的动物应采取目标指引的限量容量恢复措施，静脉输注晶体溶液（10~20mL/kg），并组合应用胶体溶液、高渗盐水以及血液制品，采取这些措施可以减少肺水肿的发生风险。

一旦完成初期的检查，应该及时处理危及生命的损伤，开始相应的复苏治疗并进一步的检查。

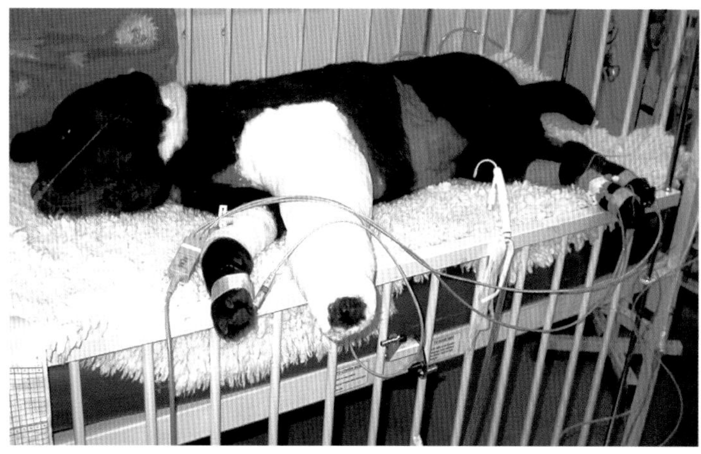

图9.7 前肢开放性骨折的患犬，伤口用Robert Jones绷带包扎，同时患犬接受静脉输液以缓解低血容量性休克，并经鼻给予氧气以治疗肺挫伤。由于该犬卧床不起，所以安置了留置性的导尿管以监控尿量，该犬的爪部连接有心电图的垫子以监控室性心动过速的状况（图片由V Lipscomb提供）

■ 小心触诊膀胱，有时在骨盆骨折的病例中，即使膀胱完整也不能排除尿道撕裂或横断的发生。

■ 一旦复苏治疗使全身灌注情况获得改善，应再次评估四肢的灌注状态和神经功能。

■ 骨折、脱臼以及外伤的治疗需要在全身麻醉的状态下进行。在动物的状态稳定到可以接受全身麻醉之前，应用灭菌的水溶性凝胶覆盖任何开放性的骨折或创口，并用厚的敷料包扎。包扎敷料应由灭菌纱布、棉花或铸件垫、纱布绷带以及弹性的外层材料所组成（图9.7）。接近肘关节和膝关节的骨折包扎时应包括肩关节或髋关节，并围绕躯干以提供固定。

疼痛管理

对于创伤患畜的术前稳定以及骨科手术的准备工作而言，术前的疼痛管理是一个必须的步骤。在治疗过程的早期运用复合镇痛方法可以降低整个手术过程中对于麻醉药物的需求量，容许动物在术后可以更快速地恢复生理功能以及接受物理治疗（详见本书第14章）。

阿片类药物

阿片类药物是骨科急性期和术前阶段所使用的主要镇痛药物。由于骨科疾病所带来的严重疼痛，建议使用的药物是单纯的μ受体激动剂，这类药物还可以减少吸入麻醉药的用量。常用于急性疼痛控制以及麻醉前用药的首选药物包括：吗啡（犬：0.1~1mg/kg；猫：0.1~0.4mg/kg），氢化吗啡酮（0.1~0.2mg/kg），芬太尼（1~5μg/kg+每小时3~10μg/kg）。

非阿片类药物

某些情况下，阿片类药物无法产生足够的镇痛效果，这时合用的其他药物开始产生主要的镇痛作用。

- 加巴喷丁（5~10mg/kg，口服）以及氯胺酮（0.5mg/kg 静脉注射+每分钟1~3μg/kg）对于治疗和预防中枢神经亢进以及在围手术期治疗神经源性疼痛有着很关键的作用。氯胺酮还可以作为麻醉诱导和维持方案的一部分。
- 可注射的非甾体类抗炎药物（卡洛芬2.2~4.4mg/kg皮下注射或静脉注射；美洛昔康0.1mg/kg静脉注射或皮下注射）与阿片类药物合用时可发挥协同镇痛效应，但只能够用于稳定且水合状态良好的患畜。

局部麻醉药

局部麻醉药有多种用途，可用于清醒或麻醉动物的局部、神经轴以及局部疼痛控制。使用局部麻醉药可明显减少全身性镇痛药物以及麻醉药物的用量，进而减少相关的不良反应。

内分泌疾病

糖尿病

对于患糖尿病的动物，医生在术前应该考虑更多的问题：

- 未经治疗的糖尿病患畜通常会表现明显的脱水症状，以及严重的电解质和酸碱失衡。
- 控制不良的糖尿病患畜会增加术后感染以及伤口愈合不良的风险。
- 住院和手术引起的应激可能会增加胰岛素的需求量。

对于糖尿病患畜的选择性手术可以推迟至用常规食物和皮下注射胰岛素可以良好控制血糖水平的时候。术前应进行彻底的体格检查以及血细胞计数、血清生化分析和尿液分析及培养。在手术前应治疗并解决之前的感染问题，尤其是泌尿道的感染。

- 动物应在手术前晚进食，并按正常的晚间剂量注射胰岛素。
- 在手术当天早上，禁食并皮下注射正常剂量一半的胰岛素，除非在未给予胰岛素的情况下，血糖水平小于8.3mmol/L。
- 应安置静脉导管以供术中和术后采集血样测量血糖之用。
- 应准备2.5%和5%的葡萄糖溶液以及常规胰岛素，以治疗围手术期的高血糖症。
- 理想的情况下，血糖应维持在5.5~13.9mmol/L。
- 根据手术过程以及污染菌落的可能敏感性给予围手术期的抗生素治疗。

肾上腺皮质功能亢进

在转诊中心可能会进行继发于功能性肾上腺肿瘤的肾上腺皮质功能亢进的治疗性手术。然而，全科医生可能需要对患肾上腺皮质功能亢进的犬进行手术以治疗并发疾病。

这些患畜通常给予米托坦（mitotane）或曲洛司坦（trilostane）。使用米托坦时，每日先用50mg/kg的诱导剂量分2次给予（即15mg/kg，每日2次），然后每周50mg/kg分2次给予。曲洛司坦的剂量为3~6mg/kg，每日1次。应根据临床症状以及ACTH刺激实验的结果小心监控治疗效果。

- 肾上腺皮质功能亢进的患畜存在感染和伤口愈合不良的风险。
- 应静脉给予预防性抗生素以减少伤口感染的风险。
- 在实验性啮齿类动物皮肤和肠道模型中，维生素A可对抗皮质类固醇在伤口愈合中的不良反应。但犬需要的药物剂量不明，本书的作者之一在临床病例上使用的剂量为每24h口服10 000~20 000IU一次。应在手术前数日开始给予维生素A并在术后持续给药10~14日。

结论

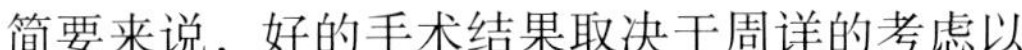

简要来说，好的手术结果取决于周详的考虑以及恰当的术前稳定。应根据对于患畜可能存在的并发症以及其他疾病所做的彻底的评估和检查结果采取相应的术前稳定措施。临床医生可根据动物对于术前稳定措施的反应的监控结果，给出何时进行麻醉和手术风险最小的正式判断，最理想的情况是动物的生理状况可能会恢复到接近于正常动物的状态。

10 输液疗法、电解质和酸碱平衡异常

Karen Humm 和 Sophie Adamantos

概述

电解质、体液和酸碱平衡的异常是外科患畜常见的情况。原发的外科疾病、并发症以及手术操作都会引起这些异常情况。本章集中讨论如何识别体液、电解质和酸碱紊乱，以及相关的病理生理学和治疗方法。

液体疗法

经静脉液体疗法是小动物诊所最常用的治疗手段。尽管还可以采用其他的方法（如骨髓腔内输液或皮下输液技术），但静脉输液仍然是简便、有效且广泛接受的技术。

液体疗法用于下列情况：

- 脱水动物；
- 灌注不足的动物；
- 全身麻醉状态下的动物；
- 酸碱和电解质失衡的动物（本章内容）。

脱水和灌注不足是不同的概念，理解两者间的差异是非常重要的，一般可通过体格检查的结果来识别与推论具体的情况。

- **脱水**：指体内的水分丢失导致所有的体液成分（图10.1）等比例降低的过程。体内大部分的水分存在于血管外成分内，所以脱水的症状表现为间质液和细胞内液的丢失，如皮肤弹性丧失、黏膜干燥等。

- **灌注不足**：指循环衰竭导致的组织灌注和供氧不足的情况，常由于灌注不足引起血管内成分的丢失（图10.1）。灌注不足可独立于脱水而发生（如急性失血引起的），也可并发于严重肠液丢失（呕吐和腹泻）的情况。灌注不足的临床症状包括：心动过速、异常脉搏、黏膜颜色异常以及精神状态的改变。

体格检查配合彻底的病史调查有助于辨别灌注不足和脱水。

脱水

任何有呕吐或腹泻的动物都至少存在轻度的脱水。在体格检查时发现皮肤弹性丧失、眼眶凹陷以及黏膜干燥等现象常被认为是脱水的特征，但这些依据是主观且不甚准确的（图10.2），它们有时会被掩饰或夸大。例如，皮肤的弹性会随年龄发生变

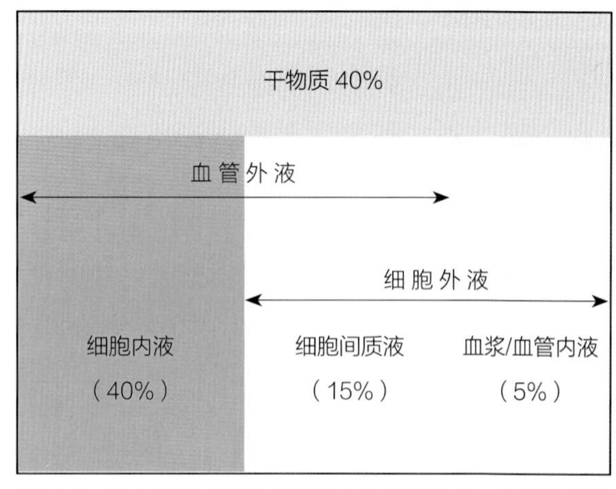

图10.1 体内体液成分和干物质占体重的比例。需要注意的是健康成年犬猫约60%的体重是液体；这些液体里的65%是细胞内液，5%为细胞外液。大部分的细胞外液（75%）是间质液（环绕细胞的液体），25%是在血管内

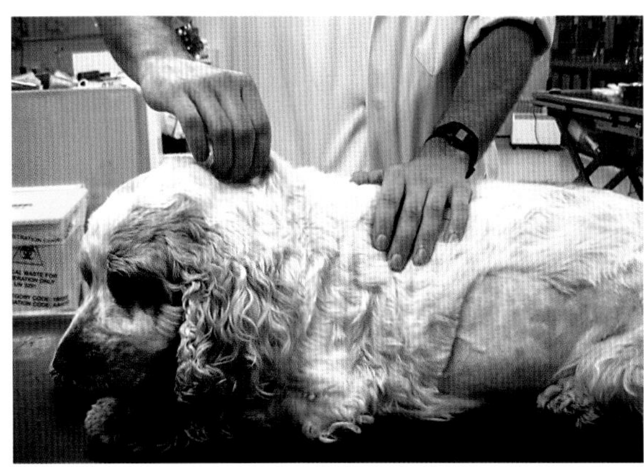

图10.2　通常将皮肤弹性丧失、眼眶凹陷以及黏膜干燥等认为是脱水的症状，但这些是主观且不甚准确的判断标准

化，干燥的黏膜可能会被晕眩引起的唾液分泌过多所掩饰。

可通过毛细管法、离心法、微量血球容量计阅读器以及折射计测量动物的细胞压积（PCV）和总固形物，这是一个评估脱水状态的实用方法，但需注意的是：某些疾病（如贫血或蛋白丢失性疾病）会影响测量结果的准确性（表10.1）。

表10.1　不同疾病情况下的细胞压积和总固形物变化

PCV	TP	解释
↑	↑	脱水
↑	N或↓	出血性胃肠炎 红细胞增多症
↓	N	贫血—溶血性或慢性贫血
N	↑	高球蛋白血症（如FIP）贫血和脱水
N	↓	低蛋白血症（如PLE，PLN）急性出血
↓	↓	出血贫血和低蛋白血症

FIP：猫传染性腹膜炎；N：正常；PLE：蛋白丢失性肠病；PLN：蛋白丢失性肾病。

了解动物最近的健康状态下的体重有助于准确评估脱水情况，因为急性的体重减少主要是由于液体（主要是水）丢失而引起的。例如，如果一体重10kg的动物在两日内体重减少1kg，这相当于缺少了1L的水分（10%脱水）。如果动物有体液过度丢失的病史，假设动物有约5%的脱水是安全的做法，补液对其有益。体格检查结果表明动物的脱水程度大于5%。大部分的患畜的脱水程度在5%~10%。

再水合（Rehydration）

理想情况下，静脉补液应持续24~48h且最好在任何手术开始前进行，但通常很难做到这一点。尝试较快的给患畜补充液体通常是无效的，因为给予的液体无法有效分配到血管外空间，过多的液体会通过肾脏排出。如果存在灌注不足的情况（见下文），需要在补液治疗前先纠正。很多病例无法在手术前等待48h的输液时间，这些病例需要在围手术期和手术中同时补液。表10.2显示了如何计算脱水患畜的液体需求量。

表10.2　脱水患畜的液体需求量的计算方法

液体总需求量以及输液速度的计算方法
1. 计算患畜补液所需的液体体积 所需的补液量（L）=脱水程度（%）×动物体重（kg） 2. 计算患畜维持体液所需要的量 通常估计为每小时2mL/kg 3. 计算预计的液体异常丢失量（比如通过呕吐或腹泻丢失的体液） 这是一个比较难估计的量。可尝试测量呕吐物和腹泻物的体积来进行估计，但这通常是非常困难的工作；可取的方法是根据估计的体液丢失程度增加额外的每小时0.5~2mL/kg的补液量。在补液时期，需要对脱水状态以及尿量进行常规评估，这一方法可以帮助了解是否存在持续性的异常并采取恰当的措施对其进行纠正。 4. 计算总的输液量 将上述（1）、（2）和（3）所计算的输液量相加求和
实例
一体重25kg的犬由于呕吐引起7%的脱水 1. 所需的补液量（L）=脱水程度（%）×动物体重（kg） =0.07×25kg =1.75L 2. 维持体液所需要的量［2mL/（kg・h）］ =2mL×25kg×24h =1200mL =1.2L

（续）

3. 异常的体液丢失量 预计该患畜会在24h内呕吐4次，估计的体液丢失量为1mL/（kg · h） =1mL×25kg×24h =600mL =0.6L 4. 24小时的液体需要总量 =1.75+1.2+0.6 =3.55L÷24h =3550mL÷24h =148mL/h［或小于6mL/（kg · h）］ 如果计划进行48h左右的缓慢补液，则需要将24h维持体液所需要的量和24h异常的体液丢失量加倍。 48h补液的液体总需求量 =1.75+2.4+1.2 =5.35L÷48h =5350mL÷48h =111mL/h［或小于4.5mL/（kg · h）］

灌注不足

灌注不足，或称休克，发生于灌注相对于组织需求而不足的情况，可导致组织的氧气供应、营养输送以及废物排泄量降低。

分类和诊断

灌注不足根据其原发病理生理学分为1-4型，但在有些病例存在一种以上的灌注不足的情况。

- **低血容量性**——由血管容量降低引起。这可能由失血引起，但也可能是血管内的液体快速的流向其他液体空间（常见的是进入第三腔，如因为呕吐或腹泻而向胃肠道转移）。
- **分配异常性**——由于明显的炎症或感染引起血管张力下降而引起。败血症是引起分配性休克的常见原因，败血症性腹膜炎和子宫蓄脓都可引起分配异常性休克。
- **静脉回流障碍性**——由于大血管阻断或心脏充盈阻断引起。如胃扩张-扭转（GDV）可引起后腔静脉阻断从而减少了静脉回流以及心输出量。
- **心源性**——由于原发性心脏病如扩张型心肌病、严重心律失常如室性心动过速等引起的心输出量不足造成，严重心律失常也可见于一些外科疾病（如脾破裂或胃扩张-扭转）。与其他类型的休克不同的是，发生心源性灌注不足的患畜可能不需要进行输液疗法；原发性心肌衰弱的患畜可能需要使用正性肌力药物以改善心输出量；节律不齐的患畜需要在心电图检查的基础上进行治疗以合理分配其心脏节律。

手术患畜的最常见的灌注不足原因是低血容量和分配异常。心源性和阻塞性的休克较少发生，但临床医生应该熟知这些休克情况的临床症状和治疗方法。

身体检查可以帮助通过以下症状识别灌注不足的患畜。

- 心动过速；
- 脉象异常；
- 可视黏膜颜色异常；
- 精神状态的改变。

描述脉象的词汇包括：高而窄（“高动力性”）或短而窄（“无力”）（图10.3）。

鉴别灌注不足的情况有助于制订治疗计划以及建立诊断方案。

- 表10.3概述了经典的不同阶段的**低血容量性休克**的犬的体格检查结果。
- 患有**分配性休克**的患畜的血管张力异常，导致外周血管扩张。表现为可视黏膜充血，而不是苍白，只有低血容量的患畜可能会观察到苍白的可视黏膜。
- 患有**阻塞性休克**的患畜会因其原发病症不同而表现出不同的症状。例如，心包渗出的患畜会表现出奇脉以及颈静脉扩张的症状；胃扩张-扭转综合征的患畜会表现为腹部膨大，紧张性气胸的患

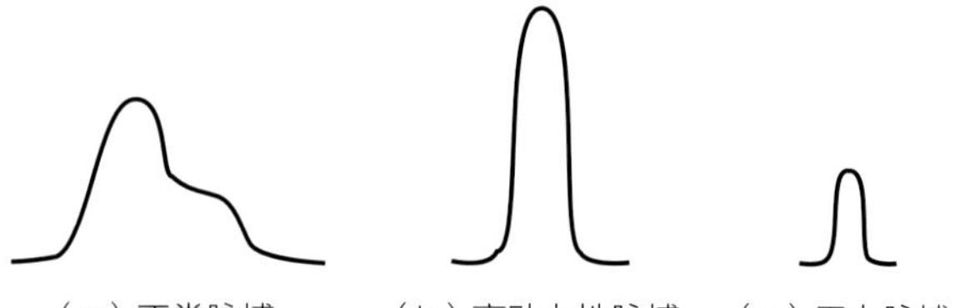

图10.3　直接动脉测量得出的脉象

表10.3 无并发症性犬低血容量性休克的临床评估指引

临床症状	轻度（代偿性）	中度	重度（非代偿性）
心率	130~150bpm	150~170bpm	170~220bpm
可视黏膜颜色	正常或偏粉红	苍白到粉红	苍白，灰色或不清楚
毛细血管再充盈时间	活跃，小于1s	活性降低，2s	小于2s或无法测得
脉搏幅度	增加	中度降低	严重降低
脉搏持续时间	轻度降低	中度降低	严重降低
跖中动脉	易于触诊	勉强可触诊	无法触诊

畜会有肺浊音。

■ **心源性休克**的患畜会听诊到心杂音和心律不齐。

猫的灌注不足

灌注不足的猫会表现出心动过速及高动力性脉象。然而，也可出现心动过缓、体温下降并开始出现精神抑制。猫出现心动过缓是一个提示进行进一步检查的重要症状，包括：测量体温和血压以及检查是否存在原发病症。

治疗

首先应纠正灌注不足的情况。

■ 手术前应补充血管内液体的缺失，这可以降低全身麻醉的死亡率和并发症发生率。给予的液体量取决于患畜临床症状的严重程度，症状较轻的患畜所需要的量比症状严重的患畜少。

■ 对于灌注不足的患畜而言，治疗的效果取决于动物的灌注复苏情况，因此标准剂量的液体疗法可能无法用于所有患畜，并且究竟何种溶液最适用于灌注不足的复苏治疗仍然是一个值得探讨的话题。

等渗晶体溶液：常见、廉价、不良反应极小的等渗晶体溶液是治疗这种情况的首选。等渗晶体溶液的“休克剂量”：犬60~90mL/kg、猫40~60mL/kg。出现灌注不足的症状的动物应根据其症状的严重程度，短时间内采用一定比例的“休克剂量”的输液治疗。“休克剂量”是根据单纯的血容量计算得出的，并且实验证明该剂量快速给予不会对动物产生不良后果。

液体复苏的目的在于，尽可能使动物在复苏治疗结束时恢复正常的心血管参数。当动物接受了起始剂量的治疗后，应重新评估动物的状态。如果心血管参数仍然表现异常，应给予额外的剂量（表10.4给出了一个相关病例）。在第11章具体讨论了如何区分和治疗灌注不足/休克的情形。

犬：通常可以在10~30min内推注等渗晶体溶液10~40mL/kg，具体的补液数量和时间应与临床症状的严重程度有关。对于特别大型的犬而言，在短时间内难以给予极大量的等渗晶体液的情形下，高渗生理盐水是个很有用的选择。5~20min内给予2~4mL/kg的高渗盐水与完全休克剂量的等渗晶体溶液有着相同的效果。

人工胶体溶液：人工胶体溶液是另外一种推荐用于复苏性输液的液体。它们可以维持血管内容量，因此与等渗晶体溶液相比，人工胶体溶液的复苏效果更好，持续时间更长。但没有证据显示人工胶体溶液的疗效比等渗晶体溶液更好。大部分的人工胶体溶液的最大休克剂量为24h内20mL/kg，如果是为复苏治疗使用，通常以10~20min内推注5mL/kg的作为起始剂量。

猫：猫的小体型以及易发生难以诊断的心脏病，使得这一物种的复苏治疗是一项困难的工作。应小心滴注晶体溶液和胶体溶液，并密切监控动物状态。猫的单位体重的基础血容量较低，所以容易发生输液过量的情况，因此与犬比较，用于猫的复苏输液量要小得多。推荐的起始输液量为：等渗晶体溶液10~30min内10~20mL/kg，胶体溶液20min内5mL/kg，高渗生理盐水5~20min内2mL/kg。血压是用以监控猫输液的一个很好的指标，输液时应维持收缩压在80~100mmHg。

疾病的鉴别诊断：一旦确认发生灌注不足的情况，并开始采取相应的措施以稳定患畜体征，就应该采取方法来确认引起灌注不足的原发病因。频繁的病史调查和体格检查有助于列出鉴别诊断的方向，从而为后续检查指明方向。例如，一只6岁的未绝育母犬，多饮多尿两周，体格检查结果符合分配性休克的特征，该犬极有可能患有子宫蓄脓症。

表10.4 用等渗晶体溶液治疗灌注不足

病例分析
一只10岁的斯塔福德郡斗牛犬，雄性未绝育，出现以下症状： ■ 24h严重呕吐 ■ 心动过速（185bpm），洪脉，可视黏膜苍白，毛细血管再充盈时间（CRT）为2s ■ 精神抑郁，但可自行行走 ■ 腹部触诊可及肿物，怀疑为异物
起始治疗： ■ 20min内推注40mL/kg的等渗晶体溶液
推注后： ■ 心率140bpm ■ 脉搏质量改善 ■ 可视黏膜苍白–粉红 ■ CRT=1.5s
进一步治疗： ■ 30min内推注20mL/kg的等渗晶体溶液 ■ 进行腹腔放射摄影，提示存在肠道梗阻
第二次推注后： ■ 心率120bpm ■ 脉搏质量进一步改善 ■ 可视黏膜比正常颜色偏粉红 ■ CRT=0.5s
该动物可接受手术。输液量应为10mL/（kg · h），密切监控心率、脉搏和可视黏膜颜色。

低血压复苏和小体积复苏

人医的文献中对于低血压的复苏有广泛的讨论。在一些不可控出血的实验性研究中，调整血压比快速大容量复苏的临床效果更好（Jackson和Nolan，2009）。这一方法用于由于穿透创而引起严重持续性失血患者的手术前。患者通过输液疗法恢复收缩压至70~100mmHg，然而进一步的输液复苏对于防止血液丢失作用有限。患者立即接受了麻醉并手术探查以控制出血。一旦出血的情况得到控制，患者即处于复苏状态。

至今没有关于小动物患畜的低血压复苏情况的研究。这一方法并不推荐用于兽医临床，因为人医临床上这一方法的主要适应证是穿透创，然而穿透创在动物上是不常见的。进行低血压恢复的患者需要迅速的进行手术以控制出血。对于低血压患者的麻醉需要进行非常仔细的监控，一但出血情况得到控制，便可进一步进行复苏的工作。

小体积复苏包括使用高渗溶液或胶体溶液以减少用于灌注不足的患者的输液量。同样，这也是人医的研究领域中的一个热点区域。然而，除了并发肺实质疾病的患者外，仅有有限的证据表明使用小体积的输液可以减少患者的发病率或死亡率。

麻醉情况下的输液治疗

输液治疗是全身麻醉时最常用的方法，它既可以对抗大部分麻醉药所引起的低血压（由于血管扩张和/或心肌抑制所致），还可以补偿手术期间发生的体液丢失。手术期间的体液丢失包括：正常的通过尿液和粪便排出的水分、包括失血在内的额外液体丢失、使用非湿润的吸入气体导致呼吸道水分丢失以及开放体腔的蒸发性失水。

■ 在不存在心脏衰竭等禁忌证的情况下，全身麻醉的手术过程中推荐的等渗晶体溶液输液速率为10mL/（kg · h）。

■ 对于非手术而进行全身麻醉的患畜，如进行影像学诊断的情况，输液速率可为5mL/（kg · h）。

■ 重要的一点：全身麻醉的患畜应使用等渗

"补充"晶体溶液，低钠的"维持"液体是绝不适用的（下文中有详细的输液疗法中的液体选择内容）。

上述方案适用于大部分的稳定及健康的患畜，而对于那些存在潜在疾病或并发症的患畜而言，应该根据个体的情况制订不同的输液方案。例如：

- 患有心血管疾病的患畜，如二尖瓣疾病或肥厚型心肌病，在上述的输液速率下可能会发展为充血性心力衰竭，对于这类患畜，应该用低速输液以及小心监控。
- 患显著的低蛋白血症的患畜，如果给予高速率的等渗晶体溶液，可能会引起水肿。在这一类的患畜推荐用更低剂量的晶体溶液1~2mL/（kg · h）以配合其缓慢的失水状态，此外可使用人工胶体溶液以维持血压和灌注。

一旦动物进入全身麻醉的状态，需要密切监测患畜以评估输液疗法的适应度。明显的灌注不足是需要改变输液速度的主要情况，通常与失血过度有关，临床表现为心动过速（与疼痛和麻醉方法无关），或低血压（不是由于麻醉过量引起）。

- 在这种情况下，可以快速进行液体推注，如前文关于灌注不足患畜的术前稳定方法所述。
- 更常使用的是胶体溶液而不是晶体溶液，前者可大幅提高血压并持续较长时间。

输液疗法中所用液体的选择

输液疗法是一种药物的干预治疗，因此应根据实际情况选择恰当的产品以及合适的用量。同时，在开始输液后需要小心监控用药的效果。

张力和渗透压

液体（晶体溶液或其他）的张力是通过将液体内所有有渗透活性的成份相加计算而来。通过将液体的张力和健康动物血浆的渗透压相比，可将液体分为高渗溶液、等渗溶液或低渗溶液三种。犬的正常血浆渗透压为290~310mOsm/kg，猫的正常血浆渗透压为290~330mOsm/kg。

> **实用技巧**
>
> - 低渗晶体溶液常用做维持液体。
> - 等渗晶体溶液常用做替代液体。

晶体溶液

市面上有许多不同的等渗晶体溶液可供选用，但大部分患畜只需使用极少量的几个种类。最常用的等渗晶体溶液是Hartmann's液和0.9%生理盐水，它们是含电解质以及少量非电解质物质的溶液。

低渗溶液

这类液体含钠量低，相对于血浆而言其渗透压较低，可引起全身的血管内空间、间质间隙以及细胞内空间的水分再分配（见图10.1）。一部分的低渗溶液最初是等渗的，它们会含有葡萄糖以防止红细胞溶解（当给予渗透压特别低的溶液时会发生）。然而，葡萄糖在体内会快速的被代谢，从而导致有效的输液成分是低渗液体。

低渗溶液极少使用，因为其成分中的钠和氯水平非常低且不含钾。将这种溶液用于患病动物会引起低钠血症、低氯血症以及低钾血症。对于需要液体维持的患畜，可使用加有钾的等渗溶液。尽管这一做法会产生过高的血钠和血氯，但这对于大部分动物而言都不是问题。下文讨论了一些在英国使用的低渗溶液。

含4%葡萄糖的0.18%氯化钠溶液：这一溶液可用于无异常体液丧失且无法通过口服补充液体的患畜。但应小心使用，因为这一液体中的钠浓度仅是正常血浆钠浓度的20%，会引发一系列严重的电解质、代谢性以及酸碱异常，包括低钠血症、低氯血症、低钾血症以及高血糖和代谢性碱中毒。低钠血症会引起严重的神经症状且难以纠正。

- 需要强调的是，这一溶液不可作为营养补充液，因为安全的输液速率所提供的卡路里数不足以满足动物的静息能量需求。
- 这一溶液同样不可用以治疗低血糖，因为其常会引发电解质异常。更合适的溶液应该是加有葡萄糖的等渗晶体溶液，或是商品化的准备液如含有5%葡萄糖的0.9%氯化钠溶液。

■ 如果将含4%葡萄糖的0.18%氯化钠溶液作为维持液体，应加入氯化钾40~50mmol/L以防止低钾血症的发生。所配制的溶液中较高的钾离子浓度意味着这一液体不应以较高速率输注。

5%**葡萄糖溶液**：一旦溶液中的葡萄糖在体内完全代谢（如上所述），这一溶液便成为纯粹的水。这一溶液曾被推荐用于补充并维持体液丢失，但发生体液丢失时机体会在失水的同时损失钾、钠、氯和碳酸氢根，所以并不推荐使用5%的葡萄糖溶液。

■ 与含4%葡萄糖的0.18%氯化钠溶液相同，这一溶液不可作为能量来源或治疗低血糖。

■ 在某些书上会推荐将这一溶液用于治疗高钠血症，但本书作者并不推荐这一用法（详见高钠血症的部分）。

■ 可将这一溶液单独作为某些药物的稀释液，例如硝普化钠（sodium nitroprusside）。

0.45%**氯化钠溶液（半强度生理盐水）**：这一溶液并不像含4%葡萄糖的0.18%氯化钠溶液那样明显的低渗，但其渗透压始终只有健康犬猫的血浆渗透压的一半，因此也可能会导致明显的低钠血症。

■ 这一溶液最主要的适应证是用于高钠血症的患畜。对于这类患畜的治疗应给予重视，因为血钠浓度急速降低会引起明显的神经症状，因此，通常选用Hartmann's液一类的等渗溶液更为合适。

■ 0.45%氯化钠溶液内的钠离子浓度较低，所以可用于脱水的心脏衰竭动物的液体补充。心脏衰竭的动物存在极高的液体过载与充血性心力衰竭的风险，所以对于这类动物的输液治疗是很危险的，必须给予高度的重视。只有在包括口服在内的所有补液途径都不可行的情况下，才可使用静脉输液治疗。

等渗溶液

Hartmann's **液（复方乳酸钠溶液）**：Hartmann's液是英国所有可用的输液治疗药剂中最“生理性”的溶液，且是大部分情况下的首选液体。Hartmann's溶液含有钠、氯、钙、钾以及乳酸盐。

■ 乳酸盐可作为碳酸氢盐的前体，因而Hartmann's液可有效用于患代谢性酸中毒（犬猫最常见的酸碱失衡的情形）的患畜。

■ Hartmann's液可作为替代性溶液用以补充胃肠道或第三腔的体液丢失，也可用以在失血过程中支持心血管系统。

■ 关于使用Hartmann's液是否会引起高血钾症的问题（Hartmann's液是一种含钾溶液）的担忧是正常的，但是无理论依据。一项对于尿道堵塞猫的研究结果表明，使用含有钾的平衡电解质溶液并不会影响血钾的正常化（Drobatz和Cole，2008）。

■ Hartmann's液不可与血液制品使用同一个输液接口，因为Hartmann's液内的钙离子会与血液制品中的用于抗凝的枸橼酸相结合，从而形成微血栓。

乳酸林格氏液：这一溶液与Hartmann's液有着极为相似的电解质平衡，仅在电解质的组成上有微小的区别，所以这两种溶液可看成是一样的。

普通盐水（0.9%**氯化钠溶液）**：氯化钠溶液是适用于大部分情况的等渗晶体溶液。但是其较高的氯离子浓度会产生酸化效应以至于导致代谢性酸中毒的恶化。

■ 对于高钙血症的患畜，0.9%氯化钠溶液可替代Hartmann's液使用，因为其较高的钠离子浓度有助于尿钙排出。

■ 对于低氯血症的患畜，0.9%氯化钠溶液同样是一个较好的选择，尤其是并发代谢性碱中毒时。这些患畜需要氯离子来恢复其酸碱平衡，此时0.9%氯化钠溶液中的高氯离子浓度足以满足这些患畜的需求（见“酸-碱”部分）。

■ 0.9%氯化钠溶液可用于艾迪生症（肾上腺功能减退）的患畜，因为这类患畜通常都有低钠血症和高钾血症的情况。然而，快速纠正低钠血症可能会对中枢神经系统造成有害的影响，因此钠离子浓度较低的等渗晶体溶液如Hartmann's液可能是更好的选择。

Ringer's**液**：Ringer's液由普通生理盐水发展而来，它更接近于生理性状态。然而，这是一种缺乏乳酸或其他类型的碳酸氢盐前体物质的溶液，而且这种溶液的氯离子浓度较高，所以Ringer's液是一种酸化溶液。它可作为等渗的替代溶液或维持溶液，但与0.9%氯化钠溶液和Hartmann's液相比并没有特别的优势。

高渗溶液

高渗盐水（7.2%氯化钠溶液）：高渗盐水中的氯化钠浓度是可变的，但英国兽医所用的商品化准备液通常含有7.2%的氯化钠。高渗盐水是一种晶体溶液，可通过许多途径来实现其卓越的复苏功能。溶液的高渗透压形成大渗压强度梯度可将水分“拉”入血管内。然而，血管内的钠离子和氯离子浓度很快与间质间的浓度相平衡，因此血管内空间的扩充不再持续进行。此外，高渗盐水还有直接的心脏效应，会引起心肌收缩力增强。

- 每毫升的高渗盐水会引起血管内空间的大扩充，因此高渗盐水对于大体型的患畜是非常有用的，使用高渗盐水可以在短时间内快速输注可控体积的休克剂量。例如，一只60kg重的患胃扩张-扭转的大丹犬，需要在20min内以40mL/kg的剂量推注Hartmann's液2.4L，或是在15~20min内以4mL/kg的剂量推注高渗盐水240mL，两者的效果是相当的。
- 因为高渗盐水会将水分从细胞内和间质间“拉”到血管内，所以需要在使用高渗盐水后输注平衡的电解质溶液以保证动物复水。
- 使用高渗盐水时，应至少确保大于5min的输注时间，过快的输注会引起气管收缩、心动过缓及其他不良反应。
- 应避免在高钠血症或脱水患畜上使用高渗盐水，否则会使病情恶化。
- 应避免反复使用高渗盐水，否则会引起高钠血症及高氯血症。

胶体溶液

胶体溶液中含有维持血管内容量的大分子物质，并可以维持血管内空间的液体张力。兽医临床上使用的包括人工胶体溶液和天然胶体溶液，其中人工胶体溶液较为常用。胶体溶液的适应证包括：

- 灌注不足；
- 低胶体渗透压的调节；
- 血管渗漏引起的外周水肿。

人工胶体溶液常用于低血容量或分配异常性休克所引起的灌注不足。与晶体溶液相比，每毫升的胶体溶液可引起更大的血管容量扩充，因此胶体溶液的用量较小。而且胶体溶液并不会快速分配到间质空间，所以其作用时间长于晶体溶液。然而，胶体溶液比晶体溶液昂贵且具有较严重的不良反应。

胶体渗透压

胶体溶液可用于低蛋白血症的患畜以提高胶体渗透压。血管内的胶体（包括白蛋白在内的天然胶体）提供了某种“拉力”，这种“拉力”可以将水分保持在血管内空间，并可防止间质内液体过载。如果固有的胶体渗透压降低（如蛋白丢失性肠病引起），动物可能会发生水肿，尤其是在输注晶体溶液后导致静水压力增加的情况下，静水压力的增加可导致液体被“推出”血管（图10.4）。

很多有慢性蛋白丢失情况的患畜可以自行应付胶体渗透压极低的状况，因为脉管系统内外的胶体渗透压梯度保持在正常水准。然而，一旦输注入晶

图10.4 患低蛋白血症的动物会出现水肿。在这类动物给予胶体溶液以增加胶体渗透压，从而将水分维持在血管内空间中并减少了间质液体过量的情况

体溶液，这一渗透压梯度则无法继续维持进而导致组织水肿。有一点要注意的是，在胶体渗透压降低的情况下，外周水肿先于肺水肿而发生，这是因为肺具有不受低胶体渗透压影响的自我保护机制。

实践中，测定胶体渗透压不是常用方法，通常血浆总固体物降低或蛋白水平降低即提示胶体渗透压降低。血浆总蛋白降低并不是胶体溶液疗法的适应证，但如果低蛋白血症的患畜需要进行输液治疗的话，则需要考虑并监控间质液体过量的情况。如果发生明显的低蛋白血症（比如白蛋白<15g/L，总蛋白<30g/L），应减缓手术中晶体溶液的输注速度并添加胶体溶液。

胶体渗透压降低会增加组织水肿的可能性，这会影响伤口的愈合，因此，输注胶体溶液会有益处。

人工胶体溶液

明胶制品（Gelatines）：在英国，佳乐施（Gelofusine，琥珀明胶）和海马西尔（Haemaccel，尿素交联明胶）可用于兽医临床使用。这两种产品均由牛胶原蛋白水解而成，含有小分子胶原粒子（平均分子量为30kDa，与其他人工胶原溶液相比）。这些小分子在体内会被快速的降解及排泄，所以是一种短效胶原溶液。

■ 这类溶液可用于快速而短暂的增强血管内容积，适用于麻醉状况下发生急性灌注不足的患畜。

■ 对于需要长效的胶体溶液的患畜则疗效有限，例如患有低蛋白血症的患畜。

■ 罕见不良反应（包括过敏反应）的报道。如果发生过敏反应，可全身应用抗组胺药物并停止明胶制品的输液。在严重的病例中，可能需要供氧、皮质类固醇以及血管加压药物（如肾上腺素）。

实用技巧

- 海马西尔含有钙离子，所以不应与血液制品共享一个输液通路。
- 佳乐施含有的钙离子量可忽略不计，所以可以同血液制品一起输注。

羟乙基淀粉（Hydroxyethyl Starches）：羟乙基淀粉是胶淀粉（一种植物淀粉）部分水解的产物。尽管羟乙基淀粉并不是英国准许兽医使用的产品，但与明胶产品相比，羟乙基淀粉含有较大的胶原分子，因此可提供较长的作用时间。

英国国内有很多不同的产品可供使用。不同的产品间存在差异（表10.5），但使用方法相似。均适用于低血容量复苏和胶体渗透压降低的患畜。

表10.5 羟乙基淀粉的命名法

羟乙基淀粉胶原溶液通常会在名字里包含2个数字，如：Pentastarch 200/0.5。

- 第一个数字（如200）是淀粉的平均分子量，以kDa为单位。分子量越大，羟乙基淀粉的寿命越长，因为需要将大分子量淀粉水解至可以通过肾脏排泄的大小（通常<60kDa）。
- 第二个数字（如0.5）是置换率（substitution ratio），指聚合物中每个葡萄糖分子相应的羟乙基基团的平均数量。高置换水平的羟乙基淀粉对水解作用的抵抗力较强，所以这一数字越大，胶原在体内留存的时间越长。
- 羟乙基淀粉是以置换率来命名的，五聚淀粉的置换率为0.5，四聚淀粉的置换率为0.4，七聚淀粉的置换率为0.6或0.7。
- 此外，还有一个对于胶原的寿命起重要意义的数字，但这一数字并不显示在羟乙基淀粉的标准命名中。这一数字是C2：C6比，指葡萄糖分子中的第二个碳原子（C2）和第六个碳原子（C6）上所带的羟乙基亚基的比例。较高的C2：C6比，即C2的亚基水平较高，导致羟乙基淀粉分子对于降解作用的抵抗力较强且寿命较长。这一点在临床上是非常重要的，例如，商品化的四聚淀粉（Voluven 130/0.4）的分子量和置换率都很低，意味着它的半衰期很短，但实际上它的寿命相当长，因为这一分子的C2：C6水平很高。

■ 对于灌注不足的患畜，可采用推注方法给予（10~30min内输注5~20mL/kg）。

■ 对于胶体渗透压低的患畜，常用1mL/（kg · h）的输液速率。

■ Pentafraction（一种中分子量淀粉）有利于毛细血管通透性增加的患畜（可见于全身炎症反应

严重的动物）。然而，这种特殊的淀粉并没有商品化的制剂用于输液使用。

■ 所有的胶体溶液都会干扰凝血因子VIII和von Willebrand因子的生理功能，从而对凝血功能产生不良作用。基于这一理由，七聚淀粉（庚他淀粉，Hetastarch）和五聚淀粉（喷他淀粉，Pentastarch）的输注量在24h内不应大于20~30mL/kg。

■ 在人医，丁他淀粉（四聚淀粉，Tetrastarchs，如Voluven）的极限剂量是24h内30~50mL/kg，因为丁淀粉的平均分子量较小且对凝血功能产生的不良反应极小（Langeron et al., 2001）。

■ 羟乙基淀粉的其他不良反应包括过敏反应以及肾功能异常，但都比较罕见。

右旋糖酐70（Dextran 70）：右旋糖酐类胶原溶液在美国广泛使用，但在英国使用较少。这是一类由蔗糖经细菌发酵而形成的大分子多糖，是较大的胶原（70kDa），用法与羟乙基淀粉类似。但过敏反应和凝血干扰反应极少。

基于血红蛋白的携氧溶液：人造血（Oxyglobin）是牛的血红蛋白的无基质多聚物溶液，是一种具有携氧能力的有效胶体溶液。在英国仅准许用于犬，但在猫已有成功使用的报道（Weingart和Kohn，2008）。

■ 可用于急性失血的患畜以同时提供携氧和胶体功能。

■ 还可用于等血容量性贫血的患畜，例如患骨髓疾病或免疫介导性溶血性贫血的患畜。如果将人造血用于血容量正常的患畜，需要密切监控以防止出现容量过载的情况（Adamantos et al., 2005）。作者常用于血容量正常患畜的剂量是1mL/（kg · h）。

■ 液体过载的症状包括进行性胸腔积液和肺水肿。

■ 罕见其他不良反应。

■ 人造血内的游离血红蛋白会引起可视黏膜、尿液和血清颜色的变化，尤其是在高剂量使用时，还会影响比色法的生物化学分析结果。

■ 该产品应该在打开原始的铝箔封装后24h内使用，因为一旦包装暴露于氧气中就可能发生氧化。

■ 人造血的作用时间与使用剂量相关，但这一关系可能会受到患畜潜在疾病的影响，比如持续性失血。

> 人造血的生产商，美国的Biopure公司，已经停止了这一产品的生产，库存量逐渐降低。可能会有其他的制造商重新生产此类产品，也有可能这一溶液就此退出兽医产品市场。

天然胶体溶液

2005年开始，法律允许在英国建立犬用血库。天然胶体溶液的应用是极具吸引力的，它们可以替换真正丢失的血液成分，而且是更“合适”的液体。然而，天然产品本身是多变的，且常有反应发生。

下文中分别讨论了各种天然胶体溶液的应用（可见第20章），但应该注意的是，天然胶体溶液并不是休克患畜的首选方案。抗凝的血液制品绝不可以与含钙的溶液同时使用，否则会导致钙盐和微小血栓的形成。

供血者的选择、血液采集和处理以及储存不是本章讨论的范畴，这些内容将在第20章内讨论。更多信息可参阅《犬猫血液学和输血手册》（BSAVA Manual of Canine and Feline Haematology and Transfusion Medicine）以及《犬猫急诊和重症护理手册》（BSAVA Manual of Canine and Feline Emergency and Critical Care）。

全血以及富集红细胞：全血最适合用于急性失血的患畜。由于在临床诊所通常很难获取立即可用的血液，患畜在接受血液制品前应使用晶体溶液或胶体溶液以维持或回复体况。

■ 现今没有可用于猫的血液储存和处理的商品化封闭系统，所以最常用于猫的是全血而不是血液制品。

■ 犬富集红细胞（Canine Packed Red Blood Cells，PRBCs）由离心收集的红细胞组成，可以从犬血库中获取。这一制品对于失血性或等血容量性贫血的患畜极为有用。可与其他溶液一起用于失血患畜。

■ 储存的富集红细胞在输注后不会立即产生充分的效果，这意味着这一制品很少用于紧急情况。如果血液不是在急症状态下，应以1mL/（kg · h）的速率滴注30min以监控输血反应，余下的血液应最多在4~6h内完成输注。

■ 在急症状况下，应采用较高的输液速率，但不建议高于22mL/（kg · h）；如果输注速率较快，则应密切监控以防出现容量过载、低钙血症以及凝血障碍。

■ 在使用富集红细胞的时候，应小心操作以预防细胞破裂，并采用输血专用的输液泵。

自体输血

自体输血技术已经在兽医的某些物种上开始使用并拯救生命。然而，这仅仅是一项抢救性的技术，如果存在其他合适的替代方案就不应采用。这一技术通过使用胸腔或腹腔内的出血来恢复血容量。可通过无菌的经皮穿刺术，用注射器或导管收集胸腔或腹腔中的血液，也可在手术中用无菌吸引器吸取血液。尽管所收集到的血液是去纤维蛋白的，不会发生凝集，但还是推荐用抗凝剂处理（每9mL血液加入1mL 3.8%的枸橼酸钠，或每7mL血液中加入1mLCPDA枸橼酸盐）。不建议采用肝素作为抗凝剂，因为肝素在容器中的半衰期较长且会活化血小板。血液输注前要通过血液过滤器以去除其中可能存在的微小血栓。当怀疑患畜发生有败血症性污染（如穿透创），或是新生瘤引起的出血（如脾破裂），则不宜采用自体输血技术。

■ 全血（来自献血者或自体输血）以及富集红细胞在输注过程中应过滤以防止微小血栓进入患畜体内，应使用输血装置进行过滤或是选用带有过滤器的输血器。

■ 猫对于血型不匹配的血液会产生同种抗体，供血猫和受血猫在输血前应作血型鉴定，**如果输入不匹配的血型对猫是致死的**。

■ 犬并不会产生同种抗体，所以对于首次接受输血的犬而言，可以接受来自于任何一只犬的血液。尽管如此，还是建议输血前能够拿到供血犬和受血犬两者的血液样本以作血型配对，即使配对工作在晚些时候进行，也是有意义的。

■ 虽然对于非自体血型的抗体要10~14日的时间才会产生，但对于任何接受红细胞输注的犬猫都建议在首次输血的4日后进行，并在输注前进行交叉配血。

新鲜、新鲜冰冻以及储存血浆: 血浆是全血通过离心去除血细胞后制成的。可用多种方式储存血浆。犬不需要使用血型相配的血浆，然而血型不匹配的血浆对于猫是致死的。

■ **新鲜血浆**可在采集后于1~6℃储存24h，其所有的凝血因子可保持在恰当水平。

■ **新鲜冰冻血浆**可于−30℃储存12个月。

■ 超过上述保存时限后，血浆中所有的凝血因子水平均降低，尤其是那些易变的凝血因子（Ⅴ因子，Ⅷ因子以及von Willebrand因子），这种血浆被称为**储存冰冻血浆**。

■ 如果血浆储存于家用冰箱而不是−30℃的冰箱内时，易变因子会直线减少，这种血浆被称为**储存血浆**。

血浆的唯一适应证是为存在出血风险或出血性素质的凝血障碍动物（通过测定凝血酶原（PT）和部分凝血激酶（PTT）作出诊断）预先补充凝血因子。血浆同样可以用于患有遗传性凝血障碍［如A型血友病或von Willebrand's病（vWD）］患畜的术前准备工作。纠正凝血障碍所用的血浆剂量为10~20mL/kg。

■ 储存血浆内含有充足的凝血因子Ⅱ、Ⅶ、Ⅸ以及Ⅹ（维生素K依赖的凝血因子），可作为新鲜冰冻血浆的替代物用于灭鼠药中毒的患畜。

■ 新鲜冰冻血浆应用于其他原因所致凝血障碍的患畜。

■ 血浆对于胰腺炎患者未见疗效，因此对于胰腺炎的患犬的疗效也有限（Leese et al., 1991）。

■ 关于血浆的一个常见误解是：血浆可以增加血浆蛋白浓度，提高血液胶体渗透压，从而可用于治疗低蛋白血症。补充血浆白蛋白10g/L需要45mL/kg的血浆（Wardop，1997）。在这个剂量的血浆的价格过于昂贵，且会引起血容量过载。小体积的其他产品如淀粉或人血浆白蛋白可更有效地提高胶体渗透压，且价格低廉。

冷沉淀物：是血浆的浓缩成分，含有von Willebrand因子，Ⅷ、Ⅺ和Ⅻ因子以及纤维蛋白。对于患有von Willebrand病的患畜，可在手术前以每10kg1单位的剂量给予这种高浓度的血液制剂，以减少发生血容量过载的机会。

人血浆白蛋白：这一产品由捐献血液制造而成，并广泛用于人医。在英国以20%的溶液形式供应，这一浓度是明显的高渗溶液，会引起水分从血管外空间向血管内空间迁移。人血浆白蛋白在人广泛用于复苏性输液，但反复的使用情况表明以这一目的使用人血浆白蛋白并不会比晶体溶液更有效（Cochrane Review，2008）。这也不常用于犬猫的复苏治疗，最常用的情况是当患者发生低蛋白血症及血液胶体渗透压下降时。

下列等式用以计算患畜所需要的白蛋白数量：

白蛋白需要量=[目标白蛋白浓度（g/L）−患畜白蛋白浓度（g/L）]×[体重（kg）×0.3]

在作者的医院内，需要的白蛋白的量应在至少6h内缓慢滴注入动物体内，动物在输注人血浆白蛋白时需要密切监控对于异源蛋白的反应情况。开始输注时，最初30min的输液速率应保持在0.25mL/（kg · h）。

越来越多的文献报道了人血浆白蛋白在犬上的应用，但是很少用于猫（Matthews和Barry，2005；Trow et al., 2008）。人血浆白蛋白用于健康犬会引起急性或迟发型的过敏，有些过敏反应是致命的（Cohn et al., 2007，Francis et al., 2007）。少部分的健康犬会由于未知的抗原暴露而产生抗人白蛋白的抗体，因此所有的人血浆白蛋白的输注都应小心监控进行（Martin et al., 2008）。所有给予人血浆白蛋白的重症患畜都会产生抗人血浆白蛋白的抗体，因此不建议反复使用人血浆白蛋白（Martin et al., 2008）。

考虑到最近文献报道的情况，尽管人血浆白蛋白在犬猫上没有禁忌使用的情况，但使用前应仔细地评估并与畜主仔细讨论，**且绝不可以用于健康犬**。为增加胶体渗透压，选用应用历史更长且免疫原性较少的人工胶体溶液是更合适的选择。

电解质异常

电解质异常常见于患有外科疾病的动物，同样常发生于住院的患畜。在大部分情况下，电解质的轻微异常对患畜仅有轻微影响，然而，某些情况的电解质异常会严重影响患畜状态。

手持式或床边生化和血气分析仪的引入使得电解质的测定变得快速而准确，并可用以监控存在电解质异常风险的患畜。电解质浓度是会快速变化并影响患畜的状态，但也可以很容易地控制电解质浓度，所以对于住院的患畜，应该测量哪一方面的参数还存在相当的争议。

下文讨论了单个电解质紊乱的可能原因以及恰当的处理方法，并详细讨论了外科状况下出现的偏差。

钠

钠是主要的细胞外阳离子，在维持细胞内外的水分平衡以及细胞体积上有重要作用。

水钠的调节是个复杂的过程，但下丘脑中的渗透压强度感受器起了重要的作用。

- 钠浓度的增加引起渗透压的升高，被渗透压强度感受器识别后引起口渴以及抗利尿激素的释放（ADH，已知的一类血管收缩剂）。
- 钠浓度下降（例如当水分摄入过多时）同样引起下丘脑的反应，导致渴感减弱和抗利尿激素释放。

表10.6列出了高钠血症和低钠血症的可能的病理学原因。临床上，严重的高钠血症的治疗是非常困难的，不过这不是经常发生的情况。

细胞外的钠浓度变化会引起水分进入或离开细胞内空间，从而导致细胞体积的变化。血浆钠离子的急性升高会引起水从细胞内迁移至细胞外空间，而当血浆钠离子浓度降低时，水会发生反向移动。

身体的大部分的组织的细胞对于体积变化是容易适应的，然而脑部的细胞体积突然变化会引起中枢神经效应。

■ 细胞体积的快速增加引起脑水肿以及颅内压增高。

■ 细胞体积的减小会引起细胞完整性丧失以及髓鞘溶解症。

机体会适应钠浓度的慢性变化，以在钠离子浓度异常的情况下维持细胞体积，但钠离子浓度的快速变化会引起细胞水肿或脱水。

对于大部分的患畜而言，钠离子的慢性异常是很难识别的，所以所有的治疗方案都应小心进行。

■ 对于持续48h或更长时间的钠离子水平异常的病例而言，输注钠离子的速率不应大于0.5mmol/（kg · h）［约12mmol/（kg·d）］。缓慢的补钠速率可使机体细胞适应钠离子浓度的变化。

■ 对于可通过相应的神经学症状判断已发生或疑似发生的钠离子异常情况，可以用较为激进的方法纠正钠离子异常。

低钠血症

低钠血症的治疗取决于引起电解质异常的潜在病因，常见的慢性低钠血症的病因包括心脏疾病、肝脏疾病以及肾上腺皮质功能减退。

对于肾上腺皮质功能减退（爱迪生症）的患畜，需要进行谨慎的方法来调整其钠离子浓度，有报道说快速的纠正钠离子水平会引起髓鞘溶解症。如果患畜表现出灌注不良的症状，应使用大剂量的

表10.6　高钠血症和低钠血症的病因

高钠血症	低钠血症
纯粹的水缺乏： ■ 原发性饮水减少 ■ 尿崩症 · 中枢性 · 肾性 ■ 水分摄入不当 ■ 发热 ■ 环境温度过高 **低渗性液体丢失：** ■ 呕吐 ■ 腹泻 ■ 腹腔积液 ■ 胸腔积液 ■ 烧伤 ■ 使用利尿剂 ■ 肾衰竭 ■ 糖尿病 **非通透性溶质增加：** ■ 食盐中毒 ■ 使用高钠溶液 · 高渗盐水 · 碳酸氢钠 · 肠外营养 · 磷酸钠灌肠 ■ 醛固酮增高 ■ 肾上腺皮质功能亢进	■ 胃肠道液体丢失 · 呕吐 · 腹泻 ■ 第三腔液体丢失 · 胸腔液 · 腹腔液 ■ 烧伤 ■ 肾上腺皮质机能减退 ■ 使用低渗溶液 ■ 严重肝病 ■ 心脏衰竭 ■ 肾病综合证 ■ 进行性肾衰竭 ■ 使用利尿剂 ■ 心理性烦渴 ■ 抗利尿不当综合证 ■ 抗利尿药物 ■ 其他高浓度溶液 · 高血糖 · 甘露醇 ■ 实验室错误（使用火焰光度计） · 高脂血症 · 高蛋白血症

等渗晶体溶液补充液体的缺失；一旦进行ACTH刺激实验，患畜就可以开始接受盐皮质激素和糖皮质激素治疗。这些工作会使动物体内的钠离子水平缓慢及安全地恢复到正常水平。

急性低钠血症在术前和术后的患畜并不常见，在下文中会单独讨论这一情况的治疗方法。

高钠血症

对于轻度的高钠血症（<170mmol/L），可根据补充灌注异常、补充水分缺失以及补充持续性失水等需要选择合适的等渗晶体溶液及输液速率进行输液疗法，不需要特殊的治疗手段。Hartmann's液中的钠离子浓度是最理想的溶液。患畜还应在无禁忌证的情况下，给予充分的饮水自由度。

中度至重度的高钠血症的治疗是一个极具挑战性的工作。高钠血症提示游离水的缺乏，可通过以下方程式计算游离水的缺乏量：

游离水缺乏量（L）=［（Na^+）$_{当前}$（mmol/L）/（Na^+）$_{正常}$（mmol/L）−1］×［体重（kg）×0.6］

患畜的正常的钠离子浓度可取所用的电解质分析仪的正常参考值的中数，依品种而定。

■ 对于临床状况稳定的患畜，可使用5%葡萄糖溶液或0.45%氯化钠溶液补充需要的全部游离水。输液的速率应按照0.5mmol/h的安全速率计算所需要的输液时间并保证在这个时间内完成。

- 这一方法的一个困难之处在于应补充任何持续性的游离水丢失，但这些水分的丢失量是很难估计的。
- 此外，尽管这一方法在理论上很简单，但实际情况常不按照所计算的变化，还有可能发生钠离子浓度的快速降低。

■ 一种安全的方法是，在24~48h内使用钠离子浓度较高的溶液（如Hartmann's液）来补充脱水量，并频繁监控钠离子水平以评估疗效并按需要进行调整。除非出现神经症状或患畜频繁呕吐的情况，都应保证患畜的自由饮水，因为保持动物的正常的渴感有利于恢复钠离子水平。

常见引起钠离子异常的外科原因

胃肠道液体丢失：呕吐、腹泻以及肠道内积液常继发于肠道异物梗阻、肿瘤或肠套叠。这些液体丢失的情况会导致高钠血症或低钠血症。

■ 当胃肠道液体丢失引起明显的血容量降低时，会发生低钠血症。低血容量会引起抗利尿激素（ADH）释放，从而减少肾脏的水分排出以维持血管容量，因此导致了钠离子浓度的稀释。

■ 产生高钠血症的原因是，流失入消化道的液体的渗透压通常低于血浆渗透压，导致血浆钠离子浓度的升高。

患畜的血容量和水合状态的缺失应按照本章前述的方法进行评估，并使用等渗晶体溶液进行补充。

低钠血症的患畜通常会伴发低血容量，因此需要比较激进的输液方法。值得注意的一点是，有呕吐或腹泻史的患畜都可能存在体液不足，因此即使身体检查未发现任何异常，也应该补充体液。

第三腔体液丢失和烧伤：液体流失入腹腔、胸腔或烧伤引起的液体流失入皮下的情况会导致高钠血症或低钠血症，其发生机制与上述机制相类似。通常情况下，这种类型的钠离子异常应该用等渗晶体溶液进行治疗。但烧伤的患畜会丢失大量的液体和蛋白质，且容易形成水肿，所以通常需要对烧伤的患畜配合等渗晶体溶液治疗使用胶体溶液（图10.5）。

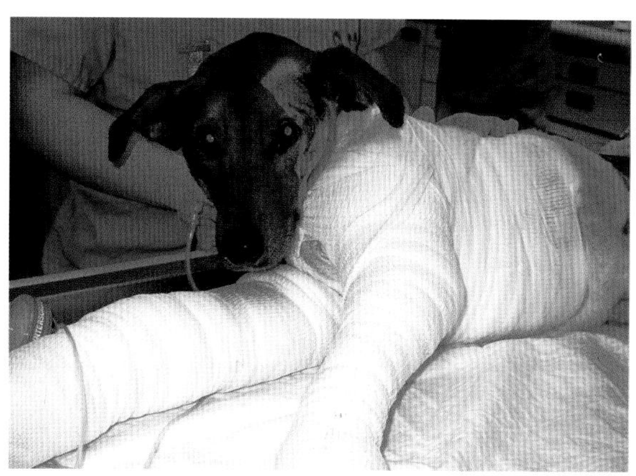

图10.5 大面积烧伤的患犬，包扎其前肢、后肢以及胸部区域。放置颈静脉导管一个给予大量的晶体和胶体溶液，以补充烧伤引起的大量体液和蛋白丢失

术后的低钠血症：术后的重症患畜常会发生轻度的低钠血症。其发病机理可能是多因素的，包括：手术中失血、低蛋白血症、术后第三腔液体丢失以及前期的输液疗法。有一种极为少见的情况是术后发生抗利尿不当综合征，即抗利尿激素分泌异常综合征（Syndrome of inappriate antidiuretic hormone secretion, SIADH），通常由于疼痛、恐惧、头晕以及阿片类或其他药物而引起，可能与头部创伤有关。

SIADH患畜通常血浆钠离子浓度低，但尿浓度高于预期；患畜会大量饮水进而引起外周水肿。诊断SIADH对于兽医临床患畜而言是非常困难的工作。

肾衰竭：慢性肾衰竭常见于老年患畜，特别是猫。多尿以及患畜无法保证足够的饮水量会导致等渗液体丢失进而引起高钠血症。但这种情况下的高钠血症的症状并不显著，只要简单的使用等渗晶体溶液补充机体丢失的水分和血容量即可纠正。在严重的肾衰竭晚期，肾脏无法排出足够的水分时会发生低钠血症。

心衰竭：如果由于心脏疾病而引起心输出量不足和血压下降的情况，会因为抗利尿激素的释放而引起低钠血症。利尿剂的使用会降低循环血量，进而使低钠血症的情况恶化。如果这些患畜需要做手术，应该谨慎输液，因为这些患畜极易发展为充血性心力衰竭。通常这些患畜表现出的低钠血症是不需要治疗的，更多的是提示患畜发生严重的疾病。

钾

钾离子是主要的细胞内阳离子，但在细胞外的浓度远低于细胞内。细胞内外的钾离子浓度差对于维持正常的细胞膜静息电位是非常重要的，因此，低钾血症和高钾血症都会引起骨骼肌和心脏症状。钾离子浓度的异常是经常发生的，表10.7列出了低钾血症和高钾血症的最常见病因，下文将会讨论其中最重要的几种情况。

- 轻度至重度的低钾血症通常不会引起临床症状。

表10.7　低钾血症和高钾血症的病因

低钾血症	高钾血症
■ 输注无钾溶液或补液不足 ■ 慢性肾衰竭 ■ 梗阻后多尿（Post-obstruction diuresis） ■ 胃肠道液体丢失 · 呕吐 · 腹泻 ■ 醛甾酮增高症 ■ 肾上腺皮质功能亢进 ■ 胰岛素或葡萄糖治疗 ■ 碱中毒 ■ 药物 · 髓袢利尿剂 · 噻嗪类利尿剂 · 盘尼西林 · β_2-肾上腺能激动剂	■ 急性肾衰竭 · 无尿/寡尿性肾衰竭 · 泌尿道堵塞 · 尿腹症 ■ 反复的腹腔引流 ■ 胃肠道疾病 · 鞭毛虫病 · 沙门氏菌病 · 穿孔性十二指肠溃疡 ■ 肾上腺皮质功能衰退 ■ 显著地组织损伤 · 肿瘤溶解综合证 · 再灌注性损伤 · 横纹肌溶解 ■ 急性无机酸中毒 ■ 医源性/药物治疗 · 输注高钾溶液 · 保钾性利尿剂和ACE抑制剂联合应用 · 地高辛 · 非特异性β肾上腺能颉颃剂

■ 进行性至显著低钾血症（小于2mmol/L）会导致横纹肌溶解症以及严重的肌肉无力，从而可能引起通气不足及呼吸暂停。

用等渗液体疗法补充脱水或持续发生的液体丢失的时候，应该根据血清钾离子浓度往输注的液体中添加钾离子（表10.8）。

■ 钾离子的输注速率决不可超过0.5mmol/（kg · h）。

■ 如果患畜的钾离子水平未知且无证据显示患畜有急性肾衰竭或泌尿道损伤，安全的做法是假定动物需要的钾离子为每升等渗溶液中含20mmol。

■ 一旦输液瓶中加入了氯化钾，应该在包装上做明显标记，且这一溶液不可用于快速输液疗法。

梗阻后利尿：患泌尿道堵塞的患畜常会发展为高钾血症（见下文）。一旦梗阻状况缓解，患畜会表现堵塞后的多尿症状。应该严格监控排尿量并静脉补充相应体积的等渗晶体溶液以防止脱水。这种严重的多尿症状会引起低钾血症，应给予加有氯化钾的等渗晶体溶液。

表10.8　钾离子补充参考表

血清钾离子浓度（mmol/L）	每500mL等渗晶体液中的钾离子总量（mmol）	最大输液速率［mL/（kg · h）］
<2.0	40	6
2.1~2.5	30	8
2.6~3.0	20	12
3.1~3.5	14	18
3.6~5.0	10	25

高钾血症

钾离子显著的心血管作用使得高钾血症成为一个威胁生命的电解质异常情况。细胞外钾离子浓度的升高会改变心肌的静息膜电位，引起心肌兴奋性降低，导致致死性的心动过缓和缓慢性心率失常。

可引起患畜发生心脏异常的血清钾离子浓度存在个体差异，但通常认为大于7mmol/L的钾离子浓度应给予重视并采取输液治疗和密切监控，即使在不使用药物的情况下（即患畜未发生心动过缓），也应给予治疗。

尽管无法用心电图来估计血清钾离子浓度，但心电图还是可用于证实高钾血症。常见的心电图异常（图10.6）包括：

■ T波高亢

■ 第一级或第二级的房室阻滞

■ P波缺失

■ QRS复合波加宽

如果无法测量钾离子浓度，同时患畜表现出显著地心动过缓以及可能导致高钾血症的疾病过程（如尿道堵塞），应该给予治疗。

等渗晶体溶液可用于几乎所有发生高钾血症的患畜，并作为急症治疗的一个部分。它可在补充体液的同时通过稀释作用直接降低血清钾离子浓度。

急症治疗：可通过许多干预手段治疗患畜的高钾血症症状（心动过缓及相关的灌注不足）。

■ 最为快速有效的方法是在5~10min内以0.5~1mL/kg的剂量静脉输注10%葡萄糖酸钙。同时应检测心电图或心率（没有心电图的情形），过快地给药速度可能会引起心动过缓。

■ 如果没有葡萄糖酸钙，则可选用二硼葡萄糖酸钙（5~10min内输注0.2~0.4mL/kg的23%溶液）或氯化钙（5~10min内输注0.5mL/kg的10%溶液）。

■ 钙离子疗法无法解决高钾血症，它只能够

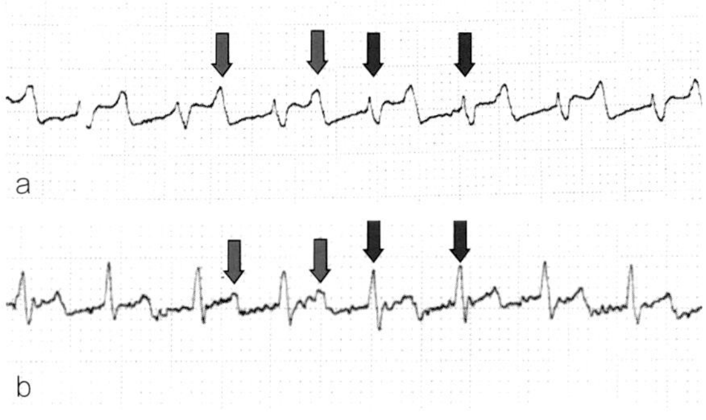

图10.6　（a）高钾血症的猫的心电图描迹，注意大的T波（红箭头）和宽的QRS复合波（蓝箭头）。（b）同一只猫接受葡萄糖酸钙治疗后的心电图描迹。T波变小，QRS复合波变窄

平衡高血钾对于静息膜电位的影响。这一效果并不会持续很久（约20min），但在大多数病例中可争取足够的时间以鉴别高血钾症的潜在病因，并开始进行治疗。

一些病例中可能需要更进一步的治疗（表10.9）。

■ 胰岛素疗法是一种快速恢复钾离子浓度的方法。在使用胰岛素的时候，需要密切监控患畜以免出现低血糖症，注射胰岛素后的12h之内都可能发生低血糖症。

■ 所有的病例都需要输注2.5%~5.0%的葡萄糖溶液以维持血糖水平。

■ 碳酸氢钠在治疗高钾血症上是无效的，还可能带来极大的并发症风险。这应作为最后的治疗手段。碳酸氢钠对于并发代谢性酸中毒的患畜会有作用。

表10.9 高钾血症的治疗

1. 通过外周静脉导管建立血管通路。
2. 按需输注等渗晶体溶液以治疗水合状态和血容量的缺失。如果输液的目的在于稀释钾离子浓度，合适的输液速度为每小时4mL/kg。
3. 如果患畜表现心动过缓（犬心率<70bpm，猫心率<160bpm，或其他认定为心率异常的情况，在5~10min内以0.5~1mL/kg的剂量给予10%葡萄糖酸钙，同时监控心率或心电图。
4. 检查并治疗高钾血症的发病原因。
5. 如果持续表现为高钾血症，可反复使用葡萄糖酸钙以对抗心率过缓。
6. 可用常规胰岛素（溶液或晶体状，0.2~0.5IU/kg）合并葡萄糖溶液（1~2g/kg）使用。使用胰岛素后密切监控血糖12h左右，以防发生低血糖症，通常还需要输注含2.5%~5%葡萄糖的等渗晶体溶液。这一方法很少用于尿道梗阻的病例，但在无其他更合适的方法替换前，可用于需要长时手术的麻醉患畜。
7. 可用碳酸氢钠（1mEq/kg）。
8. 如果其他方法均无效，可尝试腹膜透析术。

尿道梗阻：这是实践中最常见的全身性高钾血症的病因。高钾血症常见于猫，但少见于尿道梗阻的犬。

■ 应该立刻开始进行治疗，输注等渗晶体溶液，并在出现明显高钾血症相关的心脏效应时给予葡萄糖酸钙。

■ 患畜通常因为低血容量而需要采取激进的输液疗法，而不需要等到梗阻塞解除后才进行血容量复苏。

■ 如果患畜神志不清，可以尝试在清醒状态下进行导尿管导尿，但大部分的患畜需要进行镇静。

■ 这类患畜很少需要进一步的措施用以纠正高钾血症。

■ 如果无法快速插入导尿管，应采取膀胱穿刺减压以缓解尿道压力并利于导尿管通过。

■ 如果患畜无法插入导尿管，可能需要反复进行上述的治疗步骤。

尿腹症：最近受过创伤的患畜，如果发生轻度到重度的氮血症及血清钾离子浓度升高时，提示可能存在泌尿道损伤或应该进行腹部检查。

■ 如果存在游离的腹腔液，应比较腹腔液和血清中的肌酐和钾离子浓度。

■ 如果腹腔液中的肌酐和钾离子浓度高于血清，提示可能存在尿腹症。

■ 应该放置导尿管以有效导出尿液。有时还需要经皮放置腹腔引流管以帮助调整电解质的异常。引流管配合输液疗法，通常可以降低钾离子浓度到适于麻醉诱导的水平，以满足对比试验和手术准备的需求。

■ 如果上述方法无法稳定患畜，使用胰岛素和葡萄糖以快速控制血钾浓度到可以安全进行麻醉的程度。

■ 当进行胰岛素和葡萄糖疗法时，应小心操作，以防并发低血糖症。

急性寡尿或无尿性肾衰竭：这类患畜是很难进行治疗的，因为肾脏是排钾的主要途径。肾脏可以极其高效地排出体内多余钾离子，所以只有在严重的寡尿或无尿阶段才会发生高钾血症。因为其他途径无法代偿急性的高钾血症，所以对于这类患畜需要制订长期的治疗方案。

■ 短期内，可以尝试使用胰岛素和葡萄糖疗法，如果存在严重的代谢性酸中毒，还需要给予碳酸氢钠。

■ 如果发生寡尿或无尿的情况，则需要进一步的治疗。在英国，唯一的治疗方案是腹膜透析，但其他国家会有血透析或换肾疗法。

代谢性酸中毒： 通常认为，代谢性酸中毒是高钾血症的潜在病因，这是由于细胞膜内外的氢离子和钾离子的交换所致。然而，很多时候无法清楚区分临床患畜的情况。尽管无机酸中毒（由于使用氯化铵或氯化氢所致）会引起高钾血症，但这种类型的酸中毒在临床上是较为少见的，此外，无机酸中毒引起的高钾血症的个体间差异非常大。兽医临床常见的酸中毒是由有机酸（乳酸或酮酸）引起的（详见酸碱平衡异常部分），而且与高钾血症无关联。

钙

体内的钙离子可以保持心血管系统、神经系统、骨骼肌肉系统的正常功能。钙离子通常以三种形式存在于血浆中。

■ 离子化——游离钙；

■ 蛋白结合型——大多与白蛋白结合；

■ 复合型——与磷酸根、碳酸氢根以及乳酸根相结合。

总钙量（上述三种形式的钙的总和）可通过大部分的生化分析仪测定，但具生物活性的成分是离子钙。尽管可以利用已有的公式通过总钙量计算离子钙，但这是不准确的（Schenck和Chew，2005）。离子钙可以通过一些床边自测系统来测定，但必须小心操作样品以减少误差。

表10.10列出了低钙血症和高钙血症的原因，下文中会讨论最常见的外科疾病。

治疗钙离子紊乱的有效方法是寻找潜在病因并采取恰当的治疗方法。然而，常常需要对于低钙血症或高钙血症进行暂时性全身性治疗，或在原发病因不明的时候采取临时性治疗方案。

低钙血症

轻度的总血钙降低常见于重症患畜，有很多机

表10.10　引起低钙血症和高钙血症的因素

低钙血症	高钙血症
■ 低蛋白血症（测量总钙量） ■ 急性肾衰竭 ■ 慢性肾衰竭 ■ 子痫 ■ 胰腺炎 ■ 乙二醇中毒 ■ 甲状旁腺功能减退 · 原发性 · 手术切除后 · 继发于低镁血症 ■ 维生素D过低 ■ 软组织损伤/横纹肌溶解 ■ 严重肠道疾病 ■ 败血症 ■ 医源性 · 大量血液制品输注（柠檬酸螯合） · 输注过量磷酸二氢盐 · 磷酸盐灌肠	■ 肿瘤 · 淋巴瘤　· 胸腺瘤 · 肛门腺腺癌（腺癌）　· 多发性骨髓瘤 · 恶性上皮细胞肿瘤　· 骨肿瘤 ■ 肾上腺皮质功能减退 ■ 肉芽肿疾病 · 血管内圆虫　· 真菌性疾病 ■ 自发性（猫） ■ 甲状旁腺功能亢进 ■ 维生素D过量 · 医源性 · 灭鼠剂（维生素D_3） · 植物（骨化三醇苷）如天茉莉属（Cestrum diumum）和黄色燕麦草（浅黄色三毛草，trisetum flavescens） · 牛皮癣用乳霜（calcipotriene or calcipotriol，钙泊三醇或卡泊三醇） ■ 维生素A增多症 ■ 急性肾衰竭 ■ 慢性肾衰竭 ■ 年轻动物（轻度）

制引起低钙血症的发生。这种情况很少需要补充钙离子。

因为总钙很难代表离子化钙的水平，所以对于总血钙降低的患畜，在治疗前应尽可能测量离子钙水平，除非出现低钙血症的临床症状。低钙血症的常见症状包括：

- 肌肉震颤；
- 摩擦面部；
- 步态僵硬；
- 行为变化；
- 惊厥。

当血钙水平极低（离子钙≤0.7mmol/L），或出现临床症状时，应该采取措施纠正低钙血症。

急症治疗的方法：10~20min内输注10%葡萄糖酸钙溶液0.5~1.5mL/kg。

- 应对患畜进行心电图紧密监控，如果没有心电图则应手工记录心率/脉搏率。
- 如果出现心动过缓，则应减慢输液或停止输液。
- 如果没有葡萄糖酸钙，可用10%的氯化钙溶液，在10~20min内输注0.5mL/kg，但如果溶液进入血管周围组织会引起严重的组织反应，所以使用氯化钙溶液时要格外小心。
- 钙盐可能会引起严重的组织反应，所以只能够采用静脉输注或口服的方式给予。
- 如果患畜仍然有低钙血症的临床症状出现，可能需要进一步的补充钙盐，应以5~15mg/（kg · h）的速率静脉输注葡萄糖酸钙。
- 如果患畜需要长时期的补充钙（例如甲状腺切除术后的动物），应给予口服的钙盐和维生素D（表10.11）。大多数的病例，一旦维生素D疗法生效就可以停止补充钙盐。

常见的低钙血症的原因包括：甲状腺切除术、甲状旁腺肿瘤切除术以及子痫/产后搐搦。

甲状腺切除术：甲状腺切除术可能会由于术中损伤或切除甲状旁腺而导致低钙血症。如果采用双侧囊外切除术，低钙血症的风险会进一步变大。通常会在术后1~3日发生低钙血症，但有时会推迟到术后1~2周才发生。猫出现频繁抓挠面部的现象是低钙血症的早期症状，应该测量血清钙浓度。

- **急症治疗：**对于出现症状的患畜，应输注葡萄糖酸钙（图10.7）。

表10.11　用于亚急性和慢性低钙血症治疗的钙盐和维生素D类似物

药物	商品名	剂量	备注
葡萄糖酸钙		钙：25~50mg/kg，口服，每8h一次	
碳酸钙		钙：25~50mg/kg，口服，每24h一次	可见于人医的抗酸制剂。含有高浓度的钙元素，所以比葡萄糖酸钙所用的药片量小
双氢速甾醇	AT-10	0.02~0.3mg/kg，口服，每24h一次，起始0.01~0.02mg/kg，口服，每24~48h一次	人工合成的拟维生素D药物。24h后起效，并在1~7日内可检测到血清钙升高
骨化三醇	Calcitriol Rocaltrol	10~15ng/kg，口服，每12h一次，连用3~4日，然后降至2.75~7.5ng/kg，口服，每12~24h一次	快速起效（1~2天），半衰期短。最佳的维生素D药物，但大尺寸的胶囊使用药剂量难以控制
α骨化三醇	One-alpha	10~15ng/kg，口服，每12小时一次，连用3~4日，然后降至2.75~7.5ng/kg，口服，每12~24h一次	快速起效（1~2天），半衰期短
钙化醇		起始期每日口服4000~6000IU/kg，后续每1~7日口服1000~2000IU/kg	起效时间长，与维生素D受体结合力差，不推荐使用

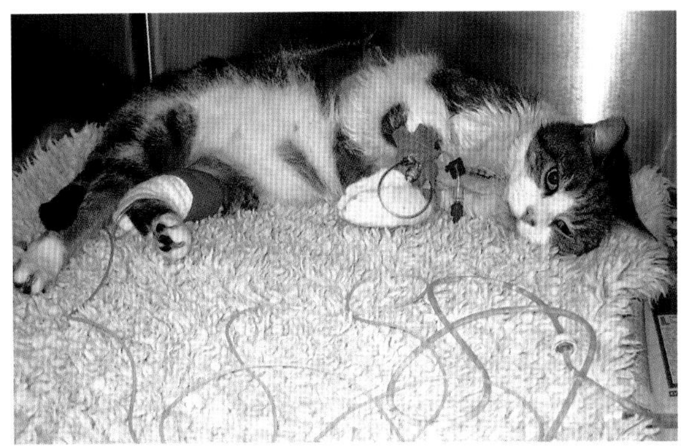

图10.7 一只进行双侧甲状腺切除术的猫，术后发生低钙血症，表现出抽搐及抓挠面部。需输注葡萄糖酸钙

■ 口服钙剂的目的在于维持轻度的亚正常的钙水平，以减少发生高钙血症的风险，并给予残余的甲状旁腺组织以持续性的刺激以令其发生肥大。

■ 某些猫会发生持续性的低钙血症，需要补充维生素D。

■ 罕见永久性甲状旁腺功能减退，但可能需要3个月左右的时间，残余的甲状旁腺组织会足够肥大以维持合适的血钙水平。

甲状旁腺肿瘤切除：患甲状旁腺腺癌的患畜会发生慢性低钙血症，从而导致其他甲状旁腺组织萎缩，因此在肿瘤切除后会发生低钙血症。低钙血症的情况通常发生于手术后的24~48h，50%的犬会在术后3~6天表现出临床症状。

■ 患畜术后的血钙浓度越高，发生低钙血症的风险越大。对于这些患畜，应考虑给予维生素D代谢物（表10.11），因为这类药物的延迟效应会在动物发生低钙血症时起到最有效的作用。

■ 其他情况的患畜的按照上述甲状腺切除术的相应措施进行治疗和预防。

■ 大部分的患犬会在2~3个月内恢复甲状腺功能。

子痫/产后搐搦：子痫通常发生于产崽量大的中、小型母犬，产后1~3周容易发病。猫罕有发生子痫的情况。这种低钙血症的可能病因是食物中摄取的钙量（胃口不佳或食物适口性差）不足以补偿泌乳所丢失的钙，通常还会伴发低磷酸盐血症。

■ 患畜常会表现出肌肉震颤的症状，应按前述方法静脉输注钙剂，然后口服钙盐直至泌乳期结束。

■ 理想情况下应该是幼犬断奶，但通常会尝试在保证母乳喂养的同时给予母犬补充钙剂。

■ 如果发生二次低钙血症，一定要将停止母乳喂养幼犬并转为人工喂养。

高钙血症

高钙血症会引起明显的心血管、肾脏、胃肠道以及神经症状。常见的症状有：

■ 多尿，烦渴；

■ 厌食；

■ 呕吐；

■ 嗜睡及虚弱。

偶然还有心律不齐、惊厥和抽搐症状发生。高钙血症还破坏了尿浓缩的机制，长期的高钙血症会导致肾钙质沉着，通常会引发氮血症。

肿瘤引起的高钙血症：肿瘤是犬发生高钙血症的最常见病因，而在猫常见的高钙血症病因中排在第三位。最常见引起高钙血症的肿瘤是淋巴瘤。其他类型的肿瘤包括胸腺瘤和肛囊腺癌。肿瘤手术前应该设法纠正高钙血症，以确保手术前的肾脏和心脏功能处于正常状态。然而，在不进行肿瘤切除手术的情况下，完全的血钙控制方法通常是不可行的。

治疗：初期的治疗目标是通过尿钠排泄引起尿钙排泄。如果没有发生显著的高钙血症，以4~6mL/（kg·h）的速率输注0.9%氯化钠溶液足以达到这个目的。然而，如果患畜的离子钙浓度高于参考值上限的20%，或总钙量大于4mmol/L，或患畜已表现出高钙血症的临床症状，则需要采取更为激进的治疗方法。如果患畜同时发生高磷酸盐血症，则很有可能发生软组织钙化的情况。生成的磷酸钙可通过下列方式计算：

磷酸钙生成量=$[Ca^{2+}]_{总}$(mmol/L)×$[HPO^{3-}]$(mmol/L)

如果磷酸钙生成量大于5，则软组织钙化的可能性非常高，需要采取激进的方法治疗高钙血症，因为临床上很难判断磷酸盐的异常。在输液疗法的同时，还可使用药物来治疗高钙血症（表10.12）。

表中药物按照其激进程度从弱到强依次列出，使用时应按此顺序使用。

表10.12 高钙血症的药物管理

1. 呋塞米：1~2mg/kg静脉注射，每6~12h一次，提高尿钠排泄量。只有当脱水状态改善时才可以使用呋塞米。同时需要较快速率的输液以补偿尿量增大引起的脱水。 2. 鲑降钙素：4~7IU/kg皮下注射，每6~8h一次，抑制骨吸收。 3. 膦酸盐类（降低破骨细胞活性） a）帕米膦酸钠 i 犬 0.9~1.3mg/kg，静脉注射，2~24h内一次给药 ii 猫 1.5~2mg/kg，静脉注射，2~24h内一次给药 b）氯膦酸盐 i 犬 5~14mg/kg，静脉注射，每24h一次 ii 犬 10~30mg/kg，静脉注射，每8~12h一次 c）依替膦酸钠 i 犬 5~15mg/kg，口服，每24h一次 ii 猫 5~20mg/kg，口服，每24h一次 4. 糖皮质激素可在治疗高钙血症的发病原因的同时，减少肠道的钙吸收并增加尿钙排泄。糖皮质激素对于大多数高钙血症的治疗都是有效的，但在某些情况（如肾病）下，糖皮质激素会产生有害的作用，此外，糖皮质激素的应用可能会干扰其他疾病（如淋巴瘤）的诊断。只有在诊断完成时才可以使用糖皮质激素。

磷酸根离子

磷酸根离子是细胞内的主要阴离子，对于细胞信号传导、能量代谢、细胞膜结构和酶活性起着重要作用。尽管很多情况会引起低磷酸盐血症和高磷酸盐血症（表10.13），但除了尿腹症和尿道堵塞之外，很少情况是外科疾病。而且，前文所述的其他电解质异常的情况（如高钾血症）的临床意义更为重要。

低磷酸盐血症

低磷酸盐血症的主要症状是溶血，但同时可见虚弱、疼痛以及胃肠道症状。只有患畜表现相关临床症状使才需要治疗低磷酸盐血症，此外，如果磷酸根离子可能进一步降低（如糖尿病酮酸中毒），或血清浓度小于0.6mmol/L时也需要进行治疗。

■ 可用磷酸钠、磷酸钾或者两者的混合物治疗低磷酸盐血症。

■ 磷酸盐的输液速率为0.05~0.1mmol/（kg · h）

■ 应每6h测量一次患畜的血清磷酸盐浓度以评估治疗效果。

高磷酸盐血症

最常见的高磷酸盐血症的病因是肾衰竭，包括尿腹症、尿道堵塞等肾后性因素。慢性肾衰竭通常会发生持续性的高磷酸盐水平，导致软组织的矿化沉积。

■ 最佳的高磷酸盐血症治疗方案是在治疗原发疾病的同时进行输液疗法。

表10.13 低磷酸盐血症和高磷酸盐血症的病因

低磷酸盐血症	高磷酸盐血症
■ 糖尿病性酮酸中毒时使用胰岛素 ■ 禁食后喂饲 ■ 体温降低 ■ 原发性甲状旁腺亢进 ■ 肾小管功能紊乱 ■ 子痫 ■ 维生素D缺乏 ■ 磷酸盐结合剂	■ 肾衰竭 ・急性 ・慢性 ■ 尿道堵塞 ■ 尿腹证 ■ 维生素D中毒（灭鼠药，牛皮癣药膏） ■ 肿瘤溶解综合征 ■ 大面积组织损伤/横纹肌溶解 ■ 年轻动物

■ 在急性发作的情况下，没有替代性的方法可以控制磷酸盐的水平。

■ 在慢性的高磷酸盐血症的情况下，可用口服的磷酸盐结合剂来减少磷酸盐的吸收。这只能够结合摄入的磷酸盐，所以同时应供应低磷食物。

氯

氯离子是主要的细胞外阴离子，但与其他电解质相比，临床发生氯离子异常的情况非常少见。血浆氯离子浓度的变化通常跟随于钠离子的变化而发生，因此用修正的氯离子水平来解释氯离子的状况更为合适。

修正氯离子（mmol/L）$=[Cl^-]_{测量}(mmol/L)\times\{[Na^+]_{正常}(mmol/L)/[Na^+]_{测量}(mmol/L)\}$

如果修正的氯离子浓度超出了参考范围，则表明确实发生了低氯血症或高氯血症。表10.14列出了可能引起血氯异常的原因。

氯离子异常的治疗应直接针对潜在病因而进行。

■ 低血氯代谢性酸中毒是所有低氯血症中最具挑战性，应该通过输注高氯离子浓度的液体（如0.9%氯化钠溶液）来治疗。只有给予氯离子才能够使情况得到改善（参见本章内酸碱平衡的部分）。

■ 对于高氯血症，通常对症治疗是有效的。

镁

体内的大部分镁存在于细胞内，血浆中的镁以离子化、结合蛋白以及复合物的形式存在。和钙一样，镁离子是具有生物学活性的部分。

镁对于心血管系统和神经系统有着重要的作用，肠道吸收以及肾脏调节是维持血镁浓度的主要途径，所以肾脏和胃肠道的疾病是最常见的镁离子浓度变化的原因。肾脏疾病如果引发急性的镁排泄减少，常会伴有高镁血症。

低镁血症和高镁血症的临床意义不明。然而，如果患畜出现心律不齐、顽固的低钾血症或是神经肌肉兴奋性增加的症状，建议针对低镁血症进行治疗。

■ 可以0.375~0.5mEq/kg的剂量静脉输注氯化镁或硫酸镁。

■ 急症治疗：对于严重心律不齐的患畜，如果对抗节律不齐的治疗无反应（通常是室性心动过速），可在5~20min内给予0.15~0.3mEq/kg的镁制剂。

实用技巧

镁离子是二价离子，1mmol等于2mEq。

酸-碱异常

血气分析仪在兽医诊所变得越来越常见，但是可能它们并未发挥全部的能力。最初接触酸-碱生理学时可能会觉得这是一个令人望而却步的领域，但理解一些基本的酸碱平衡规律会有助于更合理地护理患畜。

表10.14　低氯血症和高氯血症的病因

低氯血症	高氯血症
■ 呕吐引起胃酸丢失 ■ 髓袢或噻嗪类利尿剂疗法 ■ 慢性呼吸性酸中毒 ■ 肾上腺皮质功能亢进 ■ 碳酸氢钠治疗	■ 腹泻 ■ 肾衰竭 ■ 肾小管酸中毒 ■ 医源性 · 溴化钾治疗（可能会干扰氯离子的测量结果，而不是真正的高氯血症） · 完全肠外营养 · 安体舒通 · 食盐中毒 ■ 肾上腺皮质功能减退 ■ 糖尿病

pH

测量患畜的血液pH是测量细胞外环境的氢离子浓度的一个方法。pH是一个负对数值，其意义在于：

- pH升高，氢离子数量（酸度）减低；
- pH变化1，氢离子浓度变化10倍。

pH的轻微变化意味着氢离子浓度较大的变化。例如，氢离子浓度从10nmol/L升高至100nmol/L，相应的pH从8降到7。细胞外环境的pH保持在7.4左右，相当于40nmol/L的氢离子浓度，这是一个最适的发挥生理功能环境。氢离子的浓度比其他细胞外液中的离子浓度低很多，例如，钠离子的浓度大概是氢离子浓度的3 750 000倍。

体内的pH变化会导致酶、受体和离子通道功能的改变。这一系列的变化会导致大量身体器官的功能异常，比如心血管系统、内分泌系统以及神经系统。

单纯性酸-碱紊乱

酸-碱紊乱通常根据其起因分为代谢性或呼吸性：

- 代谢性异常引起碳酸氢根（HCO_3^-）浓度或剩余碱的改变。
- 呼吸异常导致二氧化碳分压（Pco_2）的改变。

碳酸氢根是一种碱，而二氧化碳是一种酸。表10.15列出了pH、静脉血二氧化碳分压，碳酸氢根浓度以及剩余碱的参考值。

上述数值的轻微变化可能是采样方法和仪器的差异造成的。动脉血样可能会表现为高pH，低二氧化碳以及轻微升高的碳酸氢根水平。尽管动脉血在测定血液氧和程度的方面具有很大的意义，但就评估酸碱平衡的水平而言，动脉血并不是必须的。表

表10.15　单纯性酸-碱紊乱时的碳酸氢根、剩余碱以及二氧化碳

酸-碱紊乱	pH	HCO_3^-(mmol/L)	剩余碱（mmol/L）	PCO_2(mmHg)
正常犬	7.35~7.44	20.8~24.2	−2~+1.5	33.6~41.2
正常猫	7.28~7.41	18.0~23.2	−4~+2	32.7~44.7
代谢性酸中毒	↓	↓	↓	↓
代谢性碱中毒	↑	↑	↑	↑
呼吸性酸中毒	↓	↑	↑	↑
呼吸性碱中毒	↑	↓	↓	↓

注：红色箭头表示主要变化，蓝色箭头表示代偿性变化。参考值是针对静脉血而言（Zweens et al., 1977; Mideleton et al., 1981）。

表10.16　单纯性酸碱失调的平均代偿性反应（DaBartola, 2006）

酸碱紊乱	主要变化	代偿性反应
代谢性酸中毒	↓HCO_3^-	HCO_3^-减少1mmol/L，PCO_2升高0.7mmHg
代谢性碱中毒	↑HCO_3^-	HCO_3^-增加1mmol/L，PCO_2降低0.7mmHg
急性呼吸性酸中毒	↑CO_2	PCO_2升高10mmHg，HCO_3^-减少1.5mmol/L
急性呼吸性碱中毒	↓CO_2	PCO_2降低10mmHg，HCO_3^-升高2.5mmol/L
慢性呼吸性酸中毒	↑CO_2	PCO_2升高10mmHg，HCO_3^-减少3.5mmol/L
慢性呼吸性碱中毒	↓CO_2	PCO_2降低10mmHg，HCO_3^-升高5.5mmol/L

10.15还体现了在单纯性酸碱异常时碳酸氢根和二氧化碳的变化，以及预期的代偿性反应。

单纯性酸碱失调指患畜单独的酸碱平衡异常以及伴发的预期代偿性反应。例如，代谢性酸中毒会引起代偿性的呼吸性碱中毒。但一定要牢记代偿性的反应绝对不会对原始的异常pH有所影响。因此，可以利用pH的不同来对原发疾病进行分类，上述情况下的pH应该显示为酸性，与原发的代谢性酸中毒一致。

表10.16显示了代偿过程中二氧化碳和碳酸氢根的预期变化，可用于计算并判断是否发生单纯性酸碱失调。要注意的一点是，急性和慢性的呼吸性酸碱失调的代偿性反应是不一样的，因为代谢性的代偿过程是由两个过程所组成：快速的细胞内的二氧化碳缓冲；缓慢的酸分泌变化和肾脏对于碳酸氢根的重吸收。后者需要2~5日的时间来达到最大的效果，而快速改变呼吸速率就可以引起二氧化碳的改变并对代谢性酸碱失调产生快速代偿。

表10.17给出了评估单纯性酸碱紊乱的步骤。

表10.17 快速评估酸碱失调的方法

1. 判断患畜是酸血症（pH<7.4）还是碱血症（pH>7.4）
2. 检查碳酸氢根水平：
   （a）如果升高，则存在**代谢性碱中毒**
   （b）如果降低，则存在**代谢性酸中毒**
3. 检查二氧化碳水平：
   （a）如果升高，则存在**呼吸性酸中毒**
   （b）如果降低，则存在**呼吸性碱中毒**
4. 再次检查pH：
   （a）如果升高，原发性失调是**碱中毒**
   （b）如果降低，原发性失调是**酸中毒**
5. 反方向变化的项目可能代表**代偿性反应**
6. 如果所有的过程都表现为碱中毒的或酸血症，可能存在**混合型酸碱失调**
7. 如果代偿性的改变幅度大于表10.16中的参考值，可能存在**混合性酸碱失调**

剩余碱

剩余碱是通过血气分析的结果计算而得。可作为碳酸氢根浓度的可选择性替代参数，用于评估是否存在代谢性酸碱失调。剩余碱的值定义为：在37℃和40mmHg的二氧化碳水平下，将1L血液的pH滴定至7.4所需要的强酸的量。这意味着患畜的二氧化碳分压并不会对剩余碱产生影响，所以剩余碱可能是一个更好的提示酸碱失调的指标。

- 正值的剩余碱提示存在代谢性碱中毒，因为需要加入酸来使pH达到7.4。
- 负值的剩余碱提示存在代谢性酸中毒，因为需要加入碱来使pH达到7.4。

混合型酸碱失调

如果血气分析的结果显示呼吸性和代谢性的成分引起pH同方向变化（例如，同时发生呼吸性酸中毒和代谢性酸中毒），则应该考虑是否发生混合型酸碱失调。此外，如果二氧化碳或碳酸氢根的变动幅度超过表10.16所列的代偿性变动的幅度，就应该考虑是否发生混合型酸碱失调。在这些情况下通常会存在以上的一个问题，有时甚至会有两个以上的酸碱失调的情况同时发生。常见的混合型酸碱失调可见于低血容量及高乳酸血症引发代谢性酸中毒的患畜，同时伴有恐惧、疼痛引起呼吸急促所导致的呼吸性碱中毒。

代谢性酸中毒

代谢性酸中毒是犬猫最常见的酸碱失调。有很多因素可导致代谢性酸中毒（表10.18）。可根据阴离子间隙（Anion gap）的高低将代谢性酸中毒分为两类：高阴离子间隙型和正常阴离子间隙型。

有些血气分析仪可以给出阴离子间隙的数值，但也可以根据下列公式计算：

阴离子间隙（mmol/L）=$\{[Na^+](mmol/L)+[K^+](mmol/L)\}-\{[HCO_3^-](mmol/L)+[Cl^-](mmol/L)\}$

计算出的阴离子间隙代表着血液中除了氯离子和碳酸氢根离子之外的所有阴离子浓度，包括蛋白质、乳酸、酮体、磷酸根和硫酸根。犬的正常值为12~24mmol/L，猫的正常值为13~27mmol/L。

阴离子间隙升高型

这是最常见的代谢性酸中毒的原因，常常由于乳酸酸中毒引起。其他原因包括：糖尿病性酮酸中毒、

表10.18　酸碱失调的原因

代谢性酸中毒	呼吸性酸中毒
阴离子间隙增加（氯离子正常）型的代谢型酸中毒： ■ 乳酸酸中毒 ■ 糖尿病酮体中毒 ■ 尿毒症酸中毒 ■ 摄入酸性毒物（如乙二醇、水杨酸） 阴离子间隙正常（高氯血症）的代谢性酸中毒： ■ 腹泻 ■ 高氯溶液快速输注（0.9%氯化钠溶液） ■ 肾小管酸中毒 ■ 药物治疗（如碳酸酐酶抑制剂、氯化铵） **代谢性碱中毒** ■ 胃液呕出 ■ 利尿疗法 ■ 醛甾酮过高 ■ 肾上腺皮质功能亢进 ■ 碱性药物（如碳酸氢钠） ■ 容积收缩 ■ 严重钾缺乏或镁缺乏 **呼吸性酸中毒** ■ 呼吸中枢受抑制 · 药物因素（大部分的全身麻醉药和镇静剂） · 神经性疾病 ■ 神经肌肉疾病 · 脊柱损伤/疾病 · 膈神经损伤 · 药物因素（如神经肌肉阻断剂） · 重症肌无力 · 破伤风 · 明显的电解质异常 ■ 上呼吸道/大呼吸道阻塞 · 喉麻痹 · 气管塌陷 · 短头犬上呼吸道综合征 · 猫过敏性气管疾病 · 块状损伤 · 气管插管堵塞	■ 严重肺部疾病 · 严重肺水肿 · 烟雾吸入 · 肺部血管栓塞 · 严重肺炎 ■ 肺外疾病 · 膈破裂 · 胸腔疾病（如气胸、胸膜积液） · 胸壁创伤/连枷胸 · Pichwickian综合征 ■ 肺泡通气量减少导致二氧化碳生成量增加 · 心肺抑制 · 中暑 · 恶性高热 **呼吸性碱中毒** ■ 低氧血症 · 吸入氧气减少 ◆ 麻醉机工作异常 ◆ 高海拔 · 肺间质疾病 · 心输出量减少 · 严重贫血 ■ 中枢介导的过度通气 ■ 药物 · 皮质类固醇 · 水杨酸盐类 · 孕酮 ■ 肾上腺皮质功能亢进 ■ 肝病 ■ 中枢神经系统疾病 · 损伤 · 肿瘤 · 炎症 ■ 运动 ■ 中枢 ■ 机械/手工过度换气 ■ 导致疼痛、恐惧和焦虑的情况

尿毒症性酸中毒、阿司匹林（水杨酸盐）中毒。

乳酸酸中毒：乳酸来源于无氧代谢终末期所产生的丙酮酸。在细胞供氧充足的情况下，丙酮酸传递入线粒体，并作为氧化磷酸化的原料以提供能量。供氧不足会导致乳酸堆积，进而产生代谢性酸中毒。治疗的目标应针对于细胞供氧，并增加血管内容积，增加血液携氧能力或提高心血管功能（详见输液疗法中关于灌注不足的治疗）。

有一个容易混淆的概念，认为使用含有乳酸的溶液（如Hartmann's液）来治疗代谢型酸中毒的患畜时，溶液中的乳酸会引起酸中毒。但事实并非如此，因为溶液中的乳酸根离子是与钠离子结合的，而体内产生的乳酸是氢离子结合乳酸根离子形成的，而氢离子才是引起酸中毒的根本原因。

乳酸酸中毒并不一定是由于低氧状态而引起的，可将其分为两类：A型和B型（表10.19）。

表10.19　乳酸酸中毒的种类

类型	氧合状态	特征
A型乳酸酸中毒（最常见）	低氧	■ 氧气需求增加 · 过度运动 · 进行静脉穿刺时过度挣扎（常见于猫） · 惊厥 ■ 氧气供应减少 · 低氧血症 · 严重贫血 · 低血容量 · 分配异常 · 静脉回流受阻 · 心输出衰竭 · 心脏抑制
B型乳酸酸中毒	非低氧	■ 药物和中毒 · 乙二醇 · 水杨酸类 ■ 糖尿病 ■ 肿瘤 ■ 败血症 ■ 低血糖 ■ 肾衰竭 ■ 遗传缺陷

阴离子间隙正常型

通常由于氯离子浓度的升高而导致发生这种类型的酸中毒。

腹泻：腹泻引起阴离子间隙正常的代谢性酸中毒，丢失的肠液中含有高浓度的碳酸氢根以及低浓度的氯离子。严重腹泻会引起低血容量甚至乳酸酸中毒，进而使酸碱失衡的状况恶化。血容量低的患畜应快速补充含有碳酸氢根前体的溶液，含有乳酸根的Hartmann's液是最合适的。

用碳酸氢盐治疗代谢性酸中毒

对于大部分的代谢性酸中毒的病例而言，只需要治疗原发疾病并同时输液即可。只有对于罕见的尿毒症性酸中毒的急性无尿或寡尿的肾衰竭患畜，才需要使用碳酸氢盐进行治疗。必须保持患畜的呼吸功能正常以排出治疗中产生的二氧化碳。可通过下列公式计算所需要的碳酸氢盐的数量：

碳酸氢根需要量（mmol/L）=0.15 × 剩余碱（mmol/L）× 体重（kg）

应在15min内缓慢滴注所计算出的需要量，并评估疗效，可按需重复用药。治疗时应格外小心，如果碳酸氢盐使用不当会导致代谢性碱中毒。

■ 碳酸氢钠不可与含有钙离子的溶液一同使用，否则会有产生碳酸氢盐沉淀的可能。

■ 碳酸氢钠不适用于治疗呼吸性酸中毒，因为碳酸氢盐会通过产生二氧化碳来对抗酸中毒，而二氧化碳需要完整的呼吸功能来排出。

代谢性碱中毒

表10.18列出了容易引起代谢性碱中毒的原因。最常见的引起代谢性碱中毒的外科疾病是因为呕吐导致的胃酸丢失。胃酸中的氢离子和氯离子的丢失导致低氯血症和持续性的代谢性碱中毒。

代谢性碱中毒的发病机理是很复杂的，治疗也比较复杂。

■ 健康动物通过肾小管重吸收钠离子和氯离子。

■ 胃酸大量丢失的患畜的血容量会降低，所以机体有强烈的需求以通过肾脏进行钠的重吸收以维持体内水分。

■ 在低氯血症的状态下，无法在重吸收氯离子同时吸收钠离子，替代的方法是通过与氢离子交换以重吸收钠离子。这一过程导致过度的酸进入肾小管，进而引起持续性的碱中毒。

■ 这些患畜因此会检出偏酸的尿液pH，这一现象被称为矛盾的酸性尿。

■ 通过胃酸同时丢失的钾离子以及肾脏中和钠离子进行交换而丢失的钾离子加重了低钾血症的状况，从而加重了碱中毒。

为恢复酸碱平衡，应该给予患畜氯离子浓度较高的溶液（如0.9%氯化钠溶液）以补偿正常的钠离子重吸收途径的需要。

■ 通常代谢性碱中毒的患畜都存在低血容量的状况，因此治疗初期需要大剂量的输液（见前述的输液疗法）。

■ 在患畜的心血管稳定的状态下，同样需要通过维持性输液补充钾离子。

■ 应寻找呕吐的原发病因，这些患畜通常会有外科的疾病，如胃肠道异物梗阻、肠套叠或肿瘤。尽管主要丢失的是胃内的液体，但堵塞可能发生于胃或肠道的任何位置。

呼吸性酸中毒

呼吸性酸中毒是由于患畜体内二氧化碳分压升高所引起。通常情况下患畜无法快速对呼吸性的酸中毒进行代偿（表10.16），如果这是原发的酸碱异常，则血液pH常会发生显著变化。二氧化碳通常是由呼吸换气系统严密控制的，所以二氧化碳分压升高提示通气不足。

呼吸性碱中毒常见于神经疾病或药物引起的中枢神经抑制，有时也可见于呼吸道疾病。表10.18列出了呼吸性酸中毒的可能病因，其中包括一些外科疾病。

■ 呼吸性酸中毒的控制需要治疗原发疾病。

■ 有些患畜可能需要短期的机械通气，尤其是患有神经疾病的动物。

■ 在所有的病例中，如果患畜存在严重的高碳酸血症，则极有可能同时存在低氧血症，因此应补充氧气。

全身麻醉

麻醉期间，麻醉药和镇痛药（如阿片类药物）常会引起呼吸抑制，从而导致通气不足。在这种情况下，应通过手工通气或呼吸机给予患畜间断正压通气，直至动物恢复自主呼吸。

颈椎手术

正常的换气运动需要完整的神经肌肉系统参与。颈椎手术可能会引起支配膈肌和肋间肌的神经附近区域的水肿和出血，因此颈椎手术后的患畜需要密切监控，并使用二氧化碳描记术或血气分析评估通气状况。一旦发生呼吸性酸中毒，需要维持正压通气直至神经系统恢复正常功能。

上呼吸道疾病

呼吸系统疾病引起的通气不足通常发生于上呼吸道堵塞的情况，如喉麻痹。此时过分用力的呼吸会通过动态性的气道塌陷加重堵塞，从而导致气体交流量下降以及换气不足。使用镇静剂或在动物体温上升时采取降温等措施会减少呼吸用力并提高空气流量，从而改善通气状况。极少数的病例甚至需要在呼吸肌疲劳之前麻醉诱导和气管插管。

肺间质疾病

肺间质疾病，例如肺炎，很少会导致呼吸性酸中毒，因为在这种状况下，二氧化碳在血液和肺泡间的交换比氧气更容易。低氧血症引起呼吸运动增加可防止高碳酸盐血症的发生。事实上，呼吸频率的增加更容易引发呼吸性碱中毒。如果低氧血症和肺间质疾病时伴发呼吸性酸中毒，这一情况提示患畜因肌肉疲劳已无法再维持正常的呼吸速率，此时需要机械通气。

创伤

如果有疾病妨碍了正常的肺扩张，患畜可能会发生呼吸性酸中毒。这些情况通常是外科疾病所引起的，如膈破裂或严重胸壁创伤。这些情况需要在尽可能保持患畜的稳定的情况下小心地进行全身麻醉，通常需要通过手工或机械通气。

呼吸性碱中毒

任何可能引起通气增加的疾病都会引起二氧化碳排出量增加，进而引发呼吸性碱中毒。通常情况下，呼吸性碱中毒的后果不甚严重也不需要治疗。只有当确认潜在病因时才根据需要采取针对性的治疗措施。重要的是，氧气对于继发于低氧血症的呼吸性碱中毒患畜是至关重要的。可能引起呼吸性碱中毒的因素见表10.18，但最常见的原发性呼吸性碱中毒的病因是继发于疼痛、恐惧或低氧血症的过度通气。呼吸性碱中毒常见于代谢性酸中毒的代偿机制中。

11 休克、败血症和外科炎症反应综合征

Andrew J. Brown

定义

休克

休克（shock）是由于机体细胞产能不足而引起，多指由于氧气输送（DO_2）和氧气消耗（VO_2）的不平衡以及细胞从有氧代谢过渡至无氧代谢所引起的综合征。无氧代谢可临时解决细胞产能不足的问题，但会导致乳酸堆积以及代谢性酸中毒。

DO_2依赖于心输出量以及血液中的氧气含量（C_aO_2）（图11.1）。

- 休克通常是由于组织灌注状况的变化而引起。严重贫血或肺功能障碍会引起C_aO_2的明显降低，从而导致细胞的含氧量降低并转换为无氧代谢（低氧性休克）。
- 下列因素可引起组织灌注的改变：
  - 血容量和心前负荷减少（低血容量性休克）；
  - 血流分配不良（分配性休克）；
  - 心功能不全（心源性休克）。
- 此外，线粒体功能不全，氰化物中毒以及低血糖也可导致细胞由有氧代谢切换至无氧代谢（代谢性休克）。

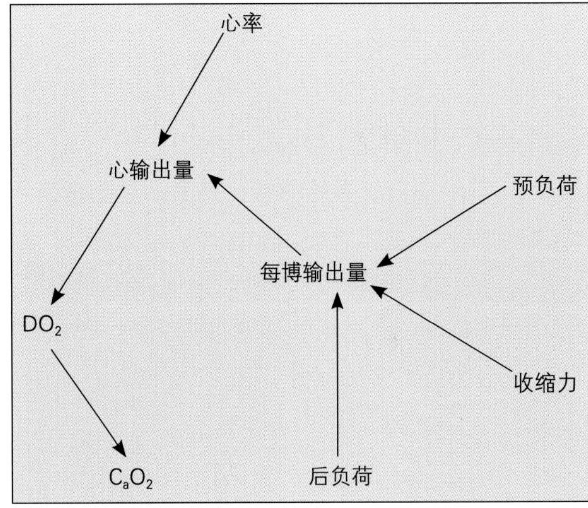

图11.1　组织的氧气输送（DO_2）取决于心输出量和血氧含量（C_aO_2）

表11.1总结了不同形式的休克。

外科患畜最常见的休克形式是低血容量性休克以及败血症性休克（一种分配性休克）。

表11.1　休克的分类

类型	发生条件
低血容量性	出血 严重休克
分配性休克	败血症 过敏性反应
心源性休克	心律失常 心包填塞 扩张型心肌病
低氧性休克	贫血 肺部疾病 换气不足 高铁血红蛋白症 碳氧血红蛋白血症
代谢性休克	低血糖 线粒体功能不全 氰化物中毒

- 低血容量休克的常见原因
  - 出血（创伤，手术，自发性）
  - 胃肠道内容物丢失（继发于胃肠道异物的

呕吐）

- 败血性休克的常见原因
  - 腹膜炎
  - 子宫蓄脓
  - 脓胸

全身炎症反应综合征（SIRS）

SIRS是全身炎症反应综合征（Systemic inflammatory response syndrome）的缩写，可由多重因素引起，包括：感染、创伤、手术、免疫介导性疾病、肿瘤、烧伤及胰腺炎。尽管疾病的定义中有“炎症”一词，但是SIRS既有促炎症作用又有抗炎症作用。表11.2列出了SIRS的建议诊断标准（Hauptman et al., 1997）。然而，这一诊断标准的特异性不够，因此必须与临床诊断结果合用。

表11.2　犬的SIRS的推荐诊断标准（四项中至少应符合两项）

标准	测量值
体温（℃）	<38或>39
心率（次/分）	>120
呼吸率（次/分）	>20
白细胞计数（$\times 10^9$）；杆状细胞比例%	<6或>16；>3%

败血症

简单来说，败血症就是伴有感染的全身炎症反应综合征。感染源可能是细菌、病毒、真菌或原生动物。

- **菌血症**指血液中存在细菌活体的情况。
- **严重败血症**指至少一个器官发生功能障碍的败血症。
- **败血症性休克**指伴有灌注不足的严重败血症，这种休克类型通常对相应的液体复苏疗法无响应。
- **多器官功能障碍综合征**（Multiple Organ Dysfunction Syndrome，MODS）指全身性炎症引起的内皮系统、心肺系统、肾脏、神经系统、内分泌系统以及胃肠道系统功能障碍。

概述及病理生理学

低血容量性休克

有效血管内容量的耗尽会引起低血容量性休克。低血容量会导致心脏预载量（收缩末期容量）减少以及相应的每搏输出量减少。

下列原因可引起低血容量性休克（表11.3）：

- 内源性或外源性失血（出血性休克）；
- 其他体液的过度丢失导致的进行性脱水及血管内容量衰竭；
- 静脉回流受阻（梗阻性休克）。

所有这些因素都会引起心脏预载量减少，每搏输出量减少、心输出量减少以及表现休克的临床症状（图11.1）。

表11.3　低血容量性休克的病因

病因	起源
出血性休克	手术出血、创伤、肿瘤破裂（如血管肉瘤）或血肿、凝血障碍
间质液体丢失	呕吐、腹泻、经口摄入减少、烧伤、第三腔损伤、多尿
梗阻性休克	胃扩张-扭转、手术中腔静脉堵塞

机体为尝试维持正常的组织灌注及血压，当心输出量下降时会激活代偿性的机制。

- 交感神经系统活性增加会引起血管收缩、心动过速以及心收缩力增加。
- 血管收缩将血液推入必须的器官，正性肌力作用以及变时性效应增加心输出量。
- 神经内分泌系统的活化是另一种尝试恢复血管正常容量的机制。
- 肾脏灌注量和肾小球率过滤的减少引起肾素-血管紧张素-醛固酮系统的活化（图11.2）。
  - 近肾小球组件释放肾素，肾素可以将血管紧张素原转化为血管紧张素I（AT I）。
  - 血管紧张素转化酶将AT I转化为AT Ⅱ。
  - AT Ⅱ增加肾单位中近曲小管的钠离子吸收，并刺激肾上腺分泌醛固酮。

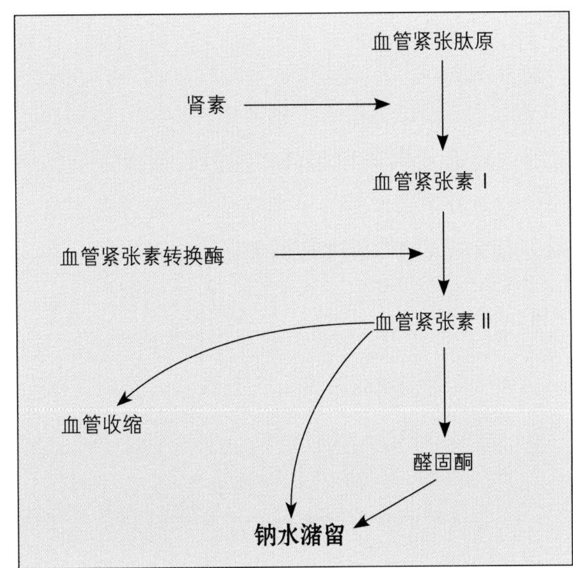

图11.2　低血压引起肾素–血管紧张素–醛固酮系统的活化

- 醛固酮增加集合管中的钠离子和水分的吸收，促进钾离子和氢离子的排出。
- AT Ⅱ是强效的血管收缩剂，并可以增加肾小球滤过率。

■ 严重低血压会反射性地引起抗利尿激素（ADH，一种血管加压素）自垂体后叶中释放，ADH是作用于V_1受体的强效血管收缩剂，并可作用于V_2受体引起集合管内水分吸收增加。

上述神经内分泌反应的净结果是通过肾脏保持体内更多的水分，并尝试恢复正常的血管内容量以及心脏预载量。

败血症及全身炎症反应综合征

SIRS可能是由于感染性（败血症）或非感染性的原因引起（表11.4）。

■ 兽医临床上最常见引起败血症的的情况包括：败血症性腹膜炎、脓胸、子宫蓄脓、肺炎以及胃肠道疾病（如细小病毒性肠炎）。

■ 非感染性原因包括：创伤、烧伤、胰腺炎、手术、免疫介导性疾病以及肿瘤。

随着医学水平的进步，动物和人已经可以从以前认为是致命的多重疾病状况下存活下来。然而，虽然这些先进的治疗方法可以使患畜从特殊的情况下存活，但它们不能在短时间内痊愈，且机体的急性或亚急性反应会变得更为显著。就其本质来说，先进的医学手段以及成功的治疗方法可为其他问题的解决提供不同的思考角度。尽管由于单器官衰竭所引起的死亡病例较为少见，但MODS以及多器官衰竭（multiple organ failure，MOF）开始变的更为常见。

表11.4　小动物发生SIRS的病因

感染性（败血症）
■ 肺部（肺炎）
■ 泌尿道（膀胱炎，肾盂肾炎）
■ 腹部（败血性腹膜炎）
■ 胃肠道（如细小病毒感染）
■ 伤口，切口
■ 留置性导管（导管相关的血源性感染）
■ 手术移植物
■ 心脏（感染性心内膜炎）
■ 胸腔（脓胸）
■ 肝脏（肝脓肿）
■ 胰腺（胰腺脓肿）
■ 子宫（子宫蓄脓）
■ 乳腺（乳腺炎）
■ 前列腺（前列腺脓肿）
■ 关节（败血性关节炎）
■ 椎间盘（椎间盘性脊柱炎）
非感染性
■ 免疫介导性溶血性贫血
■ 胰腺炎
■ 肿瘤（如淋巴瘤）
■ 创伤（可转变为败血性）
■ 烧伤（可转变为败血性）
■ 类固醇反应性脑膜炎
■ 免疫介导性多关节炎

SIRS的发生表示机体对于刺激事件（败血症或非败血症）的响应。

■ 在刺激事件发生后，局部的促炎症反应会引起全身性反应，最终发展为大范围的全身炎症反应。

■ 继而会发生免疫过度抑制和免疫麻痹。

■ 通常来说，刺激因素越强，产生结果的持续时间越长，患畜越有可能发展成免疫麻痹。

■ 如果免疫抑制是自限性的，动物通常会存活下来。否则动物常会发生继发感染进而死亡。

晚期会发生免疫抑制解释了为何许多临床研究试图阻止促炎性介质在危重患畜体内发挥功能却无法改善疗效（本书第12章深入讨论了有关麻醉和手术的免疫和炎症反应的问题）。

革兰氏阳性菌和革兰氏阴性菌都可引起炎症反应及败血症（表11.5）。尽管两者的启动途径不同，但每个病例最终都会导致炎性介质的合成以及释放并引起败血症的临床症状。

表11.5 革兰氏阴性菌和革兰氏阳性菌的感染源以及免疫反应机制

革兰氏阴性菌
脂多糖（lipopolysaccharide，LPS）是革兰氏阴性菌细胞壁的主要成分，并且是败血症炎症级联反应的重要激活物。先天的免疫反应是防御入侵微生物的第一道防线，它通过激活转录因子以及生成细胞因子来实现防御功能。 ■ LPS与巨噬细胞上的受体相结合并通过细胞信号通路，最终引起超过150种基因的表达以及促炎性细胞因子的生成和释放。 ■ 促炎性细胞因子会引起先天免疫反应中更多的细胞聚集于感染区域，并导致中性粒细胞释放活性氧自由基（ROS）、蛋白酶以及溶菌酶以试图消灭入侵的微生物。 ■ 反炎性细胞因子尝试限制促炎性反应以及局限组织损害。 ■ 发生全身性疾病时会发生广泛的活化作用，促炎性介质会不成比例的活化，或是缺乏足够的调节性反炎性细胞因子。 兽医上，革兰氏阴性菌是胃肠道和泌尿生殖系统最常见的感染来源。胃肠道异物、肠切开术/活检创口不愈合、胃肠道肿瘤以及穿孔性溃疡会继发胃肠道内容物泄漏入腹腔。漏出的胃肠道内容物会引起广泛的炎症反应以及全身炎症反应所导致的临床症状。
革兰氏阳性菌
革兰氏阳性菌的细胞壁中含有肽聚糖和脂磷壁酸，它们可通过toll样受体2（TLR-2）活化炎症级联反应。此外，可溶性内毒素可活化T细胞，引起促炎性细胞因子（如肿瘤坏死因子α，TNF-α）的释放。革兰氏阳性菌是创伤伤口以及静脉导管的常见感染源。犬链球菌感染可导致中毒性休克综合征以及坏死性筋膜炎。

临床情况和临床病理学结果均显示败血症是全身炎症的结果。全身性感染将会持续直至医生将炎症的刺激因素移除（例如，移除败血症病灶）。最终，未治疗或治疗无效的败血症会发展为败血性休克。

败血性休克

败血性休克是一种分配性休克，由感染源或感染引起的介导物的反应引发。其主要特征为：心血管系统失代偿、氧气供应不足以及相应的细胞功能障碍。患败血性休克的患畜，尽管会及时给予相应的液体复苏疗法，但仍然会表现出低血压。败血性休克的病理生理学非常复杂，至今仍无法完全阐明。

血管功能不全

机体对于感染的响应会引起多重炎症介导物的释放，导致不正常的外周血管扩张并改变器官血流。

■ 内皮细胞和先天免疫系统中的细胞在可诱发的一氧化氮合成酶的作用下以不需钙的方式产生一氧化氮。

■ 一氧化氮弥散入血管平滑肌的胞液中，通过活化鸟苷酸环化酶并产生环鸟苷酸，从而引起血管扩张。

■ 血管扩张导致器官血流的改变以及低血压。

血管扩张和血管麻痹的发生使得即使纠正了相对性或绝对性低血容量症后仍然会持续发生低血压。

■ 发生败血症时，α肾上腺素能受体激动剂所引起的血管收缩反应减弱。败血症的发生还使得用以增加动脉血压的儿茶酚胺的需要量大于正常的患畜。

■ 血管麻痹的原因是：儿茶酚胺的生物活性降低，相关钙离子内流减少，以及α肾上腺素能受体内在化。

■ 循环的细胞因子使得脉管系统的通透性增加，血管内皮间的紧密连接变得松散，并且血浆蛋白会漏出血管外。

低白蛋白血症是败血性休克时的常见现象，会引起胶体渗透压的降低。

■ 胶体渗透压降低以及毛细血管泄漏的一个

后果是，从血管内流出进入间质组织的液体量增加，进而引起组织水肿。

- 静脉输注越多的晶体溶液，则会引起越多的液体漏出血管，患畜会在保持低血容量性的状况下表现出严重水肿。

上述这些低白蛋白血症通常由多重因素所引起，主要包括：肝脏的白蛋白合成量减少、白蛋白丢失量增加、白蛋白通过异常的上皮组织溢出等。在发生败血症时，机体处于异化作用的状态，并通过消耗白蛋白来合成急性期蛋白。在液体复苏过程中，血浆蛋白会被输入的溶液所稀释而引起白蛋白浓度进一步降低。

对于凝血系统的影响

患败血症的动物常会发生凝血功能异常，进而加重器官功能紊乱的状况。凝血途径与炎症途径是紧密交织的过程，因此全身性的炎症会引起凝血级联反应的激活，而凝血级联反应所产生的血栓则会进一步引起细胞因子合成。

- 发生败血症的患畜，其体内自然发生的抗凝血剂如（蛋白质C）以及组织因子通路抑制剂（tissue factor pathway inhibitor，TFPI）会减少。
- 促凝血通路的活化以及抗凝血通路的缺失会导致全身性促血栓形成状态。
- 上述状况引起微血管床上的纤维蛋白的沉积和微血栓形成，导致组织供氧调节紊乱和继发的器官功能紊乱。
- 凝血因子和血小板的消耗导致消耗性的凝血障碍和血小板减少症。
- 上述过程最初会导致侵入性操作过程的出血，但可能最终导致自发性出血。所以对于败血症的患畜进行任何程度的侵入性操作之前都应保证动物的凝血功能正常。

败血症对于凝血系统的影响称为**弥散性血管内凝血**（disseminated intravascular coagulation，DIC）。DIC实际上该指一系列的异常状态，在发生DIC综合征时，机体可能会表现出高凝至低凝的过渡状态。

心脏功能异常

发生败血症的人和犬都有心肌功能异常的记录。即使在败血症性休克的高动力性阶段，心脏的射血分数也有降低的记录。射血分数的降低是继发于心室功能不全、双心室扩大以及收缩功能减弱的结果。患败血症的患畜会在发病初期表现明显的心肌功能异常，而存活的患畜通常在发病后的7~10日内缓解。

患败血症的患畜罕有心输出量降低的情形，低心输出量通常见于末期代偿性的心肌抑制。心肌抑制因子可能是败血症诱导的心脏功能障碍的反应介质，但同时应有其他的炎性介质参与，如白介素-1、白介素-6和肿瘤坏死因子α。

肾脏功能障碍

急性肾衰竭是人患败血症的最常见后果，但在兽医上这一情况并不常见。可能导致急性肾小管坏死的因素包括：全身性低血压引起的肾小管局部缺血、肾传入小动脉狭窄、血栓栓塞性疾病、炎性细胞因子对肾组织的损伤以及活性氧的作用。肾小球滤过率的降低以及随后的血浆肌酐和尿素氮水平升高。尿检可发现损伤所引起的肾小管管型。

肺功能障碍

伴有白细胞活化、细胞因子合成以及血管通透性增加的全身炎症性反应可引起肺泡内表面张力丧失并聚集富蛋白质的液体。根据疾病的严重程度定义为急性肺损伤（acute lung injury，ALI）或急性呼吸窘迫综合征（acute respiratory distress syndrome，ARDS）。

ALI或ARDS的原发病因是败血症或任何可能导致SIRS的损伤。可根据以下症状作出诊断：呼吸率/呼吸力增加、明显的低氧血症（发生ALI时PaO_2/FiO_2为200~300，ARDS时$PaO_2/FiO<200$），放射摄影检查可见双侧肺浸润，存在触发性损伤的证据以及确认心脏前负荷正常。

静脉输注晶体溶液会因为胶体渗透压降低以及毛细血管泄漏量增加而引起肺水肿恶化。在这些患畜的治疗过程中，应小心护理以避免发生液体过载。猫对于ALI/ARDS尤其敏感，通常对于静脉输液的耐受性较低。

胃肠道效应

低血压、微血栓以及局部血流调节紊乱都会引起胃肠道灌注状态的改变。继发于灌流不足的上皮渗透性增加可导致细菌通过淋巴和血液系统发生移位。低白蛋白血症可引发肠道水肿。常见的胃肠道症状包括：呕吐、腹泻、血便以及肠梗阻。

肝功能障碍

类似于前述的胃肠道效应，局部灌注状况的改变可引起肝功能障碍。常见的临床症状包括：黄疸、低白蛋白血症、低血糖、肝性脑病以及凝血障碍。

心源性休克

心源性休克是继发于血容量正常的心脏功能障碍的细胞能量代谢不全。收缩性或舒张性心脏功能障碍以及心律不齐可引起心输出量降低、无法推动血流以及心源性休克。

大部分情况下，可以通过体格检查和病史调查来区分心源性和其他原因的休克。有时需要进行额外检查（如放射摄影检查、回声心动图以及心电图）来帮助鉴别休克类型。将心源性休克与其他类型的休克相区分是非常重要的，因为心源性休克通常不需要进行液体疗法。

在犬，收缩性障碍通常是由于扩张型心肌病所引起，而舒张性障碍通常是心脏填塞的结果。心源性休克最初对于外科患畜而言看上去并不十分重要，但应当注意的地方在于外科患畜可能会有潜在的心脏疾病（如患胃扩张-扭转并有扩张型心肌病史的大丹犬），而且有些患畜可能在手术后发生心脏节律障碍（如脾脏切除术后）。

休克、败血症和SIRS的临床鉴别

病史

可以单纯通过体格检查结果来诊断休克。然而，确定休克的原发病因对于指导诊断思路以及提供确定性疗法是至关重要的。获取彻底的病史资料可为临床医生提供资料用以制订休克的鉴别诊断方案。例如，72h前进行过空肠切开术的犬可能会发生肠切口开裂并继发败血症性腹膜炎。

体格检查

识别患畜是否处于休克状态是每个小动物外科医生应掌握的基础技巧之一（图11.3）。彻底的体格检查对于快速鉴定动物是否处于休克状态是至关重要的，而最初的评估工作应集中于评估心血管系统功能。

图11.3 患犬因自发性血腹症而引发的低血容量性休克。该犬表现精神严重沉郁、心动过速，可视黏膜苍白以及脉搏虚弱

精神状态

对于患畜精神状态的评作应包括清醒程度以及对于周围环境和动作的反应。发生血液灌注不足时，大脑是受到影响的最后一个器官，所以精神状态的改变可提示严重的血液灌注不良状态。组织灌注不足引起的精神沉郁会在纠正大脑灌注的情况下得到改善。

可视黏膜

可视黏膜的颜色取决于毛细血管内的携氧红细胞的数量以及血管舒缩张力。可视黏膜苍白可能是继发于红细胞的绝对数减少（贫血），或低血容量、低体温、疼痛、应激或其他药物所引起的外周血管收缩。

■ 继发于低血容量或败血症的动脉血压降低会引起压力感受器介导的交感神经系统活化。

■ 这会引起血管收缩，以减少流向非必需器官的血流量。

■ 可视黏膜中的毛细血管内血流量减少会引起可视黏膜苍白。

毛细血管再充盈时间指手指压迫可视黏膜后，可视黏膜内的毛细血管床再次充盈的时间（以秒为单位）。在健康动物上，血液会在1~1.5s内回到毛细血管中使可视黏膜恢复至粉红色。而低血压所致的血管舒缩张力增加会使毛细血管再充盈时间延长。

犬在早期的SIRS（尤其是发生败血症时）阶段会因为血管扩张以及心输出量增加而处于高血液动力学状态。此时可视黏膜发红，毛细血管再充盈时间缩短。但在猫不会观察到这种高血液动力学状态。

心率

患低血容量的犬通常表现出心率超过每分钟140次的心动过速现象。这是机体面对每搏输出量减少时所作出的合理的代偿反应以维持心输出量。在疾病发生的早期，仅发生心率增加，而其他灌注指标如脉搏质量和可视黏膜颜色均维持正常。关于心动过速的鉴别诊断包括疼痛、低氧血症，有时还应考虑发热的状况。

猫发生败血症性休克时通常会表现为亚正常的心率，大概为每分钟120~140次。猫的心动过速是一个重要的指征，提示应进行进一步的诊察，包括体温、血压以及潜在的病因。

脉搏

可用外周脉博触诊结果来评估收缩压和舒张压之间的差异（表现为脉搏波的高度）以及脉搏波形的持续时间（表现为脉搏波宽度）。常用于评估脉搏质量的动脉包括：股动脉、背侧跖动脉以及桡动脉。

■ 脉搏虚弱，脉压减小但脉搏波形的宽度正常的情况常见于低血容量的患畜。

■ 洪脉具有较大的脉压差和宽的脉搏波，可见于心输出量增加以及血管扩张的高血液动力学性休克的患畜。

在触诊外周脉搏时应同时听诊心脏以检查是否存在脉搏缺失的情况。

核心温度与末梢温度

可通过感觉爪及耳的温度并与动物的核心温度相比较的方法来主观判断外周灌注状况。在发生外周血管收缩及休克的时候，核心温度和外周温度之间会持续表现出明显的差异。

通过体格检查来确认原发疾病

在评估心血管系统之后，应根据病史以及体格检查的结果直接判断休克/SIRS的原发病因。根据原发病因的不同，畜主可能会反映患犬表现虚弱、抑郁、呕吐、腹泻或食欲不振。应记录相关症状的持续时间、发展进程以及相关前期治疗。某些低血容量性休克可单凭病史来确定其病因，如外伤引起的低血容量性休克。

体温

低血容量和败血症的猫常会表现体温降低。休克并伴有体温升高的犬可能发生败血症或SIRS。此时，兽医师应开始寻找SIRS的激发原因。

评估脱水状况

胃肠液丢失增加且经口摄入液体减少的犬会发生进行性脱水并最终引起血容量降低（见本书第10章）。这些动物会表现出低血容量性休克以及脱水的症状。但并不是所有的低血容量的患畜都会脱水，也不是所有脱水的患畜都会表现低血容量。例如，急性失血或患GDV（低血容量性或梗阻性休克）的患畜会发生低血容量但并不脱水。

肠液的丢失会导致组织柔软度和润滑度的减低。

脱水常常可通过检查可视黏膜的状态来察觉，但这一评估方法可能会被应恶心所引起的唾液增加而干扰。

■ 体格检查的结果可能包括：抑郁、干燥/发黏的黏膜以及皮肤帐篷现象延长。

■ 评估皮肤弹性时应考虑动物的身体状况评分以及年龄。皮下的脂肪会比瘦弱的组织提供更多的润滑度，而随着动物年龄的增长，皮下的脂肪量会有所减少。所以，评估头盖骨和腋窝区域的皮肤比最常用的颈后部区域的皮肤更有意义。

■ 将正常猫的眼睛向后压时，瞬膜会在松开眼球时快速滑回原位。而在脱水的猫，瞬膜会黏附在眼球表面并缓慢滑回。

腹部触诊

应进行彻底的腹部检查。

■ 如果存在腹痛，则应判断疼痛的严重程度以及发生区域。疼痛的可能表现包括：

- 局灶性（如肠道异物）；
- 局限于单一器官的局灶性（如肾脏疼痛）；
- 泛发型疾病会表现出普遍性疼痛（如腹膜炎）。

■ 应考虑患犬的体温以及当时所用的镇痛剂。耐受度高的患犬可能对能够引起其他犬叫喊的同样强度的刺激反应轻微。

■ 腹部触诊时应鉴别腹部器官的大小并记录任何可察觉的异常状况。

■ 记录膀胱的触诊结果及大小。

■ 在腹围增大时可通过触诊怀疑是否存在腹腔积液。

直肠检查

如果生理情况允许的话，应对所有患犬进行直肠检查。

■ 评估前列腺（雄犬）、腰椎下淋巴结以及尿道。

■ 应记录前列腺触诊结果，包括：大小、对称性、是否存在疼痛。

■ 检查时如发现存在新鲜血液或黑粪，应记录结果。

血压

休克的患畜可能会由于以下原因而发生低血压：

■ 血容量降低（低血容量性休克）；

■ 血管扩张不当（分配性休克）；

■ 心脏功能减弱（心源性休克）。

动物通常会同时发生一种以上的休克形态。例如，患败血症性腹膜炎的犬可能同时发生低血容量性休克和分配性休克。在临床检查时怀疑动物发生低血压时可通过测量动脉血压来确认，但不应因为尝试测量血压而延缓纠正低血容量状态的治疗方案的实施。对于低血容量性休克的诊断应根据临床检查的结果进行，并通过辅助检测手段来支持诊断、制订治疗方案以及监控疗效。

血压可用做替代性标志来评估组织的血流状况。然而，剧烈的血管收缩可能会使血压恢复正常，但同时也会减少组织的血流量。同理，不同的血管床即使血压相同也可能有不同的血流供应状况。小于70mmHg的平均动脉压或是大于100mmHg的动脉收缩压均被认为是低血压的状态。

血压值可通过直接测量或间接测量的方法得到。直接血压监控方法虽然准确率较高，但是一项侵入性强且技术要求高的方法。通常情况下，可通过间接血压测量法获取最初的血压数值，并通过动脉导管来持续监控血压状态。

间接测量

间接的血压测量方法包括多普勒法和动脉搏动描记法，这两种方法都需要使用充气袖带来阻断动脉血流，然后测量血液复流时的压力。选择恰当的袖带尺寸是非常重要的，袖带的宽度应约等于待测量肢体周长的40%。

间接测量法具有廉价、广泛应用以及可快速和易获得的特点。然而对于血管收缩严重的患畜，其准确度有限。

直接测量

经皮插入外周动脉导管以直接测量血压是血压测量的金标准技术。

■ 最常用的操作方法是在背侧跖骨脉内插入导管。

■ 导管应连接一个非相容性的充满肝素生理盐水的连接管并连接上压力传感器。

■ 压力传感器将脉冲的动脉压力产生的机械信号转化为电信号并记录、定量及以图像形式显示。

急症数据

对于所有的休克患畜都应建立急症数据库，内容包括：

■ 细胞压积（PCV）；

■ 折射计测量的总固体（TS）或总蛋白（TP）；

■ 血糖（BG）；

■ 血尿素氮（BUN）；

■ 血涂片评估结果。

可在安放静脉导管的时候从静脉导管的连接管中采集血样。在静脉导管放置期间，可采集血液供额外的实验室检查所用（静脉血气分析和电解质分析，血清生化分析，全血细胞计数以及凝血象）。可用三个肝素化的微量血球容量计的血液进行PCV、TS以及血糖试纸、尿素氮试纸以及血涂片分析。

细胞压积（PCV）和总固体（TS）

应同时测量PCV和TS。

■ 用PCV来判断患畜是否患有贫血或红细胞增多症。

■ 折射计测量的TS可用于估计血清蛋白量以及粗略估计胶体渗透压。输注人工胶体溶液后所测的TS值不可靠，因为此时所测得的TS值会接近所输注的胶体溶液的TS值。

■ 脱水会引起PCV和TS同步升高。

■ 出血或激进的液体疗法后，PCV和TS会同时降低。

■ 发生出血后，PCV和TS不会立即降低。最初，液体从间质流向血管内会导致TS降低，而脾脏收缩以改善失血引起的供氧不足会使PCV维持在正常水平。因此，如果休克的动物表现出TS降低但PCV正常的现象，出血是最有可能的诊断结论。

■ 发生蛋白质丢失时，可同时观察到TS降低以及PCV正常的情况。蛋白质丢失的可能原因为：通过肾脏或胃肠道丢失、继发于炎症（如腹膜炎）的从脉管系统内向体腔（第三腔）的蛋白丢失。

■ 红血球破坏增加会引起正常的TS以及PCV降低。

血糖

败血症动物常会发生低血糖。如果患畜表现休克以及低血糖的症状，应首先排除败血症。同时应考虑其他病因，如胰岛素分泌性肿瘤以及肾上腺皮质功能减退。

猫在应激后常会发生轻微的高血糖。同样可见于头部创伤、惊厥以及严重低血容量和低氧血症的患犬。

尿素氮

可用尿素氮作为筛选指标以鉴别氮血症。如果用试纸进行测试时，较低的读数是较准确的，但如果试纸测试结果较高，则应进行额外的实验室检查。

血涂片评估

应对所有发生休克的患畜进行血涂片分析。这会有助于区分休克类型以及确定原发病因。

■ 应评估红细胞、白细胞以及血小板的数量和形态。

- ■ 患SIRS的患畜（败血性或非败血性）可见白细胞增多，通常会伴有核左移以及白细胞的中毒性变化。
- ■ 败血症的患畜也可能发生白细胞减少症，这是由于细胞被隔离于感染灶所致（如子宫蓄脓）。

■ 应进行血小板计数。出血或败血症的患畜会因为血小板消耗而引起血小板的轻度减少，低血容量性休克则会引起血小板的严重减少。

酸碱和电解质状态

酸碱和电解质状态（见本书第10章）可用床边的即时测量仪器测得，并为诊断休克病因提供帮助。

■ 休克的患畜会因组织供氧不足以及无氧代谢而发生乳酸中毒。

■ 尽管乳酸浓度可以提示灌注不足的严重程度，但这仅仅能够在身体检查后诊断休克的情况时使用这一指征。

■ 乳酸浓度在患GDV的犬可作为判断预后的参考。

全血细胞计数、血清生化分析以及凝血状态改变

全血细胞计数

全血细胞计数结果的变化与引起休克的原发病因有关。

■ 败血症最常见的血液学异常包括：贫血、白细胞增多（包括核左移以及中毒性中性粒细胞）或减少以及中度的血小板减少症。

■ 对于猫而言，如果发生失血性贫血、溶血性贫血以及非再生性贫血的情况，都需要引起格外的关注。

■ 白细胞增多以及核左移是全身性炎症反应的结果。

■ 白细胞减少可能是细胞隔离的结果。

■ 患败血症以及由于失血而发生低血容量性休克的患者都可发生血小板减少的状况。这因为在炎症和凝血通路活化的过程中会消耗血小板。

血清生化分析

血清生化结果的变化常反映了原发疾病的状态。

■ 患败血性休克以及出血引起的血容量降低的患畜会表现出低白蛋白血症，而败血性休克的患畜的症状更为严重。

■ 发生败血症时常会发生高胆红素血症。通常认为，犬是因为内毒素引起的肝细胞转运结合性胆汁缺损造成肝内胆汁淤积引起高胆红素血症，而猫是溶血所引起。

凝血状态改变

如本章前文所讨论的内容，发生全身性炎症反应时会引起凝血通路的活化。这在疾病早期会形成高凝状态，且并不容易通过传统的凝血象项目（aPTT和PT）所察觉，但可通过血栓弹性描记法方法检测。

■ 在高凝状态下，纤维蛋白降解产物（FDPs）和D–二聚体水平增加，抗凝血酶浓度下降。

■ 发生DIC时，血小板浓度降低，凝血因子消耗殆尽导致凝血参数（aPTT，PT）延长。

影像学诊断

尽管不需要通过放射摄影检查和超声检查来诊断休克或SIRS，但可用它们来确定原发病因。

■ 用放射摄影检查评估软组织和骨骼结构。

■ 用超声检查确定器官结构以及体腔内是否存在液体。

影像学检查的结果应结合病史调查和身体检查的结果一同分析，从而确定休克或SIRS的原发病因。

腹腔穿刺术

腹腔是最常见的发生可导致休克的疾病的位置。如果在身体检查或后续的诊断结果中怀疑发生腹腔积液时，必须要进行腹腔穿刺，采集样本进行实验室分析（见本书第8章）。应对腹腔液的样本进行细胞压积、总固体以及细胞学分析，并按需进行细菌培养。

如果怀疑发生腹腔疾病，但无法采集腹腔液且诊断影像学的结果并不典型的时候，可进行诊断性腹腔灌洗术（见本书第8章）。

细菌培养

如果怀疑感染是引起休克/SIRS的原发病因，则应在进行抗生素治疗前进行细菌培养。应采集所有怀疑受到感染的液体进行细菌培养，包括：血液、尿液以及关节滑液。快速诊断败血症并及时给予恰

当的治疗可最大程度地提高患畜生存率。

败血性休克

败血症的诊断是根据多重SIRS的症状以及对于感染的强烈怀疑而作出的结论。

应快速鉴别感染源以便控制感染源和建立恰当的抗生素疗法。当试图鉴定感染源的时候，应首先着重于常见的感染位置：肺、尿液、腹腔、伤口以及导管。如果患犬是未做过卵巢子宫切除术的母犬，应考虑是否发生了宫蓄脓。如果上述位置都无明显感染的迹象，则应考虑不常见的感染，如脓胸、心内膜炎、椎间盘性脊柱炎以及骨髓炎。

治疗以及疗效监控

低血容量性休克

维持正常的组织供氧以及预防MODS和死亡的必要措施是恢复正常的血液动力学状态。对于低血容量的患畜，只有通过静脉输液以及阻止血管内容量的继续丢失来恢复正常的血液动力学。对于出血性休克的病例，应通过止血的方法来防止血容量进行性丢失。常用的止血方法包括纠正凝血通路，手术探查以结扎血管或是两种方法合用。

血液动力学支持

识别休克状态及快速回复血液动力学是必要的措施。

实用技巧

没有什么理想的溶液，也没有完美的输液方法，应针对不同的动物制订相应的治疗方案。

等渗晶体溶液、高渗晶体溶液、合成胶体溶液以及血液制品是所有可用于低血容量患畜的治疗选项。每个选项都有其优缺点，也没有任何证据表明某一种溶液优于另一种（详见本书第10章）。实践中，通常组合运用几种溶液以获得血液动力学的稳定状态。

当决定选用何种溶液进行输注时，临床医生应综合考虑患畜的血容量状态、水合状态以及持续的液体丢失量，同时还应考虑电解质浓度、胶体渗透压、凝血象以及贫血程度。

等渗晶体溶液：等渗晶体溶液是低血容量患畜输液的首要选择。它们可用于增加血管内容量并补充间质液缺损。缓冲等渗晶体溶液（如乳酸林格氏液）比普通生理盐水更适合用于生理性复苏治疗。普通生理盐水（0.9%氯化钠溶液）中的高氯离子浓度（0.9%）可能会使已发生的酸中毒情况恶化，但0.9%氯化钠溶液可用于恢复组织灌注以及与血液及血液制品合用。

- 轻度低血容量的犬仅需要等渗晶体溶液以20~30mL/kg的剂量输注。而发生严重灌注不良的犬可能需要70~90mL/kg的等渗晶体溶液以及额外的胶体溶液。
- 对低血容量的猫单次推注等渗晶体溶液10~20mL/kg可能就会有足够的效果。如果疗效不明显，则可能需要重复推注等渗晶体溶液并额外给予胶体溶液。
- 等渗晶体溶液可能会延长凝血时间，其作用机理包括：稀释、恶化酸中毒状况（如果使用0.9%氯化钠溶液）以及体温降低（如果使用室温溶液）。这对于由于出血引起的低血容量性休克的患畜会是更严重的问题。持续性的出血会导致凝血因子和血小板的大量消耗，而输液疗法可能会恶化这一状况。

高渗晶体溶液：高渗盐水（7.2%~7.5%氯化钠溶液）可用于低血容量的患畜以快速增加血管内容量，常用的剂量为：犬4~6mL/kg，5~10min输注；猫3~4mL/kg，5~10min输注。高渗盐水会在体内形成较大的渗透压梯度，从而将间质和细胞内液“拉”入血管内，从而快速地扩充血管容量。通常用于患GDV的犬以及头部创伤的动物。

- 高渗盐水需要依靠间质液来发挥其效果，所以不宜用于脱水动物。
- 仅仅需要极小量的高渗盐水便可以快速增加血压，但这会使出血的情况恶化。所以对于存在持续性出血的动物应小心使用高渗盐水。

■ 通常高渗盐水的作用效果会在30min内消失，但通过额外使用合成胶体溶液可延长其效用时间。应在5~10min内推注4mL/kg的胶体溶液。

胶体溶液：胶体溶液通常用于总固体低于45g/L的低血容量患畜，用以扩充血管内容量。可用的合成胶体溶液包括羟乙基淀粉、右旋糖酐以及明胶。

合成胶体溶液用于低血容量患畜的复苏治疗的起始剂量通常为5mL/kg，在15~30min内推注。这一剂量可根据需要重复使用，通常最大剂量为20mL/kg。而对于猫应使用3~5mL/kg的小体积溶液。

合成胶体溶液可能会导致血液处于低凝状态。胶体溶液可在血管内留存较长的时间，所以其对于凝血因子的稀释度大于晶体溶液。此外，合成胶体溶液还可能会通过其他方式影响凝血功能，包括：降低Ⅷ因子活性（影响效果大于浓度稀释效应），降低血浆内von Willebrand因子的浓度，抑制血小板功能以及纤维蛋白的聚合作用。出于这些原因的考虑，常建议合成胶体溶液的用量应小于每日20mL/kg。如果低血容量的患畜接受合成晶体溶液的复苏治疗，在对这些患畜进行侵入性操作前应进行凝血象检查。

血液制品：富集红细胞（PRBCs）或全血可用于出血性低血容量患畜，以帮助恢复正常血容量，优化血液携氧能力和血氧浓度（图11.4）。然而，最关键的作用是恢复正常的血管内容量；且不应以牺牲晶体溶液或胶体溶液的扩充容量的效果的代价来给予血液制品。尽管没有特别的规定何时可以使用血液制品，当无法通过输注晶体溶液和胶体溶液恢复正常的灌注指数（如持续性心动过速）时和/或血比容快速跌至20%以下时，应考虑给予富集红细胞。

新鲜冰冻血浆的使用条件包括：常规的凝血时间（aPTT和PT）检验结果延长以及有临床出血的证据或进行侵入性操作前。使用剂量为10~20mL/kg，输注后应复查凝血象。

溶液冲击技术：可使用溶液冲击技术来进行液体复苏治疗。

■ 应在15~30min内推注等渗晶体溶液（10~30mL/kg）或合成胶体溶液（3~5mL/kg）。

■ 在每次推注结束后应评估动物体况以确认是否到达复苏终点（见下文）。

■ 输液应持续于整个血液动力学改善过程中。

溶液冲击可在有限的时间内给予大量的液体，但需严密监控以防发生水肿。因为患畜血容量较低并可能存在持续性液体丢失的状况，在复苏过程中，给予的液体量通常应大于液体的丢失量。

复苏终点：表11.6列出了到达复苏终点时主观判断灌注状况改善的体格检查结果（图11.5），以及客观判断的标准。

对于低血压的患畜，应持续输液直至中心静脉压（central venous pressure，CVP）高于8mmHg（10.5mmH_2O）。

低血压复苏：使用低血压复苏技术的目的在于保证重要器官灌注的同时减少持续性的出血。通过限制血压的增加，血凝块不会被破坏同时减少了过度的出血。

当进行低血压复苏的时候，应多次推注小体积的液体直至收缩压为70~100mmHg。同时应进行手术探查和/或纠正凝血状态以快速获得确实的止血效

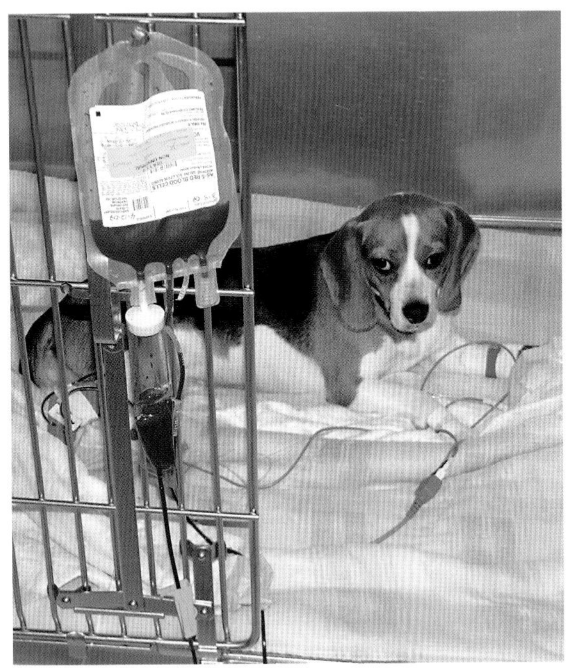

图11.4 使用血液制品以稳定出血性休克的患畜

果。成功止血后，换血应进行恢复直至传统的复苏终点。

关于低血压复苏在兽医患畜上的应用没有相关研究，同时人医采用低血压复苏的主要适应证（穿透创）在小动物上并不常见。

表11.6 复苏终点的判定标准

主观标准
■ 精神状态改善 ■ 粉红色的可视黏膜 ■ 毛细血管再充盈时间缩短 ■ 脉搏有力 ■ 末梢温度
客观标准
■ 心率降低 ■ 动脉血压增加 ■ 尿量增加 ■ 体重恢复 ■ 血内乳酸浓度降低 ■ 混合/中心血氧饱和度增加 ■ 中心静脉压和肺动脉关闭压力（可用于作为安全的终点指标以防止输液过量）

败血症性休克

兽医对于败血症的治疗管理内容包括：血液动力学支持、感染控制、代谢支持以及支持性护理（表11.7）。

表11.7 败血症性休克的治疗

支持类型	治疗方法
血液动力学支持	输液疗法 血管加压素
感染控制	合适的抗生素疗法 感染源控制（去除感染灶）
代谢性/内分泌支持	严格控糖 营养支持 ±生理剂量的氢化可的松
支持性护理	血液制品 镇痛 溃疡预防

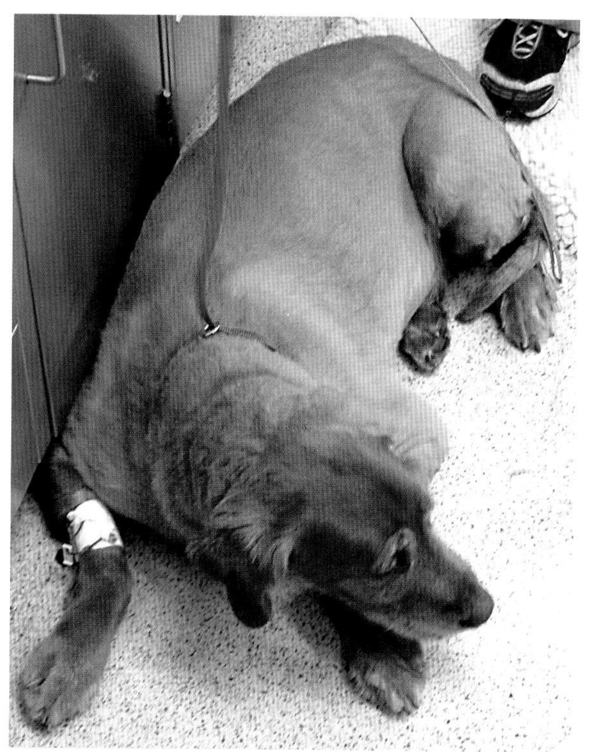

图11.5 前文图11.3中的犬接受了静脉输注等渗晶体溶液的液体复苏后，精神状态好转，心率恢复正常，脉搏有力，可视黏膜呈粉红色

血液动力学支持

应立即开始进行血液动力学的复苏工作。心血管的正常功能是维持组织正常供氧以及预防MODS以及防止动物死亡的必需条件。人医的记录表明，进行早期的目标导向性的复苏工作比标准治疗方案更能够提高败血性休克患者的治疗效果（Rivers et al., 2001）。这一结果强调了迅速识别血液动力学的不稳定状态并快速开始治疗以获得预估的复苏终点的工作的重要性。

等渗晶体溶液：等渗晶体溶液通常是败血性休克患畜输液的第一选择。通常这些患畜都会发生乳酸性酸中毒，因此应选用缓冲晶体溶液。等渗晶体溶液可增加血管内容量并补充间质液体缺损。

■ 健康的犬接受输液1h以后，只有25%的等渗晶体溶液还留存在血管内。

■ 败血症患畜会有毛细血管泄漏及胶体渗透压下降现象，因此脉管系统内可能留存的液体量更少。所以，单纯静脉输注晶体溶液通常无法使败血症患畜恢复正常的血容量。

■ 此外，渗出液所导致的组织水肿可进一步影响器官功能。

对于败血症患畜的复苏治疗，可能需要组合使用等渗晶体溶液以及合成胶体溶液。

胶体溶液：通常对于败血症患畜可使用胶体溶液以扩充血管内容量并增加胶体渗透压。可使用天然及合成胶体溶液来支持渗透压，最常用的合成胶体溶液包括羟乙基淀粉、右旋糖酐以及明胶。

如前文所述，合成胶体溶液可能会导致血液处于低凝状态，所以通常建议合成胶体溶液的用量应小于每日20mL/kg。然而，胶体溶液的益处大于其可能导致的凝血不良的风险。所以术后发生败血症性腹膜炎的患畜以及严重低白蛋白血症的患畜可以接受每小时2mL/kg的人工胶体溶液。这些病例中，如果发生临床出血或需要进行侵入性操作，应小心检查动物的凝血象。同时，使用新鲜冰冻血浆以纠正凝血状态可避免发生凝血不良的情况。

当败血症患畜发生低血压或水肿时，常会使用合成胶体溶液。在对低血容量患畜进行复苏时，一旦折射计检查血清总固体量小于45g/L就应考虑输注合成胶体溶液。如果体格检查发现动物发生水肿时，肝脏、大脑、肾脏以及胃肠道等器官的水肿及功能障碍通常是同时发生的。此时应考虑采取相应措施来纠正水肿，而不是等到出现明显的渗透压降低的症状（如外周水肿）时才处理。

■ 如果败血症患畜发生低血压，应在15~30min内推注5mL/kg的合成胶体溶液。并可根据需要重复推注，通常给药的最大总量为20mL/kg。

■ 对于猫，常用3~5mL/kg的小剂量推注。

■ 如果患畜表现出严重的胶体渗透压降低的状况，应使用每小时1~2mL/kg的输注速率。这一方法的目的不在于恢复正常的胶体渗透压，而是缓解胶体渗透压降低所引起的临床症状。

人血清白蛋白：人血清白蛋白在兽医领域受到了许多关注，因为理论上它比合成胶体溶液具有许多优势。

■ 5%的人血清白蛋白溶液具有20mmHg的胶体渗透压，而25%的溶液具有200mmHg的胶体渗透压。相对而言，羟乙基淀粉溶液的胶体渗透压为33mmHg。

■ 胶体渗透压的增加是由于白蛋白的负电荷以及相应的Gibbs-Donnan效应。

- 对于正常的内皮屏障而言，胶体渗透压的增加可阻止液体从血管内向外渗出。
- 对于伴有脉管炎的疾病（如败血症或腹膜炎）而言，疾病会形成异常的“渗漏性”微循环屏障，白蛋白可能会比其他合成的多分散的胶体溶液中的大分子更容易穿透内皮屏障。而带负电荷的白蛋白分子可限制这种类型的大分子跨血管流动。

■ 外源性人血清白蛋白的使用可为机体提供胆红素和药物的载体蛋白，从而限制它们的毒性。

■ 通常认为白蛋白可以调节炎症、局部缺血性灌注损伤以及血液凝结。

但已知人血清白蛋白溶液不是良性药物，当它用于健康动物体时可能会带来大量的风险因素（Francis et al., 2007）。它们用于败血症患畜的疗效未知，但对于败血症性腹膜炎以及严重低白蛋白血症的患畜仍有一定益处。

溶液冲击技术以及复苏评估：如前文的低血容量休克部分所述，输液复苏技术主要是在15~30min内推注10~30mL/kg的等渗晶体溶液或3~5mL/kg的合成胶体溶液。应在每次推注后评估复苏终点（见前文），并在整个血液动力学状态持续改善的过程中维持输液。

在严密的监控下，使用溶液冲击技术可以在有限的时间内输注大量的液体。许多败血症的患畜因为血管扩张以及持续的毛细血管渗漏，通常在治疗的最初24h内需要进行激进的输液方法。在这一期间输注的液体通常远大于输出的液体量。

败血症休克的患畜有时尽管接受合适的液体复苏治疗，可还是会维持低血压的状态。这是因为除了血容量降低之外还发生了外周血管扩张。可通过某些替代性的方法来评估心输出量以确定是否进行了合适的液体复苏。替代性的方法包括测量CVP或肺动脉闭塞压（pulmonary artery occlusion pressure，PAOP，又称为肺毛细血管楔压pulmonary capillary wedge pressure）。虽然可通过放置肺动脉导管来测量PAOP，但这一方法通常只在转诊医疗中心才进行。且很容易可以通过水压计来测定中心静脉压。

血管加压素

败血症患畜通常需要使用血管加压素以维持正常的血压（表11.8）。应在早期使用这些药物，甚至在低血容量的状态被完全纠正之前就使用。然而，不应该用血管加压素来取代合适的输液疗法，且必须保证机体的血容量正常。

表11.8　血管加压素及正性肌力药物的使用剂量

药物	剂量
多巴胺	5~20 μg/（kg·min）静脉注射
去甲肾上腺素	0.1~1.0 μg/（kg·min）静脉注射
肾上腺素	0.005~0.1 μg/（kg·min）静脉注射
抗利尿激素	0.5~2.0IU/（kg·min）静脉注射（犬）
多巴酚丁胺	5~20 μg/（kg·min）静脉注射（犬）

多巴胺和去甲肾上腺素是最初选用的药物，尽管在人医上无证据表明使用其中一种药物比另一种有优势。

■ 应用血管收缩剂的目的在于引起血管收缩并增加动脉血压，但这类药物可能同样引起血管过度收缩，尤其是内脏血管收缩。这可能会引起胃肠道局部缺血以及功能障碍。因此应根据需要给予最低剂量的血管收缩剂以维持动脉血压，并确保动物的血容量正常。

■ 使用血管加压素同样会增加心脏的做功量。需要使用正性肌力药物（如多巴酚丁胺）来促进因败血症而产生心肌抑制的动物应付额外增加的心脏负担。

去甲肾上腺素：在人医和兽医，通常选用去甲肾上腺素及多巴胺作为首选药物。去甲肾上腺素是一类儿茶酚胺类药物，具有较强的α肾上腺能效力以及部分β肾上腺能作用。以每分钟0.1~0.3 μg/kg的剂量给药时，去甲肾上腺素对于血管具有明显的血管收缩效果，但是对于败血症引起的血管麻痹，常需要增加给药剂量。

在大量的开放标签试验中，在接受输液疗法以及多巴胺治疗后仍呈现低血压的患者身上使用去甲肾上腺素可增加平均动脉压。由于该药物会引起广泛的血管收缩，所以应考虑该药物对于肾脏的效应。然而，该药物对于传出小血管的血管收缩效应大于传入小血管，研究结果显示去甲肾上腺素可能会优化肾脏血管血流以及肾脏的脉管阻力。该研究范围有限，药物对于氧气传送以及内脏血流的影响结论无法在同一个研究内给出。除此以外，无证据显示去甲肾上腺素可改善大部分患严重败血症休克患畜的心血管功能。

多巴胺：多巴胺是去甲肾上腺素和肾上腺素的前体，在大脑和外周起自身递质的作用。多巴胺在体内有着不同的剂量依赖效应，以及显著的剂量重叠。

■ 低剂量时，多巴胺可刺激DA_1和DA_2受体，可长期用于预防急性肾衰竭。根据大型的安慰剂-对照组随机试验以及对58组研究的荟萃分析，《败血症幸存指引》（Surviving Sepsis Guidelines）一书不建议使用低剂量多巴胺以保护肾脏，并将此作为严重败血症治疗程序的一部分（Dellinger et al., 2008）。

■ 当使用剂量为每分钟5~10 μg/kg时，多巴胺可发挥支配性的β肾上腺能效应以及正性肌力和变时性效应。这可导致心输出量增加。

■ 剂量大于每分钟10 μg/kg时，多巴胺可发挥血管收缩性的α肾上腺能作用（同时会增加全身性血管阻力），但此时会发生显著的剂量重叠现象，尤其是同时存在败血症引起的血管麻痹。

因此，多巴胺是通过增加心输出量和/或增加全身血管阻力来增加平均动脉压。犬的用药剂量通常受到心动过速的限制，通过减少药物剂量可缓解心动过速现象。

抗利尿激素：抗利尿激素是下丘脑合成的一种激素，可引起血容量减少或血浆渗透压强度增加（优先引起血容量的改变）。生理浓度的抗利尿激素对平均动脉压的影响极小，但在发生低血容量和早期的败血性休克时，其浓度水平会大量增加。

- 抗利尿激素通过血管平滑肌上的V_1受体引起血管收缩。
- 抗利尿激素除了其直接的血管活性效应外，还可以增加脉管系统对于儿茶酚胺的反应性，并抑制一氧化氮的生成。
- 尽管在败血症性休克的早期，抗利尿激素的水平会升高，但这一生理反应会很快钝化，患畜体内的抗利尿激素水平会降低。这一现象被称为“抗利尿激素的相对缺失”。

抗利尿激素已被用于兽医领域（Silverstein et al., 2007），但只有当败血症患畜用去甲肾上腺和/或多巴胺治疗无效时才使用。

感染控制

抗生素：早期使用并选择合适的抗生素进行治疗是必须的。应该在使用抗生素之前采集所有需要的细菌培养样本，包括：血液、尿液、腹腔液、胸腔液、创口以及气管冲洗液。如果无法立即采集到所有的液体样本，也应立即开始进行抗生素治疗。对于败血症患者而言，在记录到低血压的1h内进行抗生素治疗可提高其生存率（Kumar et al., 2006）。现在推荐应在识别败血症性休克的最初1h内尽早给予静脉输注抗生素治疗。

在等待细菌培养和药物敏感试验结果的时候，可根据经验进行抗生素治疗。在一项兽医的可追溯性研究中，接受适当的抗生素经验性治疗的败血症性腹膜炎患犬，其存活率比未接受适当的抗生素治疗的患犬要高（Beal and Pashmakova，2008）。

应根据可能的感染源及感染模式的敏感性来选择用于最初治疗性的抗生素。例如，用于败血症性腹膜炎的抗生素包括：二代头孢菌素（如头孢呋辛）或是氨苄西林和恩诺沙星的联合用药。如果怀疑发生大肠污染时，可在应用其他抗生素的同时，另外给予甲硝唑治疗。

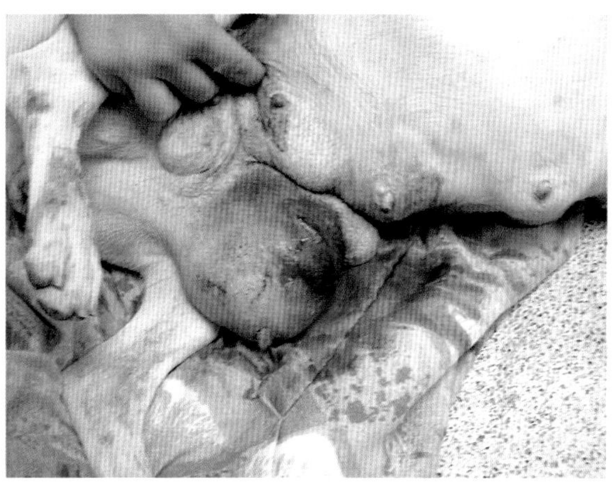

图11.6　对于败血症患畜，应迅速确定感染源并进行治疗，图中患畜因乳腺炎而呈现出败血症休克的症状

应根据细菌鉴定以及药物敏感试验结果改变治疗方案。

感染源控制：当鉴别出感染源后（图11.6），应及时移除或处置感染源。

- 如果是导管引起的血流感染，应立即移除相应的导管。
- 创口感染应进行扩创、清创、冲洗以及引流。
- 小动物常见的败血症病因是败血性腹膜炎以及脓胸，需要进行手术探查、败血症病灶去除、腹腔/胸腔冲洗以及放置引流管。
- 一旦鉴别出感染源且患畜复苏到稳定状态，应立即手术切除败血症病灶。
- 应采集感染液/组织，并进行细菌学培养以及抗生素敏感试验。

代谢/内分泌支持

葡萄糖控制：败血症患畜通常会表现为低血糖，且需要补充葡萄糖。

- 可在5~10min内静脉推注0.5g/kg的葡萄糖。
- 然后用含2.5%或5%的葡萄糖溶液作为维持溶液。

除了防止败血症患畜发生低血糖之外，如何避免重症患畜发生高血糖也逐渐受到重视。一项关于人类心脏外科重症监护的研究结果显示，适当给予胰岛素以控制血糖浓度有利于减少患者死亡率并缩短住院时间（van den Berghe et al., 2001）。对于败血症患畜，应采取措施以避免发生低血糖以及高血糖。

皮质类固醇：皮质类固醇具有抗炎症效应，并且曾有报告表明这类药物可以稳定细胞膜功能，所以历史上曾经使用高剂量的皮质类固醇来治疗发生败血症或败血症性休克的患畜。在人医上，有两项大型独立研究以及一项大型荟萃分析的结果显示对于严重败血症或败血症性休克患畜的治疗，使用高剂量的皮质类固醇是无效甚至有害的。因此，不建议在治疗严重败血症或败血症性休克的患畜时使用高剂量的皮质类固醇。

然而，对于成年的败血症性休克患者而言，如果已经确认患者在接受液体复苏疗法以及血管加压剂治疗后，血压状况没有明显的改善，则可静脉输注皮质类固醇。此时所采用的方法并不是之前提到的高剂量皮质类固醇疗法，而是生理性补充由于败血症导致肾上腺功能不全所引起的体内皮质类固醇的相对不足。没有直接证据支持低剂量的类固醇补充疗法在兽医上的应用。作者曾经静脉输注氢化可的松1mL/kg，每6h一次，持续用药直至患畜停止使用血管加压素。

营养：营养支持对于所有的重症患畜而言都是极为重要的。给予营养的方法应该具有前瞻性，“观察动物是否自己进食”在实践中是不可取的态度。

人医的文献记录表明肠内营养比肠外营养的效果更好，但大多数败血症患畜是无法忍受肠内营养的。应避免在低血压或使用血管加压素的患畜上使用肠内营养，这些患畜应给予全价肠外营养。对于可忍受肠内营养的败血症患畜且无安放饲喂管禁忌证的情况下，应通过鼻-消化道（食管、胃或空肠）途径或手术放置饲喂管来给予营养支持以满足其静息能量需求。本书第15章对于如何给予重症患畜以营养支持有详细的描述。

支持性护理

镇痛：应评估所有的败血症患畜是否需要进行疼痛管理。这些患畜都可能由于炎症以及可能进行的手术操作而继发疼痛。在使用镇痛药物前应考虑药物对于胃肠道灌注、肾脏灌注、清醒级别的影响。例如，非甾体类抗炎药物可能会影响肾脏灌注并引发胃肠道溃疡，所以应避免用于败血症患畜。本书第14章有镇痛药物的相关详细内容。

预防消化道溃疡：建议对于严重败血症患畜，给予H2阻断剂（如雷尼替丁）或质子泵抑制剂（如泮托拉唑，pantoprazole）来预防溃疡发生和防止胃肠道出血。然而，尽管实验结果证实在ICU中使用溃疡预防药物可减少上消化道出血的情况，但是没有任何用于严重败血症患者的溃疡预防的研究工作。虽然在兽医上也缺乏相关的证据来支持这一用药建议，但还是建议在败血症患畜治疗时进行溃疡预防工作。

使用血液制品：败血症患畜常发生凝血和纤溶功能障碍，以及低白蛋白血症。不幸的是，新鲜冰冻血浆是一个较差的白蛋白来源，需要大剂量才能够影响血浆的白蛋白浓度，此外，新鲜冰冻血浆还具有一定的免疫学效果，因此目前只有在活跃出血或需要进行侵略性操作的情况下才建议使用（Dellinger et al., 2008）。

仍不清楚败血症患畜何时适合接受输血，这个触发时机可能与患畜以及相应的疾病过程有关。应根据患畜的特征、临床症状、原发疾病以及长期贫血状况决定是否需要进行输血。医生应权衡输血所增加的血液携氧能力以及潜在风险的轻重。

应维持败血症患畜的血比容在20%以上，而进行麻醉则建议维持更高的血比容。而且，年老和重病的患畜对于贫血的耐受度较差，尤其是患有心脏疾病、呼吸疾病或脑血管疾病的患畜。

预后

败血症性休克的治疗需要根据动物个体的情况

综合上述治疗方法制订组合方案。例如，对于术后继发败血性腹膜炎而引起败血性休克的猫而言，所必须采用的方法包括：血液动力学支持、感染控制、代谢支持以及支持性护理（图11.17）。

休克患畜的预后取决于原发疾病以及动物对于治疗的响应情况。由于胃肠道梗阻而引起低血容量性休克且对静脉输注晶体溶液疗法响应良好的患畜，其预后要优于患败血症性腹膜炎以及严重败血症性休克的犬。

因为没有对于休克犬猫的预期性临床试验，现在所援引的存活率是根据以前的回溯性数据以及专业观点而作出的，这并不能反映21世纪兽医重症护理医学的准确情况。

■ 如果动物表现为低血容量性休克，且对治疗有良好响应，可能痊愈，预后良好。

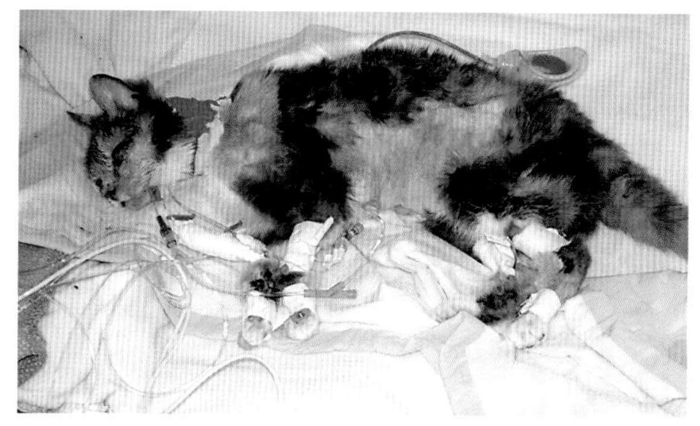

图11.7 图中所示的猫在术后发生败血症性腹膜炎而引起败血症性休克，所给予的必须治疗包括：血液动力学支持、感染控制、代谢支持以及支持性护理

■ 如果动物患有败血症且感染源确定，治疗过程中动物未发展为败血性休克，预后良好。

■ 患败血性休克的动物预后不良，同时发生败血性休克及多器官衰竭的动物预后谨慎。

12 麻醉和手术导致的免疫和炎症反应

Elizabeth Armitage-Chan 和 Stephen J. Baines

概述

我们假定免疫力正常的患畜对组织损伤产生的免疫应答可引发正常的炎症反应。然而，接受手术的患畜通常会发生免疫系统功能的改变，从而对术后的恢复产生一定的不良影响。

免疫应答改变的主要原因是故意的组织损伤（如手术）或意外的组织损伤（如外伤），以及出血。例如，实施心肺转流术会导致免疫异常，因为血液与血管外表面的直接接触会引发免疫系统的直接接触性激活，但这种情况在兽医临床上并不常见。此外，重要器官的缺血再灌注损伤以及内毒素的肠移位引起的内毒素血症也会导致免疫异常。

这些刺激所引发的效应体现在两个方面：炎症反应的激活以及细胞介导免疫反应的抑制。通常这两个效应是按这一次序先后发生的。炎症反应的作用在于促进伤口愈合和防止伤口感染，正常、良好控制、协调的免疫应答使机体可平静地恢复。然而，某些患畜（那些已存在有其他疾病，如慢性呼吸系统疾病、肾衰竭或糖尿病）可能无法启动正常的免疫应答程序。免疫增强性或免疫缺乏性疾病都会增加术后发病率。患免疫抑制的患畜或术后感染风险较大的情况，死亡率和发病率较高。

免疫应答

免疫系统的功能在于识别病原体并将其从宿主体内清除。免疫系统分为先天性免疫和后天获得性免疫。

■ 动物体防御外来病原体入侵的第一道防线是上皮屏障（表皮或黏膜），防御信号由抗微生物酶和免疫球蛋白A（IgA）放大。

■ 入侵上述屏障或者因为手术在内的损伤导致屏障受损而侵入机体的微生物，被初级免疫系统所识别，免疫细胞活化，细胞因子分泌、补体和凝集素级联反应活化以及急性期蛋白和神经内分泌介质的分泌。

■ 之后，引发以抗原递呈和抗原特异性淋巴细胞分化为主的获得性免疫应答，继而引发以抗体分泌性浆细胞和细胞毒性T细胞为形式的抗原特异性免疫记忆。

表12.1列出了参与免疫应答的元素。

表12.1　一些参与免疫应答的元素

细胞因子是由参与炎症和免疫应答的细胞所分泌出的分子，可影响其分泌细胞和其他细胞的生长和行为活动。细胞因子包括：白介素、干扰素、肿瘤坏死因子和生长因子。它们在免疫系统中起信使作用，可概况地分为两类：

■ 促炎症；

■ 抗炎性。

淋巴细胞是获得性免疫系统中负责特异性免疫的白细胞。淋巴细胞的主要形式为B细胞和T细胞。

■ **B淋巴细胞即B细胞**，在体液免疫应答中起重要作用，并可以产生循环抗体。

■ **T淋巴细胞即T细胞**，主要负责细胞介导的免疫应答。

（续）

T淋巴细胞的细胞表面载有可识别外源性抗原的抗原特异性受体，它们亦是细胞因子的主要来源。T淋巴细胞主要分为两个亚群：表达CD4+表面分子的和表达CD8+表面分子的（CD是“分化簇”的国际通用缩写形式）。

- CD4+亚群=**辅助性T细胞（Th）**
- CD8+亚群=**细胞毒性T细胞（TC）**或细胞毒性T淋巴细胞（CTL）

辅助性T细胞（Th）产生的细胞因子最多。它们是带有CD4+亚群的T淋巴细胞，以白介素的形式为其他淋巴细胞提供“帮助”，引起后者的分化进而发挥其免疫功能。

辅助性T细胞因其对抗原的不同反应分为两类：

- Th1型细胞因子倾向于**促炎症反应**——它们产生炎性反应以杀灭外来病原，并且对细胞内病原有效。主要的Th1型细胞因子是干扰素-γ。
- Th2型细胞因子倾向于**抗炎性反应**——会在某种程度上颉颃Th1效应，它们可以有效地抵抗细胞外的病原。主要的Th2型细胞因子是白介素-4、白介素-5以及白介素-13，并可促进IgE和白介素-10的分泌。

理想的体内情况应该是在Th1和Th2间形成平衡。

- **干扰素**具有抗病毒活性。
- **白介素**影响T淋巴细胞或其他细胞的分化，包括B细胞的分化、激活和增殖。
- **免疫球蛋白**是抗特异性抗原的抗体。

对于创伤和麻醉的正常免疫应答

保护性的免疫应答主要依赖于以下过程：足够的Th1/Th2免疫应答，完整的单核细胞/T细胞相互作用以及正确的细胞因子反应。局部的炎性反应包括趋化作用和免疫细胞的活化，细胞因子（如IL-6和TNF-α）以及其他炎性介质的释放、血管扩张以及血管通透性增加。

对于组织损伤、出血和麻醉的异常免疫应答

组织损伤引发的免疫应答可能被下列因素所影响：

- 组织损伤的严重程度；
- 是否出血及其严重程度；
- 是否存在败血症；
- 性别。

随着创伤和组织损伤的范围增大，免疫应答的量级随之增大并由局部扩散至全身，从而导致全身性的血管扩张和泄漏。这种情况被称为SIRS（详见第11章），这是重伤和危重手术后发生器官衰竭和机体死亡的主要原因。

相反在免疫抑制的患畜或者因长期疾病导致的免疫系统功能不全的病畜，其结局由那些需要外源性支持的器官功能所决定，即MODS。

尽管传统观点中SIRS的发生包括了大量的免疫反应上调（upregulation），但现在看来，次级的补偿性抗炎反应同样具有伤害性。在最初的观点中，对于手术的第二波免疫应答被看做是促炎症反应的调节器，并在防止SIRS的发生中起重要的作用。不过以现在的观点看来这种免疫应答是一种免疫抑制效应，会提高术后院内感染的风险以及患败血症的可能性。这种免疫应答的标志在于调节性T淋巴细胞的活化和抗炎症细胞因子（例如IL-10和IL-1的拮抗剂）的分泌增加。这些活动会导致免疫麻痹的状态并进一步抑制免疫系统对抗感染的能力。

我们仍然无从得知在一次大的手术后，是什么因素决定免疫应答是促炎症性或是抗炎症性。然而，表12.2列出了无论是对促炎症还是抗炎症反应都会有增强或减弱作用的因素。某些因素（如手术、全身麻醉）是无法避免的，而另一些因素的潜在有害影响远小于不使用这些方法所造成的后果。例如镇痛剂的不良后果相对于不用镇痛剂所造成的疼痛而言可忽略不计；输血的免疫抑制效应远小于动物所罹患的严重贫血和低血容量所带来的威胁。仔细检查这些因素的免疫学效应，我们或许可以发现动物体是如何调节术后免疫应答的方向和量级。这一点与大手术后的SIRS的发展、器官衰竭、术部感染以及败血症都有关系。

对于那些存在免疫缺陷的高风险患畜，比如已知有免疫抑制或败血症，或是经历严重外伤，或是

将进行多重或大范围手术的患畜。尤其需要注意的是，任何形式的干扰都会影响免疫途径。

表12.2　影响炎症反应途径的因素

■ 疼痛	■ 镇痛剂
■ 应激	■ 出血
■ 手术	■ 输血
■ 全身麻醉	

手术患畜的特异性免疫变化

受伤及失血后的心血管反应

外伤及失血会导致心脏输出量和器官血流量改变，进而使得组织灌注和氧流量降低。血管上皮分泌的一氧化氮减少引起血管的过度收缩和相应的灌注减少，微血管通透性增加，血小板聚集以及白细胞浸润增加。

组织损伤和出血后的巨噬细胞功能

外伤及出血的情况发生后会立即观察到细胞介导的免疫力被抑制。巨噬细胞针对相应的刺激减少了IL−1，IL−6以及TNF−α的分泌，这种效应会在创伤后的7日内持续作用。骨折的情况会比单纯的软组织损伤引起更长期的反应（Wichmann等，1996）。巨噬细胞功能下降使得患畜更易患术后感染综合征。促炎症反应而不是抗炎症反应与败血症的康复过程有关。

手术后的患畜，其体内的抗原递呈被抑制，II型主要组织相容性复合物（MHC−II）的表达减少，共刺激分子被识别，这些因素导致T细胞效应器无法被很好激活。那些发生可逆损伤的败血症患畜的复原速度更快，复原机会更大。

组织损伤和出血后的淋巴细胞功能

组织损伤后可发现淋巴细胞功能减退，这既是淋巴细胞的既有缺陷，又是巨噬细胞/T细胞相互作用，功能减弱的结果。同时可发现Th1细胞因子（如IL−2、IFN−γ）分泌减少以及Th2细胞因子（如IL−10）分泌增加。

循环炎症和抗炎症调节物

术后的免疫抑制是与各种炎性细胞因子的浓度增加有关，反映出患畜体内存在活化的免疫组分细胞。对这一方面而言，手术患畜的免疫防御抑制反映出体内免疫系统在大规模活化后，对于次级刺激的响应低下。

- 典型情况下会发生促炎症细胞因子（IL−1，IL−6，TNF−α）的增加。
- 调节因子为：
  - IL−6的抗炎效应；
  - IL−1受体颉颃剂和TNF受体的分泌，并分别结合其相应的细胞因子；
  - 免疫抑制剂如前列腺素E2（PGE2）和IL−10的分泌。

测定血浆中的细胞因子的浓度可以提供对于体内的炎症反应的存在和量级的认识。但细胞因子所反映的仅是免疫应答的一部分情况，且血浆中的细胞因子浓度无法反应身体其他部位的浓度，所以需要小心地应用细胞因子浓度来说明炎症反应的状态。

现在有相关研究试图针对细胞因子介导的免疫功能紊乱进行特异性治疗，例如IL−10的抗体，但至今未有明确的结论。

影响术后免疫应答的因素

患畜的特异性因素

患畜的先天免疫能力以及既有疾病都可能影响患畜个体对于特定组织损伤程度的反应。大量的研究文献说明了不同性别的动物对于损伤和出血的特异性免疫应答的不同。在雌性动物，组织损伤或创伤后机体会试图维持或增强巨噬细胞和淋巴细胞介导的免疫应答。这一效应是通过性激素进行调节的。一般来说，雄激素有免疫抑制的倾向，而雌激素有免疫保护的倾向，而这一效应在雌性动物的发情前期更为显著，但性激素相关的免疫效应在所有绝育动物身上都不发生。

手术对于免疫应答的影响

机体对于手术和创伤的免疫应答的量级取决于组

织损伤的广度。非侵入性手术技术（例如内镜检查和胸腔镜检查）与开放性手术相比，炎症反应减少、死亡率低、术后的SIRS以及感染风险均减少。

此外，手术操作的数量，以及每个手术的损伤程度对免疫应答都会有影响。经历多重手术或重伤后手术的患畜，比那些仅接受单独的手术的患畜会表现出更强烈的炎症反应。这种情况被称做“二次打击现象”，这说明了对于组织损伤的炎症反应激发了免疫系统对于后续的组织损伤的更大的反应。有证据表明对于二次损伤的免疫响应倾向于采取免疫抑制的途径，从而增加了感染和肿瘤转移的风险。

所以对于多处受伤的患畜而言，最佳的处置办法是在第一时间修复所有的损伤。然而，手术和总的麻醉时间同样会影响结果，较长的手术时间会伴有预后不良，炎症性并发症以及感染风险提高。

组织损伤和失血是术后免疫响应的主要刺激因素，这就强调了基本手术原则在防止不良免疫响应上的重要性。所以在手术操作中要坚守Halsted原则——减少组织损伤，预防组织局部缺血，减少失血以及防止组织污染。

麻醉药物对免疫响应的影响

尽管手术创伤的范围和严重程度对于术后炎症反应的量级和状态有重大的影响，还是有大量的文献表明麻醉药物和镇痛药物有潜在免疫调节效应。

体外实验已经证实麻醉药物和镇痛药物有多种的促炎症效应和抗炎症效应。然而，至今仍无法明确证实这些效应在临床上的重要性，虽然这些效应对于那些有高风险败血症和炎症并发症的危重患畜有着重要的意义。此外，很难说清临床上所观察到的现象是有益的还是有害的。例如，假设某种药物可以减少炎性细胞因子的分泌，这种药物是应该用于SIRS的预防还是其免疫抑制效应会增加术后感染的风险？很难模拟临床结果的变化，尤其难以分辨麻醉药物在手术上相对微小作用的影响。除去这些不确定性，有证据表明特定的麻醉和镇痛药物可能可以预防手术后的不良炎症反应并提高患畜的总体康复效果。

丙泊酚

无论在人还是犬的临床上，丙泊酚都被再三强调会增加术部感染的风险（Heldmann et al., 1999）。起初认为是丙泊酚药品的不正确操作（包括开封6h后未丢弃）引起的细菌感染所致。但近期的研究表明丙泊酚有着免疫调节的作用，它会增加抗炎性细胞因子的分泌并减少促炎性调节物的释放，抑制淋巴细胞增殖并降低中性粒细胞功能，继而提出机械论的证据以支持丙泊酚的免疫抑制效应（Galley等, 2000）。至今仍然未能明确丙泊酚所显示出的免疫调节效应是其本身的药理学功能还是脂性溶剂的性质。

氯胺酮

氯胺酮似乎对免疫功能有利。应用氯胺酮可以钝化手术和内源性毒血症所引起的IL－6以及TNF－α增高效应，这一现象分别在马（Lankveld等, 2005）、犬（Declue等, 2008）和人（Beilin等, 2007）上发现。这些细胞因子会参与SIRS的病理过程，并且在伴有全身性免疫反应的疾病中发现高浓度的上述因子是预后不良的指征。这一过程是非常复杂的，所以很难将其描述出来。然而，在那些发生术后SIRS，相关心血管紊乱风险较高的病人上，术前应用氯胺酮不仅可以减少手术引起的细胞因子释放，还可以提高术后的心脏功能（Bartoc et al., 2006）。除了上述的抗炎效应，无证据表明氯胺酮会提高术后感染的风险，因此麻醉过程中合用氯胺酮可以降低患畜发生炎症性并发症的机会。

局部麻醉

有普遍证据表明局部麻醉有良好的抗炎效果（Hollmann和Durieux, 2000）。在对患内毒素血症的犬和马进行全身麻醉时可静脉滴注利多卡因［1.5~3mg/（kg·h）］，这不仅可以降低气体麻醉药的用量，还可以降低患畜体内不良炎性反应。然而在猫，静脉给予利多卡因会引起强烈的心脏抑制，因此不建议在猫上应用。使用局部麻醉药物可以减少因手术而引起的促炎性和抗炎性细胞因子的释放，从而改善术后的疼痛控制效果和肠道功能（Kuo等, 2006）。

异氟烷和七氟烷

尽管体外研究结果提示炎症细胞暴露于挥发性麻醉气体中会引起细胞因子分泌和趋药性的改变，但仅有极少量的证据表明这些药物在临床患畜上有显著的有利或有害免疫调节作用。

阿片类药物

μ阿片受体颉颃剂（包括吗啡、美沙酮、哌替啶/杜冷丁、芬太尼）常用做危重病例的麻醉管理，因为这类药物具有最小的心血管效应以及减少气体麻醉药用量的特性。因此常高剂量的应用在存在败血症或炎症性并发症风险的患畜上。最近的研究结果表明，基于高剂量阿片类药物的麻醉程序会导致细胞介导的免疫响应的减弱，主要表现为自然杀伤细胞活性和抗原吞噬作用的降低。尤其是使用高剂量芬太尼时，会引发显著的免疫削弱效应（Yardeni et al., 2008）。

术后镇痛对于免疫响应的影响

因为阿片类药物在实验中表现出对术后免疫反应存在不利效果，因而可能导致术后感染风险增加，所以有必要开发其他药物，但需注意以下几点。

- 阿片类药物是可用的最有效的镇痛药物，对于术后患畜，它们比其他镇痛药物具有很多优势。比如，非甾体类抗炎药物（NSAID）的白细胞毒性和致溃疡效应对于高危患畜的风险，α_2激动剂则具有明显的心血管效应。
- 在术后的动物不给予镇痛药是不符合兽医职业道德标准的行为，而且术后的疼痛和应激会引起应激激素的增加，进而抑制免疫反应并增加术后感染的风险。
- 疼痛本身具有免疫调节效应，这一效应的负面影响远大于应用阿片类镇痛药的影响。尽管如此，如果采用有更好的炎症效应（例如氯胺酮和局部麻醉药物）替换性镇痛药物作为镇痛方案之一，就可以减少阿片类药物的用量并提高疼痛管理，这一点可以看做减少高用量阿片类药物所带来的不良免疫效果的额外优势。

另一个减少阿片类药物免疫反应的方法是局部或区域性的应用。与复合镇痛技术一样，这种应用方法同样具有降低阿片类药物总体用量以及减少术后疼痛的双重优势。此外，将阿片类药物用于外周位点的时候，负责免疫效应的受体（认为在大脑内）是不会被激活的。重复实验表明，硬膜外应用阿片类药物比全身应用时所引起的病理性炎症反应小（Beilin et al., 2003; Ahlers et al., 2008）。当以这种方法应用阿片类药物时，机体对于手术的炎症反应较轻，包括皮质醇和肾上腺素反应的钝化，减少因为手术而引起的T细胞功能抑制。因此这一给药途径对于减少术后的免疫抑制和术部感染有着广阔的应用前景。

所有上述研究显示，接受复合镇痛或硬膜外镇痛的患畜，其疼痛评分较好，但我们无法判断所观察到的改善是由于全身性阿片类药物用量的减少还是由于疼痛管理水平的提高。局部麻醉合并硬膜外阿片类药物的方法可以得到额外的效果，这一点也是可以用提高疼痛管理水平，减少了全身阿片类药物用量，或是局部麻醉药的直接效应来解释。无论这一反应的生理学机制如何，当我们寻找正向调控手术后免疫反应的方法时，硬膜外和多方式的镇痛是最有利的选择。

手术患畜在围手术期的免疫功能紊乱

相对于大量的文献报道手术所引起的免疫细胞功能改变，仅有少量数据描述了患畜治疗结果的变化。这表明术后感染、败血症以及SIRS是一个复杂的病理学过程，同时这些患畜的治疗结果被许多因素所决定。除了这些挑战之外，有证据不仅支持免疫反应可以决定病畜的治疗效果，还支持改变病畜的处置方法可以直接影响其存活率。

免疫麻痹的状态会直接导致术后的感染和肿瘤转移，大量研究工作着眼于如何调节免疫反应以防止出现术后的免疫抑制（Hotchkiss et al., 2009）。氯胺酮在败血症的实验性模型上显示出可以降低死亡率，这一效果来源于其免疫调节剂的性质（Taniguchi et al., 2003）。在手术和败血症引发的促炎症反应中，与疾病的严重程度和死亡率的提高相对应的是IL-6水平的提高，这一点在人（Mokart et al., 2002）、犬（Rau et al., 2007）和马（Barton和Collatos, 1999）上都得到证实。因此，用相应的干预方法（如应用氯胺酮、使用局部麻醉药物等）来减少IL-6分泌，对于患畜的手术反应的治疗效果会产生正面影响。术前全身或硬膜下吗啡镇痛在许多腹腔肿瘤的病例模型中可以有效地减少肿瘤的转移率（Page et al., 2007），这为提高危重病畜的治疗效果提供了一个重要的方向。

麻醉和手术后使免疫紊乱最小化的方案

我们可以通过改变患畜管理方案来减少免疫功能紊乱对机体的重大影响，从而为那些有着高败血症、SIRS、术后感染和肿瘤转移风险的患畜带来益处。下文会总结一些常用的可以减少对术后效果产生重大影响的免疫反应的方案。

鉴别患畜的风险

在考虑采取何种方案来减少术后的免疫反应对于总体效果的影响时，必须要鉴别患畜处于何种不良反应的风险中。表12.3列出了常见的风险因素。

表12.3　用于鉴别术后患畜面对免疫抑制风险的因素

- 免疫抑制药物
- 营养不良或慢性疾病带来的免疫抑制
- 癌症
- 严重外伤
- 侵入性手术

麻醉管理的推荐方案

表12.4列出了减少手术和麻醉对免疫反应的不良影响和降低任何可能的麻醉药和镇痛药不良反应的推荐方案。

表12.4　减少手术和麻醉对免疫反应的推荐方案

- 使用有效的麻醉前用药
- 维护正常体温
- 使用高氧分数（吸入氧气的分数）
- 维持组织氧气供应
- 治疗高血糖症
- 考虑用硬膜外镇痛
- 有效治疗术后疼痛
- 需要时使用NSAID

将免疫调节作为治疗可选方案

免疫调节方案通常是为了阻止不可控的炎症反应。这种方法的风险在于削弱了有感染风险动物机体的防御机制，因此更理性的方法是更特异性的调节免疫反应。述药物调节免疫反应的能力正在评估。

粒细胞集落刺激因子

应用粒细胞集落刺激因子（Granulocyte colony-stimulating factor，G-CSF）可以刺激释放新生的单核细胞，通过防止单核细胞失活来减少某些不良免疫反应，还可以改变Th1/Th2的比例，并缓解某些急性期反应。

皮质类固醇

皮质类固醇是一类强效的免疫抑制剂并可以抑制炎性细胞因子的分泌。然而，比起临床效果更严重的是这类药物的多种不良反应，例如影响伤口愈合，增加术后感染风险以及代谢性疾病（例如高血糖症）。

抑肽酶

抑肽酶（Aprotinin）是丝氨酸蛋白酶（如胰蛋白酶、糜蛋白酶、血管舒缓素）的抑制剂，它可以抑制IL-8的分泌，活化凝血和纤溶，并可以使组织从局部缺血的状态中得到较好恢复。但需要正式的研究来评估这一药物的实用性。

乙酮可可碱

乙酮可可碱（Pentoxifylline）是一种磷酸二酯酶抑制剂，是一种具正性肌力调节和支气管扩张活性的血管扩张剂。它可以提高血液流变性质并且具有抑制IL-6、IL-8和IL-10分泌的免疫调节活性。

类固醇类激素

雄性动物可以通过给予外源性的雌二醇来改善其相对雌性动物所特有的免疫抑制反应。脱氢异雄酮是一种具有雌二醇效应但缺乏雌二醇的促凝血效应的药物，在人医作为长效的免疫增强剂使用，并可能作为改善手术患畜免疫抑制的有效药物。

去势术可以减少雄性动物的相对免疫抑制，但在给予外源性睾酮后会重现这种免疫抑制现象。氟他米特（Flutamide）是一种雄激素受体阻断剂，应用于在实验性大出血后的败血症动物模型上，可提高动物的生存率。

其他免疫调节方案

给予免疫增强性日粮或在术后苏醒时给予高渗生理盐水也可以减少患畜术后败血症性并发症的发生率。

结论

对于麻醉性（例如手术）或非麻醉性（例如外伤）的损伤而言，免疫反应是一系列用以使机体恢复的可能性最大的可预计并相互协调的事件。健康动物正常、平衡和控制良好的炎症反应常会平静的恢复，但免疫反应过度或不足都可能引致SIRS或MODS。外科医生应该注意到这些现象，有能力识别患畜面对这些风险，并尽力避免风险或提高机体对于这些异常免疫反应的阈值。

13 术后护理

Arthur House 和 Robert Goggs

概述 

术后短期的护理目标是：

- 使动物从麻醉状态中苏醒；
- 防止并处置术后并发症；
- 对先前已存在的疾病进行连续治疗；
- 快速鉴别新问题并恰当处理；
- 给予患畜有效的生理支持，以促进快速恢复；
- 保证患畜的福利。

为达到上述目标，需要对于患畜密切的监护以及有规律的评估，以保证医务人员可以给予患畜最需要的护理以及及时的干预。只有当所有的护理完成时才可以认为手术过程已完成。

反复进行体格检查 

体格检查的目的在于：

- 分辨机体主要系统的异常情况；
- 评估机体的其他系统的功能（尤其是那些已知有异常的或是直接进行手术的系统）；
- 检查所有手术伤口的外观；
- 监护术后并发症的发生。

手术后，需要根据患畜的不同需要而制订相应的检查频率，此外手术医生每日至少对患畜进行2次检查。单独对于患畜进行一次快照式的检查仅能够对患畜术后的恢复进度有限的了解。而重复进行检查则可以及时发现患畜明显的状态变化，并可以评估患畜对于治疗的效果。

完成体格检查后，需要仔细地浏览患畜的病历记录并将即时的检查结果记录于上，以求对于患畜的任何状态变化有合理的解释。每天应在书写每日治疗程序前进行第一次检查，以便按需调整输液疗法和镇痛方案。

如果手术医生无法按计划的频率对患畜进行检查，则应有书面的明确检查计划，以确保其他工作人员可以对患畜进行及时检查，并告知其该病例最初的治疗方案以及何时需要通知兽医师。因此需要有一张设计精良的表格来完成这一工作（图13.1a,b），表格上应该列出特别的评估参数并明确何时需要提醒临床医生注意以及相应的干预治疗。

体格检查应从身体主要器官的检查开始，即心血管系统、呼吸系统以及神经系统。术后死亡的主要原因是上述器官的功能衰竭，所以应对这些器官特别的关注。对于这些系统的任何异常变化（尤其是新发生的）都应在第一时间仔细观察并处理，然后再进行其他系统的检查。

心血管系统

可靠的心血管功能评估结论不能靠单一的参数来得到，至少应该检查以下项目：

- 心率和节律；
- 脉搏率和脉象，同步性；
- 可视黏膜颜色；
- 毛细血管再充盈时间。

应避免用诸如“微弱的”或是“差”一类的词语来描述脉搏的情况，因为这些词汇的意思不够明

RVC Queen Mother Hospital for Animals
Royal Veterinary College

✱ DEA 1.1 POSITIVE ✱

ICU Treatment Sheet

Label	PROBLEM LIST
	RTA 14/04
	PNEUMOTHORAX / SUB-CUTANEOUS EMPHYSEMA
	RIB FRACTURES (L) / PULM. CONTUSIONS
	L FEMORAL FRACTURE
	– REPAIRED 18/04
	DEGLOVING INJURY DISTAL L HL
	– WET-TO-DRY DRESSINGS PLACED
	R MILA CHEST DRAIN PLACED 17/04
	O' TUBE PLACED 17/04
Date: 19/04/09 Weight: am 24.9 kg pm:	PRBC TRANSFUSION 17/04
Clinician: ARTHUR HOUSE Signature:	
Clinician tel: Bleep: 17 P	Catheter site R JUG / R CEPH Date placed 17/04 / 18/04
Student:	Checked ☑ KH ☑ KH Code status R (DNR)

DAILY ORDERS

GA REDRESS WOUNDS 1100 ☑

Ō VISIT 1500 ☑

✱ NOTIFY CLINICIAN IF CHEST ✱ DRAIN AIR VOL > 10 ml/kg DURING ANY 4HR PERIOD

DIAGNOSTIC TESTS

CBC ☑

CHEST FLUID CYTOLOGY – IN HOUSE ☑

Weight 6am 24.6 kg

	6	7	8	9	10	11	12	13	14	15	16	17	18	19	20	21	22	23	0	1	2	3	4	5	6	7	8
MM / CRT / PULSES / HR Q6h					✓						✓						✓						✓				
RR / EFFORT Q4h					✓				✓				✓				✓				✓				✓		
Temp Q12h					✓												✓										
PCV / TS Q12h					✓												✓										
Nova Q12h					✓												✓										
CSL 2ml/kg/hr CRI	——																										→
MLK CRI (see protocol in file) 25ml/hr	——																										→
DRAIN R CHEST DRAIN Q4h					✓				✓				✓				✓				✓				✓		
DRAIN URINE BAG & RECORD UOP / USG Q4h					✓				✓				✓				✓				✓				✓		
ROPIVACAINE 1.5mg/kg IP Q8h					✓								✓								✓						
CO-AMOXY-CLAV 20mg/kg Q8h					✓								✓								✓						
NIBP Q6h					✓						✓						✓						✓				
O' TUBE FEEDING (see protocol in file)	✕		✕		✕		✕				✓						✓						✓				
TURN Q4h					R				L				S				R				L				S		
~~Walk / Carry / Hoist / Trolley~~ check bed																											
Food OFFER IN ADDITION TO O' TUBE PROTOCOL		✕		✕		✕					✗NI						✓50%						✓25%				
Water AD LIB	——																										→

	T	P	R	MM	CRT	PCV	TS	Na	K	BG	Lac	Creat	UOP	MAP
Notify >		150	50								2.5	200		
Notify <						20				4.0			0.5 ml/kg/h	70
TIME	**T**	**P**	**R**	**MM**	**CRT**	**PCV**	**TS**	**Na**	**K**	**BG**	**Lac**	**Creat**	**UOP**	**MAP**
10.15	38.1	110	32			26	54	145.2	3.62	6.58	0.7	122	0.7	90
1400			28										2.2	
16:00		100	28											86
18:20			34										1.0	
22:00	38.3	115	30			24	52	147.3	3.65	5.54	0.5	127	1.9	94
0210			26										0.9	
04:00		130	30											77
0615			28										0.4	

RM080795

a

图13.1（a） 来自某患畜病历中的重症监护记录表。表上罗列了病情列表治疗方案列表及给药/操作时间，并标注了何时应通知医生

Time	~~CVP~~	OSCILL ~~DOPPLER~~ NIBP	RH Cuff Size	~~IBP~~
10:00		131/69 (90)	3	
16:20		119/70 (86)	3	
22:10		100/68 (74)	3	
0405		127/81 x̄ 95	3	

URINE OUTPUT				
Time	Volume (ml)	SG	Total	ml/kg/hr
10:15	68	1015	68	0.68
14:05	220	1.019	288	2.21
1820	102	1.022	390	1.02
22:00	185	1.020	575	1.86
0210	89	1.014	664	0.89
0605	40	1.037	704	0.40

LEFT CHEST ASPIRATES				
TIME	DESCRIPTION	FLUID (ml)	AIR (ml)	Total ml/kg/hr
TOTAL				

RIGHT CHEST ASPIRATES				
TIME	DESCRIPTION	FLUID (ml)	AIR (ml)	Total ml/kg/hr
10:00	serosang.	2	10	
14:00	"	2	53	
18:15	serosang	10	45	
22:00	"	5	40	
0205	—	0	10	
0600	—	0	61	
TOTAL				

URINALYSIS			
Glucose:	1+		
Bilirubin:	—		
Ketones:	—		
Blood:	1+		
pH:	6		
Protein:	1+		
SG:	1.015		
Sediment:	—		

Time	Food Intake	Food Type	Water Intake	Urination	Defaecation

b

图13.1（b） 该表同时用于记录所有的“摄入及排出”情况，即：排尿、排便及引流管状态

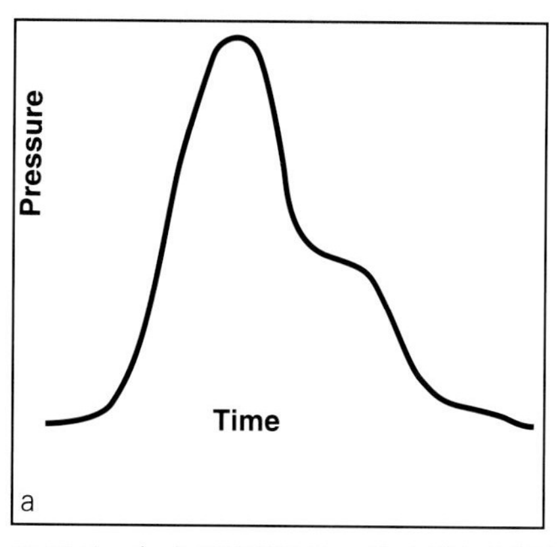

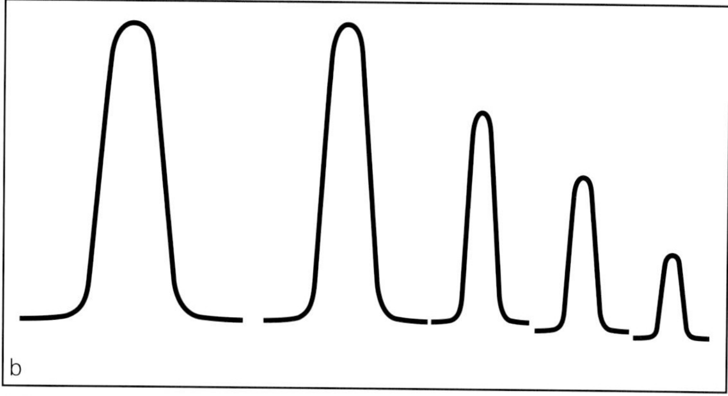

图13.2　（a）正常的脉象　（b）低血容量性的脉象
在休克早期，可观察到心动过速，脉象高和窄，毛细血管快速充盈。临床状况的恶化表现为伴有脉象短和窄的心动过速，可视黏膜苍白或发灰以及毛细血管再充盈时间延长

确。比较恰当的用词包括：正常、高和窄、短和窄来描述触诊到的脉搏节律（图13.2）。当平均动脉压低于60mmHg时，无法触及到跖动脉的搏动，这是一个有用的经验性规律。

休克

首先观察的是组织灌注不足的情况（休克）。关于休克的最佳定义是由于组织供氧不足而引起的细胞产能不足（详见第11章）。在犬身上，无论什么原因引起的休克，其后续过程都是相似的。

- 在休克早期，交感神经系统的兴奋引起代偿性心率增加和外周血管紧张。因此这一阶段的体格检查结果可见心动过速，脉象高且窄以及毛细血管快速再充盈。
- 随着休克的进行，可以观察到持续的心动过速以及脉压振幅减少等恶化表现。
- 进一步的恶化表现为短而窄且不相称的心动过速，可视黏膜苍白或发灰，毛细血管再充盈时间延长。
- 如果治疗有效，可以观察到心血管功能的改善，出现如图13.2b所示的趋势反转。

猫可能不会表现出早期的心动过速，有些休克的患猫仅仅表现出不相称的心动过速。

一旦确认心血管功能发生恶化，需要立即确定引起这一变化的原因。术后常见的并发症是出血和感染，所以这两项是首要考虑的因素。同时要评估伤口的状况。接受体腔手术的患畜必须要用触诊和听诊的方法评估手术区域，并在必要时进行影像学检查。

呼吸系统

呼吸系统功能的监护包括以下内容：

- 呼吸率及呼吸力；
- 呼吸形式；
- 患畜姿态；
- 胸壁检查；
- 胸腔听诊。

在接触动物前应远观动物的呼吸率、呼吸力以及呼吸形式。常规检查的静息呼吸率是肺功能恶化的一个敏感性指标。随着呼吸功能的丧失，呼吸率和呼吸力的提高会令患畜动员额外的胸腔肌肉以增加通气量。这些肌肉包括：

- 颈部的斜角肌和胸锁乳突肌增加胸腔的前后径；
- 鼻翼扩张以增加外鼻腔空间；
- 呼气时腹壁肌肉收缩。

在上述患畜，可观察到鼻孔扩大和腹部用力的现象。患犬常伴有端坐姿势，肘外展以及颈部伸直，从而减少呼吸时的用力。患猫典型的严重呼吸困难表现为张嘴呼吸以及侧卧（图13.3）。这些患畜应被认为危重且有呼吸抑制的风险。

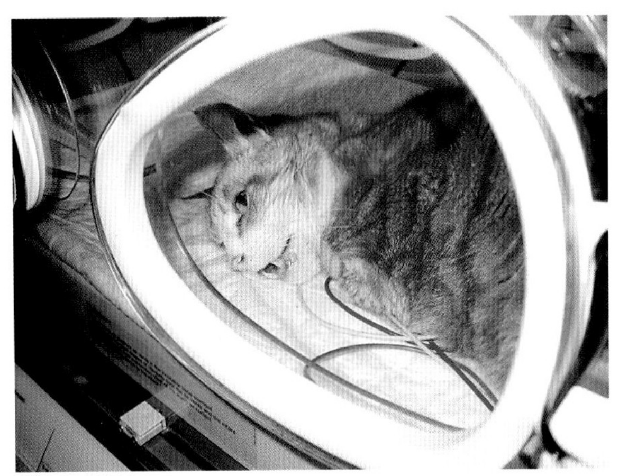

图13.3 严重呼吸抑制的猫表现为张嘴呼吸和焦虑。这一患猫放置在儿科孵育箱内并用电子心电图监控。背景中可见用于供氧的管道（H Wilson惠赠）

实用技巧

如果观察到呼吸力改变的情况，下列方法有助于鉴别诊断：

- 吸气增加——继发于上呼吸道梗阻；
- 呼吸和吸气均增加——肺部依从性降低。

评估任何发生于上呼吸道的异常声音以确定发生区域。例如：

- 鼾声提示软腭过长或鼻腔堵塞；
- 喘鸣（锯木声或口哨声）提示典型的喉部或气管异常。

采用全面胸腔听诊来评估呼吸功能时，应从前往后检查左右两侧背侧和腹侧的肺部听诊区。

- 胸膜腔疾病常以伴有心音低沉的肺浊音为特征。
- 发生典型的胸腔积液时，肺听诊音为腹侧浊音及背喘哮声，同时发生气胸的话，听诊音为背侧浊音并逐渐减轻。
- “拱形”或过度扩张的胸腔是严重气胸的征象。
- 典型的胸膜疾病的患畜会采取快而浅的呼吸形式，反之，深而慢的呼吸形式与器质性疾病有关。

实用技巧

- 下呼吸道疾病是难以诊断的，但是听诊时听到喘鸣声有助于鉴别诊断。
- 典型的实质性病变会听诊到肺呼吸音粗厉，当有明显的肺泡疾病存在时，可能会听到爆裂声（类似于卷曲发泡胶囊薄膜包装的声音）。
- 在胸腔内听诊到胃肠道音提示存在腹腔器官疝，同时常会伴有反常的腹部运动，腹壁在吸气时内收而不是外扩。

神经系统

通常不需要另外做成套的神经学检查，因为在反复的体格检查内已经包含神经学检查的内容。对大多数术后患畜而言，反复检查其精神状态已经足够。如果有问题存在，则需要进一步检查脑神经、本体感受、节段反射以及外周敏感度。但神经外科手术的患畜需要特别注意或进行完整的神经学检查，以判断其恢复状态。

仪器监控

仔细且详尽地对患畜监控是重症护理工作的基本内容。通过监护仪器所获得的数据必须与患畜的病史、疾病病理生理学、准确的体格检查结果和临床病理学结果结合运用，并据此制订或更改治疗方案，以改善治疗结果。但决不可将监控仪器作为彻底且有规律的体格检查的替代品。

心血管系统

心电图

连续心电图对于术后的患畜是一个很有价值的监控工具，尤其是患有节律失调，或是有心律不齐倾向（如GDV）的患畜。对于这些患畜而言，间断记录的价值有限，因为可能会错过某些重要的紊乱节律。

理想情况下，应该连续记录患畜的心电图，可以用床边监护仪（图13.4a）或是中心基站控制的遥测记录设备（图13.4b）。最常用的显示方法是II极

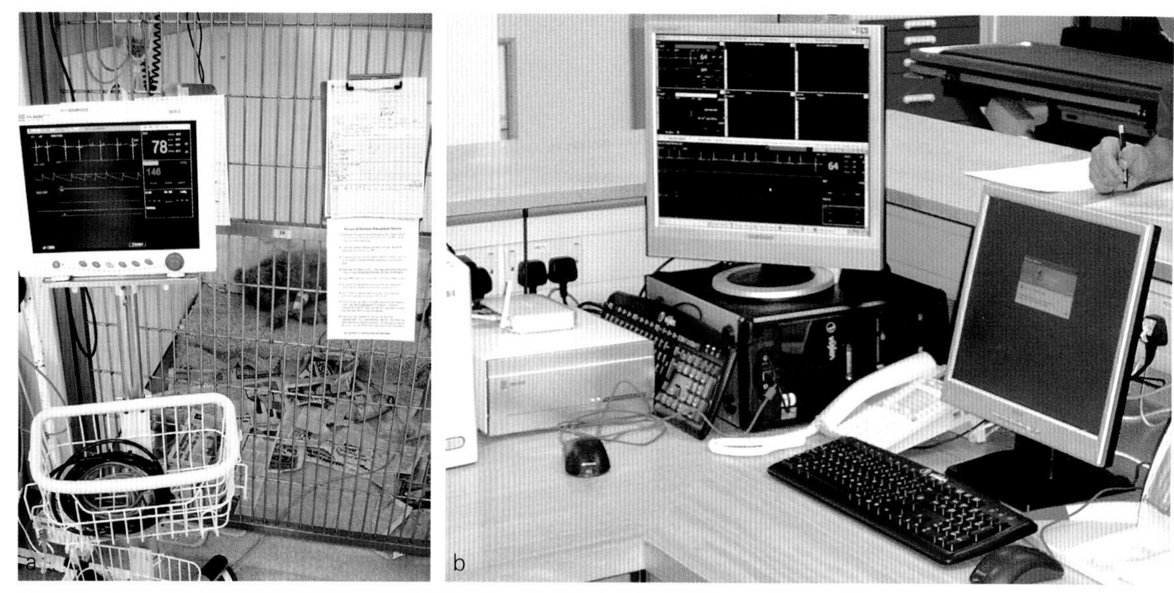

图13.4 （a）用床边的心电图仪监控术后的患畜。图上所示的多参数监控仪可同时显示直接动脉压的变化 （b）重症监护室的护士站放有心电图遥测记录的显示屏

导联的心图。必须在病历上作记录以区分正常的图形和节律异常，并且所有员工都应有能力辨识和应对心电图的异常情形。

血压

平均动脉压（mean arterial pressure，MAP）是心血管系统自稳态调节的基准点。尽管它是一个关键的监控值，但它对于提示心血管功能紊乱是一个迟滞参数。

手术后患畜可观察到高血压和低血压的情况。

- 引起低血压的原因包括：有效循环血容量的减少、心肌功能衰竭、药物作用、败血症或SIRS（详见第11章）所引起的血管异常扩张。
- 高血压常继发于疼痛，药物作用或包括肾功能不全在内的潜在疾病。

可通过非侵入的方法或直接方法进行血压监控，并用以指导输液疗法和血管加压素或正性肌力药物的使用。

非侵入性监控：非侵入性血压监控是简单，廉价，且使用安全的方法。但这一方法只能够提供间断的血压数据且准确性低于侵入性方法，尤其是在那些极端的血压值或是极端的动物体型或有节律紊乱的患畜。非侵入性的血压监控方法可以用多普勒血流探头以及血压计（图13.5）或专门的动脉搏动描记血压监控计进行，这些设备都可能是单独的或是作为多参数监护仪的一个部分。

正确选择和放置袖套是保证非侵入性血压测量准确的关键。

实用技巧

- 袖套的宽度应约等于待测肢测量点周长的40%。
- 袖套过小会导致错误的偏高读数。
- 袖套过大会导致错误的偏低读数。

对于所有的非侵入性血压测量技术而言，只有当重复多次测量的血压值发生异常时才可以采取相应的方法来调整血压。

动脉搏动描记血压测量法通过对固定在待测肢的气囊交替充放气并测量脉搏对充气袖套的压力来获得动物的收缩压、平均血压和舒张压。动脉搏动描记装置不宜用于体型过小的动物，心率紊乱的患畜以及难以静坐的动物。对于这些动物，多普勒方法可能更适用一点。多普勒方法只能提供单一的读数，在犬上接近动脉收缩压，而在猫则可能更接近平均动脉压

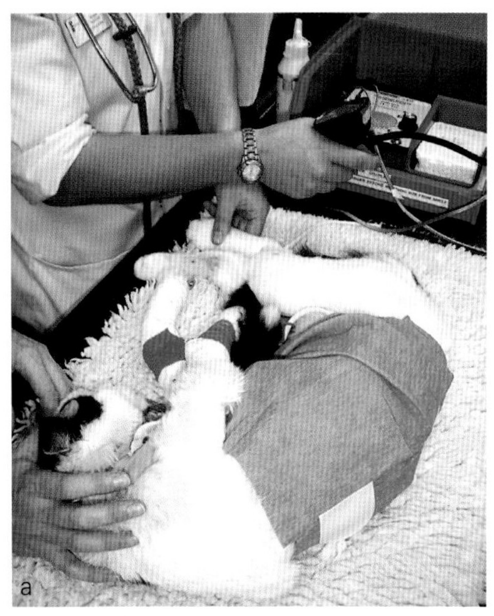

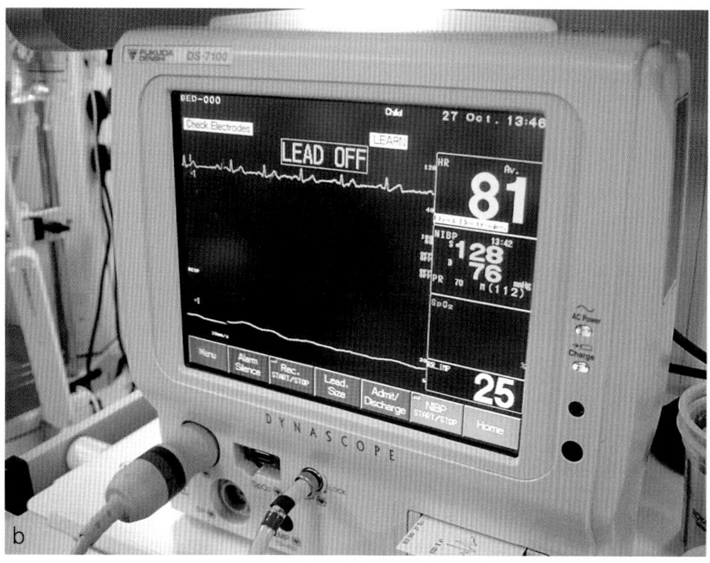

图13.5 （a）一只胸廓切开术后的猫，用多普勒血压计测量其跗部跖动脉血压 （b）用多参数监控仪读取一只犬的动脉搏动描记血压值

（Caulkett et al., 1998）。

侵入性监控：侵入性血压监控技术是血压测量的黄金标准，但这一技术通常需要在背侧的跖动脉内安置一根动脉内导管，然后将导管的另一端与测量管相连后用电压力传感器测量液柱的压力。侵入性血压监控（图13.6a）是非常有用的方法，因为它可以在无人操作的情况下自动提供一系列的血压测量结果。

监控频率：当所有手术结束后动物从手术室回到恢复室、重症监护室或手术病房时，至少应该常规测量一次血压。对于ASA分级为I级或II级（详见第8章）的稳定患畜，可能无法反复测量血压。但对于那些ASA分级较高的不稳定患畜，或是之前有低血压病史的患畜，或是手术过程中体液丢失严重的患畜，或是患有潜在低血压性疾病（如败血症）的患畜，血压的监控应该更频繁。

实用技巧

- 对于患病但情况稳定的患畜，应每隔4~6h测量一次血压。
- 重症病患应更频繁的测量血压，或者通过动脉导管连续测量血压变化。

低血压与高血压：收缩压持续低于100mmHg或平均动脉压小于60mmHg的患畜需要通过扩充血浆容量来给予心血管支持，或应用正性肌力药物或血管收缩剂。应用何种方法取决于低血压发生的病理学机制。

相对于术后常见的低血压情况而言，术后的高血压是比较少见且需要直接的干预疗法。只有晚期器官损伤发生或接近发生时，或者是收缩压持续高于180mmHg时（Brown et al., 2007）才可以应用抗高血压疗法。在用血管活性药物控制高血压症状以前，必须有效评估并控制疼痛。

中心静脉压

中心静脉压（central venous pressure，CVP）指胸段的前/后腔静脉内压力，其数值由心脏功能和静脉回流的相互作用决定。需要安置中心静脉管来测量CVP的数值。最常用的是颈静脉插管，也可以用留置于后腔静脉中的长的隐静脉插管来测量。

CVP是通过电压力传感器测量并在显示器上显示压力变化波形，或者与其他的波形一起打印出来（图13.6b）。测量CVP所用的参考点是确定的，并相对应于右心房的中心点。侧卧保定的小动物，可将胸骨柄作为一个相应的参考点，而俯卧保定的小动物的参考点在肩关节水平线上。

输液激发效应：根据Frank–Starling规则（图13.7），可以通过测量CVP用以优化心脏预负载和心脏输出。利用CVP，可以通过输液激发效应来判断血容量的反应性，即CVP的升高是否可以导致心

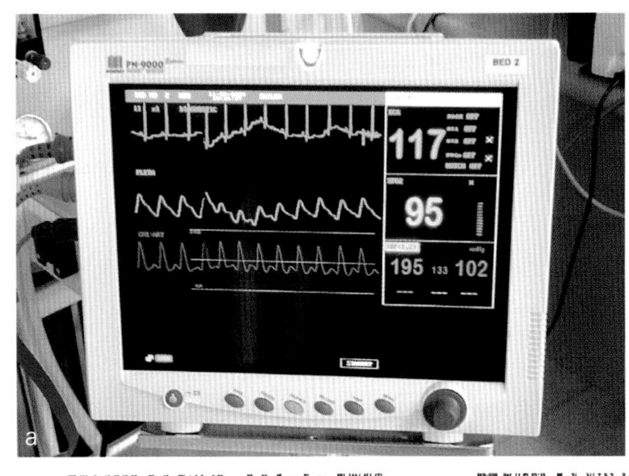

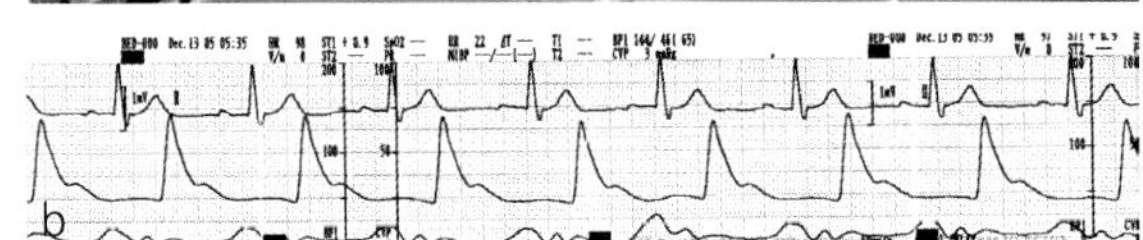

图13.6 （a）术后患畜的直接动脉血压监控 （b）一只心肺旁路手术患畜术后的心血管功能同步示踪，在一张打印纸上同时显示心电图、直接动脉血压和中心静脉压

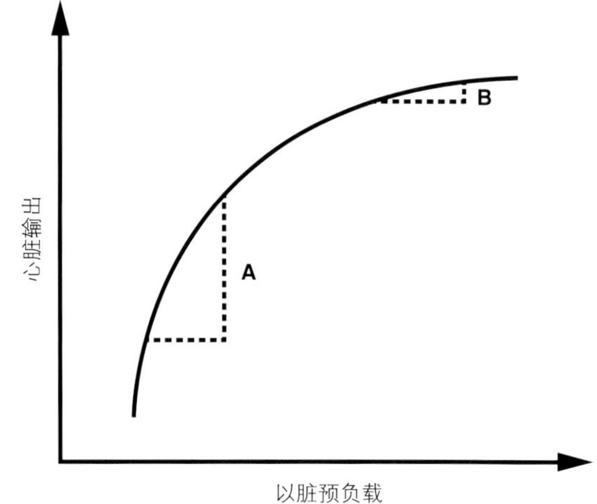

图13.7 心脏的Franck-Starling规则，表明了心室预负载量与心输出量间的关系曲线。A代表容积反应良好的低血容量的患畜，心室预负载量的轻微变化引起心输出量的大幅度增加。相反，B代表了心室充满压力较大并伴有心力衰竭的患畜，其容积反应较差，即心室预负载量的大量增加只能带来轻微的心输出量变化

输出量的改善。这一方法的重点在于快速地给予静脉输液。一次的静脉输液量（等渗晶体液10mL/kg）应在5min左右给予，同时监控CVP。在血容量正常且心脏功能正常的动物上，上述输液会导致CVP升高2~4mmHg，并在15min内恢复原状。

■ CVP未见增加且心率和脉搏无明显变化提示低血容量；

■ CVP升高但在5min内回复原状同样提示血管内容量减少；

■ CVP增幅超过4mmHg提示心脏顺应性减弱和/或血管内容量增加；

■ 恢复原状时间大于30min的情形同样提示相对于心脏功能的高血容量。

在已患心脏疾病的患畜上，输液激发应小心操作。

呼吸系统

脉搏血氧定量法

脉搏血氧定量法可估计动脉内血红蛋白的氧饱和度（SpO_2），并由此判断术后患畜的肺功能。

■ 脉搏血氧测定仪仅能提供组织内的SpO_2信息，无法由此得知心输出量和组织供氧的信息；

■ 然而，许多人用的手指或耳垂血氧探头不适用于小动物，它们容易被外界的光线或运动所干扰；

■ 只有当信号足够强，脉搏跳动轨迹清晰，以及节律和节奏与患畜相符时，脉搏血氧测定仪给出的值才是可靠的；

■ 脉搏血氧测定对于指导患畜补充吸氧的价值有限，因为只有在动物的肺功能严重减弱的时候才可能显示出异常低的SpO_2值；

■ 与此相反的，脉搏血氧定量法对于呼吸空气的患畜的肺功能评估是很有用的，因为任何肺功能的恶化都表现为血氧饱和量的下降。

对于任何术后表现出呼吸过速的患畜，必须测定其氧饱和度以帮助诊断和制订治疗方案。

■ SpO_2<95%的患畜（PaO_2≈ 80mmHg）需要给予氧气疗法并寻找其原因。

■ SpO_2<90%的患畜（PaO_2= 60mmHg）需要紧急给予干预治疗。

血气

术后的血气分析通常与电解质、代谢物以及PCV/TS的分析同时进行。在呼吸道或胸部手术后，每日应至少检查患畜的氧饱和程度和换气状况一次。虽然可以通过脉搏血氧分析来粗略估计氧饱和程度，但还是需要进行动脉血气分析来了解机体的氧代谢情况。

临床上，动脉血气分析主要是测量动脉血中的氧分压（PaO_2）和二氧化碳分压（$PaCO_2$）（表13.1）。血气分析则需要测量血液的pH、PaO_2、$PaCO_2$、碳酸氢根（HCO_3^-）浓度、剩余碱以及血红蛋白饱和度。血气分析可以用于评估动物的通气状态、氧合状态以及酸碱状态（详见第10章）。

现在可以用廉价的便携式即时检测仪在普通诊所进行血气分析。有些更先进的仪器可同时测量电解质、血糖以及乳酸。

■ 通常在背侧跖动脉或股动脉采集动脉血，采集时需用肝素化的注射器以及25G的针头；

■ 静脉血样可以测得pH和$PvCO_2$，尤其可用于评估酸碱状态，但是无法用于评估氧合程度。

表13.1　犬的动脉和静脉血气分析正常参考范围

参数	正常动脉血值	正常静脉血值
pH	7.35~7.45	7.30~7.40
PaO_2	90~105mmHg	50~60mmHg
$PaCO_2$	37~42mmHg	40~45mmHg
HCO_3^-	18~23mmol/L	20~25mmol/L
剩余碱	+2~-2mmol/L	+2~-2mmol/L
乳酸	<2.0mmol/L	0.6~2.5mmol/L

神经系统

接受神经外科手术后的患畜需要评估其精神状态并进行打分，这对于评估手术效果，监控术后并发症或病情恶化以及判断预后有重要价值。改良的格拉斯哥昏迷评级法（Platt et al., 2006）对于实现上述目的是很有用的，特别是对那些术前原始评估显示神经功能损伤的患畜，可以直接比较术前术后的评估结果。

其他参数

电解质和代谢物

手术后的动物，在其情况稳定之前，每日至少要进行一次常规实验室检查，检查内容包括PCV、TS、血糖以及尿素。

■ 手术后常见的代谢指标异常包括：血糖、电解质、尿素、肌酐以及酸碱状态；

■ 对于那些容易发生低血糖的动物应频繁监控血糖，这些动物包括：玩具犬种、新生幼畜、败血症或肝功能异常的情况。

■ 手术及体液丢失可以导致电解质水平快速的变化，所以对于临床稳定的动物，每日应至少做一次电解质检查，对于体液丢失严重的重症患畜应进行更有规律的检查。

尿量和尿比重

尿量在技术上是非常容易测量且可为监控肾脏灌注情况提供有用的信息。体液平衡改变的患畜，或第三腔液体丢失的患畜，或无法自主排尿的躺卧患畜，需要安置留置导尿管并用封闭收集系统监控尿量。

■ 必须在无菌操作的情况下插入导尿管，并尽快移除。因为留置的导尿管会引起机械性的尿道炎和泌尿道内细菌增殖，从而增加发生院内泌尿道感染的风险。

■ 对不稳定患畜，必须每小时监测其排尿量，随着病情稳定，监测频率可降为每4h一次。

■ 最少尿产量应为每小时0.5mL/kg。正常的尿产量为每小时1~2mL/kg，但是评估测量值时必须结合身体检查结果，并考虑输液疗法及其他体液丢失的情况。

每次测量尿量时应同时检测尿比重（urine specific gravity，USG），典型的尿比重是用折射计读取的渗压强度的换算值。

实用技巧

■ 健康动物的尿比重范围较广（1.001~1.065）。
■ 正常犬的尿比重值>1.030。
■ 正常猫的尿比重值>1.035。

术后评估尿比重的意义在于评估动物的水合状态和体液平衡。需要注意的是，当应用胶体溶液进行输液时，USG可能会在输液后的24h内假性增高（Smart et al., 2009）。

■ 尿量少，临床表现脱水以及尿比重高的患畜需要增加输液；

■ 尿量大，USG低（<1.008）的患畜是输液过多的表现；

■ 肾功能不全的患畜的典型表现是等比重尿。这些患畜缺乏处理高钠以及过多液体的能力，极有可能发生血容量过载及水肿。

温度

体温降低的情况在术后动物中非常常见，尤其是在小体型的动物上。体温降低会减少麻醉药物的代谢，延长苏醒时间并增加器官功能异常和凝血障碍的风险。

对于术后体温降低的患畜，应频繁测量其直肠温度直至体温恢复正常。可周期性的反复进行体温测量，或应用留置的直肠体温探头以增加动物的舒适感。测量皮肤温度并比较皮肤和核心温度有助于评估体内循环的水泥。

■ 正常患畜的体表温度和直肠温度间的差异在5℃以内；

■ 如果差异大于5℃，则提示灌注不足的存在。

发热

发热并不是败血症才会有的特征，尤其是存在灌注不足的现象时。相反，发热不单单与感染相关，还可能是某种炎症过程的体现。因此，手术后的患畜常会发生轻度至中度的发热，这一情况在损伤较大时更为常见。如果患畜持续保持较高的直肠温度或逐渐升高，就需要考虑是否存在术后感染的情况。

液体产生

手术中会给某些患畜安置引流管。对于这些患畜来说，手术后监控伤口或体腔中排出的液体的体积、形态、细胞学以及生化特性是非常重要的。这些信息有助于指导输液，判断拆除引流管的时机以及决定是否需要进一步诊察或再次手术。

细胞压积和总固体

每次更换引流袋时都应记录引流液的体积和大致外观。如果引流液中见到血样物质，则必须在引流间隙检查引流液的细胞压积和总固体数，并将结果与前次的结果和外周血的结果相比较。这一操作可以判断引流管拆除的时机，如果引流液中的细胞压积升高或过高则可能需要对于手术位置或出血原因作进一步探查。更换引流袋的操作一定要佩戴灭菌手套，并在无菌术下进行，以减少院内伤口感染的机会。

对于伤口感染、败血性腹膜炎或胸膜炎的情形，应同时检查引流液的细胞学和生化特性。

■ 细胞性物质以及细菌数量的减少提示治疗是有效果的，可以按预期拆除引流管；

■ 有核细胞（尤其是退化的中性粒细胞）增加和/或细菌（尤其是细胞内细菌）的持续存在或更新提示需要保持现有疗法或更改治疗方案（如更换抗生素和/或再次手术）。

拆除引流管

在大多数的病例中，最难作的判断是何时拆除引流管。大部分的引流管可在2~5日内拆除。作判断的一个依据是引流液的体积减少并稳定于一个较低的水平。引流管对于机体而言是异物，其存在会刺激液体生成，所以液体的生成不会停止。

胸腔引流管所引起的胸膜液大概为0.5~2mL/（kg·d），这一点提示胸腔引流管应保持至生成的液体低至2.0mL/（kg·d）以下（Tillson，1997）。近期的研究表明，在某些病例中，即使在引流液体积高于某一极限［10mL/（kg·d）］的时候拆除引流管不会延长住院时间（即不会产生负面效应）（Marques et al., 2009）。此外，引流液的细胞压积和总固体物应保持稳定和低水平，细胞学检查必须为良性且无严重炎症或感染征象。

实用技巧

引流管留置时间应尽可能短，一旦完成其所期望的功能即应拆除。

凝血

术后的动物因为其原发的疾病或治疗过程而表现出低凝或高凝综合征。最常见的术后紊乱是凝血因子的消耗和稀释以及血小板减少症所引起的凝血障碍。有时术后也会发生高凝综合征，常继发于原发疾病，如败血症。与人医相比，侧卧和骨科手术引起的血栓形成现象较为少见。

应对任何怀疑有出血的术后患畜进行凝血功能评估，包括凝血时间和血小板计数。

- 术后的凝血功能检查应在床边即时进行，这样才有助于作相关的判断和决定；
- 所有的凝血功能检查项目都是针对凝血过程的某一个方面来进行的，这并不能准确体现体内以细胞为基础的止血过程。所以这些测试可能对于临床上相关止血功能异常的反应迟钝；
- 所有的体外试验都是在37℃的情况下进行的，这可能会掩饰体内由于体温下降所引起的凝血障碍；
- 最广泛应用的检测项目是凝血酶原时间（PT）、部分凝血活酶时间（APTT）以及活化凝集时间（ACT）。其中PT检查的是组织因子（VII因子）的凝血通路，ACT检查的是接触性激活通路（固有通路）。

血小板计数

通过检查染色的血涂片可以快速地估计出血小板数量。

1. EDTA抗凝的血样涂片并染色后，先在暗视野检查是否存在血小板的团块，这种团块常见于血涂片的羽状末端；
2. 如果存在团块，血小板计数可能会比真实数量少，这时需要重新做一张新鲜涂片并检查；
3. 检查涂片的羽状末端的单层细胞，并在油镜视野下记录血小板数量；
4. 在×100倍物镜视野下所看到的每个血小板约等于15×10^9个/L的血小板密度，小于50×10^9个/L的血小板密度说明可能存在自发性出血；
5. 如果血小板计数无明显异常但始终存在原发性凝血功能异常的可能，则应进行颊黏膜出血时间（BMBT）测试。

颊黏膜出血时间测试

BMBT测试指记录一个标准化浅层切开的出血到凝血的时间，该测试仅可以在血小板正常（$>100\times10^9$个/L）的患畜上进行。

1. BMBT测试需在动物侧卧保定的情况下进行；
2. 用纱布捏起动物的上唇并向外翻开；
3. 在颊黏膜上血管稀少的区域用弹簧切开装置（见第8章）作一切口；
4. 用滤纸边缘吸去血液，但不可干扰凝血块形成；
5. 记录从切开到出血停止所经历的时间。

犬的BMBT的正常值为1~4min，猫的正常值为1~3min。出血时间延长可见于von Willebrand's症（vWD），以及其他引起血小板异常的疾病。

高凝综合征测试

高凝综合征在兽医临床术后患畜上是相当少见的情况。这可能是因为这种情况真的很难发生，或者只是由于难以将其与其他灾难性的血栓形成性并发症所区分。有一些测试方法可以用来鉴定高凝综合征。

血栓弹性描记法是一个兽医相关文献上大量报道的方法，但是其应用并不是非常广泛。随着相关经验的增长，尤其是如果其成本进一步降低的话，这一技术会获得更广泛的应用。

D-二聚物是交联纤维的酶解产物（Stokol, 2003）。虽然出血会对某些分析结果产生干扰，但D-二聚物仍可用于鉴别生理性和病理性的血栓形成（Griffin et al., 2003）。D-二聚物对于检测血栓形成后的纤溶现象有特异性表现，但并不是提示高凝状态的必须指标。

体重

患畜应每日至少常规称重一次，几乎所有的药物在使用时都要求知道动物的确切体重。此外，体重结合身体状况评分（见第8章）对于营养的补充和支持提供有用的引导。

住院动物体重急剧变化的原因并不是因为肌肉质量或体内脂肪的变化，而仅仅是体液总量的变化而造成的。此外，对于评估安置多个引流管或插管的动物输液时的整体液体平衡，以及体液异常及不可量化的体液丢失（如渗出性伤口或呕吐或腹泻）的动物，反复称量体重是极有价值的。如果患畜体重保持稳定，且体格检查确认不存在脱水或水肿，则表明输液的方案是适合这个动物的。

相对于体格检查评估，体重可能是实际上用来评估液体补充和所需的更好的指导。

实用技巧

- 体重的急性增加提示第三腔的液体改变——腹水或特异性外周水肿；
- 体重的急剧下降，尤其是伴有PCV/TS值增加和皮肤浮肿的情况下，表示水分缺失。

疼痛评分

疼痛本身对于机体是有害的，所以在术后患畜的评估内容里，辨识疼痛是一个很重要的部分（见第14章）。对于那些忍耐力强的动物或无明确疼痛灶的动物，进行精确的疼痛评估是一个极具挑战性的工作。

实用技巧

- 无其他临床休克迹象的患畜发生持续的心动过速情况提示疼痛存在，尤其是伴有高血压的情形；
- 在充分镇痛的情况下，轻轻触压简单的外科伤口并不会引起动物的反应。

很多疼痛评分系统已被证实可用于犬和猫，这些系统包括简单的视诊分析系统和较复杂的需要评估者和患畜互动的评分系统。使用这些公式化的疼痛评分系统的目的在于：

- 将疼痛分级系统及其评分结果强制性写入病例可以要求临床医生对于患畜的疼痛进行系统评估，并有助于提高镇痛措施的实施；
- 疼痛评分可以给予患畜是否需要更多的镇痛治疗以客观判断，有助于提示或决定是否需要更改药物类型或剂量；
- 疼痛分级系统可以为临床医生和护士提供不同疼痛层次对应的训练和经验，从而可以使用统一的标准来评估患畜，在多人照看的患畜上可以提高评估标准。

术后的临床病理学应用 

细胞压积和总固形物

PCV和TS可提示动物水合状态改变或失血/蛋白的状况（见第10章）。观察血球容量计中的血清颜色判断黄疸或溶血的情况。检查淡黄层以对白细胞数量有粗略的估计。

乳酸

无论在人还是小动物，乳酸对于评估疾病的严重性以及对治疗的反应都是非常有用的指标。研究表明95%的重症犬都会有高乳酸血症，且对比实验结果表明死亡动物的乳酸浓度比存活动物或对照组有显著的提高（Lagutchik et al., 1998）。术后应进行一系列的乳酸测定并用其来指导输液或其他形式的心血管支持。

术后的重症患畜常发生高乳酸血症和乳酸酸中毒。高乳酸血症常是组织灌注不足的结果，但也可能是败血症、肿瘤或肝衰竭、药物或线粒体缺陷所致（Allen 和Holm，2008）（表13.2）。

某些B型的疾病会变为A型的高乳酸血症。对于术后的患畜，高乳酸血症应先假定为灌注不足引起的，直至确定其原发病因，最初的应对措施的目标为恢复正常的组织灌注。如果临床医生可以确定不存在灌流不足的情形，则引起高乳酸血症的原因是B型。

假设无禁忌证存在，术后发生高乳酸血症的患畜可以采取液体冲击疗法并重新评估。如果高乳酸血症对于改善灌注状态的尝试无反应，或患畜表现稳定，则应该是B型高乳酸血症。

必须对患畜小心进行连续监控，以免错过灌注不足改善的征象。

表13.2 犬猫高乳酸血症的病因

<table>
<tr><th colspan="2">A型</th><th colspan="3">B型</th></tr>
<tr><td>常见原因</td><td>不常见原因</td><td>B1：潜在疾病</td><td>B2：药物/毒素</td><td>B3：线粒体紊乱</td></tr>
<tr><td>■ 休克（全身性低灌注）
■ 局部灌流不足
■ 急性贫血（PCV<10%）
■ 急性低血氧（PaO_2<50mmHg）</td><td>■ 惊厥
■ 一氧化碳中毒
■ 运动过量</td><td>■ 糖尿病
■ 肝脏疾病
■ 新生瘤
■ 肾衰竭
■ 败血症</td><td>■ 一氧化碳
■ 肾上腺素
■ 乙二醇
■ 扑热息痛
■ 丙二醇
■ 水杨酸类</td><td>■ 遗传性
■ 获得性</td></tr>
</table>

血液学和血清生化分析

全血细胞计数

术后进行全血细胞计数对于监控炎症反应和术后的生血反应有重要的价值，并可有利于研究术后出血是否由于血小板减少症所引起。大部分的信息可以通过内部的血液学涂片检查获得，以免由于外送样品导致信息滞后。白细胞绝对值计数、白细胞形态学及再生程度观察可为患病的术后患畜提供额外有价值的信息。

血清生化分析

血清生化结果同样可给予术后患畜以重要的监控信息。院内的生化分析仪是非常实用的，它可以缩短信息周转的时间以保证输液计划根据患畜需求的变化而调整，还可以在出现显著异常征象（如高胆红素血症）时做进一步的检查。

低白蛋白血症：低白蛋白血症除了作为疾病严重程度的标志之外，还是一个独立的风险因子，在人类医学（Knaus et al., 1991；Goldwasser和Feldman, 1997）和小动物手术患畜（Hardie et al., 1995；Papazoglou et al., 2002；Ralphs et al., 2003）上均发现与死亡率增加有关。因此，有规律的测定血清白蛋白浓度对于监控疾病的严重程度和进展是极为重要的。至今仍不明确采用支持血液胶体渗透压（白蛋白的主要功能之一）的方法，或给予同种异体的血浆以补充白蛋白，或是使用人血清白蛋白疗法的这些方法是否可以改善治疗效果（Alderson et al., 2004; Trow et al., 2008）。

体液分析

术后对体液进行细胞学检查和生化分析与术前评估和诊断的价值一样。术后体液分析的目的在于：

- 监控手术对疾病（如乳糜胸）治疗的效果；
- 鉴别术后并发症，如肠切除术后的败血性腹膜炎；
- 监控体液性质以鉴别术后出血。

可通过体腔穿刺或引流管获取体液样本。如果介入治疗的方案是基于对引流袋中引流液进行检查的结果制订的，则一定要小心实施，因为引流袋中的引流液往往不能准确体现引流位置内发展状况。

院内可通过快速罗曼诺夫斯基染色法（rapid Romanowsky stain）来进行细胞学分析。如果怀疑术后发生败血症，败血症的症状需要尽可能快的确认，因为在存在败血性休克的情况下，即使是给予有效抗生素的时机晚了一小时也可能导致死亡率增加（Kumar et al., 2006）。如果看到中性粒细胞性炎症反应并找到细胞内细菌体即可确诊细菌性败血症（图13.8a）。

如果细胞学的涂片不甚清楚，可做体液生化检查以帮助判断。

- 典型败血性腹膜炎的腹腔液检查可见氢离子浓度增高（pH降低）、二氧化碳和乳酸浓度增加（与外周血相比）、糖浓度和氧气浓度降低（与外周血相比，图13.8b）；

■ 比较血液和体液的分析结果之间的差异有助于提高体液分析的敏感度和特异性（Bonczynski et al., 2003）；

■ 比较血液和体液的分析结果之间的差异还有助于鉴别乳糜胸、胆汁性腹膜炎或尿腹膜炎（Fossum et al., 1986; Ludwig et al., 1997; Schmidt et al., 2001）。

要注意的情况是在非感染的炎症过程中（如胰腺炎）可能看到与败血症类似的细胞学和生化结果（Swann和Hughes, 1996）。如果体液分析的结果无法明确证明存在术后的败血症，应仔细地重新评估包括体格检查结果和其他临床病理学数据在内的完整的病历资料，以保证可正确判断败血症。最后，如果始终存在怀疑的话，则需要重新手术以确认诊断。

尿液分析

术后进行的尿液分析可以为肾功能的完整性和肾脏灌流情况的评估提供有价值的信息。尿沉渣检查可在血清尿素或肌酐发生变化前提示继发于麻醉性低血压或药物的肾毒性所引起的肾损伤。尿液分析也可用于鉴定泌尿道感染（urinary tract infection，UTI）。

通过膀胱穿刺的方法所采集到的尿样可提供最稳健的信息。尽管膀胱穿刺是安全的方法，但这是一种侵入性方法且在患膀胱疾病的患畜上应小心操作。通过自由排尿或导尿管采集到的尿样可以为除了细菌培养以外的大部分测试提供足够的信息。

应使用可提高对比度的特殊的尿沉渣染色剂（如SediStain）来进行尿沉渣检查。

■ 正常的尿液中会含有极少量的红细胞；

■ 大量的红细胞提示感染、炎症、出血性障碍或导尿管损伤，由手术或膀胱穿刺本身引起的；

■ 脓性尿（>5白细胞/高倍镜每视野）提示泌尿道炎症，主要由细菌性泌尿道感染引起。正常的尿液应是无菌的，所以发现细菌与脓性尿共存即可诊断为泌尿道感染。

用改良的瑞氏染色法（Modified Wright's-stain）染色观察尿沉渣比传统的wet-mounts方法更容易鉴别细菌性泌尿道感染（Swenson，2004）。因为尿潴留、尿液稀释以及使用留置性导尿管等原因，细菌性泌尿

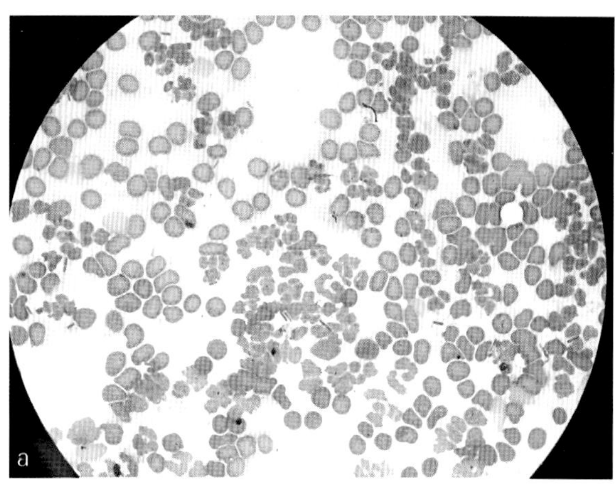

PATIENT LOCATION
icu
SAMPLE TYPE
SAMPLE INFORMATION

Time Analyzed	5/5/2009 01:04 PM
PAT. TEMP. °C	37.0
FIO2%	20.9
BAROMETER:	757.62 mmHg
Analyzed by:	novaservice
Released by:	novaservice

Errors
Hct Low Range
Hb Dependency
Comments

Test	Results	Units	Test Ranges Low	Test Ranges High	flags
BLOOD GAS					
pH	7.082		7.360	7.470	<
pCO2	54.1	mmHg	33.0	52.0	>
pO2	15.5	mmHg	28.0	61.0	<
Hct	10	%	37	55	<<<
Hb		g/dL	12.0	18.0	E
CALCULATED					
A	84.2	mmHg			
HCO3-	16.3	mmol/L			
BEecf	-14.0	mmol/L			
BEb	-13.4	mmol/L			
SO2%	11.6				
SBC	12.8	mmol/L			
CHEMISTRY					
Na+	141.5	mmol/L	140.0	153.0	
K+	4.10	mmol/L	3.60	4.60	
Cl-	124.0	mmol/L	106.0	120.0	>
Ca++	1.23	mmol/L	1.13	1.33	
Mg++	0.48	mmol/L	0.35	0.55	
Glu	0.87	mmol/L	4.20	6.60	<
Lac	12.1	mmol/L	0.6	2.5	>
Urea	5.0	mmol/L	3.0	10.0	
Creat		umol/L	50	140	UC
CALCULATED CHEMISTRY					
TCO2	17.9	mmol/L			
Gap	1.3	mmol/L			
Osm	278.1	mOsm/kg			

Reported by　　　Time:
Notes

b

图13.8 （a）一例败血性腹膜炎患畜的腹腔液的本院内细胞学结果。可见多种杆状细胞结构和大量退化的中性粒细胞。背景中可见红细胞 （b）体液的血气、电解质和代谢物分析显示非常低的pH值、低PaO_2和葡萄糖浓度降低以及$PaCO_2$升高和乳酸浓度升高

道感染在动物术后极为常见。对高风险的患畜应频繁进行尿液分析，一旦确认发生有菌尿发生则需要进行细菌培养以及药物敏感试验。

有时候，尿样中会观察到酵母菌或真菌菌丝，这通常是由于样品污染所致。真正的真菌性泌尿道感染极为少见，但可能发生于长期抗生素治疗、免疫抑制剂疗法或是长期膀胱造口的患畜。

管型

管型由肾小管来源的基质黏蛋白所组成，有时会包含细胞，有时没有。低倍镜下每视野2个以下的管型可认为是正常的。

- 在酸性高浓度尿以及低肾小球滤过率（glomerular filtration rate, GFR）的情况下常会形成管型；
- 管型尿可能是由于低氧状态所引起，并不是肾脏疾病的必须指标；
- 透明管型是蛋白质的沉淀形成，一般与蛋白尿有关；
- 任何形式的细胞管型都是异常的；
- 含有肾上皮细胞的管型提示急性肾小管损伤，但很难与含有白细胞的管型区分开来；
- 典型的白细胞管型包含有中性粒细胞，常发生于细菌性肾盂肾炎；
- 红细胞管型提示肾小管出血，但较罕见；
- 颗粒管型内含有细胞碎片，常见于肾小管细胞坏死，提示肾小管间质性疾病。

引流管、饲喂管以及导管的管理

静脉导管

静脉导管对于建立静脉通路是极为重要的，但同时也增加了局部和全身感染的风险。在人医，中心静脉管是最主要的血管导管源感染的原因。一项流行病学调查结果显示，在英国的医院里42.3%的血液感染是与中心静脉管有关（Humphreys et al., 2008）。

对于需要较长时间多次静脉操作的情况，中心静脉管是经常使用的，通过中心静脉管可以进行输液、静脉给药或采集血样以供实验室分析用。这些操作都会增加污染和临床感染的机会。

导管相关感染的预防

导管管理的关键点在于插入导管以及之后的护理。表13.3和表13.4列出人类公共卫生资源中所采取的推荐方法。

表13.3 插入静脉导管的推荐步骤

动作	推荐操作
教育和训练	■ 健康护理人员应有正确插入和维护导管的相关教育和训练 ■ 无经验的人员进行静脉内导管的插入和维护容易增加到导管上的细菌集群，从而增加局部及全身感染的风险
无菌技术	■ 使用正确的手部消毒程序 ■ 对于外周血管导管而言，插管前良好的手部消毒及插管操作时选用合适的无菌技术均会为防止感染提供保护。合适的无菌技术并不需要灭菌手套，一副新的一次性非灭菌手套即可 ■ 对于中心静脉管而言，使用无菌技术包括：戴帽子、戴口罩、无菌衣着、无菌手套以及大的无菌创巾
备皮	■ 用清洁且维护良好的剃刀小心剃去被毛。皮肤磨损会使皮肤上的细菌聚集 ■ 使用含有2%葡萄糖酸洗必泰的10%异丙醇溶液做皮肤消毒，并在其风干后操作 ■ 如果患畜对于洗必泰敏感，则使用聚维酮碘产品
插管材料	■ Teflon®或聚氨酯材料导管的感染并发症小于聚氯乙烯或聚乙烯材料的导管 ■ 选用中心静脉管时，选取患畜管理所必须的最少数量的接口或空腔类型 ■ 如果预计留置时间超过5日以及细菌感染风险较高（如白细胞减少症）时，考虑有抗微生物预处理的中心静脉管（Veenstra et al., 1999）

（续）

动作	推荐操作
技术	■ 对于外周静脉导管，如果接触点在皮肤无菌处理后不再接触，则可以使用非灭菌手套 ■ 不要将静脉切开程序作为插静脉导管的常规程序
包扎	■ 对于外周静脉导管，可使用灭菌的半渗透透明敷料（如Opsite）或标准灭菌纱布和胶带包扎并允许观察插入点。用浸有洗必泰的海绵（Biopatch™）可减少导管上的细菌聚集和导管相关的血液感染（Garland等, 2002） ■ 对于中心静脉导管，使用无菌的半渗透透明敷料（如Opsite）包扎覆盖插入点
文件记录	■ 在病历上记录插入导管的日期

表13.4 静脉内导管的后续护理动作

动作	推荐操作
手部卫生	■ 在接触导管插入点前/后，以及更换、使用、修复和包扎导管前/后，一定遵守手部卫生标准
临床维持适应证	■ 保证所有的静脉内导管及其附属设施都是按需使用。一旦不需要即拆除导管
位点检查	■ 每日肉眼观察导管插入位置或在不解除包扎物的情况下触诊检查 ■ 如果患畜对于插入位点感觉不适，或出现无名发热，或其他提示局部，或全身感染的表现，应拆除包扎物以彻底检查插入点
包扎	■ 包扎物应完好无损并保持干燥 ■ 当发现包扎物潮湿，松散或脏污或是需要检查插入位点时，应更换包扎物 ■ 对于中心静脉管而言，需要每2日更换一次包扎物，除非发生更换包扎物可能导致导管松动的情形
管道通路	■ 使用含有2%葡萄糖酸洗必泰的70%异丙醇溶液或75%乙醇溶液或含碘溶液对输液街头进行消毒 ■ 在连接管腔前应保证消毒液风干
抗凝剂冲洗	■ 每6~8h应使用抗凝剂（0.9%生理盐水内含肝素1IU/mL）冲洗导管以防止血栓或纤维蛋白沉积于导管内，血栓或纤维蛋白可能成为微生物聚集的病灶
更换输液装置	■ 使用血液制品后应立即更换 ■ 其他液体72h更换一次 ■ 使用过丙泊酚的管道每6~12h更换一次
常规导管更换	■ 每72~96h应该更换外周静脉导管一次。人医的意向临床试验结果（Widmer，2003），与每72h更换静脉导管相比，根据临床情况按需更换静脉导管并不会增加脉管炎或导管相关感染的发生率。然而，这并未被医疗权威采纳为规定 ■ 如果无法完全遵守无菌程序进行（比如在急症的情况下进行的导管插入），则应在尽可能快的时候按无菌程序更换所有导管 ■ 对静脉通路有限的患畜或年幼动物，保留外周静脉导管直至所有静脉输液疗程结束，除非观察到导管相关并发症发生 ■ 不要经常更换中心静脉管 ■ 不要仅仅因为发热就移除中心静脉管。如果存在它处感染或怀疑发生非感染性发热，应根据临床情况判断移除导管的时机

饲喂管

饲喂管管理的重点在于防止管松动或阻塞，以及防止局部或全身感染并发症。对于鼻-食管饲管或食管造瘘饲管而言，有固定管子的装置以确保管子不会从食管孔中滑脱，但这会导致胃返流、食管溃疡以及潜在的形成狭窄。最佳的防止管松动的方法是应用中国指套缝合法（图13.9）（Song et al., 2008）。为防止动物剐蹭或啃咬管子，需要用绷带来固定管（图13.10）。

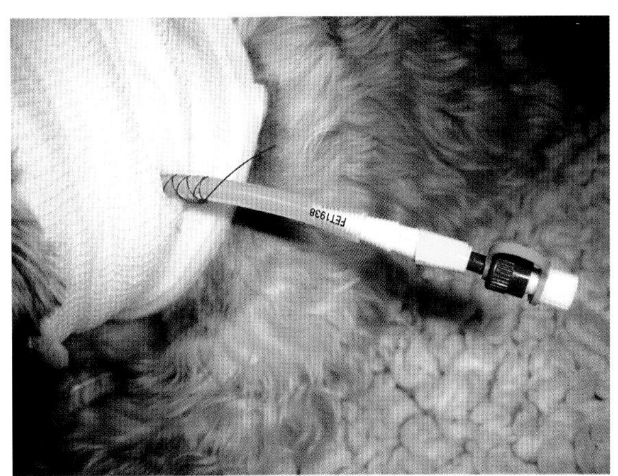

图13.9 用指套缝合法（finger-trap suture）固定一只犬的食管造瘘饲管

图13.10 一只手术后的患猫，颈部的包扎物内包有食管造瘘饲管和颈静脉导管

为防止管道堵塞，应在喂饲前后用水冲洗管道，冲洗用水量应与管道尺寸相适应，例如14Fr的食管造瘘饲管需要5mL水冲洗，而19Fr的则需要10mL水。如果管道出现堵塞现象，可用少量的含二氧化碳的软饮料来清除堵塞。鼻-食管饲管和空肠造瘘饲管的直径较小，需要一定流量的频繁灌注以保证足够的营养供应以及降低堵塞的风险。

减少局部和全身感染并发症的方法包括：

- 管道操作前保持手部清洁；
- 操作管子时佩戴检查手套；
- 每日检查管道出口处，及早处置发红或渗出；
- 怀疑有感染的时候，应在管道出口处做棉拭子细菌培养；
- 对于感染的管道出口处皮肤，采取局部疗法（如10%碘伏软膏）。

拆除饲喂管

鼻-食管饲管和食管造瘘饲管可在安放后的任何时间拆除。胃瘘管和空肠瘘管应在安放10天后拆除，以保证形成足够的组织粘连。鼻-食管饲管、食管造瘘管、空肠瘘管以及某些胃瘘管（手术放入的dePezzer管）可直接拔出。通常情况下，饲喂管可在动物清醒的状态下拔除，少数动物需要镇静。无法直接拔除的胃瘘管需要通过内镜取出。

移除胃瘘管后，无需缝合开口，开口通常会在48h内闭合。有时会有胃内容物从开口中漏出。在移除管子前通过胃瘘管清空胃内容物有助于减少这一情况的发生。

导尿管

在英国，泌尿道感染占人医院内感染总数的20%（Emmerson et al., 1996）。导尿管的存在和持续使用促进了泌尿道感染的发生。表13.5和表13.6分别列出了防止导尿管相关的泌尿道感染的插管和后续护理指引。

表13.5 导尿管插入时的推荐方法

动作	推荐操作
是否需要导尿管	■ 尽量不使用
插入前清洁	■ 用1：10稀释的4%洗必泰溶液清洗尿道口 ■ 使用无菌润滑剂
引流系统	■ 使用无菌密闭的引流系统
手部清洁	■ 接触每个患畜前后遵守正确的手部清洁程序
无菌术	■ 使用无菌手套和无菌导尿管

表13.6 导尿管的后续管理

动作	推荐操作
手部清洁	■ 接触每个患畜前后遵守正确的手部清洁程序
尿样收集	■ 无菌操作
集尿袋位置	■ 高于地板并低于膀胱水平，以防止返流或污染
导管操作	■ 操作导尿管时佩戴检查手套
拆除导尿管	■ 尽快拆除导尿管

胸腔引流管

胸腔引流管的并发症可导致严重的病症或死亡。引流管松动或患畜干扰引流管导致的气胸会导致动物死亡，因此兽医临床上安置胸腔引流管的患畜需要24h监控。

■ 与饲喂管一样，胸腔引流管最佳的固定方法是中国指套缝合法。

■ 此外，需要绷带将引流管固定。

■ 所有的转接口的连接部位都应以至少三个峰与导管紧密相连，或用环扎线固定以进一步保证牢靠。

■ 如果引流管未与连续吸引系统相连，至少需要两种形式的固定方法来固定导管。通常要用一个夹子以及带有注射器接口的三通管塞于引流管的开口处（图13.11）。

胸导管通常是间断抽吸的。在患有持续性大容量气胸的患畜则可能需要连续抽吸，但这是个别案例。连续抽吸需要额外的设备（吸引器，一次性整体性三瓶引流系统）和经常的监控仪减少连接脱开的发生。表13.7给出了胸导管后续管理的指引。

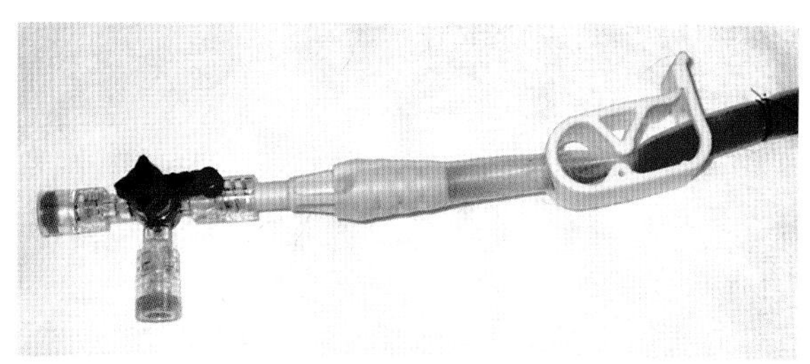

图13.11 所有的转接口应与胸腔引流管紧密连接，转接口的三个嵴都应插入引流管之中，或用环扎线以获得额外的支持。至少应该装有两种形式的固定方法来固定导管。通常包括一个架子和三通管塞于引流管开口处

表13.7 胸腔引流管的后续管理

动作	推荐操作
检查	■ 胸腔引流系统的每个部分每日至少检查一次
冲洗	■ 为保持开放性，多孔的引流管应有规律的用普通生理盐水冲洗
手部卫生	■ 接触每个患畜前后使用正常的手部卫生程序
包扎	■ 规律性的更换包扎材料（至少每日一次），以检查插管位置并监控是否感染
感染控制	■ 任何发生感染的情况下都应做棉拭子细菌培养
镇痛	■ 安置的胸腔引流管会导致疼痛：处方上应有常规的镇痛方法
拆除引流管	■ 尽早移除胸腔引流管 ■ 决定是否需要拆除引流管的判断依据为引流液或空气的体积，抽吸液的细胞学检查以及导致需要放置引流管的原发疾病的进展情况 ■ 通常认为每日0.5~2mL/kg的胸膜液是由于引流管的存在而引起的，但是当胸膜渗出液在每日10mL/kg左右时，就可以正常地拆除引流管 ■ 拆除引流管后，预先设置的荷包缝合线或压力会使伤口愈合，同时应给予适当的包扎

手术引流管

通常在手术时无法彻底清除体液，或需要管理手术死腔及防止血清肿形成时，会安置引流管以便于液体排出。引流管可以是被动的（如Penrose引流管）或主动的（如Jackson-Pratt引流管）。详细的内容参见第17章。

手术引流管的主要并发症是上行性感染和引流管移位。少见的并发症包括肠穿孔（腹腔引流）、出血、瘘管形成以及组织边缘的血管坏死。这些并发症都与引流管的选择和定位有关，而不完全是后续护理的问题。为减少移位的风险，应使用中式绕指缝合法将引流管固定，如果可能，额外用绷带包扎。表13.8列出了手术引流管后续管理的指引。

表13.8　手术引流管的后续管理

动作	推荐操作
插入点	■ 用灭菌敷料覆盖插入位点。这点对于主动式或被动式引流管都是极为重要的
手部清洁	■ 接触每个患畜前后使用正常的手部清洁程序
引流管操作	■ 操作引流管时佩戴检查手套
包扎	■ 主动引流管需要有规律的更换包扎物以确保可以监控到插入点的感染迹象 ■ 被动引流管的包扎物更换频率取决于渗出液的体积。如果观察到渗透则需要更换包扎物。渗出液的体积可以通过称量包扎前后的包扎物的质量来估算
检查	■ 每日至少检查一遍引流系统的所有部分
感染控制	■ 如果出现任何外源性感染的迹象，需要做棉拭子细菌培养
引流	■ 每日应至少准确测量和记录引流液2次
监控	■ 监控引流液体积和性质的改变
引流管拆除	■ 见上文中的监测部分（拆除引流管）

呼吸系统护理

肺功能的评价

肺的主要功能有两个：换气和氧合。

- 换气指将二氧化碳经由肺从血液中排出的过程，$PaCO_2$与最小换气量直接成比例。
  - 换气不足会引起$PaCO_2$升高及呼吸性酸中毒；
  - 过度换气会导致$PaCO_2$降低及呼吸性碱中毒。
- 术后患畜的换气不足通常是由于：
  - 药物或神经性疾病导致呼吸中枢抑制；
  - 气管插管导致的死腔过多，或不甚常见的继发呼吸道堵塞；
  - 因为神经肌肉性疾病、疲劳、连枷胸或膈肌破裂导致的呼吸肌衰竭。
- 术后患畜的过度换气通常是由于：
  - 疼痛；
  - 焦虑；
  - 代谢性酸中毒的代偿性行为；
  - 继发于低氧血症。

低氧血症

术后的低氧血症（PaO_2<80mmHg）多由于换气不足或换气/灌注不一致所引起的。

PaO_2：FiO_2：低氧血症的评估是通过计算PaO_2：FiO_2的比例来进行的，PaO_2指动脉血中的氧分压，而FiO_2指吸入气体中的氧分压（通常在0.21~1.0变动）。通过计算测得的PaO_2是否显著偏离给定的FiO_2可以判断低氧血症的严重程度，并可以用于计算患畜所需要补充的氧气量。

- 可通过动脉血气分析测得PaO_2的值，FiO_2则需要通过标定的氧气感受器来测量或以下列方式进行估测：
  - 在海拔高度的地方FiO_2假定为0.21；
  - 较高海拔地区的FiO_2需要测量。
- 如果PaO_2：FiO_2>400，则表明肺功能正常。
- 任何PaO_2：FiO_2<400的情况都是异常的。

■ PaO_2：FiO_2<300的情况都可能是急性的肺损伤所引起的。

■ PaO_2：FiO_2<200时，在人医是确诊急性呼吸抑制的标准。

肺泡-动脉梯度（A-a gradient）：肺泡-动脉梯度是一个复杂的计算方法（表13.9），可用它来评估低氧血症的程度，并用以解释换气动作对于氧合程度的影响。这一梯度仅对呼吸室内空气的患畜有意义。这一公式解释了计算肺泡内氧分压和实际测量的PaO_2间的差异。较大的差异提示患畜在氧合程度上存在临床的缺陷。如果在低氧血症的患畜上所计算出的肺泡-动脉梯度正常（小于15mmHg），则表明低氧血症是由于换气不足所引起的。

表13.9 肺泡-动脉梯度的计算公式

肺泡-动脉梯度=A－a

此处：

a=PaO_2

A=FiO_2（P_{atm}－PH_2O）－（$PaCO_2$/R）+F

上式简化为：

A=150－(1.1×$PaCO_2$)

其中：	
a：	动脉氧
A：	肺泡氧
PaO_2：	测得的动脉血内氧分压
FiO_2：	吸入的氧气分数（0.21~1.0）
P_{atm}：	大气压（mmHg）
PH_2O：	水蒸汽压（37℃时约为47mmHg）
$PaCO_2$：	测量的动脉血中的二氧化碳分压
R：	呼吸商
F：	校正因子~2mmHg （F－$PaCO_2$×FiO_2×1－R/R）

二氧化碳描记术（Capnography）

二氧化碳描记术指测量并以图形表示患畜的呼出气中的二氧化碳量对时间的变化曲线。二氧化碳测量指测量呼气末二氧化碳浓度值（$ETCO_2$）。二氧化碳描记术有着重要的临床价值，其描记的波形含有量化的数据以供麻醉与监控设备一起评估灌注、换气和代谢状况。

二氧化碳描记术通常用于插有气管插管的患畜，但同样适用于鼻腔插管的患畜（Pang等，2007）。

■ 对于术后的患畜，二氧化碳描记术只能够在动物尚未完全从麻醉中苏醒且插着气管插管时获得。

■ 对于呼吸系统紊乱或神经外科手术后的患畜，需要持续进行二氧化碳描记术，尤其是需要确定换气不足（$ETCO_2$>55mmHg，正常值为35~45mmHg）的情况。

$ETCO_2$的数值应接近$PaCO_2$。两者差异明显则提示换气或灌注状况的异常，需要进一步检查。

二氧化碳描记术提供持续记录的数据，可用于监控呼吸趋势并在换气状态发生明显异常时即时提醒。

氧气供应

低氧血症常见于术后的患畜，其主要病因为长期侧卧、肺不张以及继发于原发疾病或药物引起的换气不足。对于任何术后存在低氧血症风险的患畜，或是怀疑可能发生或已发生低氧血症的患畜，短期给予氧气都是需要的。

供氧方法

有多种方法用以供给氧气，包括：

- 流过式
- 氧气面罩
- 氧气罩
- 分叉鼻管
- 鼻插管
- 经气管导管
- 氧气房
- 气管插管

对于每个动物个体而言，选择合适的供氧技术取决于可用的设备、给氧的大致时间、需要的FiO_2以及动物的性格。

给氧的目标在于在最低可吸入氧气浓度的情况下维持PaO_2≥60mmHg（SpO_2≥90%）。

■ 在PaO_2=100mmHg时，血红蛋白处于基本饱和状态，尽管进一步增加FiO_2和PaO_2可以轻微的提高血氧含量，但这同时会增加氧中毒的风险。

■ 如果需要超过24h的氧气供应，应保持FiO_2 <0.6（60%），动物持续暴露于大于60%的氧气中超过24h是有害的。

■ 如果无法产生$FiO_2 \leq 0.6$的氧气，则需要机械换气。

所有供给的氧气都应进行加湿处理，以减少发生呼吸道黏膜干燥的可能，干燥的呼吸道黏膜会增加呼吸道分泌物的黏度、降低黏膜纤毛功能、产生炎症并可能增加感染风险。对于那些略过上呼吸道的供氧方法（如鼻插管），加湿是尤其重要的技术环节。

面罩和流过式给氧

面罩和流过式给氧方法可供给$FiO_2 \leq 0.3$的氧气。对于大部分清醒动物而言，面罩是难以忍受的，但是对于那些侧卧的术后患畜是非常有用的工具。

氧气房：经过特殊设计的精密的氧气房可供应$FiO_2 \leq 0.9$的氧气，但不是所有的款式都是用于供应如此高的氧气流量。氧气房的一个缺点在于它将患畜与护理人员相隔离，限制了互动和重复检查。进入氧气房会降低其内部的FiO_2，这就需要大量的氧气来充满笼舍，所以这一方法是非常昂贵的。只有为特定目的建造的氧气房才可以保证独立的温度、湿度和FiO_2控制，并可以清除二氧化碳。在改造而成的氧气房内通常会变得热、潮湿和二氧化碳过高，且仅可以使得$FiO_2 \leq 0.5$。如果无法建造特定的氧气房，最好使用其他的供氧方法。

鼻插管和分叉鼻管

动物通常对于鼻插管的耐受性较好，并且鼻插管的管理较为容易。当需要长时间供氧且经常接触动物的时候，鼻插管是特别实用的方法。技术13.1演示了如何安放鼻氧气插管。

鼻插管可以提供$FiO_2 \leq 0.6$的氧气供应（Dunphy et al., 2002）。鼻插管还可以用于测量$ETCO_2$，这对于连续监控拔除气管插管且怀疑有换气不足状况的患畜是有用的。

技术13.1 安放供氧鼻插管

1. 选用5–8Fr的喂饲管，预测量动物的外鼻孔到眼内眦的距离，并在导管上作相应标记；
2. 往鼻孔内滴入局部麻醉药物（如丙美卡因，Proxymetacaine）；
3. 几分钟后，将鼻翼向背侧抬起，然后将沾有润滑剂的导管朝向腹中线方向轻轻插入鼻腔；

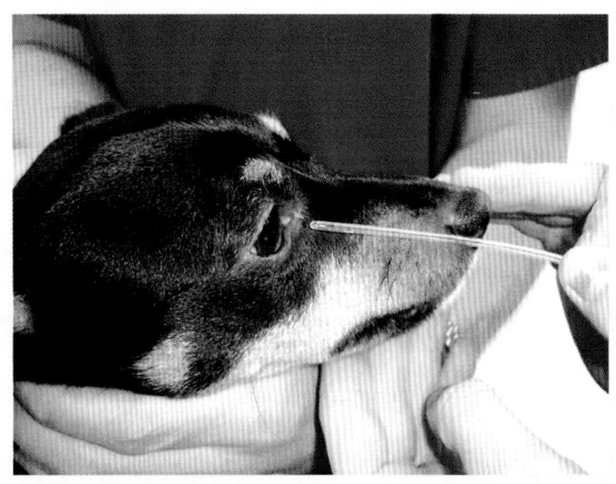

4. 一旦到达标记位置，用蝶形胶带和缝线或黏合剂将导管固定于鼻、吻部和头部；
5. 供给的氧气应该通过一个气泡加湿装置预加湿以减少对鼻黏膜的刺激。
6. 单侧的鼻插管的最大给氧速度为每分钟100mL/kg，过大的氧气流量会引起动物不适，如果需要增加氧气供应，则应放置另一根鼻插管。

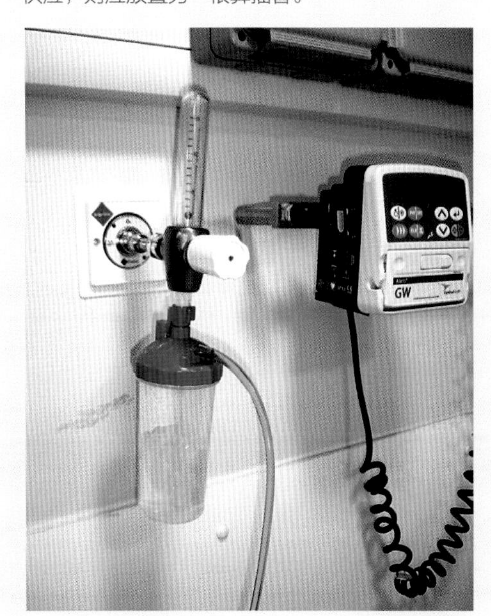

分叉鼻管是一个快速和简易的鼻插管替代物。尽管能够提供$FiO_2 \leqslant 0.4$的氧气，但是分叉鼻管的结构是柔软具有弹性的，常会给动物带来不适且容易移位。

监控和撤除

应反复进行身体检查以及血气分析或脉搏血氧分析以监控患畜对于氧气疗法的反应。随着肺功能的改善，可以适当降低FiO_2的值，直至动物呼吸室内空气。在逐步断绝氧气供应的时候，应通过血气分析或脉搏血氧测定监控动物对于FiO_2降低的反应。

正压换气

在兽医临床实践中，由于时间和护理成本高昂，很少采用超过1h的正压通气。然而，短期的正压通气对于所有需要克服暂时性的呼吸问题或临时稳定呼吸的患畜都是需要的。

可通过麻醉机、呼吸系统以及主动操作者来完成短暂的正压通气。正压通气的适应证包括：

- 给予氧气但仍然有严重的低氧血症（PaO_2<60mmHg）；
- 换气不足（$PaCO_2$>60mmHg）；
- 由于呼吸过度而引起呼吸肌疲劳和换气不足以及低氧血症。

警告

如果动物无法入睡或不愿躺卧，很有可能发生呼吸肌疲劳及呼吸抑制。此时需要将患畜转至重症监护中心并给予长时期的正压通气，这时需要畜主给予感情和经济上的承诺。

体位

术后的患畜需要特殊的体位以改善其换气/灌注状态及预防肺不张的发生。对于单侧肺部疾病的患畜，令其患侧左下侧卧有助于最大程度的保护肺容量。此外，胸卧位可改善动脉供氧并提供时间以解决从属肺的肺不张和水肿并发症。

肺诊断性测试

需要对患呼吸困难或术后肺功能减弱的患畜进行胸部放射摄影检查。

- 只有在患畜状态足够稳定，或彻底的体格检查结果提示下呼吸道或肺实质疾病的情况下才可以进行放射摄影检查；
- 不可用胸部放射摄影检查来确认胸腔积液；超声检查是可用的诊断技术。此外，对于这种情况的患畜，侧卧进行放射摄影可能会导致代偿失调性呼吸困难。

可以根据体格检查、临床病理学数据以及放射摄影检查结果来进行进一步检查，包括：支气管镜检、气管冲洗、支气管肺泡灌洗。

对于某些不稳定患畜，可以单凭经验来进行治疗。

躺卧患畜的护理

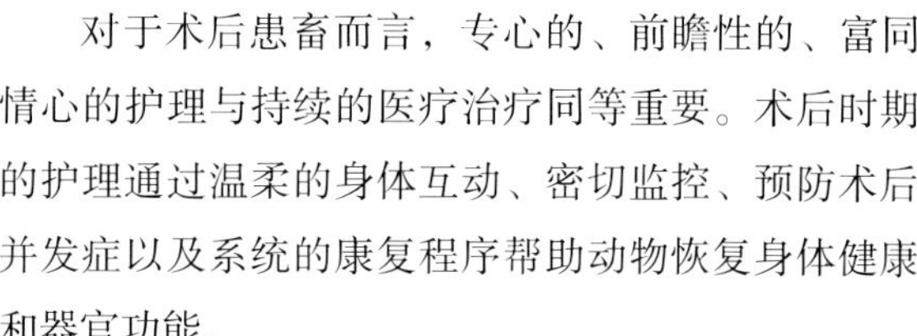

对于术后患畜而言，专心的、前瞻性的、富同情心的护理与持续的医疗治疗同等重要。术后时期的护理通过温柔的身体互动、密切监控、预防术后并发症以及系统的康复程序帮助动物恢复身体健康和器官功能。

一旦动物状况稳定，就应该开始前瞻性的康复，以减少因长期住院而带来的并发症。通过按摩、冷敷及被动运动等简单技术，可以缩短患畜的康复时间。

时间

在一个繁忙的诊所内，通常很难有额外的时间照顾那些已不需要医疗处置的患畜，但这些时间对于增进职员和患畜间的关系，以及提供患畜以主人般的关心与照顾方面是特别有价值的。护理人员应花些时间一对一的照顾术后的患畜，这样可以发现患畜行为上的变化，并可标记患畜指标的变化。

实用技巧

- 术后躺卧的患畜，尤其是带有多个引流管、导管或监护仪的大体型患畜，或是有渗出性伤口的患畜，对于护理工作是一个极大的挑战。
- 患畜的垫褥应及时检查和更换，以防止褥疮性溃疡、尿灼伤或粪便污染带来的并发症。
- 褥疮和尿灼伤的预防工作远比这些并发症发生后的处理简单而廉价。

褥疮

虚弱的动物、年老体重的动物、感觉缺陷的动物、运动能力减弱的动物以及能量失衡的动物都容易发生褥疮。褥疮的常发部位在体表骨突起上方的皮肤区域，应经常检查这些区域以检查褥疮的早期症状。易发褥疮患畜的预防措施包括：经常改变动物体位、使用软性垫褥或气垫、避免采用拉拽的方法移动或改变动物体位。

体位

术后患畜应该采取特殊的体位来改善呼吸功能、减少依赖性外周水肿、帮助患畜保持舒适以及预防褥疮形成。这些方法通常包括将动物体位每2~4h在府卧位、左侧位和右侧位间变化，使用楔形泡沫棉、枕头或毯子作为支撑物。

小范围被动运动

小范围被动运动（passive range of motion，PROM）是包括某个关节的治疗性运动以维持肌肉骨骼的完整性。PROM锻炼还应配合拉伸运动以延长缩短的组织以及减少肌肉僵化。在术后躺卧的患畜上，一旦动物可以忍受被动运动，就应该开始进行PROM锻炼。

- 四肢所有关节都应进行多次轻柔的屈伸动作；
- 关节应保持屈曲10~15s，然后慢慢沿着关节的移动范围伸展关节直至关节完全伸展；
- 保持伸展位置10~15s；
- 重复上述动作10~15s；
- 每日应重复PROM锻炼2~3次，最好在关节热敷后进行；
- 如果感觉关节的运动受到限制，需要给予额外关注。

PROM锻炼并不会防止肌肉萎缩，它只是康复练习的开端。更进一步的康复程序包括按摩、辅助站立和辅助行走。

14 镇痛的原则和方法

Verónica Salazar 和 Elizabeth A. Leece

概述 

疼痛不仅是一种感觉，还是一种包括“感受-辨别”和“运动-效应”的“体验”。国际疼痛研究协会（the International Association for the Study of Pain, IASP）对于疼痛的定义如下：

“一种对真实的或潜在的组织破坏带来的不愉快的感觉和情感体验，或是关于这种破坏的描述。”

Molony和Kent在1997年提出了关于疼痛更进一步的定义，这一定义更适用于动物：“疼痛是动物意识到其自身组织的完整性受到损害或威胁时产生的一种厌恶性感觉和情感体验，动物体本身会产生生理性和行为性改变以减少或避免这种伤害、减少其复发的机会以及促进康复。”

疼痛分类

疼痛感受是仅对有毒害性或伤害性刺激的神经性反应。**此外，所有的疼痛感受都会产生疼痛，但并非所有的疼痛都是由疼痛感受所引起的**。这一概念使我们把疼痛分为两大类：

- **急性疼痛**　完全由于疼痛感受所引起。
- **慢性疼痛**　主要由行为和生理因素所引起，尽管最初可能是由疼痛感受所引起。

疼痛还可以根据其病理生理学进行分类：

- **痛觉感受的疼痛**　由伤害感受器活化所引起。
- **神经性疼痛**　由于外周或中枢神经系统的获得性异常或损伤所致。

表14.1总结了其他常用于疼痛管理的名词。

急性疼痛

急性疼痛是由损伤或疾病过程的伤害性刺激所引起。这通常完全由痛觉感受引起，并承担着检测、定位和限制组织伤害的进化性角色。急性疼痛常是自限性的，如果不及时处理便会发展为慢性疼痛。最常见的例子是术后疼痛、创伤后疼痛或是疾病状态所带来的疼痛（如胆管堵塞或胰腺炎）。

按照起源和其他的特性可将急性疼痛分为两类：躯体性和内脏性。

- **躯体疼痛**　指骨骼、肌肉或腱支配的躯干系统的结构受到损伤或疾病影响所产生的疼痛。
- **内脏疼痛**　产生于内部器官或其被膜（如腹膜、心包膜或胸膜）的损伤或疾病过程。可进一步分为以下几类：
  - **局部性内脏疼痛**　钝性弥散性疼痛，伴有自主神经系统活化引发的心血管和

表14.1　疼痛管理常用词汇

名词	定义
镇痛	疼痛感觉缺失
麻醉	所有感觉缺失
异常性疼痛	将非伤害性刺激感受为疼痛
疼痛过敏	对伤害性刺激反应增加
感觉过敏	对轻微刺激反应增加
神经痛	疼痛分布于一根神经或一组神经
感觉异常	无表面刺激但获得异常感觉
神经根病	一个或多个神经根的功能性异常

血液动力学改变，恶心，出汗等；

- **局部性体腔壁疼痛** 局限于病灶处的锐性刺痛感；
- **牵涉痛** 体表的疼痛，有时疼痛区域远离疼痛病灶。这一现象是由于胚胎发育期同源组织的迁徙导致躯干和内脏传入神经趋同交汇于中枢神经系统所致。

所有的急性疼痛的神经生理学过程相同，并包含有4个特征明显的阶段：转导、传递、调节和感受（详见下文）。

慢性疼痛

慢性疼痛指持续超过损伤或疾病过程的疼痛，由疼痛感受引起的疼痛和/或神经源性疼痛所引发。慢性疼痛发生的基础因素是环境因素和心理机制。

疼痛感受生理学

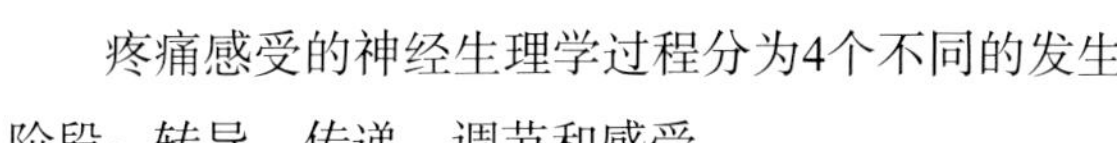

疼痛感受的神经生理学过程分为4个不同的发生阶段：转导、传递、调节和感受。

转导

传导发生于皮肤和深处组织的感觉神经末梢（伤害感受器），指伤害性刺激转化为电脉冲的过程。

- 有些伤害感受器仅对单一刺激有反应（热伤害感受器、机械伤害感受器或化学伤害感受器）；
- 另一些伤害感受器对多重刺激有反应（多模伤害感受器）；
- 另外有一些伤害感受器对任何刺激都没有反应，这些被称为寂静伤害感受器。在正常情况下，这些感受器对任何刺激都保持相对不敏感。然而，如果发生炎症，相关的调节器会在使得寂静伤害感受器活化，从而对热刺激或机械刺激产生反应。

传递

传递指电脉冲信号通过痛觉感受传入神经元的轴突传递入中枢神经系统。这些轴突通过背侧神经根进入脊髓，可能包括：

- A－δ纤维（直径1~5μm，有髓鞘，快速传导，与锐性和刺痛感有关）
- C纤维（直径0.2~1.5μm，无髓鞘，慢传导，与慢发生的烧灼痛有关）

调节

调节发生于神经系统的中枢（脊髓和脊髓上）和外周（伤害感受器位点）的水平。这是一个通过抑制或兴奋内源性下调镇痛系统（鸦片、血清素、去甲肾上腺素）来改变传递电脉冲信号的过程。在疼痛感受通路上任何一个突触传递位点都可能发生内源性系统的疼痛调节（外周性和/或中枢性调节）。

敏感化

外周和中枢层次的反复刺激后会发生敏感化。这表现为对于伤害性刺激的反应增强，或是对于包括非伤害性刺激在内的更广泛刺激的新的获得性反应。

- **外周敏感化** 发生于伤害感受器激活后。导致阈值降低，对同样强度的刺激反应增加，反应迟滞期缩短，以及刺激后自发的活化。
- **中枢敏感化** 由活化的N－甲基－d－天门冬氨酸（N-methyl-d-aspartate，NMDA）受体增加了背角中次级传入神经元的兴奋性引起。这一情况导致外周C－纤维的输入增加，从而改变了这些神经元对于后续输入信息的反应。这一现象又称为中枢感觉超敏，发生原因是低阈值感觉纤维输入的疼痛信息被非正常解读。这一现象有两个后果：
  - 疼痛难以控制，可能需要高剂量以及多种药物复合应用；
  - 因为对于刺激的解读改变，患畜感受到的疼痛比实际情况要严重。

感受

感受在丘脑水平发生，在大脑皮层的帮助下分辨出特定的感觉体验，比如发作、定位、强度和伤害性刺激的特性。

对疼痛的全身反应

急性疼痛和慢性疼痛所引起的全身反应是不一样的。

急性疼痛

急性疼痛通常会引起与疼痛程度成比例的神经内分泌应激反应。交感神经活化增加了内脏的交感神经张力以及肾上腺的儿茶酚胺释放量，而下丘脑介导的反射和交感神经张力的增加导致了内分泌反应。表14.2里列举了急性疼痛最常见的大范围全身效应。

因此，术后要优先考虑对于急性疼痛的控制。这不仅出于伦理学考虑，还为了减少急性疼痛的不良反应带来的术后死亡率。

慢性疼痛

在慢性疼痛的病例中，神经内分泌的应激反应缺失或减弱。通常只有受到中枢疼痛的截瘫患畜或是反复受到外周疼痛刺激的患畜还存在神经内分泌的应激反应。

疼痛识别

因为急性和慢性疼痛会引起的疾病状况和相关的动物福利要求，人们做了大量的尝试以制订一种全面

表14.2　急性疼痛的全身反应

作用系统	不良反应
心血管系统	心动过速 高血压 ↑心肌兴奋性 ↑心输出量（但如果心室机能不全则会下降） 心肌局部缺血（由于心肌需氧量增加所致）
呼吸系统	↑每分通气量（因为全身氧气消耗量增加且二氧化碳产量增加） ↑呼吸 ↓潮气量和功能余气量（保护性反应） 肺不张，肺内分流，低氧血症，换气不足 ↓核心容量 咳嗽功能以及分泌物排出减弱
胃肠道	肠梗阻 ↑括约肌张力 ↑胃酸分泌 应激性溃疡 干呕，呕吐，便秘 腹部扩张导致肺容量减少
泌尿系统	尿潴留
内分泌	↑异化作用激素（儿茶酚胺，皮质醇，胰高血糖素）分泌 ↓同化作用激素（胰岛素，睾酮）分泌 负氮平衡，脂解作用增加 钠潴留，水潴留，水肿
血液系统	↑血小板黏附性 高凝状态 ↓纤溶
免疫系统	伴有淋巴细胞减少的白细胞增多

有效的方法来识别动物的疼痛，并定性甚至定量地评估动物的疼痛。

最近关于小动物围手术期镇痛手段的调查显示，镇痛药物在小动物兽医诊所内的应用还有很大的提高空间（Capner等，1999）。阻碍镇痛疗法应用的一个主要原因是难以恰当地识别疼痛，由此可见，改进诊所内的疼痛评估方法有助于提高疼痛管理的水平。

通常，患者对于疼痛的自我表述是评估疼痛的最佳方法。而在兽医领域，对于动物疼痛的识别和后续评估有非常多的局限因素，所以如何识别动物的疼痛是一个很大的问题。仅仅能够根据观察动物的行为表现来识别疼痛的程度。观察者不得不学习如何判读疼痛的症状，这些症状包括了行为和生理的反应。

- 不能够因为难以识别动物的疼痛就不对动物的疼痛进行处理；
- 外科医生必须要对发现术后动物的疼痛有前瞻性的认识；
- 如果无法确定术后的动物是否有疼痛感觉，建议使用镇痛剂，并评估动物对镇痛疗法的反应。

所有可能引起疼痛的因素中，生理学影响和对于疼痛的行为反应以及物种特异性是重要的因素，此外也不能忽略性别、年龄、品种、动物个体的性情以及环境因素的影响。物种特异性主要与物种在进化中的生存机制有关。例如，被捕食动物（如小型啮齿类和兔子）会隐藏受伤或疼痛的症状。为了得到最可靠的结果，疼痛评估方法应该是物种特异性的。即使在同一物种，也会存在不同的疼痛级别，这可能是由于品种特异性所引起的。

不能被忽略的因素还包括是否存在额外的应激因素，比如恐惧、焦虑或会导致机体虚弱的疾病。**对于疼痛管理而言，减少患畜的焦虑是非常重要的一个方面，且不能被低估。**环境因素也是必须考虑的一点，在医院内的动物的疼痛表现和在熟悉的家庭环境中是不尽相同的。考虑到所有这些复杂的因素，在诊所内建立一个可靠的疼痛评估方法并不是一项容易的工作。

疼痛分级

最初的疼痛识别评估标准是基于主观判断和可测量的生理学变量，如心率、呼吸率、瞳孔尺寸、血浆皮质醇和β－内啡肽的水平。然而，这些参数被发现是不一致且不可靠的主观测量。对于猫而言，已经证实伤口的敏感性改变与视觉模拟分级是相关的。大量手术和镇痛治疗结果表明应力板步态分析在评估犬猫的跛行程度上是有效的。

下面是现有的一些疼痛分级法：

- 单纯描述性分级（Simple Descriptive Scale, SDS）；
- 数字化评估分级（Numerical Rating Scale, NRS）；
- 视觉模拟分级（Visual Analogue Scale, VAS）和动态互动视觉模拟分级（Dynamic and Interactive Visual Analogue Scale, DIVAS）；
- 混合分级（Composite Scale, CS）。

格拉斯哥混合疼痛评估分级（Glasgow Composite Measure Pain Scale, GCMP）

GCMP是已验证的最健全的动物疼痛评分系统。它是以行为学为基础的用于评判犬的急性疼痛的方法。这种方法采用观察者完成结构性问卷的形式进行，根据预置的标准程序，观察者通过与动物互动及临床观察的方法评估动物的自发性和激发性行为。

这一方法将动物行为分为7个类别：

- 姿态；
- 舒适度；
- 声音；
- 对伤口的关注度；
- 对人类的需求及反应；
- 活动性；
- 触碰反应。

这是第一份设计用于犬的分级方法，这一方法将动物行为分类，并静态评估各个行为类别的相应表现。然而疼痛并不是一个静态的过程，所以需要频繁地进行评估，这对于繁忙的诊所是非常耗时间的，这也是GCMP最大的缺点。对于GCMP中所列出的行为学和互动项目结果可能由于动物的种类和性格不同而有较大的变化。此外，在动物手术前应进行疼痛基准评估，尤其是当动物可能会经受严重创伤或较为疼痛的疾病过程时。

GCMP的短表格：表14.3给出了精简的混合疼痛评估表（Composite Measure Pain Scale-Short Form, CMPS-SF），这是GCMP改良后精简的版本，只需少量的时间即可完成（Reid et al., 2007）。

这一表格是作为临床判断工具而设计的，为急性疼痛的犬类而制订。包括了6个行为类别的30个描述选项，包括运动性在内。每个类别内的描述选项都根据其余疼痛程度的相关性用数字分级，使用者只需选择最适合于患畜的行为和身体状况的描述选项即可。重要的是严格按照问卷安排的次序来进行评估程序。

疼痛评分是各项目评分的总和，6项的最高分为24，如果无法判断其行动能力，则总分为20。CMPS-FS方法是一个表示疼痛程度实用的指标性方法，当评分值为6/24或5/20时推荐镇痛介入。

疼痛评分和镇痛

最基本的评估疼痛的方法之一是在使用镇痛药物后重新对患畜的疼痛状态进行评估。当对于术后疼痛的患畜应用疼痛评分系统时，这一方法可以重复使用，以确定是否给予了合适的镇痛级别，合适剂量的镇痛药物以及是否需要其他的镇痛方式。

在诊所内部引入简单疼痛评分系统有助于增加与患畜的互动、提高护理水平，以及提高对于镇痛术的知识和前瞻性。从兽医的角度出发，这一系统提供了关于患畜的书面评估结果，从而为后续病例的镇痛提供更好的计划，并更好地理解动物体对于镇痛术的反应。

复合和超前镇痛术

镇痛的定义是指失去疼痛感受，但在临床条件下，只能够降低可感知的疼痛强度而无法使其完全消失。但通过应用局部麻醉药来达到局部阻滞麻醉目的的方法是一种例外。镇痛效果是通过干扰痛觉通路上从外周伤害感受器到大脑皮层间的一个或多个点的功能来达到的。一般利用药物改变痛觉感受的4个神经生理学过程中的一个或几个。

- **转导** 可用局部麻醉药从多个途径钝化转导作用：在受伤位置或切开位置进行浸润；静脉给药、胸膜内给药、关节内给药或腹膜内给药。非甾体类抗炎药物可通过减少伤处的内源性致痛物质（可产生疼痛的物质）的产生量来减少神经信号的传导。
- **传递** 局部麻醉药可干扰伤害性刺激信号的传递，应用方法包括：外周神经阻断、硬膜下注射或蛛网膜下注射。
- **调节** 硬膜下注射或蛛网膜下注射阿片类药物和/或α_2激动剂可增强调节作用。
- **感受** 消除感受的方法有：应用全身麻醉药，全身性单独或合并其他镇静类药物使用阿片类药物和α_2激动剂。

复合镇痛术指在不同的位置复合使用不同的镇痛药物，从而改变多个疼痛感觉过程的方法。这一方法依赖于两种或以上作用于痛觉感受通路的不同层次的镇痛药物相互之间的加成效应或协同效应。这一方法可使单独麻醉药的应用剂量减少，从而减少药物的不良反应。

超前镇痛是一个同等重要的概念。临床上已经证明镇痛药物的应用时间和药物选择同等重要。应该在患畜受到最初的疼痛刺激之前进行复合镇痛。在超前镇痛的情况下，可减少传入的疼痛感受信号对于脊髓的密集传入，以避免发生中枢神经过度敏感的状态。在这种情况下，术中和术后的镇痛需求同样减少。给予手术患畜超前镇痛不仅可以减少术后疼痛，还是麻醉方案的一个重要组成部分，可以减少诱导麻醉药物和维持麻醉药的用量，保证麻醉平稳进行以及苏醒质量的显著提高。

表14.3 简明格拉斯哥混合疼痛评估表

犬名 ______________________________

医院编号　　　　　　　　　　日期　　　　　　　　　　时间

手术类型

手术过程或健康状况 ____

在下方的内容选取相应的选项画圈，并将相应分数相加以获得评价总分

A. 观察犬舍中的犬，该犬是否？

(i)		(ii) 对于伤口或疼痛区域的态度	
安静	0	无视	0
嗥、吠或呜咽	1	观察	1
呻吟，哼哼	2	舔舐	2
尖叫	3	抓挠	3
		啃咬	4

对于脊柱、骨盆或多肢骨折的患畜，或是需要辅助运动的患畜，跳过B部分直接进行C部分的评估。请在方格内打钩并跳转至C部分□

B. 给犬带上牵引绳并牵引其走出犬舍

犬起立/行走的状态如何?

C. 如果存在伤口或疼痛区域，轻轻触诊伤口/痛点周围5.08cm的范围。

是否存在：

(iii)		(iv)	
正常	0	无反应	0
跛行	1	环顾四周	1
缓慢或勉强	2	退缩	2
费力，困难	3	咆哮或防御姿态	3
拒绝行走	4	猛咬	4
		呜咽	5

D. 犬的总体状态如何?

犬是否存在以下现象

(v)		(vi)	
精神饱满，表现愉快	0	舒适	0
安静	1	不安	1
对外界不关心，无反应	2	焦躁	2
紧张、焦虑或恐惧	3	弓背或紧张	3
沉郁或对刺激无反应	4	僵硬	4

总体评分（i+ii+iii+iv+v+vi）=____________________

实用提示

术前给予镇痛药物可以减少手术中和手术后的镇痛需求，并保证术后平稳苏醒。

镇痛计划和药物类型

镇痛药物的主要作用是抑制疼痛或诱导镇痛。在小动物医学上，常用的镇痛药物包括以下几类：

- 阿片类
- 非甾体类抗炎药物
- 局部麻醉药
- NMDA颉颃剂
- α_2激动剂
- 抗惊厥药

当针对某一手术患畜制订镇痛计划时，应该要考虑可能的组织伤害以及相应疼痛，同时还要考虑镇痛计划的实际效果。基础的镇痛计划应该遵照图14.1所示的结构。

镇痛计划通常以阿片类药物为首选药物，继而在可能的情况下采用NSAID和局部麻醉药合用的复合镇痛法。如果镇痛效果不甚明显，可能需要另一种阿片类药物并考虑额外的治疗模式。

用于手术患畜的基础麻醉方案提供了各种类型药物的实用信息。着重于这些药物与围手术期疼痛的关联性以及各个药适用的情况。更多详细的信息可参阅《犬猫麻醉与镇痛》一书。

阿片类药物

鸦片（opiate）一词指具有类吗啡活性的天然化合物，而阿片类药物（opioid）一词仅指与阿片受体有亲和力的人工合成化合物。阿片类镇痛药在所有围手术期疼痛管理计划中都是首选药物，且应该作为超前镇痛药成为麻醉前用药计划的一部分。阿片类药物可以通过静脉注射、肌内注射或皮下注射的途径给药，通常皮下注射即可良好吸收。不同给药途径的生物利用率和作用时间都不尽相同，静脉注射的可靠性最高。

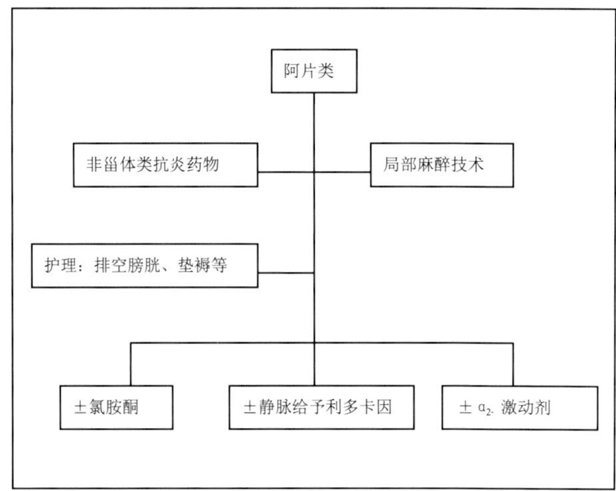

图14.1 手术患畜的基础镇痛程序结构图

作用机理

阿片类药物通过作用于不同的阿片受体（μ，δ）发挥其镇痛作用和不良反应，其所产生的镇痛效应对于所有的手术患畜都有作用。在小动物临床的使用剂量范围内，其镇痛效应是剂量依赖性的。药物对于阿片受体的作用可分为激动剂、部分激动剂、激动剂/颉颃剂和颉颃剂，如表14.4所示。

全身性不良反应

中枢神经系统：阿片类药物可在所有动物引起兴奋的效应，但在用于疼痛动物或与镇静剂复合使用的情况下，很少发生这一现象。阿片类药物常会引起镇静效应。

呼吸系统：阿片类药物会减弱脑干对于二氧化碳的敏感度和低氧刺激的反应、降低呼吸率和潮气量，此外还会抑制咳嗽反射。在健康无痛觉的犬身上，常会观察到气喘的现象，但这是由于中枢的体温调节点改变而引起，而不是由于药物的呼吸系统效应所直接引起的。

心血管系统：可观察到由于交感神经紧张性下降引起的不同程度的心动过缓。通常无法观察到直接的心肌效应或全身性血压效应。可观察到由于组胺释放（静脉注射哌替啶）所引起的低血压。

胃肠道系统：应用阿片类药物后可观察到胃排空时间减少、肠蠕动减弱以及便秘。肌内注射后可

表14.4 阿片类药物的分类

分类	阿片受体	与受体关系	药物
激动剂	μ	高亲和性，高体内活性	吗啡（Morphine）， 氢化吗啡（hydromorphine）， 脱氢吗啡（oxymorphine）， 美沙酮（methadone）， 芬太尼（fentanyl）， 苏芬太尼（sufentanil）， 阿芬太尼（alfentanil）
部分激动剂	μ	高亲和性，低体内活性	丁丙诺菲（Buprenophine）
激动剂/颉颃剂	κ，μ	对于κ,高亲和性，高体内活性；对于μ,高亲和性，无体内活性	布托啡诺（Butophanol）
颉颃剂	μ	高亲和性，无体内活性	纳洛酮（Naloxone）

能会引发呕吐。这些情况在静脉给药时会明显减少，此外，若事先给予乙酰丙嗪也有助于减少不良作用。

眼睛：阿片类药物可引起犬的瞳孔缩小和猫的瞳孔散大。因为会发生瞳孔散大的情况，所以对于给予阿片类药物的猫需要小心进行操作。

泌尿系统：有报导表明阿片类药物可降低逼尿肌的收缩力，增加尿道括约肌张力，此外还有输尿管张力增加以及排尿反射抑制现象。因此，可能会观察到短期的尿潴留现象。

体温调节：在犬，阿片类药物降低了中枢神经系统体温调节器的阈值，从而导致体温降低和/或气喘的现象。在猫，单纯应用μ激动剂有时可在术后观察到体温升高的现象。

听觉系统：应用某些类型的阿片类药物（如芬太尼）后可观察到听觉过敏的现象。

阿片类药物的选择

法律上对于阿片类药物的使用有着严格的控制，这类药物在使用时必须遵循合适的操作指引，表14.5列出了小动物临床常用的药物及剂量。

药物的选择和使用剂量通常与所做的手术有关。药物剂量的增加通常会加强药物的镇痛作用以及持续时间。常用激动剂作为麻醉前用药，以提供超前镇痛和镇静效果。

芬太尼：是一类短效作用的阿片类镇痛药物，包括芬太尼、阿芬太尼和瑞芬太尼，可在手术中通过持续恒速输注（continous rate infusion，CRI）的方法给予。CRI芬太尼可以获得持续稳定的血浆浓度，不仅可以保证绝佳的镇痛效果，还可以减少吸入麻醉药的剂量，进而减少吸入麻醉药相关的心血管和血液动力学效应。这类药物尤其适用于需要深度镇痛及较低吸入麻醉药浓度的手术过程，例如胸廓切开术或一些大范围的软组织手术过程。CRI芬太尼的方法非常适合手术中镇痛使用，因为任何的呼吸抑制现象都可以通过人工换气来轻松缓解，此外，作用时效短意味着可在手术结束前随时终止，在术后不会有全身性药物反应。然而，为保证合适的术后镇痛效果，应在终止输液前30min给予长效镇痛药物。

可以用芬太尼贴片来避免反复注射给药。将芬太尼贴片贴于干燥皮肤表面，并在贴上后保持几分钟以使其黏附。尽管难以预测这种方法的镇痛程度，但在每小时5μg/kg的剂量下，可以持续数日的镇痛效果，但仍需要进行疼痛评估和额外使用阿片类镇痛药物。通常犬需要12~24h才能够达到合适的血浆药物浓度，猫则需要24h，所以应在手术前一天使用芬太尼贴片。在术后阶段仍然需要即时的额外

表14.5　阿片类药物的犬猫常用剂量

药物名	类别	剂量（犬）	剂量（猫）	作用时间
吗啡	μ激动剂	0.1~1mg/kg s.c., i.m., i.v. CRI:0.1~0.2mg/（kg·h）i.v. 硬膜外：0.1~0.2mg/kg	0.1~0.4mg/kg s.c., i.m., i.v. CRI:0.1~0.2mg/（kg·h）i.v. 硬膜外：0.1~0.2mg/kg	3~6h
哌替啶	μ激动剂	2~5mg/kg s.c., i.m.	2~5mg/kg s.c., i.m.	1~2h
美沙酮	μ激动剂	0.1~0.5mg/kg i.m., i.v.	0.1~0.3mg/kg i.m., i.v.	4h
水合吗啡	μ激动剂	0.05~0.1mg/kg s.c., i.m., i.v.	0.05~0.1mg/kg s.c., i.m., i.v.	4~6h
芬太尼	μ激动剂	5~20μg/kg i.v. CRI*:起始5μg/kg，随后0.3~0.7μg/（kg·min）i.v.	5~10μg/kg i.v. CRI:起始5μg/kg，随后0.3~0.6μg/（kg·min）i.v.	20~30min
苏芬太尼	μ激动剂	3~5μg/kg 后续CRI2.6~3.4μg/（kg·h）	在该物种不确定	10~20min
阿芬太尼	μ激动剂	CRI: 0.5~1μg/（kg·min）i.v.	CRI: 0.5~1μg/（kg·min）i.v.	10~20min
瑞芬太尼	μ激动剂	CRI: 0.3~0.6μg/（kg·min）i.v.	CRI: 0.3~0.6μg/（kg·min）i.v.	4min
曲马多	μ激动剂	2~5mg/kg p.o. q8h 2mg/kg i.v., s.c.	2~5mg/kg p.o. q8h 1~2mg/kg i.v., s.c.	6~12h
布托菲诺	κ激动剂和μ颉颃剂	0.2~0.5mg/kg s.c., i.m., i.v.	0.2~0.5mg/kg s.c., i.m., i.v.	1~2h
丁丙菲诺	μ部分激动剂	0.01~0.02 mg/kg i.m., i.v.	0.01~0.02 mg/kg i.m., i.v.	6~8h
纳洛酮	μ颉颃剂	0.002~0.04mg/kg s.c., i.m., i.v.	0.002~0.04mg/kg s.c., i.m., i.v.	30~60min

增加剂量可增加效用时间。*CRI：持续定速静脉输液。

镇痛。这种时候仍然可以用单纯的μ受体激动剂，但丁丙诺啡也可以为此目的而使用。芬太尼胶布还可用于需要长时间应用阿片类药物的情况，但决不可仅依赖其镇痛效果。

吗啡：也可将吗啡用于犬猫的手术中镇痛。静脉输注吗啡可降低手术期间吸入麻醉药的最小肺泡浓度，但必须与一些镇静剂同时使用。

丁丙诺啡：这是一种部分μ受体激动剂，它比单纯的μ受体激动剂具有更高的受体亲和力，因此如果两类药物同时应用时，它会取代后者与μ受体相结合，而且很难被纳洛酮颉颃。这一药物的受体结合性质可以反应在它的特征性剂量-反应曲线上。早期研究表明，随着丁丙诺啡给药剂量的增加，剂量-反应曲线呈钟形，即高剂量的药物会导致镇痛效果减轻。然而，近期研究已证明引起镇痛效果降低的药物剂量远高于临床使用量。因此，临床使用量的丁丙诺啡会引起平台效应，即增加药物剂量不会进一步增加镇痛效果。

与其他μ受体激动剂（如吗啡和美沙酮）相比，丁丙诺啡是一个非常方便的长效镇痛药物（6~8h）。尽管如此，仍然需要常规的疼痛评估工作，并在需要进一步镇痛时使用额外的药物剂量。与单纯的μ受体激动剂（如吗啡和美沙酮）相比，丁丙诺啡能够给予中度的镇痛效果，所以，对于严重的疼痛病例（如大范围骨科手术或胸廓切开术），不能将丁丙诺啡作为药物选择。此外，尽管丁丙诺啡在很多动物是快速起效的，但是它的起效前时间比其他阿片类药物（如吗啡和美沙酮）长。

丁丙诺啡皮下注射的镇痛效果差且不确定，因此不可以此种方式应用于犬猫。对于猫，口腔黏膜给予不含防腐剂的丁丙诺啡与静脉注射有同样的镇痛效果，这一方法提供了一个简单的非侵入性给药途径，并可以达到6h左右的镇痛效应。在猫的术后护理工作中，镇痛药的给予方式更有弹性并可以避免药物反复注射。不常通过肠内给药作为围手术期的即时镇痛方式，但可以在手术后24h内应用。

曲马多：这一药物对于所有的阿片受体都有激动剂的特性，但对于μ受体特别有效。此外，曲马多还可以抑制去甲肾上腺素和5-羟色胺的重摄入，并刺激突触前的5-羟色胺释放。曲马多的镇痛效果是吗啡的1/10，相应的呼吸抑制和便秘情况也比吗啡轻。禁用于有惊厥倾向和肝功能不全的患畜。

曲马多是一种极好的术后镇痛药物，它可以处方给予术后患畜口服使用。对于那些单独用NSAID无法达到足够镇痛效果或禁忌使用NSAID的患畜尤其适用。尽管有些时候，象曲马多这种口服药物会使患畜更快出院，但对于需要阿片类镇痛药物的住院患畜而言，使用曲马多也是有价值的。曲马多最大的优势在于它不是管制药物，所以可以作为出院患畜的最佳镇痛方案。口服剂量是2~4mL/kg，q8h，持续服用3~5天。

非甾体类抗炎药物（NSAID）

NSAID被非常广泛地用于控制轻度至中度的疼痛，并可用以减少围手术期阿片类药物的用量。这类药物是通过其抗炎作用来发挥镇痛效果，所以镇痛效果小于阿片类药物且不可逆。

NSAID会积聚在炎症发生位点，因此抗炎作用的时间比实际测量得到的血浆半衰期要长。猫通过糖脂化作用代谢某些NSAID药物的能力有限，所以应小心用于猫。应避免将NSAID用于严重肝脏或肾脏疾病患畜，这些患畜对药物的代谢和排泄能力减弱。同样应避免用于发生低血容量、脱水和低血压的重症患畜（不良反应和禁忌证详见下文）。

警告

一些NSAID药物在猫身上的半衰期会延长，从而导致中毒风险增加。

然而，应将NSAID作为复合镇痛疗法的一部分用于所有未发现禁忌证的动物。表14.6列出了常用于犬猫的NSAID一些特性和用量。作者常用美洛昔康或卡洛芬作为大部分小动物患畜的围手术期常规用药，这两种药物都是被批准用于犬猫的药物，不良反应少，临床效果可靠。

很多注射用的NSAID并未获准在围手术期注射后的肠内使用。尽管这一做法普遍用于提供术后的镇痛效果，这些规定外用法需要和相应的药物制造商进行进一步讨论。Pardale V是被批准用于犬的镇痛的药物，主要成分为扑热息痛（paracetamol，33mg/kg）和可待因（codeine，0.75mg/kg），但这一药物无法提供与曲马多相当的镇痛效果。

警告

不得将扑热息痛用于猫，即使是低剂量也会导致中毒。

作用机理

NSAID可抑制环氧化酶（cyclo-oxygenase，COX）的活性，从而阻止由细胞膜磷脂形成血栓素（thromboxane）、环前列腺素（prostacyclin）和前列腺素（prostaglandin）。COX有两种同工酶：COX-1和COX-2，两者主要的结构差异在于一个氨基酸位点的不同，这一点结构差异使得药物可选择性的与细胞膜疏水侧口袋内的不同药物结合位点相结合。NSAID通过抑制COX酶的活性使得花生四烯酸转入5-脂肪氧合酶（5-lipoxygenase，5-LOX）催化的反应途径，这一途径是白三烯合成的起始步骤。某些白三烯（如白三烯B4，LTB）具有炎症调节作用，因此

表14.6　犬猫常用的NSAID剂量

药物	COX选择性	剂量（犬）	剂量（猫）	不良反应
卡洛芬（Carprofen）	COX-2选择性	1~4mg/kg iv, sc, po，q12~24h	0.3 mg/kg s.c.或0.2mg/kg s.c. 24h后0.05mg/kg口服	胃肠道保护功能减弱
美洛昔康（Meloxicam）	COX-2选择性	起始剂量：0.2mg/kg s.c.，p.o.（如果在术前注射一次，则药效可持续24h）。可在初次用药后以0.1mg/kg，每24h给药一次的剂量维持疗效	起始剂量：0.2mg/kg s.c.（如果术前注射一次，药效可持续24h）。此后每24h给予口服悬液0.05mg/kg，可维持疗效达5日	胃肠道保护功能减弱
酮洛芬（Ketoprofen）	非COX-2选择性	1~2mg/kg s.c. q24h	1~2mg/kg s.c. q24h（在美国无猫用许可）	胃肠道保护功能减弱 血小板聚集减弱
托芬那酸（Tolfenamic acid）	COX-2优先	1~4mg/kg s.c.，i.m.，p.o. q24h，连用3日，停药4日，循环使用	1~4mg/kg s.c.，i.m.，p.o. q24h，连用3日，停药4日，循环使用	胃肠道保护功能减弱 血小板聚集减弱
德拉考昔（Deracoxib）	COX-2选择性	1~2mg/kg p.o. q24h	不用	胃肠道保护功能减弱 血小板聚集减弱 肝毒性
非罗考昔（Firocoxib）	COX-2选择性	5mg/kg p.o. q24h	不用	胃肠道保护功能减弱 血小板聚集减弱 肝毒性
罗贝考昔（Robenacoxib）	COX-2选择性（血浆半衰期极短，但会积聚于炎症组织中）	1mg/kg p.o. q24h 1mg/kg i.v. 术前30min使用	1mg/kg p.o. q24h（仅可用六日） 1mg/kg i.v. 术前30min使用	仍未完全明确

白三烯的过度合成会导致NSAID诱发的溃疡。此外，LOX途径不仅是促炎性的，还可以引发抗炎症反应途径。

COX-1是结构型酶，它参与血栓素、环前列腺素和前列腺素的生物合成过程，这些物质的主要功能在于控制肾脏血流和形成胃黏膜的保护性屏障。COX-1的变异形式为COX-3，两者由同一个基因表达，COX-3参与发生过程的起始阶段。

COX-2是可诱导型酶，它合成于组织创伤反应的过程中，并会促进炎症反应。COX-2还参与黏膜糜烂的修复和预防过程，并参与肾脏的成熟与保护机制，还可调节血管上皮的环前列腺素的合成。此外，异常的COX-2上调表达直接与许多癌症的病理过程有关。所以，抑制COX-2会改变血栓素和环前列腺素在血小板聚集、血管收缩和血栓栓塞过程中的良好平衡。

全身性不良反应

胃肠道：前列腺素与许多重要的保护胃肠道的基本因素有关，比如黏膜层、碳酸氢盐分泌、快速细胞更新以及保持合适的血液供应。长期或过度使用NSAID会使胃肠道的保护功能减弱。尽管实验表明NSAID可减少黏膜的血液供应，但并不确定在简单的胃肠道手术（即患畜不存在溃疡、糜烂或其他明显的胃肠道损伤的情形）中是否需要停止使用NSAID。

NASID中的昔布类药物（coxib）最初进入市场时被认为与胃肠道的不良反应小于其他COX-1非结合药物。然而，最近的结果显示长期使用昔布类NASID并不能完全保证无胃肠道反应，事实上长期用药所引起的最常见的不良反应是呕吐和腹泻。

呼吸系统：抑制COX可导致更多的花生四烯酸转化为白三烯，进而引起气管痉挛。

肝脏：长期或过度使用NSAID可引起血清转氨酶水平的增高。

肾脏：在循环的血管收缩素水平较高的情况下，抑制肾脏的前列腺素生成会导致肾脏灌注不足，而可能导致急性肾衰竭。

软骨：NSAID对于软骨组织的不良反应是存在争议的，并与药物特性有关。研究表明治疗剂量的美洛昔康或卡洛芬对于软骨蛋白多糖的代谢过程没有药理性或毒理性的不良反应。此外，美洛昔康对于骨关节炎患畜的关节部位的炎症有着明显的抗炎作用。

血小板功能：抑制COX-1会抑制血栓素A2的合成，会通过减弱血小板聚集和血管收缩来减少血栓形成。术前不建议采用非选择性的COX抑制剂，对于选择性手术而言，术前的10~14日应避免应用此类药物。优先抑制COX-2的药物对于血小板功能的影响最小，但抑制COX-2同样会改变血栓素和环前列腺素在血小过度板聚集、血管收缩和血栓栓塞过程中的良好平衡。

生殖系统：抑制前列腺素会减弱正常分娩、排卵和胚胎着床，以及新生儿的动脉导管闭合。

禁忌证

有下列情况的患畜不建议使用NSAID药物：

- 低血容量或脱水；
- 凝血障碍；
- 胃肠道溃疡；
- 肾功能不全；
- 肝功能不全（包括门体分流）；
- 种用动物，妊娠和泌乳期；
- 6周龄以下；
- 已使用皮质类固醇药物或其他NSAID。

局部麻醉药

局部麻醉药是阻断神经传导并提供完全镇痛效果的唯一有效方法。局部麻醉药可用于神经周围以阻断神经传导，也可全身用药（口服或静注）以协助镇痛。当用于神经周围时，在神经阻断期间，痛觉感受信号的传递被阻断从而减少中枢感受。尽管局部麻醉药常用于特异性神经阻断，但它们还有很多不同的用药途径。表14.7列出了常用的局部麻醉

表14.7 犬猫常用的局部麻醉药的药理学和中毒剂量

药物	推荐剂量	起始时间（min）	持续时间（h）	静脉注入中毒剂量
利多卡因（lidocaine)	1~4mg/kg	5~15	1~2	猫：11mg/kg 犬：20mg/kg
布比卡因（Bupivacaine）	1~2mg/kg	10~20	4~6	猫：3.81mg/kg 犬：4mg/kg
罗哌卡因（Ropivacaine）	1~2mg/kg	10~20	4~6	犬：4.9mg/kg

药物的药理学和静脉毒性剂量。

作用机理

局部麻醉药主要通过阻断钠离子通道来发挥其作用。非离子化的脂溶性药物通过细胞膜进入细胞，离子化后结合于钠通道的内表面。

全身性不良反应

中枢神经系统：局部麻醉药可以快速进入大脑并显示出双相性效应。最初，抑制性中间神经元被阻断，从而引起兴奋现象，如视觉紊乱、震颤、头晕和间歇性痉挛。最后所有的神经元都被抑制导致昏迷和窒息。因此，在使用局部麻醉药期间，要密切监控神经中毒现象。利多卡因中毒的临床症状包括：抽搐、震颤、焦虑不安以及恶心。

心血管系统：利多卡因和布比卡因均会阻断心脏的钠离子通道并降低心脏动作电位0期的最大增幅。它们均对心肌有直接抑制作用，可导致PR和QRS间隙增加、不应期延长。事实上，布比卡因与钠离子通道分离所需时间是利多卡因的10倍，从而会引起长期的持久性心脏抑制，导致复发性心律不齐和心室纤维性颤动。

静脉给予利多卡因

尽管并未完全明白其作用机理，越来越多的临床证据表明采用静脉内输注利多卡因的方法可有效控制手术期疼痛。在人医领域，许多研究证实静脉输注利多卡因可降低术后疼痛，减少阿片类药物用量，改善肠道功能，缩短住院时间以及促进腹腔大手术患者的恢复。在兽医领域的研究包括静脉输注利多卡因的安全性（Valverde et al., 2004）以及异氟烷MAC减少效应（McDougall et al., 2009）。表14.8给出了犬猫的用药剂量。

尽管上述研究表明静脉输注利多卡因对于异氟烷麻醉的犬是安全的，并可作为有价值的麻醉辅助用药，但这些研究都没有表明这一做法的直接镇痛效果。利多卡因对于炎症阶段引起的疼痛有良好的镇痛作用，所以对于炎症情况（如胰腺炎或腹膜炎）的疼痛控制可作为有效的补充。

表14.8　利多卡因的给药方法及剂量

犬	猫
1~4mg/kg推注，然后持续滴注25~80μg/（kg・min）	0.2mg/kg推注，然后持续滴注1~10μg/（kg・min）

输注期间应监控血压，一旦发生低血压则应停止给药。

关于利多卡因在异氟烷麻醉的猫身上的作用研究结果显示，静脉滴注利多卡因会引起显著的剂量依赖性MAC降低，但与单独应用同等剂量的异氟烷相比，MAC降低的同时伴有严重的心血管抑制。在猫的热镇痛（thermal antinociception）模型上输注利多卡因，除了有利多卡因血浆中等浓度的记录外未见任何有利效果（Pypendop et al., 2007）。

表面应用

眼睛手术时，可利用局部麻醉药作表面麻醉，但应避免反复使用，以防对角膜愈合产生影响。静脉穿刺前使用共晶混合的表面麻醉药（Eutectic mixture of local anaesthetic, EMLA）乳霜可减少静脉穿刺的疼痛和不适。临床上确实存在这一用法，但需要更多数据以确定效果和使用时间。

利多卡因贴片

含有5%的利多卡因的贴片可用于有触痛的伤口附近，这一点开始受到兽医的关注。这种贴片对于病人仅能够提供局部的镇痛效果而不是局部麻醉，即在有感觉的情况下无痛觉感受。作者发现这一做法对于大面积重建伤口的效果较好。在猫可以观察到利多卡因在皮肤局部的高浓度以及全身低吸收量，这说明该用法是安全的。在犬同样可以观察到血浆的利多卡因浓度较低，进一步提示镇痛效果是局部而不是全身的。

局部浸润

局部浸润麻醉可以在术前、术中和术后时期使用。当需要截断神经（例如进行截肢手术）的时候，可以在截断前直接将局部麻醉药注射于神经上。用局部麻醉药对四肢远端组织进行浸润麻醉时，应进行环形浸润，同样的方法也应用于皮肤肿块的切除。浸润麻醉对于骨髓活检和鼻腔活检操作是非常实用的方法。理想的浸润麻醉应在手术前进行，然而，也可在闭合手术创口前往创口处喷洒药物来实现麻醉效果（图14.2）。重要的是在闭合伤口的不同时期应用局部麻醉药。

局部麻醉药也可以在闭合创口的过程中注射于伤口周围（布比卡因1mg/kg）。这一做法可用于减轻剖腹手术后的疼痛以及阿片类药物的用量。

关节内应用

对于胫骨平台水平化截骨术（tibial plateau leveling osteotomy，TPLO），术前和术后关节内注射局部麻醉药可提供与硬膜下麻醉相当的镇痛效果，所以这一方法已成为TPLO手术最常用的麻醉镇痛技术。

腹膜内应用

Carpenter等人在2004年在接受卵巢子宫切除术的犬上进行的研究结论表明：与其他用相同的组合方法给予利多卡因或生理盐水的实验组相比，布比卡因术前腹膜内注射及术后创口周围皮下浸润的组合方法可以提供更好的镇痛效果，用布比卡因的实验组内所需要进行抢救性镇痛的犬只数量较少（Carpenter et.al., 2004）。在人医，对接受腹腔镜手术的患者术前腹膜内应用利多卡因是有效的。

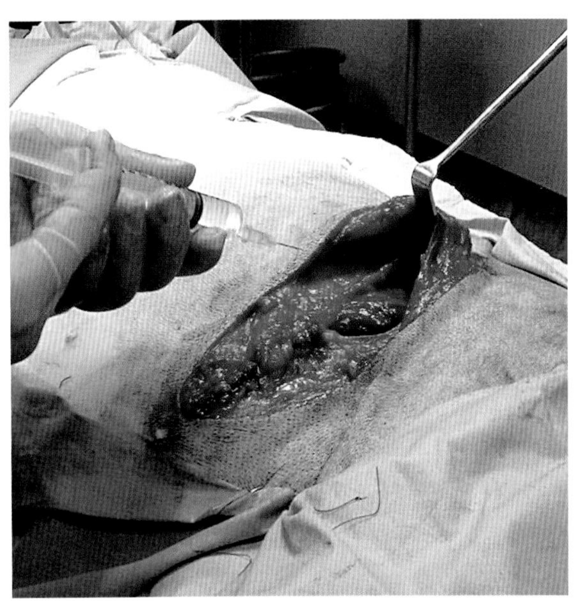

图14.2 需要截断神经的手术（如截肢术），可以在手术中将神经浸泡在局部麻醉药中；或者在闭合创口前将局部麻醉药喷洒于肌肉层上以增强术后的镇痛效果

胸膜内应用

胸膜内的局部麻醉可以通过引流管进行，并可为多种胸疾病和胸廓切开术后的动物提供镇痛。在胸腔引流后，可以通过引流管缓慢注入0.25%的布比卡因溶液（1.5mg/kg），如果观察到任何不适则需停止给药。然后用足量的生理盐水注满引流管以将布比卡因冲入胸膜腔。这一方法可提供约6h的镇痛效果，但这取决于引流管的位置。同时，胸腔应该按需每隔4h引流一次，这并不会影响镇痛的效果。在移除引流管前最好用局部麻醉药做局部麻醉。

绝育手术

在常规的阉割手术中也可以应用局部麻醉药。仅有及少量的文献验证了在犬猫阉割手术中应用睾丸内注射局部麻醉药的效果（Mcmillan et.al., 2011），但在临床条件下，这一方法是有效的。在马身上已经验证了这一方法的效果。作者在阉割手术前向睾丸内注射1~5mL利多卡因（图14.3）。通过比较自主参数和手术中异氟烷的需求量发现，对于卵巢子宫切除术的犬而言，卵巢系膜的局部麻醉所起到的效果极不明显，但这一研究未评估手术后的镇痛效果（Bubalo et al.,2008）。

伤口浸泡导管

伤口扩散导管，又被称为伤口浸泡导管（wound soaker catheter），应该放置于创口内的不同深度并开口于背侧。导管应该在手术末期无菌放置于创口内，远离切口并用中国式绕指缝合法固定。无需担心这一方法可能造成感染或其他问题，这些并发症的发生率与不用导管的患畜相当（Abelson et al., 2009）。应在一个手术中同时放置引流管和伤口浸

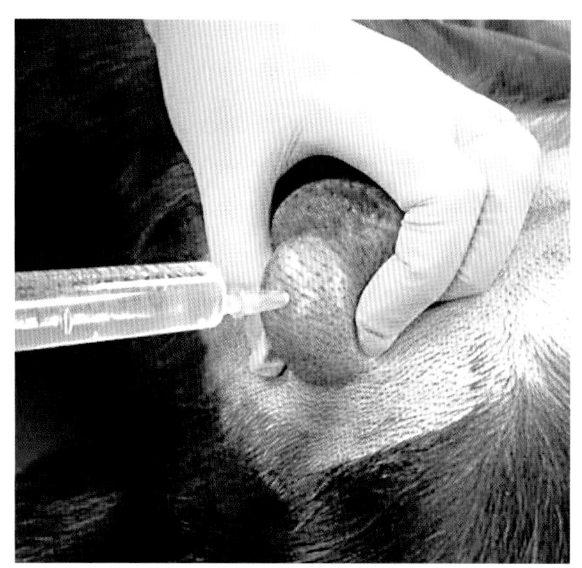

图14.3 临床上睾丸内注射利多卡因可提高镇痛效果。但在注射前一定要回抽，以防止药物进入血管

泡导管，重要的是要做标记以区分这两类导管，并且对于浸泡导管要进行单独的无菌操作。

实用技巧

用鼻饲管作为伤口浸泡导管

柔软的鼻饲管可以变为伤口浸泡导管：

1. 按需要的长度剪短鼻饲管，并用火焰将其末端封闭；
2. 用胰岛素针头在导管末端每隔5~10mm的距离打孔；
3. 所选用的导管应是可重复灭菌的（或者在手术中无菌制备）；
4. 所有的导管应该用生理盐水灌注以检查通畅度，生理盐水应从每个小孔中均匀流出，如果开口过大或流量不均，注入的局部麻醉药可能会从一个孔中流出，而不是沿管道全长流出。

订制的伤口浸泡导管

还可以用订制的不同长度的伤口浸泡导管。这类导管对于大范围的手术特别有用，比如截肢手术、肿瘤切除术、乳房切除术、胸腔手术以及腹腔手术，且犬猫均可使用（图14.4）。在安置正确的情况下，动物可以很好地耐受导管的存在，从而可以减少对于阿片类药物的需求，与NASID合用可改善动物术后的舒适度。在某些病例，术后并不再需要用阿片类药物，但仍然需要进行疼痛评估以计划合适的额外镇痛方案。

用导管帽封闭导管末端，将局部麻醉药（布比卡因1~2mg/kg，q6~8h）从导管帽中注射入导管内。也可以每小时2mg/kg的剂量输注利多卡因，但应在移除导管前进行，因为此时动物的活动性更大。曾有一例因导管放置于靠近臂神经丛的地方而引发利多卡因中毒的病例报道（Abelson et al., 2009），所以在采用这一技术时应小心监控病畜的状态。导管应在48h左右移除，或者按需要放置更长时间（最长72h）。

偶尔会发生导管无法为全部手术区域提供镇痛的情形，这是因为导管的放置错误、局部麻醉药物分配

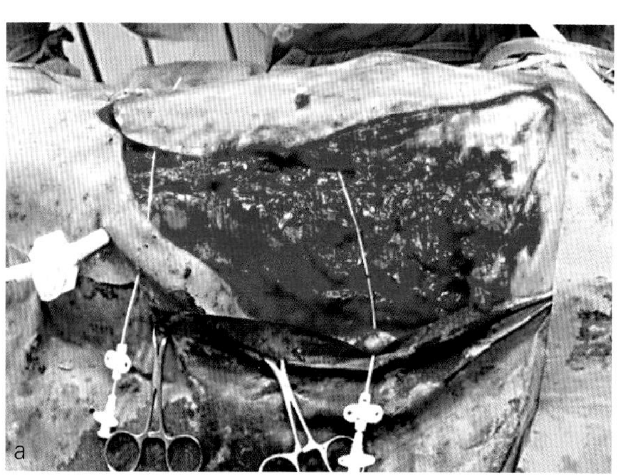

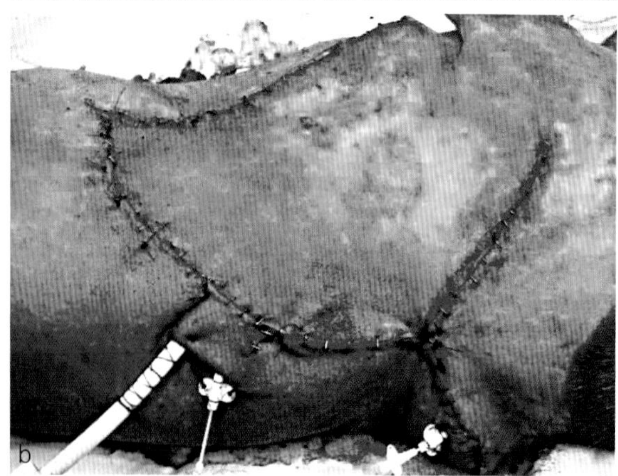

图14.4 （a）定制的伤口导管在伤口闭合过程中放置，以确保最大覆盖范围 （b）伤口导管从伤口闭合远端退出并用中式缝合法固定

不均或导管堵塞所致。比较好的做法是在移除导管前滴注局部麻醉药，然后等待药物完全作用后（利多卡因5~15min，布比卡因10~20min）再移除导管。

局部神经阻断

局部神经阻滞在兽医临床是一个方便且廉价的获得有效镇痛的方法，但其重要性仍被忽略。兽医外科医生应用此方法可以提供最有效的镇痛，减少麻醉和镇痛费用，从而使得客户和其他兽医满意。关于如何进行神经阻滞的操作请参阅《犬猫麻醉镇痛手册》。表14.9和表14.10列出了常用的头部和四肢手术的神经阻滞方法。一些四肢神经阻滞技术，例如硬膜外阻滞和臂神经丛阻滞技术可以很容易进行。对于其他特殊的神经阻滞技术，需要使用神经定位仪（图14.5）来增加成功率。

眼球后神经阻断

眼球后神经阻断可用于眼球摘除术或眼球切开术，以提供最佳的手术条件以及良好的术后镇痛效果。这种阻断方法可造成眼球中位（瞳孔中位），所以也可用于角膜手术和眼内手术。

最初有报道显示这一方法会造成眼球内压力降

表14.9 犬猫头部的神经阻滞（+++表明最有效的阻滞）

神经阻滞	麻痹区域	阻滞效果	用途
眼球后神经	眼球和眼球后区域	+++	眼球摘除术，角膜和眼球内手术
眶下神经	前臼齿前的上齿弓上的牙齿，鼻子	+++	牙科，口鼻部手术，上颌骨前部切除术
上颌神经	上齿弓，鼻子，软腭及硬腭	+++	牙科，鼻手术，鼻腔活检，上颌骨切除术
颏神经	注射位点之前的下齿弓和下颚	++	牙科
齿槽下神经	下齿弓，下颚，舌头	+++	牙科，下颌骨骨折
耳颞神经以及耳大神经	耳软骨的内表面，外耳道	++	全外耳道切除术，耳科检查

表14.10 犬猫四肢的神经阻滞（+++表明最有效的阻滞）

神经阻滞	麻痹区域	阻滞效果	用途
臂神经丛	肘关节远端的前肢（使用神经定位仪时可上延至肩关节）	+++	肘关节远端手术（使用神经定位仪时，手术区域可上延至肩关节）
桡神经、尺神经、正中神经以及肌皮神经（RUMM）	肘关节远端的前肢	++	肘关节远端手术（需要神经定位仪以提供持续的镇痛效果）
隐神经、腓总神经以及胫神经	膝关节远端的后肢	+	膝关节远端手术
硬膜外腔镇痛	后肢、会阴部、腹腔后部（镇痛程度取决于注入的局部麻醉药体积）	++	后肢、会阴部以及腹腔手术
指（趾）神经阻滞	指（趾）	+++	指（趾）手术
静脉局部镇痛（IVRA）	止血带远端区域	+++	止血带远端的手术。术后镇痛效果轻微

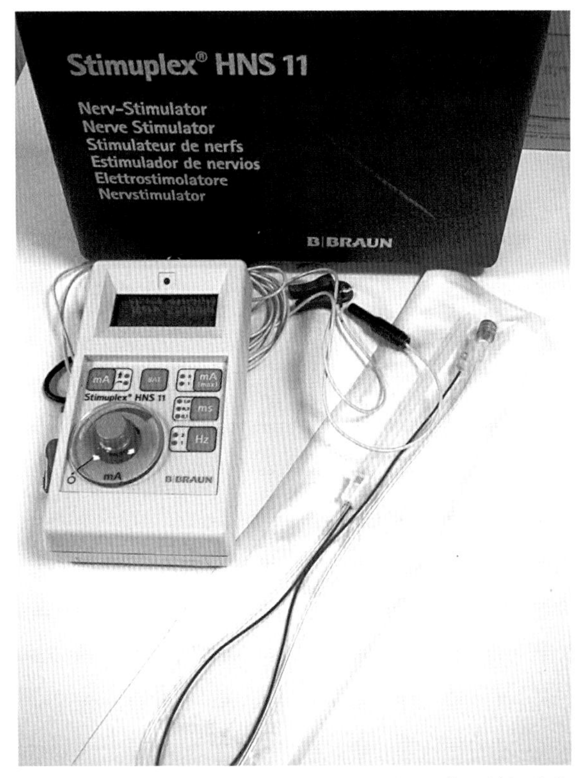

图14.5　在进行一些四肢神经阻滞操作时，可使用神经定位仪来定位运动神经，并有助于在神经周围注射局部麻醉药

低，其原因除了一定体积的药物注射于眼球后方之外，还有眼球周围肌肉松弛的结果。眼球后阻断可能会由于血管扩张的缘故而引起出血增加，但这并未成为临床上必须面对的一个问题。眼球后注射还会带来诸如蛛网膜下注射、血管内注射、出血以及眼球穿孔等并发症，所以要求在注射前必须进行回抽操作。在操作正确的情况下，以上并发症极少发生于小动物临床。较可取的方法是先在眼球摘除的病例上使用这一阻滞技术，待熟练掌握这一操作技术后再应用于其他手术。

眼球后阻滞技术是在外眼眦的位置插入针头，朝向对侧的颞下颌关节方向进针，或者从眼球的背侧方向腹侧进针。现在，作者使用弯曲后以适应眼球弧度的脊柱穿刺针，或是特制的眼球后穿刺针。用一个手指令眼球向腹侧偏移，针头从眼眶上缘沿着眼球的背侧面进入眼球后方（图14.6）。当针头到达肌肉锥时可观察到眼球向背侧偏移的现象，回抽以确定针头未刺进血管，然后注入0.5~2.5mL的局部麻醉药。

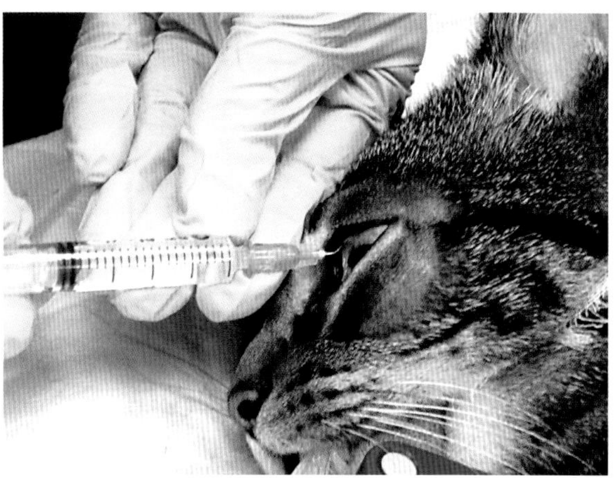

图14.6　用弧形针头对猫进行眼球后阻滞，针头从结膜刺入并沿着眼球行进。注入局部麻醉药之前应进行回抽。还可以将弯曲的脊柱穿刺针作为替代方法。一旦局部阻滞生效，眼球应该向中心偏转

硬膜外镇痛

使用局部麻醉药或吗啡（0.1mg/kg）或两者合用进行硬膜外注射可为会阴部手术或骨盆手术提供镇痛。对于腹部手术，可用同样的药物组合，但需要更高剂量的药物（0.2mg/kg）。也可单独用吗啡（0.1~0.3mg/kg，用生理盐水配成0.25mL/kg的用量）为胸腔手术或前肢截肢术提供额外的镇痛效果。

最常用的药物组合是长效局部麻醉药物和吗啡合用，这种用法可以获得更长的镇痛效果。表14.11列出了可用于硬膜外的药物简介。

可将药物（如吗啡）注射到硬膜外空间获得镇痛效果，常用的位置是腰骶关节。成年犬的脊髓通常终止于最后腰椎的位置，在猫则延伸至骶骨中部。在年轻的犬，终止位置靠近L7的尾端。

技术：硬膜外注射的技术易于掌握，但需要花时间去鉴别不同品种的体表标志。

- 利用髂骨翼的头侧缘来确定最后腰椎的脊突位置；
- 在脊突尾侧的中线位置，可触及覆盖于腰骶椎空间上方的凹陷；
- 进一步向尾部触及骶部融合；
- 注射进针位置在位于L7脊突和骶骨之间中

表14.11 可通过硬膜外途径应用于犬猫的药物

药物	剂量	作用持续时间	可能的不良反应
吗啡（无防腐剂）	0.1~0.3mg/kg	长达24h	皮肤瘙痒，尿潴留
利多卡因	1~4mg/kg	45~90min	自限性轻瘫，内脏血管扩张（避免用于低血容量的患畜）
布比卡因（0.5%）	1mg/kg	120~360min	与利多卡因相同
罗哌卡因	1mg/kg	90~420min	与利多卡因相同
美托咪定	5μg/kg	120~240min	与阿片类药物合用时有额外效果

技术14.1 硬膜外注射

1. 将针头放置于中线上凹陷的中点，垂直于皮肤表面刺入。当针头通过黄韧带进入硬膜外腔时，会感觉到针尖的阻力先增加后减少。如果用脊髓针（图中上方）可能很难察觉阻力的变化，如果用Tuohy针（图中下方）则比较容易操作。

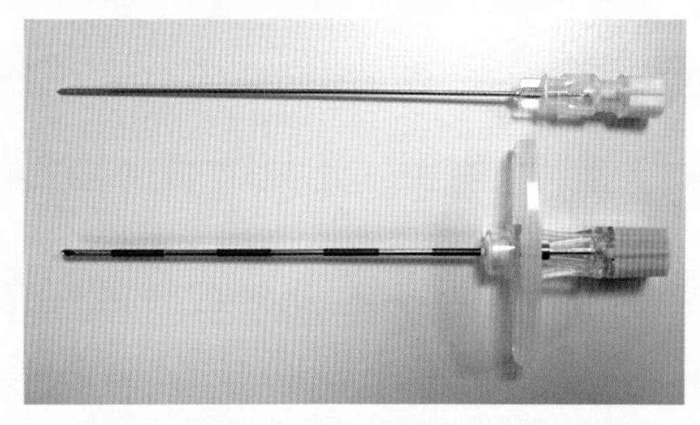

2. 首先，确定针尖是否正确的放于硬膜外腔。A. 注入少量的空气或生理盐水。如果可以无阻力地注入，则说明放置正确。可用无阻力注射器来进行这一测试，当在注射过程中感觉到有阻力的时候，这种注射器的活塞会回弹。这种注射器比普通注射器更为敏感，同时也可用于注射药物。当向硬膜外腔注射空气后，气泡可维持24h左右。如果注入过多空气，所产生的气泡会导致局部麻醉药的移位并引起"补丁"式的阻滞效果。一旦感觉到有阻力存在，应该重新安置针头并重新检测。B. 如果在针头进入硬膜外腔前移除引导针，可以在针头外口上滴上一滴灭菌生理盐水或局部麻醉药。当针尖进入硬膜外腔时，随着阻力的消失，液滴会被"吸"入针头内，从而确定针头是正确进入的。这一"悬滴"的方法在患畜胸卧位保定时很有效，但如果在侧卧保定的情况下进行操作则可能出现错误结果。有些医生会采取测量压力的方法来确定针尖是否处于硬膜外腔。C. 如果在进针过程中碰到骨头，很可能已经错过了硬膜外腔而到达椎管的腹侧面。应缓慢退出针头并在每退出0.5mm时进行一次阻力丧失试验，直至进入硬膜外腔。使用这一方法会增加穿透血管的机会，但不会导致任何明显的问题。

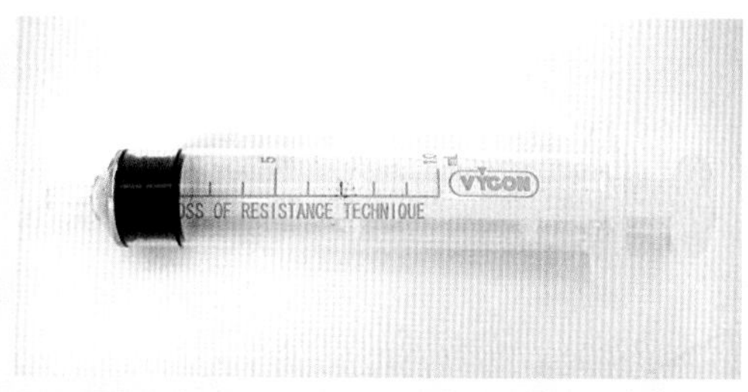

3. 注入药物。此时可以利用注射器中的气泡来判断针头是否位于正确的位置。当活塞推进时，气泡应该保持其形状不变，如果遇到阻力，气泡会被压缩变形。

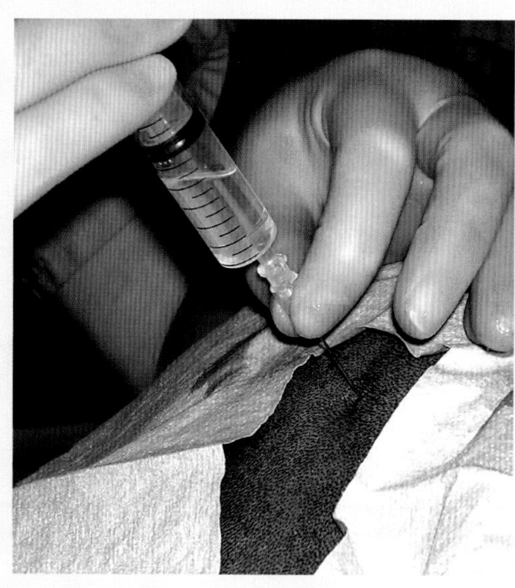

线上凹陷的中心点。

实施硬膜外注射时，患畜应取胸卧位或侧卧位，两腿前拉，在无菌操作下进行。

警告

硬膜外麻醉的禁忌证包括：

- 注射位置存在皮肤感染
- 凝血障碍
- 血小板计数低
- 全身败血症
- 骨盆/骶骨骨折以至于无法触及硬膜外腔

硬膜外注射的并发症

可能遇到的问题包括：

- 一些犬会发生注射部位的毛发剃去后难以生长或生长缓慢，所以进行硬膜外注射前应向畜主提及这一可能；
- 患畜的后肢可能会出现不同时间的功能丧失，持续时间的长短与所使用的药物有关。有时，阻滞的持续时间可长达24h，但这种情况比较罕见。如果不希望患畜在术后发生后肢功能的暂时性丧失的情况，应该单独注射吗啡。还有些动物会在硬膜外阻滞后发生过度麻醉及啃咬后肢的情况，但这一并发症是极为罕见的；
- 硬膜外注射吗啡后应该监控膀胱功能，以防发生尿潴留。人工挤压膀胱以促进排尿便可解决这一问题。

硬膜外导管

对于一些需要长时间硬膜下镇痛的情况，可安置硬膜外导管以便重复注射镇痛药物。这一技术可以用于胰腺炎、大范围的后肢/骨盆手术或是腹部手术后的镇痛。硬膜外导管同样可用于大的胸腔手术（如正中胸骨切开术），但镇痛效果取决于所使用的局部麻醉技术。在严格无菌管理的条件下，硬膜外导管可留置较长的时间。

可将硬膜外导管放置于腰骶部交接区域。在Tuohy针的引导下将导管送入硬膜外腔。进针的方法与硬膜外麻醉类似，但是要以更小的角度进入硬膜外腔，这样导管可以顺利送入硬膜外腔且不会发生扭结。在实践中进行硬膜外导管放置的时候，应事先在尸体上反复练习，以确定经由Tuohy针送入导管时哪些角度会有阻力，哪些角度比较顺利。

1. 一旦针头进入硬膜外腔并通过测试证明其正确放置，即可将导管通过针头送入硬膜外腔。在人医，通常会在插入导管前往Tuohy针内注入少量利多卡因，以利于导管进入。
2. 应在放置导管前预估导管进入椎管的长度，这样才能够保证导管进入正确的位置。

- 骨盆及后肢手术，导管可以放在L4椎骨的尾侧；
- 腹腔手术，导管尖端应在L1–L2的位置；
- 胸廓切开术，导管尖端应放在T5–T6的头侧；
- 要用放射摄影技术或X线透视检查以确定导管放置正确。对于清醒的患畜而言，注入镇痛药物后动物感觉舒适也是确认导管放置正确的指标。

3. 要在导管上连接一个滤器，然后用中国指套缝合法合并蝶式胶带或缝线将其固定。导管移位是犬用硬膜外导管技术的最常见并发症，所以需要在开始的时候就保证导管正确固定。

很多病例只需要给予少量的药物以达到局部镇痛的效果即可。可以通过间断给药的方法给予镇痛药物，或是通过连续注射装置滴注入药物。不含防腐剂的吗啡（0.1mg/kg）可以每隔12~24h给药一次，而布比卡因（0.06~0.12mg/kg）可以按需要间断给药。有报道说可以用连续输液的方法给予吗啡［0.0125mg/（kg·h）］或布比卡因［0.03mg/（kg·h）］（Hansen，2001）。如果发生自主神经过度阻断的情况，则需要停止给药或将布比卡因进一步稀释（0.125%~0.25%）。镇痛药的剂量应根据患畜的需要调整。

经静脉局部镇痛（Intravenous regional analgesia, IVRA）

利多卡因一类的局部麻醉药可以在止血带的远端注射入肢末端的静脉中，这一做法可利于一些远端肢体的手术［如截指（趾）术］的进行。在推荐用量和给药速度下，静脉内注射利多卡因可以快速起效并且风险极低。

■ 进行IVRA操作时，一定要在操作肢上绑止血带，止血带可以保证局部麻醉药维持在止血带远端的血管内。一定松开止血带，镇痛效果会很快消失，因此IVRA方法无法提供术后的镇痛效果。

■ 犬进行IVRA时利多卡因的建议用量为犬用0.5~5mg/kg。对于猫而言，实验性的IVRA结果显示3mg/kg的用量提供的镇痛效果在松开止血带后20min内仍有效。

术后的镇痛不是IVRA这一技术的特征，因此特异性的指（趾）神经阻断可能更适用于需要术后镇痛的情形，或者将两个技术合用。具有广泛蛋白质结合性的药物，如布比卡因不适用于这一技术，但近期研究表明，布比卡因的广泛的组织结合特性可以提供更长的效应时间。在人医临床上会用α_2激动剂以获得更显著的镇痛效果。

进行IVRA操作的最简便的方法是在准备放止血带的肢远端静脉中放置一个小规格的静脉导管，然后将导管用胶带固定并用常规方法绑上止血带。一旦止血带确实绑定后，以1~2mg/kg的剂量注射入利多卡因，然后拆除静脉导管（图14.7）。

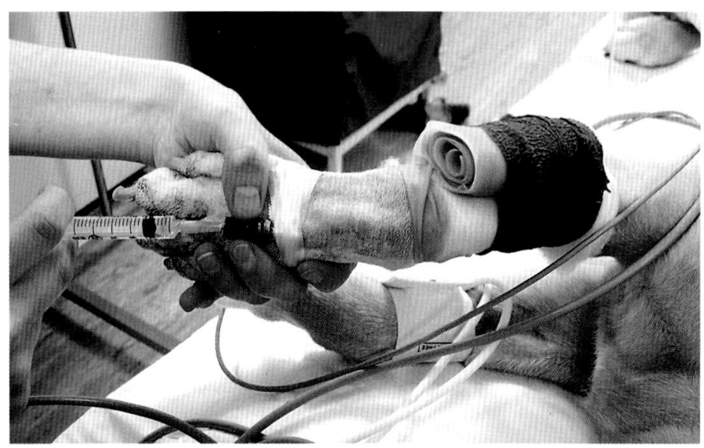

图14.7 经静脉局部镇痛（IVRA）。当静脉导管放置完成后，在肢上绑定一个Esmarch绷带。利多卡因通过静脉导管注射入，并在止血带拆除前为肢末端提供镇痛效果。药物注射后即拆除静脉导管

NMDA颉颃剂

NMDA谷氨酸受体在痛觉过程中的中枢神经系统敏感化和痛觉过敏过程中起着重要的作用。NMDA颉颃剂可以减少手术后中枢敏感的情形发生。关于NMDA颉颃剂的作用，除了颉颃NMDA受体外，还有许多假说，比如：

■ 抑制儿茶酚胺受体；

■ 延长及增强γ-氨基丁酸（GABA）受体功能；

■ 抑制网状结构以及背角中层状体I和V中的疼痛感受器神经元；

■ 活化电压依赖的钠、钾、钙通道。

组织损伤会引起C纤维的持续痛觉刺激，进而激活中枢神经系统内的NMDA受体。这一过程引起疼痛感受通路中的谷氨酸盐阈值降低，使得这些受体更易受到刺激。继而引起中枢神经过度敏感，从而导致术后疼痛被放大。

NMDA颉颃剂需要肝脏的生物转运来代谢，所以在肝功能不全的患畜，药物的代谢缓慢。

全身性不良反应

中枢神经系统：脑血管扩张和全身性血压增加可引起显著的脑血压增加、颅内压增加以及脑脊髓液压力增加。可能会发生异常行为，药物过量时常会发生头部快速摆动，但也可发生更严重的不良反应（如眼球震颤和惊厥）。

心血管系统：NMDA颉颃剂通过兴奋交感神经来引起心血管系统的刺激。

呼吸系统：剂量过大时会发生唾液分泌和呼吸道分泌增加。

体温调节：大剂量时会发生体温过高。

氯胺酮

在兽医临床，可使用低剂量的氯胺酮静脉滴注的方法进行附加镇痛，这一方法是围手术期工作的组成部分，尤其在骨科手术中，如治疗椎间盘疾病的侧椎板切除术以及截肢术。

一定数量的研究工作都观察到了氯胺酮具有减小MAC的性质，这提示氯胺酮在犬猫可起平衡麻醉程序的作用，但这些工作都没有涉及术后镇痛本身

的问题。现在，只有极少量的研究用于评估氯胺酮在犬围手术期的镇痛效果。迄今为止的研究结果显示，使用氯胺酮可以有效降低疼痛评分，减少对于抢救性镇痛的需求，减少术后的痛觉过敏现象。表14.12列出了犬猫使用的氯胺酮剂量。

α_2肾上腺能受体激动剂

尽管不会将α_2肾上腺能受体激动剂作为阿片类或NSAID一类的一线镇痛药物，但α_2肾上腺受体激动剂仍是常用的辅助镇痛药物。因为这类药物的作用机制与阿片类药物类似，所以考虑将这两类药物联合应用会产生协同的镇痛作用。

作用机理

镇痛作用是大脑和脊髓效应共同作用的结果，部分可能是由于5-羟色胺和下行内源镇痛系统的调制结果。此外，α_2肾上腺能受体和阿片受体似乎可以相互作用，但相关机制并未完全明确。

全身性不良反应：

心血管系统：双相性作用，最初外周阶段表现为血管收缩、高血压和反射性的心动过速，其后的中枢阶段表现为交感神经张力下降。可发生房室阻滞。心率下降和外周阻力增加会导致心输出量减少，但重要器官的血流量可通过次要器官和组织的血流再分配得以保证。

呼吸系统：用药后出现呼吸率和每分换气量下降的现象，但这一现象的发生可能与二氧化碳产生量减少有关。

胃肠道：高剂量时可发生恶心和呕吐。

肾：α_2激动剂会干扰肾小管和集合管中抗利尿激素的活性，从而引起尿量增加及尿比重降低。

泌尿生殖系统：α_2激动剂会引起子宫肌层的收缩，因此禁止用于妊娠晚期。

内分泌系统：术前应用α_2激动剂会减少手术创伤引起的应激反应，并减少术后的儿茶酚胺和皮质醇的浓度。α_2激动剂会暂时抑制胰岛素的释放，从而导致高血糖症以及尿量增加。

体温调节：可观察到体温减低的现象。可能有多种因素引起，包括：体温调节中枢抑制、肌肉松弛以及寒栗减少。

美托咪定和右旋美托咪定

美托咪定是所有可用的α_2激动剂中最常用于兽医的辅助麻醉的一种药物。右美托咪定是在美托咪定的外消旋混合物中发现的具药理学活性的对应异构体。

美托咪定和右美托咪定可用于不同临床条件下的辅助麻醉。值得注意的地方在于这类药物的镇痛时间小于镇静时间。最常用的做法是在犬猫全身麻醉诱导之前，联合应用美托咪定和阿片类药物。

给药途径

通过持续定速静脉输液方式给予α_2激动剂适用于术中和术后的疼痛管理。近期的研究结果显示CRI右美托咪定可获得与输注吗啡相当的镇痛效果，且无临床不良反应（Valtolina et al., 2009）。接受α_2激动剂的患畜通常表现为镇静状态且容易被唤醒，这对于一些需要术后静养（如脊髓损伤）的情形是有利的。在上述情况下，可在心血管状态稳定

表14.12　犬猫的氯胺酮推荐剂量

犬	猫
0.25~1mg/kg静注，然后以5~10μg/（kg・min）的速度连续输液 术后使用速率为5μg/（kg・min），往500mL液体袋中加入75mg的氯胺酮，然后以2mL/（kg・h）的速度滴注	0.25~1mg/kg静注，然后以5~10μg/（kg・min）的速度连续输液 术后使用速率为5μg/（kg・min），往500mL液体袋中加入75mg的氯胺酮，然后以2mL/（kg・h）的速度滴注

的情况下应用低剂量的α_2激动剂。对于那些除了镇痛还需要额外的抗焦虑效应的患畜而言，α_2激动剂是最有用的选择。

α_2激动剂还可以其他途径给药。在调节α_2激动剂引起的镇痛效果时，脊柱的作用位点是非常重要的。有证据显示，在硬膜外镇痛程序中，低剂量的美托咪定和标准剂量的吗啡或局部麻醉药可产生增强或协同镇痛的效果。美托咪定是亲脂性的，可以通过脑脊液快速清除。因此，当局部给予的药物剂量接近于全身应用所需的剂量时，会失去特异性的局部镇痛效果。表14.13给出了上述途径给予α_2激动剂的推荐用量。

除了硬膜外给药途径外，α_2激动剂还可以通过其他外周途径给予以补充镇痛效果。例如，α_2肾上腺能受体在关节内和外周神经内均有发现，这些受体似乎与抑制去甲肾上腺素释放而产生的镇痛效果有关。但在兽医领域没有关于美托咪定通过这些途径给药效果的研究结果。

抗惊厥药物

最近十年间，神经调节类药物如抗惊厥药物，已成为人医治疗患者神经性疼痛的主要药物。普瑞巴林和加巴喷丁都已证明有类似的作用机理，它们在伤害刺激后通过调节电压门控的钙通道上的$\alpha_2\delta$亚单位来上行调节背根神经节和脊髓，实现其药理作用。

作用机理

至今仍然不是很清楚这类药物通过什么机制发挥其镇痛作用。尽管它们与GABA在结构上有相关性，但药物并不会与相应受体直接结合。可能的作用机理为：药物选择性地结合于控钙通道上的$\alpha_2\delta$亚单位，使得流入突触前神经末梢的钙离子流量减少，从而抑制包括痛觉传导物质在内的兴奋性神经介质。痛觉传导物质包括谷氨酸盐和P物质。

全身性不良反应

头晕、瞌睡和头疼是在人类患者最常报道的不良反应。还可见体重增加和外周水肿，但体重增加的情况变化较大，且水肿并不是由于心脏或肾脏功能不全而引起的。而在兽医，抗惊厥药物的不良反应有限而且多表现为轻度镇静和后肢共济失调。

抗惊厥药物的临床应用

抗惊厥药物可用于围手术期作为镇痛药物的佐药，或作为治疗神经性自发疼痛的长期用药。然而，截至本书出版之日，仅有有限数量的兽医文献记录了这类药物的用法。

加巴喷丁：最近几年内，作为补充性镇痛药物的加巴喷丁的用量显著增加。对于潜在性的神经性疼痛状态而言，加巴喷丁是一个有用的口服镇痛药物，并可以作为用于脊柱手术、骨盆损伤、截肢或任何怀疑神经损伤的镇痛药物。加巴喷丁可以在术前口服给予以降低术后的疼痛评分。已有报道用于犬猫的情况包括：慢性神经性疼痛、慢性癌症疼痛、慢性的骨关节炎疼痛以及围手术期迟发型递增的疼痛。最近的一项研究结果表明将加巴喷丁常规用于脊椎手术术前的患犬可提供术后的镇痛效果（Cashmore et al., 2009）。

关于加巴喷丁在兽医上的用药剂量很大程度上

表14.13　在犬猫上应用美托咪定和右美托咪定的剂量

药物	剂量（犬）	剂量（猫）	起效持续时间
美托咪定	1.5μg/kg，s.c. i.m. i.v.　CRI：0.5~2μg/（kg·h）	1.5μg/kg，s.c. i.m. i.v.　CRI：0.5~2μg/（kg·h）	1~2h（剂量依赖性）
右美托咪定	0.5~3μg/kg，s.c. i.m. i.v.　CRI：0.25~1μg/（kg·h）	0.5~3μg/kg，s.c. i.m. i.v.　CRI：0.25~1μg/（kg·h）	1~2h（剂量依赖性）

依赖于人医的推荐用量，除了一些药物代谢动力学有差异的关键品种。在犬身上，加巴喷丁在肾脏清除前，在肝脏内由独特的代谢途径成为N-甲基加巴喷丁。至今未对加巴喷丁在猫体内的代谢有所研究。根据所收集到的临床经验，最初的给药剂量为每8¯12h口服5¯10mg/kg，很多治疗方案都需要调整后续剂量以达到无明显镇静效果的镇痛效应。

普瑞巴林：普瑞巴林是加巴喷丁的下一代药物，该药物设计为高效且具线性药代动力学特性。普瑞巴林在人医上的镇痛效果已有相当广泛的研究。已证实该药对于神经源性疼痛有效并可用于多种软组织手术的围手术期。许多大型临床实验证实了这一药物的安全性和对上述适应证的有效性。

至今仍未在兽医上研究普瑞巴林的镇痛效果。至本书出版之日，仅有一项关于犬的药物动力学研究结果提示普瑞巴林的适当剂量为每12h口服4mg/kg。

制定合理的复合镇痛计划

在不使用疼痛评分系统的情况下制订精密的镇痛方案是毫无意义的，只有疼痛评分系统才能够评估所提供的镇痛措施的效果。在诊所条件下，可使用相对更具优势的简化镇痛评分系统。

应尽可能的在手术前运用镇痛措施。这种预先镇痛的方法可以有效地提高动物在术后的疼痛管理水平。

如果在术前需要使用阿片类药物，通常应在麻醉诱导前30¯60min给药以保证药效的峰值出现于手术中。这一做法有助于提高麻醉诱导、维持和苏醒的平稳度。需要注意的是，一次给予的镇痛药剂量可能不足以满足整个围手术期的镇痛需求，所以在手术中或者苏醒前，要根据镇痛的要求额外追加使用阿片类药物。良好的优先镇痛对于平稳苏醒是至关重要的，且不会延迟苏醒时间。

阿片类药物是手术镇痛所采用的首选药物，但对于所有患畜都应该采用复合镇痛的方法（图14.1）。在无禁忌证的情况下应预先使用NSAID。在术前未完全纠正低血容量以及存在低血压风险的情况下，应该在术后动物血容量完全正常的情况下再选用NSAID。罗贝考昔应在麻醉诱导时给予，该药物的血浆半衰期很短，但会蓄积在炎症组织内，包括手术创伤所引起的炎症组织。

对于手术主体而言，在合理计划及剂量正确的情况下，阿片类药物和NSAID联合应用所产生的镇痛效果是足够的。如果手术的侵入性较大，可能需要更高剂量或后续追加阿片类药物。除了阿片类药物和NSAID之外，还应使用局部麻醉技术以减少和消除术中及术后的痛觉感受。

如果阿片类药物不足以提供足够的镇痛效果，可能需要追加药物的剂量。但对于需要反复追加或药物剂量过高的情况，应该根据实际情况选用其他的附加镇痛药物。

- 怀疑存在神经组件性的疼痛时，应采用静脉输注（或单次推注）的方式给予氯胺酮；
- 存在明显的炎症性疼痛的情况下（例如腹腔手术），静脉给予利多卡因可以有效镇痛，该方法同样可用于怀疑存在神经性疼痛的情形；
- 可在追加阿片类药物时给予较大剂量的α_2肾上腺能受体激动剂以提供镇静和镇痛的效果，这对于那些苏醒状态表现较差的患畜较有效。或者通过静脉输注给予α_2肾上腺能受体激动剂以提供轻度的镇静和镇痛效果。

简单的护理步骤同样可以给予动物以舒适的苏醒环境。例如，手术末应该尽可能排空膀胱，保暖，提供舒适的床褥。对于骨科患畜而言，防滑的垫褥会特别有用。如果预计动物会有长时间的侧卧，则应在手术中放置留置性的导尿管。

15 营养支持的原则

Daniel L. Chan

概述 

长期以来，人医已经认识到恰当的营养支持对于患者的术后恢复、重病恢复和重伤恢复有着重要的意义。同时，有确凿的证据表明营养不良对于患者存在严重不良影响。但是，对于重病和术后的动物而言，如何给予最佳的营养支持始终存在着争议和很大的未知性。

尽管在兽医上对于营养支持没有明确的答案，但要强调的是，现有对于重症动物的营养支持建议都是来源于现有对于损伤代谢反应的研究以及已知有限的临床信息。不应阻止给予重病或受伤动物营养支持。事实上，如果选择合适的患畜，合理有效的营养计划以及仔细的护理，营养支持可以作为很多重症患畜成功康复的一个组成部分。

代谢反应

机体代谢对于疾病或严重损伤的反应相当复杂，这一反应会导致动物营养不良，而且这一反应本身对于机体健康是极为不利的。这些会导致动物发生严重的疾病，包括：能量和基础代谢的改变、免疫反应被抑制、伤口愈合缓慢等。所有这些对于手术患畜而言都是严重的并发症。

衰退期和溢满期

“衰退/溢满”是一个简单的概念化模型，我们可用来简化对于重病和重伤动物体内复杂代谢反应的描述。根据这一模型，代谢反应存在起始的低代谢反应状态（衰退期）以及后续的延长高代谢状态（溢满期）。

衰退期

衰退期通常是伴有下列情况的血液动力学不稳期：

- 能量消耗减少；
- 体温下降；
- 轻度异化作用；
- 心输出量减少；
- 组织灌注不良。

这种不稳定的状态可能会发展为顽固的或不可逆性休克，这种休克以严重乳酸酸中毒、组织灌注减少以及多器官衰竭和死亡为特征。这一阶段的营养干预极有可能带来高风险的并发症（如电解质异常），这些并发症可能会对一些危重动物产生更严重的不良影响。

溢满期

在成功的复苏后，患畜会进入溢满期，在这一时期会发生显著的代谢状况改变，包括：

- 能量消耗增加；
- 产糖增加；
- 胰岛素和胰高血糖素浓度增加；
- 心输出量增加；
- 蛋白质降解代谢完全。

在这一时期给予前瞻性的营养支持可以缓和甚至反转营养不良所带来的不利影响。

机体的蛋白质降解代谢

重病所引起的主要代谢改变是机体蛋白质的降解代谢，此时蛋白质的转化速率可能会显著地提高。

- 健康的动物在能量不足的时候，会首先消耗脂肪供给能量需求（普通的饥饿状况）；
- 生病或受伤的患畜在能量不足时会分解非脂肪的体内物质（应激性饥饿状况）。

动物健康状况下的体内代谢变化：

- 在禁食的早期阶段，首要的能量来源是体内存储的糖原；
- 随后的几日内，代谢转换为优先利用储存的脂肪物质，从而减少体内非脂肪的肌肉组织的降解代谢。

动物在生病时的体内代谢变化：

- 炎症反应引起细胞因子和激素浓度的改变，导致代谢快速转向降解代谢状态；
- 储存的糖原快速消耗殆尽，尤其是完全食肉动物（如猫），这将导致肌肉内储存的氨基酸早期动员；
- 当猫处于连续糖异生作用状态下时，其体内的肌肉来源的氨基酸动员比其他物种更为显著；
- 当食物摄入持续缺乏时，主要的能量来源于加速的蛋白水解过程（肌肉降解）；
- 在应激时发生的肌肉降解作用可为肝脏提供糖异生的前体以及其他用于生成葡萄糖和应急蛋白质的氨基酸。

有文献记载了上述代谢变化引起重病的犬猫体内的负氮平衡或净蛋白质丢失的情况。一项针对4家兽医转诊中心的研究表明，73%的住院犬只（包括术后的患犬）处于负能量平衡的状态（Remillard et al., 2001）。

体内非脂肪物质的持续性丧失会对包括伤口愈合、免疫功能、肌肉力量（包括骨骼肌和呼吸肌）以及最终的预后结果在内的多个方面造成负面影响。在动物术后，这一情况将导致伤口开裂和感染的风险增大。重病动物会发生代谢的改变，部分手术后的动物无法或懒于进食导致无法摄入足够的卡路里，这些因素会导致这些动物面对快速的进行性营养不良的风险。

考虑到上述的营养不良的严重后遗症，通过营养支持来防止或逆转有害的营养状态是非常重要的。因此，营养支持的目的在于减小营养不良的影响并加快康复速度。

判断是否需要营养支持 

术后患畜治疗的理想方法是保证所有的病例都能够有合适的营养摄入。然而，从实践的观点出发，这一方法并不是对所有的病例都可行，例如短期住院或反复恶心或严重呕吐的病例。因此，需要进行营养评估，判断对哪些动物进行营养干预治疗会取得最佳效果。

风险因素

目前，明确鉴定动物的营养不良是一个具有挑战性的工作，因为至今未建立一个关于伴侣动物营养不良的评判标准。然而，还是有一些建议性的风险因素可以提示我们需要考虑进行营养支持（表15.1）。

- 对于犬，3日内的食欲废绝便会产生代谢变化，这一变化与人绝食所引发的变化一致。但这些犬在临床检查评估时不会表现出任何易于察觉的营养不良的征象。具有明显的营养不良征象的犬（图15.1）通常会经历很长的疾病过程（几周至几个月）。

图15.1　表现明显的营养不良征象的患犬呈现出明显的肌肉废用

表15.1 动物营养不良的提示性风险因素

因素	举例
体重	临床发病至今减重10%以上
身体体征	伤口不愈合 毛发和皮肤质量差 肌肉废用
食物摄入	长期摄入不良，5日以上消耗静息能量需求的75%以下
分解代谢过程	慢性感染 高糖皮质激素情况（内源性或外源性） 烧伤 新生物 慢性炎症状况
饮食缺乏	长期使用缺乏宏观或微观营养素的不平衡饮食
慢性吸收不良性消化疾病	慢性腹泻 脂肪痢 胰外分泌不足 淋巴管扩张 炎性肠炎 浸润性新生瘤
蛋白质大量消耗的情况	引流伤口 渗出性过程导致的严重低白蛋白血症

- 对于猫，健康猫急性绝食4日左右便可发生可察觉的免疫功能下降，所以对于所有患病的猫而言，都需要给予任何形式的合适的营养支持。
- 一致的意见是对于绝食5日以上的犬和猫，都应给予紧急的营养干预（例如，放置喂饲管、给予肠外营养等）。

治疗目标

在不考虑营养不良严重程度的情况下，对于重症患畜的直接治疗目标应集中于恢复心血管功能、稳定生命体征以及识别原发病因。

在采取措施以寻找原发疾病的时候，应制订营养支持方案以防止（或纠正）明显的营养性缺陷和失衡。在给予动物足够的能量物质、蛋白质、必需脂肪酸及微观营养素情况下，动物体可以维持伤口愈合、免疫功能和组织修复。

营养支持的主要目标在于减少代谢性紊乱以及体内非脂肪组织的降解代谢。在住院期间，恢复正常体重并不是首要目的，这只是动物出院后并在家中完成后续康复阶段的任务。

营养评估

因为所有的营养支持技术都会带来相应可能的并发症，所以要选择合适的患畜以确保所给予的营养支持能够获得最大的效果。对于判断为营养不良的患畜是否需要营养支持，以及判断如何针对动物的特殊需求给予最佳的营养支持，临床的主观评估仍然是首要方法（表15.1）。

制订营养计划时，应该着重考虑下列因素：

- 哪个病例需要营养支持；
- 给予营养的途径；

■ 营养支持的形式和类型；

■ 给予营养的持续时期。

营养评估应同时确定可能影响营养计划的因素，比如电解质异常、高血糖、高甘油三酯血症、高氨血症或其他并发疾病（如肝肾衰竭）。例如，患有肝性脑病的营养不良患犬不应给予以蛋白质为主的激进营养支持。同样，患严重尿毒症的猫不适合给予能量密集的高蛋白以及高磷食物。

最后，营养评估应考虑所有可能影响动物对于营养干预耐受度或反应性因素。表15.2列出了进行营养评估时应该考虑的因素。

表15.2　进行营养评估时应考虑的因素

- ■ 患畜是否表现出任何明显的营养不良征象？
- ■ 患畜是否存在发展为营养不良的风险因素？
- ■ 患畜需要营养支持的迫切性。
- ■ 患畜是否存在给予肠内营养的禁忌证？
- ■ 如果患畜无法给予肠内营养，给予肠外营养是否安全？
- ■ 是否存在会使营养计划复杂的异常情况（如高血糖、高甘油三酯血症、严重尿毒症、肝衰竭等）？

要强调的一点是，上述做法并没有与“早期营养支持”的概念相抵触，“早期营养支持”的做法在很多动物和人的研究工作中都被证实是有积极效果的（Lewis et al., 2001; Bisgaard et al., 2002）。早期营养支持提倡在血液动力学稳定后尽早地给予喂饲（通常在计划后的48h内，或手术后的48h内），而不是在几日后才进行营养干预。以前，只有在发生食物摄取不良10日后才对于人和动物进行营养支持。

营养计划的执行应该循序渐进，在48~72h内达到预计的营养供给目标。

营养计划

对于重症患畜，成功的营养管理关键在于对潜在病症进行合适的诊断和治疗。另外一个重要的因素在于选择合适的营养支持方法。

通过有功能的消化系统提供营养是营养供给的首要方法，但需要小心评估动物是否可以耐受肠内饲喂。即便患畜可以耐受极少量的肠内营养，亦应该给予肠内营养，并根据患畜的实际营养需求补充肠外营养。

制订营养计划的目的是为了满足动物的营养需求，动物的营养需求是通过预估其静息能量需求（resting energy requirement，RER）而得知的。营养计划的制订是在营养评估、估计需要给予营养补充的时间以及何时的给予途径（即肠内或肠外）的基础上进行的。有些动物的营养需求量会大于静息能量需求，但对于大多数动物而言，最初的目标只是为在数日内适应其静息能量需求，只有在进行评估后动物仍存在持续消瘦的情形时才增加营养补给量。

建立营养支持的首要步骤是：

■ 恢复正常的水合状态；

■ 纠正电解质或酸碱失衡（详见第10章）；

■ 获得稳定的血液动力学。

在体内，上述的异常状况未得到改善前给予营养支持会增加发生并发症的风险，且在有些病例会进一步损害患畜的健康状况。

营养需求

蛋白质

尽管应通过研究氮平衡来确定术后和重病患者对于蛋白质的需求量，但在重病动物上氮平衡不是经常测量的项目。

一个用来估计氨基酸降解反应程度的方法是测量尿液中的尿素氮浓度。对于重症和术后的患犬，测量尿中的尿素氮是评估氮平衡的一个方便方法。但对于重症患畜，可能还需要进一步的研究来确定特殊的蛋白质需求。

当前大部分的学者推荐的蛋白质供应量为：

■ 住院犬应至少补充4~6g蛋白质/100 kcal[①]（可满足15%~25%的总能量需求）。

■ 住院猫应至少补充6~8g蛋白质/100 kcal（可满

① cal为非法定计量单位，1cal=10^{-3}kcal=4.1868J。——译者注

足25%~35%的总能量需求）。

上述目标已经超过了国家研究理事会（National Research Council）和欧洲宠物食品工业联盟（European Pet Food Industry Federation, FEDIAF）的书面指引中关于维持犬猫健康所需要的最小摄入量。兽医对于术后患畜的蛋白质需求量，没有特别的推荐，但上述建议适用于重病动物的营养补充。蛋白质耐受度差的患畜（例如肝性脑病或重症尿毒症）应减少蛋白质的给予量。

其他营养素

高血糖症或高脂血症的患畜同样需要减少这些营养素的摄入量。其他的营养需求应依赖于患畜的原发疾病、临床症状以及实验室参数。

谷氨酸盐和精氨酸：人医的大量研究工作评估了谷氨酸盐、精氨酸以及Ω-3脂肪酸等营养素对疾病的调节作用。

谷氨酸盐是肠上皮细胞和免疫系统细胞的首要能量来源，供给谷氨酸盐可以提高胃肠道通透性以及提高整体的免疫功能。已经证实在特定的重病人群中，肠内或肠外补充谷氨酸盐可以减少感染性并发症发生并提高生存率。关于犬猫的研究无法表明补充谷氨酸的明确好处，但这些研究没有评估结果的变量或并发症的发生率。然而，逐渐增多的证据显示重病患对于特殊营养素的需求是不同于健康状态的，应对这一点加以考虑。

精氨酸是另外一个营养素的例子，某些患畜的疾病过程会严重消耗体内的精氨酸，补充精氨酸会带来积极的效果（例如，促进手术愈合、减少术后感染率、减少并发症）。

条件必需营养素：当机体无法合成足够数量的营养素从而必须依赖食物摄入，这种营养素被定义为“必需营养素”。在特定的情况(如重病)下，机体对于普通的非必需营养素(动物自身可以合成足够数量以满足机体代谢需求的营养物质)的需求明显增加，从而需要从饮食中额外补充这些营养素以预防发生相对不足的情况。这些营养素被定义为“条件必须营养素”，谷氨酸盐就是一个条件必需营养素的例子(至少在人上)。而需要进一步的研究以证实动物体上是否存在这一现象。

制订营养计划

原则上，营养支持应该给予足够的原料以供糖新生、蛋白合成以及产生能量的需要，从而维持机体的内稳态。确保整个病理过程的关键阶段都有足够的卡路里供应，以保证免疫功能、伤口愈合和细胞分化及生长等生理活动的进行，所以测算患畜实际的总能量消耗是非常必需的工作。然而，对于临床患畜而言，精确的测量能量消耗（热量测定）的方法仍然处于发展阶段。

热量测定

热量测定的基础假设是测定动物体的总体丧失热量，从而反映出代谢的总产能。

- 直接热量测定法值将动物放置于密闭的隔热仓内，然后对仓内的热量进行精密的测定。但这一方法仅可用于实验条件下，因为无法将临床动物控制在这样的环境条件中。
- 间接热量测定法常用于人医院以及兽医临床研究中，用以外推机体的能量需求。

间接热量测定是一种非侵入的估测能量消耗（产热量）的方法，通过测定氧气消耗率和二氧化碳生成率并将所得数值带入Weir方程式计算（O'toole et al., 2004）。因为氧气的消耗和二氧化碳的生成与糖、蛋白质和脂肪代谢是直接相关的，所以可从这些测量所得的变量中计算出能量的消耗。这需要用专业的测量设备——代谢表，通过排气管、天蓬或呼气收集装置测算氧气和二氧化碳的交换量。这些系统是便携的，在诊所里使用方便。

能量方程：RER和IER

在一些对于特定临床患畜通过间接能量测定法来估计能量消耗研究进行的同时，使用数学方程式估算患畜的能量需求是最为实用的方法（表15.3）。

在犬上关于间接热量测定法的研究结果，支持

表15.3　RER的计算和能量需求的估计

静息能量需求（RER）的定义：吸收后的动物在热平衡环境中休息时为保持其体内稳态而所需要的卡路里数。 RER（kcal/kg）=70［当时的体重（kg）］$^{0.75}$ 对于体重范围在2~30kg内的动物： RER（kcal/kg）=［30×当时的体重（kg）］+70 ■ 需要将单位从千卡（kcal）换算成千焦耳（kJ）时，将千卡的数值乘以4.185。 ■ 对于因为重症疾病而导致5日以上进食不良的患畜，应该在最初给予能量时在RER的基础上增加33%~55%，然后递减至正常的RER。 ■ 一些动物可能需要多于RER的能量来维持其体重，但营养支持的首要目标是满足RER的需要。 ■ 某些患有代谢性疾病（如高血糖、高胆红素血症及氮血症）的动物可能需要给予少于RER的能量数。

以满足静息能量需求为出发点制订营养支持方案，而不是广泛采用疾病的能量需求（illness energy requirement, IER）。后者需要将静息能量需求或维持能量需求（maintenance energy requirement, MEM）乘以疾病因子计算而得。

迄今为止，推荐的做法仍然是将RER乘以疾病因子（1~2.5）得出IER，以对应不同的疾病和受伤状态所引起的代谢量增加的状况。然而，现在已不强调疾病因子这一主观性和外推性因素的重要性，而倾向于采取更为保守的能量估计（即以动物的RER为起点），以避免过度饲喂（饲喂量超过营养需求量）的情况发生。过度饲喂会导致代谢性疾病和胃肠道的并发症、肝功能不全和二氧化碳产量增加。

需要强调的一点是，上述的通用指引只能够用在营养支持的起点阶段，动物在接受营养支持期间需要严密监控其对于营养干预的耐受程度。发生诸如呕吐、返流、腹痛或腹泻等并发症表明动物无法耐受饲喂疗法。发生体重持续下降或身体状况持续恶化的情况提示需要重新评估营养状况或可能需要对营养方案进行修正（比如提高25%的卡路里供应）。

特殊病例的营养需求

对于通常情况下手术患畜或重症患畜的营养需求始终存在很多不甚清楚的地方。在这种情况下，只能假定动物的营养需求与人经历相同情况下的需求类似。然而，考虑到物种和疾病可能存在的显著差异，直接的类比和外演明显是不合适的。

热烧伤

尽管实验数据表明热烧伤的动物对于能量需求的显著改变，但事实上这一概念缺乏临床数据的支持。犬的热烧伤的实验模型显示出能量需求增加，糖异生作用、葡萄糖氧化作用，脂类分解作用加快，以及氨基酸氧化作用增加。在没有新的方法出来之前，现在的推荐方案是患畜在临床判断安全的情况下就尽快开始营养支持，最初的营养支持目标是满足动物的静息能量需求，在持续的反复评估下，有时营养需求可能会超过静息能量需求的2倍。此时进行营养支持的目标在于优化蛋白质合成并保护身体的非脂肪物质不被降解。每喂饲100kcal食物应至少包括6~7g的蛋白质（占总能量的25%~35%）。但不清楚这一类的患畜情况是否需要额外补充谷氨酸盐和精氨酸。

围手术期营养

在人医临床，营养不良是一个公认的与手术相关的疾病，基于这一点提出了围手术期营养的概念，对于待手术的病人，先采用某些形式的营养支持措施以使机体营养状况改善，然后进行手术干预。手术可推迟数日进行，也可延长至数周以减少发生手术后并发症的风险。虽未描述过这一方法在犬猫上的应用，但这一点应该被考虑入内。可以使用这一方法的病例包括患有胃肠道肿瘤并极为虚弱的患畜，但对于这些患畜是否需要在手术前给予营养支持还是个有争议的问题。

败血症

患有败血症的动物可能是另一类营养需求上有所改变的群体。伴有物质代谢变化的严重的炎症反应会改变代谢率以及营养需求。犬的实验数据表明，在败血症的早期阶段，动物的能量消耗会增加25%，同时游离脂肪酸和甘油三酯的氧化作用增加。

然而，败血症时的能量消耗可能有很多的变化，甚至在发生败血症性休克的时候能量消耗会减少。对于有些类型的败血症，蛋白质的需求量可能会发生显著的升高。例如，对于败血症性腹膜炎的营养推荐可能为：起始时给予RER的总卡路里数的35%来源于蛋白质，40%来源于脂肪，25%来源于碳水化合物。需要进一步的研究来确定这一推荐配方是否适用于临床的败血症患畜。反复的体重评估以及身体状况评分结果可能会提示需要增加给予的卡路里数量。若是在初步的营养支持后发生代谢性并发症（如高血糖或高脂血症），则需要减少给予的卡路里数量。

营养支持的方式

口服饲喂

原则上，从外科疾病中恢复的动物应该自行采食而不需要通过哄骗使其进食，足够数量的食物会提供完全的康复。对于许多重病患畜以及手术后康复的患畜而言，自愿进食可能是一个问题，克服这一问题的方法包括用适口性极好的食物（如烹调的鸡肉、鱼、饭）来刺激食欲，手工喂饲（图15.2），通过注射器喂饲，以及使用食欲刺激剂（尤其在猫可用，表15.4）。

术后恢复的患畜食欲不良的可能原因是头晕、肠

表15.4　常用于猫的食欲刺激剂

药物	剂量	评论
赛庚啶	0.1~0.5mg/kg，口服，q8~24h	5-羟色胺颉颃剂以及抗组胺药，可能导致镇静及降低惊厥阈值
安定	0.5~1.0mg/kg，静脉注射，一次给药	有报告表明反复口服安定可能会引起致死性的肝坏死（Center et.al., 1996），所以此药物已不再推荐用于猫。一次性的静脉给药可能是安全的，但需要向畜主说明可能出现的不良反应。安定起效迅速且持续时间短，所以一旦注射药物就应立即给予动物食物
咪达唑仑	0.05~0.1mg/kg，静脉注射	迄今无肝毒性的报道
米氮平	每只猫给予3.75mg，每3日口服1次。 同样可用于犬（剂量与体重有关） <10kg：3.75mg/只，口服，q24h 10~15kg：5~7.5mg/只，口服，q24h 15~20kg：7.5mg/只，口服，q24h 21~60kg：15mg/只，口服，q24h >60kg：30mg/只，口服，q24h 用药后24~48h如果未见反应，可增加给药剂量 最大剂量：0.6mg/kg，口服，q24h	抗抑郁药（α_2颉颃剂）可增高中枢神经的去甲肾上腺素和5-羟色胺，在人医上报道有增加食欲的不良反应。有报道表明该药物可作为犬猫的有效的食欲刺激剂，并快速推广用于这些物种，但由于使用时间较短，还没有足够的药物动力学和安全数据。该药物有显著的肝肾清除效应；应避免用于肾病/肝病或以小心常规剂量的30%使用。与会引起5-羟色胺升高的药物［如曲马多、三环抗抑郁药物（如clomipramine）以及单胺氧化酶抑制剂（如selegiline）］合用时会引起中枢神经系统的5-羟色胺过高，进而引起5-羟色胺综合征，表现为心率加快、震颤、瞳孔散大、高血压等

注：需要注意的是，这些药物的用途有限且在英国是不可使用的。

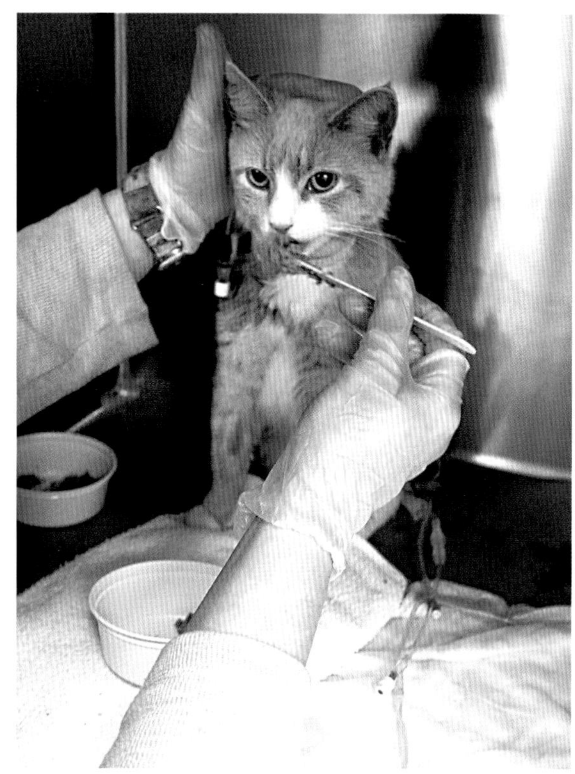

图15.2　通过手工喂饲哄猫进食

梗阻以及药物的不良反应。许多在术后使用的抗生素或镇痛药物会影响胃肠道的活动力或引起头晕。

上述方法很难有效满足患畜的RER。如果患畜持续3~4日无法经口食入合理数量的食物（至少是计算RER的50%），强烈建议放置喂饲管给予食物。

肠内饲喂管

肠内营养比肠外营养安全且廉价，并有助于维持肠道的正常结构和功能。即使不愿主动采食的动物，也推荐用肠内途径给予营养支持。畜主配合度高的患畜可以带着饲喂管出院并进行家庭护理。肠内营养途径的禁忌证包括：持续呕吐、严重的吸收不良以及无法保护气道。

饲喂管的主要并发症包括管道堵塞以及管出口处的局部刺激。更严重的并发症有出口位置的感染，或者较罕见的管道完全移位以及胃瘘管或十二指肠瘘管安放不正确引起的腹膜炎。减少并发症发生的措施包括：使用合适的导管，正确固定导管，选择合适的食物，以及仔细准备、小心监控。

饲喂管的选择

常用于犬猫的喂饲管包括：鼻-食管导管、咽部食管导管、胃瘘管和十二指肠瘘管，更多关于适应证、禁忌证以及相关技术的内容。

满足营养计划合适的饲喂管的选择取决于以下因素：

- 所选饲喂管应尽可能地利用胃肠道的功能。例如
  - 下颌骨折的动物（图15.3）应用咽部食管导管给予营养支持；
  - 患食道裂孔疝的犬应通过胃瘘管给予营养支持。
- 另外需要考虑的是预计的饲喂管放置时间：
  - 需要非常短期的营养支持（小于3~4日）的动物可选用鼻-食管导管；
  - 需要长期营养支持的动物应选用咽部食管导管或胃瘘管；
  - 对于需要手术的患畜而言，非常重要的一点是应该在手术前预先计划动物是否需要使用饲喂管，并最好在初次手术的麻醉状态下就完成饲喂管的安置工作。
- 接下来要考虑相应的并发症风险问题：
  - 严重降解代谢性疾病以及身体衰弱的患畜处于伤口开裂的高风险状态，因此不适用于安放胃瘘管或十二指肠瘘管，一旦发生导管泄漏会引起致命的败血性腹

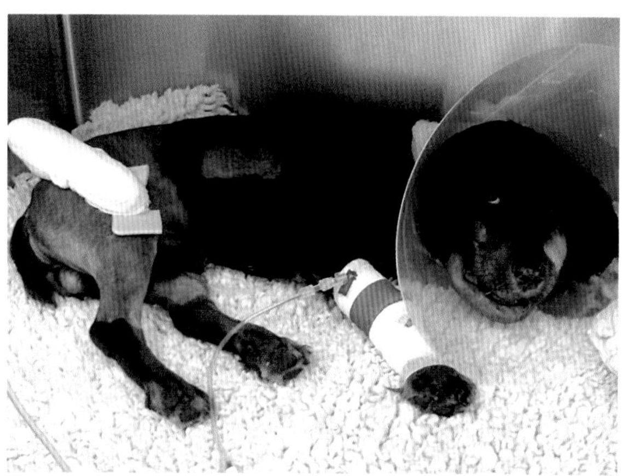

图15.3　下颌骨折的犬需要放置咽部食道导管来给予合适的营养支持

膜炎。

- 咽部食管导管的主要并发症是伤口感染，但这种情况比较容易控制，有很多病例是在治疗感染的同时继续使用咽部食管导管。

■ 最后考虑的是选用何种食物：

- 鼻-食道导管和十二指肠瘘管通常使用完全的流食；
- 较大的导管（如咽部食管导管和胃瘘管）可选用的食物范围较大；
- 有些食物需要明显的改良，例如加额外的水使其液化（图15.4），但这可能会降低食物的卡路里密度。

一旦安放了选用的饲喂管，应该进行放射摄影检查以确定管道正确的放置。对于鼻-食管导管和咽部食管导管而言，管道的末端应该位于食道远端。

可通过给动物佩戴伊丽莎白项圈或用绷带固定导管，以避免导管的提前移动。绷带的固定应小心操作，以免过紧的绷带导致动物不适甚至影响正常呼吸。

图15.4 通过管道喂食通常需要加额外的水令食物液化

食物选择

应该根据喂饲管的类型和所治疗的疾病类型，选择合适的食物供应。例如，用于鼻-食管导管的食物应该是全液体，而较大的导管（比如咽部食道导管或胃瘘管）可以采用含卡路里较高的浓稠胶状食物。食物选择更多详细信息，请参阅Michel于1998年的相关著作。

喂饲计划

根据测算所得需求的静息能量以及食物中的卡路里含量等信息，可以计算食物的需要量并设计特殊的饲喂计划。设计重点如下。

实用技巧

- 应该每隔4~6h喂饲一次。
- 每次喂饲后，用5~10mL的清水冲洗管道以减少管道堵塞。
- 出院时，饲喂次数应减少至每日3~4次，以方便家庭管理。
- 通常，患畜每次喂饲可承受的喂饲量为5~10mL/kg，但因个体而异。
- 肠内营养食物通常会混有大量的水分（例如大部分的罐装食物的含水量>75%），所以应调整输液量以防止液体摄入总量过大。

肠外营养

肠外营养（Parenteral Nutrition, PN）比肠内营养要昂贵，通常在某些转诊中心使用。肠外营养的适应证包括：

- 长期呕吐；
- 急性胰腺炎；
- 严重吸收不良性疾病；
- 急性肠梗阻。

主要的肠外营养方式有两种：

■ 完全肠外营养（Total Parenteral Nutrition，TPN，图15.5） 通过中心静脉（颈静脉）导管给予患畜所需的全部能量物质。

■ 部分肠外营养（Partial Parenteral Nutrition，

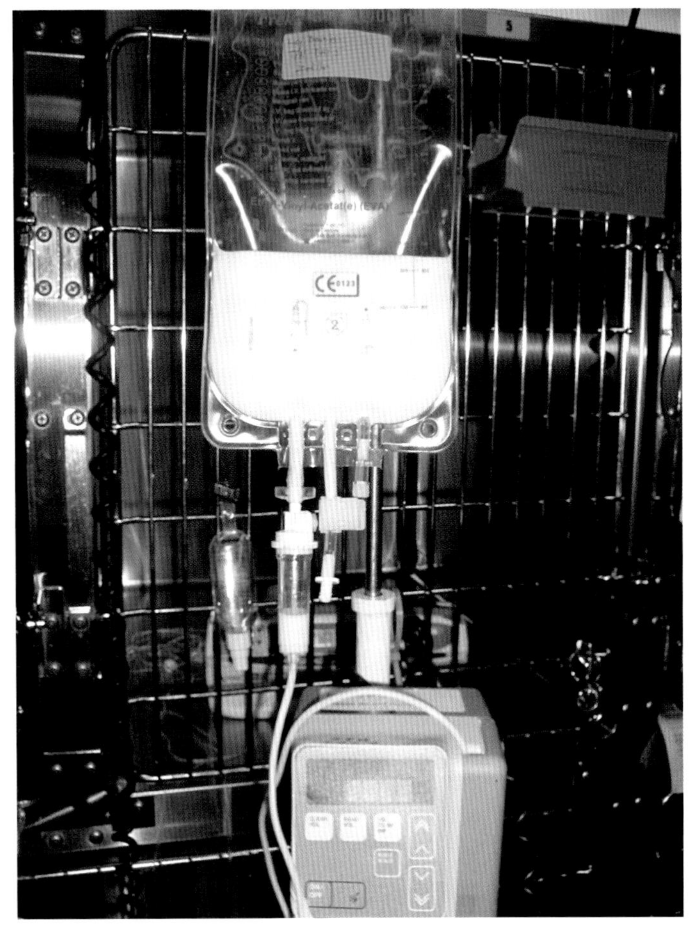

图15.5　定制的肠外营养溶液

PPN）仅满足动物营养需求的一部分（40%~70%）。

PPN的一个优势在于所使用的溶液含有较少的浓缩成分，其渗透压接近动物体的状态，从而可以从大的外周静脉中注入，可选用的血管包括犬的外侧隐静脉和猫的股静脉。

由于PPN无法提供完全满足动物需要的营养，所以仅可以短期用于不虚弱且营养需求一般的患畜。

导管

需要通过严格无菌技术安放肠外营养，用导管给予肠外营养液。常用于肠外营养的是一种多腔导管，这种导管有至少3个不同的接口以输入不同的溶液。多腔导管比普通的颈静脉导管可留置的时间更长，并且可以提供多余的接口以供血样采集和额外的静脉输液或给药使用。用于制造这类导管的材料包括硅和聚氨酯。

实用技巧

无论是TPN还是PPN，相关的操作都应是在无菌条件下进行的，以减少并发症。

肠外营养液

大部分的肠外营养溶液的组成如下：

- 碳水化合物（5%和50%的葡萄糖）；
- 蛋白质（8.5%和11%氨基酸）；
- 脂肪（20%脂类）。

还可添加维生素及微量元素。

渗透压：在配置肠外营养液的时候，先往肠外营养专用的输液袋中加入渗透压最高的溶液。特制的肠外营养输液袋可以限制产品氧化以保护其质量。通常，氨基酸溶液是最早添加的，然后是葡萄糖，最后加入脂类溶液。还可加入其他溶液以调节渗透压。

所有用于组成肠外营养液的溶液都应该在无菌条件下精确量取并加入输液袋中混匀。最好的方法是利用特殊的仪器（如TPN混匀器）来准备肠外营养液。基于这些原因，PN溶液并不适用于所有的诊所，可用人医院的TPN混合服务来代替自行配制。

- TPN溶液通常都具有很高的渗透压（1100~1500 mOsm/L），这类溶液必须通过中心静脉（颈静脉）导管输入。静注渗透压很高的溶液会增加血栓性静脉炎的发生风险。
- PPN溶液的渗透压通常较低（小于1100 mOsm/L），所以可以通过外周静脉输入，但因为PPN溶液较稀薄，所以仅能够满足患畜的部分营养需求。

使用商品化预混溶液：商品化的即用型预混液内混有葡萄糖和氨基酸，可供外周输液使用（图15.6）。但这种溶液在维持输液速率的情况下只能够提供小于70%的卡路里数，仅能够用于短期或临时性的营养支持。

- 使用这一溶液的最大优势在于该溶液已经预混完成，使用时除了输液泵外无需任何特殊设备；
- 最大的劣势在于溶液的各个组分的比例固定，无法针对不同患畜的情况定制；

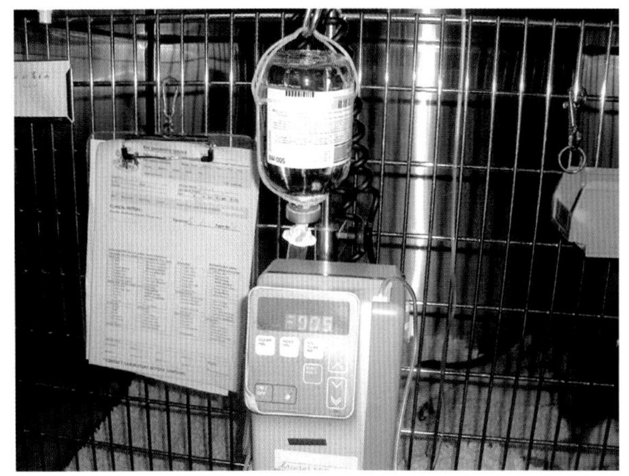

图15.6 商品化即用型PPN溶液

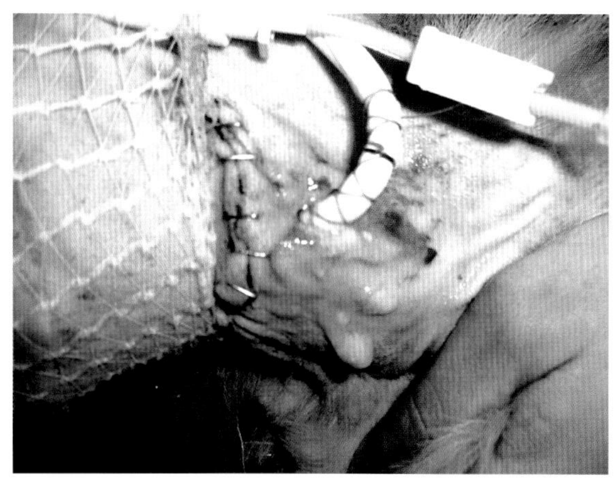

图15.7 胃瘘管位置的感染

■ 另外的问题在于这些溶液通常含有16~20mmol/L的KCl，因此如果输液速度高于维持速度［大于4mL/（kg·h）］可能会导致高钾血症。

喂饲计划

与肠内营养一样，肠外营养也需要在48~72h内逐步实施。大部分动物在第一天给予33%~55%的RER液体，卡路里的给予（与液体体积不完全一致）需要在72h左右达到100%RER的水平。

其他的静脉输液量应根据给予的肠外营养液的数量进行调整，以避免发生输液过量的情况。

重症情况下给予营养支持的并发症

肠外营养和肠内营养的患畜都应每日监控其体重。仅仅在开始时使用静息能量需求作为患畜的卡路里需求的参考量。给予的卡路里数量需要根据患畜的需求变化而调整，如果患畜表现良好，可以上浮25%的能量供应。对于无法接受处方数量卡路里患畜，临床医生应考虑减少肠内营养的数量，并用PPN补充营养计划。

肠内营养

肠内营养的可能并发症包括：

■ 机械性并发症，例如导管堵塞或导管早期移位；

■ 败血症性并发症，例如在导管出口区域的感染（图15.7）；

■ 代谢性并发症，例如电解质紊乱、高血糖、体液过量以及胃肠道症状（如呕吐、腹泻、绞痛、鼓胀等）。

接受肠外营养监控患畜的参数包括：

■ 每日体重；

■ 血清电解质；

■ 管道开放度；

■ 导管出口处外观；

■ 胃肠道症状（如呕吐，反流，腹泻）；

■ 体液过量或吸入性肺炎症状。

肠外营养

肠外营养的可能并发症包括：

■ 败血症；

■ 导管的机械性并发症；

■ 血栓性静脉炎；

■ 代谢性紊乱（如高血糖及电解质改变）。

需要尽早识别所发生的问题并采取正确的措施以避免发生由肠外营养引起的严重后果。

■ 每日至少监控2次生命体征；

■ 每日检查导管出口处的区域；

■ 每日应进行常规的生化检查。

根据持续性的反复评估结果，临床医生可以判断何时需要将患畜从辅助饮食换为自主采食。

动物只有在不存在任何形式的哄骗能摄入足够的能量物质时才可以停止营养支持。对于接受TPN的患畜，应根据动物的状态和耐受度，在给予TPN后的12~24h内，逐步过渡为肠内营养。

总结

■ 对于重症患畜和手术患畜，营养支持应作为完整治疗计划的一个重要组成部分。

■ 重症患畜会因为机体代谢对于疾病和重伤的反应而处于营养不良的高风险状态。

■ 营养不良的并发症包括：物质代谢改变、免疫功能损伤、伤口愈合减弱和死亡率增加。

■ 动物个体情况、原发疾病以及疾病的严重程度会影响动物的能量消耗量，因此，起始的营养支持应针对RER而制订。

■ 无法确定重症犬猫的特殊营养需求，但是前瞻性的蛋白质建议补充量为6~7g/100kcal或25%~35%的总卡路里来源于蛋白质。

■ 在进行营养支持前，应保证动物的心血管状态稳定，且不存在任何水合状态、酸碱平衡以及电解质的异常状态。

■ 对接受营养支持的患畜进行监控是非常重要的，因为这类动物容易发生许多代谢性的并发症。

■ 通过反复评估动物体况，根据患畜的反应以及疾病的发展情况，营养支持计划可能会增加、减少或终止。

■ 选择合适的患畜，准确的营养评估以及小心执行营养计划，营养支持会对于许多重症手术患畜的成功恢复起到重要作用。

16 无菌技术

Tim Hutchinson

概述 

应用无菌技术的目的在于确保手术在微生物污染风险最小的情况下进行。患畜本身是一个主要的污染物来源，同时，任何暴露在空气中的伤口都可能被污染，随时间推移，污染菌可定殖于伤口内并形成感染。伤口暴露的时间越长，污染以及潜在的感染风险就越大。推荐在特定的手术过程中使用预防性抗生素（见本书第18章），但使用抗生素并不能消除由于糟糕的无菌技术所带来的问题。

手术中，伤口可能会暴露于：

- 手术室环境；
- 动物自身的菌群；
- 手术室人员、设备以及器械。

我们可以对器械进行灭菌，可以对坚硬的惰性表面进行消毒，但是在减少患畜和操作人员的菌群时应避免由于去除这些细菌而导致对生理组织的伤害。

我们所采用的大部分无菌技术的步骤都是来源于人医。在兽医领域，尽管操作的目的都是一致的，但还是存在很多与人医院不同的地方，这些区别不仅仅是体现在诊治对象的不同上，还因为施行手术的环境和条件差别太大，可以是有精良的手术室以及充分人员配置的大型兽医转诊医院，也可能是仅有1~2个兽医的小诊所，后者进行的手术可能需要在诊断过程中见缝插针地进行或是在一个改造的房间中进行。

每一个兽医诊疗机构，无论其规模如何，都应建立并强制执行严格的操作规程（内部规定）以将手术伤口污染的风险减到最低。尽管本章关注的焦点在于描述理想的标准，但无菌技术的原则是与所有的诊疗机构都有关系的。希望这些内容能够促使所有的诊疗机构回顾其现行的程序并发现可以改进的地方。

患畜和手术部位的准备 

患畜是手术伤口污染的主要源头：皮肤上的内源性葡萄球菌和链球菌是伤口感染物培养的最常见菌种。

- **瞬态微生物**（transient microorg-anisms）可通过物理洗擦消毒皮肤而轻易除去，并且可用有效的防腐剂完全消除。
- **定居微生物**（resident organisms）的情况则较为复杂，这些细菌长期存在于动物的组织中并形成复杂的生物膜，而不是以单独的自由活动（浮游生物性）的微生物或团体存在（Paulson，2005）。

定居细菌贴附于组织或移植物（如缝线，金属物质或引流管）后，会黏附于其上，并吸引同类的微生物形成生物膜基质，此时形成的生物膜具有显著的临床意义。由此引起的感染会对外科医生提出挑战，因为：

- 正常定居于皮肤的微生物不会立即触发免疫反应，因此感染不会很容易被识别。
- 生物膜基质内的细菌的有效代谢意味着它们对于药物的摄取量减少，从而需要长时间给予高于正常的最小抑菌浓度的药物剂量。

因此，最重要的工作是手术团队应尽一切可能确保绝对最小量的污染微生物接触伤口，常有的方法包括仔细剃毛、彻底的皮肤准备和恰当的创巾铺设。

排尿和排便

在手术室中不合时宜的排便和排尿是一种危险事件，应尽量避免。鼓励畜主在动物入院前给予犬只短暂的牵遛以利排便，同时犬房职员应确保犬只在麻醉前和用药之前有合适的机会排便。而猫可能会带来更大的问题，它们可能在入院前限制在屋内至少12h，且它们可能不愿使用陌生的猫砂盘。

一旦动物处于麻醉状况下，可轻轻挤压排空充盈的膀胱，或用导管排出尿液。虽然尿液本身通常不含显著数量的微生物，但如果动物在手术过程中排尿，则尿液可能会渗透入毛发从而导致细菌渗透。如果动物的直肠内粪便较多，则应手工排出粪便和/或在需要时进行荷包缝合。

在进行会阴区域的手术时，建议采用人工排便或荷包缝合肛门的方法，而不是使用灌肠剂进行排便。使用灌肠剂会使粪便液化，从而更容易漏出。

去除毛发

毛发起着过滤、阻止细菌和灰尘的作用，并在皮肤水平制造微气候环境。大量的毛发增加了细菌和颗粒状物质依附的表面积，所以必须去除计划进行切开的位置周围的大面积毛发。

对于一些常规手术过程，应鼓励畜主保持动物的清洁状态。建议在某些手术前24h内用温和的香波进行洗浴，但不应在过于接近手术的时间段内进行洗浴，因为潮湿的毛发会在麻醉过程中增加由于蒸发而引起的热量损失。手术当天早上的大小便应避免在泥浆或大片泥土地上进行。

应去除足够宽度的毛发以保证计划进行手术的区域可以铺设创巾，同时还可以容许手术过程中扩大切口。通常，应去除预计进行切口周围15cm范围内的毛发。应该使用电动推子剃毛，剃刀可能会损伤皮肤并导致细菌移生及浅层皮肤感染。使用脱毛膏也可能会引起皮肤反应。

推子

推荐用推子剃除毛发，但是蹩脚的剃毛技术和松懈的推刀管理会导致皮肤擦伤（“推刀挫伤”）、小的伤痕甚至皮肤撕裂。皮肤深层和毛囊中的细菌会暴露并快速移入这些伤口。此外，对动物的刺激会导致舔舐或自我毁损切口周围的皮肤，并引起伤口感染和开裂。遵守基本的使用原则可轻易避免发生剃刀损伤。

剪毛技术：除非毛发已经非常之短，否则应使用二次技术剃除毛发（图16.1）。

- 顺着毛发生长的方向剃除大部分的毛发。
- 逆着毛发生长的方向齐根剃除毛发。

不同的剃毛过程应使用不同的刀头，应使用较粗的刀头用以剃除大量的毛发，而将非常精细的刀头留在最后的剃毛过程使用。如果逆着毛发生长方向单次剃除毛发，毛发可能会将其周围的皮肤拉入推刀的刀刃内，从而导致皮肤擦伤（图16.2）。

图16.1 （a）顺着毛发生长方向进行第一次剃毛 （b）逆着毛发生长方向齐根剃除毛发，同时可使皮肤损伤最小

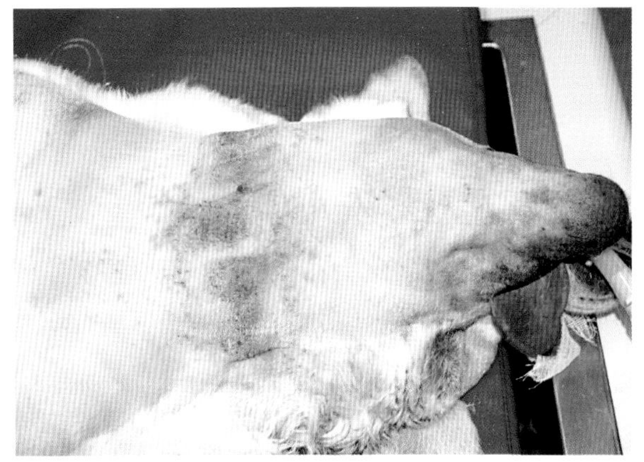

图16.2 剃刀损伤，损伤的皮肤可能会有细菌移生（S Baines）

在剃毛的过程中，应用一只手使皮肤保持紧张以免皱褶的皮肤被卷入刀刃之间。在有些情况下，可能需要助手将肢体提起以保证可以使用双手进行剃毛工作。

在剃除大面积毛发的过程中，推刀的刀片会变热，皮肤的蛋白质和脂蛋白以及毛发会在高温作用下凝结并黏附于刀片的切割缘。这一现象会有效地钝化切割面并降低刀片的切割效率，使得毛发绊住刀片，从而导致皮肤受到损伤。如果刀片变热或感觉到存在刀片拉拽的现象，则应更换或冷却刀头。

清洁：应在每次使用后清洁刀头以避免动物体之间的微生物交叉感染。使用精细的刷子去除刀片和推刀前端的毛发，并小心避免毛发卷入刀片之间（刀片间的毛发会阻止的刀片的紧密接触）。必须去除刀片上的组织碎片以恢复精细的切割面。很难用水去除这些物质，而且水可能会引起刀片锈蚀，所以推荐使用专用的溶剂型溶液（如Oster Blade Wash）来进行清洁。

最有效的清洁技术是将振荡刀片浸没于一碟上述溶液中，同时进行刷洗。待刀头干燥后，涂抹薄薄的一层润滑油。未进行清洁或有效润滑的刀头会表现较差的性能并引起剃刀损伤。

刀片保养：彻底和正确的清洁刀片可延长其使用寿命，但还是需要磨快刀片。刀头的设计是一片固定的防护刀片对着一片振荡的切割刀片。每片刀片都有V形的切割缘，通过剪刀样作用切断毛杆。切割刀片故意设计得比防护刀片短，以保证锋利的振荡金属刀片不会接触皮肤。

反复的磨快刀片存在两个问题。首先，切割刀片和保护刀片的尖端之间的距离减少（图16.3），如果这一距离过小，则工作时震荡刀头会接触到皮肤，并引起剃刀损伤。其次，保护刀片会丧失其圆滑的末端而变得尖锐。这些可能会切入皮肤，如果剃毛时不够小心，则还有可能引起皮肤撕裂。

实用技巧

推刀刀片的使用寿命有限，发生下述情况时应丢弃：
- 保护刀片的尖端变得过度锋利。
- 保护刀片和切割刀片尖端之间的距离明显缩短。
- 刀片发生粗放的损坏（如齿断裂）。

应定期检查推刀的刀片。如果需要磨快刀片，

图16.3 反复磨快刀片会缩短推刀的保护刀片和切割刀片之间的距离。（a）刀片被磨了许多次后，刀片非常接近，容易引起皮肤损伤 （b）两排刀片的尖端之间仍然保持恰当的距离

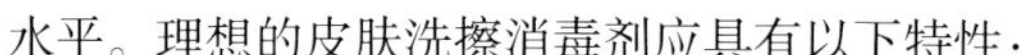

应寻找优质的服务商，后者可以拆卸刀片，单独的磨快每一个切口，并试图减小上文中提及的问题。

丢弃毛发

为减少毛发上的颗粒污染手术区域，应在无菌准备区域和手术室之外的独立房间内进行剃毛。大量的毛发是容易收集并丢弃的，但应使用真空吸尘器以去除动物身上的微小残渣以及游离毛发。准备区域的地板应保持无毛发，以防带入手术室。如果可能，使用带有精细颗粒过滤器的真空吸尘器以减少气溶胶的形成，但应定期更换过滤器。

皮肤覆盖术

如果手术通路是在四肢而不是足部，应包裹足部使其与术部隔离，而不是剃除足部的毛发（图16.4）。应首先用不可渗透的材料（如乳胶手套）覆盖足部并用胶带或自黏绷带固定，然后用无菌材料（如手套或自黏绷带）覆盖表面，以保证可以在手术中握持足部以便操作。有证据表明使用无菌不可渗透材料有助于阻止细菌渗透（Vince et al., 2008）。

手术前的无菌准备

应在动物转移入手术室之前进行最初的备皮工作。此时备皮的目的在于清除大块的污物和游离的皮屑，清除瞬态微生物并降低动物的定居细菌种群水平。理想的皮肤洗擦消毒剂应具有以下特性：

- 皂性（用以清除污物和油脂）；
- 具有广谱的杀菌、杀病毒、杀真菌以及杀孢子的性质；
- 可在最小接触时间内杀死微生物；
- 不刺激皮肤及其他组织；
- 经济性。

表16.1列出了常用的洗擦消毒溶液及其特性，最常用的是两种基于洗必泰或碘载体的溶液。洗必泰可与角蛋白结合，因而具有优越的残余活性。若不考虑所使用的化合物种类，则接触时间是与杀死的微生物的数量有最明显关系的因素。

可用脱脂棉、海绵或纱布进行最初的洗擦消毒工作。从计划切开的位置开始并以画圈的形式向外擦洗（图16.5）。去除污物和游离皮屑的同时应暴露隐藏于其下的细菌。应避免过度的洗擦消毒而造成皮肤表面的损伤，这些损伤会成为术后细菌移生的场所。

计划进行腹部手术的雄犬，应使用抗菌溶液冲洗包皮。同样，对于接受会阴手术的雌犬，应进行阴户冲洗。推荐用稀释的洗必泰溶液（一份洗必泰兑50份水）进行冲洗（Neihaus et al., 2010）。

患畜保定

患畜在手术室中的保定姿势取决于需要进行的手

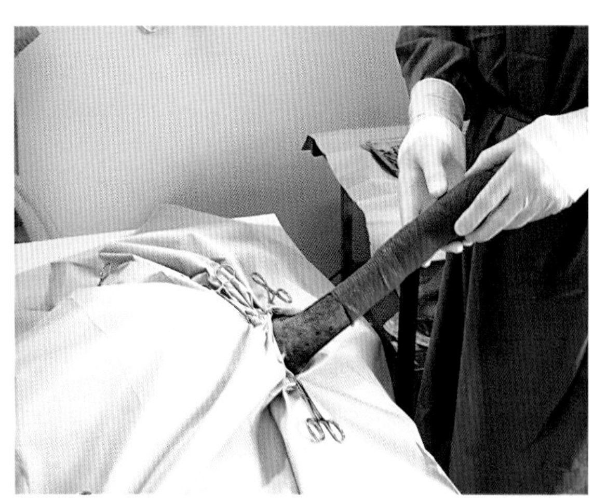

图16.4 用无菌的不可渗透材料以及无菌自黏绷带包扎足部，而不是剃除足部的毛发

图16.5 皮肤洗擦消毒。用脱脂棉、纱布或海绵轻柔清洁皮肤，用打圈的方式清洁以切口为中心的外周区域

表16.1 不同的皮肤洗擦消毒溶液的比较

抗菌剂	作用机理	性质	范例
碘载体（如聚维酮碘）	碘载体是稳定的碘溶液，可穿透细菌的细胞壁。通过氧化作用和游离碘置换细胞内分子的方式导致细菌死亡。	广谱（杀菌谱大于洗必泰），可杀灭真菌、病毒以及少量孢子。有机物会降低其活性。比洗必泰需要更长的作用时间。比洗必泰更易引起皮肤刺激	Medidine；聚烯吡酮碘；Vetasept 聚维酮碘
双联胍类（如葡萄糖酸洗必泰）	破坏细胞壁和细胞膜后使细胞内蛋白沉淀	广谱，但对于革兰氏阴性菌的杀灭效果差于革兰氏阳性菌。杀病毒、真菌活性低。通过与角蛋白结合而保持良好的残留活性。与碘载体相比不易受有机物抑制	Hibiscrub；Medihex；Vetasept chlorhexidine
乙醇	变性细胞壁蛋白、DNA、RNA和脂类	广谱，可杀灭真菌和病毒。快速起效	70%异丙基乙醇
基于乙醇的溶液	70%异丙基乙醇和杀菌剂（如洗必泰）合用以发挥协同作用	不同药物的不同作用模式的联合使用形成广谱抗微生物作用	Actiprep（乙醇+羟基吡啶硫酮锌）；Exidine（异丙基乙醇和洗必泰）

术要求。详细的内容超出了本章所讨论的范畴，读者可自行参阅其他外科书籍的相关章节。然而，这里会提供一些通用要点。

■ 动物在转移入手术室时应保证最初准备的手术区域不被污染。

■ 在最后无菌洗擦消毒和铺布创巾前应保证所有的麻醉监控辅助和延伸管线均已连接，电刀的接地板已放好，以及暖风毯就位。

■ 需要了解所有有关手术的知识，以预先安排动物体位、医生和助手的站位以及器械车的位置。

保定辅助物

为减少交叉感染的机会，保定辅助物应是易于清洁并仅限于手术室内使用，且不可用于诊所内的其他位置。可用辅助物有多种形式。

■ 槽式手术台是保持动物仰卧姿势的好方法，是四肢手术的理想保定方法。但这一方法限制了胸腔的手术通路，而且可能对腹部手术产生严重影响。

■ 更灵活的方法是使用清洁的沙袋或卷成槽形的毛巾（图16.6）。

■ 易擦净的豆袋是非常有用的保定辅助物，它可顺从动物的体型并通过抽气以维持形状。其缺点在于动物在手术中可以改变的姿势有限，且容易被刺穿。

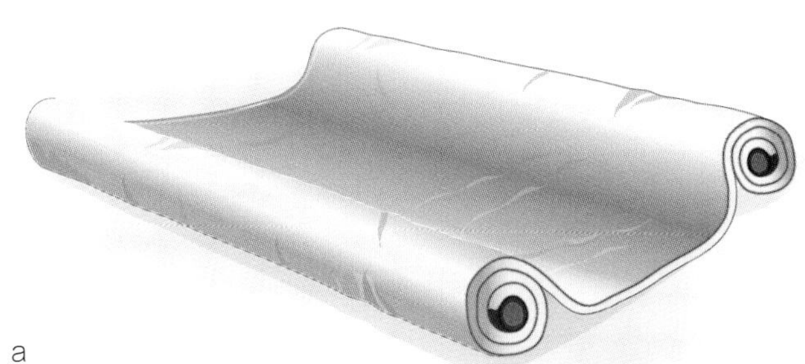

图16.6 可利用毛巾卷出形态多种多样的保定辅助物

■ 一些医生喜欢利用手术台的延长臂以支持患畜的四肢。

无菌备皮

术前的备皮工作已经清除了所有的污物和瞬态微生物，并抑制了患畜的定居菌群。无菌的备皮工作会将这一切放大。无菌备皮所使用的溶液应与前述的初次皮肤洗擦消毒所用的一样，但应使用灭菌的纱布/海绵以及灭菌的镊子或佩戴无菌手套。采用相类似的方法从切口向外周进行灭菌。

最终皮肤表面会由抗菌剂溶液所覆盖，这溶液可能是以乙醇为溶剂的。乙醇本身是一种有效的抗菌剂，但是它没有残留活性，可能是稀释之前使用了洗必泰的残留活性，这一点对聚维酮碘的影响尤其大。用4%的洗必泰溶液擦洗消毒后再使用70%的异丙基乙醇冲洗的效果比用生理盐水冲洗的效果更差（Osuna et al., 1990）。但是洗必泰与乙醇合用时会发挥协同效应（Hibbard, 2005）。

这里提供两种技术：

■ 用聚维酮碘擦洗消毒，然后用10%的聚维酮碘溶液（非皂性）喷洒或涂抹于体表。

■ 用洗必泰擦洗消毒，然后用洗必泰/乙醇溶液备皮。

聚维酮碘比洗必泰更容易引起组织刺激。

尽管所有剃毛的区域都应该备皮，但还可以在最后一次喷洒药液时合并蓝染法以明确哪些皮肤区域已经处理过。不要让溶液积聚于鼠蹊等体表的低洼地带。

创巾

手术创巾作为一种物理性屏障用于防止微生物从患畜的未备皮区域以及手术台进入手术区域。患畜体表除了术野之外的所有区域，都应被创巾覆盖。这一屏障必须维持在整个手术过程中，如果创巾被血液或灌洗液所沾湿，或患畜需要改变体位，则应更换创巾。此外，用于制造创巾的材料应具有下列特性：

■ 牢固，且具有柔韧性；

■ 可根据患畜改变形状；

■ 可剪开（如果术者需要用洞巾而不是四边形的创巾），但是不会撕裂；

■ 防水；

■ 容易灭菌；

■ 使用经济。

创巾材料

没有一种单独的创巾材料可以同时满足上述的所有标准。所以在实际使用时，应根据实际的需要使用相应的创巾。

常用的创巾类型有可反复使用的布制创巾以及一次性的非织物创巾，创巾的选用原则与选择手术服一致（见下文相关内容）。通常而言，在容易沾湿的情况下应避免选用布制的创巾，因为一旦创巾被沾湿，则无法阻止细菌通过渗透作用污染术野。因此应在布制创巾上覆盖一层非渗透性的涂层。常见的污染源包括患畜身体上未剃毛和备皮区域中的细菌（通过渗透作用而污染），又或是来源于已备皮的皮肤上毛囊深处的细菌。所以仅进行过擦洗消毒的皮肤不应视做是无菌的。

创巾铺布技术

应根据所进行的手术以及手术部位选择铺布创巾的方法，铺布创巾的目的在于尽可能地防止术野污染。

通常采用两种方法将剃毛和消毒的皮肤与周围的毛发和皮肤隔离开。一种方法是安放一块单独的大号创巾，根据手术所需范围在创巾中间开孔（图16.7a）；另一种方法是使用4块创巾隔离术野（图16.7b），具体方法为：

■ 使用4块独立的创巾，每块创巾放在四方形术野的一边；

■ 创巾的边缘向内折叠后铺布在皮肤上，用Backhaus布帕钳固定创巾相互重叠的边角。

也可使用布制创巾，布制创巾比一次性创巾能更好地适应患畜的体型，尤其是在手术中需要调整保定姿势的情况下，布制创巾有利于维持术野的无菌状态。应在布制创巾外覆盖非渗透层，以防止创巾沾湿

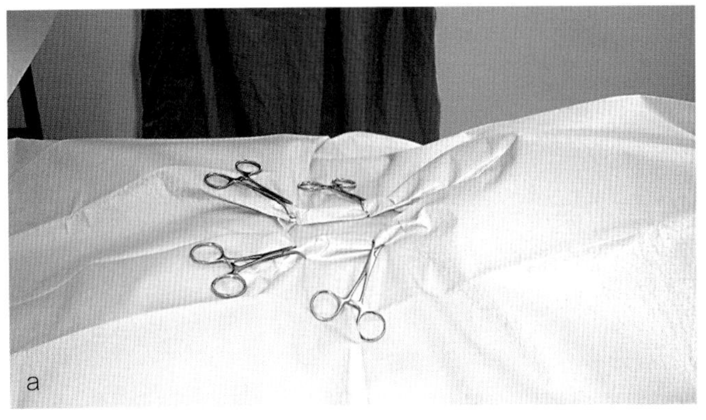

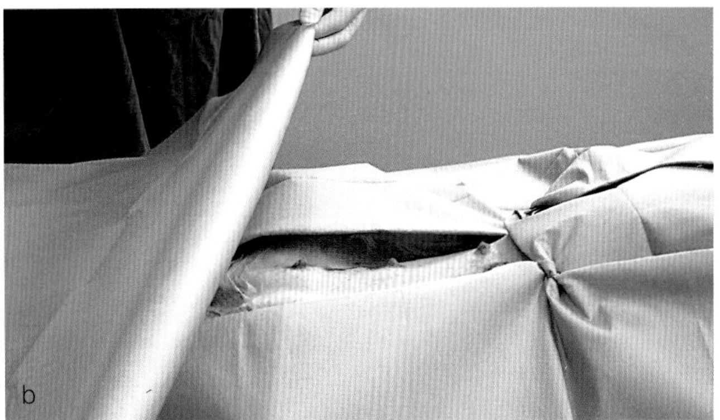

图16.7 （a）用一块大的创巾盖住整个动物，开孔以暴露计划皮肤切口的范围 （b）用4块创巾确定消毒的皮肤范围，每块创巾的边缘内折并用Backhaus布帕钳固定

时的渗透污染。

上述的两种铺布创巾的方式可以保证仅有进行切开的皮肤暴露在外。然而，这样还是有可能发生由于皮肤毛囊深处的定居细菌被手术带出，而导致伤口污染。但是如何排除这一最后的潜在污染源，还是一个存在争议的话题。

■ 一个方法是将创巾边缘与皮肤切口相缝合或用布帕钳将创巾边缘与皮肤切口夹牢，这样手术中切开的皮肤边缘毗连于无菌创巾。

■ 一种更为快捷的替代方法是使用透明的切口创巾（可被碘渗透），这种切口创巾可贴在皮肤上并直接在创巾上进行切开。

切口创巾：切口创巾在动物皮肤上的黏附效果通常不如在人的皮肤上，最近的一项研究结果表明（Owen et al., 2009）在清洁手术过程中使用切口创巾并不会影响细菌污染率，这一结果与人医的研究结果一致。然而，这类创巾可有效防止液体流到创巾下，并通过减少暖风从创巾下泄漏而增加风暖的效果。

悬肢准备：进行足部以外的四肢手术时，应用无菌的防水材料包裹足部并用无菌的黏性绷带固定（见图16.4）。对于这类手术，可用悬肢的方法进行备皮：将患肢悬于输液架上并进行备皮和铺布创巾，然后再用无菌的材料将足部包裹。对于骨折修复的手术，应在整个备皮过程中保持患肢的悬吊状态，可用无菌材料覆盖悬吊的足部。

手术团队的准备

手术团队也有可能造成患畜的污染，污染的途径有直接的（术者和手术助手接触患畜）和间接的（增加手术中的气源性细菌水平）两种。

手术室空气中的细菌水平与手术室中人员数量以及活动量成比例。每个手术应保持最少数量的工作人员并严格限制人员出入手术室的活动。预先计划手术以确保所有手术所必需的装置以及消耗品都在手边。

手术团队可以采用多种方法以减少污染和细菌传播（详见下文）。所采取的方法取决于将要进行的手术。例如，洗手并佩戴灭菌手套已足够用于皮肤肿块的活检或猫的睾丸切除术，但明显不适用于侵入性更强的手术过程。

普通的手术室着装

手术服

手术服应该是在手术室内工作的所有人员强制性着装。除了衣物本身减少细菌污染的功能外，手术服还有助于区分手术团队和其他诊所工作人员（图16.8），并可以灌输遵守良好的手术室操作的固有原则。

应在每个手术过程开始前穿着清洁的服装，并在变脏时随时更换。如果手术室内人员想离开手术室，则应更换正常的工作服装。偶尔可以允许在手术服外穿着白大褂以减少污染，但应避免这种情况的发生。

手术服通常由聚酯纤维和棉混纺的布料制成，以保证舒适、耐用及易于清洗，紧密编织的布料形成了阻止微生物的屏障。当衣物沾湿时，屏障作用大大消

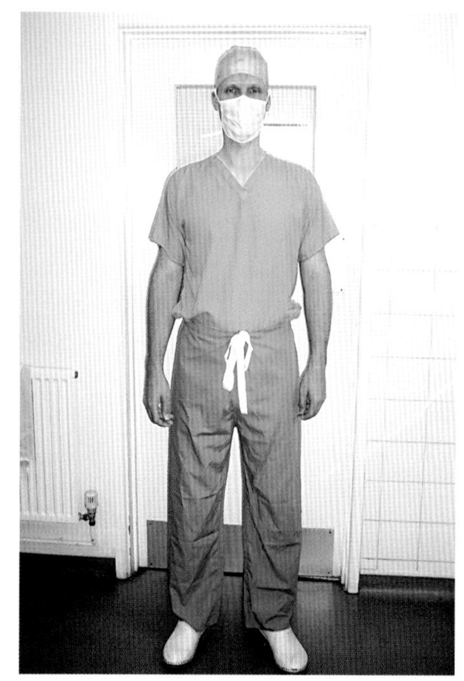

图16.8 专门的手术室内服装并不昂贵，但可以强制执行手术室内的操作规程，同时也是整个无菌技术的重要组成部分。手术帽与无菌手术服有同等重要的作用

弱，而且，细菌会藏匿在袖口和裤腿内。上衣的下摆应扎于长裤之内。

洗涤过程会损伤织物的纤维，扩大编织的孔径并减少对微生物的屏障作用。常规洗涤后，细菌可能还会留存在织物上，所以应进行周期性的灭菌，并定期检查手术服的磨损状况，按需更换。

鞋类

是否穿着标准或手术室专用的鞋不会对手术室地面的细菌水平产生影响（Mangram et al., 1999），而且穿着手术室专用鞋也不会影响手术感染率。但是，穿着专用的鞋或在离开手术室时使用鞋套可以加强对手术室内操作规程的管理，并减少毛发或其他颗粒的转运效应。

手术帽和头巾

头发是细菌的重要传播媒介。头部常常直接位于术野的上方，脱落的头发或皮屑已被证明会增加手术感染率。因此，手术团队的所有人员都应遮盖头发。如果手术过程需要使用无菌手套及手术服，则必须遮盖头发。

最常用的是质量良好的、廉价的一次性手术帽。还可以使用布制的手术帽，但必须在使用后进行洗涤和检查并按照手术服的标准进行处理。对于有刘海或头发较长的人员，可使用相同材质的手术兜帽。

口罩

在所有的标准手术室着装项目中，口罩可能是最标志性的部分，但不一定是最有价值的部分。口罩会快速浸湿，从而使得其对于微生物的抵抗力下降。此外，微生物可能在呼气的时候通过口罩的边缘溢出。

口罩的最主要功能是防止手术室内的人员在交谈、咳嗽或打喷嚏的时候，口鼻产生的大量液滴污染术野。口罩应该紧密贴合脸型，使用口罩边缘的金属线来贴合面部轮廓，而且应该要求所有的手术室工作人员都佩戴口罩。

洗手消毒

与患畜皮肤的术前准备一样，手术人员的洗手消毒的目的在于：

- 去除手部的污物和油脂；
- 清除瞬态微生物；
- 将手部的定居菌群的水平尽可能地降低并维持尽可能长的时间。

洗手消毒与患畜的皮肤洗擦消毒一样应考虑时间、效率、皮肤的忍耐程度以及经济性。应先用皂液洗去手部大块的污渍。

传统的彻底洗净的方式是使用抗菌溶液以及鬃刷来完成的（可以计时或计数，上下来回刷洗手部，详见下文），这一方法是约定俗成的，而不是经过严格的实验研究论证得出的方法。事实上也没有一个确定的洗手消毒技术，并且每本外科教材中的方法都不尽相同。最近，这一传统方法受到质疑。尽管擦洗的物理作用有助于清除手部尤其是指甲周围和下面的污渍和瞬态微生物（图16.9），然而，反复刷洗会去除皮肤的表层从而造成皮肤干燥及损伤，从而引起皮炎和细胞移生，这些皮肤损伤会类似于推刀损伤而形成感染源。因此可以在清洁

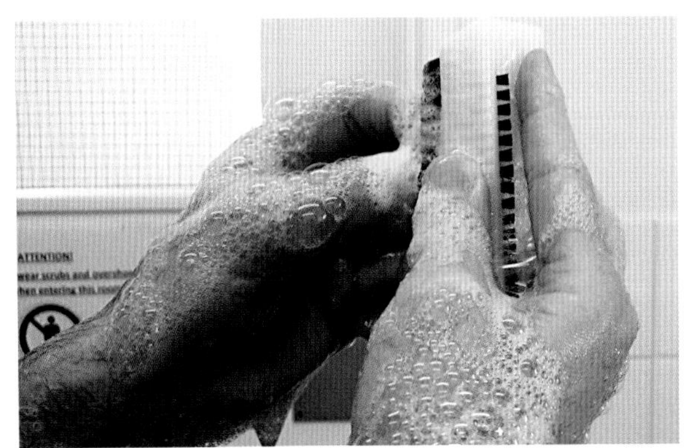

图16.9 手指刷仍然是有价值的清洁指甲工具，但现在它对于手和手臂皮肤的作用受到质疑

手指尖/指甲时限制使用刷子，或是使用指甲钳剪短指甲并用杀菌剂手工清洁手和手臂，而不是刷洗消毒。

现在有一些替代方法可用于手部消毒。包括免刷洗技术（通常是使用溶于乙醇的抗菌溶液），以及使用指甲扒清除指甲下的碎片等。这些方法对于皮肤的刺激性和伤害性较小，同时最近有研究表明这些方法也许比传统的洗必泰或聚维酮碘刷洗消毒法更有效。这些技术在美国和一些英国的医疗中心内已经开始流行。

无论采取何种手部消毒技术，重要的是确保手和前臂的所有部位都被消毒，需要额外注意指甲、手背以及手指间的区域。其目标是确保手和指甲是最清洁的部位，所以应该保持手高于肘的姿势，这样液体可以沿着前臂流下并从肘的最低点滴下。不应该甩手以去除手部的水或消毒液。

手部消毒前应取下所有的首饰。保持短且完整的指甲是非常重要的。不要涂指甲油，因为磨损或有缺口的甲油表面会藏匿细菌。

定时技术

这可能是最常用也是最多变的洗手消毒的方法，这一方法定时刷洗手和前臂的解剖部分。表16.2列出了世界卫生组织所推荐的洗手消毒方法。

这一洗手消毒方法适用于每天的第一次洗手过程。如果没有大的污渍存在，后续的洗手消毒过程只需要3min即可。

表16.2 世界卫生组织推荐的擦洗方法

开始手部消毒前的操作步骤
1. 保持短的指甲，并在洗手时加以注意——手部大部分的微生物藏匿在指甲下。
2. 不要戴假指甲或深指甲油。
3. 进入手术室前取下所有的首饰（戒指、手表、手镯等）。
4. 进入手术室前，或是手看上去比较脏的时候，用非药用的肥皂洗手。
5. 用指甲锉清洁指甲下的区域。不应使用手指刷，因为这可能会损伤皮肤病造成细胞脱落。如果需要使用手指刷，则应使用灭菌的一次性产品，尽管市场上有可反复使用的产品。
用药用皂液进行外科洗手的程序
6. 开始计时。
7. 擦洗手指的每一侧，指间区域以及手背和手心，2min。
8. 继续擦洗手臂，在整个过程中保持手部高于手臂。这可以避免由于肘部的水流下引起手部的重复污染，并防止皂液和水中的细菌污染手部。
9. 擦洗手腕到手臂的每一侧皮肤，1min。
10. 在另一侧手和手臂上重复上述擦洗过程，保持手部高于手臂。任何时候如果手接触到其他东西，则必须延长1min的擦洗时间，因为这一区域已经污染了。
11. 单向冲洗手部和手臂，水流从指间流向肘部。不要在水流中前后移动手臂。
12. 保持手臂高于肘部的姿势进入手术室。
13. 一旦进入手术室，用灭菌毛巾擦干手和手臂，在穿着手术服和戴手套之前就应保持无菌技术。
14. 在整个擦洗过程，应小心，不要将水甩到手术服装上。

计数的刷手消毒方法

用这一方法进行洗手消毒时，按照之前所说的方法用皂液洗净手和手臂，但是消毒的时候不进行计时，而是按照一定的次数用手指刷擦洗。将手指尖看做一个部位，而每个手指分为四个部分：背侧、掌侧、轴侧和远轴侧（手指和拇指的背侧及掌侧，以及小指和拇指的外侧边需要从指尖到手腕进行擦洗消毒）。这样就把每只手和手臂分为了25个解剖区域，每个区域都应进行同等次数的擦洗——建议每个部位进行20~30次擦洗，每次擦洗包括前后往返的完整动作。

免刷消毒技术

不同的消毒洗手液的生产商会推荐不同的洗手程序。下面的程序是Exidine™（Scrub Care™）含2%洗必泰的免刷外科洗手液的使用范例。

1. 用温热的流水冲洗手部30s；
2. 用指甲扒清除指甲下的区域；
3. 用洗手液洗手90s，无需刷手，但应额外留意指甲、指甲护膜以及手指间的皮肤；
4. 彻底冲洗手部30s；
5. 再次用洗手液洗手90s，然后冲洗30s。

干燥

洗手消毒的工作完成后，术者应进入穿衣区域。将包有手术服和毛巾的灭菌包放在远离手术台和器械车的区域，并由手术室助理打开。用“四角”方法擦干手和前臂：轮流用毛巾的每个角擦干手和前臂，注意不要碰到已使用过的毛巾角。

手术服

手术服的种类

可用的手术服分为两类：反复使用的布制手术服和非织物材料的一次性手术服。

反复使用的手术服：常由棉布或聚酯纤维/棉混纺面料制成。现在的标准面料是每平方英寸（$1in^2=6.4516cm^2$）270支的高质量布料，干燥状态下这种面料比标准的140支平纹布的屏障作用更好。

可反复使用的棉布手术服适用于常规用途，但需要保养以及定期检查。布料陈旧和反复洗涤会引起大面积的损伤，尤其是接缝处和袖口与袖子的交界处。洗涤会导致面料变薄，无论使用何种面料，洗涤都会使面料上的孔洞变大，因而降低了布料对微生物的屏障作用。无论所采用棉布或聚酯棉布的面料的密度如何，当面料沾湿后便会丧失其屏障作用。所以如果所计划进行的手术可能会产生大量水分，应考虑是否可以使用反复使用的手术服。现在有些棉布的手术服经过防水的氟化学处理，GoreTex®面料的手术服具有最佳的屏障性质。

常用的台式高压灭菌器对于封闭的大包衣物的消毒效果不佳，即使是真空高压灭菌器也只建议每次消毒一件手术服。如果没有大型的有孔高压灭菌器或环氧乙烷灭菌法，建议分件多次对手术服进行常规消毒。

手术时间的增加会引起手术服的拉伸并导致血液或其他液体的污染，由此增加渗透污染的风险。所以对于所有可能产生液体污染的手术都应使用一次性手术服。

一次性手术服：非织物一次性手术服不是由纱线织成的，而是由纤维素或合成纤维紧密结合在一起制成的，这种材料比织物面料的屏障作用更强，尤其是在潮湿的情况下。这种材料制成的手术服可在袖管和前胸的部位用非渗透性的材料进行加固以提供额外的屏障保护。

现在一次性的手术服有预包裹和预灭菌的包装供应，包装内包含有擦手巾。考虑到隐藏在反复使用的手术服后面的洗涤和灭菌费用（电费、劳力以及环境因素），一次性手术服的使用成本也并不是非常昂贵，尤其是大量采购的情况下。现在的一次性手术服的采购价格已经低于反复使用标准手术服的1/5，以及预处理纤维的反复使用手术服的1/10。

穿手术服的方法

技术16.1列出了穿着手术服的方法。

技术 16.1 穿着手术服

1. 手术服折叠的方法是手术服的主体（除了衣袖）部分反面朝外折叠。灭菌包应在一个远离手术台的平面上打开。

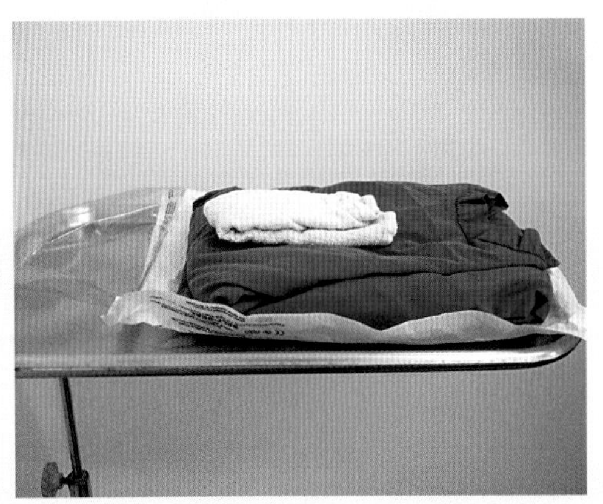

2. 术者洗手消毒后，擦干双手，然后抓住手术服领口的内侧面将手术服提起，并让下半部自由展开。

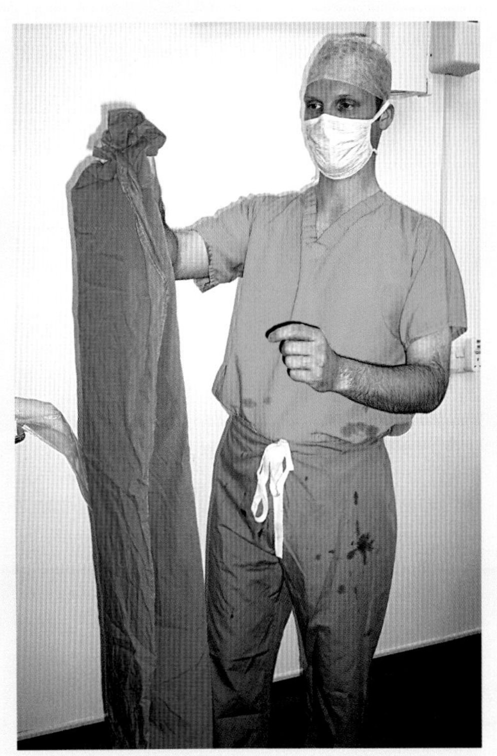

3. 整个过程中只可以接触手术服的内侧面，将手臂伸入袖子里，保持手被袖子覆盖而不伸出（见戴手套的方法）。

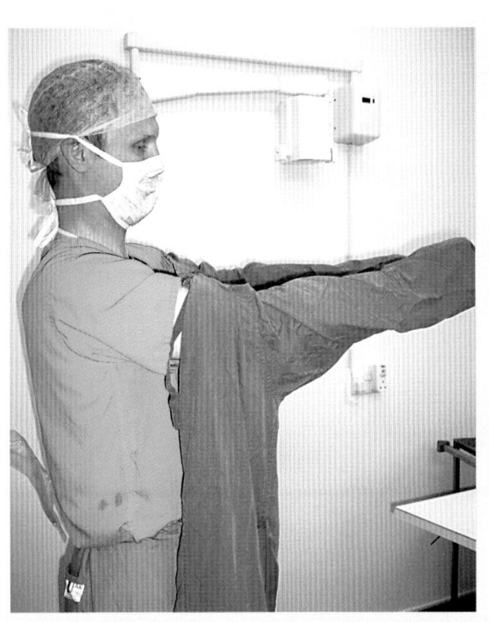

4. 助手将手术服拉过肩膀（只可以接触手术服的内侧面）并将背后的带子绑紧。术者保持手在袖子里，将腰带送向体侧，保持腰带末端悬空以便于助手抓持。如果使用环绕式的一次性手术服，应在术者戴上手套后自行将腰带绑紧。

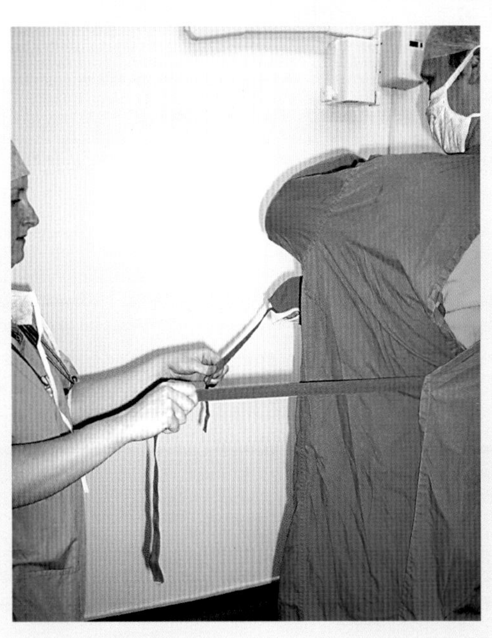

手套

乳胶手套的弹性使得它们可以顺从于术者的手型，并且在运动时可舒适地拉伸。手套应舒适佩戴以减少对手指周围可能形成水疱的伤害。

乳胶手套可形成非常有效的细菌屏障，但即使在标准质量控制条件下，仍然有1.5%的乳胶手套在使用前便发现有破洞，手术中可能有13%的手套被刺破。所以手套并不是彻底皮肤消毒的替代品。戴两层手套可减少由于意外导致完全穿孔的风险，但会降低术者的感觉，并影响操作，还会使术者忽略手套已经破损。手术中应及时更换损坏的手套（见下文）。在覆盖创巾时可以佩戴两层手套，并在手术室脱去外层，这样可以消除意外污染的风险。

乳胶过敏

单纯的乳胶制手套是非常难佩戴的，所以需要加入润滑剂以方便佩戴。传统的润滑剂是粉状的，包括滑石粉或玉米淀粉，但需要考虑手套内的粉剂对于皮肤伤口的潜在的刺激性。此外，这些粉剂对于乳胶手套敏感症的发生起着重要作用，它们可作为半抗原以增加微小乳胶粒子的抗原性。乳胶手套可引起Ⅰ型（急性）、Ⅱ型（迟发型）以及非过敏刺激性接触性皮炎（图16.10）。

无粉手套覆盖有一层黏附性的水凝胶，应用于所有乳胶过敏患者，假设乳胶过敏的情况有所严重，则应考虑在全院内使用这种手套。英国的医院内已经停止使用有粉的手套。可参阅有关乳胶过敏的资料。

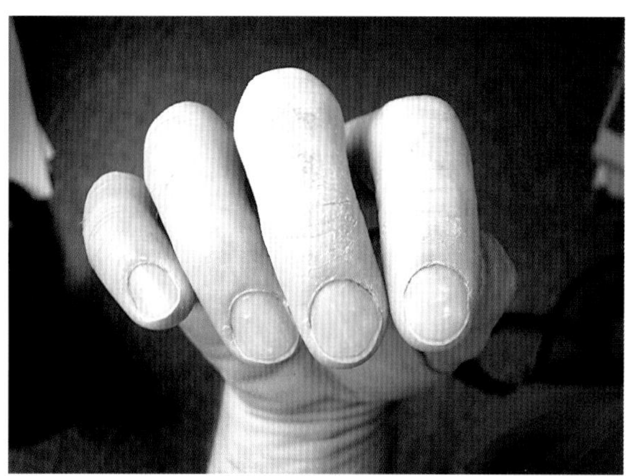

图16.10 Ⅳ型迟发型过敏反应引起的轻度皮炎的病例

戴手套的方法

有三种佩带手套的方法：闭合式、开放式以及辅助式。

闭合式方法：技术16.2显示了如何进行闭合式戴手套。这一方法确保了清洗消毒过的手在套上无菌手套前始终保持在手术服的袖子里。未戴手套的手永远不会接触到手术服或手套的外侧。所以这是一个最可靠的维持无菌术的方法，并且是手术前应选用的方法。

技术 16.2 闭合式方法

1. 左手隔着手术服袖子拿起左手手套的翻边内侧，此时手指仍然包裹在袖子里。

2. 用右手（保持在袖子里）将手套的翻边拉下，盖住左手。

3．左手的手指从手术服的袖子里伸出并进入手套。

4．对右手重复上述过程。

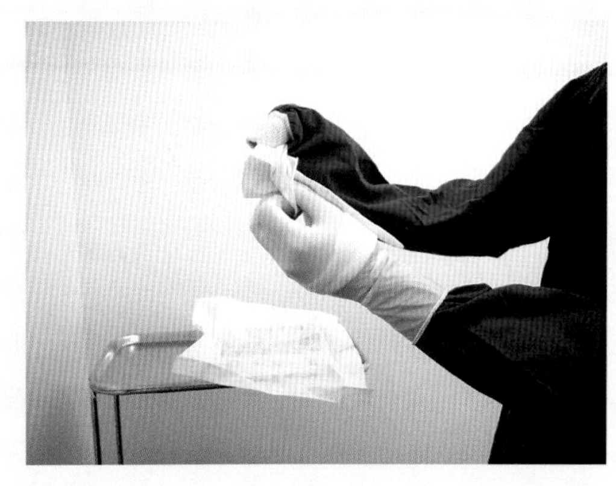

开放式方法：技术16.3显示了如何进行开放式戴手套。此时，手是暴露在外的，但在戴手套的过程中仅接触到手套的内侧。因为手部暴露在外，所以这一方法无法保证严格的无菌操作，但可用于无需穿着手术服的小手术。

辅助法：由一名已洗手消毒，穿好手术服并佩戴手套的助手将手套的翻边打开，术者将手伸入打开的翻边内。术者的手在伸入手套前会暴露在外，因此增加了意外接触手套外侧的风险，也有可能使手术服的袖口回退至上臂处。这一方法不适用于兽医临床。

手术中更换手套：如果需要在手术中更换手套，则需要一位未消毒的助手隔着手套拉住手术服的袖口，术者将手后退至袖子内，然后助手将手套取走。术者按照闭合式的方法重新佩戴手套。

技术 16.3 无手术服手术的开放式方法

1．一只手的手指伸入手套内，但仅接触手套的内侧面。

2．拇指仍然处于手套的翻边内。

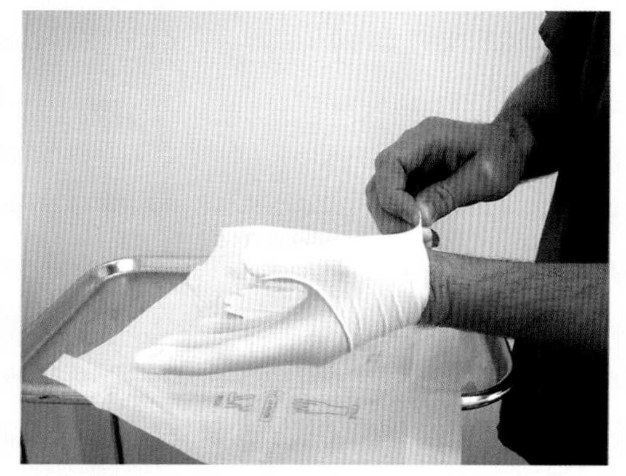

3．如图所示的方法拿起另一只手套，这一方法可使手套的外表面不接触到内表面。

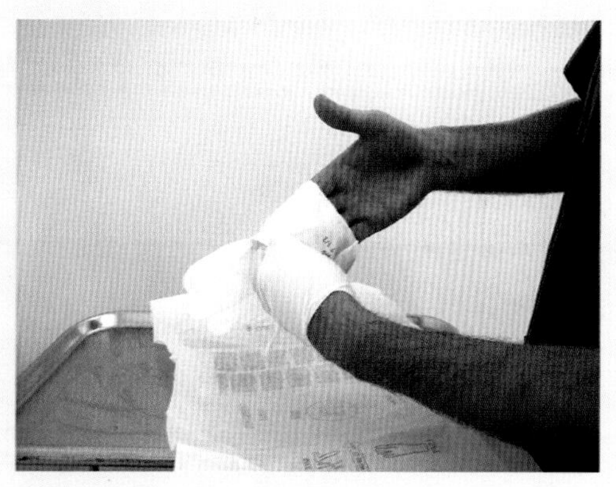

4．另一只手插入手套。

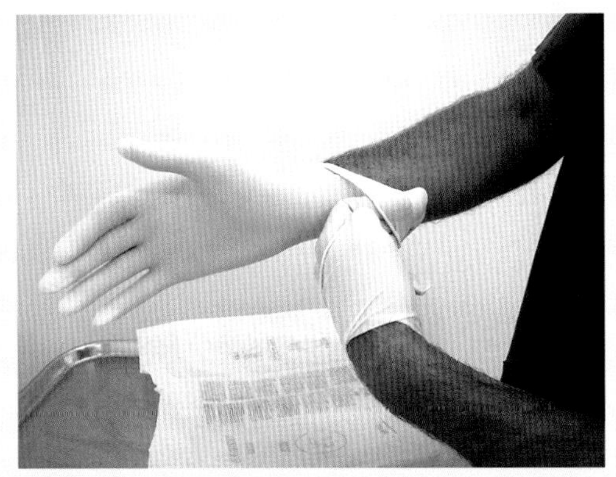

5. 将手套拉下覆盖手腕。

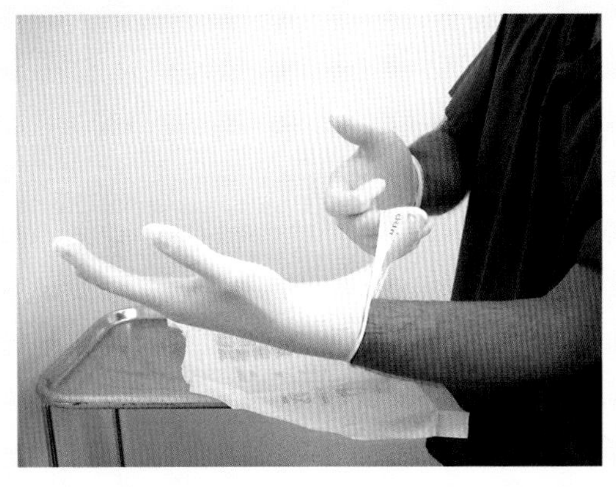

在手术过程中维持无菌术的原则

假设所有的程序都遵照前文所述的内容执行，则手术团队可以穿着清洁干燥的无菌手术服和手套在已消毒并盖好创巾的患畜上执行手术。然而，需要注意一些细节和原则以在整个手术过程中维持无菌术野的完整性。

无菌的术野由以下部分组成：

- 正确备皮并铺设创巾的患畜；
- 穿着无菌手术服的手术人员；
- 器械推车完全由无菌的不渗水的手术巾所遮盖。

器械

只有穿着无菌手术服并戴手套的人员可以布置器械推车。器械推车应在进行手术切开前完全放好手术所需要的全部器械以及移植物，除了一些只有在手术结束阶段才使用的器械（如皮肤缝合器）。

实用技巧

- 当有额外的器械需要在无菌区域使用时。助手应小心传递器械，避免包裹的边缘，或未消毒的手或是未打开的器械包接触到无菌的手术布。
- 灭菌器械应由消毒过的人员用带有手套的手从包裹中取出，并且器械不应由未消毒的手术室人员倒在手术台上。

人员

对于已消毒的工作人员，只可认为手术服的前面区域是无菌的，包括从腰部向上至胸部。领口、腋窝以及袖口处可能会吸收潮气而引起细菌渗透，所以不能认为这些区域是无菌的。

实用技巧

- 应始终将手放在术者的前方，位于腰和肩膀中间的高度。可以两手相握，或放在铺有创巾的地方休息，但是绝不可以手臂相交叉。
- 手术团队中未消毒的成员不可接触或接近任何无菌区域。
- 所有已消毒的成员应始终面对手术区域。
- 手术团队的成员只有在例外情况下才可以进入或离开手术室。

污染

如果手套被污染，应立即离开手术区域并更换手套（手术室内应有一定量的库存手套）。如果不小心发生明显的污染，可能需要术者或助手完全更换手术服及手套，这种情况下，谨慎的做法是重新进行一次快速的洗手消毒。

17 选择性手术伤口的愈合

Davina Anderson

概述 

组织对于损伤的最初反应是高度有规律的：出血和止血、炎症、肿胀和水肿、发热及疼痛。损伤后的组织在经历这一系列反应后进展为愈合过程，正常组织的愈合过程同样具有规律性：炎症和清创可导致组织再生与修复。不同的组织会通过不同的途径来达到愈合的状态，这一过程所需的时间长短根据组织以及损伤的类型而变化，甚至不同物种也有可能影响愈合过程，但所有的愈合过程都会遵循一些基础的过程。

伤口的愈合过程 

图17.1显示了伤口愈合的不同阶段，下文中关于这些过程有着详细的描述，相关内容还可参阅《犬猫伤口管理和重建手册》（BSAVA Manual of Canine and Feline Wound Management and Reconstruction）的第1章。

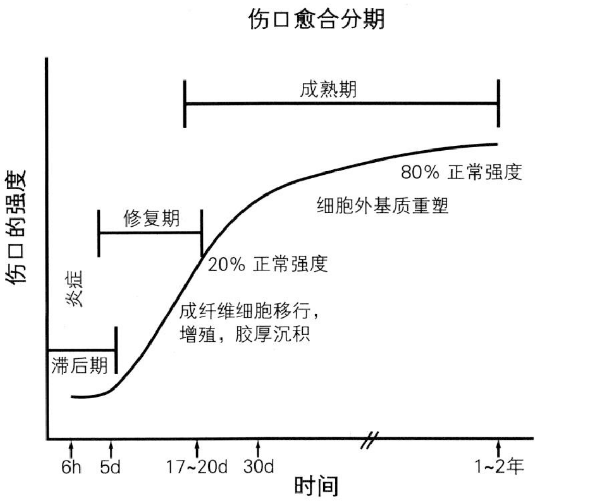

图17.1　伤口愈合的相互作用阶段，炎症阶段后是增殖阶段，最终是组织修复、再生以及疤痕组织的重建

炎症阶段（0~48h）

发生于所有损伤的最初阶段（如切口）。

- 创口的少量出血，触发血凝块形成，同时由血小板栓塞血管。
- 血管壁损伤时会引发细胞因子释放，同时发生血小板活化，并触发组织的炎症反应。
  - 即时的反应是血管收缩，从而促使血液凝结。
  - 几分钟内，炎症反应引起血管扩张，从而表现出发热，发红/红疹，肿胀及疼痛。

细胞参与的反应过程是复杂的，大范围的细胞相互反应和细胞因子参与了损伤皮肤的早期变化。

- 凝集反应触发了大量的中性粒细胞和巨噬细胞的趋化性，从而可以杀死细菌并清除坏死组织的污染，包括外源性异物和死亡细胞。
- 上皮细胞同样会对此环境作出响应，损伤的上皮细胞在12h内便准备增殖及迁移。
- 在损伤发生后数小时内便进入炎症期（图17.2），正常情况下炎症期会在损伤后持续2~3日。但如果存在延续炎症反应的因素，则会发生下列情况：
  - 持续的炎症反应期；
  - 伤口无法进行到下一阶段；
  - 愈合延迟或停止。

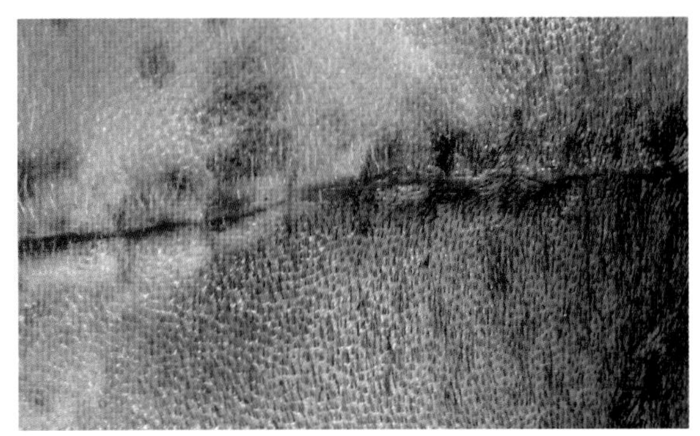

图17.2 手术后24小时的伤口。皮肤创缘已准确对齐，其间有薄层的血凝块。炎症反应已经消退，伤口闭合，但皮肤创缘仍可以轻易分开（DM Anderson）

增殖期（2~5日）

此时的伤口环境有利于成纤维细胞和上皮细胞的活性。

- 巨噬细胞和中性粒细胞数量减少。
- 伤口中成纤维细胞，内皮细胞以及上皮细胞迁移为主，这些细胞迁移入伤口内并增殖及进行组织再生和修复。
- 上述细胞活动可建立颗粒组织，为细胞黏附和迁移提供基质。

开放性伤口中可见到明显的肉芽组织（图17.3）。在闭合的手术切口的皮肤创缘之间同样存在非常薄的一层肉芽组织。在正确对位并缝合的创口上，这一薄层的肉芽组织的形成速度非常快，并可以快速闭合伤口并为创口提供足够的机械力量。

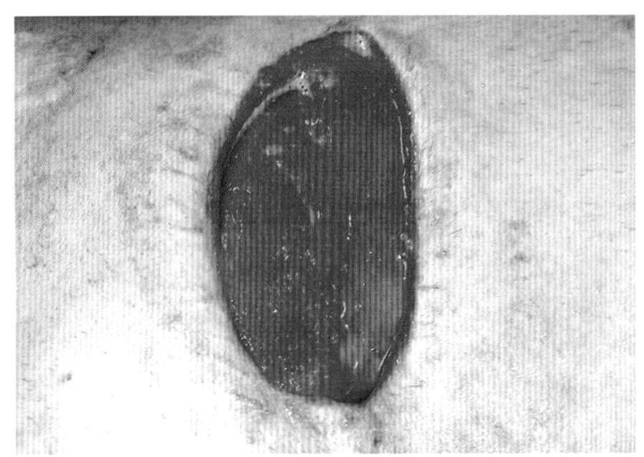

图17.3 开裂的手术创口，在组织重建前可以看到健康的肉芽组织填满了皮肤缺损。在增殖期建立肉芽组织由铺满巨噬细胞和成纤维细胞的大量细胞外基质所构成。未成熟的毛细血管环接以形成血管样和颗粒样的外观

肉芽组织由蛋白质的细胞外基质所构成，包括胶原蛋白和纤维黏连蛋白。这些蛋白质可刺激细胞连接并释放生长因子以为再生和修复过程提供正反馈。

在这一阶段还可在伤口中见到成纤维细胞。这些细胞是具有弹性的，随着胶原基质的形成，它们可利用胶原纤维将创缘拉齐。在大型的开放性伤口中，这些成纤维细胞可促进多至30%的创口闭合。在手术伤口中，成肌纤维细胞细胞的收缩力可将创缘拉的更近。最后，上皮细胞增殖并迁移至肉芽组织表面，从而恢复上皮细胞的表面。

重塑期

最后，细胞外基质和血管床在上皮细胞表面下缓慢成熟，从而形成疤痕组织并提供修复所需要的功能性强度。这一阶段的持续时间由所需进行修复过程而决定：在选择性手术伤口一期愈合的情况下，这一阶段相对快速（数周）。剩余的成纤维细胞对最初形成的胶原进行重塑加工，这一过程在大型的伤口达到其最大强度前可能需要数月的时间。腹白线所承受的强度极大，所以这一位置的伤口愈合所需要的时间会比覆盖皮肤并达到功能性强度的时间更长（图17.4）。

实用技巧

创口的二期愈合主要是通过肉芽化，收缩以及上皮形成来完成的，但修复的大体时间取决于伤口的尺寸以及护理状况。

物种特异性

近期的研究结果表明，犬和猫之间的伤口愈合情况存在着差异，甚至在马和马驹之间也有差异。犬在去除皮下组织的情况下还可以产生强烈而有效的炎症反应。而猫无法在这种情况下使皮肤愈合，由于皮下组织缺损而导致的创口开裂是常见的情况

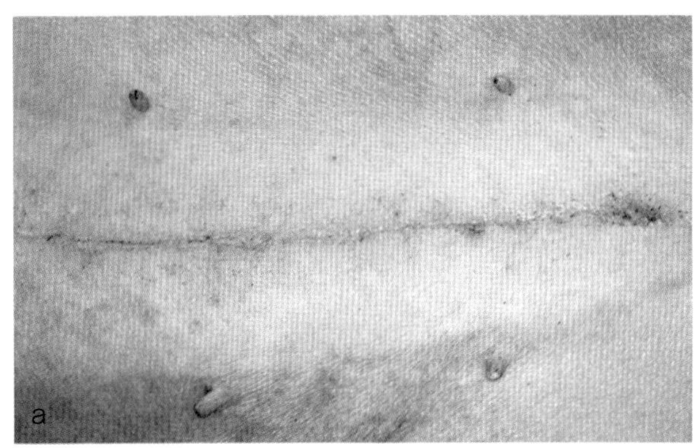

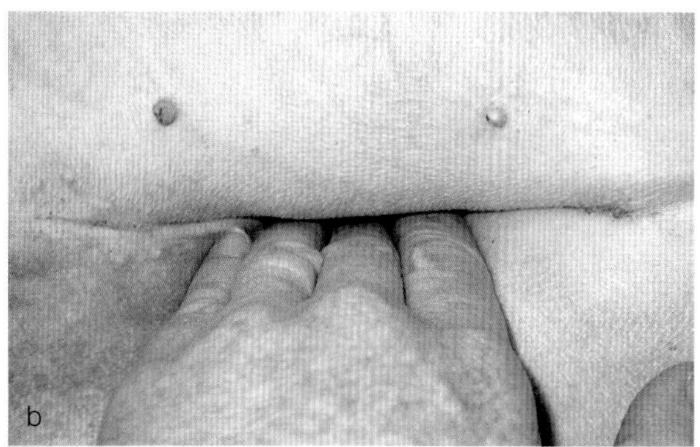

图17.4 （a）一只杂种猎犬（Lurcher）的腹部腹侧，5日前进行腹腔手术，已拆线。皮肤外观看起来愈合良好，未见持续性炎症或愈合不良的症状 （b）畜主注意到腹部的腹侧有时候会发生膨胀。腹中线位置深部触诊发现腹白线未愈合并形成切口疝。尽管皮肤外观愈合良好，该犬仍存在内脏脱垂的风险，因为皮肤伤口仍未达到足够的强度，如果该犬非常活泼或腹部用力时，腹部皮肤无法支持腹腔内容物的重量（DM Anderson）

（例如腋窝处的伤口）。马驹与马相比具有良好的炎症反应；马驹身上的伤口通常会正常愈合，很少发展为血管化程度差的慢性肉芽组织。

延迟愈合

已经进行了大量的关于伤口愈合过程的理想条件的研究工作。正常的愈合过程是非常有效率的，许多冗余的生长过程使得提高正常愈合的速度变得困难。

已知，人类的干预活动很容易妨碍伤口愈合的过程并减缓愈合速率。对愈合不良的伤口进行的研究结果显示了许多可能延缓伤口愈合的因素。

- 急性伤口的渗出物会刺激血管形成，成纤维细胞增殖以及胶原合成，而慢性伤口的渗出物根本上会抑制这些细胞反应。
- 慢性伤口内含有高浓度的基质金属蛋白酶，这些酶会降解生长因子，抑制细胞功能，从而阻止成长愈合的进程。
- 上皮无法覆盖的伤口可能会因为肉芽组织形成不良而导致有衰老的上皮细胞存在于创缘。这意味着创口的渗出液本身可能使得伤口无法愈合。出于这一点考虑，建议冲洗已形成的慢性伤口——去除那些抑制性的“汁液”有助于使组织恢复正常的愈合过程。

手术切口的愈合

用锋利的刀片制造的手术切口，其损伤最小，所引起的炎症反应也是相对轻微和短暂的。因此，对健康的外科患畜进行准确的缝合后，其愈合过程如下：

- 术后伤口会出现轻微的肿胀，发红以及疼痛，这通常在48h内会消失。在这一阶段，伤口会闭合，愈合的增殖期内肉芽组织填满创口会引起创缘修复。
- 术后5~7d左右，创缘会形成紧密的结合。
- 直到创口恢复少许强度时才可拆除缝线，此时胶原纤维重塑，并沿着皮肤的张力线走向重新排列。在这一时期（术后7~10d），伤口无炎症的症状，并可认为已痊愈。
- 胶原重塑不良的动物（见后文），可能需要更多时间来获得与正常组织强度相近的疤痕组织。

电刀和激光切口

电刀所制造的切口会因为切口边缘的组织被烧焦而引起更大的炎症反应。无论切口大小，这些烧焦的组织都会位于切口的每一侧，它们会在细胞水平被清除，以保证正常的愈合过程。通常认为，电刀的切口需要较多的时间已达到可以拆线的强度，通常的拆线时间应比手术刀切口的拆线时间晚

2~3日。

另一种情况是激光所做的切口，这类切口炎症反应轻微且相对较小的凝血刺激，所引起的炎症反应非常短暂。组织损伤极为轻微，损伤细胞的清除也非常快速。通常这种伤口愈合快速，并比手术刀切口的拆线时间早2~3日。

实用技巧

- 手术切口的愈合机制通常和创口愈合的机制是一样的，但其过程往往较为迅速。
- 炎症期应在2~3日内终止，此时创缘之间应存在一层薄薄的肉芽组织。
- 肉芽组织持续极为短暂的时间后重塑为创缘间的疤痕组织。

手术伤口愈合的临床过程

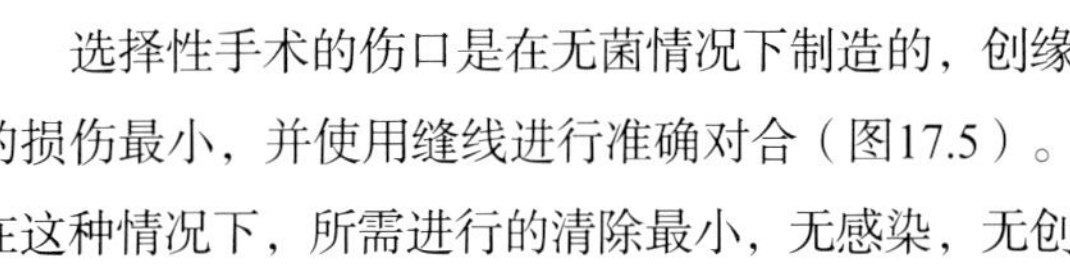

选择性手术的伤口是在无菌情况下制造的，创缘的损伤最小，并使用缝线进行准确对合（图17.5）。在这种情况下，所需进行的清除最小，无感染，无创伤或挫伤，止血良好。

炎症期非常短暂。因此，大部分手术伤口的红肿在术后24~48h内会缓解。在这一阶段，创口无疼痛，光滑且干燥无渗出。

此后的主要过程是细胞增殖；水肿、血管扩张和疼痛的症状会缓解，参与的细胞分泌细胞因子而不是炎性介质。形成基质以取代了创缘表面的血凝块，然后覆以胶原以及成熟的疤痕组织。上皮化过程起始于血凝块的顶部，并在24h内完成，从而封闭伤口表面。

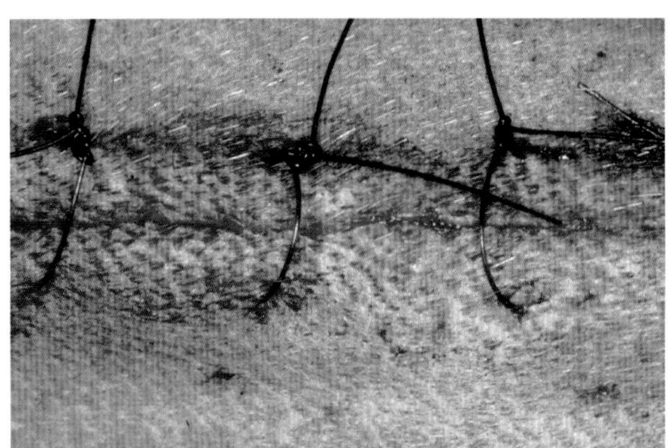

图17.5　手术创口应在缝线无张力的情况下闭合，打结时缝线不宜过紧，以允许术后的肿胀。这同样可以减少对患畜的刺激并易于拆除（DM Anderson）

影响伤口愈合的因素

创缘分离时，或炎症期延长时（如伤口感染，动物舔舐或在手术过程中组织操作粗暴），愈合过程会变慢。炎症所产生的液体渗出会引起创缘分离，阻止肉芽组织封闭创缘和修复皮肤。与创口愈合相关的主要症状包括：创口渗出、创缘红肿，在术后24~48h之后伤口表面下仍存在持续性的疼痛。

内源性因素（局部和全身性）

任何影响炎症持续时间的因素都会延长伤口愈合的时间（表17.1）。炎症时间的延长可能是原始损伤造成（如污染创或电刀切口），也可能是由于后续事情引起（如舔舐或啃咬缝线，或过度的运动/伸展）。

所有的伤口都应保证血液供应状况良好，以运送巨噬细胞到创口，并进展至增殖期，这是伤口正常愈合的关键因素。

当进行大型手术或是由于伤口愈合延迟而考虑重建手术时，理解这些因素的作用是非常重要的。

感染

细菌性感染会导致炎症期延长并推迟伤口闭合所需要的细胞增殖期。及时开始进入细胞增殖期，细菌性感染也会引起相关的问题，细菌所引起的炎症足以造成细胞外基质的溶解和崩塌，进而使得创缘分离。

并发的皮肤疾病（如脓皮症）、异位性皮炎以及剃刀损伤也会减少伤口正常愈合的机会，不仅仅因为患畜更容易舔舐并干扰伤口愈合，也因为伤口的发炎时间会进一步延长。皮肤表面存在大量的细菌，同样增加了愈合过程中创缘和皮下组织感染的机会。一些外科医生在手术中（如全髋置换术）会使用黏性的无菌切口巾覆盖切口周围皮肤以试图减

表17.1 影响手术皮肤创口的内源性因素

炎症期延长
■ 创口感染
■ 脓皮症，并发的皮肤疾病或剃刀损伤
■ 坏死组织
■ 伤口异物
■ 自我损伤
■ 位置性损伤（如肘关节损伤）
■ 潜在的骨折不愈合或骨髓炎
■ 热烧烙止血或电刀操作技术不佳
■ 血清肿或血肿
特殊的局部因素
■ 血清肿
■ 肥大细胞瘤
■ 局部用药不当
血管供应不良
■ 创口张力
■ 缝合过紧
■ 绷带技术不佳
■ 手术技术不佳
■ 创伤后血管供应分散或挫伤
■ 血液供应的解剖性损失（如皮瓣）
■ 生理性皮下血管收缩：低血压、疼痛、恐惧、体温降低
伤口位置
■ 活动量大的区域
■ 伤口皮下组织不良的区域
■ 高冲击或压迫的区域（如肘部）
■ 高张力的区域
全身状态
■ 理论上：低白蛋白血症、低锌、恶病质
■ 内分泌疾病：肾上腺皮质激素功能亢进、甲状腺功能减退
■ 营养状态
■ 免疫状态
■ 少数罕见的先天性皮肤疾病

少感染风险。然而，一项针对无皮肤疾病的动物进行选择性手术的研究表明，使用切口巾覆盖皮肤并未显示出明显的优势（Owen et al., 2009）。仍未知道在存在皮肤疾病及内源性细菌数量增加的情况下，使用切口巾是否可以降低术后伤口感染的发生率。

对于分类为污染或肮脏的手术情况，在围手术期使用恰当的抗生素疗法可以减少术后感染。然而，即使在清洁或清洁–污染的手术过程中，麻醉前的剃毛，较长的手术时间或较长的麻醉时间都可能增加感染机会。

异物

伤口下的异物或持续炎症或坏死性损伤可能会使愈合延迟（图17.6）。例如由于草芒的移行而形成的皮下窦道。

血管供应

维持皮肤边缘的血管供应对于获得正常的外科伤口愈合是非常重要的。然而外科医生在制造重建性皮瓣时通常会注意防范血液供应缺失的情况，但往往会忽略精细的血流减少状况。这些精细的变化往往会和其他的小问题一起引起伤口问题。

皮肤的创伤和挫伤可能是引起多重小血栓，从而危害皮肤血液供应的指征，甚至是供应皮肤的血管撕脱的症状。所以对于严重创伤可能需要进行皮肤重建手术的患畜，在受伤后观察数日以评估皮肤恢复状况对于选择合适的手术方案尤为重要。

在麻醉期、苏醒期以及术后阶段小心的护理患畜对于维持良好的皮肤血液灌注是必需的。低血

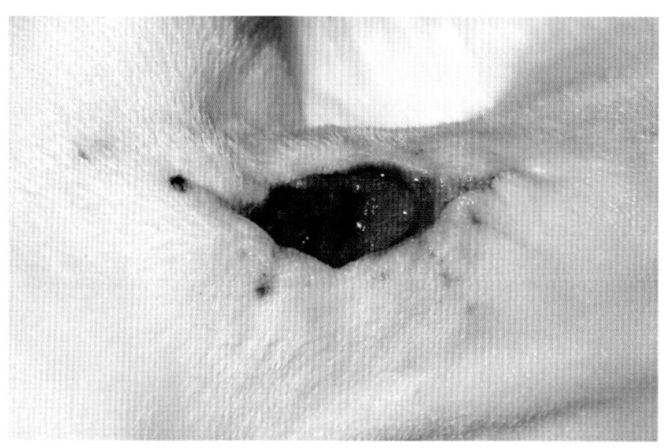

图17.6 已缝合4次的肉芽创，但每次修补后10~14日创口即迸裂。在肉芽组织下存在缝针和缝线。在去除异物后，伤口正常愈合了（DM Anderson）

压、体温降低、疼痛和恐惧是所有引起皮下血管收缩的原因，这在一些患畜可能会持续数日。对于那些在早期伤口护理时需要良好的血液供应的情况，应注意避免发生上述血液供应减少的情况。

营养状况

患有蛋白质-卡路里营养不良的患畜，其愈合过程通常会延迟。体重减轻是最重要的提示指征。

- 大量组织损伤、烧伤、败血症或全身炎症性疾病的患畜，可能会因为对损伤的反应而导致代谢增加，这些变化会迫使伤口愈合的机制面对营养摄入量减少的问题。最后，当代谢的增加导致动物摄入不再能够满足营养的消耗时，便会发生蛋白质-卡路里营养不良。
- 这一情况与慢性营养消耗性的动物不同。例如蛋白丢失性紊乱或绝食的动物会为了维持体内的蛋白质量而降低代谢率并使愈合延缓。
- 上述两种情况都会因营养不充分而导致伤口愈合延缓。
- 癌症病畜的伤口愈合同样会受到厌食、恶病质或器官功能不良的影响。

然而，补充营养并不会加速正常的动物伤口愈合，只有在体重降低或并发其他促病因素的情况下才会对患病率和死亡率产生影响。当进行大型或复杂手术时，患畜术前术后的营养需求对支持正常的伤口愈合过程是非常重要的。

免疫状况

蛋白质-卡路里营养不良会在数日内耗尽动物的免疫防御机制。这种情况下，即使是个低风险的手术，其术后感染的风险也会增高。还可能因为细胞免疫缺陷而引起败血症。所以如果患畜在术后拒绝进食，其造成的级联后果可能会摧毁手术切口的愈合过程。

如果营养支持方法得当的话，免疫抑制对于患畜术后愈合的影响会被克服。因此使用饲喂管以及高卡路里密度的食物是术后护理的重要环节。

低蛋白血症也可能会延迟愈合，尽管大部分的兽医研究工作都无法证实低血清蛋白水平或白蛋白水平与愈合不良之间有什么联系。有意义的情况可能是蛋白质水平非常低的动物患病时的整体代谢状况。合理的做法是在手术前尽可能记录这些情况，并在术后护理时期使用饲喂管等支持方法来保证合适的营养补充。

内分泌疾病

在人医记录上，糖尿病是众所周知的引起伤口愈合不良的因素，但在犬猫临床没有相关记录。

肾上腺皮质功能亢进会引起愈合减缓，但最主要的问题是在于疤痕组织和胶原重建的强度减弱，导致腹白线变薄以及形成疝。最初的炎症期也延长，炎症反应较弱，且巨噬细胞无法快速触发细胞增殖的过程。

甲状腺功能减退是已知的导致手术伤口持续开裂的原因，这会推迟肉芽组织的形成和伤口强度的增长，但不会影响陈旧性的手术疤痕。

兽医文献上关于术后感染的风险因素数据有相互矛盾的结果。一项研究表明内分泌病对于术后感染是风险因素（Nicholson et al., 2002），而另一项研究则表明不存在这种情况（Brown et al., 1997）。

肿瘤

极少量文献显示手术位置的残余肿瘤组织会导致创口开裂的风险增加，但普遍的共识是某些类型的肿瘤的确会延缓手术位置或活检位置的愈合情况。肥大细胞瘤延缓伤口愈合，这是因为肿瘤细胞释放的组织胺与巨噬细胞的组织胺受体相结合，从而抑制了纤维组织形成。这一因素导致与活检位置或不完全切除有关的伤口开裂。

理论上，术中和术后应用抗组胺药物可有助于预防这一并发症，但这一方法并未有书面记载。当用皮质类固醇治疗时，这些伤口可能会愈合良好，但皮质类固醇通常不用于促进伤口愈合（见下文）。

其他类型的肿瘤（如肉瘤或淋巴瘤)可能会导致愈合不良，这些肿瘤可能会通过活检或不愈合组织的检查所发现。

外源性因素

皮质类固醇

糖皮质激素可用于稳定细胞膜及抑制炎症反应。但这可能会延迟手术创口的愈合，因为炎症期被抑制会无法有效触发细胞增殖期。理论上，这类药物还可能会增加感染的风险，但在兽医文献中没有相关记录。

皮质类固醇激素的使用时间是非常关键的。如果在伤口形成后3d内使用，伤口可在7~10d内正常愈合并恢复正常的抗张强度。如果皮质类固醇的应用持续进行至重塑期，伤口可能会由于重塑延迟而丢失强度，并且可以观察到较弱的宽而薄的疤痕组织。所使用的药物剂量同样是非常重要的，与低抗炎剂量或生理剂量相比，免疫抑制剂量会引起更严重的问题。

在某些情况下，无法在手术前终止皮质类固醇疗法（如并发免疫介导性疾病的患畜）。在这些病例中，可使用维生素A/锌补充剂，在使用皮质类固醇的同时保证正常的伤口愈合。尽管没有合适的兽医产品，也缺乏足够的临床证据，但还是有一些实验证据支持这一疗法（Kaplan et al., 2004）。维生素A应以每日5 000~20 000IU的剂量给予，猫的给药剂量应相应降低。锌的剂量可参照锌反应性皮炎的给药剂量。硫酸锌的用量为每日10mg/kg，而甲硫氨酸锌的用量为每日2mg/kg。与皮质类固醇合用时的补充疗法仅在伤口愈合最初的10~14日内需要。纯的维生素A具有致畸性和致癌性，这对于患畜和接触胶囊的畜主都有影响。过量的锌会引起胃肠道和肝的毒性。

非甾体类抗炎药物（NSAID）不会对皮肤或其他组织的愈合产生不良反应，但对于可能有潜在的胃肠道和肾脏疾病的动物但需要接受手术的患畜还是应小心使用NSAID（详见本书第14章）。

放射疗法

放射线对于伤口愈合有明显的不良影响，如果操作者不熟练的话，这种影响可能是毁灭性的。放射疗法主要干预伤口愈合的细胞增殖期，所以一些医疗中心通常在手术时给予单次剂量的放射治疗，在术后2~3周等待伤口完全愈合后再重新开始进行放射治疗。

化学疗法

化疗程序通常不会直接影响伤口愈合，但化疗的不良反应如白细胞减少、恶病质以及蛋白质营养不良可能是重要的因素。化疗药物可有效对抗肿瘤，因为这类药物可有效对抗快速分化的新生瘤细胞，但手术伤口内有大量的分化细胞，这些细胞同样会受到化疗药物的影响。

兽医所用的大部分化疗程序所使用的剂量都相对较低，而人医肿瘤学研究的相关数据并无法用于兽医患畜。大部分常用于兽医肿瘤学的药物（如长春新碱、长春花碱）在术后使用都是安全的，但有证据表明重金属复合物（如顺铂、卡铂）可能会对愈合产生明显的影响，所以应小心用于手术的患畜。尤其是在胃肠道手术后的动物。在人医的文献中，多柔比星可能会增加重建手术后创口开裂的风险。

外科伤口愈合的并发症 

延迟愈合和开裂

手术的创口在术后72小时候不应再发生炎症和肿胀。延迟愈合的最常见原因可能是患畜自身的干扰，畜主会认为术后患畜舔舐缝线是一种“清洁伤口”的行为，因而默许这些行为的存在。最常见的引起患畜干扰的原因包括：不恰当的镇痛方法、粗放的皮肤准备（尤其是在会阴或眼周的敏感皮肤）或缝线过紧。感染、皮肤边缘挫伤（可能由于手术中操作粗放所致）以及液体堆积（例如血清肿）也可以导致炎症期延长。

随着炎症反应的快速受限，通常情况下细胞增殖的反应活跃，并在术后10~14日时可以拆除缝线。当炎症未受控制，创缘持续存在胶原溶解状况，并且无法形成纤维性疤痕时，可观察到伤口开裂的现象。最常见的情况是，皮肤边缘轻微发红，且可以轻松分开两侧的创缘。最差的情况是深层的修复组织无法愈合，若这一情况发生于体壁，可能导致腹白线存在开裂的风险，如果同时发生皮肤愈合不良的状况，可能会引起内脏外流及死亡。

疤痕增生

小动物罕见皮肤疤痕过度增生的情况，这一情况常见于马（不是马驹），因为马的炎症反应较差，常会发生慢性钝化的肉芽组织。这会导致大量的纤维组织沉积于疤痕中，形成增厚的疤痕。通常疤痕增生引起的是外观的问题。

疤痕变薄

有时，动物的陈旧性疤痕会变宽并变薄，尤其是皮肤被拉伸的情况下（如腹水）。这通常是继发于皮肤拉伸以及疤痕内胶原重塑，但有时这是由于内分泌疾病所导致的（见前文）。

缝线窦

所有的缝合材料在皮肤内都是一种异物，它们会触发炎症反应，并可能引起轻微的愈合延迟。

某些缝线的反应性比另一些差（见本书第5章）。例如，皮下缝合时使用polyglactin 910缝线比聚卡普隆缝线所引起的缝线反应更大。而在某些情况下，polyglactin 910缝线可能会增加炎症反应的程度并影响伤口愈合，这些情况包括：污染创、容易被舔舐的伤口以及伤口附近存在脓皮症的情形。

埋藏的缝线的反应性同样会增加与缝合材料有关的感染机会，尤其是在线结处。

皮肤缝线同样有其影响：编织的尼龙缝线尤其是以线卷形式储存的缝线并未做灭菌处理，这些线可能会引起明显的缝线反应并在进入皮肤的缝线周围形成窦道（图17.7）。缝线通过组织的通道周围组织时引起的组织反应会形成一管道，从而开始上皮化并最终触发异物反应。这些窦道不仅会增加炎症，还会增加刺激性和自我损伤的机会。但这些窦道在拆除缝线后会快速溶解。

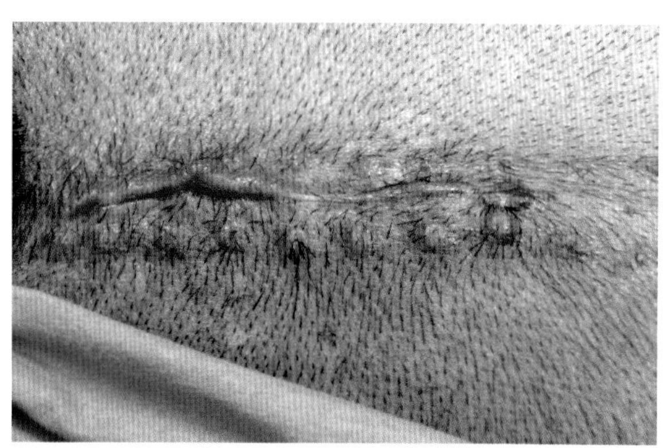

图17.7　使用编织尼龙线卷缝合的外科伤口更容易形成缝线窦道。在每一处缝线进入皮肤的地方均存在低程度的感染以及上皮化的管状结构。这更容易引起刺激感以及自我损伤，但一旦缝线拆除，这一现象便会消失（DM Anderson）

“缝线窦道”的形成原因包括：由于外科准备不足而导致缝合材料和伤口的轻微污染，无菌技术不可靠，或器械消毒不当等。埋藏缝线的轻度污染，尤其是在使用编织缝线时，会导致炎症反应以及愈合延迟。如果手术伤口是由于污染手术而引起的，比如肠切开术，则应在缝合体壁和皮肤之前更换所使用的器械和手套，并使用未被污染的缝线，以避免污染伤口。

缝合钉通常反应性较低，也不容易放置的过紧，但有时很难使用缝合钉作为闭合皮肤之用。

血清肿形成

小心地对合皮下组织同样可以促进切口的愈合。这一做法有许多目的：

- 止血；
- 防止形成血清肿；
- 形成皮肤的皮下支持（见前文）；
- 减少创缘张力（见下文）。

外科伤口下形成的血清肿或血肿会引起愈合延迟，其引发原因包括：延长该区域的炎症发生时间，增加皮肤创缘的张力（因为肿胀的原因）以及液体渗漏出皮肤。这种情况最终的结果是长期的炎症和疼痛以及愈合延迟。

然而，对合皮下组织是一件困难的工作，可以用引流管来去除液体。所有类型的引流管都会触发异物反应，引流管放置的持续时间带来的好处应与引流管引起的炎症反应平衡。

被动引流是通过重力及毛细作用将液体拉出伤口外，而主动引流是通过机械装置持续或间歇性将液体吸出伤口。

被动引流

最常见的被动引流形式是Penrose引流管（图17.8），即用一个软质乳胶管通过已缝合伤口之外的独立创口进入并固定在死腔内。引流管的出口应尽可能安放在最低点，以保证重力引流的效果；同时引流管不应发生任何形式的形变，因为伤口内的积液需要依赖引流管表面的毛细作用而排出。

主动引流

主动引流管的管壁较坚硬，用以放在某些腔内以抽吸液体。引流管通过一个单独的穿刺切口放置，并经过皮下隧道进入死腔。引流管体外的末端连接上一个瓶子，在负压状态下可提供持续的低水平的抽吸力以去除积聚的液体。皮肤会在负压作用下轻微的吸附在皮下的组织上，从而快速愈合（图17.9）。

避免手术伤口并发症的技术 

良好的手术技巧是确保手术创口正常愈合的最重要的方面。Halsted的手术原则（见本书第21章）——无菌操作、止血、无损伤的组织操作、避免异物、组织对合、管理张力。这些原则足以保证伤口的炎症期

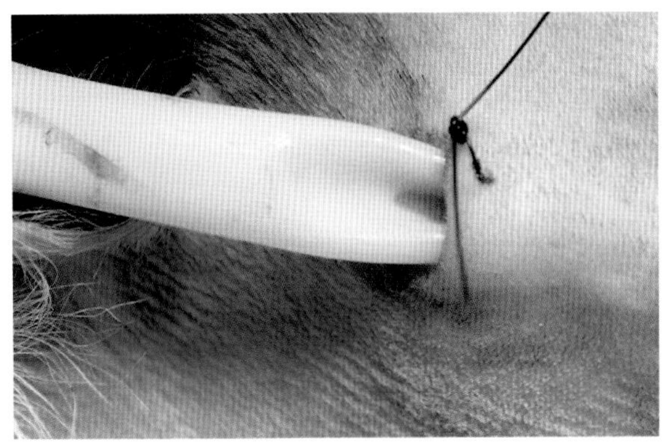

图17.8　Penrose引流管，从皮肤上的一个小的穿刺伤口中穿出，并用单纯结节缝合固定（DM Anderson）

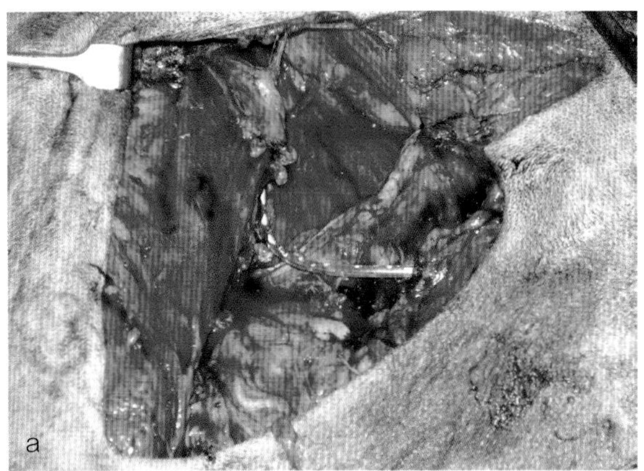

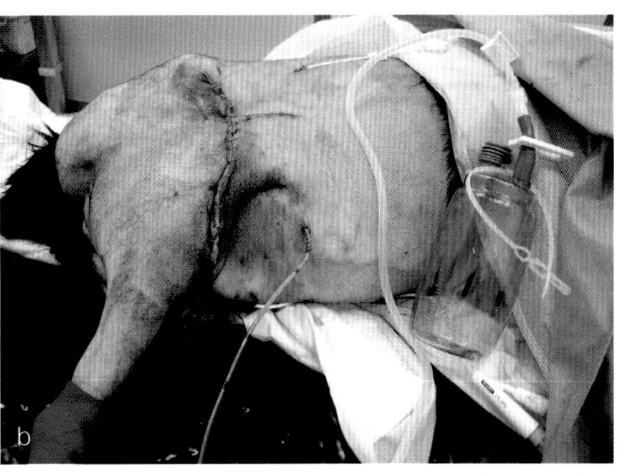

图17.9　（a）去除鼠蹊部的大型皮下肿瘤所造成的大范围伤口。在闭合伤口前往死腔内放置了主动引流管（b）闭合并缝合皮肤后的伤口外观。在背侧有一伤口导管以向组织内注入局部麻醉药，以此作为平衡镇痛方案的一部分。在腹侧用中式指绕缝合法固定主动引流管并接入一个引流瓶，在负压的作用下可将积液持续吸出（DM Anderson）

短暂并在24h内开始细胞增殖。对于新鲜缝合伤口的术后管理同样重要，这些管理内容包括：

- 伤口应在受到污染前密闭；
- 合理使用抗生素；
- 维持血管灌注；
- 确保恰当的皮肤张力；
- 在伤口获得抗张强度之前，防止损伤和张力。

伤口在污染前密闭

手术结束后，通常在苏醒前应清洁伤口周围的皮肤。所用的清洁产品应是无刺激性的，且不应清洁切口表面。

- 用灭菌生理盐水和灭菌敷料擦净伤口周围

的皮肤，但不应接触缝线。

■ 用稀释的皮肤用抗菌剂清洁皮肤，但不可使用双氧水。双氧水只可以用于清除毛发上的血液或其他液体污渍。

术后6~12h内，用一块轻质的无菌敷料覆盖伤口。这一做法可以使伤口密闭并防止创缘间的血凝块在术后的早期阶段被细菌污染。通常这些敷料应在48h内去除，这时切口表面应被肉芽组织和上皮细胞所封闭。

有证据表明使用黏性水解胶体敷料包扎伤口可促进更好和更有组织性的愈合过程。这一方法可能在一些容易发生延迟愈合或伤口污染的区域特别使用（如会阴部或有张力的伤口）。

合理使用抗生素

应建立标准实践方法以确保只有在需要时才使用抗生素（见本书第18章）。

■ 给予抗生素时，应根据可能包含的细菌的特性选择药物。

■ 初次切开时，组织液中的抗生素必须达到治疗浓度。

■ 切开时或术后给予抗生素对于术后感染的发生率没有任何区别。因此，长效药物并不适合围手术期使用，应通过静脉输注或肌内注射的方法给予抗生素以保证药物能够发挥其效果。

血管灌注

一些因素可能会导致反射性的皮下血管收缩，从而影响皮肤血管供应。这些因素包括：

■ 长时间复杂的重建手术过程，可能由于大面积的皮肤暴露在空气中导致明显的体温降低，同时还会因为组织暴露引起热量丢失。

■ 患畜会由于暴露组织在手术灯的照射下所产生的干燥效应而发生脱水，甚至使用浸有无菌生理盐水的敷料覆盖组织表明都无法有效地防止这种脱水以及后续的低血压。

■ 麻醉技术不佳可导致某些严重的疼痛。

■ 如果手术过程中需要操作大面积的皮瓣，对于组织的操作可直接导致血管痉挛。冷皮瓣的血流减少可能会导致血管栓塞，最终因为血管坏死而丢失了远端的皮瓣（图17.10）。

在术中和术后维持血管灌注是重要的，避免体温降低、挫伤、低血压、应激、疼痛及恐惧等情况的发生有助于维持血管灌注。术中和术后的很多生理反应都可能减少皮肤的血液灌注。

良好的皮肤血液灌流是正常的皮肤愈合所必须的因素，血管收缩所引起的血流量的轻微减少可能会与创口张力联合导致灌流不足。这些情况会导致愈合过程起始不良并最终导致伤口迸裂。

皮肤张力

当皮肤创缘准确对位、使用合适的缝合材料并且伤口无张力的情况下，手术伤口会正常快速的愈合（见图17.5）。皮肤的张力会减少皮肤创缘的血管灌注，并可能导致创缘间形成的肉芽组织的反复破裂。这一过程会延长愈合时间，并增加创口破裂的风险。临床上常见的皮肤创缘坏死的情况包括存在张力的情况或三个创缘合并缝合的时候（图17.11与图

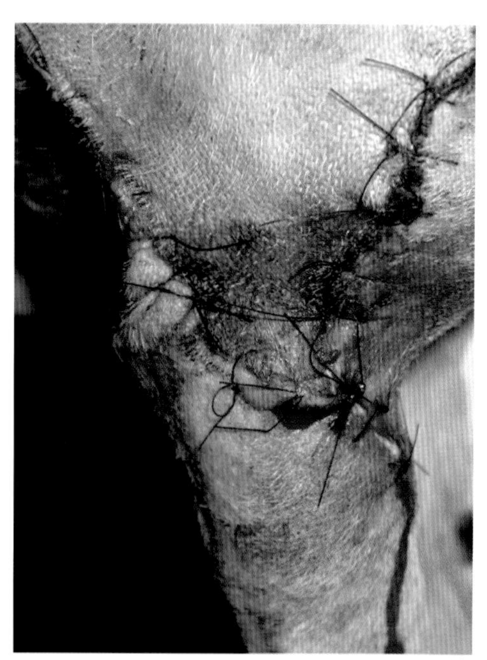

图17.10 感染、张力或炎症的存在或是血液供应不良会抑制皮肤的愈合。这个病例中，轴型皮瓣的尖端缝合在一个活动性增加的位置（肘部），这可能会导致图中所见的皮肤坏死（DM Anderson）

17.12）。张力还会增加患畜干预的风险及疼痛。

简单的减缓张力的手术技术包括：放松切口，使用皮瓣以及活动缝线。手术前的计划是成功使用这些技术的必要因素。采用这些技术需要相当的经验，外科医生需要预先计划手术。

预防创伤和张力

应给予所有的畜主关于伤口愈合的书面指引，内容应该包括限制活动直至伤口愈合。畜主应相当清楚必须限制患畜的活动，直至兽医认为动物可以恢复正常的活动时为止。指引上应特别说明在短时期牵遛大小便的时候，应避免动物跳上家具，上下楼梯以及在花园内奔跑。这些指引在中线切腹手术后尤其重要，而且应用于重建手术，因为活动会增加伤口下形成血清肿的风险。指引单内还应提醒畜主每日应检查伤口2次，以排除伤口发炎的主要症状，包括：发热、发红、肿胀、疼痛增加或分泌增加，并提醒畜主何时应通知兽医。

何时的术后指引有助于防止畜主忽略术后恢复期内的微小细节，有时简单的伤口管理方法会带来完全不同的结果。

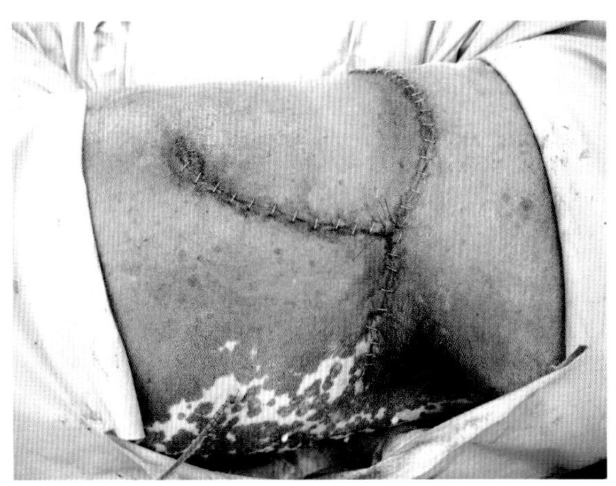

图17.11　一只斯塔福德郡斗牛梗受到大面积的急性撕裂伤，采取了多种方法来促进伤口实现一期愈合：（ⅰ）用聚卡普隆材料的缝线进行表皮下缝合以分担皮肤张力，聚卡普隆是一种非反应性可吸收单纤维缝合材料，对于继发于污染创的感染风险较小，同时可稳定覆盖于大范围活动面积上的创缘；（ⅱ）三条缝合线交汇于“处于危险中”的三角区域，这个区域采用单纤维尼龙缝线，这类缝线容易准确并松散的放置，且不易引起皮肤尖端的血管坏死；（ⅲ）皮肤修补主要使用的是缝合钉，这是一种非反应性的材料，同时还可以缩短长时间手术的收尾时间；（ⅳ）可以看到腹部的腹侧安放的一根抽吸式引流管，用来预防血清肿形成（DM Anderson）

其他组织的愈合过程

胃肠道、泌尿道以及生殖道的基本愈合模式与皮肤相同，但愈合速度更快。肠上皮和泌尿道上皮细胞差不多在刚发生损伤的时候就开始增殖活动，但这些细胞在最初的3~4日内所提供的机械强度很小，还需要缝线的强度以维持伤口闭合。大部分的内脏切口开裂发生于切开后的72~96h。

肠道黏膜

犬猫所适用的缝合技术仍旧是对位修补技术。伤口通常需要依赖缝线以维持大概72h的闭合状态，此外，伤口必须通过基质细胞的正常增殖过程并形成基质来完成愈合。

肠黏膜的良好愈合依赖于肠细胞的血液供应和腔内营养，这意味着常规的运动以及早期经口的营

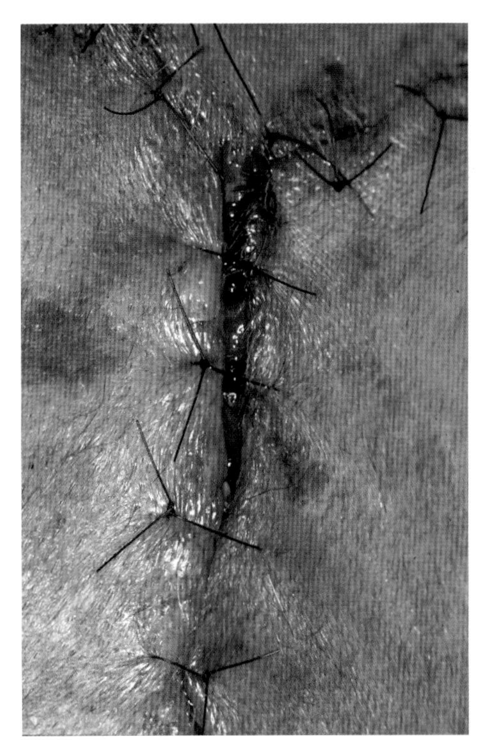

图17.12　在这一伤口，三边创缘回合的地方愈合良好。但在下部的创口上仍存在较大的张力，可见长期的肿胀（缝线紧张）以及创缘分裂的现象。在这一部分，不可能实现一期愈合（DM Anderson）

养对于促进正常愈合是非常重要的。尽管在创缘处存在溶解现象，但肠道的伤口仍可快速恢复其强度。在受伤后的第14日，上消化道的爆破强度至少可达到正常组织的75%。

上皮黏膜

上皮表面通常有丰富的血液供应，因此可以快速地愈合。良好的血液供应有助于防止感染发生。此时上皮表面的上皮干细胞比正常上皮组织多30%，因此相应缺损的上皮化过程更为迅速。

泌尿道上皮

泌尿道上皮在受伤后会快速增殖，膀胱的愈合是一个特别快速的过程，它可在损伤后14日左右获得100%的正常强度。尿道周围的尿液泄漏或尿道撕裂会导致显著的增殖反应并引起纤维化并留下疤痕或引起狭窄。如果引走尿液，只要上皮的缺损不是圆周状的，即尿道存在纵向完整性，则缺损上皮的上皮化过程会非常迅速。

18 外科伤口感染及其预防

Chris Shales

概述 

抗菌剂（**antimicrobial**）一词可用于所有可以抑制或杀死微生物的化合物。严格意义上讲，**抗生素**（antibiotic）一词仅用于有机体生成的用以杀死或抑制其他有机体（通常指细菌）的天然化合物。但是抗菌剂、抗生素和抗菌药（antibacterial）这些词经常互换使用。

预防性抗菌剂（围手术期抗菌）指在手术前的短时期内、手术中以及手术后的有限时间（通常不大于24h）内使用的抗菌剂。

理解预防性抗菌剂和治疗性抗菌剂的区别是非常重要的。

- **预防性**抗菌剂指在未发生细菌感染的情况下使用抗菌剂，其目的是为了防止感染发生。
- **治疗性**抗菌剂指使用抗菌剂用于治疗已有的细菌感染。

使用**预防性抗菌**剂的目的在于使组织在发生细菌污染前获得有效的抗菌剂浓度，并借此减少污染性细菌的数量，使细菌数量低于可引起感染的临界浓度。预防性抗菌剂仅用于围绕手术过程的时间范围内，以及闭合伤口后的3~6h（即直至形成纤维封闭）内。这一方法不用于预防术后的污染。

治疗性抗菌剂是用于治疗已发生的感染，并需要在根据处方进行治疗直至临床愈合为止。治疗方案是根据致病菌的鉴定和药物敏感试验结果而建立的。

手术部位感染（**surgical site infection，SSI**）指30日内发生于手术部位的任何情形的感染，或是在移植物植入后一年内在移植位置发生的感染。

细菌可分为革兰氏阴性菌和革兰氏阳性菌两类，或需氧菌、兼性厌氧菌或专性厌氧菌三类（表18.1）。革兰氏染色法可对后续治疗提供细菌可能的易感性的指引，因为革兰氏阴性菌的细胞壁外所包裹的脂多糖可保护细菌不被药物所渗透。无论细菌是否能够进行无氧代谢，药物的作用机理同样可以起效。

根据革兰氏染色结果以及其需氧情况进行分类。

表18.1　常见的可从SSI样本所分离的细菌

革兰氏染色	需氧菌	兼性厌氧菌	专性厌氧菌
革兰氏阳性	葡萄球菌 链球菌		
革兰氏阴性	假单胞菌 铜绿假单胞菌	肠杆菌属 巴氏杆菌 克雷伯氏菌 大肠杆菌	厌氧杆菌

伤口感染

所有的手术伤口都会被细菌污染，但不是所有的伤口都会发生感染。发生感染需要细菌污染的数量，通常要达到每克组织或每毫升组织液中约含有10^5个微生物的临界水平。这一数据将伤口感染的状况描述的过于简单，事实上还存在许多因素决定着污染的伤口是否会发生感染。

手术过程中引起污染的细菌可能来源于动物体本身的菌落（内源性细菌）或环境中或临时的皮肤污染物（外源性细菌）（图18.1）。

应使用有效的无菌术（本书第2章和第16章）以及手术操作（本书第21章）来减少污染水平和组织中的菌群。外科医生应该考虑可能造成伤口污染以及激发感染的关键因素，包括：

- 手术伤口分类；
- 针对手术伤口感染的发生率进行分类；
- 考虑可能引起手术伤口感染的因素：宿主的风险因素、手术创口因素和病原体因素；
- 预防手术伤口感染；
- 抗菌药物。

手术伤口的分类

手术伤口可根据手术过程中存在的细菌污染级别进行分类（表18.2）。尽管这是个简单的分类方法，但在考虑合适的预防性抗菌剂方案以及制订术后的抗菌剂疗法的时候，这个分类方法可以作为一个非常有用的起始依据。

手术伤口感染的分类

美国疾病预防和控制中心建立了标准的SSIs分类系统（表18.3）。

影响手术伤口感染的因素

根据相关的研究结果，发生SSI的风险因素。尽管可以确定一些常见的因素，但所建议的一些风险因素的重要性仍然不是非常明确。下文中是一些人医和兽医文献中的相关总结。

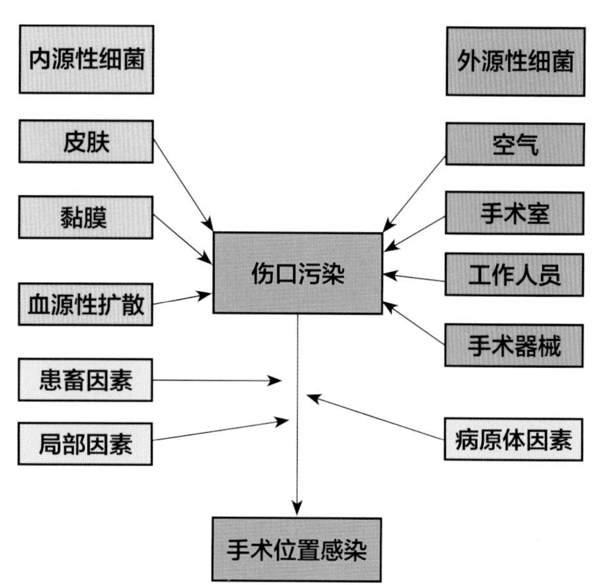

图18.1 伤口感染的内源性及外源性感染源

宿主风险因素

患有全身性疾病或接受药物治疗可能会降低动物的免疫力，容易发生慢性或并发的感染。不管评估过程如何，这些动物适于应用预防性抗菌剂。

人体上与增加感染风险相关的全身性疾病包括：糖尿病、慢性肾衰、肝功能不全及肿瘤。在兽医患畜，已知并发内分泌疾病时感染风险可能会增加8倍以上（Nicholson et al., 2002），但无法识别其他因素的影响。兽医研究工作中无法对广泛的诊断结果（如内分泌病）进行细分，而且某些报道中人医和兽医对风险因素研究结论不一致，这些因素可能反应的是物种间的真实差异，或是由于兽医的研究力度相比起人医来要弱很多的缘故。

影响动物的整体情况并应该给予重视的可能增加感染风险的额外因素包括：老年状态、严重的营养不良、体内其他部位的感染、肥胖、未绝育的雄性以及美国麻醉医师协会的术前评分大于3的患畜（参见本书第8章）。

手术伤口因素

表18.4给出了与手术后感染有关的局部因素。

病原体因素

如前文中讨论的结果，每个组织中引起感染的临界细菌数量会依据局部环境或动物抵抗细菌增殖

表18.2 手术伤口的4种基础分类

手术伤口分类	描述
清洁创	非创伤性选择性手术 未进入胃肠道、泌尿生殖道或呼吸道 未违反无菌技术（如选择性的简单的皮下肿块切除术）
清洁–污染创	进入无明显溢出物的内脏空腔（如膀胱切开术，卵巢子宫切除术）以及腔内无感染（如膀胱炎，胆囊炎）存在时 或是轻微违反无菌技术的清洁的手术过程
污染创	新鲜的外伤创面（小于6~8h） 手术中发生污染的内脏内容物溅出 进入存在感染的（如膀胱炎，胆囊炎）的内脏空腔 严重违反无菌技术的清洁手术过程
感染创	进行手术的部位已经存在感染（组织内细菌繁殖） 手术中碰到脓性分泌物 受伤后超过6~8h未处理的开放伤口

表18.3 美国疾病预防和控制中心对于SSI的分类

浅层的切口SSI
■ 发生于术后30天内 ■ 只有切口的皮肤或皮下组织发生感染 ■ 存在以下一种或几种症状：疼痛、局部肿胀、红疹、发热
深层的切口SSI
■ 手术后30天内，或存在移植物的1年以内 ■ 切口的深层（肌肉、筋膜）发生感染 ■ 存在以下一种或几种症状：脓性分泌物，感染并未发生于器官或体腔，发热时发生自发性切口开裂或故意开放切口，伤口内容物培养阴性但存在疼痛，形成脓肿或其他的影像学、组织病理学证据或再次手术表明发生感染
器官/体腔SSI
■ 手术后30天内，或存在移植物的1年以内 ■ 手术中进行过除切口外其他区域的切开或操作 ■ 存在以下一种或几种症状：放于器官或体腔内的引流管中有脓性分泌物，采样培养鉴定出微生物，形成脓肿或其他的影像学、组织病理学证据或再次手术表明发生感染 ■ 主治医生诊断

表18.4 可能增加感染风险的手术伤口因素

因素	解释
麻醉诱导前为动物剃毛	与剃毛有关的皮肤反应可能会增加皮肤表面的细菌数量。如果剃毛后立即进行手术则可以使风险减到最小（即在诱导完成后立即进行剃毛）。同时应尽量减少剃毛对皮肤的损伤
备皮不当	内源性细菌是最常见的手术伤口感染物。持久而有效地减少内源性细菌数量是减少手术感染率的主要因素（见本书第16章）

（续）

因素	解释
全身麻醉的时间	进行清洁或清洁–污染手术的患畜，麻醉时间的延长（与手术过程无关）会增加术后感染的风险。对于清洁手术而言，在最初的1h麻醉过后，每增加1h的麻醉时间，感染的风险会增加30%
手术时间	一些研究结果将手术时间定为一种风险因素。持续90min的手术的感染风险是60min的手术的2倍。每增加1h的手术时间，感染风险增加1倍
失活组织的面积（包括过度使用电凝器的情况）	缺乏抵抗力的组织是理想的微生物生长基质；动员巨噬细胞进行清理的过程会影响对于感染的有效免疫反应
血清肿/血肿形成	为微生物生长提供了最佳的介质（尤其是葡萄球菌），液体环境内的宿主免疫反应活性低下加重了感染的机会
异物	任何形式的异物（如移植物或是由交通意外带来的马路上的碎片污染）都可为微生物提供庇护以逃避宿主的免疫系统并进行增殖。缝合材料（尤其是编织的多纤维缝线，特别是不可吸收的材料如丝线）可严重降低细菌感染的阈值数量
伤口分类	手术前的伤口分类为感染创
曾进行局部放射疗法	在进行过放射疗法的区域进行手术，相应的术后感染风险会明显增高
丙泊酚	有报道表明使用丙泊酚作为诱导用药可使手术伤口感染因素增加3.8。通常生产厂家建议正确冷藏并使用新鲜药物以避免发生潜在的问题

的能力而变化。除了这些考虑因素之外，不同细菌的毒力和致病性也是需要考虑的因素，例如：

■ 金黄色葡萄球菌所具有的厚的荚膜可抵御巨噬细胞的吞噬作用。

■ 其他细菌（如梭菌）会释放细胞毒性物质。

■ 革兰氏阴性细菌表面的脂多糖细胞壁可保护细胞不受宿主的免疫系统和抗菌剂的渗透作用，还可在细胞死亡时形成有毒的裂解产物（内毒素）。所有这些都是革兰氏阴性菌的毒力强于革兰氏阳性菌的原因（Dunning，2003）。

引起小动物手术伤口污染的最常见细菌是内源性的皮肤菌落，尤其是伪中间型葡萄球菌和金黄色葡萄球菌。猫的内源性微生物和SSI分离菌株常可见多杀性巴氏杆菌。大肠杆菌是相对频繁的培养结果，这是因为在小动物上大肠杆菌与泌尿生殖系统和胃肠道系统都有关系。引起手术伤口感染的主要的专性厌氧菌是厌氧杆菌属（Dunning，2003）。在动物不同的器官系统和区域进行的手术都有被内源性菌落的细菌所污染的风险。

手术伤口感染的预防

完全消除SSI的发生是一个不现实的目标，即使抛开术者、设备和护理水平的因素，也总会发生最低程度的感染。因此，感染预防的目标应着眼于将SSI的发生率减小到最小的级别。只有通过多层次的病例和医院管理方法才可能将SSI的发生率降至基线水平。表18.5列出了实现这一目标所涉及的区域，同样可参见本书第16章和19章的内容。

严格的无菌技术

这是将患畜发生SSI的风险降到最小的关键方面（见本书第16章）。无菌技术不仅可将手术中手术位置的污染减到最小，还可将手术后的伤口感染减到最小。因此，应将无菌技术应用到整个病房范

表18.5 减少SSI发生率的方法

区域	解释
彻底的患畜评估	确定与宿主有关的风险因素，并制定详尽的手术方案以尽量减少麻醉和手术时间
严格的无菌技术	包括手术室设计、人员着装、患畜准备、器械灭菌
手术室人员数量	手术室内的人数直接影响到发生SSI的风险
围手术期抗菌剂应用程序	所有的职员应严格遵守所制订的程序以减少SSI的风险
监督	指定医院团队的某一成员作为感染控制专员
尽快出院	额外增加在医院里进行集中看护的时间会增加SSI的发生率。尽快出院有助于降低院内感染的风险
有效镇痛	进行复合超前镇痛的患畜比未接受镇痛的患畜会更早和更快地进食、恢复、对抗感染、容许看护并出院时间提前
手部清洁	在操作不同的动物之间应按标准程序进行手部消毒

围。术前术后的伤口管理，引流管和导管的管理是在手术室外减少污染风险的重要内容：

■ 在离开手术室之前，每个手术伤口都应该用无菌敷料进行包扎，以在伤口形成纤维封闭前保护伤口不受医院环境的污染；

■ 湿的和脏的敷料必须尽快更换，以避免渗透性污染；

■ 引流管和导管必须维持严格的无菌技术，因为它们是获得性院内感染的风险因素；

■ 良好的手术技术对于减少手术对局部组织环境的冲击是非常重要的。

围手术期抗菌剂应用程序

所有的职员严格遵守所制订的抗菌剂应用程序可减少SSI的发生率，但这必须同时考虑其他因素。患畜和医院管理的内容依赖于抗菌剂会增加成本并降低效率，还有可能造成耐药菌株的爆发性院内感染。

兽医的大部分关于风险因素评估以及围手术期抗菌剂应用决策的研究是基于清洁或清洁-污染手术而进行的。这些研究的结果涵盖了广泛的药物类别，如果将污染甚至感染创的情形也考虑在分析的范围内，则药物的种类会进一步增加。但是对于每个单独的病例，应评估所需使用的药物，同样的情形也出现在人医。

监管程序

应指定一位医院团队内的成员作为感染控制专员，他可以是兽医或是对感染控制有兴趣的护士。感染控制专员的职责是确保彻底并规律地监控灭菌程序，评估并控制医院内部的环境污染，以及监控SSI的发生率。

临床医生应向感染控制专员报告SSI的情况，所收集的数据包括：严重性、发生时间、病原微生物、发生过程、手术室使用情况等。这些数据可用于确定并提示潜在性感染发生，确定合适的围手术期抗菌剂使用程序，让畜主确认医院采取了所有可行的步骤以预防感染并发症。

抗菌药物

分类和作用机理

■ **抑菌**（bacteriostatic）药物指可以抑制细菌生长以便于动物建立有效的免疫反应的药物。

■ **杀菌**（bactericidal）药物指可以导致微生物死亡的药物。

实际上，这两类药物并不是相互对立的，因为抗菌剂的浓度通常会决定该药物发挥抑菌作用或是杀菌作用。分类的依据在于所给予的药物剂量达到杀菌浓度之前是否会对药物的毒性、使用以及剂量的可操作性造成负面影响（表18.6）。

抗菌剂分类

β－内酰胺类抗菌素

这类药物包括青霉素，青霉素衍生物以及头孢菌素。这类药物不在体内代谢，而是以原型形式从尿液中排出高浓度的药物。头孢菌素在结构上与青霉素具有微小的差别，但是所有的β－内酰胺类药物的作用机理是一样的，它们破坏细菌生长时的细胞壁形成，导致细胞通透性增加，最终引起细菌的渗透性溶解（宿主体液的渗透压大于细菌的）。这一作用机制导致β－内酰胺类药物在高渗环境中对敏感的细菌效力降低，此时细胞壁的流动处于较低水平或药物会被细胞壁上的孔径抑制其渗透作用（如革兰氏阴性菌）。

青霉素衍生物：苄基青霉素（青霉素G）具有对抗革兰氏阳性球菌、大部分厌氧菌以及一些需要更复杂营养的革兰氏阴性需氧菌的药物活性，包括：嗜血杆菌、巴氏菌及一些放线杆菌。β－内酰胺酶是一种可以分解β－内酰胺环的酶，使细菌可以抵抗β内酰胺类抗生素。青霉素G可被胃酸破坏，这一点与产β－内酰胺酶的葡萄球菌和拟杆菌属的高抵抗水平均限制了该药物在临床上的使用。

现在，通过人工合成修饰基础的青霉素G分子，可以改变药物的抗菌谱、提高胃肠道吸收率以及增加对β－内酰胺酶的抵抗力。抗β－内酰胺酶青霉素［如双氯青霉素（双氯西林），甲氧苄青霉素（甲氧西林），苯唑青霉素］提高了药物的抗葡萄球菌活性，但对于革兰氏阳性菌仅具有中等活性。

氨苄青霉素和羟氨苄青霉素增加了基础的青霉素G的抗革兰氏阳性菌的活性。与克拉维酸合用可保护药物不受β－内酰胺酶的作用，并提高对于已形成β－内酰胺酶的耐药菌的杀菌活性。但这一方法不会增加药物的抗菌谱，对那些具有先天性抗药性的细菌（如假单胞菌和肠杆菌）无效。

表18.6　杀菌活性

$$\frac{\text{最小杀菌浓度}}{\text{最小抑菌浓度}} < 4\text{–}6$$

最小杀菌浓度：杀死99.9%的微生物最小药物浓度
最小抑菌浓度：抑制微生物生长的最小药物浓度

通常情况下，杀菌药物的最小杀菌浓度接近于其最小抑菌浓度。通常不推荐为了达到最小杀菌浓度而加大药物剂量使得组织内药物浓度大于最小抑菌浓度的6倍。

第四类的青霉素衍生物具有广泛的抗菌活性。这类药物包括羧苄青霉素和羧噻吩青霉素，这些药物对于假单胞菌有效，并且增强了对于克雷伯氏菌和变形杆菌的效果。这些药物对于厌氧菌的杀菌活性弱于其他类别的青霉素衍生物，可以与克拉维酸合用以提高对β－内酰胺酶的抵抗力。

亚胺培南可能是抗菌谱最广的药物，其抗菌谱中包括假单胞菌，并对β－内酰胺酶的降解有着非常强的抵抗力。这是一种价格昂贵且现在只有注射液的药物，在治疗顽固性感染时，如果根据细菌培养和药敏试验的结果无法找到合适的替代性药物时，亚胺培南是非常有用的。亚胺培南对于MRSA无效。

长效的青霉素注射液是预制的相对不溶性的药物，其体液浓度较低，可能无法达到预防的效果。所以长效的药物不应作为预防性抗生素使用。

头孢菌素：头孢菌素分为一至三代，根据代数的不同可大致了解药物的活性抗菌谱。头孢菌素对β－内酰胺酶的抵抗力使得其对葡萄球菌的杀菌活性大于青霉素，但同一代的头孢菌素药物之间对β－内酰胺酶的抵抗程度都有所不同。

- 第一代头孢菌素（如头孢氨苄、头孢唑啉）具有与阿莫西林类似的抗菌谱，并可以杀灭革兰氏阳性菌和革兰氏阴性菌以及部分厌氧菌。
- 第二代头孢菌素（如头孢呋辛）的抗菌谱较窄，但对于肠杆菌属、部分变形杆菌、大肠杆菌以及克雷伯氏菌较有效。总体而言，第二代的头孢菌素对于革兰氏阳性菌有效，并比第一代头孢菌素的杀革兰氏阴性菌的效力强，但对于厌氧菌的杀菌力相对较弱。

■ 第三代头孢菌素（如头孢他啶）与前两代头孢菌素相比，对革兰氏阴性菌的杀菌活性增强，但是对革兰氏阳性菌（包括葡萄球菌和链球菌）的活性较弱，并且对厌氧菌杀菌力弱。这类药物的优势在于对革兰氏阴性的绿脓杆菌、肠杆菌以及沙雷氏菌的杀菌力强，但同类药物相互之间还存在杀菌活性的不一致，应在使用前评估单独药物的适用性。

头孢维新是第三代的头孢菌素，具有高蛋白结合性，因此具有极长的半衰期。它在体外实验中呈现出对于葡萄球菌、巴斯德菌、大肠杆菌以及一些厌氧菌的杀菌活性，但是假单胞菌、肠球菌以及支气管败血波氏杆菌对于该药物具有先天性的抵抗力。第四代头孢菌素的开发遵循了之前两代药物增加对于革兰氏阴性菌的杀菌活力这一趋势，并减少了诱发抗药性的能力。但与第二代、第三代头孢菌素不同的是，第四代的头孢菌素并没有以牺牲革兰氏阳性菌的抗菌活性为代价而增强对于革兰氏阴性菌的抗菌活性，并在这个方面保持了第一代头孢菌素的抗菌特性。第四代头孢菌素在人医上的重要性阻止了将其应用于兽医。

氨基糖苷类

氨基糖苷类药物是一类杀菌性抗菌剂，通过抑制核糖体功能而阻止细胞蛋白质合成。通过抑制蛋白质合成，这类药物可以减少细菌所合成的β－内酰胺酶，并可与β-内酰胺类抗菌药物形成协同作用。常见的例子包括庆大霉素和阿米卡星。

氨基糖苷类药物对于杀灭包括假单胞菌在内的革兰氏阴性菌非常有效，还可杀灭包括葡萄球菌在内的一些革兰氏阳性菌。它们对厌氧菌无杀菌活性，因为药物的摄入是需要通过氧驱动的转运作用来完成的。此类药物具有对诺卡氏菌以及某些不典型的分支杆菌属细菌的抗菌活性。

肾毒性：氨基糖苷类药物对于犬的肾毒性最初表现为降低了动物产生浓缩尿的能力，并可因为抑制肾小管细胞功能而发展为氮血症。氨基糖苷类药物还可抑制肾脏的前列腺素合成，从而导致肾脏无法随收缩血压的变化而维持肾小球通透性。所以，不建议与非甾体类抗炎药物合用。

氨基糖苷类药物的毒性与给药间所获得的波谷浓度有关，而杀菌效果与峰值浓度有关，与达到这一浓度所需的时间无关。因此，应每日给药一次而不是两次，以获得最大的药效和最小的毒性。

如果怀疑患畜的肾脏灌注状态发生改变或患有对肾毒性物质敏感度增加的疾病时，应小心使用氨基糖苷类药物或完全避免使用。可通过维持患畜的水合状态来将肾毒性降到最小，并避免同时使用其他肾毒性药物。出于对药物毒性风险的考虑，这一类的抗菌药物的使用受到了较大的限制。

氟喹诺酮类

氟喹诺酮类药物是杀菌性抗菌剂，通过抑制DNA促旋酶的活性来阻止细胞繁殖。它们对于厌氧菌的活性极差，且对葡萄球菌和肠球菌无效，但对革兰氏阳性菌以及许多革兰氏阴性需氧菌包括假单胞菌有效。

氟喹诺酮类药物禁用于年幼动物，因为药物会引起软骨代谢紊乱及牙齿褪色。恩诺沙星可能会引起猫的急性失明，所以要小心使用，而马波沙星在这方面的毒性不良反应较少。

氟喹诺酮类药物是浓度依赖性药物，但是药物浓度维持在最小抑菌浓度之上的时间对于杀死一些微生物也是重要的因素。

通常在兽医的细菌分离结果中，对于氟喹诺酮类药物的耐药性显现的相对较慢。不幸的是，许多微生物会呈现低水平的质粒介导的耐药性，如将药物从微生物体内排出（如金黄色葡萄球菌），缩小孔径以减少药物摄入（如绿脓杆菌），以及改变细胞壁结构。

有效的磺胺类药物

甲氧苄胺嘧啶/磺胺类药物及相关化合物可抑制叶酸合成，叶酸是细菌的细胞生存所必须的物质。这是一类广谱的杀菌药物，可有效杀灭革兰氏阳性菌、革兰氏阴性菌以及厌氧微生物，但它们对于假单胞菌和肠球菌无杀菌活性。由于药物渗透力改变及靶酶的变化，抗药性非常常见，尤其是葡萄球菌。近些年来，由于细菌通过质粒转移的方式可快速地形成抗药性且药物本身具有一定的潜在毒性（如免疫介导的多发性关节炎），此类药的使用已逐渐减少。MRSA通常对此类药物敏感。

四环素类

这类药物与核糖体的单元之一形成可逆结合。核糖体是蛋白质合成的关键组件。四环素被认为是抑菌剂，并可有效杀灭革兰氏阴性菌以及革兰氏阳性菌，此外许多厌氧菌同样表现出敏感性。此类药物对葡萄球菌作用有限，且对肠球菌、绿脓杆菌和肠杆菌属某些种无效。

甲硝唑

甲硝唑在体内代谢后形成的活性成分可抑制微生物的DNA合成。甲硝唑可有效杀灭革兰氏阴性厌氧菌以及大部分的革兰氏阳性厌氧菌。高剂量的甲硝唑（口服25mg/kg，每12h一次；或10mg/kg缓慢静脉注射，每12h一次）与抽搐有关。用药时可能会因为口腔异味而引起动物食欲不佳，即使是静脉输注时也可能有此情况发生。

林可酰胺类

通常认为林可酰胺类是一类抑菌性抗菌剂，可抑制核糖体功能，并抑制蛋白质合成功能。林可酰胺类也可能是杀菌药物，取决于药物浓度和微生物的敏感性。林可酰胺类可杀灭革兰氏阳性球菌以及许多专性厌氧菌。同时葡萄球菌很少表现出抗药性，对于耐青霉素的葡萄球菌感染，可用高浓度的林可酰胺类进行治疗。药物可高浓度存在骨、胆汁、前列腺液以及乳汁中。应小心用于肝功能或肾功能紊乱的动物。

大环内酯类

红霉素的杀菌谱类似于青霉素（革兰氏阳性菌以及厌氧菌），并可用做青霉素的替代药物。大环内酯类药物通过结合核糖体亚基来抑制蛋白质合成，并根据药物浓度和细菌敏感度发挥抑菌或杀菌作用。红霉素具有促肠道运动效应，高浓度可能会引起动物恶心、呕吐以及腹泻。

抗菌剂无效及耐药性

微生物对于抗菌剂的耐药性可以是先天性或是获得性。

- **先天性**耐药性指可预计的细菌对于药物的抗药性，例如氨基糖苷类药物对于厌氧菌是无效的。
- **获得性**耐药性通常需要自发的基因突变或获得额外的基因物质而引发。

自发性突变缓慢发生并常引起多重的变更以使得细菌毒力减弱，或对于其他抗菌药物敏感度增加。最常发生的是细菌间通过质粒（一种染色体外的DNA分子，可在细菌之间传递）的形式传输遗传物质以更快速获得持续及有效的耐药性。还可通过转导、转化以及结合等形式实现DNA带来的耐药性。

质粒介导的耐药性尤其常见于革兰氏阴性菌，但质粒可在革兰氏阴性菌和阳性菌之间传递。单个质粒的传递可带来对于多组抗菌药物的耐药性。

不恰当的用药间隔或组织内药物浓度接近最小抑菌浓度（见表18.6），两者都会促使在一个细菌种群内选择性消除最敏感的细菌，从而增加了耐药菌的优势数量（Gould，1999），而延续下来的种群会具有不同程度的耐药性（图18.2），这些细菌中大部分会通过质粒交换而获得质粒介导的耐药性。同样的，应尽可能避免复方用药，因为任何存活下来的细菌都会含有可对多重抗生素产生耐药性的遗传物质。

合理运用预防性抗生素

人医院和兽医院的有关研究结果显示，对手术病患严格遵守预防性抗生素的选择和使用的标准程序可以明显减少术后感染的发生率，减轻耐药菌的选择性压力，并可保证医院有能力预测相关费用（Brown et al., 1997；Willemsen et al., 2007）。尽管如此，人医文献中的多重研究显示对于预防性抗生素使用程序的依从性较差，这一点与手术后的过度

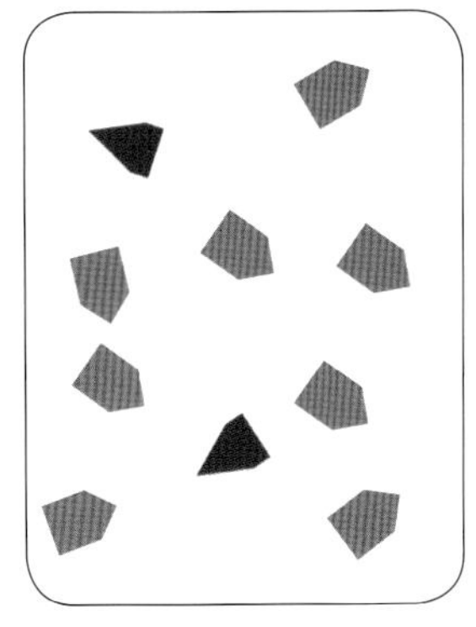

① 混合的细菌种群。较尖锐且颜色较深的符号代表耐药细菌，它们仅占细菌种群的少数

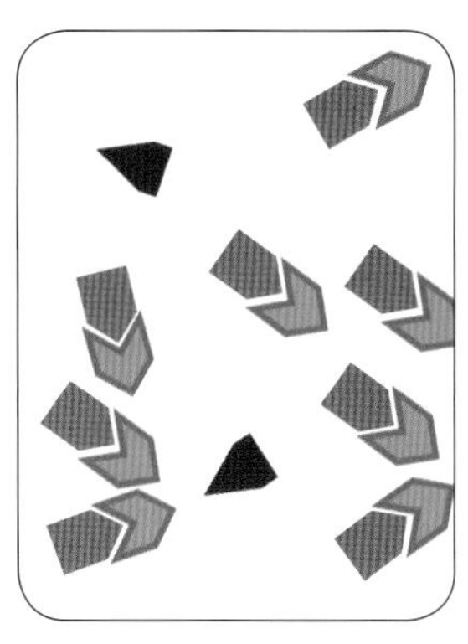

② 抗生素选择性作用于敏感细菌

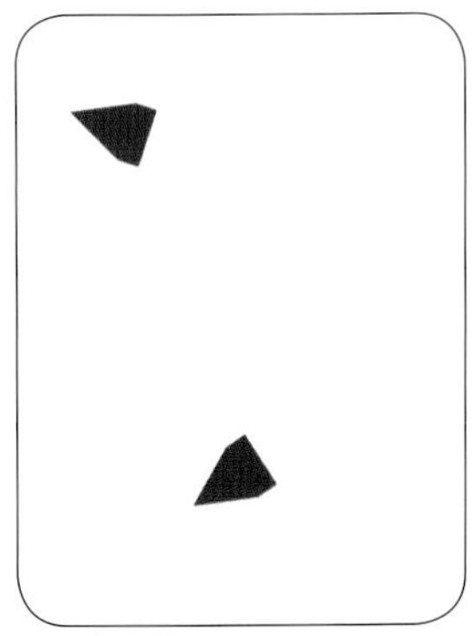

③ 残余的耐药性细菌失去了资源的竞争者

④ 种群由耐药菌所主导，同样的抗生素无法减少其数量

图18.2 药物存在时对于细菌耐药性的选择性压力

用药尤其相关（Haydon et al., 2010）。随意使用不同的无效剂量的药物不仅会使动物个体暴露于感染的风险中，同样也为耐药菌株的形成提供了理想的环境，因此可能增加医院的长期花费。

相关政策不仅应提供标准的剂量以及标准的一线抗生素选择，还应提供清晰评估每个患畜以及手术过程的指引，并将本章内所提及的风险因素考虑在内。这一评估结果可用于确定预防性的抗生素是否适应及术后的抗生素使用是否正当。

在预防性抗生素的选择过程中，应考虑药物对于可能的病原体的抗菌活性、给药途径、所需浓度以及可能的毒副作用。大部分的预防性抗生素是通过静脉输注的方式给予的，大概需要15~30min来达到组织间的平衡浓度。尽管没有任何支持性证据，但手术过程中的给药间隔要比动物清醒状态下的给药间隔频密，可能是因为进行手术的动物通常会表现多尿或是在伤口由纤维封闭之前需要维持时间依赖性的抗生素的浓度高于最小抑菌浓度。

清洁手术

对于免疫功能健全的动物，健康组织进行短时的清洁手术可不使用预防性抗生素。因为污染水平非常低，动物的免疫系统足够将其清除（Vasseur et al., 1988；Brown et al., 1997）。可能的例外情况是那些一旦发生术后感染会引起灾难性后果的手术，例如髋关节全置换术或心脏起搏器移植术这类使用永久性移植物的手术，或是需要相对较长时间的清洁手术。就后者而言，通常将90min作为手术时长的截止点，虽然这可能是唯一的时间节点。预防性抗生素会增加医院内细菌种群中的耐药菌比例，所以对于每个病例使用预防性抗生素都应有合理的理由（Rubenstein et al., 1994）。

清洁-污染手术

对于人医的这类手术而言，使用预防性抗生素对于显著降低SSI的发生率的效果会根据手术情况而变化（Verschuur et al., 2004；Skitarelic et al., 2007）。然而，在兽医文献中没有预期之中的这类随机对比试验的结果。但在清洁-污染手术中使用预防性抗生素以降低SSI发生率的效果可能小于清洁切开术。这可能是因为这一类别的手术种类多样，而可能发生污染的病例数也很多。选择相应的抗生素时应考虑在手术位置可能引起污染的细菌数量和毒力以及宿主和局部伤口的因素。

污染手术

污染和感染手术的SSI发生率高于清洁和清洁-污染手术。高浓度的污染性微生物的存在提示需要进行预防性抗生素，尽管缺乏确定的研究数据。

感染手术

这些病例中所使用的抗生素属于治疗性抗生素，应根据典型样本（通常是灌洗后的伤口床组织）的细菌培养和药敏试验的结果选择相应的药物。通常在采样后和结果出来之前，可以根据经验选用抗生素。

耐药性

耐药菌株的出现会影响预防性抗生素的合理选用。避免过度使用抗生素可减轻细菌种群内持续增加的耐药菌株的选择性压力，从而提高常规用药的疗效（Gould，1999）。降低种群内耐药菌株的竞争优势有助于减少其在细菌种群内的比例。事实上，这结果可以通过对于抗生素的合理处方来得到，同时应遵循一些基本原则：

- 避免不必要的抗生素疗法（如简单腹泻，上呼吸道感染，长期的术后过程）；
- 对于感染的治疗应基于细菌培养和药敏试验的结果而进行，或者至少根据可能引起感染的病原体仔细选择抗生素；
- 采用合适的给药间隔和剂量以获得较高的终末浓度区间，从而保证局部组织内的药物浓度高于MIC（与大部分的长效注射液不同）；
- 保留一些已知耐药性较低的药物以供药敏试验结果相适应时使用（如氟喹诺酮类药物）；
- 严格遵循合理的预防性抗生素使用程序；
- 根据最有可能的污染菌选择抗生素，同时避免在不必要时选用一些高度工程化的药物；
- 避免术后使用抗生素除非已确认发生感染。

预防性抗生素使用程序

下列程序阐述了存在一个或多个风险因素的情况下，外科医生考虑应该使用预防性抗生素的时候，如何合理使用抗生素的程序。

外科的预防性抗生素使用原则

这些原则是根据美国疾病预防和控制中心所提出的外科的预防性抗生素（围手术期抗菌作用）使用指引列出的。

- 对于易发生感染的手术使用预防性抗生素。
- 根据可能引起SSI的细菌种群选择安全廉价的抗生素药物。
- 预先给予药物以保证在手术切开时组织内药物浓度达到杀菌浓度。
- 维持合适的组织药物浓度直至伤口闭合且纤维封闭形成（3~6h）。不要在24h外继续使用。

抗生素的选择

常选用阿莫西林/克拉维酸、第一代头孢菌素（头孢唑啉）和第二代头孢菌素（头孢呋辛），利用其广谱的性质杀灭可能存在的病原体，包括葡萄球菌和巴氏菌。第三代头孢菌素和氟喹诺酮类药物的抗菌谱较窄，常不作考虑。例外的情况是大肠的手术，此时革兰氏阴性菌和厌氧菌是优势种群，因此应考虑合用第二代头孢菌素和甲硝唑或其他具有同等效力的抗菌剂。

静脉途径给药

选用的抗生素应是安全、经济以及可在组织内快速分配的。肌内注射和皮下注射的给药方法通常会非常缓慢地达到组织内的最大浓度，且很难达到静脉注射所能够达到的高浓度水平。使用肌内注射或皮下注射的方法需要在麻醉诱导前数小时给药。

时间：静脉给予预防性抗生素应在麻醉诱导后立即进行，同时可以安放监控设备并进行手术位置的备皮工作。

剂量

用药程序应保证给药剂量处于治疗性剂量范围的上半部区域，以确保手术区域的药物浓度达到MIC，并发挥其最大效用（表18.7）。

追加剂量：有证据表明追加用药应该在抗生素的两个半衰期之间进行。通常如果手术时间可能会超过3h，只需要按照初始剂量追加预防性抗生素（如阿莫西林/克拉维酸每2h一次，头孢唑啉最多

表18.7 抗生素的预防性使用剂量

抗生素	剂量
阿莫西林/克拉维酸	20mg/kg，缓慢滴注
头孢唑啉（第一代头孢菌素）	20~25mg/kg，缓慢滴注
头孢呋辛（第二代头孢菌素）	20~50mg/kg，缓慢滴注

3~4h一次）。选用药物、给药途径以及数量应与诱导后的给药情况保持一致。尽管有些做法缺乏证据支持，但有些医生会要求每90min给药一次。

预防性给药

药物应在术后形成纤维性封闭（大概4~6h）前维持有效的浓度（大于MIC）。尽管缺乏相关证据支持，但在存在一个或多个感染风险的时候，应维持使用抗生素达24h。人医和兽医都无文献支持在术后24h之后继续使用围手术期抗生素（Dunning，2003）。

延续使用

在人医，术后24h使用抗生素的病例，SSI发生率与接受5日抗生素治疗SSI的发生率相同，且现在无证据支持在手术时期之外继续使用预防性抗生素疗法（Dunning，2003；Hedrick et al., 2007）。这一结论包括了那些在术前评估中认为存在SSI风险的患畜。事实上，除了那些不必要增加的治疗成本之外，这类动物手术24h之后不恰当的使用抗生素可明显增加医院环境中耐药菌的选择性压力。

同样无证据支持要在术后拆除管道或引流管前继续使用抗生素（Hedrick et al., 2007）。在一项关于膀胱造口管道的研究中，连续的抗生素治疗并不会预防泌尿道感染，并会明显增加耐药菌感染的发生率（Barsanti et al., 1985）。更为合理的方法是小心监控这些患畜并在感染发生时进行针对性治疗。通常情况下，感染会在管道或引流管拆除后同时发生。可将管道末端送样培养，以选择最合适的抗生素治疗方案，从而增加移除异物所带来的治疗成功率。此外，所存在的细菌非常有可能对细菌培养结果所提示的抗生素敏感，好像当管子/引流管存在时，这些细菌从未暴露于抗生素所带来的选择性压力一样。

对于手术患畜使用治疗性抗生素

感染手术

如前文所讨论的内容，在清洁、清洁-污染或污染的手术中，预防性的抗生素可在手术完成后终止给药或根据术前评估的风险因素而持续给药至手术后24h。

污染手术是指那些已经发生感染或是在手术位置存在足够数量的细菌以至于感染是不可避免的情况。但在监管程序中，这些情况不应被看作SSI，抗生素的应用是出于治疗目的，而不是预防感染的发生。应根据细菌培养的结果进行治疗并在问题解决后持续治疗2~3日，根据临床评估结果或是相应的重复的微生物检查结果而定。

手术位置感染

作出SSI的诊断后，所应采取的措施的优先次序如下：

- 清洁感染区域；
- 安置引流管；
- 采集代表性的样本以供分析；
- 进行合适的全身性抗生素疗法；
- 预防伤口或医院环境的进一步污染。

清洁伤口

一些浅层的切口性SSI可进行保守治疗，但伤口中出现脓性分泌物则表明伤口可能会发生开裂。在没有天然引流管存在的时候，医生可能要拆除缝线并部分开放伤口以获得类似的效果。一旦伤口开放，这一区域就应作为感染创处理。

■ 用灭菌的Hartmann's液冲洗，Hartmann's溶液对于成纤维细胞的损伤小于0.9%生理盐水。使用20~30mL的注射器以及19G的针头进行冲洗以提供8~10psi的冲力并保证冲洗效果。

■ 应去除坏死组织和异物，这一过程应在全身麻醉的情况下完成。存活性成疑的组织应留在原位，并在一旦发现其无法存活时切除。早期应使用黏性绷带以帮助伤口自净。

一些医生会在冲洗液中加入一些抗菌剂，但一些研究显示这种做法并不比单纯地使用生理盐水更有效。与生理盐水或加有聚维酮碘的生理盐水相比，洗必泰（0.05%或1：40稀释）可有效减少污染率或伤口内的细菌浓度。然而，所用药物的浓度应严格控制以减少对肉芽组织的毒性，并新鲜配制以避免发生沉淀。出于对药物的潜在毒性以及有限效果的考虑，作者通常不会在冲洗液中加入抗菌剂。此外，无证据支持在处置污染创或感染创时往冲洗液中添加抗菌剂这一作法。

细菌培养和药敏试验

在开始抗生素治疗前必须要获取病原菌的样本，忽略这一步骤可能会导致药物使用不当及治疗过程的延长。组织或样本应放于活性炭的拭子套件内，并送交实验室进行厌氧菌和需氧菌培养以及药敏试验。进行革兰氏染色可更快速地提供参考结论并有助于指导治疗。

感染治疗

临时治疗：在细菌培养结果出来之前，应根据可能引起感染的细菌，经验性选择广谱的杀菌性抗生素。同时要考虑前期治疗的情况并监控药物使用效果。

抗生素选择：遵守实践预防性抗生素使用规程可以令常用的预防性抗生素作为一线抗生素使用，并可以有效对抗致病菌。例外的情况包括进行了抗生素的治疗却仍然形成的SSI，以及接受了无效的抗生素治疗的病例。这些病例很有可能是由于革兰氏阴性菌和/或耐药菌引起的感染，需要选择新品种的抗生素。

给药方式：最初24h内静脉给药可使药物快速达到最大浓度，应尽可能考虑选用静脉给药的方式。如果在24~48h之内发生感染的进行性发展或未见症状改善，则应重新评估治疗方案、包括药物、剂量以及给药频率。

细菌培养结果的解释：对于细菌培养的解释是非常重要的。

■ 细菌混合生长或生长不足代表未必存在感染性病原，并提示伤口可能不存在感染状况或采样技术拙劣。

■ 大量生长的分离菌，尤其是单一品种的大量生长，可能是致病菌的准确反映，应根据细菌进行针对性治疗。

大多数的SSI，尤其是骨科的SSI，是由于单一的细菌所引起的。要牢记的是体外的药敏试验结果并不能准确反映体内的状况。应要求针对多药耐药菌进行额外的敏感试验，同时临床医生应能够与实验室工作人员讨论相关的治疗方案。

全身性治疗的延伸：临床痊愈后应继续进行全身性的抗生素抗感染治疗。

■ 软组织感染通常需要额外的2~3日。

■ 影响到关节或骨骼的骨科SSI至少需要2周时间，导致许多病例需要4~6周的抗生素治疗。

增加浓度依赖的抗菌药物的使用剂量可同时增加其对耐药菌的杀菌活性。例如：对假单胞菌感染的犬，增加全身性的恩诺沙星用量至20mg/kg（每24h一次）可提高药效。

局部治疗：局部治疗是有作用的，尤其是对于耐药菌的治疗。表面抗生素疗法（例如浸有庆大霉素的海绵或泡沫）可在感染的位置产生较高的药物浓度，这一点其他的方法无法做到。

抗菌敷料同样是有效的辅助治疗手段（如浸有银离子或蜂蜜的敷料）。在没有缓释赋形剂（如胶原海绵）的情况下局部使用抗菌剂的效果可疑，尤其是用于渗出性伤口的时候。药物的全身性使用可疑确保渗出液本身含有药物成分，而不是依赖于局部应用时药物需要对抗液流而进入组织。局部应用会导致药物起始浓度过高，可能引起刺激或毒性。

伤口的保护

治疗的一个重要方面是防止环境对SSI区域造成的污染，反之亦然。怀疑发生SSI的患畜应隔离及/或进行单独护理，直至确定感染源。所有确定由耐药菌引起的SSI的患畜应隔离。单独护理通常需要使用一次性的工作服和手套，并安排专用于该患畜的设备。食具、听诊器、床褥或温度计应避免在动物间交替使用，除非对这些设备进行有效的清洁和合适的灭菌。

19 医院内获得性感染

Anette Loeffler

概述 

医院内获得性感染（Hospital-aquired infection，HAI）或称医院感染（nosocomial infection，希腊语中nosocomial为医院的意思）在人医定义为在住院前不存在或未潜伏的所有类型的具有明显临床症状的感染，通常发生于入院48h以后至出院后3日内或手术后30日内。HAI同样包括工作人员在工作中发生的病原体感染。

现在比较关注的是由多重耐药菌引起的HAI，这种情况是由于人医院里抗菌药和防腐剂的频繁使用导致的，多重耐药菌同样出现于动物医院。如果发生意料之外或特别的一系列HAI病例，可能提示爆发HAI，此时需要快速并严格地寻找常见的感染源以减少影响。人医发生医院感染会导致发病率和死亡率增加，并延长患者住院时间，还会为医疗机构带来巨大的财政负担。

兽医上有小动物诊所爆发医院感染的报道，这种感染有大量典型症状，如导管位置感染或腹泻。从定义上来说，HAI与住院和接受治疗的病因是无关的。因此，治疗HAI是复杂的，体谅畜主和兽医人员的焦躁情绪会增加治疗的配合度。

HAI有时会被归为“医院事故”，从而强调很少能够在住院的时候确认是否存在感染性微生物。在本章中，HAI一词即用于兽医诊所或医院相关的感染，也用于大量的门诊动物或住院一日进行小手术的病例或常规手术病例。很多怀疑发生HAI的病例是在出院后才表现出临床症状，因此很难确定感染源是来自医院还是家里。

与人医HAI中耐药性微生物的增长一致，兽医临床上也开始出现多重耐药菌。兽医院内抗生素、防腐剂和消毒剂的频繁使用给定植感染性微生物很大的选择性压力，从而导致耐药菌株的增殖，最终回避抗生素的预防和治疗作用。马医院的研究结果显示，住院时定植动物体的细菌，耐药性比住院数日后从感染位置所分离的细菌的耐药性低。耐药菌的耐药模式常可反映出一个国家、地区或一个医院的抗生素使用模式。同样，限制特定的抗生素等级或周期性使用抗生素可提高所用抗生素的敏感性，这强调了处方行为在改善医院感染方面的作用。

感染类型 

医院感染常表现出特定的临床综合征，最常见的有：

- 手术部位感染（surgical site infection，SSI）；
- 静脉导管（以及动脉管路）相关的感染（图19.1）；
- 导管相关的泌尿道感染；
- 腹泻；
- 肺炎。

HAI的严重性从轻度、暂时性到危及生命的疾病甚至于致死性结果都有。尽管病原体和宿主之间存在复杂的相互作用，但是一些HAI可能不加以额外处理就可以快速解决（例如拆除缝线后），而其他一些可能需要进行比治疗原发疾病更深入的治疗并导致延长住院时间及增加费用。

表19.1列出了常见的与医院感染有关的临床症状。

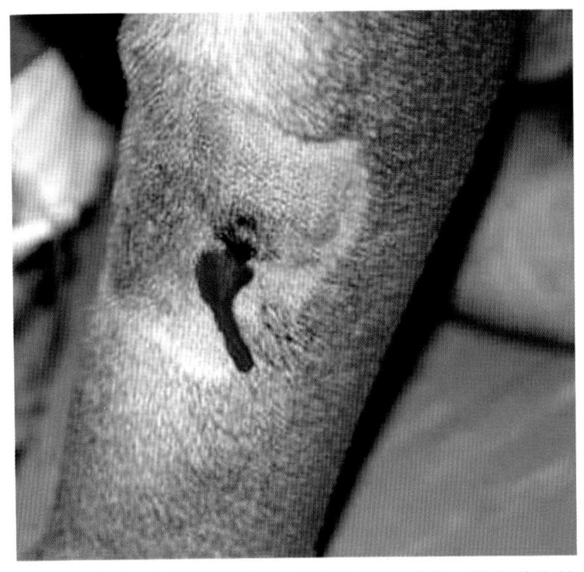

图19.1 怀疑在静脉导管插入点发生医院感染，伴有肿胀的血性分泌物，周围组织变色（S Banies）

病原体

HAI可由病毒、细菌或真菌引起，广义上还可由寄生虫引起（侵染）。这些病原体可由动物、畜主、兽医带入兽医诊所，少见的情况还有由污染物或带菌者活动带入。

多重耐药性及动物源细菌

在犬和猫上发生的多重耐药及动物源性细菌引起的HAI，因其可能对公共卫生产生的影响而受到特别的注意（表19.2）。如果犬猫感染耐

表19.1 小动物患畜医院感染的相关症状

感染类型	临床症状	可能的易发因素
静脉导管位置感染	炎症、肿胀、插管位置有脓性或血性分泌物；淋巴结病	■ 导管放置过长时间 ■ 放置不良 ■ 备皮不当 ■ 导管污染 ■ 连接头的类型 ■ 分离次数 ■ 生物膜所产生的细菌
手术位置感染	炎症、肿胀、手术位置的脓性分泌	■ 参见本书第18章
败血病	症状不定、虚弱、心动过速、呼吸过速、发烧或体温降低、白细胞增多或减少	■ 导管相关感染 ■ 感染创 ■ 手术位置污染 ■ 其他的器官发生的严重感染，或是发生于免疫抑制的患畜（见本书第11章）
泌尿道感染	多尿、炎症、导尿管插入位置周围肿胀、血尿	■ 卫生条件不佳 ■ 技术不佳 ■ 导尿管尺寸过大 ■ 导尿管材料 ■ 生物膜所产生的细菌 ■ 当放置插管时使用抗生素
呼吸道感染	呼吸困难、咳嗽、发热、抑郁，尤其是在发生呕吐/返流或插管之后；白细胞增多	■ 麻醉过程中吸入口腔内容物 ■ 巨食道症 ■ 鼻胃管 ■ 菌血症 ■ 吸入污染空气 ■ 辅助通气

（续）

感染类型	临床症状	可能的易发因素
肠胃炎	腹泻、食欲不振（呕吐）	■ 抗生素治疗 ■ 环境污染 ■ 食物改变
皮肤及下层软组织感染，皮外寄生虫侵染	在已有的伤口周围或皮肤上发生炎症、肿胀、丘疹、脓疱、痂皮或疼痛；大面积的皮肤发生鳞屑、结痂或脱毛	■ 自发性伤口 ■ 慢性皮肤疾病 ■ 皮外寄生虫侵染
无名高热	发热	■ 病毒感染 ■ 导管位置感染 ■ 假膜性肠炎（人）

甲氧西林金黄色葡萄球菌（Methicillin-resistant *Staphylococcus aureus*, MRSA）、抗万古霉素肠道球菌（vancomycin-resistant enterococci, VRE）；产超广谱β内酰胺酶（extended-spectrum beta-lactamase, ESBL）的大肠杆菌及艰难梭菌（clostridium difficile），需要进行全面的畜主教育以及对所有与畜主相关人员的广泛宣传。

此外，有些没那么出名的细菌，如凝固酶阴性葡萄球菌（coagulase-negative staphylococci）或克雷白杆菌（*Klebsiella* spp.）可能与HAI有关。凝固酶阴性葡萄球菌是人医上最常见的与医院血液感染有关的细菌，并且是人所有HAI的第三常见病原体（英国国家医院感染检测系统，卫生防护局）。这些细菌通常是高耐药性的共生体，只有宿主免疫功能不全时才会有害，或者在抗生素疗法后获得了选择性优势，或者由于侵害性装置将它们带入深层的组织。

病毒、真菌和寄生虫感染

如果感染控制措施不当，可能会有其他兽医特异性疾病，如犬窝咳、卡里西病毒或细小病毒在兽医诊所内感染。

与HAI有关的真菌包括皮肤癣菌，如犬小孢子菌（*Microsporum canis*）、曲霉菌（*Aspergillus* spp.）以及念珠菌（*Candida* spp.）。在人医，念珠菌引起的真菌感染常与用以营养支持的肠饲管有关，或是在严重免疫功能不全的患者上使用广谱抗

表19.2　与犬猫的医院感染相关的多药耐药菌的例子

细菌	参考文献
耐甲氧西林金黄色葡萄球菌（Methicillin-resistant *Staphylococcus aureus,* MRSA）	Weese et al. (2006)
凝固酶阴性葡萄球菌（Coagulase-negative staphylococci）	Sidhu et al. (2007)
抗万古霉素肠道球菌（Vancomycin-resistant enterococci, VRE）	van Belkum et al. (1996)
鼠伤寒沙门氏菌（*Salmonella typhimurium*）	Wright et al. (2005)
多重耐药大肠杆菌（Multidrug-resistant *Escherichia coli*）	Sidjabat et al. (2006)
产超广谱β内酰胺酶的大肠杆菌［Extended-spectrum beta-lactamase（ESBL）producing *E. coli*］	Sanchez et al. (2002)
克雷白杆菌，沙雷氏菌属，变形杆菌（*Klebsiella*，*Serratia, Proteus* spp.）	Glickman (1981)
前言鲍曼不动杆菌（*Acinetobacter baumanii*）	Francey et al. (2000)
绿脓假单胞菌（*Pseudomonas aeruginosa*）	Fine and Tobias (2007)
艰难梭菌（*Clostridium difficile*）	Kruth et al.(1989); Weese 和 Armstrong (2003)

生素的情况。随着兽医护理工作的不断进步，已经开始考虑这些感染发生于患畜的可能性，尤其是集中治疗的情形。

体外寄生虫，如姬螯螨、疥癣虫或蚤，可通过直接接触或环境污染在住院动物之间传播，而且它们可以在环境中生存数日。

感染源

内源性和外源性感染

在环境有助于微生物侵袭的情况下，患畜可被其自身微菌落中的微生物所感染（内源性感染）。这种情况可见于导管相关的感染或手术部位感染，此时移生的细菌借助外界的力量绕过了机体的自然屏障。此外，对于其他的住院动物而言，兽医人员或环境因素可能会成为病原体的感染源（外源性感染）。

与带菌者接触

几乎所有从犬猫的感染病例上分离到的MRSA与人医院中占优势的MRSA菌株从基因的角度来说是完全一致的。这一点提示了MRSA最初是从人传到动物的，并且人类的带菌者或是发生过MRSA感染的人可能是动物感染的储存池和载体。此外，一些发生于手术部位或移植物上的MRSA感染可能在手术中或手术后短时间内获得。然而，畜主及其家庭环境作为MRSA传染源的作用是平等的，即使是关于分离培养物的流行病学分类也无法显示感染源的所在。

污染的环境

其他的医院内病原体可能由动物及人所携带，藏匿在环境中的毛发、皮屑、唾液中并通过气溶胶或粪便传播。一些微生物可长时期留存在环境中，尤其是可形成孢子的微生物，如枝菌属（*Clostridium* spp.）或曲霉属（*Aspergillus* spp.）葡萄球菌（Staphylococci, 包括MRSA），它们可在干燥的表面存活数月之久（Waagenvoort等，2000）；假单孢菌（Pseudomonas spp.）可生存在医院内潮湿或多水的环境中，例如在水龙头或水槽内。医院内的环境性病原菌储存池包括门把手、笔以及电脑键盘，同时还存在于医疗器械上，如内镜、体温计以及喉镜的把手。已有报道表明从动物和医院环境中分离到具有基因相关性的MRSA以及多重耐药大肠杆菌（Sanchez等，2002；Loeffler et al., 2005）。

发病率及风险因素

2008年欧洲的人医院内的医院感染大概影响了7%的住院病人（欧洲疾病控制和预防中心）。而在重症监护室、血管外科和骨外科病房所报道的发病率可高达20%。HAI最常发生于手术伤口、泌尿道以及下呼吸道，人医约有15%的HAI病例为SSI。监控HAI的发生率有助于感染控制程序，但这一监控系统的建立需要时间和资金的支持。

兽医的HAI的发生率大体上是未知的。一项兽医研究结果表明，住在重症监护病房的犬和猫，有3%~6%在住院期间发生感染（Eugster et al., 2004）。另一项研究结果表明，在最近的5年内，在北美38家兽医教学医院，有82%的医院曾爆发医院感染（Benedict et al., 2008）。同一项调查中，19%的犬和16%的猫被认为发生“院内事件”，但不是所有的病例都确诊感染。

最近20年内，可用的诊断方法数量以及对于严重病患的治疗方法大幅度增加。同时，畜主的知识水平以及期望值也同样增加。这些因素一起导致了动物留院时间延长，进而可能增加兽医院内HAI的发生量。最近的一项研究结果表明，即使彻底的清洁导管插入的位置，还是有23%的导管会有细菌生长（Jones et al., 2009），然而一项研究中，所有的动物HAI的病例中有46%是发生SSI（Murtaugh and Mason, 1989）。

监控系统

对于医院感染进行监控是每一家兽医机构的

责任，但如何建立适合于动物医院的监控方法我们知之甚少。例如，在人医院，MRSA的发生率以MRSA菌血症病例数与非MRSA的金黄色葡萄菌血症病例数的比值来表示。现在，英国的医院内MRSA的发病率约在40%左右。尽管这一数据无法反应MRSA的整体数量，但可作为独立医院或健康护理机构MRSA的重要指标。

在兽医中，MRSA感染与其他葡萄球菌感染相比不算是频繁发生的情况，但反复的抗生素治疗、手术和手术移植物以及接触人的MRSA带菌者等因素已被证明可增加感染风险（Soares Magalhães等，2010）。

风险因素

尽管兽医文献中关于小动物HAI的数据很少，但小动物HAI的风险因素（表19.3）可以从人医的文献中得到反映（Boerlin等，2001; Eugster等，2004）。表19.1中总结了对与单独的临床症候群所确定的和建议的风险因素，本书第18章详细讲述了SSI的相关内容。

一般来说，兽医院是动物暴露于潜在病原体的高风险区域。然而，暴露本身并不是获得病原体或疾病的必须条件。最近的一项实验结果表明，与感染MRSA的犬以及MRSA携带犬共同生活的11只犬，在定期清洁环境的情况下可以保持MRSA阴性（Lofeffler et al., 2010）。另一方面，兽医院会接纳一些体弱的患畜，所以某些风险因素会直接和护理水平相关（表19.3）。识别这些倾向性因素有助于对每个患畜实施合理的预防措施并限制发生率。

而一些风险，尤其是与医院卫生和疾病传播相关的问题是可以降低到最小的。那些患畜和治疗固有的风险因素是难以控制的。此外，动物的某些行为例如舔舐或弄脏导管、伤口或绷带，可能会导致卫生学规则的破坏并使动物倾向发生HAI。

在医院环境中存在或移生于患畜的多重耐药性条件致病菌也可能会促进HAI的发生，看上去就像预防性抗生素（用于需要的时候）效果不良的样子。在人医和兽医实践中抗生素的广泛使用促进了耐药性细菌的形成，这些情况有全面的文献记载。另外，抗生素疗法可能会抑制患畜自身的微生物群落中的药物敏感的移生细菌，并容许耐药菌留存及增殖。已确认在入院前或手术前就已移生的多重耐药性微生物是发生大量医院感染的风险因素，这些微生物包括MRSA、大肠杆菌以及肠球菌（Wright等, 2005; Ogeer-Gyles等, 2006; Weese等，2006）。

表19.3　犬猫发生医院感染的风险因素

患畜相关
■ 年龄（如新生动物，老年动物） ■ 原发或并发疾病（如糖尿病，子宫蓄脓，肿瘤） ■ 创伤（如烧伤，开放性伤口） ■ 住院前携带有多药耐药性细菌
治疗相关
■ 长期的、反复的及最近的抗生素治疗 ■ 免疫抑制治疗 ■ 手术（尤其是污染创或长时间手术，详见第18章） ■ 手术移植物 ■ 侵入性医疗器械（如导管，引流管，手术移植物） ■ 长期住院
与人接触
■ 不完善的洗手条例 ■ 多药耐药性动物源病原体的携带或移生
医院环境
■ 重症监护病房 ■ 诊所卫生条件不佳引起的环境污染 ■ 医疗器械操作不当 ■ 机器或手术材料污染

预防

幸运的是，许多HAI可通过简单且廉价的方法预防。然而，有些HAI会在实施良好的感染控制措施的情况下持续发生，需要提高防范意识和警觉度来减少所有患畜发生HAI的风险（见第13章）。

实用技巧

所有的预防策略应着重于：
- 可能的感染源
- 传播途径
- 识别敏感宿主及其护理

另外，小心使用抗菌药物是预防医院内出现多药抗药细菌的关键因素。

仅有很少的微生物能够不进入兽医院。最典型的例子是犬窝咳或体外寄生虫（如姬螯螨或蚤），这些都可以在入院前通过彻底的病史收集和体格检查而确定。住院动物的常规免疫同样有助于预防某些HAI。由于主要的病原体会潜行进入医院，所以预防HAI的发生需要假设这些微生物已经存在于医院内部，预防的重点在于中断其传播链。

手部卫生

最简单有效的预防HAI的方法是保持手部的卫生。这有助于减少患畜暴露于病原体的机会；这同时包括正确的手部清洁程序，以及使用乙醇或手套。尽管手部的卫生是简易且廉价的，但是执行度通常没有那么好——这一点常见于人医爆发HAI的相关调查报告中。保护性着装（如口罩、工作服、帽子和鞋套）同样有助于预防HAI，但是需要监控执行的重复度以及使用的正确性，以保证最大的效果。

环境措施

环境感染的控制范围包括：地板、家具、医疗和手术器械以及耗材。一项研究结果显示，大剂量反复抽用的药物中有18%会被细菌污染并成为医院源性败血症的传染源（Weese和Armstrong，2003）。废弃物的正确处置也是非常关键的，因为大部分病原体可生存于临床废弃物（如肮脏的绷带或病理组织）中。

关于感染控制措施的详细讨论超出了本章的范围，但是环境卫生的实践性原则应包括：

- 训练职员；
- 消毒的方法和频率的标准化；
- 根据生产商的说明正确使用清洁剂和消毒剂；
- 文件更新；
- 监控卫生措施的效果。

指定专人进行诊所内的感染控制在人医院是行之有效的方法，同样推荐用于兽医机构。

MRSA

对于手术患畜，需要特别留意MRSA的情况，MRSA可由动物移生或接触携带人群（兽医人员或畜主）而得到。与其他的葡萄球菌一样，MRSA可使SSI的情况恶化并延长愈合和术后治疗的时间。与世界范围的人医工作者一样，携带MRSA已成为兽医工作者的职业风险之一；在英国，有5%~15%的兽医工作者的鼻腔内携带有MRSA。犬猫MRSA感染的可确定风险因素包括：抗生素治疗、手术以及手术移植物。与携带有MRSA的人相接触同样增加了动物的发病风险，但现在并不建议对工作人员进行MRSA感染筛查。因为单纯的鼻拭子检查可能只有75%左右的敏感度，而假阴性的检查结果可能会导致满足于手部卫生管理或消毒隔离管理工作的现状。

可使用表面抗菌剂清除带菌位置的MRSA，但这仅仅是作为综合控制方法的一部分。而且，应假设所有的工作人员或畜主都是MRSA阳性或携带有其他的感染性病原体，并相应采取手部卫生或消毒隔离管理。

宿主易感性

因为HAI的发生最终取决于宿主的易感性，所以应快速识别每个患畜可能的风险因素（详见上文）。因为手术的患畜都处于HAI的风险之中，所以应针对所有的传播途径进行护理。另外，对于患有潜在的或并发的可能引起医院感染的疾病患畜，应重点加以护理。

如果确认爆发感染性疾病，应采取相应措施以避免发生新的感染病例。相关措施包括：使用隔离设施、限制选择性住院患畜、封闭院内的感染区域等。

实践对策

除了上述的操作方法之外，还可通过下列方法来减少HAI的发生率。

- 定期对员工进行关于HAI的可能原因以及临床症状的早期识别。包括对于传染性疾病的警惕性（如猫卡里西病毒感染，犬窝咳等），动物源性疾病（如皮肤真菌病，鹦鹉热等），新发生和输入的疾病（如利什曼病）。
- 对感染控制方法进行定期的严格检查，发挥其最大效果和成本效率。尽管这些工作看上去很繁重，但有助于调查和控制HAI的发病率，并有助于减少诉讼量。
- 小心谨慎地使用抗生素以减少引起HAI的多重耐药菌的发生。可以通过以下方法实施：限制经验型的抗生素使用，采用基于细菌培养的针对性疗法，并在手术过程中谨慎地使用预防性抗生素（见本书第18章）。

已有关于小动物诊所的抗生素使用规范范例以及感染控制最佳方法的书籍出版，可以为所有诊所或医院提供参考（Cherry, 2005；Anderson et al., 2008）。

发生率的调查

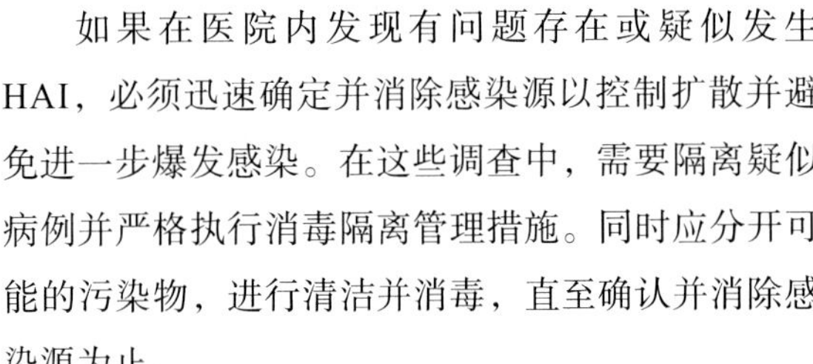

如果在医院内发现有问题存在或疑似发生HAI，必须迅速确定并消除感染源以控制扩散并避免进一步爆发感染。在这些调查中，需要隔离疑似病例并严格执行消毒隔离管理措施。同时应分开可能的污染物，进行清洁并消毒，直至确认并消除感染源为止。

警惕并确认疑似病例

首先，即使感染过程并未立即明确，也应调查并记录所有的“医院内事件”。这一工作应包括所有可能与HAI有关的临床症候群，以及与住院原因无关的所有感染过程，例如明显的导管插入位置感染，或其他方面都健康的骨科患畜在住院数日后发生的腹泻等。常见的与HAI有关的临床症状和病原体可有助于调查过程的进行，同时应将疑似病例与监控记录作比较以确定相关的发病情况。

鉴定感染的病原体

正确鉴定引起HAI的病原体是成功治疗大部分病例的基础，尽管一些怀疑发生HAI的病例无法确认感染源，尤其是一些快速解决的病例或症状轻微但需要侵入性采样的病例。

应在怀疑HAI爆发或怀疑存在流行病学联系时对于肇事病原体进行实验室鉴定。此外，因为HAI常由多重耐药菌引起，单纯性使用抗生素可能无法完全治愈，应防止形成环境中的储菌池。基于这些理由，进行微生物培养对于HAI的诊断是物有所值的，因为这样可以避免无效的经验性用药，并促进动物更快恢复。然而，在培养结果出来之前，仍然可以使用经验性抗生素作为起始治疗方案。同样的，应鉴别动物源性病原体以便通知职员和客户。

细胞学及细菌培养

细胞学检查应该是确认存在感染的最初步骤，尤其是对于浅层的皮肤和伤口感染或渗出性的深层组织感染。这一工作是快速且廉价的，且有助于确定进一步采样的方法。感染组织应采样送检进行培养（细菌、真菌及可能的分支杆菌）以及药物敏感试验。由于很多HAI是由机会致病菌所引起的，所以评估分离微生物的临床相关性非常困难。此外，避免样品的污染也非常重要。征询微生物学家的意见有助于按需要进行额外的培养。采样的类型取决于感染的临床症状。

实用技巧

- 对于皮肤和伤口感染，需要进行深层组织的采样并将样品放在平板容器（plain container）或无菌生理盐水中，而不是进行浅层的棉拭子采样。
- 对于环境采样，将棉拭子用无菌生理盐水湿润后在高风险的表面滚动5~10s即可。
- 如果采样的目的是在于筛选特定的微生物，可将多个样本集中在一起送检以降低送检成本，但是采样时应包括广泛的医院内表面、医疗器械、手接触的区域、积灰的偏僻角落以及动物接触的表面（如水碗）。

MRSA：如果反复在动物上发现MRSA感染的病例，则应考虑对兽医人员进行采样检查。然而，如前文所述，筛选携带者的过程需要非常小心且可能产生假阴性的结果。

- 采样应在严格志愿的情况下进行，且检查结果应保密告知相关职员。
- 应保证相关人员咨询其全科医生以在需要的情况下采取措施进行治疗。
- 使用表面消毒剂对带菌表面进行消毒可收到效果，但长期来说效果不佳。
- 现在已证实MRSA潜伏对于兽医工作人员是一个职业风险，应重视寻查医院内其他的感染源的工作以避免MRSA再次移生。

记录和监控

建议对HAI的疑似病例和确诊病例进行记录以提高管理，并预防将来可能发生的病例。主动监督和被动监控的工作包括记录以下内容：

- 临床症状的发生频率，例如住院患畜的呕吐和咳嗽症状。
- 所有患畜包括门诊患畜的导管位置或手术位置的问题。
- 疑似的HAI病例的培养结果。

良好记录的基础在于所有职员的警觉性和相互交流，以及专人负责感染控制。同时应识别并记录导管插入点或手术位置相关的问题，并随时将其列为疑似病例，如果发生呼吸系统或胃肠道疾病，或是在出院后才表现出症状，则不一定与医院有关。应定期评估所做的记录，并将结果告知整个团队并进行讨论。这一方法有助于对于卫生程序进行必需的修订，增加警觉性并可能减少传染给工作人员的风险。

良好的客户交流对于促进HAI的调查工作是相当重要的。现在大部分人在住院时都非常警惕HAI的发生。为尽量减少投诉，提高出院后的早期确诊以及辅助治疗，应在动物留院之前提及畜主注意医院感染的风险。

结论

总之，预防所有的HAI的发生是不现实的，尤其是考虑到兽医诊断技术和疾病治疗水平的显著进步。然而，理解与HAI有关的诊所和流行病学情况以及开放的前瞻性的方法会有助于减少HAI的发生率，并增强客户对于医院护理工作的信心。

20 止血和血液成分疗法

Gillian R. Gibson

概述

止血即终止出血，是一个复杂的生理过程，由血细胞、血管、血浆蛋白质以及低分子物质之间相互均衡地作用而实现。通过形成血栓（血凝块）来保护血管的损伤部位并阻止出血，并有一套检查和平衡系统来防止血管闭塞（血栓堵塞）的发生。止血体现了两个对立面的平衡过程，一方面是出血，另一方面是血凝过快及血栓堵塞。两者的不平衡或止血功能变化常会引起出血，而血栓形成过度可能会导致更重大的疾病。

总体而言，必须阻止血管损伤所引起的出血，以防止过度的血液丢失。

止血的阶段

止血过程中有三个相互作用并重叠的阶段（表20.1）。

表20.1　止血的三个阶段

1. 第一阶段（**初级止血**）包括血管收缩以及在损伤位点形成临时的血小板栓子
2. 凝血途径的活化及放大引起纤维蛋白形成，这是形成稳定凝血块的必须成分（**次级止血**）
3. 最末阶段（**三级止血**）包括血栓修饰，血凝块溶解以及血管缺损的修复，以防止血管堵塞并恢复血管的完整性

初级止血以及血管的完整性

初级止血的过程包括血管收缩、血小板黏附以及血小板聚集，从而在血管损伤的位置形成原始的血小板栓子（图20.1）。这一过程中所必需的物质包括：血小板、血管内皮以及von Willebrand因子（vWF）。

血管完整性

连续的单层上皮细胞形成了血管的内衬（内皮）。这一内皮起着半透性屏障的作用，允许气体过膜扩散并控制液体和可溶性物质的通过。在内皮完整的情况下，血细胞和大分子量物质保持在血管内。内皮细胞起着抑制血管内凝血以及调节止血的作用。

- 当血管损伤时：
  - 内皮被破坏；
  - 内皮细胞活化；
  - 止血过程启动。
- 活化的内皮细胞为血小板黏附提供平台，并表达分泌组织因子（tissue factor，TF）及激活凝血级联反应，从而生成凝血酶。
- 血管活化物质，包括损伤的血管内皮所产生的内皮肽，刺激血管收缩并暂时减少了损伤位置的血流量。
- 血流量减少限制了血管外的失血，并减缓了流过伤口处的血流速度，从而利于血小板的黏附以及凝血的活化。

在非活化状态下，血管内皮细胞发挥其抗血栓的性质，以防止在正常无损伤的血管壁上形成堵塞性血栓。

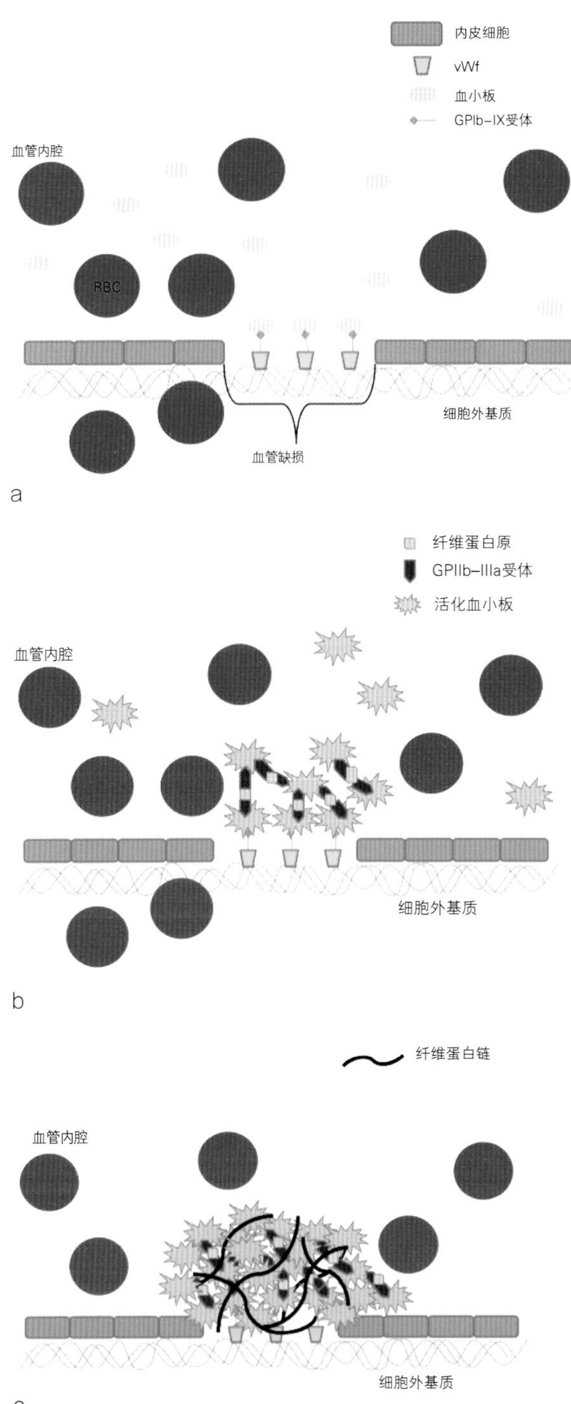

图20.1 初级止血。（a）血小板黏附。循环血中的血小板黏附于vWF上，vWF结合于由于血管缺损而暴露的内皮下膜上，此时红细胞可离开血管并通过缺损（出血）（b）血小板活化及聚集。活化的血小板改变其形状，分泌颗粒内容物并聚集在损伤位置，形成临时的血小板栓子。相邻的血小板上的GPIIb-IIIa受体通过纤维蛋白原而桥接，从而增强聚集作用 （c）纤维蛋白稳定了血小板的栓子，从而防止出血

血小板

血管损伤后，内循环的血小板黏附于血管内皮下膜上暴露的胶原纤维之上（图20.1a）。这些活化的血小板有以下变化：

- 改变形状；
- 细胞浆内的颗粒分泌其内容物（多数用于增强其他血小板的活化）；
- 聚集在损伤区域以形成临时的血小板栓子，从而完成初级止血的过程（图20.1b）。

血小板是血液中常见的胞质碎片，由起源于骨髓的巨核细胞产生。巨核细胞的形成是祖细胞多重分化和分叶的过程，不产生细胞质碎片。随着巨核细胞胞质的成熟，分割释放形成了血小板。每个骨髓中的巨核细胞可产生数千个血小板，其寿命大概为5~7日（犬），而猫的血小板寿命更短。

血小板的细胞膜内含有大量的糖蛋白及磷脂，可与大量细胞器和细胞骨架一起参与血小板活化、黏附和聚集过程。

1. 活化后的血小板从静息的扁平圆盘状结构变为球型的多刺结构，并有细胞骨架内的肌动蛋白的肌丝伸出大量伪足于细胞膜表面之外，增加了细胞表面积供凝血酶生成，并使重要的GPIIb-IIIa受体活化。
2. 随着血小板形状的改变，细胞浆内的分泌颗粒释放其内容物，包括一些血小板激动剂（如二磷酸腺苷，血清素等），以促进血小板的进一步聚集。活化的血小板还会合成一些其他的激动剂，包括血小板活化因子（platelet-activating factor，PAF）以及血栓素A2（thromboxane，TXA2）。
3. 通过募集和活化更多的血小板，并增加已黏附的血小板的黏附性，以形成血小板栓子。通常，这些行为与血小板激动剂的刺激一同增强了血小板的响应。

von Willebrand因子与纤维蛋白原

vWF是一种由巨核细胞以及内皮细胞所产生的糖蛋白多聚体，它与纤维蛋白原一同结合在内皮下

膜上，并促使血小板黏附。

■ 二聚体通过二硫键结合而形成分子量不定的多聚体，多聚体的分子量越高，其对于止血的效力越强。

■ vWF最初是由内皮细胞分泌的（小分子量多聚体），一小部分的vWF储存在血小板内的α颗粒中，大分子量的多聚体储存在内皮细胞的Weibel-Palade小体中。

■ 很多物质可以刺激Weibel-Palade小体释放vWF，包括：组织胺、凝血酶、肾上腺素以及1-去氨基-8-D-精氨酸加压素（1-desamino-8-arginine vasopressin，DDAVP）。

■ 当vWF与内皮下胶原相结合时，它可与血小板的GPIb-IX受体相结合，以促进血小板横穿暴露的内皮下膜（图20.1a）。

■ vWF和纤维蛋白原都可以增强血小板的聚集，这一作用通过桥接相邻血小板上的GPIIb-IIIa受体而实现（图20.1b）。

■ 同时，结合于GPIb-IX血小板受体的vWF和纤维蛋白协助稳定临时的血小板栓子。

■ 在这一循环中，vWF作为凝血因子VIII的载体蛋白发挥作用。凝血酶裂解vWF和VIII因子之间的非共价键，从而释放VIII因子参与血小板表面的凝集启动过程。

磷脂与COX：血小板膜磷脂包括磷脂酰丝氨酸（phosphatidyl serine，PS）和花生四烯酸（arachadonic acid，AA）。PS，曾归于血小板因子Ⅲ，在血小板活化后移位至膜表面并加速凝血级联反应。AA则通过磷脂酶裂解反应自膜磷脂中释放。

在血小板内部，AA通过环氧化酶（cycboxygenase，COX）途径由血栓素合成酶（thromboxane synthetase）代谢为TXA2。TXA2可刺激血管收缩以及血小板聚集，可促进凝血并于作为靶区域以防血小板过度聚集。

一些AA会由COX和环前列腺素合成酶代谢为环前列腺素（prostacyclin，PGI2），这是一种血管扩张剂，并可以抑制血小板功能。内皮细胞内的环前列腺素合成酶水平高于血小板，所以内皮细胞内AA的主要代谢产物是PGI2。

COX-1和COX-2：COX-1是COX的一种基本形态，存在于血小板内。另外一种形态的COX是COX-2，可见于包括内皮细胞在内的多种类型的细胞中，这是一种可被细胞因子诱导的COX。两者酶通路的不同导致了COX抑制药物的不同药效。不可逆性的COX抑制剂，如阿司匹林，会抑制TXA2的形成，从而阻止有活性的血小板聚集。非阿司匹林类非甾体抗炎药物（NSAID）可逆向抑制COX，因此对血小板的抑制作用轻微且短效。因为血小板内不含COX-2，COX-2选择性NSAID对于血小板聚集无抑制作用。

钙：血小板激动剂受体是一类跨膜的G蛋白。激动剂与受体结合会触发一系列抑制和兴奋反应，这些反应通常是由胞浆液中的游离钙的升高所介导的。钙依赖的过程会引起血小板黏附性和纤维蛋白原结合性增加，并增强血小板的聚集。此外，钙通道阻断药物（如地尔硫草、巴比妥盐）可能会通过这一机制或其他途径阻止胞浆内钙离子浓度的增高，并抑制血小板聚集。

次级止血

次级止血过程通过纤维蛋白稳定原始的血小板栓子，纤维蛋白是凝血级联反应的终末产物。

凝血级联反应由一系列放大的酶反应所组成，可引起凝血酶介导的纤维蛋白形成。在血管损伤发生后的5~10min内，由纤维蛋白聚合形成的交联网会稳定血小板栓子（图20.1c，图20.2）。

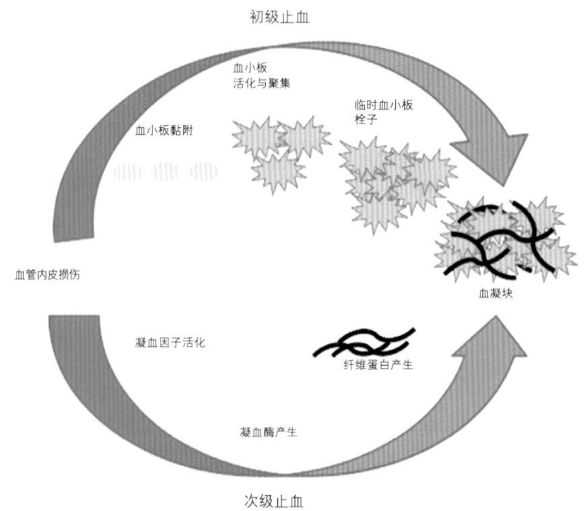

图20.2　初级和次级止血过程形成稳定血凝块

这一级联反应中的主要步骤包括：

■ 酶；

■ 亚基（纤维蛋白原、纤维蛋白或凝血因子形成的酶原）；

■ 辅助因素（活化的凝血因子V和VIII）。

这些反应发生于有游离离子钙存在的磷脂表面，如血小板、白细胞或内皮细胞的细胞膜上。

凝血因子

大部分的凝血因子和辅助因子是由肝脏生成的，并以无活性形式存在于循环血中。凝血因子II、VII、IX和X依赖维生素K，需要通过肝脏内的维生素K依赖性羧化反应变成有功能性的形式。

大部分的凝血因子由罗马数字来表示，带有“a”则表示活化形式的凝血因子，如凝血因子Ⅲ和活化的凝血因子VIIa。

外源性和内源性凝血途径

传统的凝血过程是由一系列酶反应组成的，并可分为内源性和外源性两个途径。各个途径在进入“共同”途径前，都有其单独的活化剂和连续的凝血因子活化序列，最终形成纤维蛋白。

■ 外源性途径与凝血因子III（TF）和VII有关。

■ 内源性途径有凝血因子XII的活化所启动，包括因子XI、IX和VIII（图20.3）。

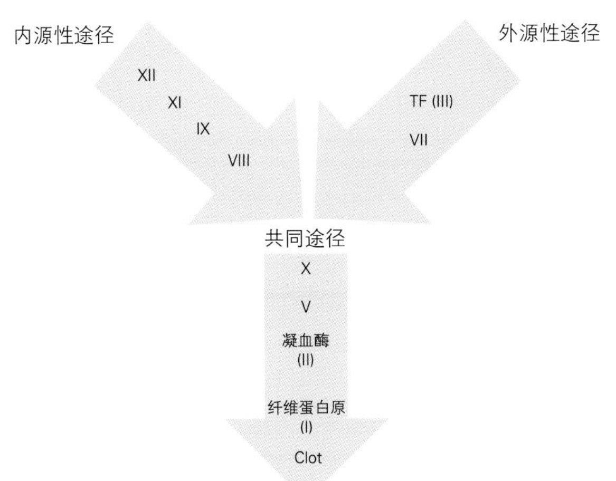

图20.3 简化的凝血级联反应

然而，现在比较明确的认识是：

■ 内源性和外源性途径之间存在明显的相互作用；

■ 凝血因子和细胞表面之间存在基本的相互作用；

■ 因子XII在体内与凝血过程的启动无关；相反，凝血过程的启动是由于TF的表达和外源性途径而引起的。

图20.3用Y形树的方式显示了常见的凝血模型，这并不能准确表达现在对于生理性止血过程的理解，但有助于理解止血的变化情况以及现在可以进行的凝血象测试的原理。

凝血是一个以细胞为基础的过程

最近的研究结果证实凝血反应并不是发生于血浆（体液）内，而是发生于损伤位置的细胞膜表面，因此凝血过程是一个以细胞为基础的过程。凝血因子在活化的细胞膜表面相互作用后，有效地将血液快速凝集的酶反应所需要的重要组份聚集在一起。当细胞处于静息状态时，无法维持这些凝集反应。一旦细胞膜活化，则会产生构象性的促凝集变化，例如细胞外表面表达磷脂酰丝氨酸。

■ 与所描述的初级止血过程一致，血管损伤将细胞外基质暴露，激活了vWF介导的血小板黏附与活化。

■ 血小板活化引起磷脂酰丝氨酸的暴露。

■ 同时，在钙离子的作用下，基质中带有TF的细胞与因子VII相结合，形成活化的TF-FVIIa复合物。

■ TF-FVIIa复合物使因子X活化，并与辅助因子FVa一起产生少量的凝血酶。TF-FVIIa还可以活化因子IX，这是一个外源性途径与内源性途径的活化部分相互作用的例子。

凝血酶

凝血酶（FIIa）驱动凝血过程的放大和进行。它可以活化血小板表面的凝血因子XI和V，以及血小板自身。

■ 凝血酶可将凝血因子VIII自vWF上裂解下

来，从而释放vWF参与血小板黏附与聚集，并生成活化的FVIIIa。

■ FXIa反过来激活因子IX，在血小板表面形成由FIXa-FVIIIa-Ca组成的酶复合物，并活化凝血因子X为FXa。

■ FXa迅速与FVa结合，裂解凝血酶原产生大量的凝血酶。

■ 凝血酶将纤维蛋白原裂解为可溶性的纤维蛋白单体，纤维蛋白单体聚合形成长链纤维以稳定初始的血凝块（图20.1c）。

■ 凝血酶同样可以活化因子XIII，后者通过交联纤维蛋白纤维稳定纤维蛋白形成的血凝块。

■ 凝血酶活化因子V和因子VIII，通过FXIa为内源性和共同凝血途径提供正反馈，同时激活蛋白C成为活化蛋白C（activated protein C，APC）。

■ APC可灭活FVa和FVIIIa，并部分抑制凝血过程，而且可以促进纤溶过程。

凝血因子缺乏

即使其外源性凝血途径正常，内源性凝血因子缺乏的动物也会表现出血的症状，反之亦然。例如，患有凝血因子VIII缺乏（A型血友病）或凝血因子IX缺乏（B型血友病）的动物，其外源性凝血途径完整，但还是有可能发生自发性出血。同样，尽管这些动物有正常的内源性凝血途径，但如果凝血因子VII缺乏（外源性途径）也会发生出血症状。这些例子同样有助于阐明凝血途径之间存在着重要的相互作用，并且是同步发生。

三级止血

纤维蛋白溶解：纤维蛋白凝块在溶纤维蛋白酶的作用下被降解，主要的溶纤维蛋白酶是纤溶酶（plasmin）。

■ 在凝集过程中，纤溶酶原（惰性的酶原）与形成的纤维蛋白相结合。

■ 受到刺激的内皮细胞释放组织型纤溶酶原活化剂（tissue plasminogen activator，t-PA），后者作用于纤维蛋白-纤溶酶原复合物并释放纤溶酶。

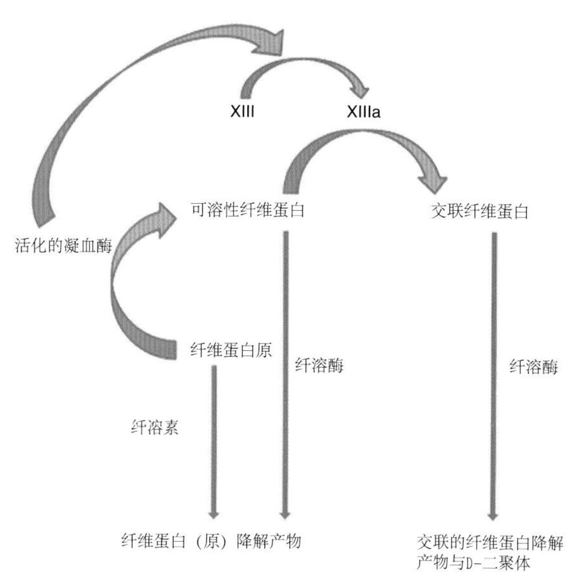

图20.4　纤维蛋白溶解

■ 纤溶酶可裂解纤维蛋白原、可溶性纤维蛋白以及交联纤维蛋白，并生成不同的降解产物（图20.4）。

- ■ 纤维蛋白原和可溶性纤维蛋白被降解成为纤维蛋白（原）降解产物［fibrin(ogen) degradation product，FDP］。
- ■ 交联的纤维蛋白被降解成为纤维蛋白降解产物以及D-二聚体。

凝血的抑制剂

有许多机制可抑制并将凝血反应局限于损伤位置。

■ 内皮细胞可释放ADP酶和环前列腺素，两者都可抑制血小板活化及聚集。

■ 自然的血液流动会稀释组织损伤位置局部的凝血因子，从而限制纤维蛋白的生成。

■ TF途径抑制剂，大部分可与内皮表面相结合，从而下调了TF-FVIIa-FXa复合物，进而防止产生额外的凝血酶。

■ 内皮细胞表面的凝血酶调节蛋白与凝血酶相结合，引起蛋白C的活化，生成APC。APC与辅助蛋白S一起抑制了凝血因子V和VIII的活化，减少了凝血酶生成以及后续的纤维蛋白生成。

■ 抗凝血酶III（AT-III）具有持久灭活凝血酶的能力，还能抑制凝血因子XIIa、XIa、IXa、Xa及纤溶酶等，并降低了VIIa的效率。肝素和/或内皮细胞壁内的类肝素的黏多糖活化AT-III。

还有一些纤维蛋白溶解的抑制剂，包括抗纤溶酶（与血浆中的游离纤溶酶相结合），纤溶酶活化剂抑制物1和2（PAI-1，PAI-2）。尽管还有其他一些抑制剂，但这超出了本章讨论的范畴。

止血状态改变的病理生理学

止血不平衡常会引起出血，这种不平衡也会引起血栓形成。止血系统包括血管完整性、形成血小板栓子、形成纤维蛋白凝块以及纤维蛋白溶解这些不同的部分，每个部分的功能失调都会引起相应的后果。理解这些因果关系有助于指导调查和确定病因，以及确定止血功能紊乱的相应针对性治疗方案。

血管疾病

完整的血管壁是出血的第一道屏障。多种疾病或创伤会导致血管完整性被破坏。出血的程度和现象会随损伤血管的大小和位置而变化。

引起血管损伤的原因包括：手术、创伤或血管异常、肿瘤。此外，炎性和肉芽肿性疾病会引起血管壁浸润及糜烂。与脉管炎相关的疾病症状是多种多样的，但其后果是导致出血区域的局部缺血。

■ 脉管炎导致的血管通透性增加可发生于动物体任何部位、任何尺寸的血管。

■ 炎症可是局灶性或扩散性，起因包括：中毒、感染、免疫介导、炎性和肿瘤性疾病。

■ 沉积或环绕在血管壁上的炎症细胞会导致血管坏死并使内皮下层的胶原暴露，并保持炎症状态及活化凝血反应。

获得性或非常罕见的先天性疾病会导致血管或血管周围组织的胶原和结缔组织改变，这会引起血管病变，表现症状为在发生极微小的损伤时便可看到淤青范围表现扩大的趋势。如患有糖尿病或库兴氏综合征的动物。

初级止血紊乱

初级止血紊乱会导致无法形成有功能的血小板栓子，引起初级止血紊乱的原因可以是血小板数量不足（血小板减少症）或是血小板功能缺陷（血小板病）。

标志性的临床症状包括：瘀斑（针刺样出血）和瘀血（大块瘀青），这些症状通常见于口腔、鼻腔或泌尿道的黏膜表面，以及毛发较少的皮肤上（耳廓、腹部和腹股沟部），或者通过眼科检查而确定（前房出血或视网膜出血）。

■ 除了浅表的瘀青之外，黏膜表面的出血还可表现为以下症状：鼻衄、胃肠道出血（黑粪、呕血、血便）、口腔出血、阴道出血、血尿或是手术或针刺后的过度出血（尽管这些同样可认为是次级止血紊乱的症状）。

■ 神经学异常，例如抑郁、惊厥、共济失调或中枢性失明，这些症状可能与大脑出血有关。

■ 发生大面积外出血时，可能会表现出失血性贫血的临床症状（苍白、嗜睡、虚弱、虚脱）。

血小板数量不足

引起血小板减少症的原因有：血小板产量不足，血小板消耗或破坏量增加，血小板扣留或过度丢失。

血小板生成缺陷可与其他的血细胞减少症同时发生，起因包括：

■ 传染性疾病［如埃里希体病、猫白血病病毒（FeLV）、猫免疫缺陷病毒（FIV）、立克次氏体、细小病毒］。

■ 药物或毒物作用（如化疗药物、β内酰胺类抗生素、磺胺类药物、雌激素类药物、NSAID、灰黄霉素、甲硫咪唑/卡比马唑）。

■ 原发性骨髓疾病（骨髓增生异常综合征、成巨核细胞白血病、血小板生成不良、骨髓全发育不良或单纯性巨核细胞发育不良）。

犬猫的血小板减少症的最常见病因是免疫介导的血小板破坏，这可能是先天性原发性疾病或继发于药物作用、传染性疾病、肿瘤、免疫介导性疾病或弥散性血管内凝血（disseminated intravascular coagulation，DIC）。

■ 某些情况会引起血小板活化数量增加或从循环血中被清除，从而导致明显的血小板消耗增加，这会引起中度至重度的血小板减少症。这些情况包括：药物（如肝素）、传染性病原体、异物表面活化效应（如留置的静脉导管或动脉导管）、脉管炎、严重烧伤、毒蛇咬伤或多点出血。

■ 扩散性的内皮损伤、凝血系统活化以及血小板加速消耗可能会引起明显的血小板减少症（如DIC）。

脾脏功能亢进（Hypersplenism）：血小板隔离在某种程度上来说是脾脏（首要的）、肝脏和骨髓的正常的生理性行为。病理情况下，血小板在脾脏内被异常的扣留称做脾脏功能亢进，这一情况下外周循环中的血小板数量会减少90%左右，同时会伴有其他血细胞的减少。

血小板质量缺陷

有很多先天性或获得性的原因会引起血小板质量缺陷。患有这些疾病的动物会表现出初级止血障碍，但是血小板计数正常。

von Willebrand's疾病：犬最常见的遗传性血小板功能紊乱性疾病是von Willebrand's病（vWD），大概有超过50个品种的犬会有这种疾病，但是罕见于猫。这是一种常染色体遗传疾病，在某些品种犬呈隐性疾病，而在其他一些品种则以多变的外显率呈显性疾病。vWD可分为三类：vWF的数量性缺乏根据其严重性分为1型和3型，而vWF质量不良则是2型vWD（表20.2）。

■ 1型vWD 是最常见的vWD，由vWF的功能缺陷所引起，可见于多个品种的犬。出血状况的严重程度不单单取决于vWF的水平，还与犬的品种有关。例如，杜宾犬是患1型vWD的典型犬种，它比患有同样疾病的万能㹴犬更容易出血。

■ 2型vWD的患犬体内的高分子量vWF多聚体的浓度极低或缺乏，它们会比患1型vWD的犬表现出更严重的临床症状。

■ 3型vWD的患犬体内几乎没有vWF的存在，会引起严重的出血性疾病。

有趣的是，很少在患有vWD的犬身上发现出血点。

其他遗传性疾病：猫还报道有一些罕见的遗传性血小板功能障碍疾病，例如，波斯猫的Chediak Higashi综合征、喜马拉雅猫的vWD。此外，可能发生遗传性血小板功能障碍的犬种包括：猎水獭犬、大白熊犬、巴吉度犬、波美拉尼亚丝毛犬、灰色牧羊犬、美国可卡犬。

获得性疾病：与获得性血小板减少症相关的情况包括：尿毒症、使用血小板抑制性药物（包括并不只限于阿司匹林、NSAID、维拉帕米、巴比妥盐、右旋糖酐和羟乙基淀粉、肝素、头孢菌素及磺胺类抗生素）、肝功能障碍、抗血小板抗体、传染性疾病（如犬艾利希体、FeLV、鼠疫杆菌）、蛋白异常血症、肿瘤以及猫的食物性花生四稀酸盐缺乏症。

在人体中，获得性vWD已知与恶性淋巴瘤、骨髓增生性疾病以及球蛋白增多症有关，但这些情况在犬上没有得到证实。

表20.2　犬的vWD的分型

分型	vWF水平	出血性倾向	品种
1型vWD	减少vWF：Ag水平	不定；术后或创伤后出血量增加；偶见自发性出血	杜宾犬、万能㹴犬、德国牧羊犬、喜乐蒂牧羊犬、标准贵宾犬以及其他品种
2型vWD	减少高分子量的vWF多聚体的浓度	严重	德国短毛波音达犬、德国刚毛波音达犬
3型vWD	完全或几乎完全缺乏	严重（三种类型中最严重）	苏格兰㹴犬、切萨皮克猎犬、荷兰柯克尔犬、喜乐蒂牧羊犬及其他品种

注：vWF：Ag=von Willebrand因子抗原

次级止血紊乱

次级止血紊乱的典型性临床症状包括：血肿形成、关节血肿、咳血、体腔内出血（胸膜腔和腹膜腔内）以及大面积的瘀青。然而遗传性凝血障碍通常由单个凝血因子缺乏而引起，患获得性凝血障碍的犬猫会发生多个凝血因子水平的降低。

获得性凝血功能障碍

维生素K缺乏或颉颃：任何导致维生素K缺乏的疾病都可能引起凝血障碍。许多凝血因子（II、VII、IX和X）都需要维生素K作为辅助因子参与必须的羧基化反应，从而在血凝块形成过程中可以有效地结合钙离子。体内正常的维生素K的来源是通过肠道吸收食物中的维生素K以及回肠和结肠中的细菌所产生。在肝细胞中，维生素K还原酶将维生素K还原成为活化形式，从而让作为维生素K依赖的羧化酶的辅助因子行使其生理功能（图20.5）。在羧化反应过程中，维生素K被氧化成环氧维生素K，然后在环氧维生素K还原酶的作用下被还原为维生素K，从而循环参与羧化反应。

引起维生素K缺乏的原因包括：

- 维生素K的肠道吸收和肝内循环受损；
- 脂肪吸收受损；
- 肠道菌群减少（使用口服抗生素）；
- 摄入维生素K颉颃剂（抗凝类灭鼠药，如华法令）。

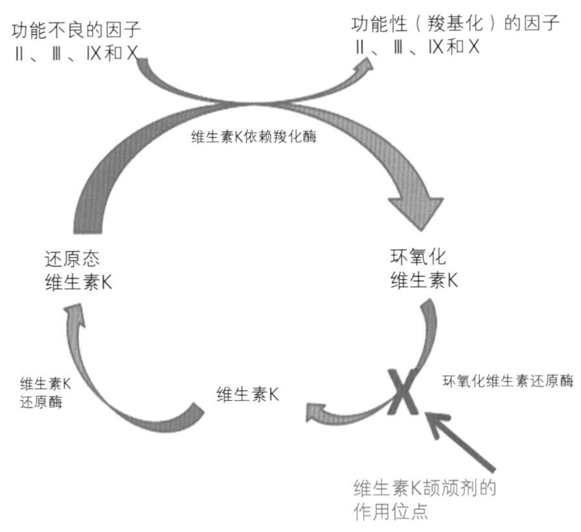

图20.5 肝脏内的维生素K羧化及还原过程

许多胃肠道、肝脏及胰腺疾病都与维生素K应答性凝血障碍有关，如浸润性肠道疾病、胰外分泌不足、胆汁淤积、胆管堵塞等。

抗凝类灭鼠药会不可逆的阻断循环的环氧维生素K还原酶的活性，妨碍维生素K的生成，并导致功能性的维生素K依赖的凝血因子的耗尽。

肝脏疾病

大部分的凝血因子是在肝脏内生成的，所以患有肝功能障碍（如门脉异常、胆汁淤积、肝坏死、肿瘤）的动物都会表现出出血性体质。尽管自发性出血极少发生，但这些动物在进行侵入性操作如活检或手术时，其出血的风险大大增高。其他的与肝脏疾病相关的凝血障碍包括：血小板功能障碍、DIC、维生素K缺乏（见上文）、活化的凝血因子、血纤维蛋白溶酶原和FDPs在肝脏内的清除受损。

血管圆线虫（Angiostrongylus vasorum）感染：这种肠道寄生虫可能与初级和次级止血异常有关，并且可能只有在发生明显组织损伤（受伤、手术）时才会呈现出明显的症状。虽然这种寄生虫以前是局限于威尔士、爱尔兰以及英格兰北部地区的地方性疾病，但现在其传播的地理范围正在逐渐扩大。相关的止血异常的情况多变，包括：血小板减少症、凝血酶原时间（PT）和/或活化的部分凝血激酶时间（aPTT）延长或颊黏膜出血时间（BMBT）延长。但有些患犬尽管有出血性体质的临床证据，但并不会呈现任何凝血指标的异常情况。血管圆线虫感染可能会导致慢性的DIC发生，但其引起凝血障碍的确切机制仍未完全明确。

弥散性血管内凝血（DIC）：DIC指由多种原发疾病所触发的不可控的凝血和纤维蛋白溶解的疾病过程。持续性的凝血过程的活化破坏了止血过程的平衡状态，导致凝血因子、凝血抑制剂和纤维溶解抑制剂的过度消耗。

患DIC的动物会表现出出血和/或血栓形成的症状。血凝试验通常会表现高凝状态，并随着病情的发展转换为低凝状态。内皮细胞损伤、组织损伤或血小板活化会引起凝血过程活化，这一过程可能与大量的原发疾病有关，包括：败血症、心绞痛、烧伤、胰腺炎、创伤、免疫介导的溶血性贫血、病毒感染以及肿瘤。

DIC的临床症状非常多变，通常包括：自发性的出血以及同步或进行性的血栓形成（器官衰竭），但是一些病例在进行凝血功能测试时并不会发生明显的外部症状。

DIC是一种继发于危重疾病、危及生命的机能失调情况，对于处于危险中的手术患畜或是表现出明显的出血和/或血栓形成的临床症状的患畜应针对DIC进行评估。在早期进行积极的治疗干预将有助于减少与DIC有关的有效发病率以及死亡率。

稀释性凝血功能障碍：对于发生急性大量出血的急症患畜而言，必须的治疗措施是恢复血容量。然而，如果大量补充缺乏血小板和凝血因子的液体，如晶体溶液、胶体溶液、储存的全血、浓缩红细胞等，则会发生稀释性的凝血功能障碍并导致持续性失血。纠正这种凝血功能障碍需要通过输注合适的血液成分（见下文中的血液成分疗法部分）以补充凝血因子、纤维蛋白原和/或血小板。

遗传性凝血功能障碍

一些患有轻微的遗传性凝血功能障碍的动物可能在成年之后才会表现出明显的症状，虽然这些动物应该在年幼时就表现出出血的症状，如换牙时、微小创伤后发生瘀青、注射位置出血以及常规的绝育手术后出血等。因此，即使动物之前已经进行过手术且未发生明显的出血，也应对遗传性的凝血功能障碍保持一定程度的警觉性。

血友病：血友病是一个X染色体连锁隐性遗传的疾病，见于许多动物包括犬和猫。凝血因子VIII缺乏所引起的是A型血友病，凝血因子IX缺乏所引起的是B型血友病。雄性动物是健康的或是患病的，雌性动物可以是健康的纯合子、携带基因的杂合子或是罕见的患病的纯合子。

许多品种的犬会患血友病，德国牧羊犬具有极高的A型血友病易感性。许多犬种繁育组织都建议进行血友病筛查，如果筛查结果阳性则应进行凝血因子分析以确定发病原因。患病动物出血情况的严重程度从轻度到重度不等，甚至会发生致死性出血。无法通过凝血功能测试（筛查试验或特异性因子分析）来鉴别基因携带者，通常还需要进行家谱分析。现在已经在开发分子诊断方法，用于鉴定携带基因的雌性动物。

常染色体遗传的凝血因子缺乏：与X染色体连锁遗传的疾病不同，雄性和雌性动物发生常染色体遗传的凝血因子缺乏症的机会相等。兽医学上已经报道有许多种类的凝血因子缺乏症，包括：因子I（纤维蛋白原）、因子II（凝血酶原）、因子VII、因子X、因子XI以及因子XII，临床症状的严重程度取决于所缺乏的凝血因子（表20.3）。

表20.3　已报道的犬猫遗传性凝血因子缺乏

因子缺乏	临床症状	易感品种
因子I（纤维蛋白原）	由于血小板聚集和血凝块形成不充分而引起的出血性体质	伯尔尼兹山地犬、拉萨狮子犬、维兹拉猎犬、柯利牧羊犬、卷毛比熊犬
因子II（凝血酶原）	中度至重度的出血性素质	拳师犬、猎水獭犬、英国可卡犬
因子VII	轻度出血性体质	比格犬、阿拉斯加雪橇犬、迷你雪纳瑞、拳师犬、斗牛犬、许多其他犬种；猫
因子X	纯合子：严重出血，通常在出生时死亡	美国可卡犬；杰克罗素㹴犬；杂种犬；猫
因子XI	出血性体质不定，通常轻微—但当止血系统并发应激时（如手术）可能会严重增加	英国可卡犬、凯利蓝㹴犬、大白熊犬、威玛猎犬
因子XII	与临床出血无关	迷你及标准型贵宾犬、沙皮犬、德国短毛波音达；猫

（续）

因子缺乏	临床症状	易感品种
多因子缺陷：羧化酶缺乏导致维生素K依赖的凝血因子缺乏	临床易感动物会发生严重或致死性出血	德文雷克斯猫

纤维蛋白溶解障碍

纤维蛋白过度溶解

纤维蛋白过度溶解可导致血凝块溶解以及明显的出血现象。引起纤维蛋白过度溶解的原因包括：可引起纤维蛋白原缺乏或功能异常（先天性）的疾病、组织内的纤溶酶原激活物的清除率下降（如肝脏疾病）、给予纤溶药物（如溶栓酶）。

血栓形成障碍

过度抑制纤维蛋白溶解可导致血栓形成。引起血栓形成的主要原因有血管内皮损伤、血流停滞以及血液高凝状态。血栓位置的不同以及不同位置血管堵塞所引起的器官功能障碍会使血栓形成呈现出不同的临床症状。

许多疾病都会通过不同的机制与血栓形成的并发症相关，这些疾病包括：心脏病、肿瘤、蛋白缺失性疾病（如AT-III）、内分泌疾病（肾上腺皮质功能减退、糖尿病、甲状腺功能减退）、免疫介导性疾病（免疫介导性溶血性贫血，系统性红斑狼疮）、胰腺炎以及全身性炎症性疾病。

疑似血栓栓塞的患畜会表现出的临床症状包括：肺动脉栓塞引起的急性呼吸窘迫或突然发生半身不遂、肢末端冰冷，或动脉血栓栓塞引起的股动脉缺失等。可通过侵入性或非侵入性影像学诊断技术而确诊。

手术患畜止血状态的评估

全面的常规术前检查内容应包括对患畜的凝血能力的评估。即使患畜不存在出血或血栓形成的临床症状，兽医也应该通过仔细的病史回顾、身体检查以及原始的手术前血液学检查结果来确认动物是否存在出血性疾病的病因或可确认的风险因素，并按需要进行进一步检查。

表20.4罗列了一些问题，这些问题应在复查病例或问诊时提出并寻求答案，以提示患畜发生凝血功能障碍的可能性。

表20.4　可以通过询问畜主问题或复查病例以寻找答案，从而确认患畜发生凝血功能障碍的可能性

- 动物有没有接受过任何可能影响止血系统的药物（阿司匹林、华法林类似物、其他的NSAID）？
- 动物有没有接触抗凝血毒药的可能（灭鼠剂）？
- 在无创伤或微小创伤的情况下（注射疫苗、静脉穿刺、换牙、鼻衄、血尿、黑粪），动物是否发生过度出血或意外出血或瘀青的状况？如果有，发生于多大年纪？
- 动物在曾经进行的手术中，是否发生过度出血或意外出血或瘀青的情况？
- 动物是否外出旅行过？如果有的话，去了什么地方（接触传染性疾病）？
- 如果患畜是易发生出血性疾病的品种，是否曾经进行过凝血功能检查？有没有关于其亲属动物的出血情况的相关信息（如vWD）？
- 动物是否接受过输血治疗？
- 动物是否有被血管圆线虫感染的可能？

如果证实患畜存在较大的出血风险，或有凝血功能障碍的临床证据，则需要对患畜进行进一步的检查。凝血功能试验的目的是在进行侵入性诊断或治疗过程前确认凝血功能障碍的性质和病因。在可能的情况下，应中止可能影响凝血功能的药物治疗。在一些急症状况下，可能无法进行全面的止血功能的实验室检查或是在手术前没有足够时间停用药物。此时，应进行一些快速的院内检查，以给出初步的诊断结论，并帮助选择特定的和支持疗法。

表20.5　凝血功能测试的解释

血小板	BMBT	aPTT（ACT）	PT	FDP	解释	其他评论
↓	↑	N	N	N	血小板减少症	
N	↑	N	N	N	血小板功能不全 von Willebrand's病（vWD）	如果vWD并发于因子VIII缺乏，可见aPTT轻微升高
N	N	↑	N	N	内源性凝血途径障碍： A型血友病（因子VIII） B型血友病（因子IX） 因子XI缺乏 因子XII缺乏	可通过凝血功能试验证实因子XII缺乏的状况，但这与动物任何形式的出血性素质有关
N	N	N	↑	N	外源性凝血途径障碍： 因子VII缺乏 早期灭鼠药中毒 维生素K缺乏/颉颃	
N	N	↑	↑	N 或 ↑	共同途径或多因子缺乏： 灭鼠药中毒 维生素K缺乏/颉颃 肝脏疾病	一些伴有明显出血的灭鼠药中毒病例中，血小板计数值可能下降
↓	↑	↑	↑	↑	弥散性血管内凝血 肝脏衰竭	这些情况可导致不同的出血模式
N	N或↑	↑	↑	N	低纤维蛋白原血症 纤维蛋白原功能障碍	纤维蛋白原水平降低

注：ACT=活化凝血时间；aPTT=部分活化的凝血激酶时间；BMBT=颊黏膜出血时间；FDP=纤维蛋白（原）降级产物；N=正常；PT=凝血酶原时间。

对于所有术后出血的病例，应在进行彻底的实验室凝血象检查之前排除由于手术原因引起的出血，如结扎线滑脱、无意识的血管损伤等。在需要再次进行手术干预时应立即进行，以避免由于拖延手术对于患畜造成的伤害。损伤性出血（长骨骨折、血管撕脱）需要立即进行手术。

如果怀疑发生全身出血性疾病，应根据病史以及体格检查结果所反映的出血模式来确认是由于初级止血缺陷还是次级止血缺陷所引起的。

表20.5详细列出了最常见的凝血功能异常检查结果，以及相应的可能疾病或出血原因。应对于出血患畜或是存在出血风险的患畜进行彻底的出血功能评估，以提供足够信息从而让兽医师可以进行合适的治疗并恢复正常的止血机制。

初级止血功能测试

血小板计数

采集抗凝全血（通常用EDTA抗凝）在自动化血球分析仪上进行血小板计数，这通常包含在全血象的结果之中。并用抗凝血制备血涂片以供复查。

■ 犬猫的正常的血小板计数值约为 150×10^9~450×10^9个/L。

■ 一些犬种的正常血小板计数值可能偏低，如查理王小猎犬（血小板计数值在50×10^9个/L时仍表现正常凝血功能），以及灵猩（血小板计数值在110×10^9~130×10^9个/L时仍表现正常凝血功能）。但这些品种的犬也可能发生病理性的血小板减少症，因此无法根据犬种就排除病理情况。

- 下列情况可能会引起血小板假性降低：
  - 创伤性静脉穿刺引起血小板凝结（止血过程活化）；
  - 自动血球分析仪无法正确识别大型的血小板；
  - 样品陈化（体外凝集）；
  - 寒冷的凝集素；
  - 某些病例中可能发生抗凝剂诱发的血小板凝结。

需要观察血涂片以证实血小板减少症的真实性。

估计血小板数量：可通过观察并计算单层红细胞血涂片上5~10个高倍视野中的平均血小板数量来估计血小板数量。正常情况下，高倍视野中观察到的每个血小板相当于15×10^9~20×10^9个/L的血小板数量，所以应该在每个高倍视野中观察到8~12个血小板。

血小板凝结：检查血涂片的羽状末端便于以确认是否发生血小板凝结，虽然这无法用于估计血小板数量，但可以提示是否由于发生血小板凝结而造成血小板计数值降低。如果发生明显的血小板凝结并影响到血小板计数的结果，应建议重新采样。某些情况下，用枸橼酸钠取代EDTA作为抗凝剂可克服由于抗凝剂所诱发的血小板凝结。

血小板大小和体积：除了血小板计数之外，还应注意观察血小板大小。全自动血球计数仪可提供平均血小板体积（mean platelet volume，MPV）的数值。MPV值升高提示存在较大型的具有功能的血小板，是刺激血小板生成的结果。同样应注意是否可以从血涂片上观察到增大的血小板。已知查理王小猎犬具有无任何意义的巨大血小板增多症。

血小板功能：当血小板计数值低于25×10^9~50×10^9个/L时，患畜容易发生自发性的出血。然而，会有一些动物仅有轻微的血小板减少症（75×10^9~100×10^9个/L）却发生原发性止血缺陷的症状，这可能是由于这些动物的血小板功能不全而引起的。可在诊所里进行的评估血小板功能的检查方法是颊黏膜出血时间（BMBT，见下文），这一方法适用于临床疑似发生原发性止血功能紊乱而血小板计数正常的患畜。血小板减少症患畜的出血时间可能会发生延长，因此不适用于进行BMBT检查。

进一步检查

对于已知明显的血小板减少症，应进行进一步的检查以确认原发病因，并尽可能在进行手术前纠正血小板减少的状况。

药物引起的血小板减少症：

- 如果怀疑发生药物引起的血小板减少症（应将所有药物都列为可疑对象），应停止用药2~6日并复查血小板计数。
- 如果血小板计数值正常，则该药物应不再用于此患畜。如果最初的治疗需要采用同类药物，则应严密地监控血小板数量。
- 如果患畜的病情决定无法停用此类药物，则应进行包括全血计数、血液生化分析以及尿液分析在内的进一步检查以排除或确定是否存在其他可能引起血小板减少的疾病。

其他的血细胞减少症：因为血小板减少症通常会伴发其他血细胞减少，所以必须进行全白细胞分类计数以及红细胞质量和形态学评估。血液生化和尿液分析结果的异常会有助于提示是否发生可能导致血小板减少的疾病。评估其他的凝血功能指标有助于排除或确定二级止血功能障碍（如DIC）。

骨髓抽吸：如果凝血像正常，则应推荐进行骨髓抽吸和/或组织活检，尤其是在血象分析结果中存在多重血细胞减少症的时候或怀疑发生白血病、多发性骨髓瘤或任何情况的骨髓及外骨髓增殖时。同时应考虑进行全面的胸部和腹部放射摄影检查和/或超声波检查以确认是否存在隐性的肿瘤，并检查相关的传染性疾病。

骨髓抽吸物的细胞学检查或核心组织活检的组织病理学结果可为判断预后提供有用的信息。这些检查必须与外周血样评估同时进行，以进行对照。大部分的免疫介导性血小板减少症会发生巨核细胞增生的情况，这比骨髓检查时发现巨核细胞减少的情况的预后乐观。即使严重血小板减少的患畜，骨髓抽吸或组织活检的操作也不会引起严重的出血。

颊黏膜出血时间

BMBT测试是用以评估体内的初级止血状态的试验，这是这类试验中唯一一个可以在兽医诊所内进行的测试项目。这一试验有助于在血小板计数正常的患畜上鉴别初级止血功能缺损的情况，而对血小板减少症的患畜则无需进行。建议对于那些容易发生vWD的犬种，以及生活在血管圆线虫流行区域的犬，在术前将此项试验作为筛查试验而使用。

这一试验需要在颊黏膜上用一种自动弹簧装置制造一个浅层切口（技术20.1）。在初级止血过程中形成的血小板栓子足以阻止这种浅层切口的出血。试验用的自动弹簧装置内有可回缩的一次性刀片，可制造一个标准长度和深度的切口以保证结果的可重复性。记录切口形成到出血中止所需要的时间。

BMBT是从出血开始到结束所需要的时间，犬的正常值应小于4min，猫的正常值应小于2.5min。

技术 20.1 颊黏膜出血时间（BMBT）试验

1. 动物取侧卧保定，进行这一试验需要对动物进行镇静。
2. 将上唇的游离唇瓣外翻，暴露上颌的颊黏膜表面。
3. 维持游离唇瓣的外翻状态，用一定长度的纱布条环绕上颌并在鼻梁上打结，如同固定气管插管一样，这可以固定游离唇瓣并使血管充血，但不应引起动物不适。
4. 切口的位置应避开明显可见的血管，并且可以使血液从切口流向口腔。
5. 在使用前去除切口装置的安全标签，然后将装置放在要制造切口的位置并轻微用力。

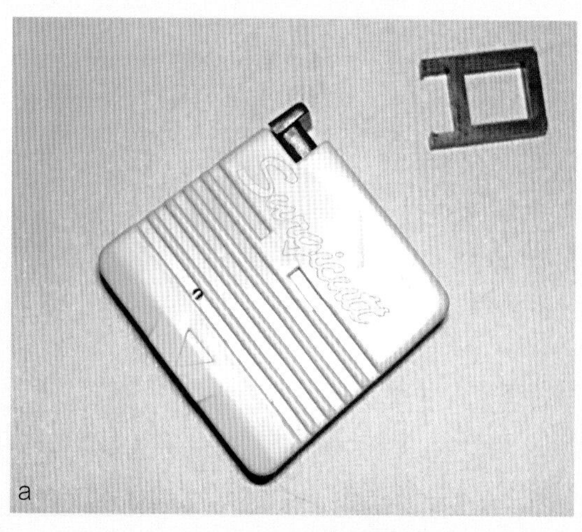

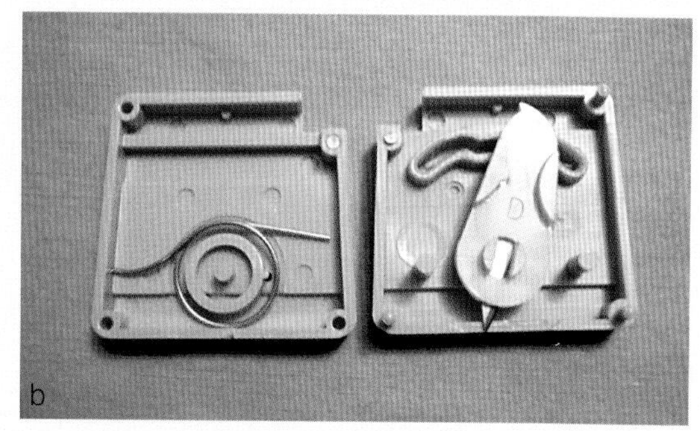

（a）出血时间装置 （b）出血时间装置的内部结构，可以看到带有弹簧的可收缩刀片

6. 压下装置的扳机以制造切口；开始计时，并将装置移开。
7. 用滤纸吸去过多的血液，但要非常小心，以避免滤纸接触到切口或已形成的血小板栓子。
8. 一旦切口内出血停止，试验结束并终止计时。

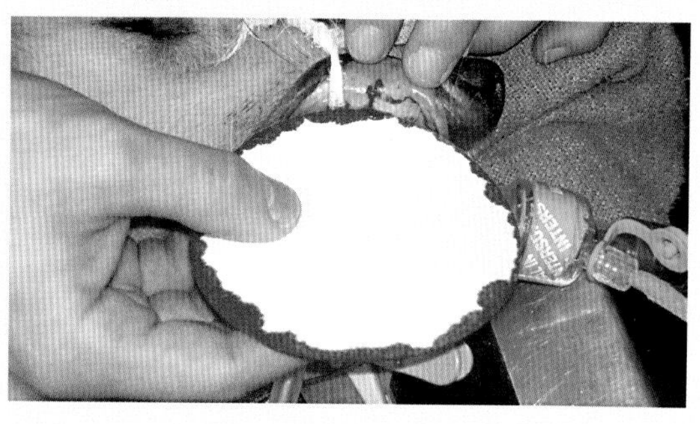

实用技巧

- BMBT延长发生于下列情况：vWD、先天性或获得性血小板功能缺损，免疫介导的脉管炎。
- 动物患有凝血因子相关疾病时，如血友病或维生素K颉颃，不会发生BMBT异常的情况。

von Willebrand因子

BMBT试验为包括vWD在内的初级止血功能障碍提供了一个筛查方法。此外还有一些针对vWF的定性和定量的试验方法，包括对于某些犬种的基因测试。

可通过vWF抗原（vWF：Ag）分析对患畜的vWF水平进行定量分析，并与资料库中健康犬的血浆样本进行比较。由于vWF因子在表达上具有不确定性，所以无法仅凭vWF水平来判断动物的止血功能，因为不是所有vWF水平降低的动物都会表现出更严重的出血性体质。然而，如果动物的vWF：Ag降低，在计划进行手术治疗时应加以格外注意及周全的准备，尤其是vWF：Ag<35%时。

vWF的检查结果以百分比形式显示，并分为三类以便解释：正常、临界以及vWD。最常用于vWF：Ag测试的样品是用枸橼酸钠抗凝的全血分离并冰冻的血浆。可能影响实验结果的因素包括：溶血（降低）、组织损伤（升高）、采样和操作方法、激素影响以及vWF水平的日常波动。因此，如果对于vWD的筛查结果为临界的vWF：Ag水平，建议进行重复试验，并且在采样前应联系相应的实验室以征询是否有特殊的采样要求。

在某些犬种已经可以用基因检测的方法来确认是否存在vWF基因突变的情况。基因检测的结果可以与vWF：Ag水平进行综合分析以鉴别健康动物和致病基因携带动物。

其他血小板功能测试

一些研究及参考实验室会使用血小板集合度计和PFA-100分析仪来评估体外的血小板黏附、聚集以及分泌状况。但是患畜的全血样本必须在数小时内进行检测，这一点限制了这些测试的可行性。

次级止血测试

可以在诊所内或参考实验室中进行血凝测试，通常可以鉴别内源性、外源性或共同凝血途径的异常。所有的凝血功能测试都需要对样本进行严格的管理以及无损伤的静脉穿刺术。大部分测试需要使用枸橼酸钠抗凝的全血。如果测试要延迟进行（如送样品至参考实验室），则应在采血后立即分离并冷冻血浆以提高样本质量以及结果的可靠性。在采样前应联系相应的制造商或实验室以征询是否有特殊的采样要求。

活化凝血时间（Activated Clotting Time，ACT）

活化凝血时间测试可用于筛查内源性及共同凝血途径中的异常，可通过手工或全自动的仪器进行院内检测。使用自动分析仪时应遵循制造商所建议的操作过程以及解释方法。

下面描述的方法仅用于手工试管方法检测ACT（manual tube ACT method）。与ACT延长有关的疾病类似于aPTT延长的情况（见下文相关部分以及表20.5），但通常ACT的敏感度不如aPTT。

1. 将含有硅藻土（接触性活化剂）的真空采血管预热到37℃。
2. 利用真空吸力将血样直接采集到真空采血管中，如果通过注射器和针头将血液采集并转入采血管可能会影响结果的可靠性。
3. 连接上ACT试管前，应丢弃最初的数滴血。
4. 一旦采集血样并与活化剂混合，就应开始计时并开始测试，并将试管在37℃孵育60s。
5. 每5~10s轻柔旋转试管一次，直至观察到血凝块形成，此时测试结束且测试中止。
6. 手工方法测得的正常值为：犬<110s，猫<75s。

活化的部分凝血激酶时间（Activated partial thromboplastin time，aPTT）

aPTT（APTT，PTT）是另一种可用于筛查内源性及共同凝血途径中的异常的方法，可以使用院内自动分析仪或参考实验室中的血凝仪对aPTT进行检测。要使用样本特异性以及品种特异性的参考值对检测结果进行解释，同时要检测理论上相符的物种、年龄及品种的对照样品结果以供比较。表20.5列出了与aPTT延长有关的疾病。但这一测试指标相对敏感性较差，aPTT延长提示单个凝血因子减少多于70%或多个凝血因子显著减少的情况。

凝血酶原时间（Prothrombin time，PT）

PT的测试结果可用于筛查外源性及共同凝血途径中的异常。应根据制造商及参考实验室的指引进行样品采集和结果分析（与aPTT相同）。

表20.5列出了可引起PT升高的疾病。因为凝血因子VII的半衰期短且需要依靠维生素K相关的羧化作用才可发挥其生理功能，所以在维生素K缺乏或颉颃的情况下，PT比aPTT更早受到影响。

在ACT或aPTT延长的情况下，可通过检测PT来区分内源性和共同凝血途径的缺失，而混合的凝血功能障碍涉及了许多凝血因子。如果根据动物品种和凝血功能测试的结果怀疑发生遗传性的凝血因子缺乏，则应进行特异性的凝血因子检测以确诊。

凝血功能测试可用于鉴别出血性疾病，还可用于监控治疗的反应。当使用抗凝剂进行治疗时：用aPTT以监控患畜对肝素反应；用PT以监控患畜对华法令的反应。对于接受凝血因子置换疗法（通常是输注新鲜冰冻血浆或输全血）或维生素K补充治疗的动物，应重复进行凝血功能检测以确认治疗效果。

血栓弹性描记法（Thromboelastography）

血栓弹性描记法（TEG）是一个全面的测试，可对凝血过程的所有阶段进行评估。需要特殊的仪器进行TEG测试，测试内容包括评估新鲜全血或枸橼酸钠抗凝血的血凝块形成时间、形成过程以及整体强度。测试TEG的仪器开始逐渐应用于学校以及转诊中心。TEG所提供的信息可用于鉴别低凝或高凝性疾病以及监控治疗反应（如肝素、氯吡格雷、华法林以及输血）。这一测试的可用性限制了其实用性以及临床相关性。

凝血抑制剂

可进行AT-III的活性的功能性鉴定以评估患畜的抗凝血能力。引起AT-III活性减退的原因包括：产量减少（如肝脏疾病）、AT-III复合物在肝脏内的清除率增加（消耗性凝血障碍、肝素治疗）或损耗量增加（如蛋白丢失性肾病）。

其他的抗凝血物质可能存在于循环血中，且可能导致在常规的凝血检测中发现凝血异常。体外实验中，如果将患畜的血浆与品种相合的对照血浆相混合却无法纠正凝血异常的状况时，要怀疑有其他异常的凝血抑制剂存在。

纤维蛋白溶解

纤维蛋白/纤维蛋白原降解产物

血纤维蛋白溶酶可将可溶性纤维蛋白和纤维蛋白原降解为FDP（见图20.4）。血浆或血清内FDP水平的增高的原因包括：纤维蛋白溶解量增加（小范围发生或DIC、内出血）、纤维蛋白原溶解量增加、FDPs清除率降低（肝功能或肾功能减弱）。FDPs水平升高会导致PT、aPTT、ACT及血小板功能测试结果延长，因为FDPs会与纤维蛋白原竞争性参与凝血通路的不同途径以及血小板结合位点。

D-二聚体

血纤维蛋白溶酶可将交联的纤维蛋白降解为交联的FDP和D-二聚体（见图20.4）。FDP水平升高意味着纤维蛋白溶解量增加，而血浆中的D-二聚体水平升高则意味着交联的纤维蛋白形成量以及后续的降解量的增加（凝血和纤维蛋白溶解的活化）。

D-二聚体增加的原因包括：血栓栓塞性疾病或DIC、近期进行的手术、创伤、感染、内出血、肝脏疾病或肿瘤。在犬的检测方面已倾向于用D-二聚体的值取代FDP的测量结果，但现在的检测手段无法为猫提供可靠的结果。

成分输血 

血液制品可用于治疗各种各样的疾病，包括与贫血、止血功能紊乱、败血症、DIC以及特异凝血因子缺乏有关的情况。

适应证

红细胞制品

红细胞制品可为接受者提供额外的红细胞，从而增加血液的携氧能力并改善外周组织的氧气供应。没有一个可以用来提示输血的精确的红细胞压积的预警值，但通常PCV<20%时应该考虑输血治疗。对于那些发生最急性失血或是低血容量的患畜，即使其PCV正常，也应考虑输注红细胞制品，

因为这些患畜可能在用不含血液成分的液体进行液体复苏疗法后发生PCV降低的情况。决定是否需要输注红细胞由许多因素决定，包括：血红蛋白浓度（或PCV）、贫血的发作情况（急性或慢性）、持续性失血的存在与否，以及最重要的——患畜的临床症状。提示需要输注红细胞的临床症状包括：呼吸急促、心动过速、外周脉搏亢进、虚脱、嗜睡及虚弱。基于血红蛋白的携氧液体制品［如人造血（Oxyglobin）］已成功用于犬猫临床。

血浆制品

血浆制品内含有凝血因子和多种血浆蛋白，适用于凝血因子或特定的血浆蛋白缺乏的患畜。血浆制品对于先天性或获得性凝血功能障碍的患畜是最有效的产品。但输注血浆对于低蛋白血症的患畜疗效有限，因为白蛋白的半衰期非常之短，而且需要非常大量的血浆用于纠正白蛋白缺乏的状况。可以利用不同的公式和计算方法来计算白蛋白的缺口值。保守的计算方法是在不存在持续性白蛋白丢失的情况下，需要45mL/kg的血浆来获得10g/L的白蛋白补充量。例如，一只体重为20kg的犬需要900mL的血浆才可以将其血清白蛋白水平从10g/L提高到20g/L。

理解并明确动物体的需求使得兽医师可以选择最合适的治疗方案（表20.6），许多方案包括使用单独的血液成分来按需要补充特殊的血液成分。特异性的补充方案可以使用最小的输液体积以防止在等血容量或低血容量的患畜上发生容量过载的情况。

血液制品的类型

采集血液可产生新鲜全血，可以将新鲜全血进行储存或分为浓缩红细胞、新鲜血浆、储存血浆或浓缩的富血小板血浆（图20.6）。

血液成分的加工过程需要可变速的温控离心机以产生上述的大部分产品。根据离心机和所分离的血液成分使用精确的离心程序。

实用技巧

- 使用整合的封闭性血液收集装置以防止微生物污染血液，在储存血液制品前应封闭采血袋上的管道。

表20.6　患畜的病情及相应的治疗性血液制品选择方案

疾病	新鲜全血（FWB）	储存全血（SWB）	浓缩红细胞（PRBCs）	富血小板血浆/浓缩血小板（PRP/PC）	新鲜冰冻血浆（FFP）	冷沉淀物（cryoprecipitate）
贫血	可接受	可接受	最佳	无效	无效	无效
血小板减少症 血小板功能不全	可接受	贫血及低蛋白血症时需要支持疗法	贫血时需要支持疗法	最佳	低蛋白血症或并发凝血功能障碍时需要支持疗法	
vWD A型血友病（FVIII）	可接受	贫血及低蛋白血症时需要支持疗法，但无法提供所需的凝血因子	贫血时需要支持疗法，但无法提供所需的凝血因子	无效	可接受	最佳
凝血障碍	可接受	贫血及低蛋白血症时需要支持疗法，但无法提供所需的凝血因子	贫血时需要支持疗法，但无法提供所需的凝血因子	无效	最佳	对于大部分凝血障碍性疾病效果有限一只手提供因子Ⅷ因子XⅢ，vWF纤维蛋白原以及纤连蛋白

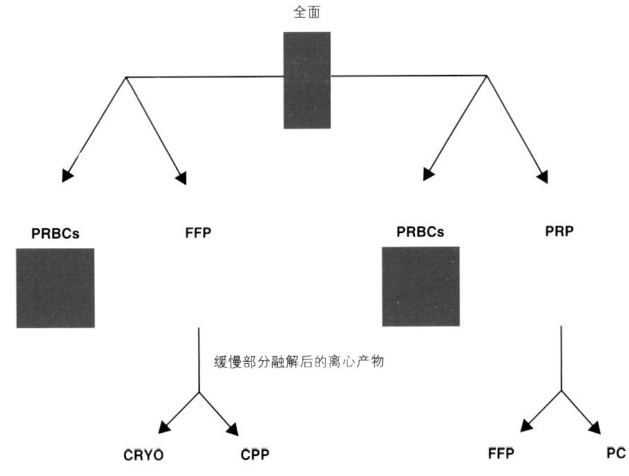

图20.6 血液成分的生产过程。采血后，可通过离心的方法，根据离心的速度和时间的不同将全血分为不同的血液制品。CPP：无冷沉淀物血浆；CRYO：冷沉淀物；FFP：新鲜冰冻血浆；PC：浓缩血小板；PRBCs：浓缩红细胞；PRP：富血小板血浆

■ 如果使用开放系统收集血液，则应立即使用，或将血液冷藏并在24h内使用。

红细胞制品

新鲜全血：新鲜全血应在严格无菌的情况下采集，无需冰冻，并在采血后8h内使用。新鲜全血内包含所有有功能的血液成分（红细胞、血小板、不稳定和稳定的凝血因子、血浆蛋白）。新鲜全血是私人兽医诊所最常用的血液制品，然而，如果可以使用其他的血液成分，应限制将新鲜全血用于贫血但并发止血缺陷的患畜。

储存全血：无法在8h之内使用的新鲜全血时，可在1~6℃的冰箱内储存约28~35日（与抗凝剂有关）。此时的血液单元被称为储存全血，储存全血与新鲜全血的主要区别在于前者缺乏功能上稳定的凝血因子和血小板。储存全血适用于贫血并发低蛋白血症的患畜。

浓缩红细胞：浓缩红细胞是全血经过离心后与血浆分离而成的。一单位的浓缩红细胞可提供与一单位全血一样的红细胞属性。浓缩红细胞适用于严重贫血的动物，以提供额外的携氧能力。单位的浓缩红细胞的PCV值高于全血，通常在70%~80%，这取决于供血者的血细胞比容。浓缩红细胞可以在4℃的条件下储存20日，如果加入合适的防腐剂则可将保存期限延长至35日。输注浓缩红细胞可通过输注较小体积的液体（减去血浆体积）获得与同等单位全血一样的携氧能力，这有助于预防等血比容的患畜发生血容量过载的情况。

血浆制品

新鲜冰冻血浆：新鲜冰冻血浆是全血经过离心后与红细胞分离而制成，并在收集后的8h之内进行冷冻，以保留不稳定的凝血因子V和VIII以及其他的凝血因子和血浆蛋白。融解后复冻或采集后8h以后才进行冷冻保存的血浆会丧失其中的不稳定的凝血因子。新鲜冰冻血浆可用于患获得性或遗传性凝血障碍的动物（先天性凝血因子缺乏、维生素K缺乏、DIC、严重肝病），也可在手术前预防性用于已知凝血功能障碍的动物或发生活动性出血时。新鲜冰冻血浆内同时含有其他的血浆蛋白，所以可以用于低蛋白血症的动物，但是需要大剂量的反复输注以产生并维持明显的临床效果。在-20℃以下的保存条件下，新鲜冰冻血浆可以保存一年。

储存冰冻血浆：包括保存时间大于1年的新鲜冰冻血浆、采集后未及时进行冰冻以保护不稳定凝血因子的血浆、反复冻融但未开封的新鲜冰冻血浆。储存冰冻血浆内缺少许多有用的凝血因子和抗炎蛋白，但可以作为胶体溶液用于低蛋白血症的动物，且可以提供部分维生素K依赖的凝血因子。自采集之日起，储存冰冻血浆可在-20℃的保存条件下保存5年。

富血小板血浆和浓缩血小板：富血小板血浆和浓缩血小板都是由新鲜全血所制成的，但是血小板脆弱的天性使得这些产品的制备非常困难。为提高最终产物内的血小板的存活数量和生理功能，需要在整个制备和使用的过程中小心操作。将新鲜全血通过短时低速离心将富血小板血浆和浓缩红细胞分开，然后将制成的富血小板血浆储存或进一步加工为浓缩血小板和新鲜冰冻血浆。

使用密闭系统收集的富血小板血浆和浓缩血小板可在轻摇床上20~24℃储存5日。血小板制品的储存温度高于其他血液制品，较易受到细菌污染，所以在开放采集的情况下，应该在采集后4h内使用。血小板制品适用于伴发血小板减少/功能不全的不可控的严重出血或危及生命的出血（如颅内出血），但这类产品的制备难度导致常用新鲜全血作为替代。最近美国开始推行使用新型的浓缩血小板冻干剂，并在一些多中心医疗机构进行临床试验。

冷沉淀物和冷沉淀上清血浆（cryo-poor plasma）：冷沉淀物（cryo）制剂提供了来源于一单位新鲜冰冻血浆的浓缩的vWF、FVIII、FXIII、纤维蛋白原以及纤连蛋白。冷沉淀物可在新鲜冰冻血浆采集后的12个月内制备。将一单位的新鲜冰冻血浆缓慢融化至仅剩10%左右的冰冻血浆，然后按相应方法进行离心。分离并收集贫冷沉淀物血浆或冷上清后，冷沉淀物留存于小体积的血浆中（10~15mL）。冷上清血浆中含有多种凝血因子（包括维生素K依赖的凝血因子II、VII、IX和X），以及其他抗凝血和溶纤维蛋白因子，白蛋白和球蛋白。冷沉淀物和冷上清血浆应在制成后立即冰冻，并在原始采血的日期后1年内使用。在采血前30~120min给予供血犬去氨基精加压素（DDAVP）可增加血浆中的vWF数量并提高冷沉淀物产量。

冷沉淀物适用于因FVIII、vWF或纤维蛋白原缺乏或功能不全而引起出血的患畜。冷沉淀物可以通过小体积输注提供必需的凝血因子，所以是患有严重vWF缺乏的等血容量动物进行非紧急手术的首选输液方案。冷上清血浆可用于不需补充冷沉淀物的凝血障碍或低蛋白血症的患畜。美国开始推行使用冻干的犬源冷沉淀物。

基于血红蛋白的氧气载体

人造血(Oxyglobin, OPK Biotech, Cambridge, MA)是一种由纯化的多聚牛血红蛋白制成的灭菌溶液，可用于提高血浆血红蛋白浓度，并将多数的氧气由血液中转到血浆中(参见本书第9章和第10章)。已经证实可以将人造血有效用于治疗犬的任何原因引起的贫血，并已成功用于猫(未经批准)。人造血提供了一种合适的浓缩红细胞的替代方法，可短期增高血液的携氧能力(在循环血中可持续约24h)，此外，当用于治疗免疫介导的溶血性贫血时，人造血比浓缩红细胞的免疫原性更低。人造血具有胶体性扩充血容量的能力，所以在使用时应小心监控，以防发生容量过载或可能的肺水肿和/或胸腔积液。最近人造血的制造商中止生产这一产品，且并不清楚是否会重新生产。

血液的采集、储存及使用

供血者

供血犬：供血犬应该是健康的性格温顺的大型犬，体重在25kg以上，年龄在1~8岁之间。供血犬应接受常规的兽医预防保健，包括根据诊所的免疫流程进行免疫、供血时未使用任何药物、常规的体内外寄生虫预防或是根据地区特异性进行心丝虫预防工作。在采血过程中，犬只仅需简单保定即可保持安静。避免使用镇静剂以减少镇静药物可能带来的不良影响。曾经接受过输血治疗的犬只不应作为供血犬。

供血前的检验内容包括确定供血犬的血型（DEA-1，见下文）、每年的血常规与血液生化检查以及地区性传染病的筛查（包括该犬曾经生活过的地区）。可能通过输血而传播的传染性疾病包括：巴贝斯虫（Babesia spp.）、利什曼原虫（Leishmania spp.）、埃里希体（Ehrlichia spp.）、红孢子虫（无形体，Anaplasma spp.）、新立克次氏体（Neorikettsia spp.）、犬布鲁氏菌（Brucella canis）、克氏锥虫（Trypanosoma cruzi）、文森巴尔通体（Bartonella vinsonii）以及亲血性支原体。一般情况下不应使用那些曾经离开英国进行旅行的犬只，以减少传染病检查的项目，但随着动物旅行范围的扩大以及气候的变化，传染性疾病的流行性有逐渐增加的趋势。

供血猫：供血猫应是健康的，临床状况良好的猫，体重在4kg以上，年龄为1~8岁，并进行常规的兽医预防保健。与供血犬不同，在采血时通常需要对供血猫进行镇静。猫会产生同种抗体，所以输血前必须对供血猫和受血猫进行血型鉴定以防止发生错配输血。每年应对供血猫进行血常规和血液生化检查以及传染病筛查（FeLV、FIV、亲血性支原体PCR），以评估供血猫的健康状况。传染病筛查结果阳性的猫应从供血猫储备中剔除。此外，为维持传染病的阴性状态，活泼的供血猫应限制在室内活动以避免接触传染性疾病病原。

对于健康猫应进行的筛查内容包括巴尔通氏体（Bartonella spp.）、猫胞簇虫（Cytauxzoon felis.）、埃里希体（Ehrlichia spp.）、红孢子虫（无形体，Anaplasma spp.）以及新立克次氏体（Neorickettsia spp.）。但是否应该进行猫冠状病毒的检测仍是一个有争议的话题，因为很多临床健康的猫其冠状病毒的滴度高但不会发生传染性腹膜炎，同时也没有任何通过输血而传播的文献记录。同样的，对于粪地弓形虫的抗原、抗体或DNA检测也是非必需的，因为健康的猫也可能发生阳性的检验结果，但这并不会影响输血的安全性。

血型

血型是通过红细胞表面固有的种属特异性抗原而决定的。犬猫的血型与所在地区以及品种有关。临床上的血型不相合的情况主要发生于输血反应以及新生儿溶血性贫血，病情的发生率和严重程度与个体情况以及物种有关。

犬的血型：常用犬红细胞抗原（dog erythrocyte antigen，DAE）来区分犬的血型。虽然已经鉴定出至少12种抗原，但现在可用于定型的抗血清只有6种：DEA 1.1、1.2、3、4、5和7。

- 除了DEA 1之外，每个DEA血型都有阴性和阳性。
- DEA 1型至少可分为两个亚型：DEA1.1和DEA1.2。
- DEA1的另一个亚型——DEA1.3，仅在文献中有所描述，但并未广泛评估。
- 一只犬只可能表现一个DEA1亚型阳性或三个亚型都是阴性。

动物的血型与其所具有的可能抗原有关，最常用的血型抗原是DEA1.1。

- 不存在自然发生的抗DEA1.1的同种抗原，因此大部分犬初次输血时即使接受DEA1.1不相合的血液也不会发生输血反应。
- 然而，当DEA1.1阴性的犬接受DEA1.1阳性的红细胞时会发生致敏反应，导致动物再次接触到抗原时（如用DEA1.1阳性的血进行再次输血）发生急性的溶血性输血反应。首次输血4日以后会发生红细胞致敏反应并产生抗体。

使用多克隆或单克隆抗体进行凝集试验以鉴定血型。

- 发生凝集反应说明红细胞表面存在特异性的抗原（阳性）。
- 不发生凝集反应说明犬体内不存在所测试的抗原（阴性）。

既然DEA1.1是最常用的血型抗原，应在输血前确定供血犬和受血犬的DEA1.1状态。

实用技巧

一般的输血规则是：

- DEA1.1阴性的犬只可以接受DEA1.1阴性的犬血。
- DEA1.1阳性的犬可接受DEA1.1阴性或DEA1.1阳性的犬血。

可通过大量参考实验室和院内检验的方法进行DEA1.1的测试。少数专业的血液学实验室可以提供多克隆抗血清用以对DEA1.1之外的抗原进行分型，但通常没有必要进行。

为避免产生假阳性或不可确定的结果，需要在鉴定血型前排除发生自体凝集反应的可能性，可通过洗涤红细胞来防止红细胞在生理盐水中发生自体凝集反应。如果自体凝集反应对分型结果产生影响或分型结果不明确或无法立即进行血型鉴定试验的时候，应考虑持续给予受血犬DEA1.1阴性的犬血直至受血犬的血型确定。一些病例的血型鉴定结果表现为混合的反映情况，可能的起因包括：动物体内存在一种以上的RBC类型（如最近接受过输血）、弱阳性反应（可能是DEA1.2阳性）或假阴性反应（严重贫血的犬）。

猫的血型：通常用A-B系统来将猫的血型分为三类：A型、B型和AB型。血型是单基因显现遗传的，A为显性子而B为阴性子。

- A型血的猫的基因型是a/a纯合子或a/b杂合子。
- B型血的猫具有b/b纯合子。
- AB型是一种罕见血型，同一个基因位点上的存在等位基因，从而同时表达A型和B型抗原。

猫在输血前必须对其血型进行鉴定。猫的血浆内存在自发性同种抗体，对于其所缺乏的红细胞抗原，同种抗体起着同种凝集素的作用。A型血和B型血的猫在2月龄之后体内便会形成同种抗体，不需要通过输血或妊娠接触抗原即可自发形成同种抗体。这些抗体可引起致死性的快速输血反应，类似于新生儿溶血性贫血。因此，即使在急症情况下，输血前必须鉴定供血猫和受血猫的血型。

许多方法可以用来鉴定血型，根据A型或B型细胞能否引起凝集反应将血型确定为A型、B型或AB型。如果使用院内血型鉴定卡鉴定血型，对检测结果为B型或AB型的血样，在输血前最好用其他方法进行再次检测以确认结果，其他可用的血型鉴定方法包括：凝胶卡片（参考实验室）、背式定型（back typing）或交叉配血试验（主要和次要）。血型鉴定前应排除发生自体凝集的可能，贫血或患病的猫可能会出现错误结果。

如果将A型血输入B型血的猫体内。发生输血反应的风险是最大的，因为抗A型抗体会诱发供血猫的红细胞发生快速的血管内溶血反应（完全活化）。受血猫接受1mL的A型血就有可能发生急性溶血性输血反应并可导致死亡。这类输血反应的临床症状包括：抑郁、焦虑不安、心动过缓、呼吸暂停、呼吸浅慢、呻吟、流涎、排尿、排便以及发生于晚期的心动过速、呼吸急促、溶血以及血红蛋白尿。

如果将B型血输入A型血猫的体内，会发生明显但不甚严重的输血反应，导致红细胞加速破坏（血管外溶血）。

实用技巧

一般的输血规则是：
- A型血的猫只可以接受A型血。
- B型血的猫只可以接受B型血。

AB型血的猫体内不存在同种抗体。对于罕见的AB型血的猫，最佳的输血选择是AB型的血，但如果没有可用的血源，也可以选用A型血。

- A型血的猫体内的抗B型同种抗原在输血时可引起AB型血的猫的轻微的输血反应。
- B型血的猫体内的抗A型同种抗原在输血时可引起AB型血的猫的中度至严重的输血反应。
- 如果AB型的猫需要接受A型的输血时，建议将血源进行分离以去除血浆并输注洗涤红细胞以避免由于血型不相合而发生输血反应。

新生儿溶血性贫血：当B型血的母猫生产A型或AB型血的仔猫时，自发性的同种抗体会引起新生儿溶血性贫血，这是因为仔猫在出生后摄取了初乳中的抗A同种抗体所致。在摄入初乳后的数小时至数日内会发生明显的红细胞溶解的症状，包括：贫血、血红蛋白血症、黄疸和血红蛋白尿，某些病例会发生死亡。预防新生儿溶血性贫血的方法包括限制B型血的母猫仅与B型血的公猫交配，或是将高危仔猫在出生后的2~3日内与母猫隔离并人工喂养。

B型血猫的流行率：与非纯种猫相比，有记载的容易出现B型血个体的纯种猫包括：英国短毛猫、德文雷克斯猫、波斯猫、索马里猫、阿比西尼亚猫、喜马拉雅猫、伯曼猫以及苏格拉折耳猫。暹罗猫100%为A型血。以前的流行性报告显示绝大部分的家养非纯种猫是A型血（大于90%），但最近的研究结果显示B型血的流行性有所增加。

交叉配血

交叉配血试验可用于确定患畜和供血畜的红细胞之间的血清学相容性，并可检测对不同红细胞抗原的敏感性。在犬中，需要进行交叉配血的情况如下：

- 受血犬在4日或更长时间之前接受过输血（即使接受的是DEA1.1阴性的犬血）。

■ 患畜有输血反应病史。

■ 受血犬的输血史不明。

最近的研究证实妊娠犬会丧失对红细胞抗原的敏感度（Blaise et al., 2009）。因此，可将已妊娠的犬作为供血犬，同时，如果妊娠犬需要进行输血治疗，第一次输血前可以如同未进行过输血的犬一样不进行交叉配血试验。如果患畜在4~5日前接受过输血，则必须重复进行交叉配血，因为此时受血犬可能会与相同的供血犬发生血型不相容的情况。

实用技巧

- 主要交叉配血试验（major cross-match）可评估供血犬的红细胞与受血犬的血清/血浆之间的相容性（类似于凝集试验）。
- 次要交叉配血试验（minor cross-match）可评估供血犬的血清/血浆与受血犬的红细胞之间的相互作用。

次要交叉配血试验不相容的情况很少会引起溶血性的输血反应，但这是需要使用大量的血浆时所需要考虑的问题。患畜的自身凝集反应或溶血可导致产生不相容的结果，所以必须将患畜的红细胞和血清进行配对以做对照。

原则上猫应该在初次输血前进行交叉配血试验，即使受血猫与供血猫的A–B系统血型相合。最近检测出一种与A–B系统不同的红细胞抗原（Mik），可导致A型血的猫之间的交叉配血不相容，从而引起对于未知的猫红细胞抗原与其自发性同种抗体之间的直接反应所导致的输血反应的关注（Weinstein et al., 2007）。在A–B血型相容的猫发生溶血性输血反应的病例中发现Mik抗原阴性的个体。如果供血猫或受血猫的血型未知，或猫曾经接受过输血，必须进行交叉配血试验（技术20.2）。

即使使用交叉配血试验相容的血液制品，受血犬也有可能发生溶血性或非溶血性输血反应，所以必须对受血者在输血时及输血后进行监控。

血液收集系统

所有的血液采集工作必须在无菌操作下进行，同时应使用合适的抗凝剂。

抗凝剂：常用的抗凝溶液包括：

■ ACD（酸–枸橼酸盐–葡萄糖）

■ CPD（枸橼酸盐–磷酸盐–葡萄糖）

■ CPDA–1（枸橼酸盐–磷酸盐–葡萄糖–腺嘌呤）

CPD和CPDA–1最常用于商业化的封闭采血系统。抗凝剂的用量和血液储存时间取决于抗凝剂的成分、所添加的防腐剂以及采血方法。

技术20.2 诊所内进行的猫交叉配血试验

该方法简单，可快速进行。

1. 采集供血猫和受血猫的血液，并放于EDTA抗凝管中。

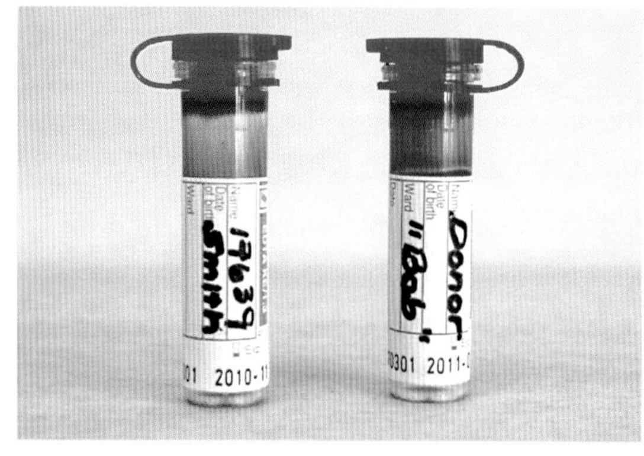

2. 离心样本（1000g转60s）以沉淀红细胞。
3. 取出上清血浆并转移到一个干净的标记过的玻璃管或塑料管中。

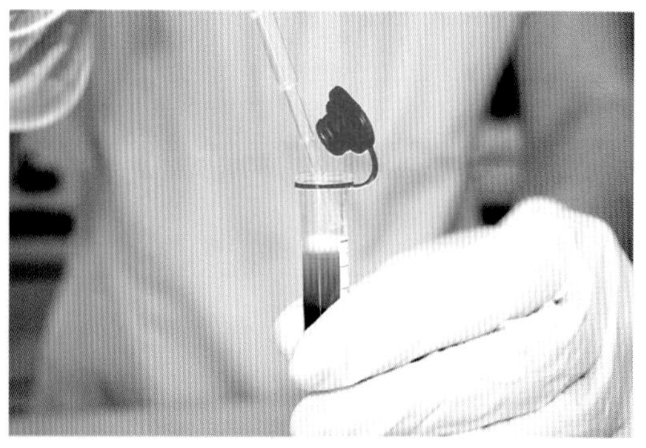

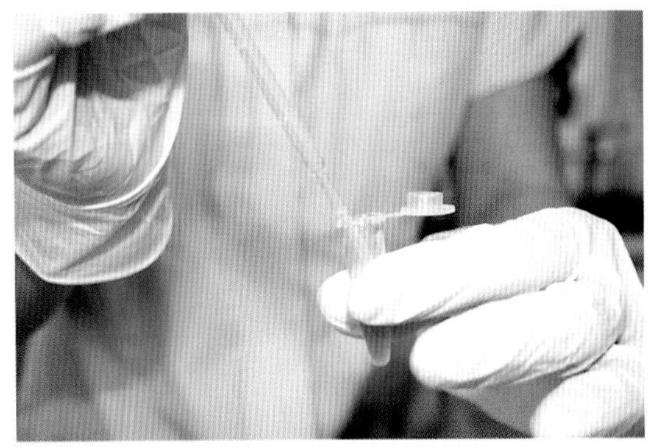

4. 对于每个供血猫的血样，准备三块载玻片并分别标记为："主要"、"次要"以及"受血猫对照"。
5. 按下列次序在每块载玻片上滴上一滴红细胞悬液和两滴血浆：
   - 主要交叉配血=供血猫红细胞+受血猫血浆。
   - 次要交叉配血=受血猫红细胞+供血猫血浆。
   - 受血猫对照=受血猫红细胞+受血猫血浆。

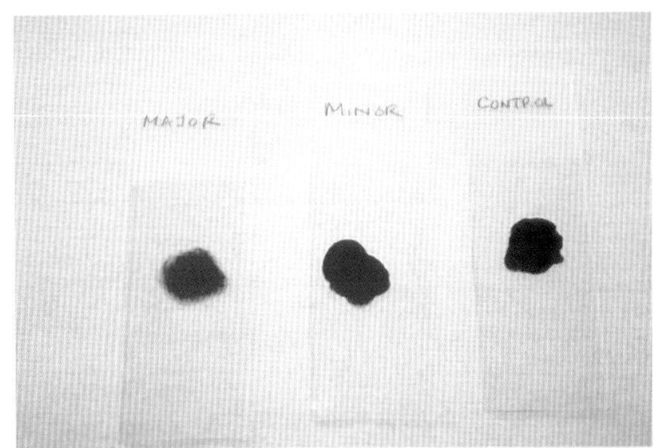

6. 轻轻晃动载玻片以使血浆和红细胞混合。

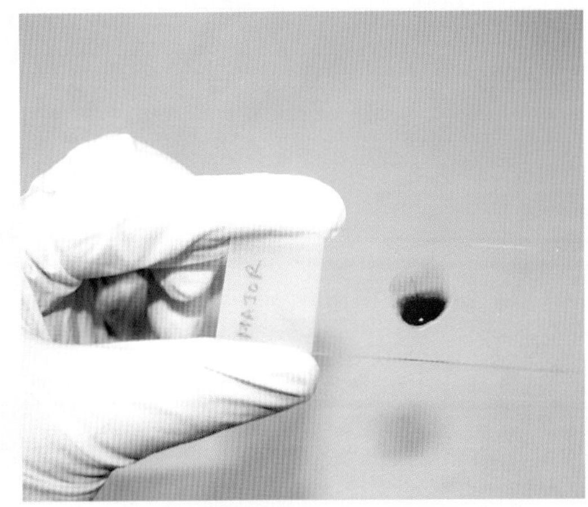

7. 在1~5min后检查血液凝集状态：
   - 存在凝集则提示不相容。
   - 受血者对照组发生凝集提示结果无效。

肉眼可观察到在主要交叉配血组发生红细胞凝集

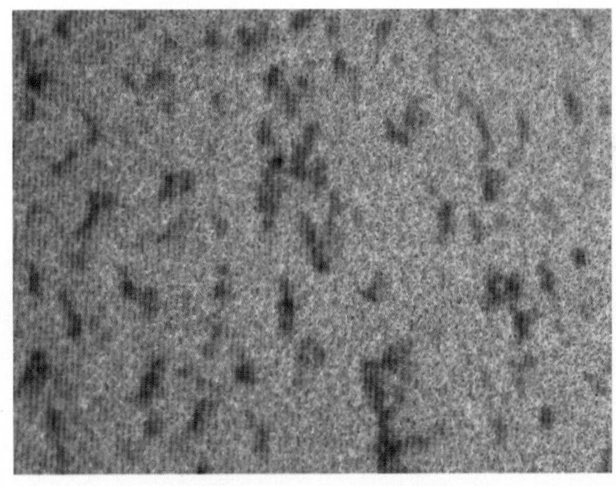

显微镜下看到的红细胞凝集

实用技巧

- ACD的比例为1mL抗凝剂对7~9mL全血。
- CPD和CPDA-1的比例为1mL抗凝剂对7mL全血。

不建议使用其他类型的抗凝剂（如枸橼酸钠、肝素）。

开放和封闭的血液采集系统： 可通过封闭或开放的血液采集系统来采集全血。

- 在封闭采血系统中，采血袋及其内容物只有在取下采血针帽进行静脉穿刺时才有可能接触到空气。封闭系统的实例是含有63mLCPD/CPDA－1的450mL容量的商品化采血袋，并预先连接好16G的采血针，可用于体重大于25kg的犬。带有空的转移用卫星采血袋和红细胞防腐剂的多采血袋系统可用于成分输血。
- **开放采血系统**指在血液采集或加工处理过程中有一个或多个环节可能发生细菌污染的血液采集系统。所有的开放采血系统所采集的血液必须在4h内使用，或是在冷藏条件下采血后24h内使用。开放采血系统包括使用注射器和加有抗凝剂的空采血袋采集小体积的血样以用于猫或其他小体型动物的方法。

采血量： 对于供血犬猫而言，安全的采血方法是每次最多采集其血容量的20%左右的全血，每3~4周采集一次。推荐的采血量上限为犬18mL/kg，猫10~12mL/kg。大部分的利用家养的宠物作为供血犬猫的志愿献血计划将采血间隔延长为每8周一次。

献血前评估

在每次献血前，应复查供血动物的信息并由畜主完成一个简要的问卷。确认供血动物的年龄和最近一次的献血日期。此外还要对供血动物进行全面的身体检查以及PCV或血红蛋白浓度检查并将结果记录在献血档案中。

采血步骤

犬猫采血时建议利用颈静脉作为静脉穿刺的位置，因为颈静脉的大小合适和容易触及。

实用技巧

- 为避免细胞破损或凝血因子的过度活化，应通过快速单次穿刺进行血液采集。
- 严格的无菌操作以及使用消毒的装置可将细菌污染的可能性减到最小。
- 在血液采集过程中应严格监控供血动物，检查动物的可视黏膜颜色、脉搏率以及质量、呼吸率和形态。如果这些指标发生任何变化都应终止采血。

大部分的犬可以在不镇静的情况下进行采血，但最好针对采血过程对犬只进行训练。在采血过程中（10min左右），将犬侧位保定于操作台上的软毯上有利于保持动物的舒适感以及操作人员的便利操作。采血后保持一段时间的侧位保定有利于在静脉穿刺的位置进行手指按压以止血。

用采血袋进行全血采集： 使用商品化的采血袋可仅通过重力作用采集犬的全血（技术20.3），但是用特制的真空舱进行吸引可缩短献血时间以及动物保定所需要的时间。

用注射器采集全血：这一开放式采血方法用于采集较小数量的血液，或是在没有无菌采血袋时进行血液采集（技术20.4）。

技术20.3 犬的全血采集过程

1. 剃除颈静脉沟上方的毛发并涂抹含局部麻醉药的乳霜。这一过程通常在身体检查时进行。
2. 稳固并舒适的保定动物，建议在操作台上取侧卧保定姿势。
3. 对静脉穿刺的位置进行无菌准备。
4. 在胸腔入口出施加压力以使颈静脉怒张，以便触及和观察到颈静脉，但要避免接触穿刺位点。
5. 使用止血钳或采血袋配有的夹子封闭采血管，以防取下针帽时有空气进入采血袋。
6. 将采血袋放在天平上并调零。

■ 如果使用真空舱进行采血，采血袋应悬于舱内并固定在舱盖上，将采血管和采血针引出舱外（固定于舱顶部的凹槽内）。然后将整个装置放在天平上并调零。检查真空舱的密封性并在采血开始前关闭吸引器

7. 取下连接于采血袋上的16G针头的针帽并进行静脉穿刺。然后取走采血管上的夹子或止血钳。如果未见回血，则应检查管道是否有堵塞或穿刺是否成功。
8. 采血袋应放在低于供血动物的位置以进行重力采血。

■ 使用真空辅助采血时，吸引器的压力应保持在6.5~24kPa（50~180mmHg）

9. 周期性地轻轻翻转采血袋以使血液和抗凝剂混合（真空采血时无需此项操作）。

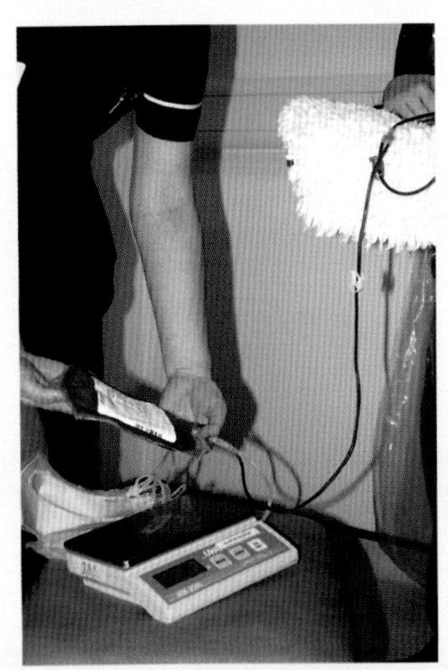

10. 在采血过程中，用精确到克的天平监控采血袋的重量，以确保按照抗凝剂比例的采集合适而不过量的血液。
11. 当采血袋装满时（405~495mL血重426~521g），关闭吸引器（如果使用），夹闭采血管，将采血针从颈静脉中拔出，并压迫穿刺位置以避免形成血肿。
12. *确保采血管中充满混有抗凝剂的血液后，用手工封口钳或热封口机封闭采血管的远端（靠近采血针的位置）。
13. 将采血管封闭为多个10cm左右长的小段，以供之后交叉配血使用。

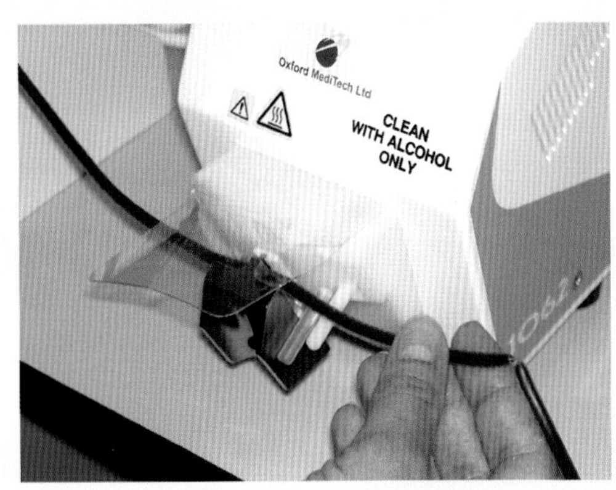

14. 在采血袋上贴上标签，标签内容包括：血液制品类型、供血动物特征、采血日期、失效日期、供血动物血型、供血动物PCV（或血比容或血红蛋白）以及采血操作者的签名。在使用和储存前鉴定血型。

*如果使用多采血袋系统以分离血液成分，则第12~14步应根据操作过程的指引进行（离心、采集血浆）。

实用技巧

- 犬：需要18G注射针、19G蝶形导管、或18G 针外导管式静脉导管。
- 猫：通常使用19G或21G的蝶形导管。

采血后

■ 采血后应给予犬只饮食，并限制活动（只可以牵遛）24h。

■ 猫在采血过程中应放置静脉导管，并在输血后的3h内静脉输注30mL/kg的置换型晶体溶液。

■ 严密观察镇静/麻醉的供血动物的苏醒过程，一旦动物完全苏醒，应给予饮食。

储存

红细胞制品：红细胞制品应储存在1~6℃的冰箱里，以直立方式储存以维护最大的红细胞存活度、

技术20.4 用注射器采集血液

1. 用于采血的注射器应预先装有一定量的抗凝剂（每7mL血液对于1mLCPDA-1）。猫通常需要镇静：常用的镇静方法是静脉注射咪达唑仑/氯胺酮合剂，或是通过面罩给予异氟醚/氧气。
2. 供血猫镇静前（建议）或镇静后，在其头静脉上放置一静脉导管，以便在采血后进行静脉输液。
3. 参照技术20.3里的步骤1~4（采集犬的全血）。供血猫取俯卧保定，两前肢伸于操作台外，头部抬起。
4. 进行静脉穿刺，固定静脉穿刺针并依次抽满每一个注射器。如果使用OTN导管，在静脉穿刺后去除引导针并将导管推入血管。连接延长装置并依次抽满每一个注射器。

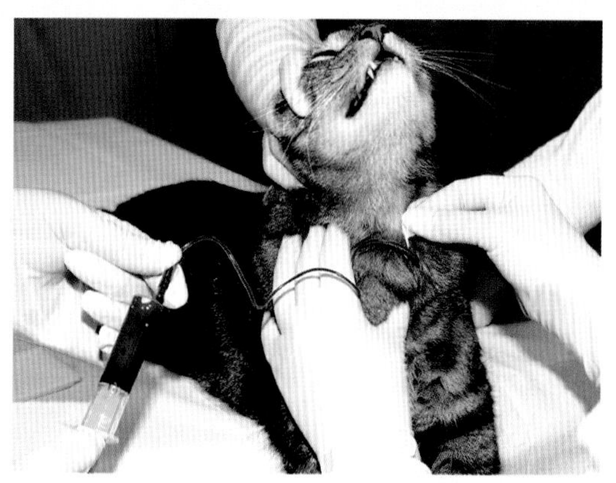

5. 采血后轻轻翻转注射器数次以混匀血液和抗凝剂。
6. 采血完成后，从颈静脉中拔出注射针，并压迫穿刺位点以防止形成血肿。

容许气体交换以及红细胞代谢并保护红细胞膜的完整。红细胞制品的保存期限取决于采血时所用的抗凝防腐剂。可用专门的内置温度报警装置的储血冰箱，或专用的常规家用冰箱并减少冰箱内的物品变动。应放置冰箱内温度计并每日检查以确保合适的储存条件。

血浆制品：几乎所有的血浆制品都应该储存于-20℃或更低的温度中。常规冰箱的冷冻室即可提供足够的储存温度，但所能达到的储存温度与所选用的冷冻设备有关。应每日用温度计检查储存温度，并尽量减少开关冷冻室的次数。

■ 最初将血浆进行冰冻时，应在储血袋外绕一根橡皮筋，并在冰冻后取下。这一方法可在储血袋外形成一个“腰带”。如果“腰带”消失则提示这一储血单位已经融化并再次冰冻，说明储存条件和血浆质量已受到严重影响。

■ 整个血浆袋应封闭在一个密封的塑料袋中，这一方法可以在血浆融化时保护注射接头不被污染。

■ 冰冻的血浆单元非常容易在跌落时破裂，所以应小心操作。

标记：所有的血液制品都应标记如下内容：血液制品种类、供血动物标记、供血动物血型、采集日期以及失效日期。

血液制品的使用

血液制品通常采取静脉输注的方法给予，需要时也可进行骨髓内输液（幼猫、幼犬），但不可用于腹膜内输液。

对于所有的血液制品（包括血浆），使用时需要用内嵌有血液滤器（170~260μm）的标准输血器。在输注小体积血液制品或通过注射器采集的全血时，可使用减少死腔的儿科滤器或18~40μm的微团聚体滤器。

■ 储存的红细胞制品在使用前不需要预温，除非适用于新生动物或体型非常小的动物。

■ 血浆制品使用前应在温水浴中缓慢融化。

■ 无防腐剂的浓缩红细胞应在100mL生理盐水中再悬浮以减少其黏度。

使用剂量：血液制品的使用量取决于所用的血液制品类型、预期疗效以及患畜的反应。

普遍的输血经验性规则是：每输注2mL/kg（受血动物体重）的全血可提高受血动物1%的PCV。大部分的患畜所需要接受的输血量在10~22mL/kg之间，建议用以下的公式计算输血量：

输血体积（mL）=[85(犬)或60(猫)]×体重（kg）×[(预期PCV-实际PCV)/供血动物PCV]

使用浓缩红细胞或冰冻新鲜血浆时所用的平均用量为6~12mL/kg。

当使用血浆制品治疗凝血功能障碍时，再次评估凝血参数（通常是PT和/或aPTT）的改善程度有助于指导成功治疗。

输注冷沉淀物是一个有效的方法，且为vWD患犬提供浓缩的vWF。每个单位的冷沉淀物是由450mL新鲜全血所制成的，将新鲜全血离心分离出大概200mL的新鲜冰冻血浆，最后浓缩为10~15mL的血浆单位。建议的使用剂量为每15kg体重1个单位的冷沉淀物。

输液速率：输注血液制品的速率取决于接受输液的动物的心血管状态。

- 通常情况下，最初20min内的输液速率应为0.25~1.0mL/（kg·h）。
- 如果输液反应良好，应把输液速率提高到4h之内完全输注剩余血液制品。
- 对于存在容量过载风险增高的动物（心血管疾病、肾功能不全等），输液速率应不超过3~4mL/（kg·h）。

如果需要超过4h的时间进行输液，应将所选用的血液制品分成几份，以便有几份血液制品可以保持冷藏状态以供随后使用。

在输液过程中不应给予动物食物或其他药物，唯一可以从输血通路中输注的液体是0.9%生理盐水。

监控：在使用储存红细胞或血浆时，必须对所选用的血液制品进行肉眼检查。红细胞变色（棕色或紫色）、存在肉眼可见悬浮物或存在血凝块的情况提示可能发生细菌污染、溶血或其他的储存性损害。必须检查血浆袋以确认没有发生反复冻融的情况以及血浆袋没有发生破裂和撕裂。

在输血前应检查患畜的下列参数（作为参考基线），然后在输血期间每15~30min检查一次，并在输血后的1h、12h、24h时复查这些参数：

- 姿态；
- 直肠温度；
- 脉搏率和质量；
- 呼吸率和呼吸模式；
- 可视黏膜颜色和毛细血管再充盈时间。

在输血后应以合理的时间间隔测量PCV和总蛋白。在输血时和输血后应密切观察患畜的血样和尿样是否发生变色（如黄疸、血尿）现象。在输血过程中应勤于观察及记录结果，并填写一张输血监控表（表20.7），表内应包括时间点和监控参数。小心监控可保证快速识别和处理输血反应，并评估输血效果。

人造血：人造血可通过常规的输液装置输注，不需要使用内嵌式的滤器。

- 对于正常血容量的患犬，人造血说明书上的剂量为10~30mL/kg，输液速率应不大于10mL/（kg·h），但许多犬应使用更低的输液速率。
- 在猫上使用人造血属于标签外使用，根据临床经验的相关报道，每日的建议总用量为10~15mL/kg。猫很容易发生容量过载，建议的输液速率应不高于1~2mL/（kg·h），对于等血容量的患畜可降为2~3mL/h。

输血的并发症

输注血液制品后发生的任何意料之外的不良反应都可认为是输血反应。有报道的输血反应的发生率和严重程度非常多变。输血反应可分为免疫性（溶血性或非溶血性）和非免疫性，以及急性或迟发型。

免疫性输血反应

急性溶血性反应：最常见的输血反应是伴有血管内溶血的急性溶血性反应，这是一类抗原抗体相互作用的II型超敏反应。发生这类反应的情况包括：B型血的猫接受了A型的猫血，DEA1.1阴性犬由于再次接触DEA1.1而发生的致敏反应，以及其他情形。临床症状包括：发热、心动过速、呼吸障碍、肌肉震颤、呕吐、虚弱、虚脱、血红蛋白血症以及血红蛋白尿。这类反应可能会引起休克、DIC、肾脏损伤，某些病例中可能会发生患畜死亡。

- 急性溶血性输血反应的治疗包括立即中止输血，并应用包括输液疗法在内的方法针对休克的临床症状进行治疗。
- 可使用抗组胺药物以及皮质类固醇类药物（表20.8）。
- 需要采取激进的输液疗法，并极小心地监控患畜以防止发生液体容量过载（测量中心静脉压、心率、进行肺部听诊）。
- 患畜可能会继发低血压，所以应监控血压

表20.7 输血监控表的范例

血液制品： 浓缩红细胞 新鲜冰冻血浆 新鲜全血 储存全血 猫血

输血日期：	采血日期：
受血动物：	供血动物：
畜名：	畜名：
病历号：	供血动物编号：
血型：	血型：
体重：	PCV/TS：
	采血量：

监控流水表：

	时间	速率	体温	脉搏	呼吸	脉搏质量	可视黏膜/CRT	PCV*	TS*	血浆颜色*	尿液颜色
输血前											
开始时间：____											
15min								X	X	X	
30min								X	X	X	
60min								X	X	X	
输血后											
6~12h后											
结束时间：____											

*注：可在其他时间根据兽医师指示进行观察，即怀疑发生输血反应时。

评论：______________________________

输血速率指引：

对于状况稳定的患畜，最初15~20min内的输液速率应为每小时0.25~1.0mL/kg。

如果输液反应良好，应把输液速率提高到4~6h之内可将剩余血液制品完全输注，但不应超过10mL/（kg · h）。

表20.8 处置输血反应的常用药物

药物类别	药物	剂量和给药途径
皮质类固醇	地塞米松	犬和猫：0.5~1.0mg/kg i.v., i.m.
抗组胺药物	苯海拉明	犬和猫：1.0~2.0mg/kg i.m.
	扑尔敏	犬（小型至中型）：2.5~5.0mg i.m. 每12h一次 犬（中型至大型）：5.0~10.0mg i.m. 每12h一次 猫：2~5mg i.m. 或缓慢静注 犬猫的最大推荐剂量为0.5mg/kg，每12h一次
H_2阻断剂	西咪替丁	犬：5.0~10.0mg/kg i.v.[a], i.m., 口服每8h一次 猫：2.5~5.0mg/kg i.v.[a], i.m., 口服每12h一次
	雷尼替丁	犬：2.0mg/lg i.v.[a], i.m., 口服每8-12h一次 猫：2.5mg/kg i.v.[a]每12小时一次，或每日2mg/kg连续输液
其他	呋塞米	1.0~4.0mg/kg i.v.每8~12h一次或按需给药
	多巴胺	2.0~5.0 μ g/kg/min i.v.连续输液
	10%葡萄糖酸钙	50~150mg/kg缓慢滴注直至起效[a]
	肾上腺素	低剂量：10.0~20.0 μ g/kg i.v. 高剂量：100.0~200.0 μ g/kg i.v.

a. 静脉途径给药时，需稀释药液，并缓慢给药。

和排尿量，同时可能需要使用加压素和利尿剂（低剂量多巴胺滴注、呋塞米）。

发热的非溶血性反应：发热的非溶血性输血反应和细菌性血液污染所引起的反应具有相似的症状，会在输血过程中或输血后短期内发生明显的发热。

■ 应确认供血动物和受血动物的血型并进行交叉配血试验。

■ 确认血液制品的类型、失效日期、体积以及输液速率。

■ 检查供血动物和受血动物的血样是否存在溶血现象，并留样进行革兰氏染色法检查、微生物培养并在需要的情况下进行进一步的传染病筛查。

■ 怀疑发生细菌性污染时，应首先静脉滴注广谱抗生素（如头孢菌素、阿莫西林/克拉维酸、氟喹诺酮类），并根据药敏试验结果调整治疗方案。

■ 这类输血反应可能会引起DIC或肾衰竭，因此建议对凝血象、尿素氮、肌酐以及电解质水平进行监控。

迟发型溶血反应：在输血后2~21日内可能会发生伴有血管外溶血的迟发型溶血反应，其症状类似于急性溶血性输血反应（±胆红素血症/胆红素尿），但危险程度较轻。可观察到黄疸、厌食、发热以及PCV降低等症状。这类反应通常不需要干预治疗，只需要进行退热治疗即可。如果红细胞的减少对患畜产生影响，应在再次进行输血前进行交叉配血试验。

非溶血性免疫性反应：非溶血性免疫性反应是一类由IgE和肥大细胞所介导的急性I型超敏反应（变态反应或过敏反应）。这类反应具有一系列的临床症状，包括：荨麻疹、瘙痒、红斑、水肿、呕吐以及呼吸困难（肺水肿）。

■ 一旦发生此类反应，应立刻终止输血并检查患畜是否发生溶血或休克。

■ 根据需要使用抗组胺药物和皮质类固醇（表20.8）。

■ 如果反应平息，可用之前输血速率的25%~50%继续输血。

■ 如果确认发生过敏或过敏反应甚至休克，可在上述治疗方法之外按需使用肾上腺素、静脉滴注液、抗组胺药物、H_2阻断剂（西咪替丁、雷尼替丁）、胶体溶液、多巴胺及氨茶碱（表20.8）。

同时会发生与白细胞和血小板相关的反应，表现为发热性的非溶血性输血反应，症状可在输血后最多持续20h。在不存在明显潜在病因的情况下，患畜的体温可增高1℃以上。

其他的迟发型免疫介导的输血反应包括：输血后紫癜（输血后一周内发生血小板减少症）、新生儿溶血性贫血以及受血动物发生免疫抑制。

非免疫性输血反应

已知有大量的非免疫性输血反应。

■ 由于输血速率过快而引起的过敏反应，在中止输血或降低输血速率后症状即消失。

■ 输注过量的血液制品或心脏/肾脏功能不全的患畜会发生循环容量过载，需要进行利尿剂治疗。

■ 患畜接受大量的血浆或全血输注后，常会因为枸橼酸中毒而引发低钙血症，尤其容易发生于肝功能不全的患畜。补充葡萄糖酸钙（表20.8）可有效缓解低钙血症的临床症状（呕吐、肌肉震颤、四肢搐搦、心电图变化等）。

■ 其他已确认的非免疫性反应包括：红细胞增多症和高蛋白血症、体温下降、凝血功能障碍、血栓形成、微生物污染、高氨血症、低磷酸盐血症、高钾血症、酸中毒、输血前溶血（体外）、含铁血黄素沉着症、空气栓子以及传染性疾病经血传播。

减少输血反应的预防性措施包括：筛选合适的供血动物；正确的采集、制备、储存和使用血液制品。遵守标准程序有助于确保诊所内输血的安全性和有效性。

21 手术操作原则

Geraldine B. Hunt

概述

Halsted（1852—1922）已经逝世90年，可由他所制订和倡导的手术原则现在仍然是外科医生最重要的准则（表21.1）。Halsted原则的大部分内容是明确易懂的：所有的医生在做手术时都会强调无菌原则（尽管并非所有时候都是严格遵守的）；每次手术结束前以及患畜出院时都会注意是否彻底止血；大部分的外科医生都理解减少死腔的意义，并会采取相应措施以减少死腔。

然而Halsted原则的部分内容就没那么明确了，需要经验的积累才可以良好的掌握和遵守。很多医生在自信的遵守这些规则之前，已经经历过或看到过许多由于违反原则而导致的不良后果。这些内容包括："组织损伤最小"的操作、"温柔"的组织操作、在尽量小心和彻底的操作同时"尽量缩短手术时间"。

本章旨在强调那些可能对手术结果产生影响的重要原则。同时提供一些实用的技巧以求更好地遵守Halsted原则。读者可以在第4章中找到手术器械的相关资料。

表21.1　Halsted手术原则

- 术前准备和手术时严格执行无菌术
- 正确止血以改善视野和限制感染及死腔发生
- 组织损伤最小
- 选择合适的手术方法以保证消除死腔及利于手术材料的移除
- 借助解剖学知识和手术技术尽量缩短手术时间
- 正确使用器械和材料

组织切开和切除

手术刀的使用

手术刀用于锐性切开已知且可辨认的组织平面，其对于临近组织所可能造成的伤害最小。通常，用手术刀切开的组织是富胶原而贫血管的。手术刀还可用于在致密组织层上制造小的刺破切口，例如腹白线、胃的黏膜下层以及膀胱壁。手术刀绝不可以用于皮下组织的大范围探查，或大血管周围组织的分离。有不同的手术刀柄和刀片可供不同用途使用。

实用技巧

- 大的刀片（例如10号）通常用于皮肤上的长直切口。
- 小的刀片（例如15号）适用于薄的皮肤，弧形切口以及需要沿特定轮廓线进行的切口（比如在脚上或面部的切口）。
- 小末端的刀片（例如11号）用于制造刺破伤口，或在特定区域（如关节）进行锐性切开。

褥式切开

进行褥式切开时，要切开的组织层应该用镊子或牵引线确实固定，以防止在操作时滑脱。这一方法可以保证切开层下方的组织不被刀片所伤。例如切开腹白线时可避免伤及腹腔器官，或切开空腔器官时避免伤及对侧的腔壁。

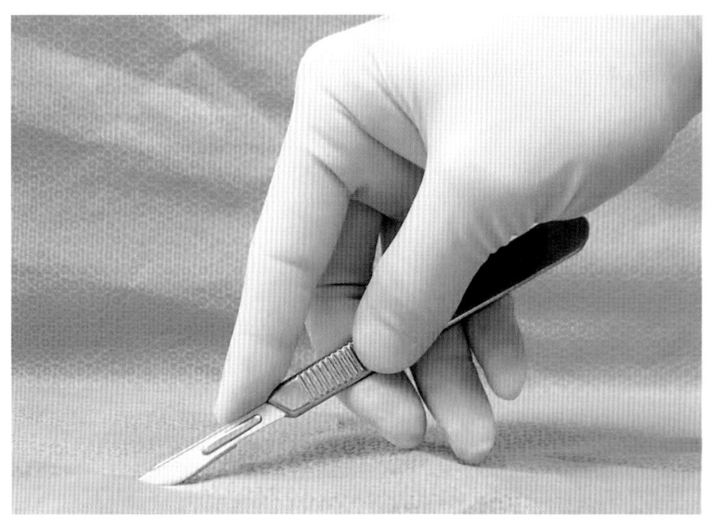

图21.1 大号手术刀片（10号）的正确使用方法，注意将刀腹用于要进行切开的表面

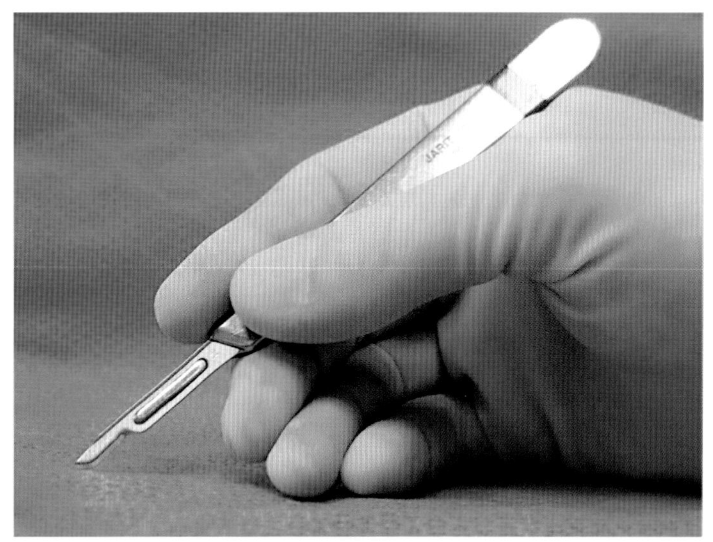

图21.2 小号手术刀片（15号）的正确使用方法，这一方法可以更精确地运用刀片的尖端，刀尖后方是切割刃

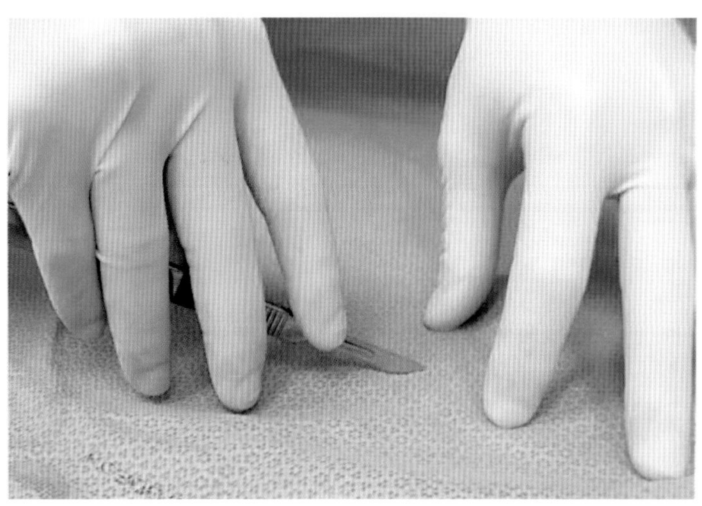

图21.3 进行皮肤切开的正确技术，用辅助手绷紧并稳定皮肤，从而可以干净利落地用刀片进行切开

直线切开和弧线切开

当用大的刀片进行皮肤直线切开时，利用手掌抓持住刀柄，用食指稳定刀片部位并控制刀片方向以及调节切割力量。这种方法有利于运用刀刃的腹部进行切开（图21.1）。

进行弧线切开或用小刀片进行切开时，最好用执笔式持握刀柄，这种持法有利于使用刀片的尖端（图21.2）。用辅助手的拇指和食指固定住皮肤，以保证在刀片划过皮肤时不会发生皮肤滑动或打摺，切开皮肤时皮肤的滑动或打摺会使得切口参差不齐或形成斜向切口，这会增加术后的炎症和渗出状况（图21.3）。

剪刀的使用

剪刀可用于锐性分离和钝性分离，使用时应避免组织结构被意外切断。钝性分离的方法主要用于确定组织平面以供锐性分离或电刀切割。与锐性分离的方法相比，钝性分离方法撕开组织所造成的损伤更大、控制性更差并可能引起组织暴露不良。例外的情况是对含有薄壁脉管的脂肪组织进行分离时，采用钝性分离可以获得止血的效果，因为撕裂的血管会收缩并自行闭合。

用剪刀进行锐性分离前，应先用止血钳或解剖钳制造一个组织平面。将剪刀的刀刃穿过组织平面的两侧，抬起远离术者的刀刃直至可以看到它穿过组织平面，然后确认刀刃间没有大的血管、神经以及其他重要结构后剪断组织，并继续交替进行分离和切开。

实用技巧

术者和助手相互配合可以加快这一过程的进行速度。术者制造分离平面并固定待分离的组织，助手在进行必需的烧烙止血或钳夹后用剪刀剪断组织（图21.4）。

持握剪刀时，应用拇指和无名指分别插入两个手柄环中，从而利用食指和中指控制和稳定器械（图21.5）。

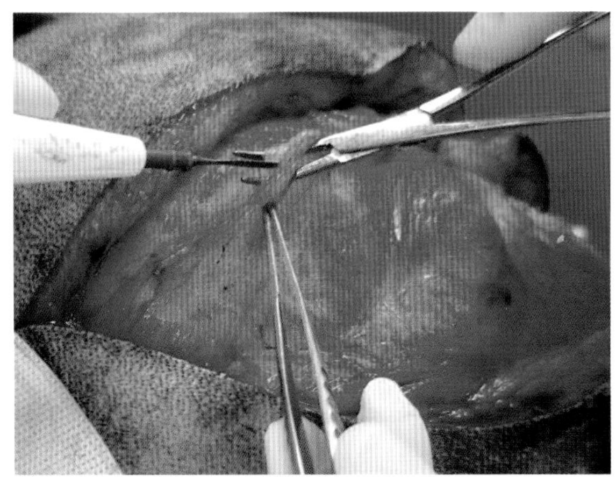

图21.4 在分离组织平面时术者和助手的相互配合。术者制造分离平面，并在由助手剪断组织前将组织平面抬起（在此使用的是电刀切割）

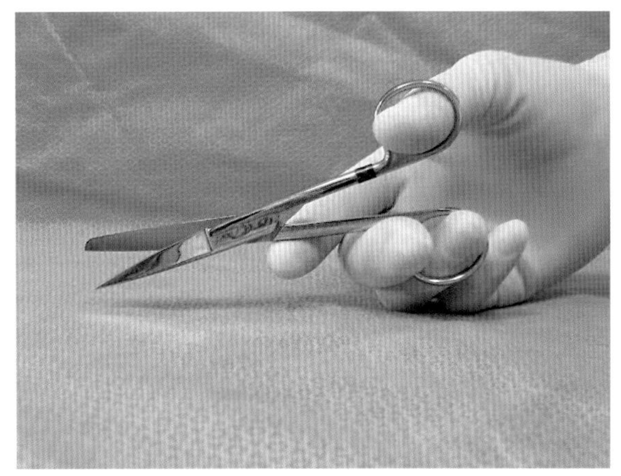

图21.5 手术剪的正确用法。这种一头钝一头尖的剪刀用于剪断缝合材料

制造分离平面

大部分需要分离的组织由不同的组织平面组成，这些组织平面组成了组织层或将其与周围结构相连。

从周围的结缔组织上将组织分离的最佳方法是小心地辨别、分离及分割组织层，每次只对一层组织进行操作。分离操作应与该区域已知的精细结构相平行，如血管、神经、输尿管或其他器官。

逐层分离需要良好的视野、照明、牵开和吸引。进行精细分离需要使用无损伤钳如DeBakeys（图21.6）、直角分离钳如Lahey（图21.7）以及小开口的吸引管（小型的Poole吸引头的内套管较为适用）。

- 使用钝头的止血钳制造分离平面。
- 在组织平面下方用止血钳进行足够长的钝性分离，并将平面抬离深部结构（图21.8），确保可以辨析血管或确认组织层，然后用钝头的剪刀（如Metenbaums剪）安全剪断。

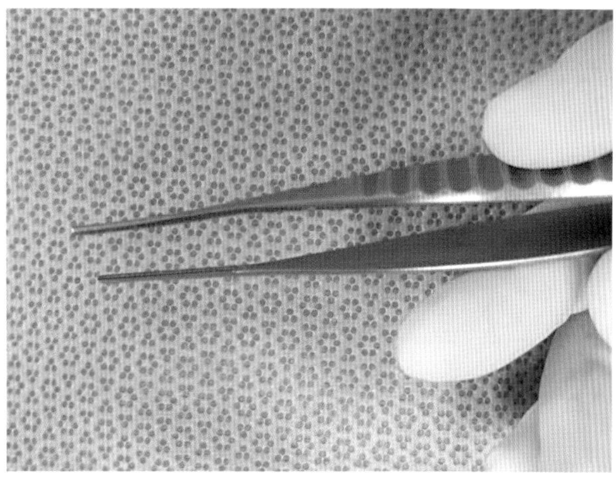

图21.6 DeBakey镊具有无损伤的尖端，可用于操作精细组织（如血管）

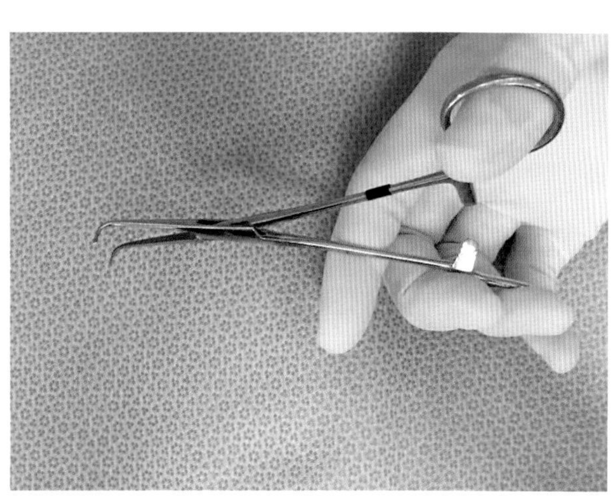

图21.7 直角钳（如Lahey胆管钳）适用于制造组织分离平面，并可稳定组织平面以供剪刀或电刀截断之用

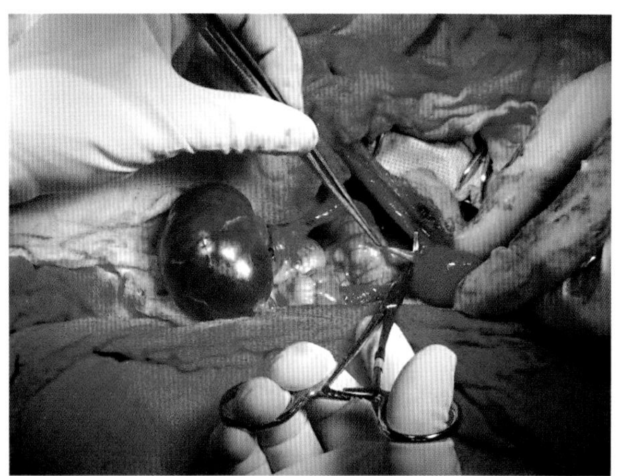

图21.8 在肾脏切除术中，使用无损伤钳以及直角钳在结扎前分离血管

■ 如果可以看见穿过组织层的血管，应将其分离并用止血钳或结扎的方法夹闭血管，也可使用电凝止血法或钛制血管夹进行止血，以确保分离前凝血（预先止血）。

■ 继续进行钝性分离直至清楚分离出下一层组织平面，然后以同样的方法处理。如果术者和助手配合得当，这一步骤可非常迅速地进行，即使是复杂手术（如纵膈肿块切除术）也是如此。

对于脆弱组织如疏松结缔组织、肝及前列腺，可用精细末端的吸引管来进行钝性分离，如Poole吸引头的内套管（如前文所述）。

■ 使用吸引套管在进行吸引的同时进行组织牵张和分离可保持术野无血液干扰。

■ 将吸引套管直接放于出血点上，并用电凝止血器直接通过套管本身进行聚焦止血。

■ 用吸引套管固定组织以便于助手进行锐性分离。

止血法

Halsted的第二条手术原则即为良好止血。尽管外科医生都会避免在手术中损伤大血管以免发生由此所导致的严重出血，而且大部分情况下都会与客户就相关问题进行讨论，可是在大多数手术中还是应该进行有效的止血。即使是常规手术也可能会切断许多小血管，但只有少量需要额外干预，多数情况下，血管收缩、血小板栓塞以及生理止血过程通常会正常地进行（见本书第20章），因此通常只有大的、可见的血管才需要进行结扎。然而，外科医生应该意识到如果出于某些原因而导致凝血功能减弱，则可能存在潜在的出血源。患有凝血障碍性疾病的患畜的持续性出血并不一定仅仅发生于明显的手术部位，还可能以缓慢渗出的形式发生于所有损伤表面，包括手术过程中简单触碰的地方。

不同的止血方法

如果在组织损伤后数秒内无法止血，但明显不会对生命造成威胁，通常会采取许多步骤来进行止血（表21.2），选用何种止血方法取决于血管大小、出血量以及是否需要维持清晰的视野。

表21.2 止血方法

■ 手指压迫
■ 止血钳
■ 手术敷料填塞
■ 生理盐水灌洗
■ 结扎
■ 局部止血药物
■ 止血带
■ 其他方法（血管夹、激光、组织融合、热凝止血）

手指压迫

手指压迫可以阻断血流以聚集足够的血小板以形成栓子或稳定的凝血块。应保持压迫60s左右以防发生小出血，对于更严重的出血应至少压迫5min。最初可在出血点使用手术纱布（海绵）进行辅助压迫，从而为血凝块形成提供支架。通常建议将手指压迫作为止血的第一策略，即使是出血发生在大血管如（肺动脉），手指压迫也可有效促进止血。

止血钳

如果简单手指压迫止血无效，应确定出血点并使用止血钳。止血钳可挤压组织释放促凝血酶原激酶，进而刺激血液凝结。止血钳应留置至少5min，直至不再出血，或者在出血血管的钳夹部位进行结扎（见下文）。

手术纱布敷料

如果出血点位于组织深处、体腔内或靠近可能被止血钳所损伤的结构，如全耳道切除术中的面神经或卵巢子宫切除术中的输尿管，这种情况下可用手术纱布紧密填塞空腔以提供进一步的压迫。

■ 逐块填塞纱布直至血液不再从纱布中渗出。这表明主动出血已经停止且开始发生凝血。这一方法还可以争取时间以供术者要求额外的器械如血管钳，让助手休息片刻或是让术者重新整理思路。

■ 填塞法可用于单独的出血点或内脏器官

（如肝脏）的广泛出血。

■ 保持纱布填塞至少5~10min。可以用钟或计时器计时，因为这种情况下时间流逝的很慢。

■ 在恰当的填塞时间后，逐块取走纱布片，取走最后的纱布块时应格外小心，以免移动血凝块。

出血可能会终止，或减缓以便于直观化钳夹或结扎止血。

生理盐水灌洗

如果体腔内或某一特定范围内持续出血，可能难以确认确实的出血点。使用生理盐水灌洗以去除血凝块并清洁该区域，然后用生理盐水充满该区域并透过生理盐水向下观察，可有助于使覆盖在出血点上的轻薄组织漂浮。在生理盐水库中，持续的出血看上去像是植物的卷须，如同炊烟般自出血点升起，从而可以小心使用组织镊或止血钳。有时生理盐水带来的压力及其他物理学效应（如低温），可能会使出血终止。这种止血的例子可见于鼻腔手术、肝脏手术以及其他腹腔内或胸腔内的缓慢渗血。然而，用于体腔的生理盐水需要加温以避免引起患畜体温降低。

结扎

结扎止血法通常用于离散性且不可能自动止血的出血点，或是担心在手术过程中继续出血的出血点。

缝合材料的规格和结扎方法取决于患畜的体型、血管大小，以及通过挤压以获得血管堵塞的血管周围组织的数量。还应考虑打结的牢固度和紧密度，而不是缝合材料维持其强度的时间。

■ 小的皮下血管，或类似于卵巢动脉、猫或小型犬的睾丸动脉的血管，可通过简单方结进行结扎。

■ 对于较大的组织蒂或血管，应使用外科结或滑结以更好的压紧组织，避免第二次绕线时结扎线滑脱。

■ 绑定结（binding knot）（如Miller's结或改良的Miller's结），将缝线环绕组织蒂2次后再进行打结，可以产生杠杆作用，并确保产生更大的压力。

贯穿结扎：贯穿结扎指将缝线穿透待结扎结构后打结，然后缠绕待结扎结构一周并再次打结。这一做法可以降低结扎线从组织蒂末端滑脱的风险，并有助于维持结扎线向内的压力。8字缝合法是贯穿结扎的形式。

贯穿结扎法适用于闭合性去势术，尤其是大型犬，否则鞘膜上的血管容易滑脱。还可用于在不想完全封闭内腔时结扎扁平的表面，如肝、肺或穿孔的血管。小心地用交叉褥式缝合或水平褥式缝合法穿过缺损面，并在闭合缺损时完成止血。

还可通过将止血缝线穿过一块特氟龙垫（垫絮）、肌肉或脂肪的方法来减少缝合数量，这一方法可以在打结时在出血点处产生更广阔的压迫区域。

表面止血剂

可通过使用天然或合成物质来促进止血。“止血笔”的收缩性质可引起组织收缩，从而闭合小血管。收敛剂不常用于手术之中，但有许多其他品种的产品可用于辅助凝血。

天然组织：将天然组织用于出血点可提供组织性的促凝血酶原激酶，并可为血液凝结提供支架。可用的组织包括脂肪、大网膜和分离出的肌肉。

纤维蛋白胶：纤维蛋白胶是一种加工过的天然组织，可就其自身的质量来形成血凝块。纤维蛋白胶由纤维蛋白原和凝血酶制成。使用时纤维蛋白原和凝血酶经由同一个喷嘴注射到血管撕裂的位置。凝血酶可在10~60s内将纤维蛋白原转化为纤维蛋白。新生成的纤维蛋白的作用是组织黏合剂。纤维蛋白胶可用于修补硬脑膜撕裂、支气管瘘以及在肝脾损伤后进行止血。还可用于无缝线的角膜移植。

其他的产品：下列产品可直接用于出血位置。

■ 速即纱（Surgicel，Johnson & Johnson）或氧化纤维素聚合物（polyanhydroglucoronic acid）是一种酸性材料，可与血反应形成红棕色伪血凝块以阻止出血。此外，这类材料具有抗菌活性，可杀灭超过20种细菌，且是可吸收的。它是织物形式的材料，因此可用来“结合”于出血点。

■ 明胶海绵（Gelfoam，Pharmacia & Upjohn）

是使用美国专利技术将猪皮肤角质颗粒化后的产品，可在其裂隙中吸收并保留数倍于其重量的血液和其他液体。

■ Lyostypt（B Braun）是一种纯化的胶原绒布，可引起血小板黏附和因子XII活化。有报道表明这种材料可比其他产品更快速的止血并更快速的吸收。

■ 骨蜡（B Braun）由混有软化剂（凡士林）的蜂蜡制成。可通过物理性堵塞出血点的方法阻止骨骼出血。

可通过使用冷的或冰的生理盐水及表面血管收缩剂（如苯肾上腺素）来增加止血的效果。

止血带

如果预计会发生严重的出血，且无法通过小心分离与结扎血管来避免，外科医生可以选择预先阻断这一部分身体的循环血流。最常用的方法是止血带。对于四肢来说，应用止血带是比较容易的。可以使用市售的止血带，或利用绷带或橡胶引流管进行。止血带还可以与驱血绷带（Esmarch bandage）合用进行采血从而制造一个完全无血的区域。

止血带应可以产生足够的压力来阻断动脉血流，并将压力分散于宽广的区域，而不是集中于一处。使用窄的止血带增加了对于下方组织（如神经）产生压迫式损伤的风险。

实用技巧

- 用于肘关节或膝关节上方的止血带是最有效的，在这些区域可将大血管压迫于骨骼上。
- 在胫骨或前臂水平使用止血带也是同样有效的。
- 当止血带用于腕关节或踝关节水平以下的位置时，无法产生足够的阻断作用，因为这些区域复杂的骨骼解剖关系导致无法压迫所有血管。
- 止血带只可以短时期应用（小于90min）。长时期的使用会引起更多的术后炎症。

使用止血带时，应采取一定措施以确保在意外情况下止血带不会被遗留在原位。一个方法是在额头上贴一小块胶带以示提醒。此外，麻醉师有责任确保在动物苏醒的过程中取下胶带、止血带和插管。

其他方法

可使用钛制或聚丙烯的血管夹来进行止血。也可使用激光、组织消融（如Ligasure；Valley Lab）、透热疗法，或这些方法的组合应用（如Force Triad；Valley Lab）来进行止血。

透热疗法：透热治疗（电烧烙）单元可在手术位置产生热量。不同的电流波形会产生不同的组织效应。

■ 持续的波形可快速产生热量，外科医生可以用来汽化或切割组织，但凝血效应最小。

■ 间断的波形产生少量热量，它无法汽化组织，但是可以形成凝结物。

“混合电流”是改良后的循环电流，可产生较好的切割和止血效果。

■ **双极透热电疗机**在钳式机头的尖端之间传递电流，当钳头抓持组织时，组织处于电流循环之中，因而可以非常精确的控制热量。这非常有利于在靠近神经等敏感结构的限制性区域内进行操作。钳头中的一个尖端可行使回路功能，所以不需要使用患畜的回路电极，不存在患畜体位或皮肤电阻的问题。在湿润的术野内，双极透热疗法比单极透热疗法更有效率。

■ 最常用的透热电疗机是**单极透热电疗机**，仪器的透热电疗笔/刀是活动电极，回路电极是放在患畜体表远离术部的一片电极板或贴片。电流从活动电极流经患畜回到回路电极以形成完整回路。使用时应小心减少电流与其他位置形成短路及产生电灼伤的风险。使用时，可将机头尖端接触组织或接触器械以产生效果，如与钳夹在血管上的止血钳相接触（传导性透热疗法）。

电灼切割法在手术位置通过电火花聚焦高密度的热量以切断组织。使用时，外科医生应使电极和组织间保持些许距离，而不是像手术刀片那样使用透热电疗笔。电外科装置还可用于高频切割法，可产生与激光切割相似的快速和精确的切割效果。

小心操作组织

Primum non Nocere（不伤害高于一切），希波

克拉底的这一原则是非常值得推荐的，但是进行手术时无法做到。然而，必须要使伤害减到最小，以使患畜获得可靠、安全及舒适的治疗结果。回想Halsted原则，通过轻柔的组织操作以使组织损伤最小应始终作为首要目标（表21.3）。

表21.3　组织操作的目的

■ 避免过度钝性分离
■ 避免过度牵拉
■ 只有在绝对必要的情况下才对组织进行操作
■ 仅在满足视野或切开时才对组织平面进行分离
■ 避免反复变动牵开器的位置
■ 不可用牵开器过度撕拉或绷紧组织
■ 通过定期使用生理盐水来保持组织湿润
■ 避免组织接触刺激性或炎性物质（如滑石粉、线头、尿液、胆汁或肠内容物）
■ 使用合适的器械

使用外科器械和材料

对于外科医生而言，有许多手术器械可供选用，其中有些是为非常特殊的用途而开发的。在日常工作中，外科医生使用少量的关键器械，许多器械的工作原理和用途在本书第4章内有描述。

手术钳/镊

手术钳/镊具有不同的款式，取决于其用途和可操作的组织。

■ 组织镊是一种类钳形的器械，但是需要通过外科医生来控制锁定的动作。

■ 锁闭钳如止血钳或无损伤钳，是自动锁定的。

组织镊：使用时用执笔式握住组织镊，这样可以将其作为手指的延伸工具。新手有可能用手掌握住组织镊，就像在解剖时用来牵开组织那样，但这种方式只是将组织镊用做手腕的延伸工具，可通过前臂肌肉运动来进行牵拉从而减少疲劳，但这不是软组织外科中恰当的实用方法，因为可以以其他方式对组织进行牵开。

■ 使用拇指和食指握持住组织镊，并使用中指来稳定并引导器械（图21.9）。

■ 在握持组织镊时应尽量保持术者的手指在器械后部，以免影响待抓持组织的可视度。

■ 对于待切割或缝合的组织进行精确抓持，并使用组织镊来牵拉或操纵组织以正确对合。

组织镊的一个使用实例是：抓持腹白线并将其拉向中线，从而使皮下组织退缩以鉴别并确实地将缝针穿过腹白线的纤维组织。另一个例子是在闭合肠道切口时，用组织镊夹持创缘并旋转组织镊，以使浆膜层显露（黏膜层内翻），从而可将缝线略倾斜地穿入黏膜下层而不带入过多的黏膜层，从而确保在浆膜表面对位时黏膜层不会发生外翻。

■ **有齿镊**（鼠齿镊、Adson、Brown-Adson）被设计用于抓持组织并可防止组织从钳口中滑脱。然而使用时可能会对组织造成过度损伤，所以建议尽量使用无齿镊，但需要在组织滑脱时重新进行抓持。

■ 可用坚固的有齿镊牵拉开富胶原组织，因为这些组织在操作时需要更多的力量。

■ **无损伤镊**，例如DeBakey镊（图21.6），适用于易碎的或脆弱的组织，例如肝、肺或血管，这些组织的穿孔会导致气体或液体的泄漏。这类镊子适用于抓持和操作组织，但不适用于组织牵开。

锁定钳：当需要延长组织牵引时间时，需要使用锁定钳。

■ **Allis和Littlewood钳**具有锯齿状的边缘以牢固抓持组织。它们在工作时会产生挤压力，所以只可以用于胶原密度高的组织（如腹白线）。绝不可将Allis钳用于皮肤或肠道，以免造成组织坏死并引起术后并发症，除非所夹持的是待切除的组织。

■ **Babcock钳**的结构类似于Allis钳，但钳口具有扁平的交叉纹表面，以便在抓持组织时仅留下凹槽而不会对组织产生挤压（图21.10）。Babcock钳可用于精细组织的操作，如肠、肝和肺。

绝不可将锁闭钳用于皮肤创缘。如果需要进行皮肤牵引，应使用皮肤拉钩或在皮下放置牵引缝线，而不是对创缘进行直接牵拉。其他常用的无损伤钳包括Cooley钳、Satinsky钳（用于夹持血管）以及Doyen肠钳。

牵开器

牵开器包括手持式和自动式，根据其使用的组织或区域而有不同的设计结构（见本书第4章）。牵开器可能会有叶片或尖头的结构，圆头或尖头，具尖头的牵开器可能会有单个或多个尖头。

手持牵开器：手术中，由助手操作手持牵开器。其优势在于可以快速和方便的重新放置，并可提供暂时的弹性。

- Army-Navy和Senn牵开器都是双末端结构，可以在牵开要求改变时反转使用。
- Senn和Mathieu牵开器一头的尖端可以用于皮肤牵开，另一头的扁平叶片可用于深层组织以免损伤血管和神经（图21.11），如在气管手术或全外耳道切除术中进行组织牵开。
- Army-Navy牵开器具有两个不同尺寸的唇形叶片，较长的叶片用于深层的组织。
- 使用扁平叶片型的牵开器可对大部分的腹腔内器官进行牵开，如可塑的带状牵开器（图21.12）。
- Allison肺牵开器（图21.13）由把手和多根钢丝组合的卵圆形牵开面所组成。其宽大的作用面和可减少组织滑脱倾向的特性对于牵开腹腔内的器官是非常实用的。

进行器官牵开时，应使用浸有生理盐水的纱布保护腹腔和胸腔器，并对进出腹腔或胸腔的纱布进行计数。

自动牵开器：自动牵开器的优势在于不需要有人握持器械，因此可以使助手腾出手来做其他事情，如吸引或剪线等。自动牵开器通常由钝性或锐性的齿固定于软组织之上。

自动牵开器的缺点包括钳口齿引起的组织损伤，以及通常只能牵开一层组织平面。套筒结合处和手柄还可能会影响手术位置的视野和操作。

- 自动牵开器常用于四肢或颈部等需要进行侧向牵开的手术部位。最常用的是Gelpi（尖头）牵开器（图21.14）和Weitlaner（尖头或圆头）牵开器（图21.15）。
- Gelpi牵开器在进行胸骨切开术时是非常有用的，器械的尖头可以固定于胸骨节之间的软骨上，提供稳固的牵开且牵开器向前后滑动的风险最小。
- 自动牵开器同样可用于腹部手术（Balfour，图21.16）和胸腔手术（Finochietto，图21.17）。

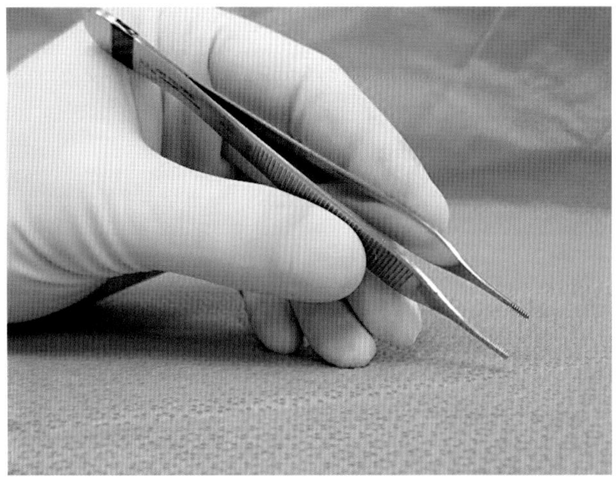

图21.9　组织镊的正确用法，用执笔式持握以作为手指的延伸

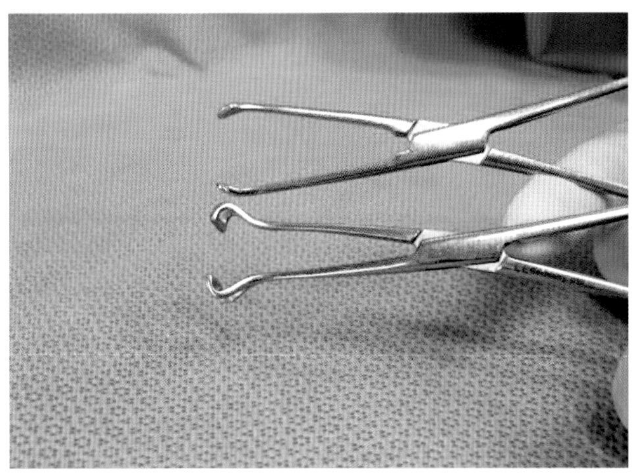

图21.10　Allis钳（上）和Babcock钳（下）。Allis钳具有锯齿状的边缘以用于抓持和牵开富胶原组织，他会导致组织边缘受到挤压且不应用于皮肤。Babcock钳具有非挤压的尖端，用于精细组织操作

孤星（the Lone Star）是一个自动牵开器系统，由牵开环和弹性支撑结构构成。这是一个灵活可调节的系统，可为手术区域提供理想的暴露和通路，因为它可以在手术过程中快速适应术野的需求变化。孤星系统特别适用于会阴部手术，这类手术通常需要多方向的牵开，而孤星系统可提供360° 的手术通路。

留置缝线

留置缝线适用于那些不适用手持或自动牵开器

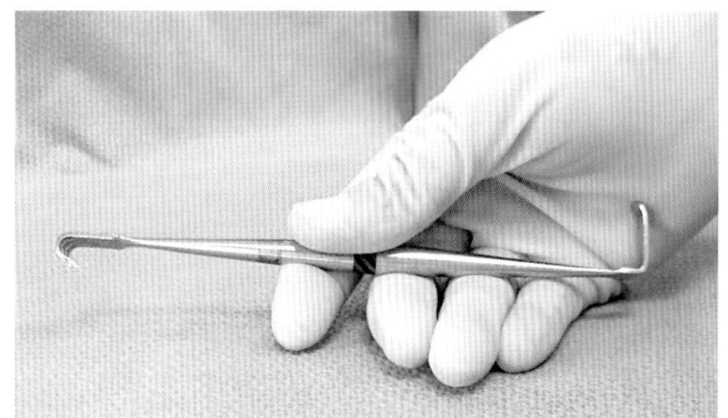

图21.11 Senn手持牵开器。注意其一端的锋利尖端和另一端的叶片，使得牵开器可以用于不同的用途

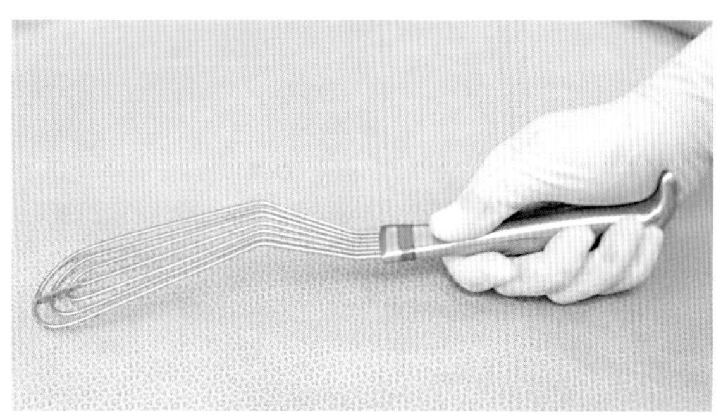

图21.13 Allison肺牵开器。这种手持牵开器的扁平叶片可用于牵开腹腔内脏以及肺或心脏

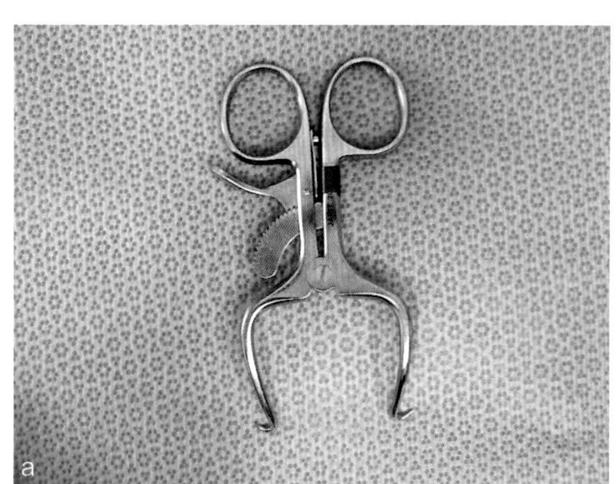

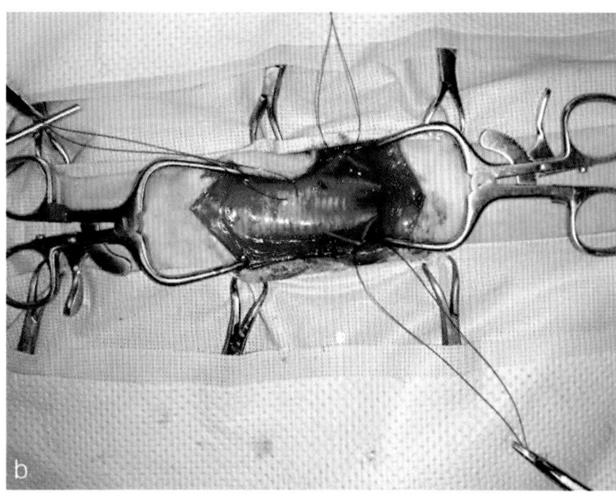

图21.14 （a）Gelpi自动牵开器。其尖端可附于组织以减少滑脱分先，但如果过度牵拉可能会引起组织撕裂（b）在气管塌陷手术中，在颈部使用Gelpi牵开器

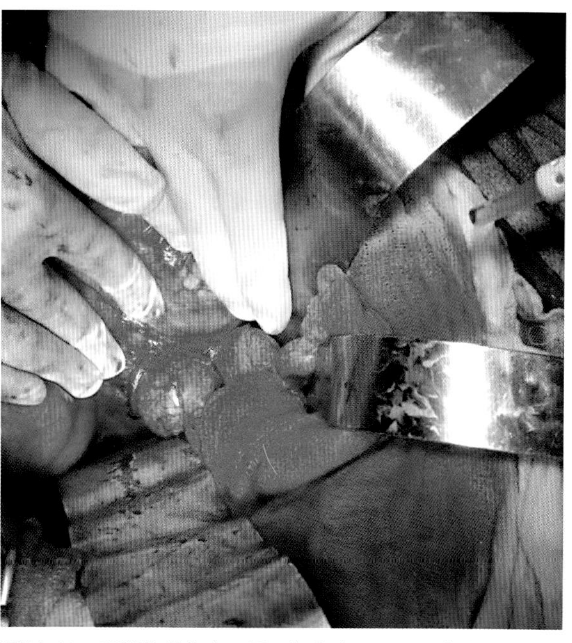

图21.12 可塑的带状牵开器。许多牵开器用于腹腔以暴露肾上腺肿瘤。使用牵开器可以允许助手的手指离开术野，因此建议用牵开器代替手指以实现相同效果

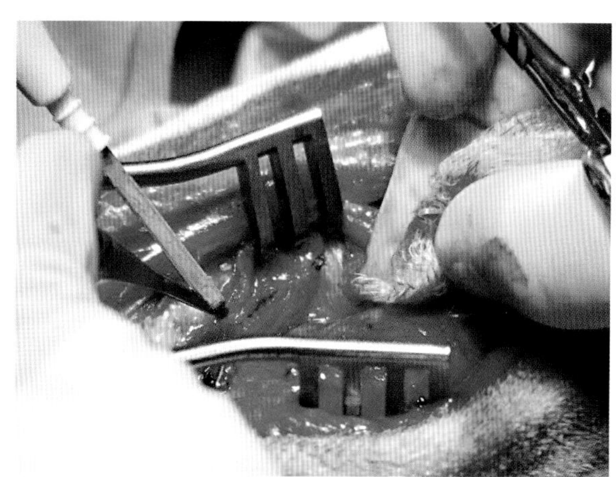

图21.15 多齿的Weitlaner牵开器可以将压力分散到一个较大的区域。器械上的齿可以是尖头或圆头的

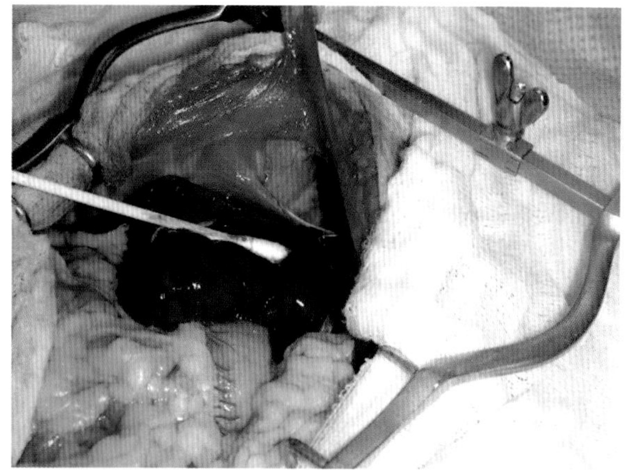

图21.16 Balfour牵开器。延长的环状结构可用于在不需要使用叶片来固定组织时（及滑脱机会很小时）牵开软组织

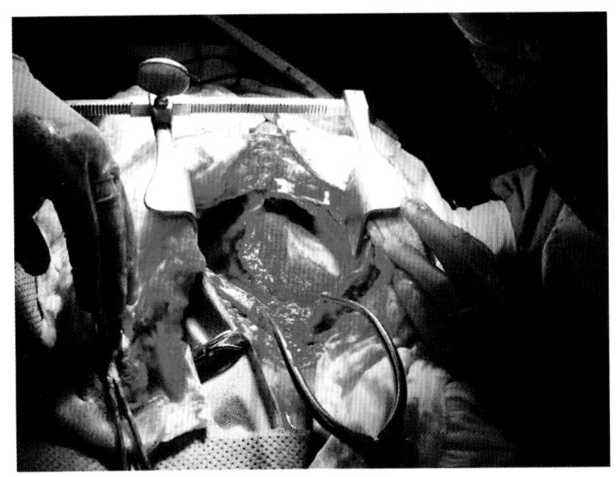

图21.17 Finochietto牵开器。设计用于胸廓牵开，器械的叶片是脊状的以更好的固定组织。而在任何可能发生滑脱的位置，常使用Gelpi牵开器

图21.18 在膀胱壁上使用留置缝线。用浸有生理盐水的剖腹纱布保护腹腔内器官不受污染并保持湿润。使用多孔的Poole吸引套管

的情况。比如，有时组织非常脆弱，不能使用手术器械进行操作（如纵隔膜、膀胱壁）（图21.18）；或者需要在体腔或特定的区域进行操作，而这些区域内使用牵开器会过于笨重。留置缝线可以为特别的要求而定制，并放置在不同位置，将组织向不同方向牵开，并可以提供一定的灵活性，这些都是传统的牵开器无法提供的。

■ 小心放置留置缝线以防损伤组织。

■ 缝线可穿过组织一次或两次，取决于是否需要额外的支持力。

■ 某些情况下应使用褥式方法留置缝线以提高支持力。

■ 通常使用止血钳夹持缝线的末端。可由助手持握止血钳提供牵开，或将止血钳放在一边以利用器械的重量来提供牵开，或将止血钳夹在切口附近的创巾上以维持牵开。

■ 有时可将留置缝线穿过两个身体部分并打结以在需要的时间内提供牵开。比如在心脏手术中，将切开的心包边缘缝于胸壁或创巾上以制造心包支架（pericardium cradle）。

应该使用合成的单纤维缝合材料用做留置缝线，以减少组织拉拽。应穿透足够厚的组织以减少缝线切割组织的风险。使用圆身锥尖针（见本书第5章）以避免在牵拉时针孔变大而引起组织撕裂。

浸有生理盐水的湿纱布

浸有生理盐水的纱布的功能包括：

■ 保持组织湿润；

■ 保护组织免受牵开器叶片的损伤；

■ 吸取血液和体液；

■ 保持手术中创口清洁无血液；

■ 需要时进行填塞止血。

应将生理盐水加在纱布上以湿润，而不是将纱布浸没于生理盐水中。如果纱布吸水后拧干，应丢弃所拧出的生理盐水，因为其中含有大量棉纤维。

术者和助手应始终对手术中使用的纱布数量进行记录，并确保在闭合创口前纱布数量正确。许多位置都有遗留纱布的报道，包括，胸腔、腹腔、胃内部、呼吸道以及骨折整复或主要软组织重建后的软组织。

伤口灌洗

有很多理由需要进行伤口灌洗。需要在冗长的手术或已知有污染的手术后对创口进行灌洗。

■ 用温热的灭菌生理盐水进行冲洗可去除创口内的细菌、纱布线头、滑石粉（自手套上脱落）、血凝块、肠内容物、尿液以及其他异物或刺激性材料。

■ 针对某一位置用生理盐水配合吸引器进行反复冲洗，可用来确认是否仍然存在出血，或在肺叶切

除术/活检或胆道手术后检验是否存在持续漏气。

使用合适体积的生理盐水进行冲洗是非常有效的（稀释效应），用脉冲方式冲洗可利用静水压力冲走手术中形成的残渣。用吸引器去除所有的冲洗液是非常重要的，因为创口内留存的液体会削弱正常的免疫反应。

外科吸引

使用外科吸引的目的在于：

- 确保手术区域内清洁无血液，以提高视野；
- 吸去生理盐水，生理盐水通常用于冲走血液和残渣、湿润组织以及确定出血点；
- 吸去透热疗法中所形成的雾气。

应使用专门设计用于外科用途的吸引器，主要技术指标应包括：

- 低噪声；
- 不产生可能损伤软组织的吸力；
- 具有将所吸引的液体聚集到密封储水器中的机制。

用于吸引器的套管有许多种类，包括坚硬的单末端管或柔软的多孔管，一次性使用的或反复使用的。

- 坚硬的末端开孔的直套管（Frazier）用于从相对坚硬的表面吸取血液或其他体液，如关节、紧张的组织平面，并提高能见度。
- 坚硬的套管同样可具有外展的多孔末端（Yankauer），用以减少将软组织吸入管腔的风险。这类套管最初设计用于口腔内吸引，但同样适用于其他较灵活的软组织位置（腹膜后腔、会阴部）。
- 具有多侧孔的坚硬鞘管，通常环绕于坚硬的内套管之外（Poole），用于从体腔内吸去大量的液体。多孔结构减少了大网膜或纵隔膜堵塞套管的风险（图21.18）。

手术照明

在术者看不见清晰术野的情况下无法保证手术安全进行。原则上，手术室至少应配备两套吊顶式手术灯用以对手术区域提供集中照明（见本书第1章）。

- 灯光不应产生大量热量，不应投射阴影，并可以准确反映颜色。
- 应提供灭菌的手术灯把手保护罩或是灭菌的手术灯把手，以供术者控制灯光。
- 两套手术灯都应具有铰链连接，以保证从任何角度对患畜进行照射，并且应该可以独立移动。
  - 一套作为主照明灯，通常位于术者上方。
  - 另外一套为副照明灯，需要调节照射角度并通常在手术过程中进行调整。

术者或助手应注意手术时灯光的变化，并确保灯光位置稳定以避免术者或助手妨碍照明。这一点在体腔手术时尤为重要。每个手术中都应花费一定时间调整灯位以确保最佳照明。灯光位置不佳通常是造成手术视野差的主要原因。

头灯

还可以利用手术头灯来获得手术中的照明，这对于显微手术以及在非常有限的区域内进行的精细操作而言是必须的设备。可以选择的头灯种类繁多，有不同的顶横梁、光源类型以及整合放大镜可供选择。需要花时间适应放大镜和头灯，所以外科医生在计划购买这一设备前应尝试不同的产品以确保购入最舒适的产品。

闭合组织平面

闭合组织平面的目的在于：

- 立即恢复生理功能（肌腹、胸腔）；
- 消除空腔器官内容物移位的风险（腹壁、空腔器官）；
- 消除死腔；
- 止血（尤其是在皮下组织内）；
- 缓解其他组织层的张力；
- 恢复上皮覆盖。

选择恰当数量的缝合层次以及合适的缝合方法以同时满足上述目标，并且不进行过多的组织操作及在创口中遗留过多的缝合材料。并不总是需要闭合每一个切开的组织平面，有些组织平面可以合并进行缝合。

组织平面的闭合原则上不应妨碍组织的正常活动（肌腱的滑动、肌肉的独立运动）。

实用技巧

- 可用“临时缝线”或“步行缝线”消除死腔或拉伸皮肤，但这应小心计划，要考虑动物开始走动后组织层之间的相对位置。
- 如果在闭合的时候判断错误了组织的自然位置而形成过度的组织牵引，此时用临时缝线将活动组织层固定在独立的固定组织层上的做法对于患畜而言可能是比较疼痛的，并可能会产生更多的炎症反应和较高的失败风险。

死腔及引流

所有的外科医生都会意识到减少死腔的重要性。这通常可以通过放置额外的缝合层次来达到目的，例如在雄犬的腹股沟区域。剖腹手术后，包皮背侧的脂肪组织闭合不良可能会引起血肿、严重肿胀及血清肿。在未发生感染的情况下，最合适的做法是将脂肪层与皮下组织一起缝合而不是放置引流管。

实用技巧

使用引流管的情况为：

- 伤口发生感染或严重污染；
- 预计伤口会由于组织坏死而发生渗出；
- 手术过程中无法清除所有伤口中的液体；
- 无法通过组织平面的单纯缝合来闭合伤口。

如果引流管放于具有残留死腔的清洁创口中，则应使用闭合系统，即将引流管与某种形式的吸引装置进行连接。引流管应留置到所吸引出的液体为持续的少量液体之时（本书第17章内有关于引流管类型的进一步描述）。在清洁伤口中放置引流管的替代方法是使用绷带固定的软纱布块以压迫创口的皮肤，从而阻止皮下液体形成。

在组织内放置缝线

缝线的用途包括：

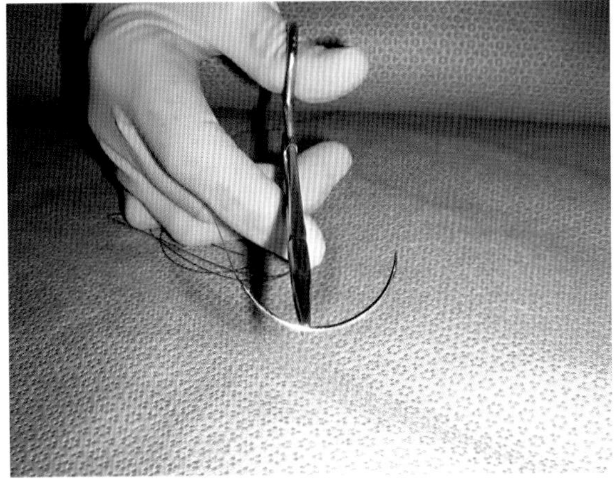

图21.19 将缝针放在持针钳钳口内的正确方式

- 闭合组织平面；
- 使重要结构重新对位；
- 通过最小的动作牵拉组织；
- 固定和取出组织和器官。

持针钳

无论出于何种目的使用缝线，绝大多数的缝线是使用持针钳放置的（参见本书第4章）。

持针钳的用法与剪刀相类似，用手掌持握并将拇指穿入一个手柄环，中指或无名指则穿入另一个，而空闲的食指用于稳定和引导器械。有时可用手指和手掌环绕手柄握持住整个器械，尤其是需要倒转缝针或以不常用的方向进针时。以这种方法操作时，需要改变握持方法以释放缝针并夹紧缝针以进行后续缝合。

应将缝针牢固的夹持于持针钳的钳口之中，以防缝针摆动或滑脱（图21.19）。

实用技巧

- 使用持针钳钳口的尖端部分夹持缝针，而不是后半部。这样可以保证在缝合时最先进入组织的是缝针而不是器械的钳口。
- 持针钳夹持于缝针针身上靠近针鼻（或连接缝线处）的三分之一处，即距离针尖三分之二针身长度的地方。这一做法可以保证有足够长度的缝针穿透组织并在另一边夹出，同时也避免由于夹持位置过于靠近缝针末端而导致缝针在钳口中摆动和由于杠杆作用而变形。
- 当缝针穿透富胶原组织时，应抓持更靠近针尖的位置。

定位和旋转：夹持缝针时，缝针与持针钳的钳口之间通常成直角，但如果需要以较为尴尬的角度工作，可以改变缝针的方向。在有限的空间内进行缝合操作时，适当倾斜缝针使针尖朝向持针钳前方是一个非常实用的技巧。在某些极端情况下，可以将缝针平行于持针钳夹持，并且以垂直运动而不是横向运动的方式进针。无论以什么方向进针，都应顺着缝针的弧度在组织内旋转缝针直至缝针从组织另一侧穿出，这一做法可确保缝针沿着其弧度方向行进。

组织牵开和直视缝合：缝合组织平面时，应识别待缝合的平面，并使用镊子将其牵引或与周围组织分开。在组织平面上施加一定的张力有助于进针并防止组织摺叠。应可以从组织平面的另一侧看到针尖以确保没有带入其他组织。

一个好的例子是在缝合皮下组织时用镊子夹持皮下组织并将其牵离皮肤边缘。可取的方法是尝试缝合外翻的皮肤下面的皮下组织，但这可能导致皮肤的意外穿孔或缝合时带入真皮，进而引起皮肤凹陷。在缝合腹白线时进行牵开和观察可避免将皮下组织缝合并漏过腹白线的风险。

缝合角度：在考虑以什么角度缝合组织平面的时候，应记住朝向术者或非支配手的缝合是最舒适的。对于右撇子的外科医生而言，从右往左缝比较舒适。

手掌位置：较为舒适的缝合方法是掌心向下而不是向上（图21.20）。当需要反转缝合方向时（如连续缝合结束时，在切口的一侧形成一个缝线环），应将缝针在持针钳内反转然后术者改变持握器械的方法为全握式，从而维持掌心向下的姿势。当工作于有限空间内时，掌心向下的姿势同样是有利的，因为这样可以有广阔的工作角度，而不是将器械平行于患畜时受到术者手的干扰。

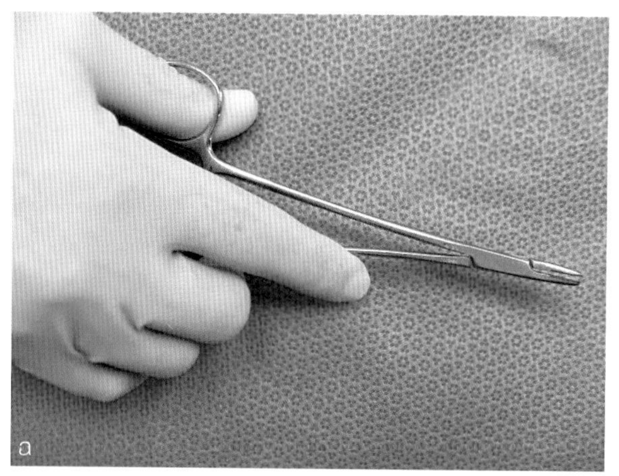

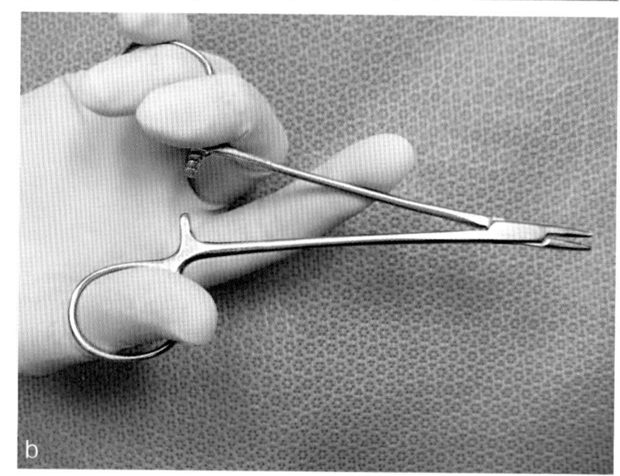

图21.20 （a）掌心向下使用持针钳。这是一个较为舒适的方法，并且与掌心向上时相比，可以使手部以较自然的方向运动 （b）掌心向上持握持针钳。有时这一方法是不可避免的，这限制了活动范围且令人觉得别扭

手术助手

在手术过程中，助手有相当重要的作用，有效地利用助手进行手术可更好地提高手术效果。助手的任务包括：

- 管理器械台并传递器械；
- 协助手术牵开和止血；
- 确保诊断性样本不会遗失；
- 对手术用纱布进行计数；
- 辅助连续缝合及剪线。

有效地使用手术助手可确保手术的效率并减少手术中的阻碍。

手术助手应在手术操作方面训练有素，且必须遵守无菌技术规范。为确保良好的团队工作，外科医生应花时间解释手术助手的责任并讨论手术计划。手术助手应对每个手术过程都比较熟悉，这一点很重要，因为这样才可以保证他们可以积极参与手术。理解手术的操作步骤可以使助手确保有足够合用的器械并按正确的次序传递给术者。手术助手

还应熟悉手术器械的名称和用途，以便估计术者的后续动作。

器械台

保持手术台的整洁有序是非常重要的工作（图21.21）。在杂乱的手术台上寻找器械会浪费大量的手术时间。手术助手应注意手术台的整洁以确保能够立即提供所要求的器械。如果手术刀片和缝针被置之不理，杂乱无章的手术台还可能导致患畜/工作人员受伤或破坏无菌技术。如果可能的话，助手应在术者再次要求前清洁器械上的血液和组织。手术助手还应努力避免注意力分散，如与手术内容无关的交谈。

组织牵开

在手术过程中，由手术助手提供组织牵开是至关重要的工作。不可以低估优秀的手术视野的重要性，所以手术助手应保证术者获得最佳的视野。助手应了解正常的解剖结构并在牵开器官时小心操作以免造成损伤。

助手在持握牵开器时，应将注意力全部放于患畜身上。转身从器械台或其他人处取东西会导致牵开器移动，重新放置牵开器会导致手术过程的耽搁，而牵开器的移动甚至会对患畜造成伤害。

样本管理

助手应确保手术中采集的所有样本都被放在合适的容器内并进行标记。这一工作可能需要与其他技术员进行合作；或是由助手将清楚标记的样本安全地放于一边并在手术结束后立即处理。应建立一套管理系统以确保样本不会被遗忘或误弃。

助手的参与

手术助手是手术团队的重要补充，保持其工作的积极性是非常重要的。通过训练他们有关器械识别、无菌操作以及相关的解剖学知识，可以提高工作效率、减少手术时间以及手术时发生的并发症。

除了要正确使用助手之外，外科医生还应注意给予助手休息的时间，尤其是需要长时间持握牵开器的时候（图21.22）。外科医生还应营造一种环境，使得所有的参与者都有责任确保患畜获得最佳的治疗效果。有时，助手可能会发表意见或提出建议，应允许并尊重他们对任何手术中可能发生的情况提出的看法。

使手术时间减到最少

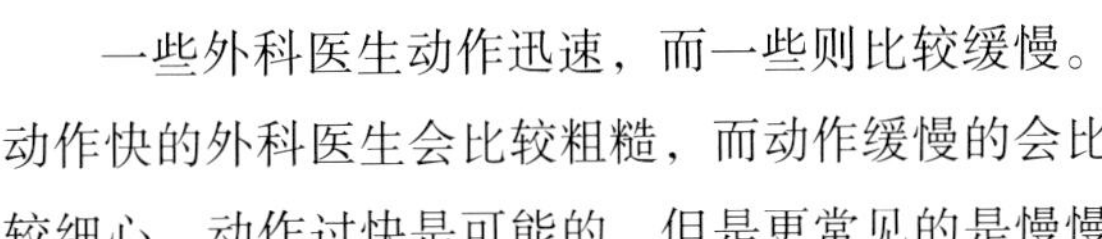

一些外科医生动作迅速，而一些则比较缓慢。动作快的外科医生会比较粗糙，而动作缓慢的会比较细心。动作过快是可能的，但是更常见的是慢慢

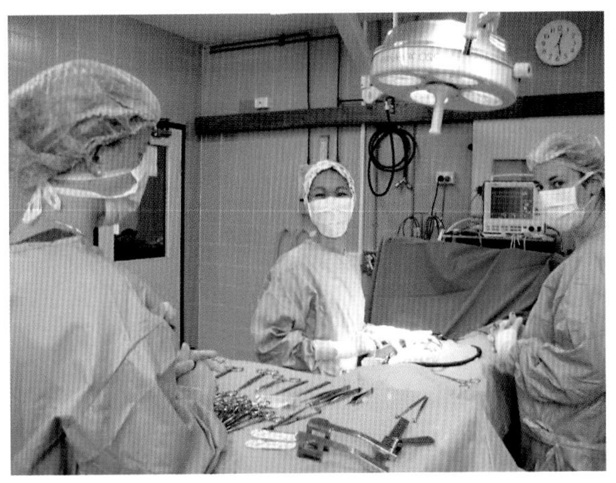

图21.21　手术器械应按次序摆放在器械台上，并在手术过程中维持这一次序。每次器械回到器械台时都应有助手进行清洁

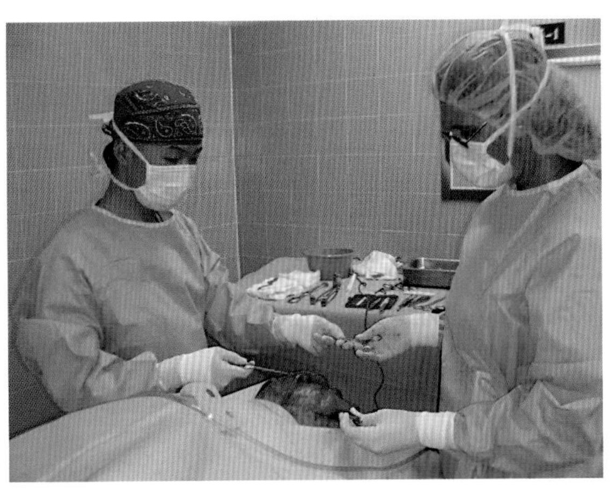

图21.22　助手应积极参与手术过程，设法预测术者的下一步需求，是需要进行牵开还是从器械台上传递器械给术者

操作。

为了速度牺牲对于细节的注意明显对患畜不利，但对某些无足轻重的细节念念不忘导致手术时间延长同样也是有害的，因为：

- 增加手术时间会导致较高的感染率；
- 长时间的手术操作会使得组织干燥；
- 有更多的机会进行组织操作（操作本身会引起组织损伤）；
- 较长的麻醉时间增加了发生低血压、低温和脱水的风险。

一般来说，较长的从业时间和经验会加快手术速度，但仔细观察刚出道的外科医生的操作过程就会发现一些基本的错误对于延长手术时间有着重要影响（表21.4）。

表21.5给出了一些兽医外科医生的简单原则，以缩短手术时间并改善手术效果。

表21.4 常见的可能延长手术时间的错误

- **手术台上保定不当** 这可能会混淆手术入路，因为这样可能会使正常的解剖标志物不明显，或组织结构间的相互关系扭曲。
- **局部解剖学知识不足** 尤其是在组织结构相连处寻找最佳位置以确定血管和神经的时候。这会导致花费过多的时间进行组织分离、牵开器重定位、冲洗、吸引以及尝试作后作决定。
- **对于误切的担忧** 在避免损伤重要组织的时候，外科医生通常会分离组织以扩大组织间隙直至其被破坏。这一过程是耗时的，且通常会导致比简单的锐性分离更大的组织损伤。这还会影响手术暴露、损害视野或降低该组织对于器械操作的耐受度。
- **牵引不当** 这通常是由于没有正确的使用助手或牵开器所致。这会妨碍观察，使术者无法及时进行判断并进行了不同的操作步骤。
- **器械台杂乱无章** 寻找正确的器械、清洁器械或清理杂乱的器械浪费了大量的时间。
- **未进行恰当的止血** 对于无法看清的出血点反复尝试进行钳夹止血或烧烙止血。

表21.5 对于兽医外科医生而言，可以缩短手术时间并改善手术效果的简单原则

- 术前制订手术计划。
- 进行患畜保定的人员应确切知道该手术所需要的保定姿势，如有任何不明确的地方应与外科医生进行确认。
- 复习重要的解剖学知识，并确定指导重要结构之间的起端、连接和相互关系。需要时可在将解剖图带入手术室内以供参考。
- 练习识别和分离组织面的技巧。
- 使用手术助手。
- 如果需要切断无法明确识别的组织，根据该区域已知结构间的相互关系考虑操作风险。例如，切断一根小的皮肤感受神经的影响远小于切断支配肱三头肌的运动神经；切断一个外周动脉虽然看上去很壮观，但这不会对患畜造成永久性伤害，而切断临近与这一动脉的神经则可能造成严重影响。对于无法识别的组织，应确定其所连接的结构：如果连接于皮肤则可能可以安全操作；如果进入待切除的肿块且不再走出，则无论如何都可以在某一点进行切割。
- 如果情绪紧张或慌张，则需要暂停一下以调整情绪。如果无法轻易识别出血点，则可以尝试数分钟的手指按压或纱布填塞。可以利用这段时间来整理器械台、让助手休息、调整灯光、用生理盐水清洗手套和器械、彻底回想整个手术计划。做几次深呼吸。放松并享受这一手术过程。

22 缝合和打结

Thomas Sissener

概述

选择恰当的缝合模式对于手术结果是非常重要的。外科医生应选择一种恰当的缝合模式，以确保在组织反应最小的情况下闭合伤口并提供最大的机械支持力。在闭合组织时应与打开组织时一样遵守Halsted手术原则。使用正确的缝合模式将有助于恢复组织的解剖结构、消灭死腔、形成最小的组织损伤并保护组织的血液供应。

牢固的线结是缝合的重要组成部分，安全地打结可保证缝合模式完整并实现预定目的。本章将会评述一些小动物外科中常用的缝合模式，并讨论选择打结方法以及打结技术的重要性。

缝合模式的分类

间断缝合与连续缝合

对于间断缝合和连续缝合而言都有支持和反对的观点（表22.1）。许多新手可能会觉得进行简单间断缝合更为舒服，但是研究结果表明简单连续缝合对于闭合各种手术切口同样有效。

简单间断缝合

■ 简单间断缝合很容易进行并可以确保组织对位，除非打结时施以过度的张力（这会导致轻度内翻）。

■ 因为每次单独的缝合都进行一次打结，所以单个线结失效不会导致整个缝合线的开裂。

■ 然而，这种缝合模式会带来较多线结并在创口中留下较多的缝合材料，有可能会导致更多的异物引起的炎症反应并增加感染风险。

连续缝合

■ 连续缝合模式是一种快速且有效的闭合伤口的方法。

■ 在闭合创口时，缝合材料在组织内连续贯

表22.1　间断缝合和连续缝合的优缺点

模式类型	优点	缺点
间断缝合	■ 可以沿着创缘，在每个缝合点精确调整张力 ■ 一个结松开不会导致整条缝合线散开	■ 对于缝合材料的使用不经济 ■ 多个结，从而在创口上留下更多的缝合材料
连续缝合	■ 相对密闭，不透气，不透水 ■ 缝合速度比间断缝合快 ■ 良好的缝合材料经济性 ■ 创口内留存的缝合材料较少 ■ 沿着创口长度平均分配张力	■ 可能会引起类荷包缝合效应，并导致小内脏的狭窄 ■ 线结固定不当可能会引起整个缝合线开裂

穿，并且只依靠两端的单独线结固定缝线，这可以减少创口内的异物数量。

■ 然而，一旦其中一个线结松开，整条缝合线可能会失效。

■ 单纯连续缝合是相对不透水不透气的缝合模式，而且张力会更平均的沿缝合线分布。

■ 与简单间断缝合相比，在肠道手术中使用连续缝合模式不会增加开裂的风险（Weisman et al., 1999）。此外，在某些病例如气管吻合术中，更适合于使用简单连续缝合模式（Demetriou et al., 2006）。

与所有的缝合模式一样，使用连续缝合模式进行成功的伤口闭合依赖于：选择正确的缝合材料、牢固打结、正确的辨认及对合支持性组织层。此外，轻柔的组织操作和缝合材料本身的特性也是同样重要的因素。

应用

腹白线：使用连续缝合模式闭合腹腔时，出现问题的主要原因在于术者没有将缝线放在正确的受力层（筋膜）或打结的问题，但这并不是缝合模式本身的问题。此外，只要留意以下几点，简单连续缝合闭合腹白线会比简单间断缝合更为快速有效：缝合时应包括腹白线以及表面的腹直肌鞘、打结时认真仔细、选择恰当的缝线并正确缝合。

深部切口：在深部的切口中进行缝合和打结是有一定难度的工作，在缝合这些切口时使用连续缝合模式可使工作简单，常见的情况有膈疝修补，以及切开性胃固定术。

肠道吻合术：对于健康肠道组织而言，使用简单连续缝合和简单间断缝合通常都可以有效防止肠管泄漏，只要在缝合时将黏膜下层包括在内且缝线间距不要过大即可。肠道吻合术后，在肠管的肠系膜侧最容易发生泄漏，而在缝合时比较难对这个区域进行直视检查。使用简单连续对接缝合模式可有效进行肠道吻合术，但建议使用两包缝线分别闭合自肠系膜侧至肠系膜对侧的单侧肠壁。这一做法可有效避免由于使用单包缝线而导致消化道发生“瓶颈状”收缩或狭窄。

齿龈皮瓣以及更大的皮瓣：间断缝合模式适用于闭合齿龈皮瓣或更大的皮瓣。如果使用连续缝合模式，皮瓣的一部分发生失效或坏死可能会导致整个缝合线而不是局部区域的开裂。

对位缝合、内翻缝合和外翻缝合

■ 对位缝合可使组织边缘靠近并以切开前的状态相互接触。

■ 内翻缝合模式可使组织边缘翻向远离术者的方向（如进入中空的内脏组织内腔）。

■ 外翻缝合模式使组织边缘朝外翻转并指向术者。

对位缝合

最近几年对于是否需要使用对位缝合的观点有所改变。部分是因为有研究表明在闭合中空内脏时，使用传统的内翻缝合并不会比对位缝合所带来的愈合效果更好，而以前认为内翻缝合可使浆膜会相互接触从而提供足够的不透水性密封，但这一观念已不再正确。对位缝合可使组织恢复正确的解剖结构（Halsted原则之一），从而加速愈合过程并降低内腔狭窄的发生率（Radasch et al., 1990，Kirpensteijn et al., 2001）。

肠切开术或肠切除术中，可以使用简单间断对位缝合或简单连续对位缝合方法闭合伤口，以减少内翻以及可能发生的肠腔狭窄。对位缝合还可用于：筋膜平面、皮肤、肌肉以及肌腱。例外的情况出现于某些可能存在张力的区域，此时需要进行某种减张缝合从而导致轻微的组织外翻。

内翻缝合

内翻缝合时，切口边缘的组织向内翻卷并远离术者，从而将切口的外层组织相互对位。习惯上在闭合空腔内脏如胃肠道、膀胱以及泌尿管时使用内翻缝合。内翻缝合会导致切口的组织层无法对齐，从而会影响组织的初级愈合，并使早期的不透水的纤维蛋白无法完全密封于切口位置的黏膜之间。

已知在闭合膀胱时使用间断对位缝合模式可产生与连续内翻缝合模式相当的耐爆裂强度，且不会引起内腔狭窄（Radasch et al., 1990）。但这一点对于较大直径内脏的闭合是无足轻重的，所以内翻缝合仍可用于某些手术，如在胃扭转手术中利用内翻缝合对活性不明的胃壁组织进行处置。但是，内翻缝合的皮肤愈合不良。

外翻缝合

外翻缝合模式可使组织边缘折叠并指向术者。应避免将这一模式用于内脏手术，以减少发生组织粘连的风险。因此，这一方法主要用于皮肤以减少沿着缝合线的张力，但这并不是理想的闭合皮肤的方法。建议使用其他控制张力的方法或使用重建技术以利用额外的活动组织，来减缓皮肤张力。在闭合血管和心脏的创口时，可使用外翻缝合模式以获得内皮间接触，从而避免胶原暴露而形成血栓。

单层缝合与双层缝合

同样可以用缝线是否同时缝合多层组织来描述缝合模式。一些缝合模式可部分闭合创口（如简单连续缝合模式），因此要使用双层缝合来闭合剩余的上层组织。如在缝合胃切开术的伤口时，一层缝线用来缝合黏膜和黏膜下层，而另一层缝线用来闭合浆膜肌层。其他的模式可能需要在第一层缝合时进行全层缝合（如Gambee缝合模式），在上层使用内翻缝合模式来完成双层缝合。

减张缝合

相对来说，适用这些缝合模式的情况很少。卷片缝合需要使用额外的皮肤用手术移植材料。更可取的方法是，所有的张力都应由较坚硬的皮下组织所承担，所以皮肤缝线本身只需要承担极少的张力或无张力存在。缓解缝合线上张力的最佳方法是进行深层筋膜支持组织的良好对位和张力性缝合，而不是在皮肤上直接进行减张操作。

缝合模式

对位缝合

简单间断缝合

这是所有缝合模式中最基础的一种，也可能是最常用的缝合模式。

1. 开始缝合时，从距离创缘2~5mm的位置进针。右手持器械的术者从水平创口的上方进针，或是垂直创口的右侧。
2. 顺着缝针的弧度旋转手腕以确保缝针以同样的距离（通常2~5mm）从远端组织穿出。如果两侧创缘间距较大，可以抓持先穿透创缘的缝针后再从另一侧创缘穿出。
3. 打结并将线结拉至一侧以免线结接触切口（图22.1）。
4. 剪短线头，通常留下2~3mm的线尾，但这取决于所选择的缝合材料。对于皮肤缝合而言，通常需要留下较长的线尾以便拆线。

间断皮内缝合（埋藏线结）

浅层组织（如表皮下或皮下组织内）的线结刺激可能引起动物舔舐或自我损伤。此外，将线结埋藏在皮下的方法可导致较好的外观。皮内间断缝合模式实质上是倒置的单纯间断缝合。

1. 与简单间断缝合从远端创缘开始缝合相反，间断皮内缝合从近端创缘的切口深处开始进针。缝针从紧贴着表皮的位置穿出并穿过切口进入对侧切口表皮下同一水平组织，弯曲缝针以使缝针从切口的深处组织再次穿出。
2. 打结时，应小心地将缝针和线尾放于线环的同一侧，拉下线环以埋藏缝线（图22.2）。

间断十字缝合

间断十字缝合（或8字）模式实质上是两个简单间断缝合交联而成的一个结。这一方法减少了线结的数量，从而加快了简单间断缝合的速度。这一方法比简单间断缝合更有助于分散局部的张力。这对

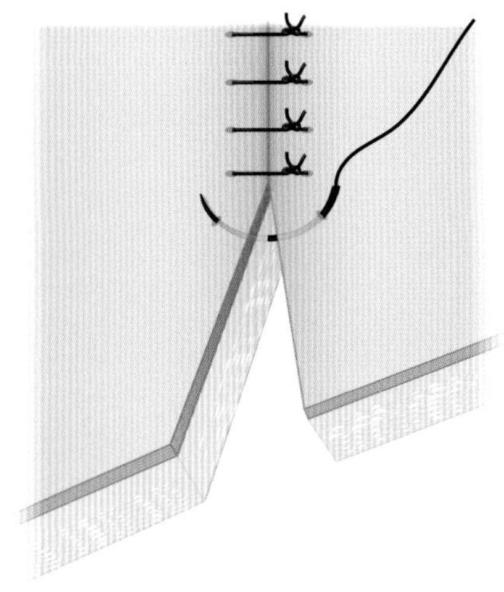

a

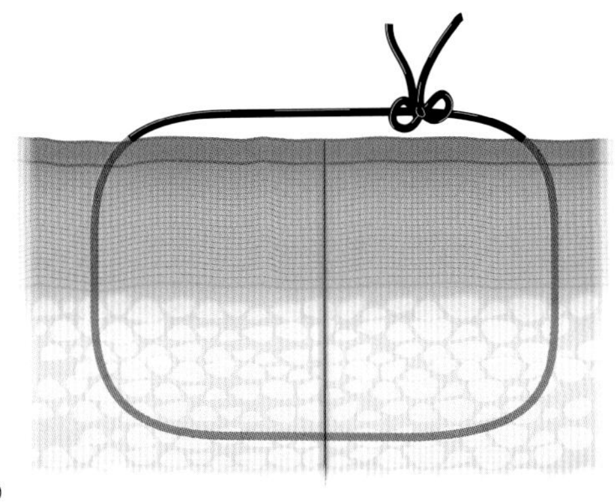

b

图22.1 （a）单纯间断缝合模式 （b）线结和切口的相对关系

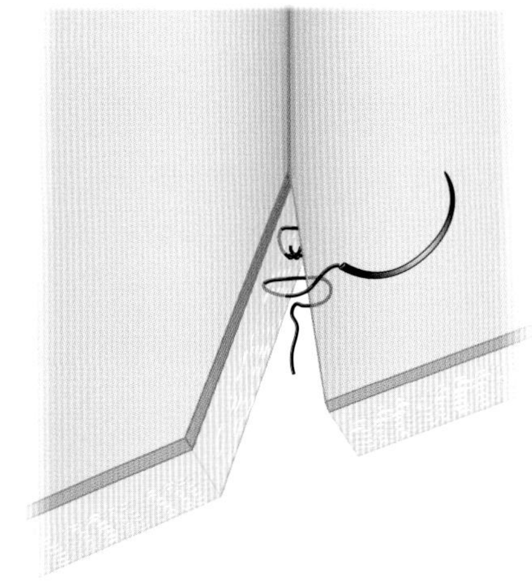

a

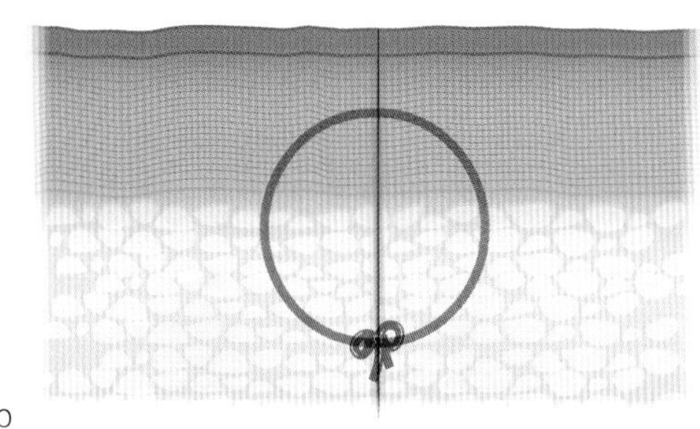

b

图22.2 （a）点段皮内缝合模式 （b）埋藏的皮内线结

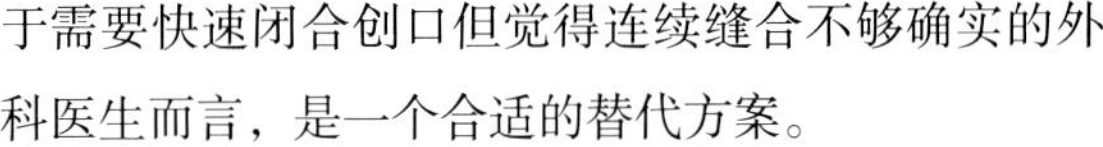

于需要快速闭合创口但觉得连续缝合不够确实的外科医生而言，是一个合适的替代方案。

开始缝合的方法与简单间断缝合一样，区别在于在第一个缝合完成后，不打结而在靠近第一个缝合的地方以相同的间距进行第二个缝合，然后将缝针和线尾打结（图22.3）。拆线时应将两个线环都剪断，以免拉线时将暴露于外部环境的缝线经由伤口拉出。

Gambee缝合

Gambee是一种特殊的缝合模式，主要用于闭合肠管以防止肠黏膜过度外翻。这一方法是具有一定的操作难度的，难以准确对齐缝线使其不常用于小动物外科手术。

1. 这一缝合方式与简单间断缝合非常相似，开始时缝针刺穿浆膜层并进入黏膜层和肠腔，但缝针在穿过创口前返回进入黏膜层并从肌层穿出，然后缝针在同一水平进入切口对侧的肌层并从黏膜层穿出。

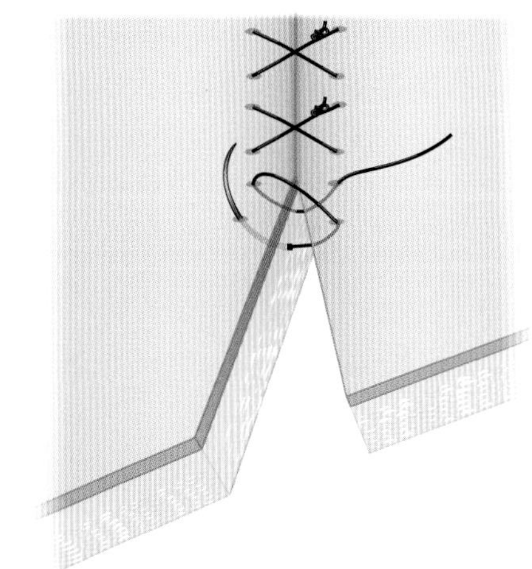

图22.3 间断十字缝合模式

2. 缝针从肠腔经过黏膜层及其他组织穿出浆膜层（图22.4）。
3. 以简单间断缝合的方法打结。

改良的Gambee缝合法以同样的方式操作，但是缝针不穿入肠腔。

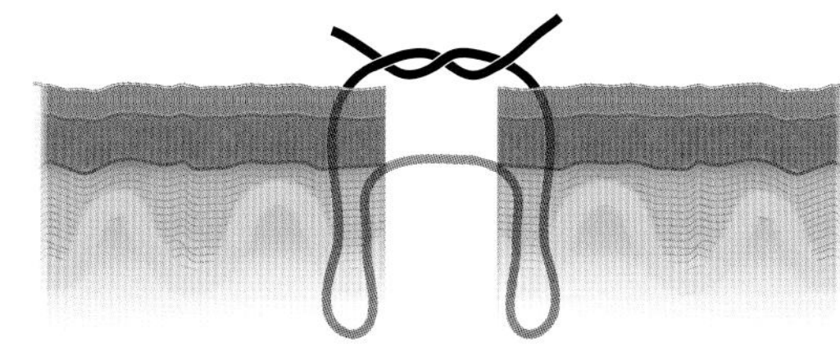

图22.4 Gambee缝合法

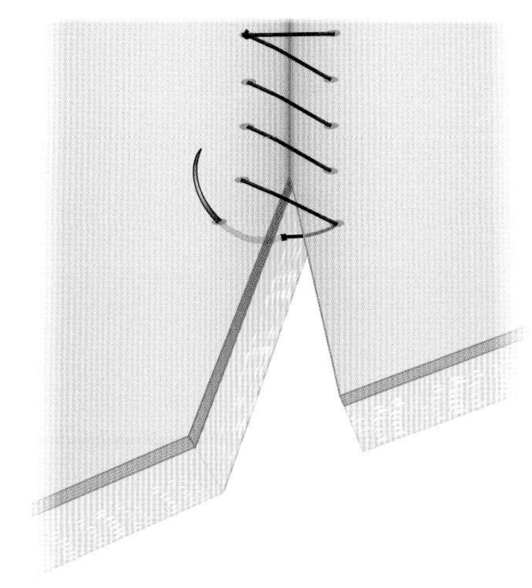

a

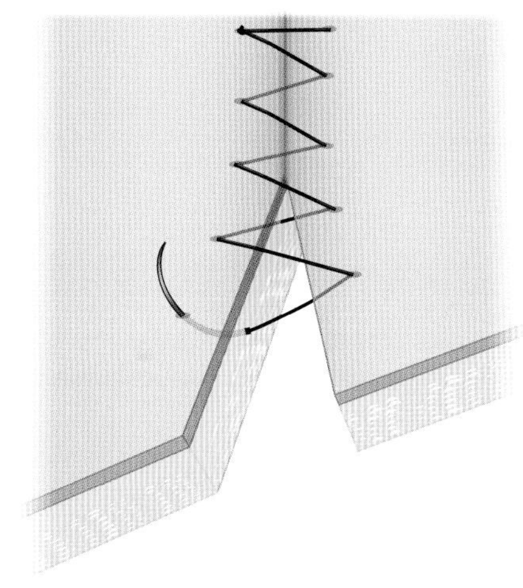

b

图22.5 （a）标准简单连续缝合模式 （b）流动简单连续缝合模式

Poth-Gold挤压缝合法是另一种间断缝合法，可同样用于肠管闭合。这一方法类似于单纯间断缝合，但是将缝线抽紧以切断浆膜和肌层从而压紧作为缝线支持层的黏膜下层。

简单连续缝合

简单连续缝合模式以一个简单间断缝合为起点，但只剪断没有连着缝针的线尾。用缝针垂直于切口在临近切口的合适位置穿刺并继续缝合。最终形成的缝合材料在切口上方斜向行进而在切口下垂直于切口（图22.5a）。在缝合线的末端，将缝线环与连有缝针的单股线相互打结。

简单连续流动缝合（running suture）指缝线在切口上下方的缝线都是斜向行进的简单连续缝合方式（图22.5b）。

连续皮内缝合

连续皮内缝合常用于对齐皮肤并缓解皮肤缝线所承受的张力。通常使用可吸收缝合材料进行，大部分的外科医生会使用连续缝合模式（如连续皮内缝合）来闭合浅层的皮下组织。研究结果显示，在犬的卵巢子宫切除术的术后复查时，使用埋藏的连续皮内缝合方法闭合伤口的患犬呈现出更好的外观。

1. 缝合以一个埋藏线结开始（见图22.2），仅剪断游离线头。
2. 缝针带着缝合材料在真皮或皮下组织内平行于切口长轴方向行进。
3. 为获得整齐和整洁的线性闭合，重要的是缝针和缝合材料进入切口一侧的同层组织，并从切口的另一侧穿出（图22.6）。
4. 最后，用缝线环和单股缝线进行埋藏缝线以完成缝合。

连续皮下缝合的缝合模式是间断皮内缝合的连续版本，缝线在皮肤内垂直穿过而不是平行穿过。

Ford锁边缝合

Ford锁边缝合（锁边绣）是一种连续缝合模式，可提供某些间断缝合的优点。缝合时随着缝合的进行在合适的位置部分地“锁定”缝线，并且每个穿过创口的缝线环都垂直于创缘。

这一缝合模式非常类似于简单连续缝合，并以相同的方式开始缝合。在缝合进行时，缝针端的缝线穿入对侧的缝线环，导致缝线环之间的锁定（图22.7）。

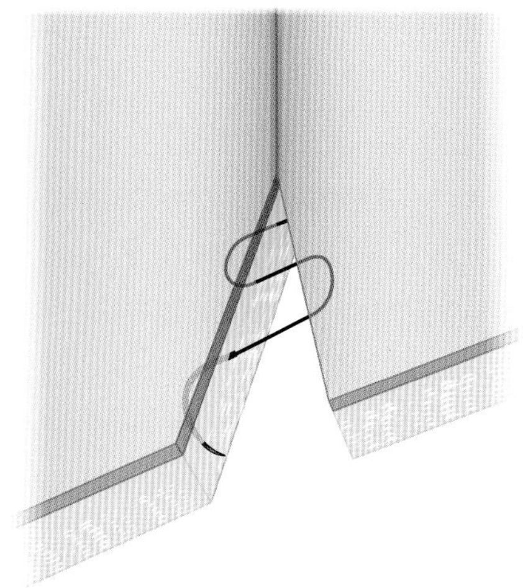

图22.6 连续皮内（褥式）缝合模式

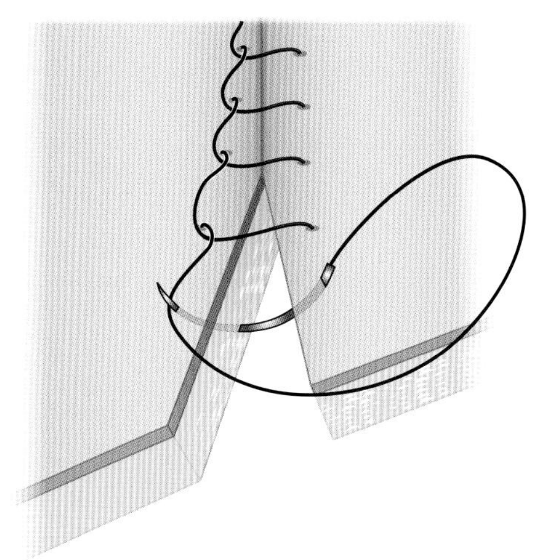

图22.7 Ford锁边缝合

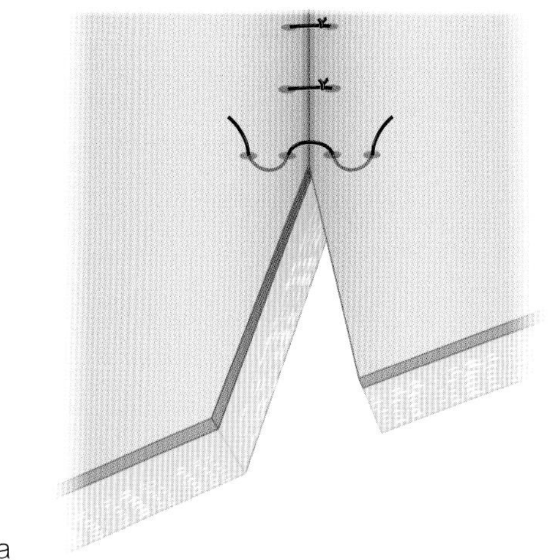

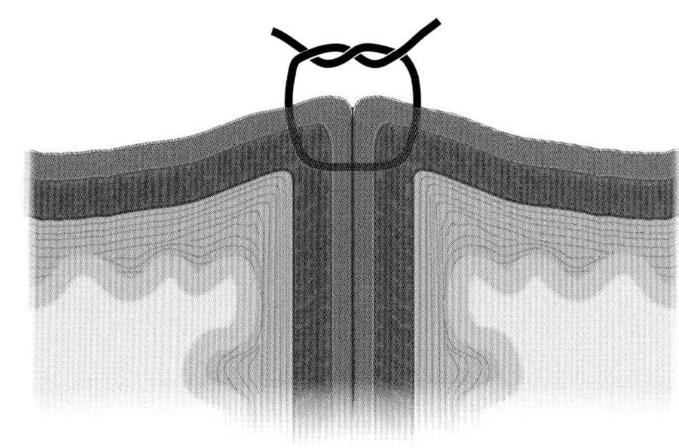

图22.8 （a）Lembert缝合模式 （b）抽紧缝线并打结后组织内翻

锁边缝合是一种连续缝合，这意味着闭合速度快于简单间断缝合模式，并可以较好地分配张力。垂直于创口穿入的缝线可带来较好的创缘对合情况。锁定的特性意味着患畜的自我损伤不易造成缝合线的完全破裂。

这一缝合模式对于缝合材料的使用不是一个经济的做法，且比简单间断或连续缝合模式需要更长的拆线时间，因为在拆线的时候要分别切断每个缝线环以避免将已经暴露于外界环境中的缝线拉入创口之中。

内翻缝合模式

Lembert缝合

Lembert缝合模式类似于垂直褥式缝合，以间断缝合或连续缝合方式闭合空腔器官。缝针不可穿透入脏腔中，但应该穿透黏膜下层。黏膜下层是重要的支持层，所以外科医生应确保缝合时充分利用该层组织，即使这意味着在缝合时可能会偶然进入脏腔。

1. 缝合开始时，缝针应在距离创缘8~10mm的位置进入浆膜面，沿缝针弧度向下穿至黏膜下层，从距同侧创缘3~4mm的位置穿出。
2. 缝针跨过切口，在距离对侧创缘3~4mm的位置进针穿入浆膜层，沿缝针弧度向下穿至黏膜下层并在距离同侧创缘8~10mm的位置穿出（图22.8）。
3. 收紧缝线时，组织内翻。

在进行连续的Lembert缝合时，缝线垂直通过切口，这与Cushing和Connell缝合模式不同（见下文）。

Halsted缝合

Halsted是一种变化后的Lembert缝合法，本质上是并排的两个Lembert缝合，其线尾进行打结

（图22.9）。就像两个连在一起的简单间断缝合形成了水平褥式缝合，两个连在一起的Lembert缝合形成了Halsted缝合。这可以产生一种间断内翻的缝合模式。

Connell式和Cushing式缝合

这两种相似的缝合模式可能是使用最广泛的闭合空腔脏器的内翻缝合模式。两种模式几乎相同，区别在于Connell式穿透黏膜进入脏腔，而Cushing式不穿透黏膜。用来记住这两种缝合法的区别的方法在于Connell含有代表脏腔（lumen）的字母“l”。

1. 缝合模式起始于切口一端的一个单纯间断缝合或Lumbert缝合，并打结。
2. 缝针平行于切口推进，在浆膜层上进针，如果进行Cushing式缝合，则缝针只需进入肌层和黏膜下层的组织。
3. 平行于切口并沿着缝针弧度旋转手腕，以使缝针从浆膜穿出。
4. 从浆膜穿出的缝针垂直越过切口，并在进针穿入对侧浆膜。
5. 沿着缝合线以类似的方式进行缝合。
6. 拉紧缝合材料以使切口内翻（图22.10）。
7. 在缝合末段将单股线和线环打结以结束缝合，这与其他连续缝合模式一样。

Utrecht式

这一模式与Cushing式非常类似，主要用于在剖宫产时闭合子宫。这一做法的合理性在于其有助于降低腹腔粘连的发生率，尽管对于常用的Cushing式缝合模式而言，Utrecht方法并没有明显的本质优势。

这一缝合模式以单纯间断缝合、Lembert式或埋藏缝线法开始，缝合的进行方法类似于Cushing式，但缝针行进时与切口形成30°~45° 的夹角而不是平行于切口。这一缝合模式在闭合伤口时会形成“人字纹”的类型模式（图22.11）。

Parker-Kerr锁边

这一缝合模式推荐用于闭合空腔器官的残端，

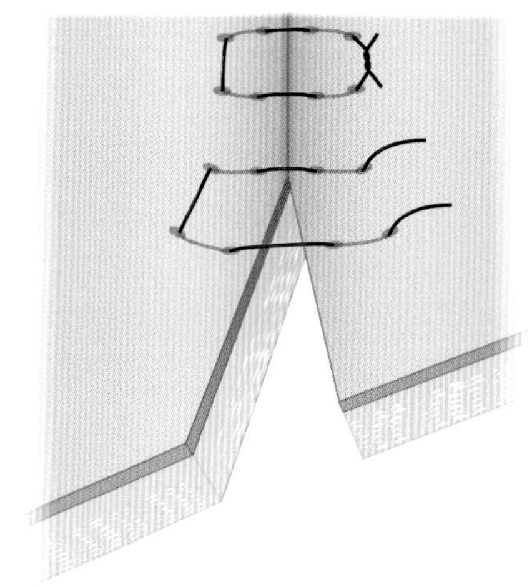

图22.9　Halsted缝合模式

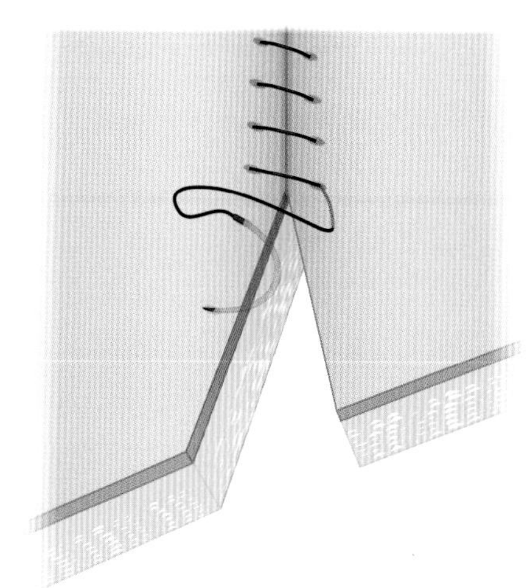

图22.10　Cushing式缝合模式

并可将创缘向残端内腔内翻。

1. 这种方法利用止血钳临时性夹闭残端，在残端开口两侧进行Cushing式缝合。
2. 从Cushing缝合线下缓慢抽出止血钳并抽紧缝线以使创缘内翻。
3. 使用Lembert缝合对残端进行锁边并构成第二层缝合（图22.12），缝针端的线头与Cushing开始时留下的线尾相互打结。

临床上适用于这种缝合模式的场合非常少，且很不常用，因为这一方法可能会导致过度的组织内翻以及残端脓肿。某些手术如部分肺叶切除术中，可采用改良的锁边技术来提供额外的闭合安全性。这些改良模式由实质器官中的间断水平褥式缝合构成（尤其在闭合游离气管时），然后在断缘用简单

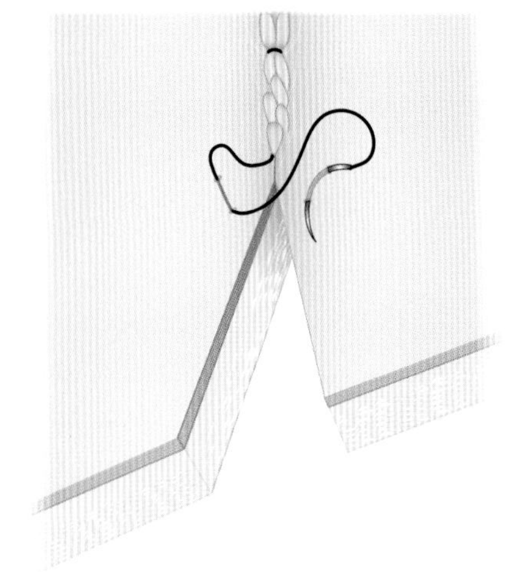

图22.11　Utrecht缝合模式

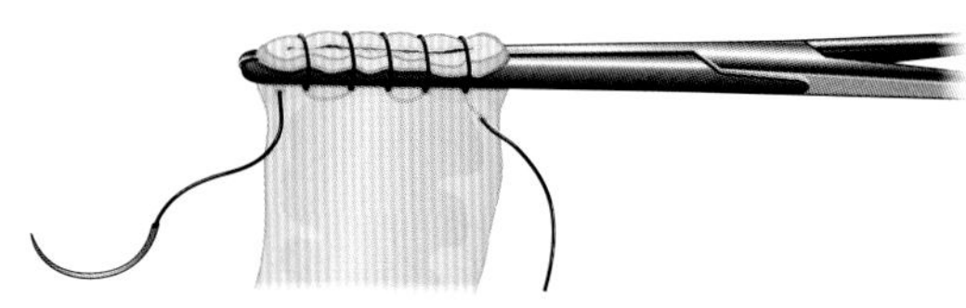

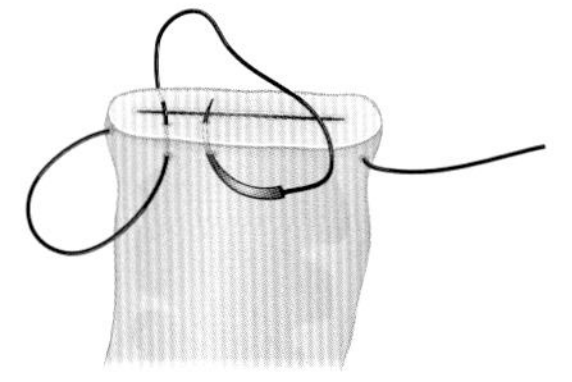

图22.12　Parker-Kerr锁边缝合。上图显示在止血钳上方的Cushing缝合，下图显示的是Lembert锁边缝合

连续缝合模式进行锁边。

荷包缝合

荷包缝合适用的情况包括闭合内脏残端及固定进入内脏的经皮导管（如胃造口术、肠造口术以及膀胱造口术）。

1. 这一缝合模式是Lembert模式的环形变形。围绕内脏残端、空腔器官或计划进行造口的位置做等距穿线直至缝针回到起始进针点。
2. 通常在导管插入前预置缝线，以避免损伤管腔或缝线穿透导管以至于难以拆除导管。
3. 抽紧围绕造口术的留置导管的缝线并将末端打结以确保围绕导管组织密封（图22.13）。

在闭合空腔器官时，可能需要使用器械以将创缘内卷，以使黏膜在抽紧缝线时内翻并形成不透水的密封端。

外翻缝合模式

水平褥式缝合

1. 水平褥式缝合模式使用两根平行的等距的缝合材料穿过创口，并在切口线的一侧进行偏中心的打结。
2. 第一次的单纯间断缝合穿过切口线，然后从远侧创缘向术者进行第二次单纯间断缝合（图22.14）。
3. 抽紧缝线时的拉力在远离创缘较宽的地方形成压力，从而减少创缘撕裂的可能性。

多普勒血流测定研究表明，两个线环之间平行于切口的缝线所形成的压力不会减少创缘的血流供应（Sagi et al., 2008）。增加缝线上的拉力会导致组织的进一步外翻。这一模式同样可以连续水平褥式缝合模式进行，操作时如同大部分的连续缝合模式一样从一个简单间断缝合开始。

减张缝合

垂直褥模式

这一间断缝合模式同样主要用于皮肤或筋膜，以消除沿着缝合线的张力。

1. 起始时，缝针从距离创缘8~10mm的位置刺入，进入下层组织，横穿创口并在远侧创缘同等距离（8~10mm）的位置穿出。
2. 缝针在距离远侧创缘3~4mm的位置再次穿入皮肤并进入前次缝合同样水平的组织。
3. 缝针再次横穿创口并在同样的组织水平进入近端创缘内，从距创缘3~4mm的位置穿出（图22.15）。
4. 抽紧缝合材料至合适张力后打结。

近和远缝合模式

这是两种垂直褥式缝合模式的轻微改良模式，

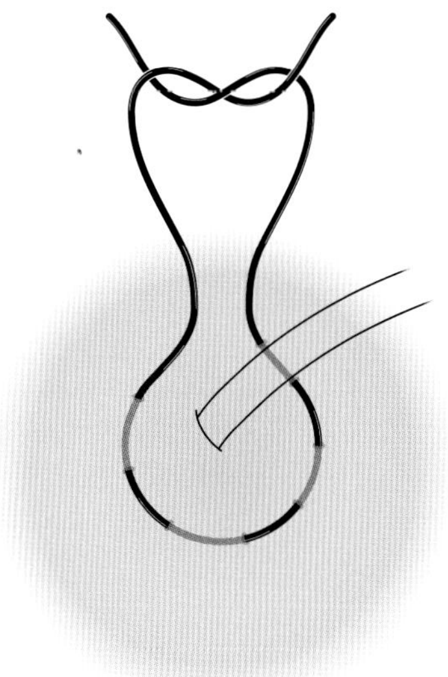

图22.13 荷包缝合

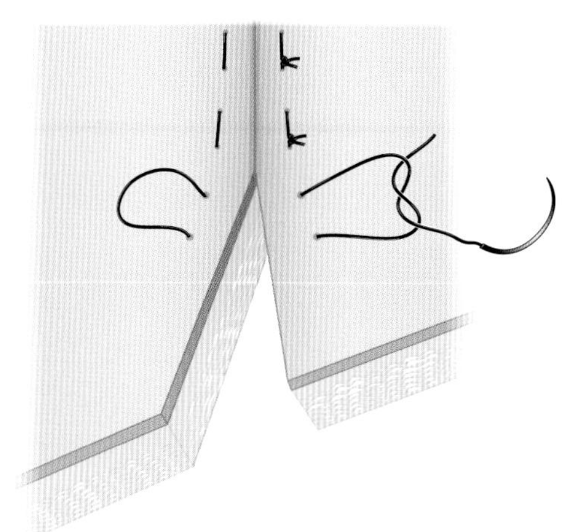

图22.14 水平褥式缝合模式

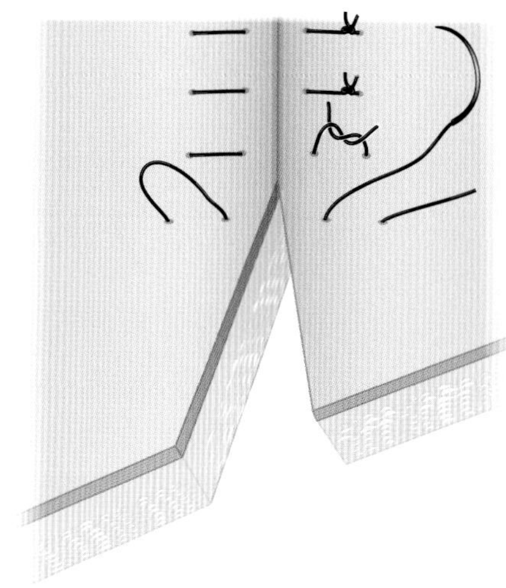

图22.15 垂直褥式缝合模式

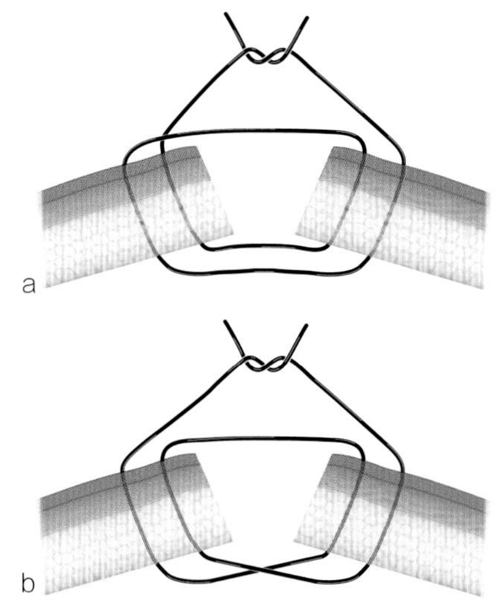

图22.16 近和远缝合模式。（a）远-远-近-近 （b）远-近-近-远

缝线在创口上方穿过两次，这一模式同样用于有张力的区域。操作时缝针以与垂直褥式缝合不同的顺序穿过组织，从而在切口上方打结，而不是偏于切口一侧（图22.16）。

这些缝合模式可用于闭合较深的组织层次，并可用于创口张力较大的重建手术。偶尔还可用于闭合较小的扁平肌腱，因为这些方法穿过了同样的垂直组织平面，从而可以较好地对抗创口张力。

卷片缝合模式

卷片缝合模式通常与单纯间断缝合模式联合使用，以支持张力区域的闭合。“卷片”指用来将张力沿一个较大的区域分散的材料。适合用作卷片的材料包括小直径的纱布卷或静脉输液管。可用垂直褥式缝合模式来将卷片沿着创口的长度固定于切口两侧（图22.17），或使用水平褥式缝合模式将切短至10~15mm长的静脉输液管固定于切口两侧（图22.18），在某一侧卷边的上方打结。一些外科医生建议在操作时将缝合材料穿过卷片的内腔。

双蝶式缝合模式

双蝶式是肿瘤学重建手术中最常用的、可有效闭合张力区域的间断缝合模式。与简单间断缝合或水平褥式缝合模式相比，双蝶式需要较少的力量即可闭合具有张力的一定间隙的创口，从而减少发生缺血性坏死、创口开裂以及缝线拉脱的风险（Austin和Henderson, 2006）。这一方法最常用于深部组织以减少皮肤的张力。

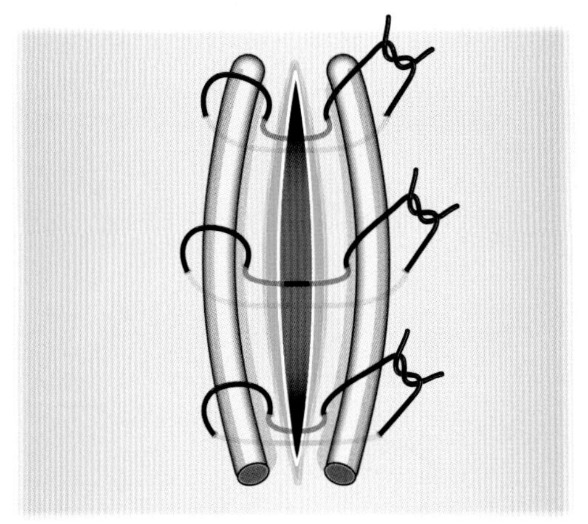
图22.17 卷片垂直褥式缝合模式

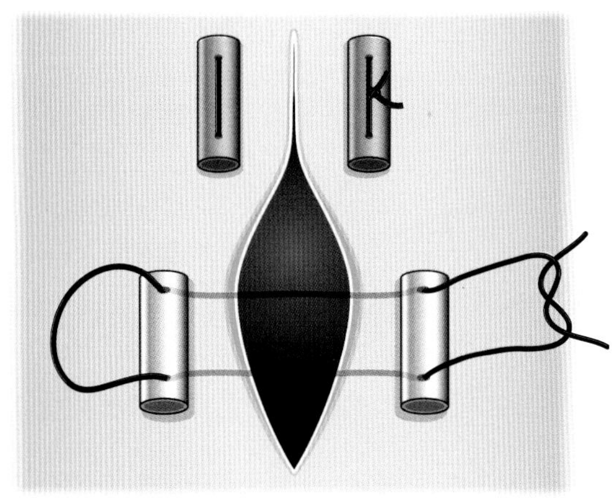
图22.18 卷片水平褥式缝合模式

1. 缝合开始时，缝针在深部组织内以平行于创缘的方向向上刺入并在进针点上方穿出。
2. 缝针和缝线穿过切口，并沿着切口方向在对称创缘平行进针，然后穿过切口并以相同的方式回到近侧创缘。
3. 缝针再一次穿过切口并进行最后一次水平组织穿刺。
4. 上述操作在深层组织内形成一个平行于皮肤边缘的8字形缝合模式（图22.19）。

“行走”缝合模式

进行行走缝合操作时，缝线安放在损伤的皮下组织内，并进行埋藏打结，从而将皮下组织锚定于下方的筋膜上。打结在张力下进行，从而将皮下组织拉向（行走）锚定点，这常常会在上方的皮肤上引起明显的小凹槽。缝合时应注意不可穿透皮肤。如果需要进行一排行走缝合，通常参差的排列缝线，如同砖墙上的砖块的排列方法，这样可以避免影响局部的血液供应。这一方法通过绷紧下层的筋膜来缓解皮肤闭合时的张力。

这是一项极其实用的闭合技术，尤其是在皮肤损伤的时候。在可能的情况下，行走缝合的应用优先于支架或卷片缝合。此外，在闭合较大的皮肤创口时，使用留置缝线将皮肤创缘拉起以克服创口张力并帮助进行皮下缝合的方法优先于上述所有的减张缝合法。

改良的Mayo缝合模式（折叠覆盖）

这是一种特别的缝合模式，最常用于韧带组织的覆瓦状缝合或紧张缝合，适用于十字韧带断裂的手术治疗、髌骨脱位或腹腔疝修补术。这一方法可使组织重叠而不是对位，从而在应用的一侧拉紧组织。尽管这一方法及其有效，但因为它无法使组织层直接对位，所以在其他手术中极少使用。

这一方法类似于水平褥式缝合，区别在于缝针第二次穿透皮肤的方向与第一次相同，即在创缘两侧的缝合方向都是从浅入深，而不像水平褥式缝合那样，在进行第二次穿透皮肤时反转进针方向（图22.20）。

肌腱修复的缝合模式

相关内容请参阅《犬猫骨骼肌肉疾病手册》（BSAVA Manual of Canine and Feline Musculoskeletal Disorders）。

各种创口闭合所需的缝合模式的合理选择

外科医生并不需要使用如此大量的缝合模式来应付每天最常见的切口和创伤。对于绝大部分的创口闭合工作而言，运用简单间断缝合、埋藏缝线单纯间断缝合、简单连续缝合以及偶尔使用的十字缝合或Ford锁边缝合已经足够。

成功闭合创口的关键点在于：识别组织的支持层、确定缝合时利用了支持层以及确保皮肤闭合时的张力最小。支持层通常是纤维组织如皮肤的真皮下组织、肌肉上的筋膜、肌腱和韧带以及内脏的黏膜下层。闭合皮下组织和脂肪层可能会改善伤口外

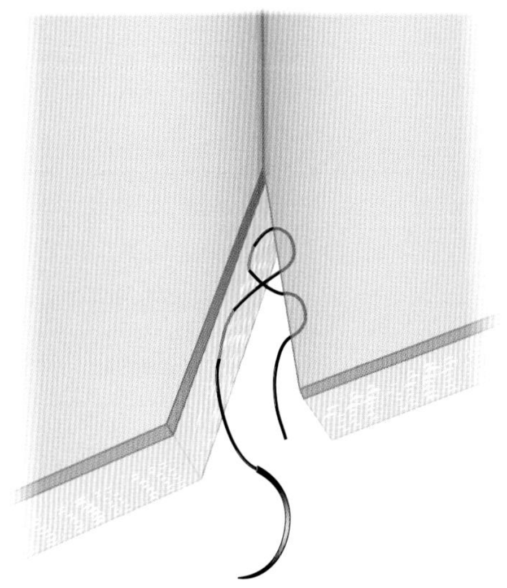

图22.19 双蝶式缝合模式

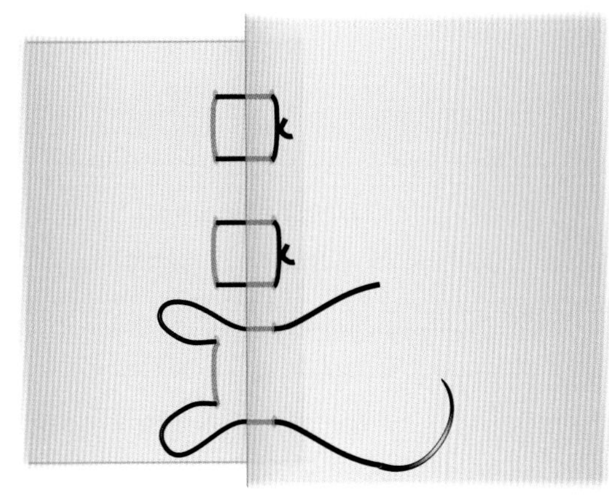

图22.20 改良的Mayo缝合模式

观并减少血清肿或血肿的发生机会，但对于增强创口整体强度的作用不大。

选择因素

选择缝合模式时所需考虑的因素包括：

- 切口长度；
- 切口位置；
- 创口形状；
- 组织层厚度和可分离度；
- 闭合所形成的密封程度；
- 缝合模式的紧密程度；
- 物种；
- 患畜脾气；
- 是否需要快速闭合；
- 外科医生的偏好。

表22.2总结了许多缝合模式的常见用途；表22.3建议了常见的切口闭合时所用的缝合模式。

切口长度

不长的切口如肠道活检切口，可以用简单间断单层对合缝合来闭合。较长的切口如在轴型皮瓣移位术中制造的皮肤切口，通常使用连续缝合模式以提高缝合速度。

切口位置

深切口或创口，如膈破裂，常用连续缝合模式进行闭合。因为在腹腔深部很难进行多重的间断打结。

创口形状

有些创口可能是直线型的，而另外一些是弧形或由不同长度的创缘组成。连续缝合模式是相对较直或轻微弧度切口的最佳闭合方法。对于形状不规则的创口而言，间断缝合更容易调整创缘对合情况，并且可以对不同长度创缘的伤口在缝合时进行补偿。

组织层厚度和可分离度

某些内脏可能较易进行双层闭合。胃切开术的切口通常会分离成两层区别明显的组织层（黏膜和黏膜下层以及基层和浆膜层），这可以使用双层闭合技术进行闭合。大部分的接受膀胱手术的患畜都会患有慢性疾病以及增厚的膀胱壁，通常也会呈现出同样的两层明显的组织层。正常的膀胱具有非常薄的膀胱壁，建议使用单层闭合。

组织闭合引起的密封

一些组织在闭合后必须形成不透水或不透气的密封以避免内脏内容物漏出。胃肠道和泌尿生殖道手术需要选择合适的缝合模式以防止明显的术后并发症。使用对位缝合模式通常会带来良好的密封效果。

缝合模式的牢固度

在闭合皮肤时，皮肤缝线应比其他层的缝线更松以容纳术后的切口肿胀。忽略这一点可能会导致局部缺血、瘀青以及患畜不适。尽管应通过深层组织的恰当闭合或使用重建皮瓣的方法来减少皮肤张

表22.2　不同缝合模式的常用适用范围

缝合模式	使用特性	常见用途
简单间断（图22.1）	组织层解剖对齐。线结失效不会导致缝合线失效。操作简单	皮肤、皮下组织、筋膜、腹白线、肠切开术、肠吻合术、胃、泌尿道、血管、神经
埋结或间断皮内（图22.2）	良好的切口闭合外观。可以防止线结引起的自我损伤和刺激	皮内皮肤闭合、行走缝合
间断十字（图22.3）	比简单间断缝合速度提高；线结少。分散局部张力	皮肤、腹白线（小范围）
Gambee式（图22.4）	防止肠黏膜过度外翻。减少肠内容物泄漏机会	肠切开术或吻合术
简单连续（图22.5）	相对快速。提供良好的不透气和不透水的密封性。创口中缝合材料较少	皮肤、皮下组织、筋膜、肌肉、腹白线、肠切开术、肠吻合术、胃、泌尿道、子宫、膈疝、切开式胃固定术、气管吻合术
连续皮内（图22.6）	皮肤对合良好。减少部分皮肤张力。良好外观。对于脾气差的患畜无需拆线	皮下或皮内组织
Ford锁边（图22.7）	锁定以防止散开。连续缝合以加快缝合速度	皮肤
Lembert式（图22.8）	不穿透肠腔。可间断进行或连续进行	空腔器官、筋膜的覆瓦状缝合、Parker-Kerr缝合中Cushing的锁边缝合
Halsted式（图22.9）	间断的两个并行的Lembert缝合。比间断Lembert缝合速度快	空腔器官
Connell式和Cushing式（图22.10）	比Lembert内翻程度低。Connell不刺入腔内	空腔器官
Utrecht式（图22.11）	减少子宫的腹腔粘连	剖宫产后闭合子宫
Parker-Kerr锁边（图22.12）	闭合器官残端时使黏膜内翻	闭合空腔器官的残端
荷包缝合（图22.13）	在导管周围提供牢靠的密封	闭合空腔器官的残端，固定器官内的导管
水平褥式（图22.14）	减少张力。防止组织撕脱	皮肤、皮下组织、筋膜、肌肉、扁平的肌腱和韧带
垂直褥式（图22.15）	减少张力。可能比水平褥式缝合结实，并引起较少的组织外翻	皮肤、皮下组织、筋膜
近和远（图22.16）	减少张力。使深部组织闭合	皮肤、皮下组织、筋膜
卷片（图22.17和图22.18）	减少张力。组织表面直接压力较小	皮肤
双蝶式（图22.19）	减少张力。可闭合深部组织	皮肤、皮下组织
“行走”	减少张力。可闭合深部组织。推近皮肤以减少皮肤闭合时的张力	皮下组织、筋膜
改良Mayo（图22.20）	使组织相互重叠并形成覆瓦状的组织	膝关节手术时闭合关节囊

表22.3 不同手术所用的缝合模式

手术类型	常用的缝合模式
闭合皮肤	对位缝合：简单间断、间断十字、简单连续、Ford锁边 减张缝合：水平褥式、垂直褥式、近和远、卷片
闭合皮下组织	间断皮内、简单间断、简单连续、连续皮内、水平褥式、近和远、双蝶式、行走缝合
闭合筋膜和腹白线	简单间断、简单连续、间断十字、Lembert式、水平褥式、近和远、改良Mayo式
膀胱	简单间断、简单连续、Connell式、Cushing式、Lembert式、Halsted式
胃	简单间断、简单连续、Lembert式、Halsted式、Connell式、Cushing式
肠	简单间断、简单连续、Gambee式、Poth和Gold挤压
子宫	简单间断、简单连续、Lembert式、Halsted式、Connell式、Cushing式、Utrecht式
膈	简单连续、Ford锁边

力，有些创口还是需要进行减张缝合。

眼球脱出整复时临时闭合眼睑是使用卷片缝合的一个好例子。这一方法可有效缓解眼睑上的组织压力，且便于拆线。操作时应小心进行以确保缝线穿透部分厚度的眼睑，因为全层穿透可能会引起缝线摩擦角膜并导致角膜溃疡。

物种

猫的皮肤厚度与犬不同，因此可能较难使用某些缝合模式例如连续皮内缝合。在猫通常可使用简单连续缝合来获得良好的皮下组织对位。

患畜性情

倔强的患畜或不配合拆线复诊的患畜，可选择没有皮肤缝线的皮内缝合模式闭合皮肤。

快速闭合的需求

对于重病患畜、手术中遇到问题的患畜或发生麻醉并发症的患畜而言，应尽量减少其待在手术室里的时间。连续缝合模式可缩短手术时间，且对重症患畜的苏醒有重要作用。

尽管连续缝合模式非常不稳定，但将这一模式用于大型重建手术或闭合长的腹白线切口时还是可以有效缩短手术时间。

外科医生的偏好

外科医生的对于特定的缝合模式的习惯同样会影响选择结果。许多缝合模式都可获得类似的闭合效果，但重要的是外科医生对于其选择的缝合模式有信心。

打结方法

正确的打结方法是成功进行缝合及闭合切口的关键。缝合失败的常见原因是打结的问题而不是缝合材料的问题。拙劣的打结技术可能引起切口开裂并引发相关并发症。

线结是由两根缝线在彼此上方相互缠绕而形成，可以有不同形式的线结：方结、妇女结（假结）、外科结以及半结（活结）。多重的方结可为缝合模式和结扎提供最可靠的固定方式。

保证线结牢固性的最重要因素包括：

- 缝合材料的类型；
- 剪断后的线尾长度；
- 线结本身结构；
- 打结时线结所承受的张力。

普遍的规律是多纤维缝合材料的线结牢固性高于单纤维材料。保持线结正确的紧张度是必须的，但应注意不宜过紧以避免发生组织绞窄。这一点在缝合皮肤时尤为重要，因为过度紧张的线结会引起刺激和不适从而导致患畜对于线结的自我损伤。

线结类型

打结所形成的线结类型主要取决于外科医生的操作技术。

- 组成方结的缝线每次缠绕时其方向反转，从而维持平均的张力。
- 方向反转错误会导致织布结。
- 抽紧方结时用力不均匀会形成滑结。

方结

这应是熟悉且最重要的线结形式，可用于固定大多数的缝合模式以及结扎。线结以单圈缠绕的单纯结开始，并在每次后续缠绕时反转缝线方向。两侧缝线上平行于线结平面的平均压力可确保线结正确锁定于合适的位置（图22.21a）。

滑结

滑结与方结具有相同的结构，但是张力未平均分配于缝线上：一根缝线承受了较多的向上的压力。这导致线结可以通过下滑的方式抽紧，但线结同样容易松动，除非将其转化为方结或在其上方打一个方结以确保其初始的线结（图22.21b）。

外科结

外科结的结构类似于方结，但区别在于第一次打结时缝线在器械或手指上缠绕两次，因此产生较大的摩擦系数并在第一个结的上方进行第二个标准方结的时候临时维持线结稳定（图22.21c）。由于第一个线结的不对称结构，应在外科结后打一个方结以确保线结的牢固度。

外科结在固定组织残端或用于低张力区域时具有相当的优势。不推荐在使用铬制肠线时使用外科结，因为这种缝合材料在张力增加的时候容易磨损。在最初的外科结上方打数个方结有助于维持线结的稳定性。外科医生应熟知滑结和外科结的特性及用法。

妇女结（Granny knot）

在打方结的时候，每次单纯缠绕，未将缝线方向反转可导致妇女结的形成（图22.21d）。对于许多缝合类型而言，这并不能提供与方结所一致的牢固度，所以并不推荐使用（Rosin和Robinson，1989）。

中国指套

中国指套是沿着导管进行一系列打结的方法，用来将导管固定于皮肤上。当导管受力外拉时会产生张力，从而使得缠绕的缝线抽紧并防止导管移动。

这一系列的线结起始于接近于导管出口处的皮肤上的一个简单间断缝合，并留出相同长度的两端的线尾。缝线沿着导管，在两侧进行十字交叉，每次交叉时缝线都进行单重或双重缠绕，或方结或外科结，并轻微压迫导管但不可堵塞导管。以0.5~1cm左右的间距重复进行交叉5~6次，直至以一个包含多重缠绕的线结结束，以确保牢靠（图22.22）。

Aberdeen结

Aberdeen结是由多重半结所组成的，可用于终止连续缝合模式。这是一个快速打结的方法，并可以使所形成的线结易于埋藏。

打结时，将线尾弯折所形成的线环穿过连续缝合末端待打结的线环之中（图22.23a），拉紧线环并重复这一过程数次，通常为4~6次。终止打结时，将单根的缝线完全通过线环后拉紧线结（图22.23b）。这一单根缝线（仍连有缝针）可在远离切口0.5~1cm的位置穿出后拉紧，从而使得线结被埋藏。埋藏的缝线通常包含一个游离线尾，而不像常规的连续缝合线有三个游离线尾。

打结方法

徒手打结

有两种徒手打结的方法：单手打结或双手打结。

- 双手打结可形成最可靠的结果，并获得稳定的方结（技术22.1），但对于深处的区域如深胸犬的腹腔内而言，操作比较困难。
- 单手打结技术需要更好的灵巧性，但更适用于深处的区域并可以快速打结（技术22.2）。同样可以在打结时维持锋线上的张力，但比较浪费缝合材料。

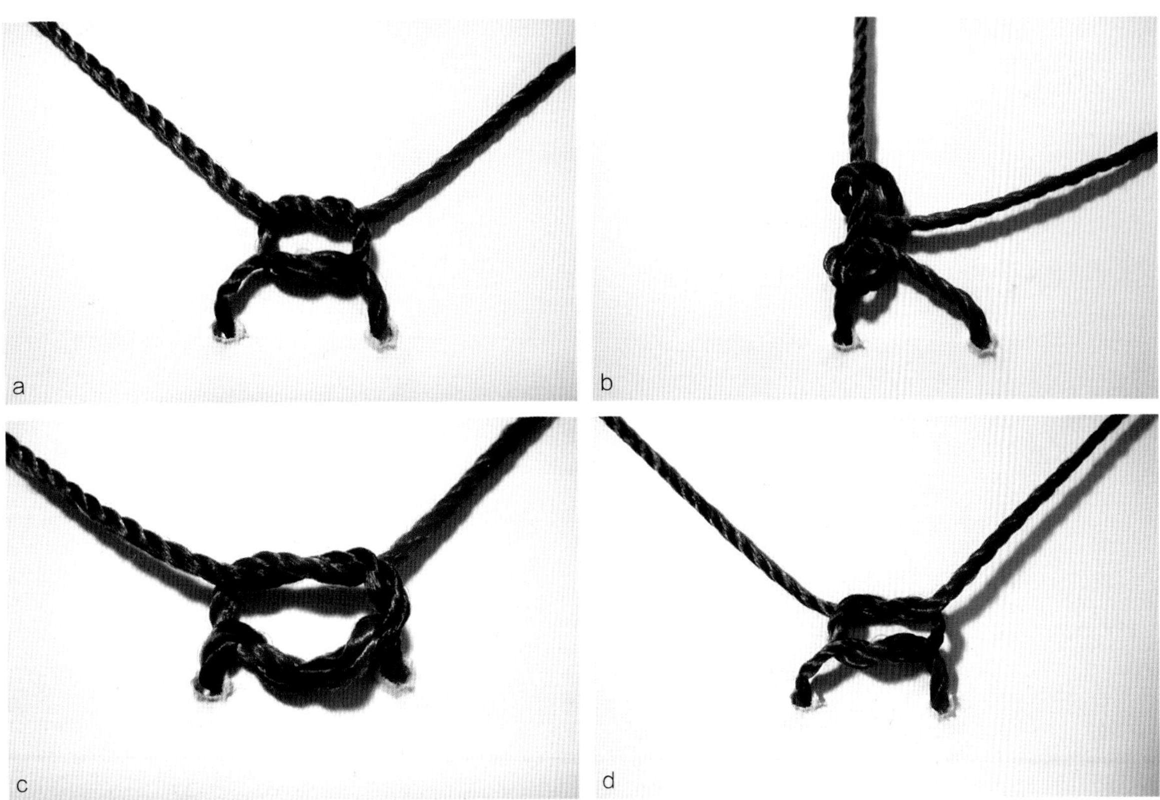

图22.21 线结的类型

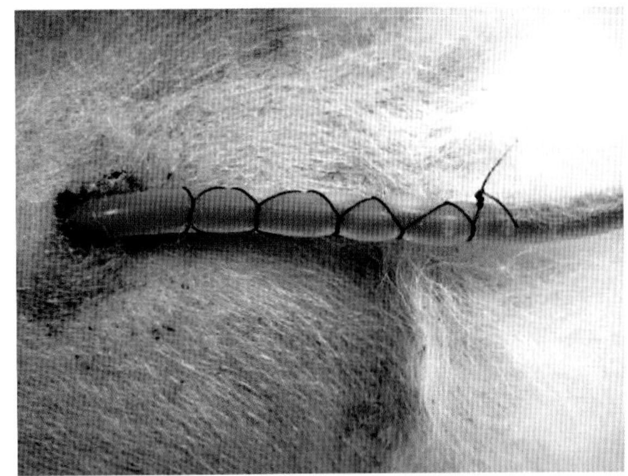

图22.22 用来固定主动引流管的中国指套缝合

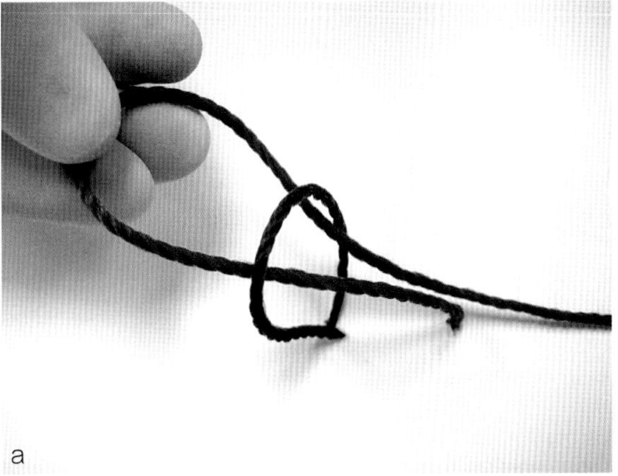

图22.23 Aberdeen结

进行单手打结时，可用非操作手握持住器械（如剪刀），而双手打结时需要同时动用双手。这两种技术都需要勤加练习以确保在临床应用时可提供稳固可靠的线结。

器械打结

这是最容易的打结方法，几乎可用于所有情况。器械打结比徒手打结所使用的缝合材料少，但是可能在操作时无法提供与徒手打结相同的触感。除此之外，大部分的外科医生非常适应器械打结的方法，并在几乎所有的场合下都使用这一方法（技术22.3）。在这三种技术之间，最重要的是习惯于使用某种方法，但是熟练掌握这三种方法可保证外科医生在所有的临床情况下都具有打结的能力和方法。

技术22.1 右撇子医生进行双手打方结的方法

1. 伸直左手食指呈“手枪”状，将一端缝线搭在左手食指上。

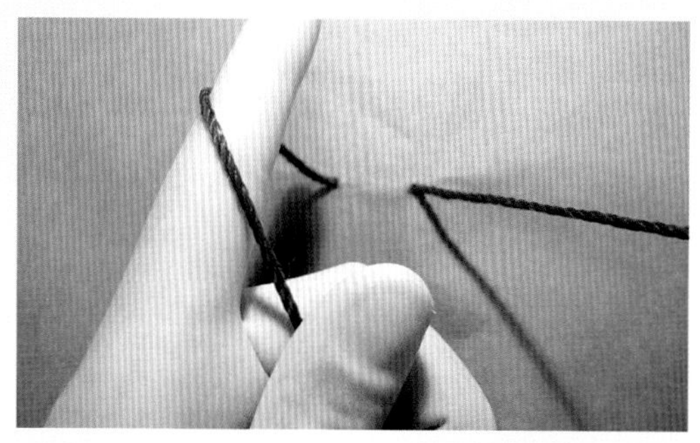

2. 用右手（图外）抓持住另一端缝线，并将缝线向左拉并与左侧缝线交叉。

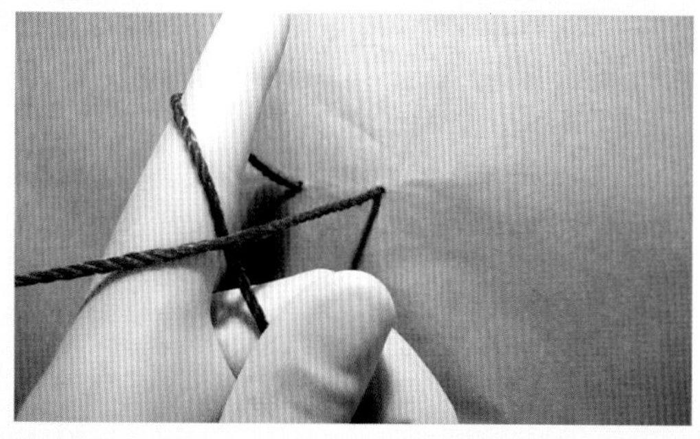

3. 在第一端缝线下方弯曲左手食指并勾住第二端缝线，将其拉入线环中。

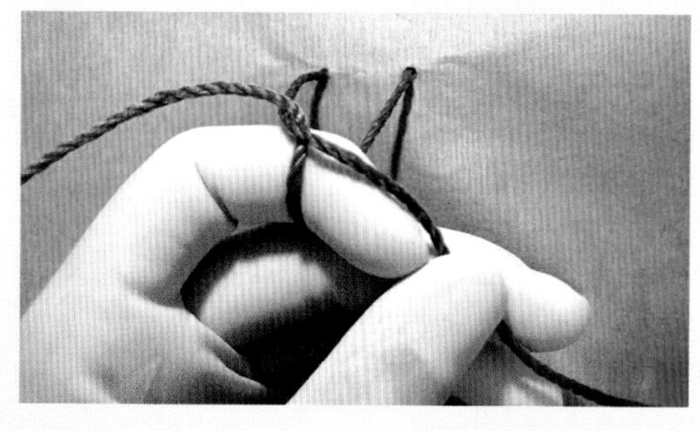

4. 完成第一次绕线。

5. 第一端缝线绕过左手拇指并用左手掌抓持，将第二端缝线搭在左手拇指上以形成线环。

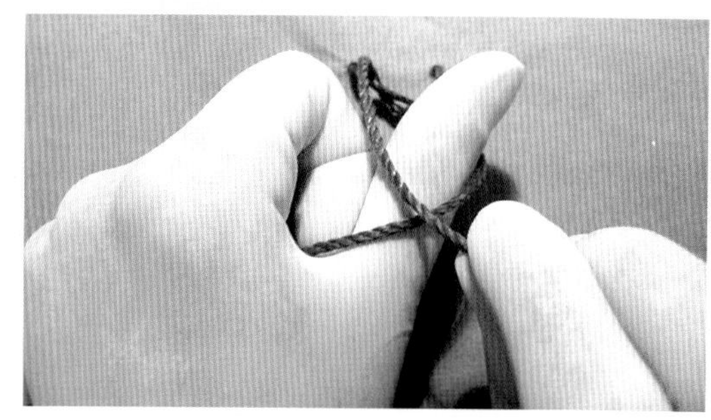

6. 使用左手食指和拇指捏住第二端缝线，并将其拉入线环以完成第二次绕线。

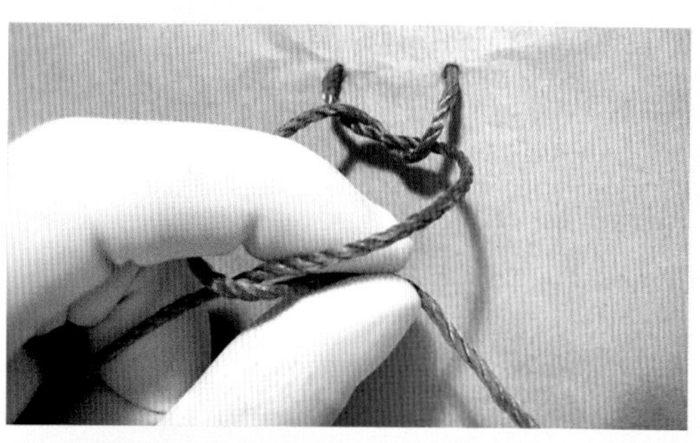

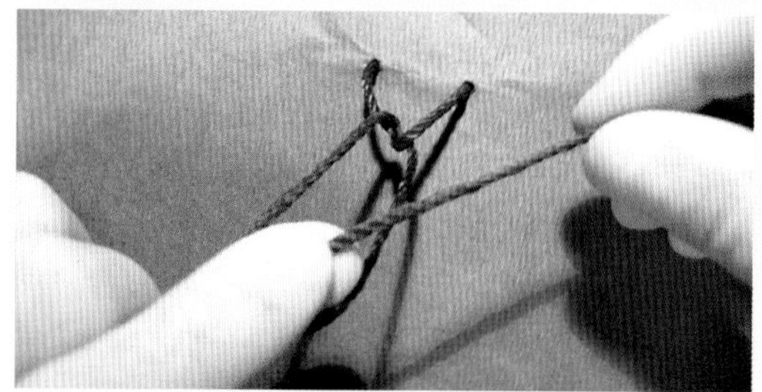

技术22.2 右撇子进行单手打方结的方法

1. 用右手的拇指和食指紧捏住缝线的右端，并将缝线搭在右手手指的掌侧。

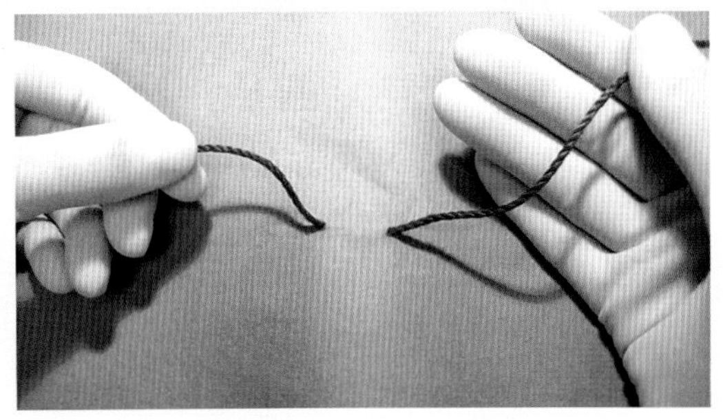

2. 将缝线的左端搭在右手中指上。

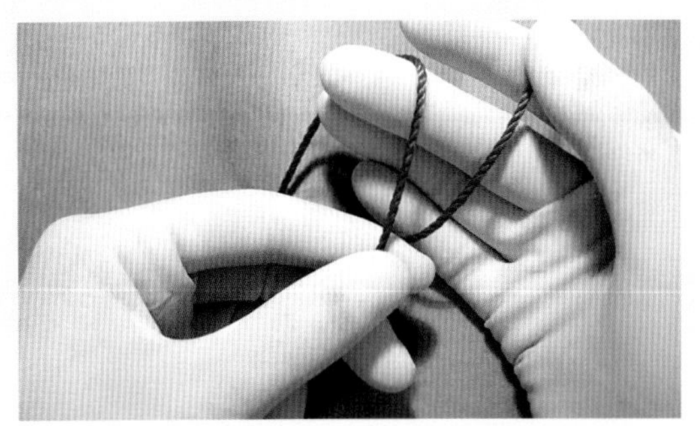

3. 右手中指穿过缝线左端，并用指尖勾住缝线右端。

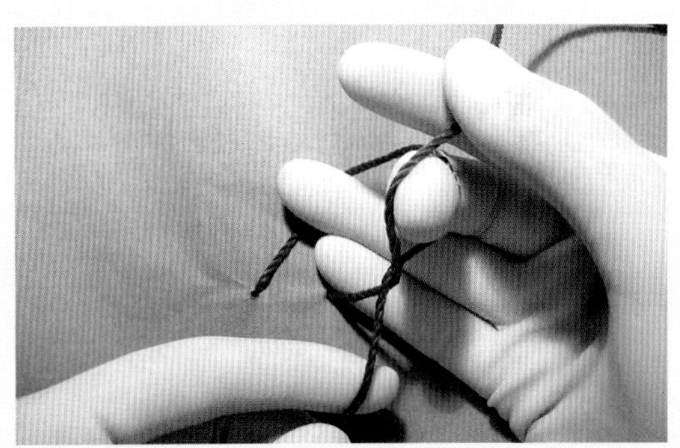

4. 拉出右端缝线。

5. 完成第一次绕线。

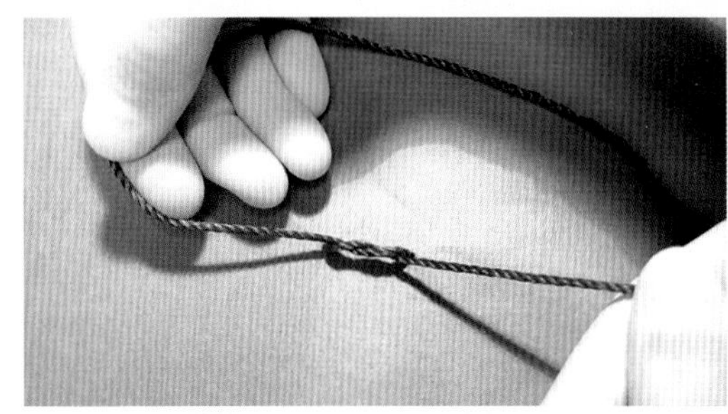

6. 将缝线的左端绕过右手的食指和中指。

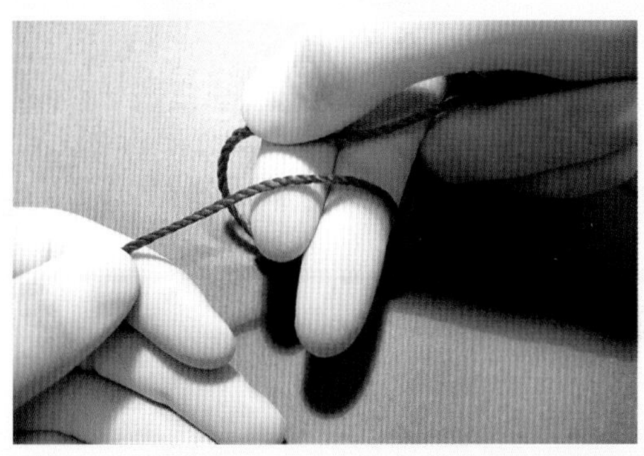

7. 越过缝线勾住缝线的右端。

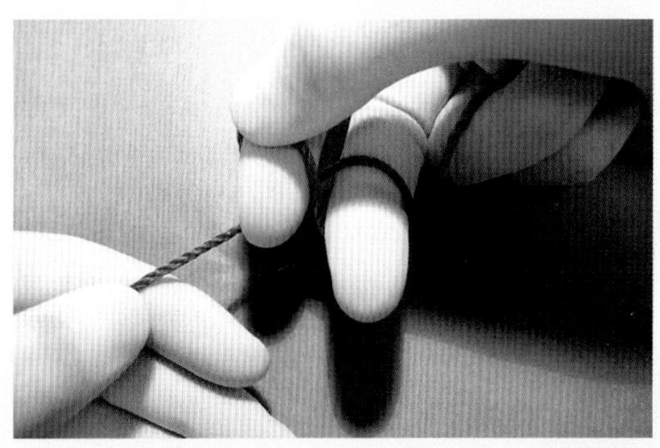

8. 拉出缝线以完成方结。

技术22.3 右撇子进行器械打结的方法

1. 用左手拿住缝线的缝针端（右手持器械），将缝线在器械上绕一圈，然后用器械抓住缝线的另一端并将其拉入线环之中。

2. 分开双手以拉紧线结，在组织表面均匀用力以防产生滑结。

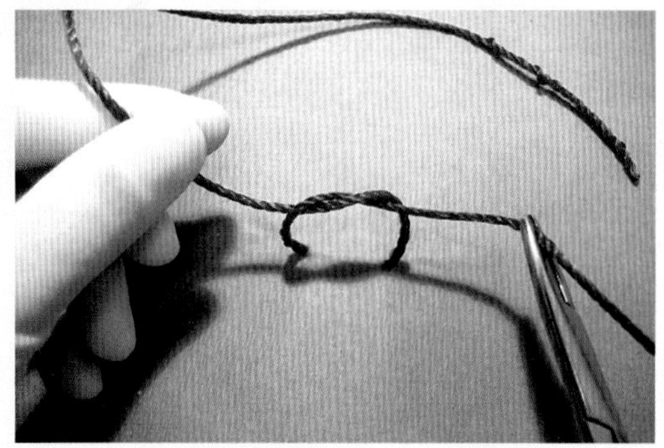

3. 松开器械以放开所夹持的缝线，将缝针端的缝线再次在器械上绕一圈，然后用器械抓持住缝线的尾端，再次将其拉入线环之中。

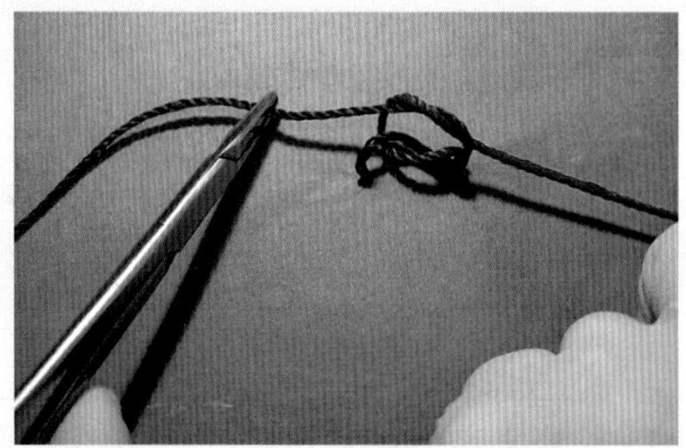

4. 像第一次那样拉近线结，但是双手应向第一次移动的相反方向移动。
5. 以同样的方法继续打结。